全国地层多重划分对比研究

(43)

湖南省岩石地层

主　编：张纯臣

编　者：张纯臣　谭正修　朱伦杰
黄惟沛　唐晓珊　李国彪
赵别全　黄建中　宾汉文

技术指导：何开善

中国地质大学出版社

内 容 简 介

本书是《全国地层多重划分对比研究》套书之一，是湖南省地层研究的最新成果。本书以地层指南为准则，以现代地层学理论为指导，较系统地阐述和讨论了湖南省的岩石地层序列及其在三维空间展布与变化规律；建立了省境内扬子地块与华夏地块两个性质不同的陆缘相对应的地层格架与生物地层序列；分析了典型断代地层模型、地层格架及横断面；首次提出了前寒武纪年代地层格架和建立了湖南省岩石地层数据库。部分成果具有创见性和突破性，又有较强的学术性和实用性。

本书附有：湖南省地层数据库的建库情况及功能介绍；湖南省采用的岩石地层单位、建名人、建名时间；湖南省不采用的地层名称及创名人、建名时间，供读者查阅之用。

本书资料翔实，内容丰富，重点突出，可供地质勘查、地质科学研究、教学等有关人员参考使用。

图书在版编目(CIP)数据

湖南省岩石地层/张纯臣主编．—武汉：中国地质大学出版社，1997．6 （2012．7 重印）
（全国地层多重划分对比研究：43）
ISBN 978-7-5625-1265-3

Ⅰ．湖…
Ⅱ．张…
Ⅲ．地层学—湖南省
Ⅳ．P535．264

中国版本图书馆 CIP 数据核字(2008)第 164019 号

湖南省岩石地层 张纯臣 主 编

责任编辑：褚松和 责任校对：张华瑛

出版发行：中国地质大学出版社（武汉市洪山区鲁磨路 388 号） 邮编：430074
电话：(027)67883511 传真：67883580 **E-mail**：cbb @ cug. edu. cn
经 销：全国新华书店 **http**：//www. cugp. cn

开本：787 毫米×1092 毫米 1/16 字数：480 千字 印张：18．875 插页 1
版次：1997 年 6 月第 1 版 印次：2012 年 7 月第 3 次印刷
印刷：武汉教文印刷厂 印数：1101—1600 册

ISBN 978-7-5625-1265-3 定价：66．50 元

序

100多年来，地层学始终是地质学的重要基础学科的支柱，甚至还可以说是基础中的基础，它为近代地质学的建立和发展发挥了十分重要的作用。随着板块构造学说的提出和发展，地质科学正经历着一场深刻的变革，古老的地层学和其他分支学科一样还面临着满足社会不断进步与发展的物质需要和解决人类的重大环境问题等双重任务的挑战。为了迎接这一挑战，依靠现代科技进步及各学科之间相互渗透，地层学的研究范围将不断扩大，研究途径更为宽广，研究方法日趋多样化，并萌发出许多新的思路和学术思想，产生出许多分支学科，如生态地层学、磁性地层学、地震地层学、化学地层学、定量地层学、事件地层学、气候地层学、构造地层学和月球地层学等等，它们的综合又导致了“综合地层学”和“全球地层学”概念的提出。所有这一切，标志着地层学研究向高度综合化方向发展。

我国的地层学和与其密切相关的古生物学早在本世纪前期的创立阶段，就涌现出一批杰出的地层古生物学家和先驱，他们的研究成果奠定了我国地层学的基础。但是大规模的进展，还是从1949年以后，尤其是随着全国中小比例尺区域地质调查的有计划开展，以及若干重大科学计划的执行而发展起来的。正像我国著名的地质学家尹赞勋先生在第一届全国地层会议上所讲：“区域地质调查成果的最大受益者就是地层古生物学。”1959年召开的中国第一届全国地层会议，总结了建国十年来所获的新资料，制定了中国第一份地层规范（草案），标志着我国地层学和地层工作进入了一个新的阶段。过了20年，地层学在国内的发展经历了几乎十年停滞以后，于1979年召开了中国第二届全国地层会议，会议在某种程度上吸收学习了国际地层学研究的新成果，还讨论制定了《中国地层指南及中国地层指南说明书》，为推动地层学在中国的发展，缩小同国际地层学研究水平的差距奠定了良好基础。这次会议以后所进行的一系列工作，包括应用地层单位的多重性概念所进行的地层划分对比研究、区域地层格架及地层模型的研究，现代地层学与沉积学相结合所进行的盆地分析以及1∶5万区域地质填图方法的改进与完善等，都成为我国地层学进一步发展的强大推动力。为此，地质矿产部组织了一项“全国地层多重划分对比研究（清理）”的系统工程，在30个省、直辖市、自治区（含台湾省，不含上海市）范围内，自下而上由省（市、区）、大区和全国设立三个层次的课题，在现代地层学和沉积学理论指导下，对以往所建立的地层单位进行研究（清理），追溯地层单位创名的沿革，重新厘定单位含义、层型类型与特征、区域延伸与对比，消除同物异名，查清同名异物，在大范围内建立若干断代岩石地层单位的时空格架、编制符合现代地层学含义的新一代区域地层序列表，并与地层多重划分对比研究工作同步开展了省（市、区）和全国两级地层数据库的研建，对巩固地层多重划分对比研究（清理）成果，为地层学的科学化、系统化和现代化发展打下了良好基础。这项研究工作在部、省（市、区）各级领导的支持关怀下，全体研究人员经过5年的艰苦努力已圆满地完成了任务，高兴地看到许多成果已陆续要出版了。这项工作涉及的范围之广、参加的单位及人员之多、文件的时间跨度之长，以及现代科学理论与计算机技术的应用等各方面，都可以说是在我国地层学工作不断发展中具有里程碑意义的。这项研究中不同层次成果的出版问世，不仅对区域地质调查、地质图件的编测、区域矿产普查与勘查、地质科研和教学等方面都具有现实的指导作用和实用价值，而且对我国地层学的发展和科学化、系统化将起到积极的促进作用。

首次组织实施这样一项规模空前的全国性的研究工作，尽管全体参与人员付出了极大的辛勤劳动，全国项目办和各大区办进行了大量卓有成效和细致的组织协调工作，取得了巨大的成绩，但由于种种原因，难免会有疏漏甚至失误之处。即使这样，该系列研究是认识地层学真理长河中的一个相对真理的阶段，其成果仍不失其宝贵的科学意义和巨大的实用价值。我相信经过广大地质工作者的使用与检验，在修订再版时，其内容将会更加完美。在此祝贺这一系列地层研究成果的公开出版，它必将发挥出巨大社会经济效益，为地质科学的发展做出新的贡献。

程裕淇

前　　言

地层学在地质科学中是一门奠基性的基础学科，是基础地质的基础。自从19世纪初由W史密斯奠定的基本原理和方法以来的一个半世纪中，地层学是地质科学中最活跃的一个分支学科，对现代地质学的建立和发展产生了深刻的影响，作出了不可磨灭的贡献，特别是在20世纪60年代由于板块构造学说兴起引发的一场“地学革命”，其表现更为显著。随着板块构造学的确立，沉积学和古生态学的发展，地球历史和生物演化中的灾变论思想的复兴和地质事件概念的建立，使地层学的分支学科，如时间地层学、生态地层学、地震地层学、同位素地层学、气候地层学、磁性地层学、定量地层学和构造地层学等像雨后春笋般地蓬勃发展，这种情况必然对地层学、生物地层和沉积地层等的传统理论认识和方法提出了严峻的挑战。经过20年的论战，充分体现当代国际地质科学先进思想的《国际地层指南》（英文版）于1976年见诸于世，之后在不到20年的时间里又于1979、1987、1993年连续三次进行了修改补充，陆续补充了《磁性地层极性单位》、《不整合界限地层单位》，以及把岩浆岩与变质岩等作为广义地层学范畴纳入地层指南而又补充编写了《火成岩和变质岩岩体的地层划分与命名》等内容。

国际地层学上述重大变革，对我国地学界产生了强烈冲击，十年动乱形成的政治禁锢被打开，迎来了科学的春天，先进的科学思潮像潮水般涌来，于是在1979年第二届全国地层会议上通过并于1981年公开出版了《中国地层指南及中国地层指南说明书》，其中阐述了地层多重划分概念。于1983年按地层多重划分概念和岩石地层单位填图在安徽区调队进行了首次试点。1985年《贵州省区域地质志》中地层部分吸取了地层多重划分概念进行撰写。1986年地质矿产部设立了“七五”重点科技攻关项目——“1：5万区调中填图方法研究项目”，把以岩石地层单位填图，多重地层划分对比，识别基本地层层序等现代地层学和现代沉积学相结合的内容列为沉积岩区区调填图方法研究课题，从此拉开了新一轮1：5万区调填图的序幕，由试点的贵州、安徽和陕西三省逐步推向全国。

1：5万区调填图方法研究试点中遇到的最大问题是如何按照现代地层学的理论和方法来对待与处理按传统理论和方法所建立的地层单位？如果维持长期沿用的按传统理论建立的地层单位，虽然很省事，但是又如何体现现代地层学和现代沉积学相结合的理论与方法呢？这样就谈不上紧跟世界潮流，迎接这一场由板块构造学说兴起所带来的“地学革命”。如果要坚持这一技术领域的革命性变革，就要下决心花费很大力气克服人力、财力和技术性等方面的重重困难，对长期沿用的不规范化的地层单位进行彻底的清理。经过反复研究比较，我们认识到科学技术的变革也和社会经济改革的潮流一样是不可逆转的，只有坚持改革才能前进，不进则退，否则就将被历史所淘汰，别无选择。在这一关键时刻，地质矿产部和原地矿部直管局领导作出了正确决策，从1991年开始，从地勘经费中设立一项重大基础地质研究项目——全国地层多重划分对比研究项目，简称全国地层清理项目，开始了一场地层学改革的系统工程，在全国范围内由下而上地按照现代地层学的理论和方法对原有的地层单位重新明确其定义、划分对比标准、延伸范围及各类地层单位的相互关系，与此同时研建全国地层数据库，巩固地层清理成果，推动我国地层学研究和地层单位管理的规范化和现代化，指导当前和今后一个时期1∶5万、1∶25万等区调填图等，提高我国地层学研究水平。1991年地质矿产部原直管局将地层清理作为部指令性任务以地直发(1991)005号文和1992年以地直发(1992)014号文下发了《地矿部全国地层多重划分对比（清理）研究项目第一次工作会议纪要》，明确了各省（市、自治区）地质矿产局（厅）清理研究任务，并于1993年2月补办了专项地勘科技项目合同（编号直科专92-1），并明确这一任务分别设立部、大区和省（市、自治区）三级领导小组，实行三级管理。

部级成立全国项目领导小组

组长	李廷栋	地质矿产部副总工程师
副组长	叶天竺	地质矿产部原直管局副局长
	赵　逊	中国地质科学院副院长

成立全国地层清理项目办公室，受领导小组委托对全国地层清理工作进行技术业务指导和协调以及经常性业务组织管理工作，并设立在中国地质科学院区域地质调查处（简称区调处）。

项目办公室主任	陈克强	区调处处长，教授级高级工程师
副主任	高振家	区调处总工，教授级高级工程师
	简人初	区调处高级工程师
专家	张守信	中国科学院地质研究所研究员
	魏家庸	贵州省地质矿产局区调院教授级高级工程师
成员	姜　义	区调处工程师
	李　忠	会计师
	周统顺	中国地质科学院地质研究所研究员

大区一级成立大区领导小组，由大区内各省（市、自治区）局级领导成员和地科院沈阳、天津、西安、宜昌、成都、南京六个地质矿产研究所各推荐一名专家组成。领导小组对本大区地层清理工作进行组织、指导、协调、仲裁并承担研究的职责。下设大区办公室，负责大区地层清理的技术业务指导和经常性业务技术管理工作。在全国项目办直接领导下，成立全国地层数据库研建小组，由福建区调队和部区调处承担，负责全国和省（市、自治区）二级地层数据库软件开发研制。

各省（市、自治区）成立省级领导小组，以省（市、自治区）局总工或副总工为组长，有区调主管及有关处室负责人组成，在专业区调队（所、院）等单位成立地层清理小组，具体负责地层清理工作，同时成立省级地层数据库录入小组，按照全国地层数据库研建小组研制的软件及时将本省清理的成果进行数据录入，并检验软件运行情况，及时反馈意见，不断改进和优化软件。在全国地层清理的三个级次的项目中，省级项目是基础，因此要求各省（市、自治区）地层清理工作必须实行室内清理与野外核查相结合，清理工作与区调填图相结合，清理与研究相结合，地层清理与地层数据库建立相结合，“生产”单位与科研教学单位相结合，并强调地层清理人员要用现代地层学和现代沉积学的理论武装起来，彻底打破传统观点，统一标准内容，严格要求，高标准地完成这一历史使命。实践的结果，凡是按上述五个相结合去做的效果都比较好，不仅出了好成果，而且通过地层清理培养锻炼了一支科学技术队伍，从总体上把我国区调水平提高到一个新台阶。

三年多以来，参加全国地层清理工作的人员总数达400多人，总计查阅文献约24 000份，野外核查剖面约16 472.6 km，新测剖面70余条约300 km，清理原有地层单位有12 880个，通过清查保留的地层单位约4721个（还有省与省之间重复的），占总数36.6%，建议停止使用或废弃的单位有8159个（为同物异名或非岩石地层单位等），占总数63.4%，清查中通过实测剖面新建地层单位134个。与此同时研制了地层单位的查询、检索、命名和研究对比功能的数据库，通过各省（市、自治区）数据录入小组将12 880个地层单位（每个单位5张数据卡片）和10 000多条各类层型剖面全部录入，首次建立起全国30个（不含上海市）省（市、自治区）基础地层数据库，为全国地层数据库全面建成奠定了坚实的基础。从1994年7月—11月，分七个片对30个省（市、自治区）地层清理成果报告及数据库的数据录入进行了评审验收，到1994年底可以说基本上完成了省一级地层清理任务。1995—1996年将全面完成大区和总项目的清理研究任务。由此可见，这次全国地层清理工作无论是参加人数之多，涉及面之广，新方法新技术的应用以及理论指导的高度和研究的深度都可以堪称中国地层学研究的第三个里程碑。这一系统工程所完成的成果，不仅是这次直接参加清理的400多人的成果，而且亦应该归功于全国地层工作者、区域地质调查者、地层学科研与教学人员以及为地层工作做过贡献的普查勘探人员。全国地层清理成果的公开出版，必将对提高我国地层学研究水平，统一岩石地层划分和命名指导区调填图，加强地层单位的管理以及地质勘察和科研教学等方面发挥重要的作用。

鉴于本次地层清理工作和地层数据库的研建是过去从未进行过的一项研究性很强的系统工程，涉及的范围很广，时间跨度长达100多年，参加该项工作的人员多达300～400人，由于时间短，经费有限，人员水平不一，文献资料掌握程度等种种主客观原因，尽管所有人员都尽了最大努力，但是在本书中少数地层单位的名称、出处、命名人和命名时间等不可避免地存在一些问题。本书中地层单位名称出现的“岩群”、“岩组”等名词，是根据1990年公开出版的程裕淇主编的《中国地质图（1∶500万）及说明书》所阐述的定义。为了考虑不同观点的读者使用，本书对有“岩群”、“岩组”的地层单位，均暂以（岩）群、（岩）组处理。如鞍山（岩）群、迁西（岩）群。总之，本书中存在的错漏及不足之处，衷心地欢迎广大读者提出宝贵意见，以便今后不断改正和补充。

在30个省（市、自治区）地层清理系统成果即将公开出版之际，我代表全国地层清理项目办公室向参加30个省（市、自治区）地层清理、数据库研建和数据录入的同志所付出的辛勤劳动表示衷心的感谢和亲切的慰问。在全国地层清理项目立项过程中，原直管局王新华、黄崇轲副局长给予了大力支持，原直管局局长兼财务司司长现地矿部副部长陈洲其在项目论证会上作了立项论证报告，在人、财、物方面给予过很大支持；全国地层委员会副主任程裕淇院士一直对地层清理工作给予极大的关心和支持，并在立项论证会上作了重要讲话；中国地质大学教授、全国地层委员会地层分类命名小组组长王鸿祯院士是本项目的顾问，在地层清理的指导思想、方法步骤及许多重大技术问题上给予了具体的指导和帮助；中国地质大学教授杨遵仪院士对这项工作热情关心并给以指导；中国地质科学院院长、部总工程师陈毓川研究员参加了第三次全国地层清理工作会议并作了重要指示与鼓励性讲话；部科技司姜作勤高工，计算中心邬宽廉、陈传霖，信息院赵精满，地科院刘心铸等专家对地层数据库设计进行评审，为研建地层数据库提出许多有意义的建议。中国科学院地质研究所，南京古生物研究所，中国地质科学院地质研究所，天津、沈阳、南京、宜昌、成都和西安地质矿产研究所，南京大学，西北大学，中国地质大学，长春地质学院，西安地质学院等单位的知名专家、教授和学者，各省（市、自治区）地矿局领导、总工程师、区调主管、质量检查员和区调队、地研所、综合大队等单位的区域地质学家共600余人次参加了各省（市、自治区）地层清理研究成果和六个大区区域地层成果报告的评审和鉴定验收，给予了友善的帮助；各省（市、自治区）地矿局（厅）、区调队（所、院）等各级领导给予地层清理工作在人、财、物方面的大力支持。可以肯定，没有以上各有关单位和部门的领导和众多的专家教授对地层清理工作多方面的关心和支持，这项工作是难以完成的。在30个省（市、自治区）地层清理成果评审过程中一直到成果出版之前，中国地质大学出版社，特别是以褚松和副社长和刘粤湘编辑为组长的全国地层多重划分对比研究报告编辑出版组为本套书编辑出版付出了极大的辛苦劳动，使这一套系统成果能够如此快地、规范化地出版了！在全国项目办设在区调处的几年中，除了参加项目办的成员外，区调处的陈兆棉、其和日格、田玉莹、魏书章、刘凤仁多次承担地层清理会议的会务工作，赵洪伟和于庆文同志除了承担会议事务还为会议打印文稿，于庆文同志还协助绘制地层区划图及文稿复印等工作。

在此，向上面提到的单位和所有同志一并表示我们最诚挚的谢意，并希望继续得到他们的关心和支持。

全国地层清理项目办公室（陈克强执笔）

目　　录

第一章
绪 言

长期以来在传统的统一地层划分影响下，以及随着地层新资料的不断发展，不同的地质工作者对地层资料解释的差别，地层的时代界线经常改变，新的地层单位名称不断增加，导致区调工作的基础——地层单位划分与对比产生严重的混乱。以此为基础测制（或编制）的地质图，也因时因人而异，给使用单位造成了许多困难，甚至提供了错误的信息。另外，由于各省（区）以行政省域为界，建立各自的地层层序及单位名称，自成系统，人为地分割了地层单位向邻省的延伸，不便于地层资料的交流。为了消除这种混乱局面，采用现代地层学的理论和方法研究已有的地层资料，建立起能与国际地层研究方法与水平接轨并适合我国地层工作发展需要的共同划分标准，这对于深化研究和资料的积累、交流，促进区调填图、地质找矿、地质科学研究与教学的进一步发展，促进地层成果参与国民经济建设，都具有非常重要的意义。因此，1990 年地质矿产部决定在“八五”期间开展全国地层多重划分对比研究和建立地层数据库，并将此列为部“八五”重大基础地质科技项目，由全国地层清理项目办公室实施。

湖南省地质矿产局根据地质矿产部地直发（1991）005 号文和（1992）014 号文件精神，决定将“湖南地层多重划分对比研究”立项，由湖南区域地质调查所负责实施。其目的是以多重地层划分理论为指导，遵循《中国地层指南及中国地层指南说明书》和《国际地层指南》的原则，从湖南省实际情况出发，建立完整的岩石地层系统，阐明各岩石地层单位的原始定义、沿革、现在定义、划分对比标志、基本特征、延伸范围，以及与上、下岩石地层单位的关系，使在岩石地层单位的划分、命名、理解和应用方面，省际间都有共同语言，从而消除混乱，提高科学性，增强统一性，促进地层划分、研究与管理的规范化和现代化。

湖南省地层发育较全、层序清楚、化石丰富、横向变化显著、沉积类型多样。从中元古代至第四纪沉积均有分布，约占全省面积的 91.7%，是研究华南地层的良好地区之一。

湖南是“有色金属之乡”，非金属矿产也十分丰富。地层中赋存的矿产主要有铁、锰、钼、铜、铅、锌、汞、锑、煤、磷、海泡石、重晶石、天青石、石膏、岩盐和钙芒硝等。

湖南省的地层工作，有文献可查者始于 1886 年，至 1949 年间多限于在交通方便的地区进行路线地质矿产综合调查，对地层的划分研究奠定了尔后地层工作的基础。1949—1958 年，在开展大规模的矿产普查勘探的同时，对地层、古生物等方面亦取得了较好的成果。湖南省自1958年起全面开展1∶20万区调工作，于1977年全部完成，70年代初期，系统地开展了1∶5万区调工作。通过区调工作，对我省各时代地层的空间展布、岩性、岩相、层序、厚度、古生物、含矿性、接触关系及其变化已基本查明，建立了完整的地层序列。同时，还开展了岩石地层、生物地层、年代地层以及岩相古地理、层序地层等诸多方面的专题研究，解决了一批重大的疑难问题，显著地提高了地层的研究程度。在此期间编著了涉及全省范围的地层系统的主要专著有《中南区区域地层表·湖南分册》、《湖南地层》、《湖南省区域地质志》和《湖南省岩石地层研究》、《湖南省岩石地层单位清理与研究》、《湖南古生物图册》等，对湖南地层工作成果进行了全面系统的总结和提高，为本次地层清理奠定了良好的基础。

80年代以来，湖南省的地层工作大多是在现代地层学理论指导下完成的，其资料是本次地层多重划分对比研究的基础。但由于多种原因，这些资料尚存在一些问题，从发展的观点来看，从大区域出发，这些地层研究成果尚需进一步深化与完善。

本次地层多重划分对比研究，主要是地表出露的岩石地层单位的清理与完善，第四纪沉积及井下地层单位未包括在本次清理范围之内。在整体工作中，坚持了如下基本原则：

——填平补齐的原则。湖南区域地质调查所于80年代末进行过第一轮岩石地层单位清理与研究，已初步建立了总体地层格架，笔者依照《中国地层指南及中国地层指南说明书》和《国际地层指南》精神，实事求是地给予修正、补充完善，从而达到深化、系统和提高的目的。

——统一名称的原则。凡延伸入邻省的地层单位，按地层的自然延伸视为同一单位，遵循命名法的优先原则，并同时考虑知名度和使用的实际情况，打破行政区划，统一命名。

——克服名称太多太杂，坚持少而精，有利于地质填图的原则。对比研究时，去掉含义清楚、差异甚小、一物多名或分布范围极小的地层单位名称。

——坚持与科研、生产相结合的原则。在清理中，正逢湖南省板溪群专题组亦在开展工作，这无疑对清理湖南省晚元古代地层是一个有利条件，笔者便把清理与专题研究组成一体，将专题研究成果作为地层清理的基本资料，有效地提高了晚元古代地层的清理质量。同时与正在开展的1∶5万区调工作相联系，通过参加图幅的野外验收，最终资料审评，及时地掌握了野外工作的新进展，为清理工作增加了最新资料。另外也将研究的成果及时应用于1∶5万区调填图，并取得了良好的效果。

地层的综合分区，是依据岩石地层结构及岩性变化、地质构造的总体特征及其在空间上的相互关系而确定的。根据全国地层清理项目办公室对地层综合分区的划分，湖南省地层隶属于华南地层大区，以洪江—溆浦—安化—益阳—长沙—浏阳一线为界，分为扬子与东南两个Ⅱ级地层区。扬子地层区仅有上扬子地层分区（湘西北、湘北，$Ⅵ_4^3$），而东南地层区又以东安—攸县一线为界，以北为湘中地层分区（湘中，$Ⅵ_5^3$），以南为桂湘赣地层分区（湘南，$Ⅵ_5^4$）（图1-1）。但是笔者认为，随着地质时代的变化，地层的分区界线也会随之变迁，难以用一个固定统一的分区界线来反映各纪地层的实际变化情况。因此，为了能反映各纪地层的具体分布规律，便于在生产中的应用，本书在上述综合分区的基础上，分别按各纪地层的实际分布进行描述。

本项目编号为地直科专（1992-01）号，数据库编号D21992-01，由湖南省区域地质调查所“地层多重划分对比（清理）研究室”承担，该室建于1992年6月，由12人组成，张纯臣为项目负责人，1992年8月提交设计，计划于1994年底提交成果。其中1992年9月—1993年12月主要是搜集资料、地层单位剖面的野外核查、测制地层剖面、填制岩石地层单位卡片、进行岩石地层单位的研究、划分及对比工作。本次研究所搜集到的有关地质资料，其

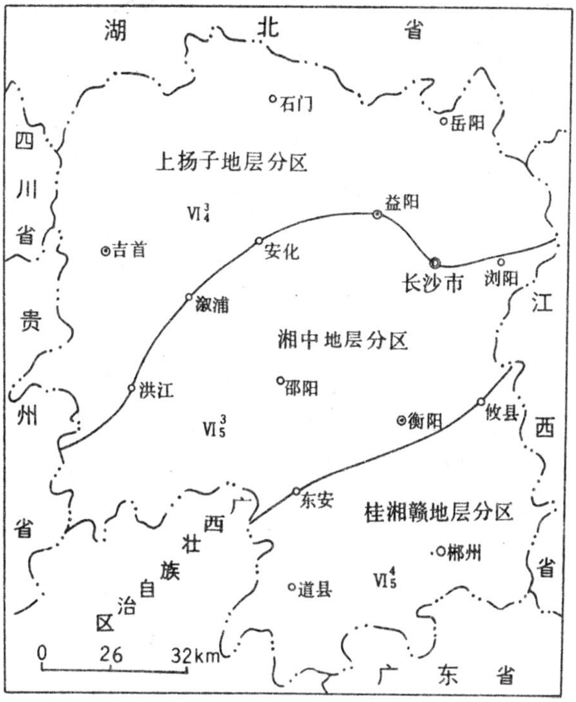

图 1－1 湖南省岩石地层综合分区示意图

中 1∶20 万、1∶5 万区调成果为本次清理的核心资料。1994 年 1—6 月进行报告编写及地层单位卡片微机输入工作，于 1994 年 9 月提交报告送审稿、卡片及磁盘，并在成都召开的部级会议上评审。在评审通过的项目报告基础上编写了《全国地层多重划分对比研究（43）湖南省岩石地层》。

本书由下列人员执笔编写，元古宇冷家溪群、板溪群由唐晓珊、黄建中编写；震旦系由张纯臣、朱伦杰编写；寒武系、奥陶系由黄惟沛编写；志留系由宾汉文编写；泥盆系、石炭系由谭正修编写；二叠系由李国彪编写；三叠系、侏罗系由朱伦杰编写；白垩系、第三系由赵别全、朱伦杰编写。王令杭负责本书图件的审核工作。本书最后由张纯臣统稿。

本次共清理 249 个地层单位，使用群级单位 5 个、组级单位 151 个、段级单位 3 个，共计 159 个岩石地层单位；建议不采用的地层单位 90 个。搜集资料 1 300 份，填制地层卡片 249 套，共 2 205 张；使用剖面 637 条，野外核查地层单位数占使用单位数的 58%。新测剖面 4 条，长 4 000 m，采薄片 40 块、化石 50 块、同位素年龄样 2 个（表 1－1）。

在地矿部全国地层清理项目办公室及中南大区项目办公室的组织指导下，在湖南省地矿厅地矿处的大力支持下，我室全体工作人员经过两年的积极努力，克服了不少困难，终于圆满地完成了这次清理任务。本书由湖南区域地质调查所总工办组织有关人员审稿，微机室负责卡片的输入工作，图件清绘由本所制图室完成，在此一并致谢。

第二章
中—晚元古代

湖南省中—上元古界是省内出露最老的地层，广布于上扬子地层分区、湘中地层分区，少量分布于桂湘赣地层分区（图 1-1，图 2-1）。中元古界属活动型地层相，构成扬子古大陆（湖南部分）变质褶皱基底，上元古界属稳定—次稳定型地层相，为扬子古大陆的第一个沉积盖层。

上元古界青白口系，在湖南省境内从西北—东南依次分布有张家湾组、板溪群、高涧群及大江边组，它们依次代表河流—滨海—浅海—次深海、深海相的沉积。

第一节　岩石地层单位

冷家溪群　Pt_2L　（6-43-0001）

【创名及原始定义】　冷家溪群一名源于 1936 年王晓青、刘祖彝的冷家溪系，创名地点在桃源县茶庵铺乡冷家溪（图 2-1）。其原始定义系指整伏于仙人界系灰绿色千枚岩之下，下部为黑色硅质岩，上部为紫红色页岩—千枚状页岩的一段岩层。

【沿革】　1958 年，湖南地质局 413 地质队在桃源县茶庵铺冷家溪剖面（111°08′，28°33′）（王、刘氏命名剖面）中发现了一角度不整合面，创名为“武陵运动”。将不整合面之下的一套浅变质砂泥质岩组成的地层称冷家溪统。1961 年王鹤年在桃源、安化等地发现该不整合面，创“东安运动”一名，将不整合面之下的地层命名为“彭家群”，归属元古宇。1962 年湘、桂、黔三省（区）前寒武系踏勘组[①]* 将武陵运动不整合面之下的地层称板溪群下亚群，并命名为梵净山组。60—70 年代湖南省地矿局区域地质测量队** 在相继开展的 1：20 万区域地质调查中，查明这个不整合面在湖南前震旦纪地层中普遍存在，以丰富翔实的地层剖面资料肯定了不整合面上的地层是板溪群，不整合面之下的地层则改称冷家溪群。并将冷家溪群定义为：伏于武陵运动不整合面之下的一套灰色、灰绿色绢云母板岩、条带状板岩、粉砂质板岩与岩屑

* 未刊资料，集中列在每章之后。

** 湖南省地质局区域地质测量队（以下简称湖南区测队），于 1980 年改称湖南区域地质调查队（以下简称湖南区调队），又于 1988 年改称湖南区域地质调查所（以下简称湖南区调所）。

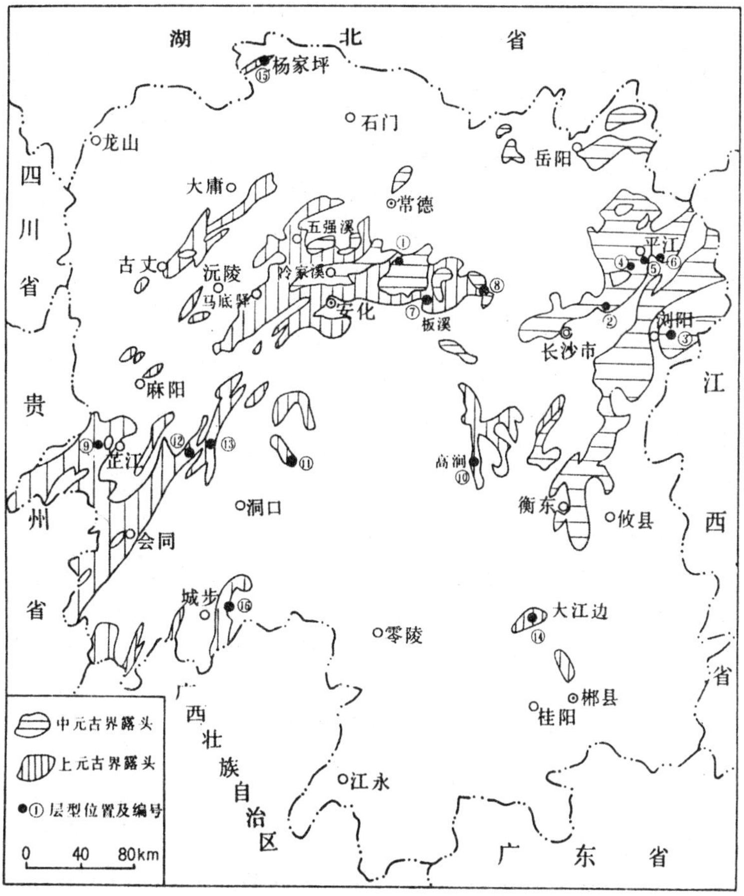

图 2-1 湖南省中、上元古界露头分布及层型剖面位置图

杂砂岩、凝灰质砂岩组成复理石韵律特征的浅变质岩系。1974 年，该队分别在益阳市郊、浏阳县中和的冷家溪群中下部发现了变基性—酸性火山岩系。同年又在浏阳雷神庙、脚板冲等冷家溪群剖面中采获了一批与华北蓟县系微古植物化石组合雷同的微古植物化石，从此肯定了冷家溪群为中元古代。1988 年唐晓珊②将冷家溪群按岩性、岩相组合特征划分为雷神庙组、黄浒洞组、小木坪组、坪原组 4 个岩石地层单位及 3 个微古植物化石组合。1995 年唐晓珊等③又将该群中下部变基性—酸性火山岩与陆源碎屑岩呈韵律的组合单独划出而建南桥组。与本群同物异名的有东安群及木旺溪群，省内停止使用。

【现在定义】 伏于武陵运动不整合面之下的一套灰色、灰绿色绢云母板岩、条带状板岩、粉砂质板岩与岩屑杂砂岩、凝灰质砂岩组成复理石韵律特征的浅变质岩系，局部地段夹有变基性—酸性火山岩系。从下至上包括雷神庙组、南桥组、黄浒洞组、小木坪组、坪原组。

雷神庙组 Pt_2l （6-43-0002）

【创名及原始定义】 系唐晓珊②1988 年所创，命名地点在浏阳赤马乡雷神庙。其涵义系指冷家溪群最下部的一套区域变质的灰绿色、灰色厚层状绢云母、条带状砂质板岩夹少量薄层状含砾岩屑变杂砂岩—细砂质变粉砂岩及含钙质团块或条带的绿泥石板岩。顶部与上覆黄浒洞组呈整合接触，其底为背斜核部未出露。

【沿革】 该地层60年代以前划归冷家溪群中。1962年湘、桂、黔三省（区）前寒武系踏勘组将其归入板溪群下亚群。1986年，湖南省区调队④将其归为冷家溪群第一岩组，本次对比研究采用雷神庙组一名。

【现在定义】 同原始定义。

【层型】 正层型为浏阳沙市街镇雷神庙剖面（H－49－131－D；113°27′，20°34′）（图2－1中②），湖南区测队1977年测制。

上覆地层：黄浒洞组

10. 青灰色中层状岩屑杂砂岩与板岩互层	109.0 m

——————— 整 合 ———————

雷神庙组	总厚度＞1 990.8 m
9. 青灰色条带状粉砂质板岩、砂板岩、泥板岩互层	369.3 m
8. 灰色块状条带状板岩夹粉砂质板岩，条带呈细线纹状	220.5 m
7. 灰色薄层状绢云母板岩夹黄绿色泥板岩	250.1 m
6. 浅灰色薄层状板岩夹条带状板岩，有钙、磷反应	229.1 m
5. 青灰色粉砂质板岩。纹层构造发育	105.5 m
4. 灰绿色薄层条带状板岩与粉砂质板岩互层夹薄层状粉砂质细砂岩	257.0 m
3. 青灰色含凝灰质、白云质团块板岩、条带状粉砂质板岩偶夹薄—中层变质粉砂岩	292.8 m
2. 灰绿色厚层状含砾不等粒杂砂岩、板岩、粉砂质板岩呈韵律	31.2 m
1. 青灰色厚层状含凝灰质—白云质扁豆体条带状板岩	235.3 m

（背斜核部未露底）

【地质特征及区域变化】 雷神庙组是湖南出露最老的地层，分布在湘东浏阳、平江至湘中益阳、桃江一带，构成古老复背斜的核部。出露厚度最大在浏阳沙市街一带，厚为2 104.0 m，往西变为1 473.0 m，下部主要是一套青灰色厚层状含凝灰质及白云质扁豆体的条带状板岩，层理多呈厚层—块状，含有大小在（5～7×10～15）cm的凝灰质、白云质扁豆体是雷神庙组之岩石标志之一。中下部以灰绿色、青灰色粉砂质板岩、条带状板岩、含凝灰质—白云质团块板岩为主夹薄层变质岩屑杂砂岩、变质粉砂质细砂岩、含砾不等粒杂砂岩。该含砾岩石在层型剖面两侧可迅速相变成砾岩透镜体或含细砾的岩屑粗砂岩—岩屑杂砂岩。中上部为一套灰色、灰绿色块状—薄层状泥板岩、条带板岩、砂板岩呈不等厚互层岩系；往西至益阳—桃江地区相变较明显，下部岩石基本上是一套灰色、青灰色厚层状板岩、绢云母板岩为主夹粉砂质、泥质粉砂岩、钙质板岩与钙质团块，局部可见鲍马序列。上部青灰色、灰绿色中厚层状板岩为主但夹较多的薄—中层状粉砂质细砂岩、岩屑杂砂岩。砂岩内发育AB、BC、CDE鲍马序列，其粒度分布累积曲线为广粒级范围的低平缓曲线，萨胡判别值9.7356，为浊流沉积。反映雷神庙组为半深水盆地平原与浊积扇相交替之沉积。

总之，雷神庙组是一套深海—半深海沉积粘土岩夹浊积碎屑岩，并以夹钙质、凝灰质团块（扁豆体）的绿泥石板岩为特点。该组采获的微古植物化石有：*Leiominuscula* aff. *minuta*，*Trematosphaeridium minutum*，*Taeniatum* sp.，*Leiopsophosphaera* sp.，*Polyporata* sp.，*P. obsoleta* 等。

南桥组　Pt_2n　（6－43－0003）

【创名及原始定义】 系唐晓珊等③1995年创名，命名地点在浏阳中和乡南桥村。其定义是指与上覆小木坪组、下伏黄浒洞组为整合接触的一套灰绿色岩屑杂砂岩、粉砂质板岩夹变细碧玄武岩、变辉绿岩、变石英角斑岩的地层。其底界以出现火山岩为标志与黄浒洞组分界，其顶界以火山岩的消失与小木坪组相区别。

【沿革】 60年代前将此地层划归冷家溪群，1962年湘、桂、黔三省（区）前寒武系踏勘组①将其归入板溪群下亚群。1986年湖南区调队④将其归入冷家溪群第三岩组。1988年唐晓珊等⑤将其置于黄浒洞组，1995年则将这套火山岩系从黄浒洞组中分解出来，另创南桥组一名。

【现代定义】 同原始定义。

【层型】 正层型为浏阳中和乡南桥剖面（H－49－144－D；113°58′，28°09′）（图2－1中③），湖南区测队1977年测制。

上覆地层：小木坪组

9. 深灰色条带状粉砂质板岩偶夹中—厚层岩屑杂砂岩	696.0 m
——整　合——	
南桥组	总厚度1 797.8 m
8. 浅灰色中厚层状砂质板岩、凝灰质细砂岩与变流纹质凝灰岩，变石英角斑岩互层	323.7 m
7. 灰色薄层状砂质千枚岩，含长石石英杂砂岩与变石英角斑岩、帘石透闪石岩、帘石阳起石岩、变基性熔岩呈韵律，变中基性火山岩呈层状—块状，顶底面平整与沉积岩层呈整合接触，仅局部有切层现象	329.0 m
6. 灰色、灰绿色绢云母板岩夹厚层块状变基性熔岩（绿泥石岩）	97.4 m
5. 灰色粉砂质绢云母板岩、条带状板岩夹中厚层状岩屑石英杂砂岩	40.0 m
4. 灰色绢云母板岩	105.0 m
3. 灰色厚层状—块状岩屑杂砂岩、粉—细砂岩、板岩呈韵律，砂岩有AC、ACE，板岩有CDE、DE等鲍马序列	99.7 m
2. 绢云母板岩夹砂质板岩，后者有CDE与DE鲍马序列	270.3 m
1. 灰色厚层粉砂质板岩夹中层状岩屑石英砂岩，分别有CDE与ACE、CE鲍马序列，夹似层状变辉绿岩及辉绿岩脉	532.7 m
——整　合——	
下伏地层：黄浒洞组　灰绿色粉砂质板岩夹中层状岩屑石英杂砂岩，后者发育AC、ACE、CDE等鲍马序列	147.0m

【地质特征及区域变化】 在湘东浏阳一带该组位于黄浒洞组之上，总厚度为1 797.8 m，中下部以区域浅变质的岩屑杂砂岩、岩屑石英杂砂岩、粉砂质细砂岩、板岩、条带状板岩组成的韵律层系夹脉状、似层状变辉绿岩、黝帘石岩等基性变火山岩—次火山岩。中上部以岩屑杂砂岩、含长石岩屑石英杂砂岩、绢云母板岩、粉砂质千枚岩与变基性熔岩、帘石透闪石岩、帘石阳起石岩、角斑岩、变石英角斑岩、变流纹质凝灰岩类互层。火山岩在空间上呈平行带状、链状、似层状顺层分布，亦有部分呈脉状、岩墙产出。变基性岩类单层体厚数米至数十米，与围岩接触处未见明显的蚀变现象，岩石主要矿物是斜长石，可见卡钠、钠长石律双晶，但多已被绿纤石交代，在斑状结构的岩石中亦可见斜长石的宽板状自形晶，形成变余拉斑玄武结构、变余交织结构、变余间隐结构等。其他主要矿物还有阳起石、绿纤石、绿泥石等。变基性熔岩局部仍保留完好的枕状构造、气孔构造、杏仁构造。枕状体有冷凝边及石英赤铁矿外壳等。

往西至益阳市郊该组以变基性火山岩为主，有变拉斑玄武岩、含单斜辉石斑晶玄武质科马提岩、含橄榄石斑晶玄武质科马提岩及变辉绿岩为主夹条带状板岩，厚 902.3 m。

南桥组内变基性岩类大部分都属拉斑玄武岩系列，少数属钙碱性玄武岩；Nb、La、Ce、P、Zr、Y 等富集程度低，在 MORB 标准化图上，大离子亲石元素除 Sr 外都呈选择性富集，REE 分配中都是轻稀土相对富集型，模式图都是呈“L”型，Eu 呈负异常，所以都不同于 MORB。从 Sm－Nd 同位素组成差异上，南桥组的变基性火山岩可分成两类：Ⅰ类以益阳市郊玄武质科马提岩为代表，ΣNd（0，T）为 2.2～16.7 之间；Ⅱ类是浏阳市南桥—上白溪的变辉绿岩、变拉斑玄武岩，醴陵攸坞的球粒玄武岩类，其 ΣNd 值从－1.3～－13.3，并与角斑岩、石英角斑岩共存。经多种图解判别，Ⅰ类具有岛弧火山岩特征，Ⅱ类则为板内玄武岩类。在浏阳上白溪变辉绿岩、变玄武岩中测得 Sm－Nd 全岩等时线年龄为 1360±48 Ma。

黄浒洞组　Pt_2h　（6－43－0004）

【创名及原始定义】　系唐晓珊②1988 年所创，创名地点在浏阳社港乡黄浒洞村。其定义为位于冷家溪群雷神庙组之上，冷家溪群小木坪组之下的一套区域浅变质的岩屑杂砂岩、岩屑石英杂砂岩为主并夹砂板岩、泥质粉砂岩、粉砂质细砂岩、条带状粉砂质板岩、绢云母板岩的地层。与上、下层均为整合接触。

【沿革】　此地层在 1986 年前置于冷家溪群，未能细分。1986 年湖南区调队④将其归入冷家溪群第三岩组第一段。1988 年唐晓珊则创黄浒洞组一名，本次对比研究沿用此名。

【现在定义】　同原始定义。

【层型】　正层型为浏阳黄浒洞剖面（H－49－131－D；113°27′，28°29′）（图 2－1 中④），湖南区测队 1977 年测制。

上覆地层：小木坪组

18. 青灰色条带状板岩、砂质板岩互层　　>785.0 m

——————— 整　合 ———————

黄浒洞组　　总厚度 3 667.7 m

17. 灰绿色厚层板岩、中厚层岩屑杂砂岩不等厚互层。砂岩有 ACE、ABC、AB 等鲍马序列，板岩偶有条带　　367.7 m
16. 青灰色厚层板岩夹砂板岩、粉砂质细砂岩　　563.1 m
15. 灰色厚层状板岩偶夹薄层（10～15cm）岩屑杂砂岩，砂岩中发育 AC、CE 鲍马序列　　317.7 m
14. 下部 10 m 为中厚层状岩屑杂砂岩，A、ABC、鲍马序列发育。中上部中厚层板岩夹中厚层岩屑杂砂岩，砂岩内发育 CDE、DE、ABC、ACE 鲍马序列。同时 CDE、DE 与 ABC、ACE 呈韵律，并示外扇和内扇相互叠覆出现之特征　　109.0 m
13. 深灰色条带状板岩、粉砂质板岩互层，前者发育 DE、后者发育 CDE 等鲍马序列　　120.5 m
12. 深灰色厚层状条带状粉砂质板岩夹薄层岩屑杂砂岩、粉—细砂岩。条带状板岩中发育 DE 鲍马序列及变形层理。杂砂岩、粉—细砂岩分别发育 ACE 及 CDE 鲍马序列　487.3 m
11. 灰色厚—薄层绢云母板岩夹中—薄层状岩屑杂砂岩、粉砂质细砂岩，三者分别发育变形层理，及 ACE、CE 鲍马序列　　240.0 m
10. 灰色中—薄层状凝灰质岩屑杂砂岩、粉砂质细砂岩与条带状板岩互层，分别发育 AC、ACE、CDE、DC 鲍马序列与变形层理　　247.0 m
9. 灰绿色中厚层状岩屑杂砂岩夹条带状板岩，前者发育 ABC、ACE 鲍马序列，后者发

育 DE 鲍马序列　31.7 m

8. 深灰色薄—中层状粉砂质板岩夹薄层岩屑杂砂岩，分别发育 CE、CDE 及 ACE 组合　124.4 m

7. 深灰色厚层绢云母板岩夹薄层砂岩及条带状砂板岩，后两者分别发育 ACE 与 CE、CDE 鲍马序列　363.9 m

6. 灰—青灰色中厚层及块状岩屑杂砂岩、粉砂质细砂岩，具 A、ACE 鲍马序列　98.4 m

5. 灰色、青灰色块状岩屑杂砂岩、砂质板岩夹条带状板岩，前者具 A、ABE、ACE 鲍马序列。后者发育水平条带　128.0 m

4—3. 青灰色、灰绿色厚层状粉砂质细砂岩夹条带状板岩，分别发育 AC 与 CDE 鲍马序列　119.4 m

2. 浅灰色岩屑杂砂岩，粉—细砂岩与条带状绢云母板岩互层　244.0 m

1. 青灰色板岩、中层状岩屑杂砂岩、粉—细砂岩互层　105.6 m

——————整　合——————

下伏地层：**雷神庙组**　青灰色、灰绿色厚层粉砂质板岩与泥质板岩　369.0 m

【地质特征及区域变化】　黄浒洞组是冷家溪群中最有特色的岩石组合，以一套斜坡浊积杂砂岩有别于其他地层。在全区延展稳定，相变不明显，厚度 2 056～3 665 m。以层型剖面控制的区域厚度最大，向东、向西均变薄，桃源一带仅 2 056.0 m。下部为灰绿色、灰色中层—块状浅变质岩屑杂砂岩、岩屑石英杂砂岩为主夹薄层板岩、粉砂质板岩、砂质粉砂岩。其中的岩屑杂砂岩、板岩、粉砂质板岩呈互层出现，发育 ABE、ADE、ACE、AE 等鲍马序列，底蚀痕构造多见。中上部为灰绿色板岩、条带状板岩夹薄—中层状浅变质岩屑杂砂岩、粉砂质细砂岩、泥质粉砂岩，以粘土沉积岩占优势，且普遍发育毫米级—厘米级之水平纹理。上部灰绿色中—厚层状、块状浅变质岩屑杂砂岩、岩屑石英杂砂岩、石英杂砂岩与中厚层状板岩、粉砂质板岩构成韵律层系，单韵律层厚度 3～5 m，杂砂岩发育大中型（20～40 cm）ABE、ADE、ACE 鲍马序列，底部槽模构造常见，属浊流沉积。

黄浒洞组所采获的微古植物化石颇多，有 *Leiopsophosphaera* sp.，*L. effusus*，*L.* aff. *effusus*，*Trematosphaeridium* sp.，*T. minutum*，*T. holtedahlii*，*Polyporata* sp.，*P. obsoleta*，*P. microporasa*，*Protoleiosphaeridium* sp.，*Trachysphaeridium simplex*，*Asperatopsophosphaera umishanensis*，*A.* sp.，*Laminarites* sp.，*L. antiquissimus*，*Leiofusa* sp.，*L. bicornuta*，*Archaeofavosina* sp.，古植物化石碎片 *Lignum* sp. 等 24 个属种。

小木坪组　Pt_2x　(6－43－0005)

【创名及原始定义】　由唐晓珊②1988 年所创，创名剖面位于平江县三市乡西南 25 km 处之小木坪。其定义是指与上覆坪原组、下伏黄浒洞组均呈整合接触的一套灰色、灰绿色条带状粉砂质板岩、砂质板岩、绢云母板岩为主，偶夹薄—中层状岩屑杂砂岩的浅变质岩组成的地层。

【沿革】　该地层 60 年代以前划归冷家溪群，1962 年湘、桂、黔三省（区）前寒武系踏勘组①将其归入板溪群下亚群。1986 年湖南区调队④将其归入冷家溪群第三岩组第二岩段。1988 年唐晓珊创小木坪组。建名后沿用至今。

【现在定义】　同原始定义。

【层型】　正层型为平江三市乡小木坪剖面（H－49－132－A；113°32′，28°34′）（图 2－1 中⑤），湖南区测队 1977 年测制。

上覆地层：坪原组

7. 灰色、灰绿色极薄层状含凝灰质细—粉砂岩与等厚层青灰色绢云母板岩呈复理石韵律层 306 m

——整 合——

小木坪组 总厚度 1 876.7 m

6. 青灰色条带状砂质板岩、砂质板岩与极薄层状（单层厚 1～10 cm）粉砂质细砂岩成韵律，三种岩石又都是由 AC、CDE、DE 鲍马序列构成的层系 785.0 m

5. 深灰色条带状板岩夹中—薄层状粉砂岩，粉砂岩单层厚 0.3～0.5 m，发育 AC、DE 鲍马序列 166.0 m

4. 灰色条带状粉砂质板岩夹绢云母板岩 277.0 m

3. 深灰色厚层条带状板岩与绢云母板岩互层 219.0 m

2. 深灰色厚层条带状砂质板岩夹薄—中层状变质粉砂质细砂岩，后者发育 CE、ACE 鲍马序列 98.2 m

1. 灰—浅灰色条带状绢云母板岩，发育 0.2～0.5 cm 宽的水平纹层 331.5 m

——整 合——

下伏地层：黄浒洞组 灰绿色厚层板岩与中厚层状岩屑杂砂岩呈韵律 367.7 m

【地质特征及区域变化】 小木坪组广泛出露在冷家溪群的分布区域，厚度为 1 876～1 524 m之间。在湘东一带，该组中下部是以条带状砂质板岩与绢云母板岩互层为主，偶夹薄—中层状粉砂质细砂岩、岩屑杂砂岩；上部为一套灰色、深灰色条带状粉砂质板岩、条带状砂质板岩与单层仅 1～10 cm 厚的粉砂质细砂岩、岩屑杂砂岩呈 0.2～0.4 m 厚的往复式韵律层，三种岩石又各自是由 AC、CDE、DE 鲍马序列构成的层系，具低密度浊积岩特征与复理石韵律结构成为小木坪组上部最典型而独有的标志。该组在省内相变较小，往西至桃江、桃源一带，该组仍可分为两个略有差异的岩石组合，下部为灰色薄层绢云母板岩、粉砂质板岩为主夹少量薄层砂质粉砂岩、泥质粉砂岩、细粒石英杂砂岩，发育小型的鲍马序列。上部为条带状粉砂质板岩为主夹少量薄层状泥质粉砂岩，有两层厚 0.8～1 m 含砾板岩（砾石为泥砾）及数层厚 0.1 m 由凸镜状层理、沙纹交错层理、水平层理组成的并由薄泥层相互隔开的等深积岩，说明是远距离搬运，并略有分选的浊流沉积。

小木坪组已采获的微古植物化石计有：*Trematosphaeridium* sp.，*Leiopsophosphaera* sp.，*L.* aff. *effusus*，*L. densa*，*L. hyperboreica*，*Dictyosphaera* sp.，*D. sinica*，*Glottimorpha* sp.，*Pterospermopsis* sp.，*Zonosphaeridium* sp.，*Lignum* sp.，*L. punctolosum*，*Leiofusa* sp. 等 25 个属种，可以说是冷家溪群中微古植物化石最繁盛的时期。从光球藻的丰度及网球藻、舌形藻、膜环藻、有环球形藻等新属种的出现，显示小木坪期是中元古代微古植物衍生繁殖最重要的阶段。

坪原组 Pt_2p （6-43-0006）

【创名及原始定义】 由唐晓珊②1988 年所创，创名剖面位于平江三市乡北西 260° 13 km 处之坪原。其定义系指与下伏小木坪组呈整合接触的一套灰色、灰绿色粉砂质板岩、条带状板岩与薄—中层状含凝灰质粉砂岩、凝灰质砂板岩、凝灰质岩屑杂砂岩呈韵律出现的浅变质岩组成的地层。

【沿革】 该地层60年代以前划归冷家溪群，1962年湘、桂、黔三省（区）前寒武系踏勘组①将其归入板溪群下亚群。1986年湖南区调队④将其归入冷家溪群第四岩组，1988年唐晓珊创坪原组。建名后省内沿用至今。

【现在定义】 同原始定义。

【层型】 正层型为平江县三市乡坪原剖面（H-49-132-C；113°57′，28°36′）（图2-1中⑥），湖南区测队1977测制。

坪原组 （向斜轴部）		总厚度>2 047.0 m
5. 浅灰色薄—中层状粉砂质板岩，青灰色绿泥石绢云母板岩夹薄—中层状凝灰质粉砂岩		540.0 m
4. 灰色、浅灰色厚层绢云母板岩、含粉砂质条带状绢云母板岩与凝灰质粉砂岩、凝灰质砂板岩，夹岩屑杂砂岩		942.0 m
3. 浅灰色中—厚层状凝灰质板岩夹条带状绢云母板岩		259.0 m
2—1. 灰色、灰绿色极薄层状含凝灰质细—粉砂岩与等厚的青灰色绢云母板岩呈复理石韵律		306.0 m
——— 整　合 ———		
下伏地层：小木坪组	浅—深灰色薄—中层状条带状粉砂质板岩	>50.0 m

【地质特征及区域变化】 坪原组为冷家溪群最上部地层，仅出露在湘东北平江坪原及白元洞一线，又位于向斜构造的核部，未见其顶，但在白元洞剖面东侧3 km处见板溪群不整合于其上。该组岩性基本是一套灰色、灰绿色板岩、凝灰质粉砂质板岩与凝灰质砂板岩、凝灰质粉砂岩互层夹岩屑杂砂岩。含凝灰质是该组主要特征之一，致使岩石在风化后均呈浅灰—浅灰白色，同时该组中的凝灰质板岩、凝灰质砂板岩多呈厚层—块状。出露最大厚度为2 047.0 m。

该组的微古植物化石有 *Leiopsophosphaera solidum*，*Zonosphaeridium* sp.，*Polyporata* sp.，*Laminarites* sp.，*Triangumorpha* sp. 等。

板溪群 Pt_3B （6-43-0101）

【创名及原始定义】 板溪群由板溪系演化而来，系王晓青、刘祖彝（1936）创名于湖南省益阳城西60 km之板溪村（现改属桃江县）（H-49-128-D；111°58′，28°26′）（图2-1中⑦）。其原始涵义系指位于马迹塘系紫红色千枚岩及石英砂岩之上的一套灰绿色千枚岩和含卵石之千枚岩。

【沿革】 1938年王晓青将“板溪系”、“马迹塘系”、“仙人界系”合并统称“板溪系”。1940年王晓青又再分板溪系上部的含卵石千枚岩（实是含砾板岩）为“洪江系”，其下仍称板溪系，至此肯定了“板溪系”为含砾岩系之下的地层。1958年湖南省413地质队在沅陵官庄、桃江兴隆街、茶庵铺冷家溪等地发现“板溪系”内存在高角度不整合面而创名为“武陵山运动”（一般称武陵运动），并以此不整合面为界，不整合面上的“板溪系”改称官庄统、谢家溪统，不整合面下的“板溪系”改称“冷家溪统”。自此以后随武陵运动不整合面在湘西—湘中的不断被发现、验证，为板溪群的涵义及底界的厘定奠定了基础。1959年第一次全国地层会议文集中用“板溪群”一名取代了“板溪系”，并用以代表华南前震旦纪变质基底岩系，又被华南诸省广泛引用，变成了一个内涵不清，集深、中、浅变质岩于一身的复杂地层系统。1962年湘、桂、黔三省（区）前寒武系踏勘组①重新厘定板溪群只限于武陵运动不整合面之上含砾岩系下的地层，并以湘-黔大断裂为界，将以北的红色板溪群划分为马底驿组、五强溪组，以南的黑色板溪群划分为拉览组、枷榜组，这即是“红、黑”板溪群的首次分野。60 年代初至 70 年代末湖南省 1∶20 万区域地质图及报告中，均把板溪群限于武陵运动不整合面之上，顶界止于与板溪群呈微角度不整合—平行不整合接触的早震旦世冰成泥砾岩之下，划归前震旦纪，使板溪群年代地层位置得以肯定。

1988 年唐晓珊等⑤以芷江鱼溪口剖面为正层型将板溪群自下而上划分为横路冲组、砂坪组、通塔湾组、两岔溪组、多益塘组，1994 年罗海晏等建宝林冲组，1995 年唐晓珊等③用“马底驿组”、“五强溪组”取代砂坪组、两岔溪组，并对板溪群进行了较系统的同位素年代学、古地磁学、层序地层学、生物地层学之研究。

【现在定义】　不整合于冷家溪群之上，平行不整合于震旦纪长安组或富禄组之下，由砾岩、砂岩、板岩、钙质板岩、凝灰岩、变火山岩等组成的地层，由下而上划分为：宝林冲组、横路冲组、马底驿组、通塔湾组、五强溪组、多益塘组、百合垅组、牛牯坪组 8 个组级单位，其时代归属晚元古代。

宝林冲组　Pt_3b　（6－43－0102）

【创名及原始定义】　由罗海晏等 1994 年创建，创名剖面位于益阳沧水铺乡荐周屋处。其定义指冷家溪群板岩之上的一套变安山质集块岩、英安质集块岩，及安山质—英安质火山角砾岩、沉火山角砾岩等火山碎屑岩系，归属于冷家溪群。

【沿革】　1995 年唐晓珊等③发现该组与冷家溪群呈角度不整合接触，故将“宝林冲组”归属板溪群，同时在创名剖面上又发现该组上部一套沉积火山—陆源砂砾岩与下部安山集块岩、火山角砾岩呈平行不整合接触，故将宝林冲组上部划归横路冲组。

【现在定义】　不整合于冷家溪群之上，平行不整合伏于横路冲组紫红色含火山角砾岩的陆源砂砾岩系之下的一套由安山质集块岩、英安质集块岩、安山质—英安质沉火山角砾岩、熔结凝灰岩构成的火山碎屑岩系，以纯火山岩的消失作其顶界标志。

【层型】　正层型为益阳沧水铺乡荐周屋剖面（H－49－129－D；112°23′，28°24′）（图 2－1 中⑧），湖南区调队 1986 年测制。

上覆地层：**横路冲组**

18. 紫红色、灰绿色沉凝灰质角砾岩，砾级岩屑，砾石含量在 70%～80%，砾石成分都是火山岩、沉积岩，胶结物亦由火山灰和泥砂屑构成，显层理　21 m

——————— 平行不整合 ———————

宝林冲组　总厚度 247.5 m

17. 灰白色（半风化）变流纹质熔结凝灰岩　11.3 m
16. 紫红色变英安质沉凝灰角砾岩夹薄层变凝灰质细砂质粉砂岩　27.2 m
15. 灰紫—灰白色凝灰质砂岩，含由英安质、安山质火山灰构成的毫米级微层　2.8 m
14. 紫红色、灰白色英安—安山质角砾凝灰岩，角砾含量 30%～70%，下部含砾量高，砾径悬殊，棱角状—次圆状，胶结物以火山灰与砂屑为主　1.8 m

13—9. 紫红色、半风化后呈灰白—淡黄色变英安质凝灰角砾岩，角砾成分主要是变英安岩，砾石含量 70%左右，粒径 10～20 mm，砾石多呈棱角状—次棱角状，层理不清　53.4 m

8—4. 灰绿色、黄灰色变英安岩质角砾岩与变沉凝灰质角砾岩，角砾岩之砾石主要是变英安岩，极少量板岩砾石、砂岩砾石，火山角砾的含量60%～70%，砾径20～100 mm 不等，以20～50 mm者居多，变沉凝灰质角砾岩具有层理　80.0 m

3. 紫—紫灰色变英安质集块岩夹暗紫色变英安质集块角砾岩、变英安质含砾凝灰岩，集块岩中之集块与胶结物的成分相同，不具层理　20.2 m

2. 灰紫色安山质含砾凝灰岩，砾石较小　6.5 m

1. 紫灰色变安山质集块岩夹少量变安山质集块角砾岩，不具层理　44.3 m

～～～～～～～～～ 不 整 合 ～～～～～～～～～

下伏地层：**小木坪组**　灰绿色中层状砂质板岩夹薄层砂质粉砂岩　>20.0 m

【地质特征及区域变化】　宝林冲组分布局限在益阳宝林冲—百羊庄一带，厚度为247.5 m，其下部主要是安山质集块岩、变英安质集块岩夹安山质含砾凝灰岩。中部以紫红色变英安质角砾岩为主夹变英安质凝灰角砾岩。上部以紫红色变英安质沉凝灰角砾岩为主夹薄层状凝灰质砂质粉砂岩、凝灰质砂岩、熔结凝灰岩。纵向上的岩性变化趋势较明显，经火山岩岩石学研究及环境判别，表明宝林冲火山岩、桃江巷子口凝灰岩、王家村角斑质凝灰岩与上覆地层中的变基性火山岩相互构成一个双模式火山套，是扬子陆块被动边缘扩张拉裂初始阶段，沿超壳深断裂上侵喷出的板内裂谷火山岩类，经用单锆石U－Pb一致性法测出其成岩年龄为933 Ma，表明上侵时代属晚元古代早期。

横路冲组　Pt_3h　(6－43－0103)

【创名及原始定义】　由唐晓珊等⑤1988年所创，建名剖面位于芷江县渔溪口横路冲。其原始定义是指不整合于冷家溪群之上，整合伏于马底驿组紫红色粉砂质板岩之下的一套复成分砾岩、含砾砂岩、长石石英砂岩夹紫红色、灰绿色板岩的岩石序列。

【沿革】　湖南区测队1974年将这套地层称为马底驿组第一段，1990年黄惟沛等⑥在未修改原始定义的情况下将其降为横路冲段。本次对比研究仍沿用横路冲组一名。

【现在定义】　同原始定义。

【层型】　正层型为芷江渔溪口剖面（H－49－16－A；109°36′，27°31′）（图2－1中⑨），湖南区测队1974年测制。

上覆地层：**马底驿组**　紫红—灰紫色中层状粉砂质板岩与中—厚层状含大理岩团块钙质板岩　56.8 m

———————— 整　合 ————————

横路冲组　总厚度196.2 m

25. 灰绿色薄—中层状粉砂质绢云母板岩夹红色绢云母板岩、泥质粉砂岩　34.8 m

24. 灰绿色块状含砾砂岩、砾岩，层面上发育超大型波痕　22.4 m

23. 灰色块状复成分砾岩，单层厚3 m，砾石主要为脉石英，砂岩、板岩次之，砂泥质胶结　31.0 m

22. 灰绿色块状砾岩、含砾砂岩与含长石石英杂砂岩成韵律，由下往上砾岩变薄，砂岩增厚　19.0 m

21. 灰绿—灰黄色块状含砾不等粒石英杂砂岩，砾石成分以脉石英、砂岩为主，分布不均一。砂岩层面上有干涉波痕　68.0 m

20. 灰绿、灰黄色粉砂质板岩，层面上时有砾径0.1～1 cm之砾石　12.1 m

19. 灰白色、紫红色块状复成分砾岩，砾石成分以脉石英、砂岩、板岩、硅质岩为主，尚

有同生泥砾，砾径 1～4 cm，磨圆度好，砂泥质、硅质胶结　　8.9 m

～～～～～～～～ 不 整 合 ～～～～～～～～

下伏地层：**黄浒洞组**

18—16. 灰绿色薄—中厚层状凝灰质砂岩、岩屑杂砂岩与粉砂质板岩呈韵律　　199.5 m

【地质特征及区域变化】 横路冲组为武陵运动造山期的山前—山间紫红色磨拉石—类磨拉石建造，空间形态是一个断续相连的大凸镜体。各地岩性、岩相、厚度变化颇大，厚 10～224 m。在芷江渔溪口一带，该组主要是一套复成分砾岩、含砾砂岩，往上出现岩屑杂砂岩及粉砂质板岩；在沅陵施榕溪、官庄、松溪等地则以紫红色浅变质石英砂岩、岩屑石英杂砂岩与紫红色、灰绿色粉砂质板岩互层，含砾砂岩、砾岩厚度锐减至 20 m 左右；在桃江地区，该组岩性有明显的两分性，下部为灰白色中厚层状含砾石英杂砂岩、含长石石英砂岩与粉砂质板岩、泥质粉砂岩不等厚互层。纵向上呈往复式韵律结构，发育冲刷构造、板状斜层理、低角度交错层理、水平层理。粒度分布累积频率曲线为二段型，萨胡判别值 $Y_{(海、河)}=-10.4743<-7.4190$，表明是河流沉积特征。上部则是灰白色中厚层状不等粒石英砂岩、中细粒石英砂岩为主夹条带状板岩。大型板状交错层、大型水流波痕，冲洗层理、砂泥薄互层层理、水平纹理都并存，显示潮控河口湾沉积特征；在益阳一带相变为一套灰绿色中厚层状含砾中—细粒岩屑杂砂岩、砂质粉砂岩、泥砾岩夹薄层状粉砂质板岩，岩石中见粗尾递变层理、碟状层理、冲刷构造等，显然是富杂基的碎屑流（泥流）沉积体；在株洲杨林、福芝塘、石塘，湘潭石潭坝等地，为块状砂砾岩，不显层理，砾石含量 70%～80%，砾石大小悬殊，岩石中有大量大型（0.5～5 m）崩塌岩块，部分层中还显 A 层系，表明是一种特殊构造环境下的快速堆积。总之，横路冲组相变极大，受武陵隆升后的古地貌控制。

马底驿组　Pt_3m　（6－43－0104）

【创名及原始定义】 系湘、桂、黔三省（区）前寒武系踏勘组①1962 年所创，创名地点位于沅陵马底驿。其原始定义是泛指沅陵马底驿地区位于武陵运动不整合面上的一套紫红色为主的绢云母板岩、条带状粉砂质板岩夹钙质板岩、大理岩等的浅变质岩系。

【沿革】 1974 年湖南区测队将紫红色为主的绢云板岩、钙质板岩夹大理岩之层序称马底驿组第二段。1988 年唐晓珊等⑤以芷江渔溪口剖面为正层型，将整合在横路冲组之上、通塔湾组之下的一套紫红色钙质板岩、瘤状泥质大理岩、大理岩及粉砂质板岩的序列称沙坪组。黄惟沛等⑥（1990）曾改称沙坪段。本次对比研究沿用马底驿组，其定义同原沙坪组。沙坪组一名停用。

【现在定义】 整合于横路冲组之上、通塔湾组之下的一套以紫红色板岩为主夹灰绿色板岩、钙质板岩及大理岩的地层。

【层型剖面】 选层型为芷江渔溪口剖面（G－49－16－A；109°36′，27°31′）（图 2－1 中⑨），湖南区测队 1974 年测制。

上覆地层：**通塔湾组**

39. 灰绿色、翠绿色块状变余玻屑凝灰岩与中—厚层状粉砂质板岩构成韵律　　23.5 m

———————— 整　合 ————————

马底驿组　　总厚度 508.1 m

38. 浅紫红色厚层状含粉砂质板岩夹浅灰绿色绢云母板岩　　9.3 m

37. 紫红色厚层状粉砂质板岩与紫红色绢白云板岩，下部夹浅灰绿色、灰白色薄—中层状绢云板岩 212.0 m

36. 紫红色薄层条带状粉砂质板岩与紫红色含灰岩结核或条带的钙质板岩互层 37.4 m

35. 紫红色中层条带状含钙质结核板岩与灰绿色中层状粉砂质板岩互层，其间夹一层厚0.3 m含星点状黄铜矿的砂质板岩 21.5 m

34. 紫红色中层状条带状砂板岩夹紫红色薄—中层状绢云板岩，及2～7 cm厚的深灰色含锰结晶白云岩 6.1 m

33. 灰紫、灰绿色中层状具纹带之钙质板岩夹纹层状、条带状（2～10 cm）大理岩（部分呈扁豆体状）。中上部为紫红色中层状含纺缍状灰岩之钙质板岩夹灰绿色中层状砂板岩、绢云板岩 39.5 m

32—31. 紫红色薄—中层状含灰岩结核之条带状钙质板岩、泥质大理岩夹浅灰绿色薄—中层状粉砂质板岩 32.8 m

30. 肉红色薄—中厚层状条带状泥质大理岩，上部夹块状大理岩，见有孔雀石 39.1 m

29. 紫红色薄层状绢云板岩夹块状砂质板岩 43.3 m

28. 肉红色块状条带状泥质大理岩夹块状微晶大理岩 10.5 m

27. 紫红色厚层状泥质大理岩，有孔雀石 46.2 m

26. 紫红色条带状含白色凝灰质（或绢云母）结核粉砂质板岩夹中层绢云板岩 10.4 m

——————整　合——————

下伏地层：**横路冲组**

25. 灰绿色薄—中层状粉砂质绢云板岩与泥质粉砂岩互层 34.8 m

【地质特征及区域变化】　马底驿组广泛分布于雪峰山区及武陵山区，厚度变化甚大，芷江一带厚508 m。下部为一套紫红色块状含钙质团块、条带板岩、条带绢云母板岩、块状大理岩、泥质大理岩互层，多有孔雀石、黄铜矿星点；上部为紫红色条带状粉砂质板岩夹条带状绢云母板岩。为局限性碳酸盐台地和泥质潮坪沉积。沅陵一带，该组下部为一套灰绿色粉砂质绢云母板岩与紫红色条带状板岩互层，夹2～3层钙质团块、钙质条带状板岩、凸镜状大理岩。中部为灰绿色板岩夹砂岩。上部为紫红色条带状粉砂质板岩，厚980 m。往东至安化—益阳一带该组下部为紫红色条带状粉砂质绢云母板岩夹灰紫色透镜状—似层状白云质大理岩。中上部为紫红色粉砂质板岩，灰绿色粉砂质板岩与灰黄色、黄绿色薄层粉砂岩，呈韵律。总厚802.2 m。大体反映了由西向东钙质岩减少、砂屑岩增多趋势。本组采获的微古植物化石计有：*Microconcentrica induplicata*，*Leiopsophosphaera* sp.，*L. incrassata*，*L. minor*，*L. pelucidus*，*Polyporata obsoleta*，*Laminarites antiquissimus*，*Protoleiosphaeridium solidum*，*P. infriafum*，*P. densum*，*Pseudozonosphaera sinica*，*Trachysphaeridium incrassatum*，*T.* aff. *laminaritum*，*T. hyalinum*，*T. simplex*，*T. stipticum*，*Trematosphaeridium holtedahlii* 等属种。以光球藻、糙面球藻较丰富。

通塔湾组　Pt_3t　(6－43－0105)

【创名及原始定义】　系唐晓珊等⑤1988年创建，创名剖面位于芷江渔溪口西侧3 km通塔湾。其定义是指整合覆于马底驿组之上，平行不整合伏于五强溪组块状砾岩、长石石英砂砾岩之下的一套灰绿色粉砂质板岩，凝灰质板岩为主夹玻屑、晶屑凝灰岩，凝灰质砂岩，黑色含碳质板岩之岩石系列。以灰绿色玻屑凝灰岩（或晶屑凝灰岩）、凝灰质板岩的出现与下伏马底驿组分界。以一大套含砾粗碎屑岩的出现作为五强溪组的底界。

【沿革】 此套地层1974年前置于马底驿组顶部，1974年湖南区测队将其划归马底驿组第三段之中。1988年，唐晓珊等将马底驿组第三段正式创通塔湾组，1990年黄惟沛等⑥曾用通塔湾段，本次对比研究沿用通塔湾组一名。

【现在定义】 同原始定义。

【层型】 正层型为芷江渔溪口剖面（G-49-16-A；109°36′，27°31′）（图2-1中⑨），湖南区测队1974年测制。

上覆地层：**五强溪组**

53. 浅灰白色厚层—巨厚层含砾不等粒砂岩、块状复成分砾岩，岩层底界不平整且有明显的冲刷现象	54.4 m
——————— 平行不整合 ———————	
通塔湾组	总厚度 626.6 m
52. 灰色、青灰色厚层状条带状含粉砂质板岩	71.1 m
51. 灰色、灰黄色中厚层状砂质板岩	35.7 m
50. 青灰色厚层状含凝灰质条带状板岩夹粉砂质板岩	82.0 m
49. 青灰色条带状砂质板岩夹绢云母板岩	39.0 m
48. 灰绿色厚层状变余沉凝灰岩。发育马尾丝状、缟状微纹层理	25.4 m
47. 灰色、浅灰色条带状粉砂质绢云母板岩夹含沉凝灰岩条带状粉砂质板岩	50.3 m
46. 灰色厚层—块状凝灰质绢云母板岩夹灰绿色薄—中层状含凝灰质板岩	34.0 m
45. 浅灰色巨厚层状条带状绢云母板岩	39.0 m
44. 灰黑色、黑色含碳质条带状绢云母板岩、凝灰质板岩夹黑色碳质板岩及硅化白云岩或透镜体状含锰白云岩	108.6 m
43—42. 灰绿色条带状板岩夹少量凝灰质板岩。微古植物 *Polyporata* cf. *obsoleta*，*Taeniatum crassum*	74.6 m
41. 灰、灰绿色块状变余晶屑沉凝灰岩与翠绿色凝灰质条带状板岩互层	34.2 m
40. 浅灰绿色条带状绢云母板岩夹条带状绿泥石绢云母板岩	9.2 m
39. 灰绿—翠绿色块状玻屑凝灰岩夹凝灰质板岩	23.5 m
———————— 整　合 ————————	

下伏地层：**马底驿组**

38. 紫红色厚层粉砂质板岩、绢云母板岩夹浅灰绿色中层状板岩	9.3 m

【地质特征及区域变化】 通塔湾组在芷江-安化-桃江断裂以北及常德-安仁断裂以东区域，该组下部主要是一套灰绿色绢云母板岩、凝灰质板岩夹层凝灰岩、玻屑凝灰岩、黑色碳质板岩，偶有透镜状白云岩与凝灰质砂岩薄层。上部为灰绿色、青灰色粉砂质板岩为主夹凝灰质板岩、少量变余晶屑沉凝灰岩、玻屑沉凝灰岩。含凝灰质岩石风化后都呈灰白色—白色，玻屑凝灰岩经深度风化成为白色粘土，为良好的陶瓷原料。在安化-桃江断裂以南、常德-安仁断裂以西，该组中的陆源砂屑岩剧增，下部为灰绿色薄—中层状含凝灰质板岩、粉砂质板岩、薄层泥质粉砂岩构成厚度不一的往复式韵律层；上部则为中厚层状细粒石英杂砂岩、凝灰质砂岩夹薄—中层状条带状板岩、粉砂质板岩，并形成两个向上变细的沉积旋回，而组内总趋势则由下而上由细变粗，物质成分的变化则是由北往南、由东向西火山物质渐渐增多，该组厚度由东南向西北逐渐变薄。组内采获的微古植物化石主要有：*Microconcentrica induplicata*，*Leiofusa* sp.，*Leiopsophosphaera pelucidus*，*L. incrassata*，*Protoleiosphaeridium solidum*，*Proto-*

sphaeridium densum，*Taeniatum crassum*，*Trachysphaeridium stipticum*，*Polyporata* sp.，*P.* cf. *obsoleta* 等属种。

五强溪组　Pt$_3$*w*　（6－43－0106）

【创名及原始定义】　五强溪组一名，1962 年由湘、桂、黔三省（区）前寒武系踏勘组①根据沅陵县五强溪剖面所创。定义为：位于马底驿组紫红色板岩之上、震旦系南沱砂岩组之下的一套厚达 3 000 余米的石英砂砾岩、石英砂岩、板岩、凝灰岩构成的一套地层。

【沿革】　1974 年，湖南区测队将五强溪组分为两段：一段以砂岩为主；二段以板岩为主。1988 年唐晓珊等⑤将芷江渔溪口剖面第一段命名为两岔溪组。本次研究仍沿用五强溪组一名。省内建议停用两岔溪组。

【现在定义】　以石英砾岩、石英砂岩为主夹板岩的一套地层。其与下伏通塔湾组呈平行不整合，与上覆多益塘组为整合接触。

【层型】　选层型为芷江渔溪口剖面（G－49－16－A；109′36，27°31′）（图 2－1 中⑨），湖南区测队 1973 年测制。

上覆地层：**多益塘组**

68. 浅灰、灰色薄—中层状含凝灰质条带状绢云板岩、含凝灰质粉砂岩、沉凝灰岩互层 146.3 m

——————— 整　合 ———————

五强溪组	总厚度 758.7 m
67. 灰绿、灰白色块状含砾不等粒长石石英砂岩	15.3 m
66. 青灰色中厚层状中—细粒长石石英砂岩与厚层长石石英细砂岩构成不等厚互层，层间夹薄层条带状板岩、砂质板岩	51.3 m
65. 灰绿色块状长石石英细砂岩夹厚层状砂质粉砂岩	19.8 m
64. 灰绿色、灰色中厚层状玻屑凝灰岩与凝灰质板岩互层	30.6 m
63. 紫灰—灰色厚层状、块状细—中粒长石砂岩、长石石英砂岩夹中厚层状凝灰质板岩	56.3 m
62. 灰色中层状条带状板岩与条带状凝灰质板岩互层，夹薄层状凝灰质粉—细砂岩	38.5 m
61. 灰、灰黄色厚层状凝灰质板岩与条带状粉砂质板岩互层	87.8 m
60. 灰绿色厚层状中—粗粒长石石英砂岩夹薄层粉砂质板岩、条带状绢云母板岩	91.2 m
59. 灰绿色厚层状凝灰质粉砂岩、岩屑石英杂砂岩夹薄—中层状凝灰质板岩、砂质板岩	84.5 m
58. 灰绿色巨厚层状细—中粒含砾凝灰质长石石英砂岩间夹条带状粉砂质板岩	81.5 m
57. 灰绿色凝灰质板岩、粉砂质板岩夹中层状凝灰质砂岩	12.3 m
56. 灰绿色厚层状细粒长石石英砂岩	56.2 m
55. 浅灰、灰绿色厚层状含凝灰质粉砂质板岩、砂质板岩夹中层状粉砂质绢云母板岩	54.4 m
54. 灰、浅灰绿色巨厚层状不等粒长石石英砂岩，偶夹粉砂质板岩	24.6 m
53. 浅灰绿色、灰白色巨厚层状含砾不等粒岩屑石英砂岩、含砾砂岩、砂砾岩	54.4 m

－－－－－－－ 平行不整合 －－－－－－－

下伏地层：**通塔湾组**

52. 灰色、青灰色厚—巨厚层状含凝灰质粉砂质条带状板岩夹玻屑凝灰岩 71.1 m

【地质特征及区域变化】　芷江地区的五强溪组厚 758 m 左右，底部与顶部均有 70～80 m 厚的灰白色块状含砾长石石英砂岩、含砾岩屑石英杂砂岩、砂砾岩、含砾砂岩，层间偶有板岩夹层。砂岩发育板状交错层理。中部则是长石石英砂岩、凝灰质砂岩、岩屑石英杂砂岩与条带状板岩、凝灰质板岩呈韵律，间夹沉凝灰岩、晶屑凝灰岩。往西北至古丈武陵复背斜两翼则主要是一套灰紫、灰白色块状长石石英砂岩、含砾长石石英砂岩、灰绿色石英杂砂岩与大套紫红色粉砂质板岩呈韵律。东至桃江一带，下部为灰白色中厚层状中粒石英砂岩、含砾石英砂岩间夹粉砂质板岩，属潮汐通道与潮下砂坝沉积；中部为灰绿色、紫红色薄—中层状条带状板岩与中层状泥质粉砂岩、沉凝灰岩、凝灰质粉—细砂岩呈韵律，发育板状层理、冲填交错层理、滑塌变形层理、包卷层理、水平层理及火焰状构造和工具痕，表明为外陆架—上斜坡沉积；上部为灰白色中厚层状石英砂岩、长石石英砂岩、透镜状—似层状石英砂砾岩间夹灰绿色粉砂质板岩，泥质粉砂岩发育不对称波痕、板状交错层理、低角度冲洗层理、冲填交错层理等，岩石外貌特征与下部砂砾岩基本相同。

本组已采获的微古植物化石不多，计有：*Protoleiopsophosphaera* sp.，*P. solidum*，*Leiopsophosphaera* sp.，*L.* aff. *effusus*，其中 *P. solidum* 数量最丰富。

多益塘组　Pt_3d　（6-43-0107）

【创名及原始定义】　由唐晓珊等⑤1988年创建，建名剖面位于芷江渔溪口西北多益塘。其定义是指整合于五强溪组含砾长石石英砂岩、石英砂岩层系之上，以粉砂质板岩、凝灰质条带状板岩为主夹大量变余凝灰岩、变余晶屑沉凝灰岩、变玻屑沉凝灰岩、凝灰质砂岩的一套地层。

【沿革】　70年代之前统称五强溪组。1974年湖南区测队将其划分为五强溪组第二段。1988年唐晓珊等⑤将其命名为多益塘组。1990年黄惟沛等⑥曾用多益塘段。1995年唐晓珊等③，将原多益塘组据岩性及沉积基本层序组合类型之间的差异一分为三：下为多益塘组，中为百合垅组，上为牛牯坪组。本次对比研究即采用此方案。

【现在定义】　为一套灰绿色、灰色粉砂质板岩、凝灰质板岩夹变沉凝灰岩、变晶屑凝灰岩、凝灰质砂岩组成的地层。其与下伏五强溪组，上覆百合垅组皆为整合接触。

【层型】　正层型为芷江渔溪口剖面（G-49-16-A；109°36′，27°31′）（图2-1中⑨），湖南区测队1974年测制。

上覆地层：**百合垅组**

77. 深灰—灰绿色块状含砾长石岩屑石英杂砂岩与含长石凝灰质杂砂岩互层夹凝灰质板岩、粉砂岩及夹2～3层薄层状玻屑沉凝灰岩　13.5 m

——————— 整　合 ———————

多益塘组　总厚度442.3 m

76. 灰绿色厚层—薄层状条带状板岩，上部渐夹薄层粉砂岩　8.9 m
75. 灰绿色厚层条带状粉砂质板岩　30.0 m
74. 灰、灰绿色中层状条带状板岩夹薄层状凝灰质粉砂岩、凝灰质砂岩　99.0 m
73. 灰—浅灰绿色厚层状凝灰质细砂岩间夹薄层沉凝灰岩　15.4 m
72. 灰色、深灰色厚层状条带状粉砂质板岩与薄层凝灰质砂岩、沉凝灰岩互层　29.2 m
71. 下部中厚层状沉凝灰岩夹凝灰质砂岩，往上两者呈互层状夹粉砂质板岩　63.5 m
70. 灰—深灰色条带状板岩与薄层马尾丝状沉凝灰岩互层，间夹少量凝灰质粉砂岩、砂板岩　33.7 m
69. 灰—深灰色薄—中层状沉凝灰岩，具马尾丝状微层理　16.3 m
68. 浅灰、灰色薄—中层状含凝灰质条带的绢云母板岩与中层状含凝灰质粉砂岩、砂质

板岩互层 146.3 m

——————— 整　合 ———————

下伏地层：**五强溪组**

67. 灰绿色块状含砾不等粒长石石英砂岩 15.3 m

【地质特征及区域变化】 该组在湘中—湘西广泛分布，但以芷江地区与桃江地区层序最全，其他区域经雪峰运动抬升均有不同程度的剥蚀。芷江地区，该组下部为灰色、灰绿色条带状含凝灰质板岩、砂质板岩为主夹含凝灰质粉砂岩，厚150 m左右。中部为变沉凝灰岩、玻屑沉凝灰岩与凝灰质砂岩与条带状板岩呈互层，由下往上沉凝灰岩减少，板岩、薄层凝灰质砂岩相对渐增，厚160 m左右。上部灰绿色条带状板岩为主夹少量凝灰质粉砂岩—细砂岩，厚129 m。总之，该组顶底部分几乎都为120～150 m的板岩，中部是含火山碎屑泥砂质岩系列。往东至桃江地区，该组增厚至504 m左右，为灰色凝灰质砂板岩、条带状粉砂质板岩、凝灰质板岩与变质凝灰岩、角斑质凝灰岩、凝灰质细砂岩呈韵律。在其中部与顶部各夹一套厚约80～100 m左右的板岩、条带状板岩。岩层中发育毫米级水平纹层、变形层理、包卷层理等。至安化、沅陵区域，该组全为灰色、浅灰绿色粉砂质条带状板岩与粉砂岩组成韵律。本组所采获的微古植物化石很少，只有 *Protoleiosphaeridium solidum*。

百合垅组　Pt_3bh　(6-43-0116)

【创名及原始定义】 由唐晓珊等③1995年根据芷江渔溪口西北百合垅剖面创名。其定义是指位于多益塘组与牛牯坪组之间一套以含砾长石石英粗砂岩、含长石石英砂岩、含凝灰质长石石英砂岩为主夹少量薄层凝灰质板岩、粉砂质板岩、沉凝灰岩的地层。并与上、下地层都呈整合接触。

【沿革】 1974年以前被划归板溪群五强溪组内，1974年湖南区测队将其划归五强溪组第二段。1988年唐晓珊等⑤以芷江渔溪口剖面为层型创多益塘组②。1990年黄惟沛等⑥将该组降为段。1995年，唐晓珊等③在研究该剖面时，依据岩性及基本层序之间的差异，将一套陆源粗碎屑岩从多益塘组分离出来，而建百合垅组。

【现在定义】 同原始定义。

【层型】 正层型为芷江渔溪口剖面（G-49-16-A；109°36′，27°31′）（图2-1中⑨），湖南区测队1973年测制。

上覆地层：**牛牯坪组**

85. 灰、深灰色条带状凝灰质板岩，偶夹沉凝灰岩 60.6 m

——————— 整　合 ———————

百合垅组 总厚度 293.0 m

84. 灰—浅灰绿色块状含凝灰质石英砂岩夹砂质沉凝灰岩、砂质板岩 17.6 m

83. 灰色块状条带状绢云母板岩夹沉凝灰岩，石英砂岩夹层比4∶1 13.3 m

82. 浅灰绿色薄层条带状粉砂质板岩、凝灰质板岩与含凝灰质长石石英砂岩互层 35.8 m

81. 灰色—深灰色条带状凝灰质粉砂质板岩、砂质板岩夹沉凝灰岩 28.3 m

80. 深灰—灰绿色块状含砾含长石岩屑石英杂砂岩与凝灰质砂岩互层，并夹2～3层玻屑沉凝灰岩 62.0 m

79—77. 灰—深灰色块状含砾含长石岩屑石英杂砂岩夹凝灰质砂岩、砂质粉砂岩与条带

状凝灰质板岩 136.0 m

——————— 整　合 ———————

下伏地层：**多益塘组**

76. 灰绿色薄—厚层状条带状板岩，上部渐多薄层粉砂岩 8.9 m

【地质特征及区域变化】 百合垅组主要分布在芷江、新晃及桃江一线，在芷江、新晃一带厚228 m，主要是一套灰绿色块状含砾长石石英砂岩、含砾含凝灰质岩屑石英杂砂岩、含凝灰质石英杂砂岩与条带状凝灰质板岩互层夹少量沉凝灰岩为特征，与其上、下地层分界标志清楚。在桃江地区，该组厚350 m左右，下部为灰白色块状含砾长石石英杂砂岩，间夹薄层状板岩；中部为灰白色含砾石英砂岩与长石石英砂岩、粉砂质板岩呈韵律；上部为灰白色块状不等粒长石石英砂岩，间夹凝灰质砂岩、粉砂质砂板岩，是一套浅色粗碎屑岩系，但沉积构造极少见。

牛牯坪组　Pt_3n　(6-43-0117)

【创名及原始定义】 由唐晓珊等③1995年根据芷江县牛牯坪剖面创名。其定义是平行不整合伏于下震旦统长安组泥砾岩层之下，整合覆于百合垅组粗碎屑岩系之上的一套以灰色薄—中层条带状凝灰质板岩为主，偶夹薄层凝灰岩、凝灰质粉砂岩的地层。

【沿革】 该地层在1974年以前统称五强溪组。1974年湖南区测队将湘西地区该套地层置于五强溪组第二段。1988年唐晓珊等⑤将其置于多益塘组之中。1995年唐晓珊等③将其从多益塘组中分离出来，创名牛牯坪组，代表板溪群最上部的地层。

【现在定义】 同原始定义。

【层型】 正层型为芷江县渔溪口剖面（G-49-16-A；109°36′，27°31′）（图2-1中⑨），湖南区测队1974年测制。唐晓珊1992年补充87—88层。

上覆地层：**长安组**

89. 灰绿色中厚层状含砾板岩 30.0 m

– – – – – – 平行不整合 – – – – – –

牛牯坪组 总厚度 719.8 m

88. 浅灰—灰绿色厚层状泥质板岩，条带发育 273.0 m

87. 浅灰绿色薄—中层状含凝灰质粉砂质板岩与条带状板岩成韵律，间夹凝灰质粉砂岩 95.8 m

86. 青灰—深灰色（风化黄白色）中层状凝灰质板岩夹薄层状马尾丝状构造之沉凝灰岩 290.4 m

85. 灰—深灰色条带状凝灰质板岩，偶夹薄层状凝灰岩 60.6 m

——————— 整　合 ———————

下伏地层：**百合垅组**

84. 灰绿、灰色块—厚层状含凝灰质石英岩夹粉砂质板岩 17.6 m

【地质特征及区域变化】 该组分布范围与百合垅组一致。在芷江、会同地区，该组总厚度为719 m，下部以条带状凝灰质板岩为主，偶夹薄层状层凝灰岩，岩石风化后呈浅黄白色—浅灰白色，全风化后呈白色粘土状，或为粘土岩，是较好的标志层；上部以灰色、灰绿色泥板岩为主，夹有条带状凝灰质板岩、凝灰质粉砂质板岩，偶有凝灰质粉砂岩。至桃江马迹塘一带厚度增至1 184 m，中下部为中—厚层条带状凝灰质板岩、条带状粉砂质板岩互层夹薄层状角斑质凝灰岩及层凝灰岩；中上部为变余沉凝灰岩、凝灰质砂岩与薄—中层状长石石英砂岩呈韵律；近顶部 80 m 左右仍以凝灰质板岩、粉砂质绢云母板岩互层为特征。

总之，由西往东，厚度由小变大，砂屑物质及火山碎屑亦由少到多。

张家湾组 $Pt_3\hat{z}j$ （6－43－0115）

【创名及原始定义】 张家湾组由罗海晏等⑦1988 年所创，分布于上扬子地层分区，创名剖面位于石门泥市杨家坪。其原始定义指位于武陵运动不整合面上的一套紫红色、灰白色浅变质石英砾岩、砂砾岩、含砾砂岩、石英粗砂岩及其上的紫红色灰绿色中—厚层状细中粒石英砂岩、含长石石英砂岩、粉砂岩及砂质板岩、板岩组成的韵律层，与上覆渫水河组为整合接触。

【沿革】 60 年代前，张家湾组所属地层划归震旦系莲沱组之下部。1984 年杨彦钧等将不整合面之上，砾泥岩（古城组）之下的岩系称泥市群，辖马底驿组，上部灰白色含砾粗粒石英砂岩、长石石英砂岩称渫水河组。1988 年罗海晏等⑦将该地马底驿组改称张家湾组。本次对比研究仍沿用张家湾组一名。

【现在定义】 不整合于冷家溪群之上的一套红色、灰白色浅变质石英砾岩、砂砾岩、含砾砂岩、石英粗砂岩及其以上的紫红色、灰绿色中—厚层状细—中粒含长石石英砂岩、粉砂岩及砂质页岩、板岩组成的韵律层，与上覆震旦系富禄组呈平行不整合接触。

【层型】 正层型为石门泥市杨家坪剖面（H－49－78－A；111°13′，29°53′）（图 2－1 中⑮），湖南区调所 1988 年测制。

上覆地层：富禄组

45. 紫灰、灰白色厚层状变石英砾岩，上部砂砾岩、板岩　17.9 m

——————— 平行不整合 ———————

青白口系张家湾组　总厚度 184.7 m

44—40. 紫红色中层条带状变质细粒石英砂岩与铁泥质粉—细砂岩、条带状板岩互层　25.6 m

39. 灰绿色中层条带状泥质粉砂岩、粉砂质绢云母板岩互层　5.6 m

38. 灰白色中层状变质含砾粗粒石英砂岩、紫红色中层状变质细砂岩夹条带状粉砂质板岩　3.5 m

37—34. 紫红色薄—中层状变余中—细粒长石石英砂岩、中细粒石英砂岩、板岩　21.4 m

33—31. 紫红色厚层条带状石英粉砂岩、中—细粒石英砂岩、板岩夹含白云母不等粒砂岩、条带状铁泥质石英粉砂岩　14.5 m

30. 灰白色厚层状变石英砾岩　1.0 m

29—14. 紫红色中层状变石英细砂岩、石英粉砂岩、板岩构成韵律　59.9 m

13—12. 紫红色薄—中层状细粒岩屑砂岩、条带状铁泥质粉砂岩、石英砂岩、板岩互层　14.9 m

11—5. 紫红色中层状石英细砂岩、石英砂岩、条带状板岩呈韵律　22.3 m

4. 紫红色中层状石英粗砂岩、铁泥质石英粉砂岩与条带状板岩呈韵律　3.3 m

3. 浅灰色中层状不等粒石英砂岩　1.2 m

2—1. 紫红色、灰白色中—厚层状石英砂砾岩、含砾粗砂岩夹石英细砂岩及少许绢云母板岩　11.5 m

～～～～～～～ 不 整 合 ～～～～～～～

下伏地层：冷家溪群　灰绿色中层条带状粉砂质板岩夹岩屑杂砂岩　10.0 m

【地质特征及区域变化】 张家湾组零星分布在湘北、湘东北之石门杨家坪、临澧青山、浏阳永和等地。在杨家坪一地该组厚184.7 m，由两个次级层序构成，下部是紫红色石英砂岩、石英粉砂岩、含铁泥质石英粉砂岩与条带状板岩组成往复式韵律结构；底部有石英砾岩、含砾粗砂岩；上部是紫红色、紫灰、灰白色石英砾岩、含砾石英粗砂岩、石英杂砂岩、粉砂岩、条带状板岩组成的向上变细的序列，同时上部层序岩石结构比下部层序粗。往东南至浏阳永和一带，该组厚度剧增至300～500 m，其底部砾岩、砂砾岩相变为含砾砂岩、不等粒长石砂岩，其上也相变为紫红色板岩、条带状板岩为主夹石英细砂岩 、砂质粉砂岩等。

本组所采的化石除微古植物化石外，尚见有虫迹、虫管等。微古植物中常见的分子：*Orygmatosphaeridium exile*, *O. rubiginosum*, *O. rubiginosum* aff. *gigantes*, *Protoleiosphaeridium solidum*, *Trematosphaeridium holtedahlli*, *Asperatopsophoshpaera bavlensis*, *A. umishanensis*, *Trachysphaeridium cultum*, *Taeniatum crassum*, *Polyporata* sp., *Lignum* sp. 等。

高涧群　Pt_3G　(6－43－0108)

【创名及原始定义】　高涧群源于高涧组，系湖南省区调队1986年根据双峰县高涧剖面（G－49－17－C；110°10′，27°21′）（图2－1中⑩）所创。定义为冷家溪群之上震旦系长安组之下的一套地层，由砂岩、钙质板岩、大理岩、凝灰质板岩构成。根据岩性、岩相特点分为天井组、漠滨组。

【沿革】　1991年唐晓珊等⑧又以雪峰山区黔阳黄狮洞、黔阳砖墙湾、架枧田一怀化岩门寨剖面为层型创芙蓉溪群，下辖沈家溪组、东冲组、砖墙湾组、岩门寨组。1995年唐晓珊等③则弃芙蓉溪群起用高涧群。本次对比研究亦沿用高涧群。

与本群同物异名的有高涧组及芙蓉溪群，省内停止使用。

【现在定义】　指不整合在冷家溪群之上，平行不整合或整合在震旦系长安组之下的一套岩层。由含砾砂岩、变沉积火山角砾岩、钙质板岩、大理岩、碳质板岩、凝灰岩等构成。根据岩性、岩相特点，分为石桥铺组、黄狮洞组、砖墙湾组、架枧田组、岩门寨组、云场里组。

石桥铺组　$Pt_3\hat{s}$　(6－43－0109)

【创名及原始定义】　由彭继述等⑨（1993）据隆回县石门前石桥铺剖面所创。其定义是指位于武陵运动不整合面之上的一套块状变质含火山角砾砾岩、凝灰质砂岩、粉砂质板岩、板岩组成的地层。以砂岩的结束和上覆含钙质岩层之底作为本组的顶界。

【沿革】　80年代以前省内该地层统称为板溪群枷榜组。1988年湖南省地矿局将其归入板溪群高涧组砂砾岩段。本次对比研究仍沿袭1993年彭继述等所创石桥铺组。与本组同物异名的天井组、沈家溪组，省内停止使用。

【现在定义】　指不整合于冷家溪群之上的一套块状变质沉火山角砾岩、板岩夹凝灰质砂岩、粉砂岩的地层，沿走向可相变成石英杂砂岩、含砾砂岩夹板岩。以砂岩（或粉砂岩）的结束和上覆黄狮洞组含钙质岩层之底作为本组的顶界，两者为整合接触。

【层型】　正层型为隆回石桥铺电站剖面（G－49－18－B；110°48′40″，27°30′40″）（图2－1中⑪），湖南省区调所1993年测制。

上覆地层：黄狮洞组

7. 灰绿一深灰色钙质板岩夹条带状大理岩　　30.0 m

——————整　合——————

石桥铺组　　　　总厚度 402.8 m

6. 青灰—灰绿色薄层状变质细砂岩，偶见水平纹理　　106.2 m

5. 灰绿色中—薄层状粉砂质板岩夹透镜状含锰粉砂岩，产微古植物化石 *Leiopsosphaera densa*　　28.9 m

4. 青灰色薄层状变质粉砂岩　　63.5 m

3. 青灰色斑点状板岩　　40.2 m

2. 灰色薄层条带状粉砂质板岩　　123.2 m

1. 灰绿色中—厚层状含火山角砾砾岩夹薄层岩屑石英杂砂岩，砾石成分主要是中酸性—中基性岩石　　40.8 m

～～～～～～～～ 不 整 合 ～～～～～～～～

下伏地层：冷家溪群　深灰色厚层状斑点状板岩　　30.0 m

【地质特征及区域化】　该组在隆回石桥铺、苗田、枫栖江一带出露甚好，总厚度 402.8 m，其底部以块状砾岩与冷家溪群呈不整合接触（图 2-2），往上则为薄层条带状粉砂质板岩为主夹变质粉砂岩及透镜状含锰粉砂岩，上部有厚 100 余米的薄层变质细砂岩，总之是以一套砂屑岩为主的岩石组合。往西至洞口、黔阳、怀化一带，该组下部为灰绿色中、厚层状细—中粒石英杂砂岩与板岩、条带状板岩互层，底部砂岩中含有大小 1～4 cm 的泥砾；上部为绿泥石绢云母板岩夹泥质石英粉砂岩，发育砂泥薄互层层理、沙纹层理、厘米级水平层理等，厚度为 204.7 m。往东至双峰高涧地区，该组下部为厚 104 m 左右之含砾石英杂砂岩、岩屑石英杂砂岩夹砂质粉砂岩与条带状粉砂质板岩；中部为块状岩屑石英杂砂岩与条带状板岩呈韵律；上部为灰白色中厚层状含钙岩屑石英杂砂岩、砂质粉砂岩、条带状砂质板岩、板岩等成不等厚互层，约厚 534 m。由上述可知，自西向东岩组中的砂屑岩含量增加，厚度增大。该组仅在石桥铺层型剖面上采到微古植物化石 *Leiopsophosphaera densa*。

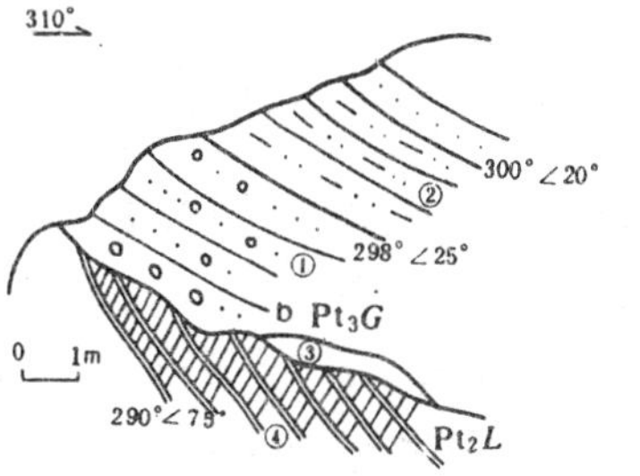

图 2-2　隆回县石桥铺高涧群与冷家溪群不整合接触关系素描图

①变沉积火山角砾砾岩；②粉砂质板岩；③石英脉；④绿泥石千枚状板岩

黄狮洞组　$Pt_3\hat{hs}$　(6-43-0110)

【创名及原始定义】　由唐晓珊等③于 1995 年根据黔阳县黄狮洞水电站剖面所建。其定义是位于石桥铺组之上，砖墙湾组之下的一套灰—深灰色钙质板岩、瘤状泥质大理岩、大理岩互层。

【沿革】　该地层在 1965、1973 年湖南 1：20 万洞口、溆浦幅区调报告中被划归板溪群伽榜组，在 1986 年湖南区调队④将其称为高涧组钙质岩段。1990 年黄惟沛等⑥以高涧剖面作正层型将其命名为天井组西冲段。1991 年唐晓珊等⑧以黔阳黄狮洞剖面为正层型创东冲组，由于东冲组与邻省地层为异物同名，1995 年唐晓珊等③创黄狮洞组以取代东冲组。本次对比研究采用黄狮洞组，建议省内停用东冲组。

【现在定义】　与下伏石桥铺组、上覆砖墙湾组皆为整合接触的一套深灰—紫灰色含大理岩团块的钙质板岩、大理岩、粉砂质钙质板岩地层。以钙质岩石的出现作为本组的底界，以钙质岩石的消失作为顶界。

【层型】 正层型为黔阳黄狮洞剖面（G－49－17－C；110°10′40″，27°21′30″）（图 2－1 中⑫），唐晓珊等 1993 年测制。

上覆地层：**砖墙湾组**

5. 灰黄色中厚层状粉砂质板岩、条带状粉砂质板岩偶夹碳质板岩，发育水平纹理　45.1 m

——————— 整　合 ———————

黄狮洞组　总厚度 170.5 m

4. 灰绿色含粉砂质钙质板岩夹薄层灰岩，部分钙质板岩中含有细晶大理岩凸镜体　53.6 m
3. 灰绿色、深灰色薄—中层状含陆屑细晶大理岩与钙质粉砂质板岩互层，细晶大理岩单层厚 5～40 cm 不等，可变为呈凸镜状—似层状　35.7 m
2. 灰色中厚层状含细晶大理岩凸镜体的粉砂质钙质板岩，单层厚 0.5～1 m，细晶大理岩凸镜体在板岩中呈串珠状排列（实为瘤状泥质大理岩）　51.2 m
1. 灰绿色厚层条带状粉砂质绿泥石绢云母板岩　30.0 m

——————— 整　合 ———————

下伏地层：**石桥铺组**　灰绿色中厚层状岩屑石英杂砂岩夹粉砂质板岩　104.0 m

【地质特征及区域变化】 该组为一套钙泥质岩及碳酸盐岩组合，顶、底界尤其清晰，在黔阳、怀化一带厚 170.5 m，为灰色、灰绿色粉砂质板岩，夹含细晶大理岩透镜体的钙质板岩与含陆屑细晶大理岩。其中的大理岩大都含锰较高，风化后能形成淋滤型锰矿。往东至隆回一带，该组增厚到 258.2 m，下部为灰绿色薄层状钙质板岩夹条带状大理岩化灰岩；中部为中—薄层状大理岩化灰岩；上部为灰绿色薄—中层状钙质板岩。至双峰、湘乡一带，该组厚度增至 357 m。总之，黄狮洞组在省内岩性标志明显，变化甚微，是高涧群内的重要标志层。

砖墙湾组　$Pt_3\hat{z}$　（6－43－0111）

【创名及原始定义】 唐晓珊等⑧1991 年以黔阳群峰乡砖墙湾剖面创名。其定义是与下伏黄狮洞组、上覆架枧田组皆为整合接触的一套灰绿色条带状板岩、灰黑色含碳质板岩及条带状粉砂质板岩为主夹有中厚层状石英砂岩之岩石所组成的地层。

【沿革】 80 年代以前，该套地层被归入枷榜组内。1988 年，湖南地矿局将这套地层称高涧组碳质板岩段。1991 年唐晓珊等⑧在研究雪峰山地区这套地层时创建砖墙湾组。本次对比研究沿用砖墙湾组。

【现在定义】 同原始定义。

【层型】 正层型为黔阳群峰乡砖墙湾剖面（G－49－17－D；110°21′，27°22′）（图 2－1 中⑬），唐晓珊等 1990 年测制。

上覆地层：**架枧田组**

16. 细粒长石石英杂砂岩与粉砂质绢云母板岩互层，部分层间夹 2～3 cm 厚的碳质板岩　41.6 m

——————— 整　合 ———————

砖墙湾组　总厚度 568.9 m

15. 灰绿色厚层状条带状粉砂质绢云母板岩，下部夹黑色粉砂质板岩，发育砂、泥薄互层层理　303.3 m
14. 灰黑色厚层条带状粉砂质板岩夹极薄层板岩，含黄铁矿的砂、泥薄互层层理　75.7 m
13. 灰黄色厚层状石英杂砂岩，上部夹粉砂质板岩　30.3 m

12. 灰黑色厚层状条带状板岩与含粉砂质绢云板岩夹少量钙质砂岩 21.3 m

11. 灰黑色含碳质粉砂质板岩夹灰白色石英砂岩与泥质粉砂岩构成韵律，粉砂岩中有沙纹层理 93.2 m

10. 灰黄色中—厚层状粉砂质板岩、条带状粉砂质板岩与碳质板岩，水平纹层发育 45.1 m

——————— 整 合 ———————

下伏地层：**黄狮洞组**

9. 灰绿色含粉砂质钙质板岩夹薄层大理岩及含细晶大理岩团块的钙质板岩 53.6 m

【地质特征及区域变化】 在黔阳、怀化、洞口一带，该组厚600～800 m，下部为灰、灰黑色条带状粉砂质板岩夹泥质粉砂岩、黑色碳质板岩；中部为黑色粉砂质板岩、碳质板岩互层夹薄—厚层状石英杂砂岩，往上砂岩增加、变薄，发育ACE、CDE鲍马序列及冲蚀刻痕、槽模构造；上部为灰绿色条带状含粉砂质绢云母板岩夹板岩，有DE、CDE等鲍马序列。往西至会同、新晃、靖县、城步一带主要为一套黑色含碳质粉砂质板岩与灰绿色板岩互层，夹有较多的岩屑杂砂岩，部分区域尚出现白云质大理岩，厚度增至1 000余米。往东至双峰一带该组下部为碳质粉砂质板岩、凝灰质条带状板岩为主；中部深灰色中厚层状条带状板岩、凝灰质板岩为主夹玻屑沉凝灰岩；上部凝灰质板岩、条带状板岩夹中厚层状玻屑凝灰岩、凝灰质砂岩、薄层石英杂砂岩。总之该组以有碳质板岩为特色。由西往东碳质板岩、砂岩减少，但火山碎屑岩增加。该组采获的微古植物化石计有 *Trachysphaeridium minor*，*T. incrassatum*，*T. hyalinum*，*T. rugosum*，*T. simplex*，*T.* aff. *planum*，*Asperatopsophosphaera umishanensis*，*A. bavlensis*，*A.* cf. *bavlensis*，*Protoleiosphaeridium solidum*，*P.* cf. *solidum*，*P.* aff. *bullatum*，*P.* cf. *bullatum*，*Trematosphaeridium holtedahlii*，*Margominuscula* sp.，*Pseudozonosphaera uenrcos* 等属种，其中以 *Trachysphaeridium*，*Protoleiosphaeridium* 数量最丰富，出现率最高。

架枧田组 Pt_3j (6-43-0112)

【创名及原始定义】 由唐晓珊等⑧1991年所创，建名剖面位于黔阳县群峰乡芙蓉溪村架枧田。其定义是指与下伏砖墙湾组、上覆岩门寨组均为整合接触的一套灰绿色—灰白色细—中粒长石石英砂岩、长石石英杂砂岩为主夹极薄层状粉砂质板岩、凝灰质板岩所组成的地层。本组以长石石英杂砂岩、石英杂砂岩的出现和消失与下伏、上覆地层分界。

【沿革】 1964年郑国宝等⑩将其划归板溪群上亚群拉览组。1965年湖南区测队将其划为拉览组第一段，1986年湖南区调队④废弃拉览组而改称漠滨组。其定义是指位于枷榜组之上、震旦系冰成泥砾岩之下的一套石英砂岩、长石石英杂砂岩夹板岩，上部以板岩为主的地层。1988年湖南省地质矿产局仍将其划为板溪群漠滨组砂岩段，1991年唐晓珊等⑧认为它与红色板溪群五强溪组是不同构造岩相带的同期异相沉积，将其划归芙蓉溪群架枧田组，本次对比研究仍沿用架枧田组。

【现在定义】 同原始定义。

【层型】 正层型为黔阳群峰乡架枧田剖面(G-49-17-D；110°18′30″，27°23′30″)(图2-1中⑬)，唐晓珊等1990年测制。

上覆地层：**岩门寨组**

24. 灰黄色中厚层状板岩夹条带状粉砂质板岩，发育水平层理 64.0 m

——————— 整 合 ———————

架枧田组　　总厚度 293.8 m

23. 灰黄色中—厚层状细粒石英杂砂岩夹薄层状粉砂质板岩，夹多层厚约 2.5 m 风暴流浊积岩，有 AB、CE 鲍马序列、丘状交错层理等　　7.1 m

22. 灰绿色中—厚层状板岩夹条带状粉砂质板岩与石英砂岩，砂岩中有丘状层理、平行层理，近底层面有撕裂砾石与冲蚀痕等　　43.1 m

21. 灰绿色厚层状细—中粒长石石英杂砂岩夹粉砂质板岩，发育微波状层理及水平层理　72.5 m

20. 灰色厚层状细—中粒长石石英杂砂岩，发育平行层理、沙纹层理与与底蚀痕构造　14.5 m

19. 灰色薄—中层条带状粉砂质绢云母板岩夹薄层钙质砂岩，发育冲洗层理、单向斜层理、水平层理　　17.5 m

18. 下部为灰色中层状石英砂岩与条带状粉砂质板岩互层，往上为条带状砂质板岩夹石英砂岩，发育水平层理、微波层状层理　　55.9 m

17. 浅灰色厚层状、细粒长石石英杂砂岩夹薄层石英砂岩与粉砂质板岩，偶有极薄层黑色碳质板岩　　41.6 m

16. 灰色厚层状细粒长石石英杂砂岩与粉砂质绢云母板岩互层，部分层间夹极薄层黑色碳质板岩　　41.6 m

——————整　合——————

下伏地层：砖墙湾组

15. 灰绿色厚层条带状含粉砂质绢云母板岩，下部夹黑灰色粉砂质板岩，砂泥薄互层层理发育　　50.0 m

【地质特征及区域变化】　该组在雪峰山地区厚 252 m 左右，以一套石英杂砂岩、长石石英杂砂岩为特征。下部以石英杂砂岩、长石石英杂砂岩出现为底界标志。中部长石石英砂岩的厚度可达 100 余米，往上板岩渐多，成为砂岩夹板岩或两者呈韵律，直至砂岩消失即为本组顶界。该组上部层系中夹有风暴浊积岩，其标志是发育撕裂构造、丘状交错层理、粒序层理。往西南至通道、城步一带厚度增至 543 m，但砂岩颗粒变细，泥质杂基增高，浊积岩的各种构造常见。往东至双峰一带，厚 365 m，由灰绿色、灰白色中厚层状含长石石英砂岩、细粒岩屑石英砂岩与条带状粉砂质板岩、砂板岩构成韵律。底部夹含砾石英杂砂岩，中部出现紫红色条带状板岩，上部夹凝灰质板岩、凝灰质砂岩等。

岩门寨组　Pt_3y　(6-43-0113)

【创名及原始定义】　唐晓珊等⑧1991 年据怀化新路河乡岩门寨剖面所创。其定义是指整合覆于架枧田组之上，平行不整合伏于长安组泥砾岩层之下的一套深灰黑色条带状板岩、沉凝灰岩与灰绿色板岩组成韵律，且夹凝灰质细粉砂岩的地层。

【沿革】　70 年代，1∶20 万洞口、溆浦幅区调报告都将该地层划归上板溪群拉览组，1986 年湖南区调队④将它划归板溪群潕滨组板岩—砂岩段，1991 年唐晓珊等⑧将其命名为岩门寨组。本次对比研究仍沿用岩门寨组。

【现在定义】　同原始定义。

【层型】　正层型剖面位于怀化新路河乡岩门寨村(G-49-17-D；118°18′00″，27°29′30″)(图 2-1 中⑬)，唐晓珊等 1990 年测制。

上覆地层：长安组　灰黄色厚层块状泥砾岩、含砾板岩　　20 m

———— 平行不整合 ————

岩门寨组 总厚度 668.4 m

29. 灰色厚层块状条带状粉砂质板岩夹沉凝灰岩，前者发育沙泥薄互层层理，后者有“马尾丝”状纹层 105.0 m

28. 浅灰白色中厚层状条带状凝灰质板岩，具毫米级纹层及凝灰岩条带 71.7 m

27. 灰色、灰黑色厚层状条带状板岩夹中层状凝灰岩，含有黄铁矿晶体 117.7 m

26. 灰色薄—厚层状沉凝灰岩夹含凝灰质钙质细粒长石石英砂岩及凝灰质板岩（单层厚 8～70 cm 不等），长石石英砂岩（层厚 2.5 mm） 174.5 m

25. 浅灰白色、灰黄色中—厚层块状、条带状沉凝灰岩夹粉砂质板岩。发育浪成波痕层理 131.1 m

24. 灰黄色中—厚层状板岩夹条带状粉砂质板岩，发育水平层理 68.4 m

——————— 整　合 ———————

下伏地层：**架枧田组**　灰黄色中—厚层状细粒石英杂砂岩夹薄层粉砂岩及薄层状粉砂质板岩 7.1 m

【地质特征及区域变化】　岩门寨组分布在怀化、溆浦、黔阳、会同、城步一带。在怀化、黔阳、溆浦一带厚 668.4 m 左右。下部为灰黑、灰绿色厚层状板岩、粉砂质板岩；中上部主要是一套灰黑色、风化后为灰白色沉凝灰岩为主，夹凝灰质板岩、凝灰质细砂岩；上部为条带状板岩、凝灰质板岩。显示了以沉凝灰岩、凝灰质板岩为主体的岩石特征。然而往西南至通道、城步一带，火山碎屑岩类锐减直至消失，往东至双峰地区则主要以条带状板岩、粉砂质板岩为主偶夹有凝灰质板岩。

云场里组　$Pt_3y\hat{c}$　（6-43-0118）

【创名及原始定义】　由唐晓珊等③于 1995 年依据城步县清水乡云场里剖面所创。其定义是指石桥铺组砂砾岩之上、砖墙湾组之下的一套变流纹岩、变中性酸性火山熔岩、变基性火山熔岩与大理岩、钙质板岩、黑云母细粒杂砂岩、碳质板岩组成韵律的地层。以火山岩的出现和消失分别与上覆、下伏地层分界。

【沿革】　湖南区测队于 1973 年将该地层置于枷榜组。湖南省地质矿产局 1988 年将其划归高涧群。1995 年唐晓珊等③将该地层命名为云场里组，本次对比研究沿用此名。

【现在定义】　指整合于石桥铺组含钙长石岩屑杂砂岩、流纹质沉凝灰岩之上，砖墙湾组碳质板岩之下的一套大理岩、钙质岩屑杂砂岩、碳质板岩与变流纹岩、变中酸性火山熔岩、变基性火山熔岩、透闪石-绿泥石-钠长石岩组成韵律的岩石系列。以变中酸性火山岩的出现作为该组底界，以透闪石-绿泥石-钠长石岩（变火山熔岩）的消失作为其顶界。

【层型】　正层型为城步清水乡云场里剖面（G-49-53-D；110°27′，26°23′）（图 2-1 中⑭），唐晓珊等 1990 年测制。

上覆地层：**砖墙湾组**

29—28. 灰黑色中厚层状碳质板岩夹岩屑杂砂岩、粉砂质千枚岩。砂岩内有 A 层序，夹层比 4∶1 70.5 m

——————— 整　合 ———————

云场里组 总厚度 823.8 m

27. 底部中厚层状透闪石-绿泥石-钠长石岩（蚀变石英角斑岩）夹黑色碳质千枚状板岩；中上部为岩屑石英杂砂岩与碳质粉砂质板岩互层，夹层比 3∶1 48.3 m

26—23. 黑色碳质板岩、碳质粉砂质板岩、碳质泥质粉砂岩互层夹板岩	92.5 m
22. 浅灰色条带状白云母石英大理岩，往上渐变为条带状大理岩与含钙粉砂岩、钙质板岩互层	53.5 m
21. 灰黄—灰紫色云母石英粉砂岩	17.1 m
20. 浅灰—浅紫灰色变流纹岩	21.5 m
19. 浅灰色厚层块状云母石英粉砂岩，中上部各夹一层 5～7m 厚的变基性火山熔岩	34 m
18. 灰白色薄—中层状条纹大理岩、含钙长石石英细砂岩夹 2～3 层中层状变中—酸性火山熔岩（石英角斑岩）	18 m
17. 灰色厚层块状条纹状大理岩、含钙石英粉砂岩	18.3 m
16. 灰色薄—中层状含钙粉砂质板岩	23.7 m
15. 灰白色条纹状砂质、泥质大理岩夹枕状基性火山熔岩	13.9 m
14—13. 灰色厚层—块状含钙粉砂质板岩	28.4 m
12. 灰绿色块状变基性火山熔岩，顶部有 2 m 含钙条带状粉砂质板岩	5.9 m
11. 灰绿色钙质粉砂质板岩、钙质板岩互层，具条带状构造	86.4 m
10. 灰色碳酸盐化变流纹岩与凝灰质大理岩不等厚互层	28.3 m
9—8. 灰黄—灰色块状—厚层状变流纹岩	146 m
7. 底部灰色变流纹质晶屑凝灰岩，上部变流纹质晶屑凝灰岩与含钙粉砂质板岩互层	144 m
6—5. 浅灰色变中酸性火山岩（变流纹岩），碳酸盐化变流纹岩与钙质板岩呈韵律	44 m

——————— 整 合 ———————

下伏地层：**石桥铺组**

4—1. 变流纹质沉凝灰岩夹含钙长石石英杂砂岩	98.2 m

【地质特征及区域变化】 在城步、通道一带，厚达 620 m 左右，有变流纹岩、变石英角斑岩、变拉斑玄武岩等 8 次间歇性喷发，其中Ⅰ、Ⅱ、Ⅶ次是流纹岩喷溢，最大厚度可达 100～150 m。Ⅲ、Ⅳ与Ⅵ为拉斑玄武岩—基性熔岩喷出，最大喷溢厚 30 m 左右。第Ⅴ、Ⅷ次喷溢是石英角斑岩，厚度各约 20 m。变流纹岩 $SiO_2$70.14%～72.52%，K_2O+Na_2O5.5%，且 $K_2O>Na_2O$，其分异指数 DI 集中在 83.7～89.8 之间。石英角斑岩之 SiO_2 为 75.34%，且低 Ca、Mg，富 K_2O、Na_2O 为特征。变拉斑玄武岩 SiO_2 为 48.7%～54.0%之间，其 DI 为 32.62～42.13 区间。变基性玄武岩与变酸性火山岩之间存在戴里间断，是双模式火山组合。因目前尚只测得一条剖面，其延展情况及变化不明。

时代为晚元古代。

大江边组 Pt$_3$*dj* (6-43-0114)

【创名及原始定义】 由黄建中等 1994 年据桂阳桥市大江边剖面所创，代表华夏陆块北缘（湖南部分）青白口纪沉积。其定义是指整合或平行不整合伏于早震旦世泗洲山组冰成泥砾岩之下的一套深灰—灰黑色板岩、碳质板岩夹极薄层状—扁豆体状细晶白云质大理岩的地层。

【沿革】 该地层分布在湘东南地区，80 年代前统被划归震旦下组，1982 年湖南区调队⑪将其置于震旦系泗洲山组内。1994 年黄建中、唐晓珊对泗洲山剖面进行研究后，将震旦系含砾岩层之下的一套深海—次深海碳泥质沉积，归属青白口系且创大江边组一名。本次对比研究仍沿用该名。

【现在定义】 同原始定义。

【层型】 正层型为桂阳桥市乡大江边剖面（G-49-70-C；112°37′，26°05′）（图2-1中⑭），唐晓珊等1993测制。

上覆地层：泗洲山组

8. 灰—灰绿色含砾粉砂质板岩、含砾绢云母板岩夹两层似层状—凸镜状白云岩 126 m

——————— 整　合 ———————

大江边组	总厚度＞633.4 m
7—6. 灰色条带状云质板岩	161.5 m
5. 灰黑色含碳质板岩与含碳质白云质板岩不等厚互层，含黄铁矿结核	129.5 m
4. 灰色厚层含碳质板岩、水平微层发育	39.4 m
3. 灰黑色条带状含碳质、白云质板岩，夹厚度仅为3～5 cm薄层的细晶白云质大理岩	72.0 m
2. 深灰色条带状含白云质板岩夹紫灰色粉砂质板岩	90.9 m
1. 灰黑色含白云质碳质板岩夹厘米级细晶白云质大理岩，层内含黄铁矿结核	＞140.1 m

（背斜核部未露底）

【地质特征及区域变化】 大江边组已出露厚度633 m左右，岩性极单调，由下而上全是一套灰—灰黑色条带状含碳质板岩，含白云质碳质板岩，含碳质白云质板岩夹极薄层状细晶白云质大理岩系。以碳泥质岩为主，含黄铁矿且水平微层理发育之特点，显示为深水—半深水斜坡下凹陷内滞流还原环境。本组所产的微古植物化石有 *Leiopsophosphaera densa*，*L. solidum*，*Leiofusa* cf. *digitata*，*Lophosphaeridium* sp. 等，在黑色含白云质板岩中测得Rb-Sr全岩等时线年龄859～866 Ma，证实为晚元古代沉积。

第二节　中—晚元古代的古生物、古地磁特征及年代地层

一、古生物特征及时代对比

湖南前震旦纪地层目前只采获了微古植物化石，虽然数量颇丰，属种亦不少，但在中、晚元古代其繁衍、进化缓慢，大部分属种衍生时限长，新生种群出现又相当晚（晚震旦世），无论何种组合虽都不具古生代生物地层单位的功能和意义，但仍显示了冷家溪群、板溪群、高涧群中的微古植物在组合面貌及繁衍程度上的差异，并据此而划分为：

①*Leiominuscula* - *Leiopsophosphaera* 组合

以拥有该组合特有的 *Leiominuscula* 及出现率特高种群丰富的 *Leiopsophosphaera* 为特征，重要分子为 *Leiominuscula* aff. *minuta*，*Leiopsophosphaera incrassata*，*L.* aff. *effusus*，*L. densa*，*L. hyperboreica*，*L. solidum* 等，与其共生的还有 *Trachysphaeridium simplex*，*Polyporata* sp.，*Protoleiosphaeridium* sp.，*Protosphaeridium densum* 等，反映了冷家溪早期微古植物化石属种单调，数量较少，并以细胞直径小的属种为主体的原始组合面貌。

②*Leiofusa* - *Pterospermopsis* 组合

该组合属种最多，数量也极丰富，冷家溪群所产出的30多个属种除 *Leiominuscula* 外，其他属种可全部出现在该组合之中，在 *L* - *L* 组合中的属种，如 *Leiopsophosphaera*，*Trematosphaeridium*，*Protoleiosphaeridium*，*Trachysphaeridium*，*Polyporata* 等在此时都处于极为繁盛的时期，并出现了以 *Leiofusa bicornuta*，*Pterospermopsis* 为代表的一大批新生属种如

Archeohysterichosphaeridium sp.，*Asperatopsophosphaera umishanensis*，*Dictyosphaera sinica*，*Lophosphaeridium* sp.，*Archaeofavosina* sp.，*Triangumorpha* sp.，*Glottimorpha* sp.，*Zonosphaeridium* sp.，*Reticulum* sp.，*Laminarites antiquissimus*，*Taeniatum crassum* 等反映了冷家溪中晚期是微古植物繁衍的重要阶段，不单只是属种之新老交替，而且个体也从单一的圆形—卵形变成了三角形、棱形、舌形等多种形态。所以集冷家溪群微古植物化石之大成，就是 *L-P* 组合之特点。*L-P* 组合主要分布在黄浒洞组—坪原组，部分分子可延续到震旦纪—寒武纪。

③*Trachysphaeridium* 组合

主要分布在晚元古代板溪群、高涧群下部地层之中，该组合以 *Trachysphaeridium* 的高丰度和新种的大量兴盛为特点，在该属已发现的 8 个种与比较种中有 7 个种只在该组合中初次露面，如 *T. incrassatum*，*T.* aff. *laminaritum*，*T. hyalinum*，*T. stipticum*，*T. minor*，*T. rugosum*，*T.* aff. *planum* 等，其次 *Leiopsophosphaera incrassata*，*L. minor*，*L. pelucidus* 等新种大量繁衍，其三是 *L-P* 组合中以圆形、卵形为主的属种大量衰减，而以 *Leiofusa*，*Pteropermopsis* 等异形分子和 *Trachysphaeridium* 相对繁盛为特征。

④*Protoleiosphaeridium* 组合

该组合中的代表属 *Protoleiosphaeridium* 自冷家溪群 *L-P* 组合中已开始出现，但至板溪晚期才繁衍兴盛，也是武陵造山旋回之后，在圆形—卵形藻类大量消减衰亡群中唯一兴旺的属种，所以除了 *Protoleiosphaeridium densum*，*P. solidum*，*P.* aff. *bullatum*，*P.* cf. *bullatum* 等的大量出现之外，与其共生的除异形藻类外，而圆、卵形者几乎绝迹。所以 *Protoleiosphaeridium* 就成了板溪群（高涧群）上部地层中与异形藻共存的唯一球形藻类。

湖南冷家溪群—板溪群、高涧群 4 个微古植物组合中以 *Leiominuscula*，*Leiopsophosphaera*，*Trachysphaeridium*，*Protoleiosphaeridium*，*Pterospermopsis* 为主体的种群与华北蓟县纪—青白口纪微古植物化石组合面貌一致，其中近 25 个属种（占总量 65%）都是蓟县纪—青白口纪常见和代表性分子，也见于神农架群、打鼓石群、花山群。从产出层位冷家溪群—板溪群沉积成岩年龄为 1 400～800 Ma，也可以证明上述微古植物化石组合的时限亦为中—晚元古代。

二、古地磁特征及时代对比

地球磁场在岩石形成过程中给予了磁性信息记录，利用地磁场的演变即视极移轨迹和磁极倒转的过程，可以建立起岩石（地层）与时间的关系，所以运用视极移轨迹，选用磁性对比标志层，辨认出磁极倒转事件是建立磁性地层学的基础。然而，在漫长的地质历史中，岩石的原始磁性受后期多次构造热事件的干扰，使古地磁的研究颇为棘手。天津地质矿产所古地磁研究室与湖南省配合，曾对湖南前寒武纪古地磁进行了较系统的研究，达到了：①样品的剩余磁化强度大于测量仪器灵繁度；②逐步退磁中，衰减曲线规律及阻挡温度谱均明显；③在 Zijderveld 正交矢量投影方向规律性好，并在高温阶段向原点收敛，在斯氏网立体投影（及 Ficher）样点分布集中；④分析后认定的原生剩磁成分与矢量方向和现代地磁矢量方向差异明显；⑤在某个数据统计内（采点、组、群），样品剩磁方向一致性好，样品测得的原生磁化方向在等面积图上，以最佳聚集原则，用费舍尔统计法，求得前寒武纪古地磁特征值及一条视极移轨迹曲线（图 2-3）。从古地磁测试特征值与图 2-3 分析：①冷家溪群以反极性为主，板溪群、高涧群以正极性为主，震旦系为混合极性，冷家溪群的极性倒转似乎与武陵运动——

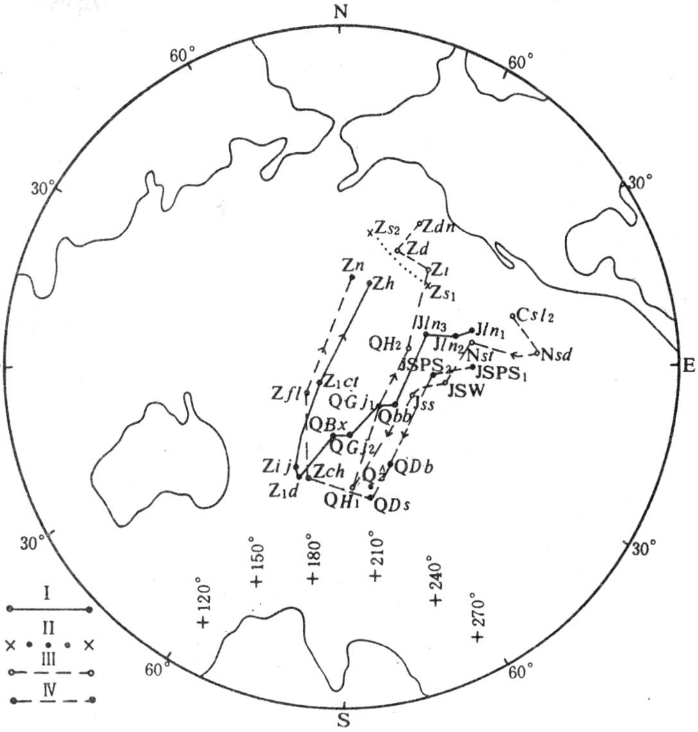

图 2-3 湖南省与邻省前寒武纪地层古地磁视极移轨迹曲线图

Ⅰ湖南 1. $Jln_{1,2,3}$. 冷家溪群；2. Qbb. 宝林冲组；3. QGj_{1-2}高涧群；4. QBx 板溪群；5. $Q\hat{z}$ 张家湾组；6. Z_1d 富禄组（杨家坪）；7. Zij 富禄组；8. Z_1ct 长安组；9. Zh 洪江组；Ⅱ 湘东南 1. Zs_1 天子地组下部；2. Zs_2 天子地组上部；Ⅲ 扬子板块 1. Csl_2 乱石沟组上部；2. Nsd 大高坑组；3. Nst 台子组；4. JSW 温水河组；5. Jss 石檀河组；6. QH_1 花山群下部；7. QH_2 花山群上部；8. Zl 莲沱组；9. Zd 陡山沱组；10. Zdn 灯影组；Ⅳ 广西 1. $JSPS_{1-2}$四堡群；2. QDb 丹洲群下部（白竹组）；3. QDs 丹洲群上部（三门街组）；4. Zch 长安组；5. Zfl 富禄组；6. Zn 南沱组

构造热事件密切相关联。是划分中、上元古界的极性标志；②一般情况下，视极移轨迹的骤变与磁极倒转意义是一致的，表明板块内重大地质构造事件的发生。湖南前寒武纪视极移轨迹的两次突变，恰恰分别发生在冷家溪期末—板溪期初、板溪期末—早震旦世，这正好与武陵运动、雪峰运动和板溪群的底、顶界面完全一致，使板溪群顶底界划分具有了古地磁证据；③湖南前寒纪视极移曲线的总体形态、极点漂移方向与神农架—大洪山地区、广西三江地区前寒武纪的视极移轨迹曲线不单形态相一致，而且紧密相随。再者冷家溪群之极位在 210°～235°区间，板溪群位于 205°～190°之间，震旦系位于 160°～200°区间，这亦是神农架地区、广西四堡地区的前寒武纪之极位坐标分布区，表明它们都是相当的；④从湖北神农架、广西桂北地区三条前寒武纪视极移轨迹曲线对比可以看出：(i) 湖南冷家溪群南桥组和桂北四堡群文通组之古磁极位相同，并处于同一位置间隔内，亦与神农架群台子组极位相近，说明它们形成的时期大体相同。同位素年龄也佐证了这一点（台子组 Rb-Sr 全岩等时线 1 332 Ma，南桥组 Sm-Nd 全岩等时线年龄 1 262±97 Ma）；(ii) 板溪群宝林冲组的极位与华北蓟县青白口纪下马岭组古极位基本重合，张家湾组、花山群两者的极点相邻，石门县杨家坪富禄组、湘中--湘西一带的富禄相，湘东南的天子地组、桂北的长安组的极点都高度集中在置信椭圆内，佐

证它们同属早震旦世。前寒武纪地层的古极位与它们的同位素测年数据相吻合，显示了古地磁学在前寒武纪地层划分对比中的潜在作用。

三、中—晚元古代的年代地层

1995年，唐晓珊、黄建中③于湖南板溪群专题研究时对湖南前寒武纪变火山岩、火山碎屑岩、浅变质沉积岩的沉积—成岩年龄测定采用了单锆石 U－Pb 一致性年龄、单锆石蒸发 Pb 年龄、常规锆石模式年龄、Sm－Nd 全岩等时线年龄、Rb－Sr 全岩等时线年龄等方法测年，获得了湖南前寒武纪火山岩浅变质沉积岩的年龄数据25组，编制了一张排列有序、能较好反映湖南前寒武纪年代构造格架的图表（图2－4），并从中可以看出：①冷家溪群3组 Rb－Sr 全岩等时线年龄，反应出了它的沉积或成岩时限有1 600～1 050 Ma，其中南桥组变基性火山岩

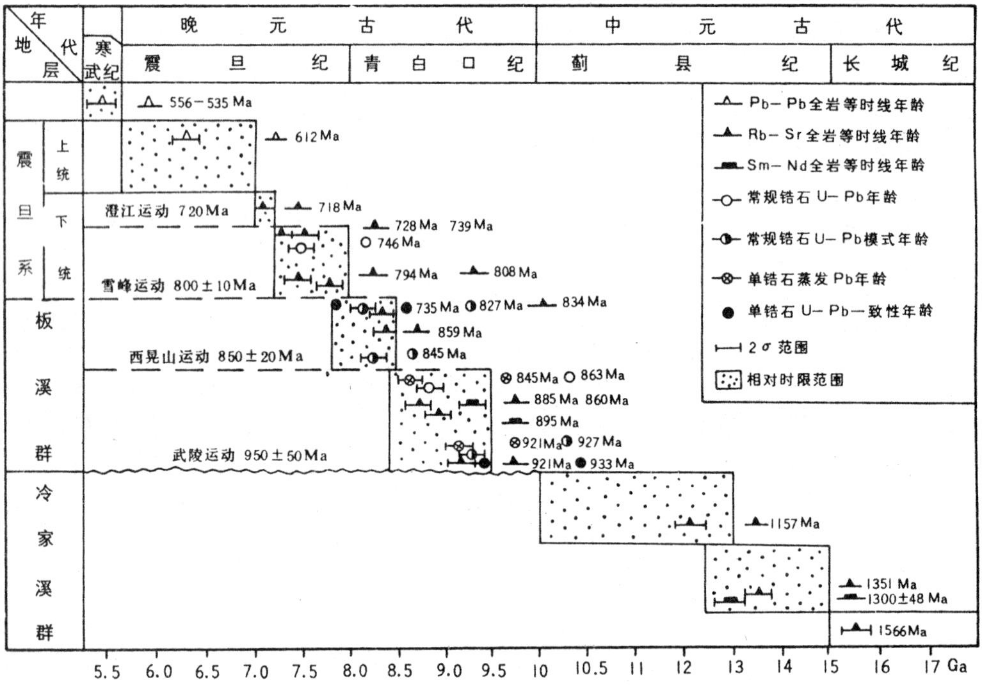

图2－4 湖南省前寒武纪年代构造格架图

的 Sm－Nd全岩等时线年龄为1 300±48 Ma，所以从雷神庙组的1 565 Ma、黄浒洞组1 351 Ma、南桥组1 300±48 Ma 至小木坪组1 157 Ma 是一个有序的序列，表明冷家溪群确是中元古代之沉积。板溪群最底部的宝林冲火山岩，单锆石 U－Pb 表面年龄、单锆石蒸发 Pb 年龄、单锆石 U－Pb 模式年龄数据基本一致，为921.9±23 Ma～927.6±7.7 Ma，与单锆石 U－Pb 一致性年龄933.2±2.1 Ma、Rb－Sr 全岩等时线年龄921.1±9.2 Ma 都吻合，这充分反映了宝林冲组内火山岩喷溢—冷凝时间为933.2 Ma 左右，所以板溪群的底界放在950 Ma 是较为适合的；②武陵造山运动对扬子地块东南缘具有广泛的影响，同造山期的岩浆入侵活动强烈，如广西本洞花岗岩（Rb－Sr 全岩等时线年龄924±64 Ma），湘东北葛滕岭花岗岩（K－Ar，1 109 Ma），江西九岭花岗岩（$^{40}Ar/^{39}Ar$，937 Ma），安徽休宁花岗岩（936Ma）、许村花岗岩（954 Ma），也表明武陵运动时限在959±50 Ma；③自横路冲组以上的马底驿组、通塔湾组

（大江边组）的 Rb－Sr 全岩等时线年龄为 885～859 Ma，与云场里组相当的基性火山岩 Sm－Nd 全岩等时线年龄 890 Ma、酸性火山岩锆石 U－Pb 模式年龄 906～820 Ma、锆石蒸发 Pb 年龄 874～845.4±16.3 Ma。所以板溪早期之上限年龄大致为 850 Ma；④目前从五强溪组、多益塘组取得的较可靠的年龄数据，如较可靠的有酸性火山碎屑岩锆石 U－Pb 年龄 845 Ma、酸性火山岩 Rb－Sr 全岩等时线年龄 834 Ma 看来，板溪晚期地层形成的时限为 800～850 Ma；⑤板溪群的顶界时限，分歧颇大，但唐晓珊、黄建中据在多益塘组取得的酸性火山岩 Rb－Sr 全岩等时线年龄 833.9±18 Ma，及覆于其上的早震旦世长安组 Rb－Sr 全岩等时线年龄 808 Ma，和桂阳板溪期大江边组 Rb－Sr 全岩等时线年龄 858.6±41 Ma，及覆于其上的早震旦世泗洲山组之 Rb－Sr 全岩等时线年龄 790±0.5 Ma 等资料，将板溪群顶界时限订正为 800 Ma。板溪群与震旦纪早期冰成地层（长安组）之间的雪峰运动发生时限为 800±10 Ma。

第三节　地层格架与盆地演化

一、青白口纪地层格架

湖南在青白口纪隶属于扬子被动陆缘裂陷海盆，海平面的每一次升降都敏感地记录在沉积岩层中，为层序分析及格架模型的建立提供了基础。

（一）层序界线的确定与性质

板溪期地层中层序界面标志清楚，容易识别，有Ⅰ型层序界面（SB_1）与Ⅱ型层序界面（SB_2）之分。板溪群与高涧群与下伏冷家溪群均呈角度不整合或平行不整合接触，这一界面显然存在着长时间暴露、风化、剥蚀，它是发生在 900 Ma 左右的武陵造山运动的直接结果，是厘定板溪期沉积底界的标志界面，属Ⅰ型层序界面。板溪群、高涧群之顶界面上均为早震旦世沉积，同时由南向北长安组冰成泥砾岩逐渐变薄乃至尖灭，其上的富禄组砂岩栉比上超于板溪群之上，这充分说明该界面是Ⅰ型层序界面，是雪峰运动的反映。在板溪群内部初步识别出 5 个Ⅰ型层序界面、4 个Ⅱ型层序界面；高涧群内含有 3 个Ⅰ型层序界面、8 个Ⅱ型层序界面。其中最重要的Ⅰ型层序界面是五强溪组、架枧田组之底界，这一陆架暴露、河流回春与海盆斜坡强烈侵蚀并存的界面是发生在 850 Ma 的西晃山运动，它使盆地奠基之陆块不均衡抬升，并导致沉积海盆萎缩、海平面迅速大幅度下降、滨岸线逐渐南迁，这一界面是划分板溪早、晚期沉积的重要界面，亦是板溪期不整合界定地层单位划分的标志之一。其它Ⅰ型层序界面则主要是海平面升降反映的结果，都具有明显的地表暴露、沉积间断或强烈的海底侵蚀。Ⅱ型层序界面则多根据沉积间断、基本层序转换及与Ⅰ型层序界面相对应的面来划分。由此可知，板溪群与高涧群是三次重要的构造事件所产生的三个不整合面所限定的沉积序组成的一个超序。

（二）沉积层序及海平面变化

湖南板溪期沉积包括板溪群与高涧群，板溪群属陆架沉积序列，高涧群属海盆沉积序列，两者同步演化。

武陵运动造就了扬子古陆东南缘北高南低的古地理格局，板溪早期阶段式海侵使湘中一带首先接受沉积，形成海盆序列的石桥铺组、黄狮洞组 5 个沉积层序（图 2－5），随着海侵的不断扩大产生陆架序列的横路冲组、马底驿组 4～5 个沉积层序（图 2－6），每个层序内均含有一个海侵体系域（TST）与一个高水位体系域（HST）。随着最大海泛期的到来，海盆沉积

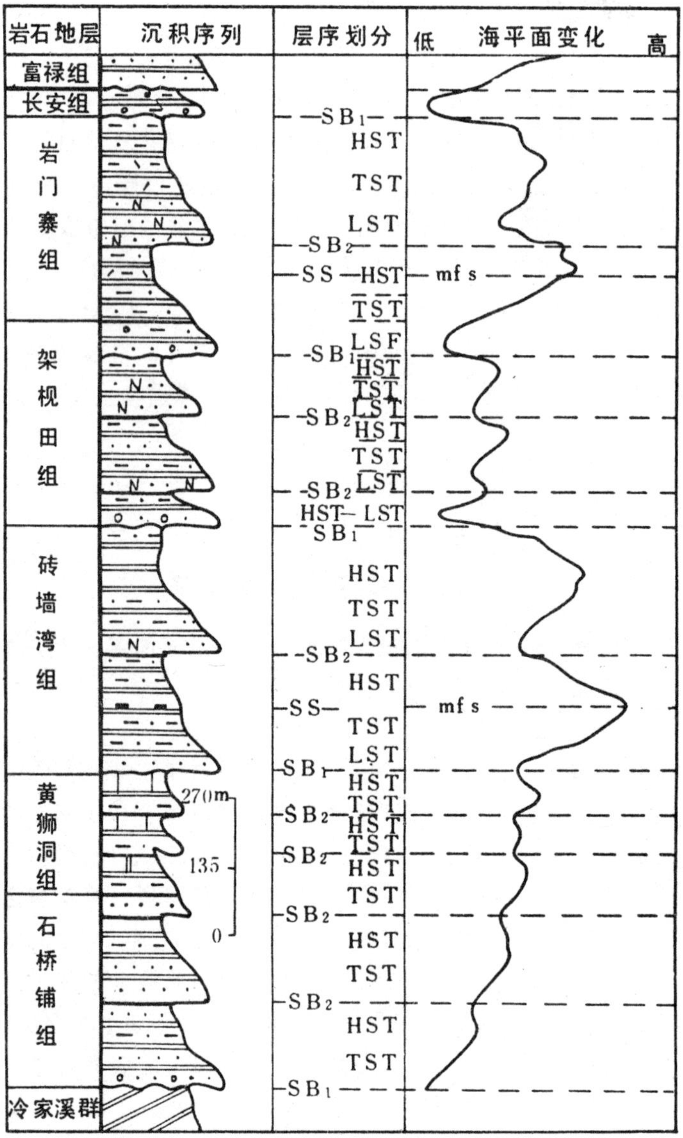

图 2-5 湖南省板溪期海盆沉积序列图

序更的砖墙湾组由两个沉积层序组成，且在下部层序及湘东南深海域内出现饥饿段(SS)——黑色碳泥质沉积，而陆架沉积序列的通塔湾组则与马底驿组第五段组成两个沉积层序。西晃山运动使陆基抬升、海平面迅速下降并伴有剧烈动荡，致使陆架序列的五强溪组由 4 个 I 型层序组成，每个层序内均由一个海侵体系域（TST）与一个高水位体系域（HST）组成，海盆序列的架枧田组由 2 个 Ⅱ 型层序与 2 个 I 型层序组成，每个层序都由低水位扇（LSF）、海侵体系域（TST）与高水位体系域（HST）组成。板溪晚期海平面振荡上升，陆架沉积序列由南往北可能有 1～2 个由海侵体系域（TST）与高水位体系域（HST）组成的 I 型层序，而海盆沉积序列则有 2 个以上的由低水位体系域（LST）、海侵体系域（TST）与高水位体系域（HST）组成的 I 型或 Ⅱ 型层序，并出现具毫米级水平纹层的凝灰质板岩与凝灰岩组成的饥饿段（SS）。早震旦世的冰川事件导致海平面大幅度下降，低水位期的长安组由北而南下超于五

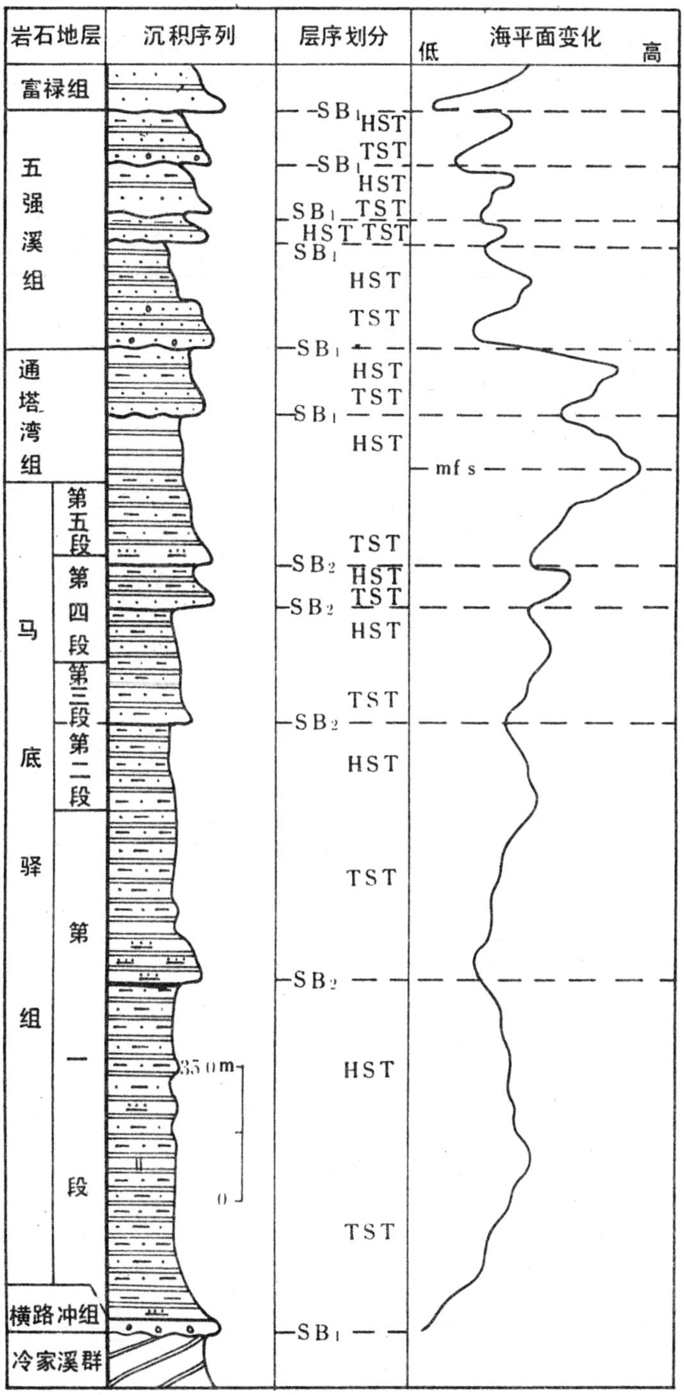

图 2-6 湖南省板溪期陆架沉积序列图

强溪组、多益塘组或岩门寨组之上。大地回春、冰川消融，新一轮海平面的大幅度上升，导致由富禄组、西冲组或莲沱组组成的海侵体系域由南往北梯次超覆。

（三）板溪期地层格架

层序地层学是利用海平面的变化具有全球性和同一海域具有同步性和等时性的原理来划

分对比地层，但海平面升降受着诸多因素的制约，尤其是同沉积断层活动造成的局部升降、海底火山喷发、地震等诱发的浊积事件等干扰了相对海平面变化的可比性，但高级别的海平面变化就有很强的抗干扰性，唐晓珊等③（1995）以三次重要的构造运动所形成的三个不整合界面将板溪期沉积归并为两个一级沉积旋回（沉积序）组成的一个超旋回（超序），进而建立起湖南青白口纪地层格架（图 2－7）。

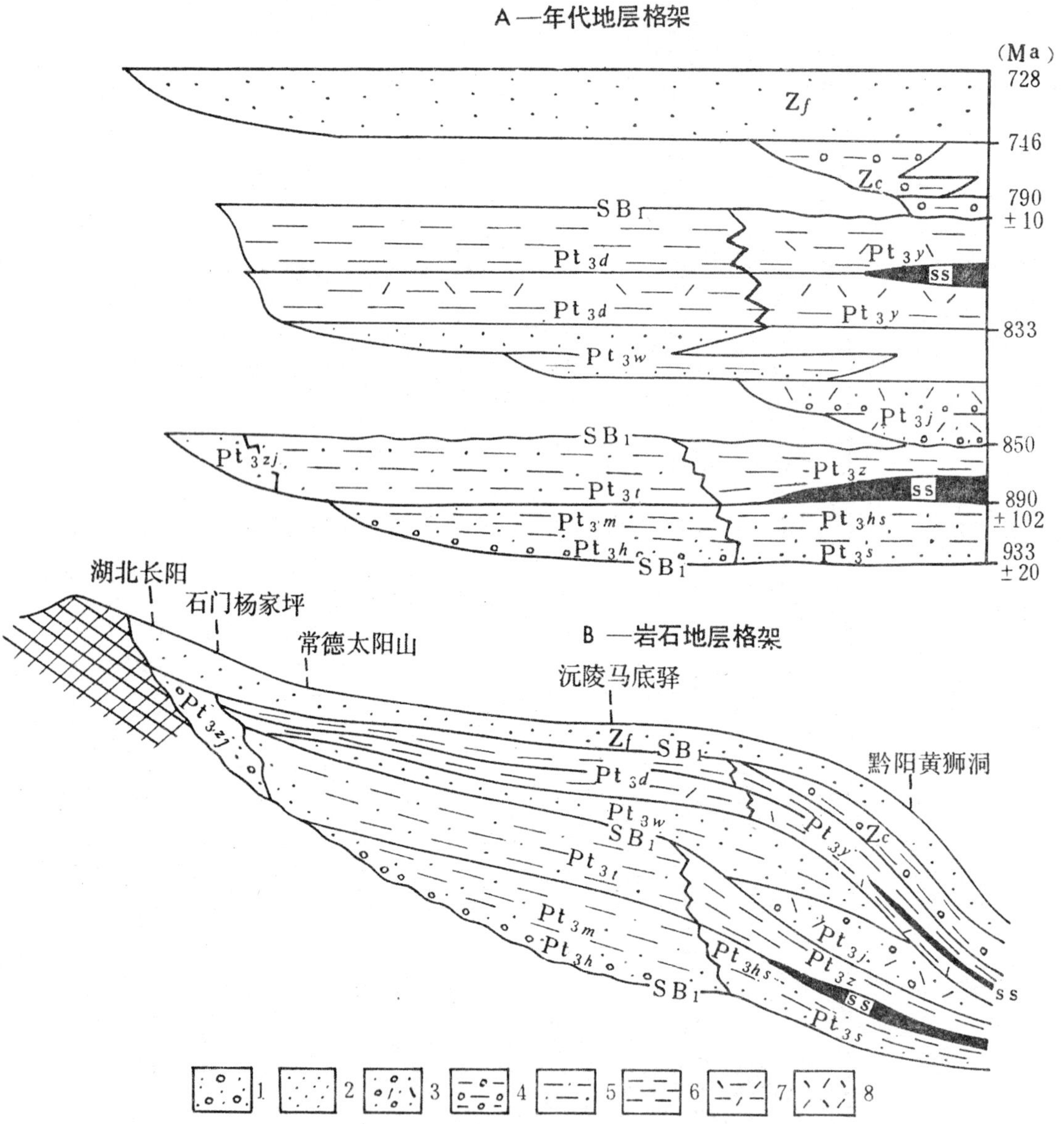

图 2－7　湖南青白口纪地层格架图

1. 砂砾岩；2. 砂岩；3. 含砾凝灰质砂岩；4. 含砾板岩；5. 砂质板岩；6. 板岩；7. 凝灰质板岩；8. 凝灰岩；SS. 饥饿段；SB_1. Ⅰ型层序界面（地层代号见正文）

由图 2－7 表明，高涧群的底界年龄为 933±20 Ma，即应是湘中-湘西浅海区板溪期的第一次海侵年龄，与砖墙湾组碳质板岩同期形成的海相基性火山岩年龄 890 Ma，与板溪早期最大海泛期年龄相吻合，多益塘组的 833.9 Ma 代表了板溪晚期海侵年龄，泗洲山组震旦纪底界年龄 790 Ma 与板溪末期海退年龄大致相等。从图 2－8 中可推断常德太阳山地区板溪群底部

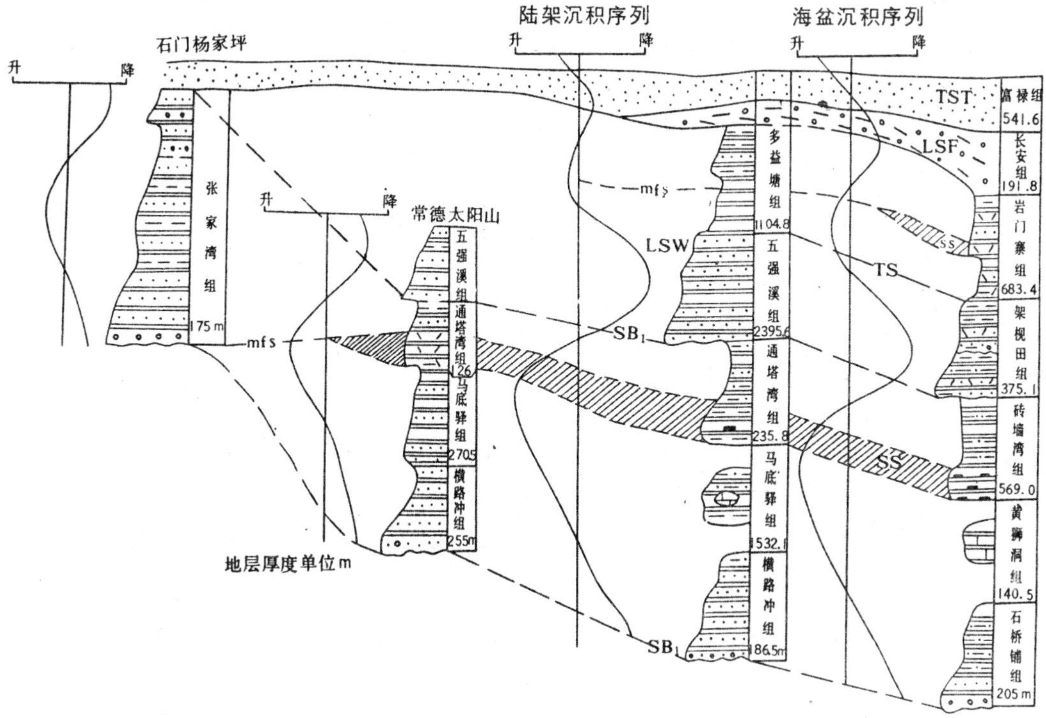

图 2-8 湖南省板溪群层序单维模式

SB_1. Ⅰ型层序界面；TST. 海侵体系域；SS. 凝缩段（等时段）；TS. 海侵面；mfs. 最大海泛面；
LSF. 低水位扇；LSW. 低水位楔

粗碎屑岩系（相当于横路冲组）底界年龄小于 933 Ma，杨家坪张家湾组也应是板溪早期最大海泛期的河流—滨岸快速堆积，其上的富禄组是早震旦世冰川消融后的退积物，其时限在 746～728 Ma 之间，可见富禄组与峡东莲沱组属同期沉积。

二、盆地演化

（一）武陵期陆间裂谷盆地阶段

自早元古代以来，全球裂谷作用十分活跃，经研究表明湖南早元古代已存在刚性陆壳，具有陆壳变性过程和陆内造山的基础，从现有的资料可以认为：中元古代冷家溪期曾发生陆间裂谷作用，雷神庙组、黄浒洞组、南桥组是一套深水—半深水复理石浊流沉积序列和以拉斑玄武岩—玄武质科马提岩—变辉绿玄武岩—石英角斑岩—变流纹岩为主组成的陆源碎屑—火山岩体系，就其中的火山岩组合而论就是较为典型的裂谷火山岩建造即双模式火山岩，是随裂谷作用所导致的岩石圈拉张加剧，地壳扩张量猛增，在压力和异常地幔热流高度释放下，地壳的蠕散和壳—幔界线位置升高，相继出现较大规模的断块掀斜—转动—沉陷，地垒式的陆间裂谷盆地终于形成，并接受了近源快速的浊流沉积及地幔岩浆和重熔岩浆沿岩石圈断裂上侵喷溢的直接结果。此后裂谷盆地处于相对平稳的阶段，导致以远源低密度浊流及等深流的陆源—火山细复理石沉积为特征的小木坪组之形成。其后由于壳下异常地幔热流的重新聚集，以及深层物质分异并向上运移，使裂谷盆地整体抬升，并接受了坪原组这套超补偿性的滨—浅海近岸快速堆积的类复理石—类磨拉石块体流沉积，随软流层经平衡补偿作用增强，而向上扩张作用的终止，异常地幔热流作用急速锐减，地壳迅速冷却而产生水平收缩导致了陆内造山及 A 型碰撞，使裂谷盆地内充填物变形褶皱、变质及同造山期陆壳改造——重熔型花岗岩浆大量产生、上侵、定位，最后盆地完全闭合。新的华南联合古大陆便趋定型。

（二）晚元古代板溪期裂陷（谷）海盆阶段

经发生在 1 000 Ma 左右的武陵运动后，省境内出现了相对稳定的构造环境，但好景不长，于晚元古代早期，由于异常地幔热流的上升活动加剧，壳幔位置升高，致使新形成的华南联

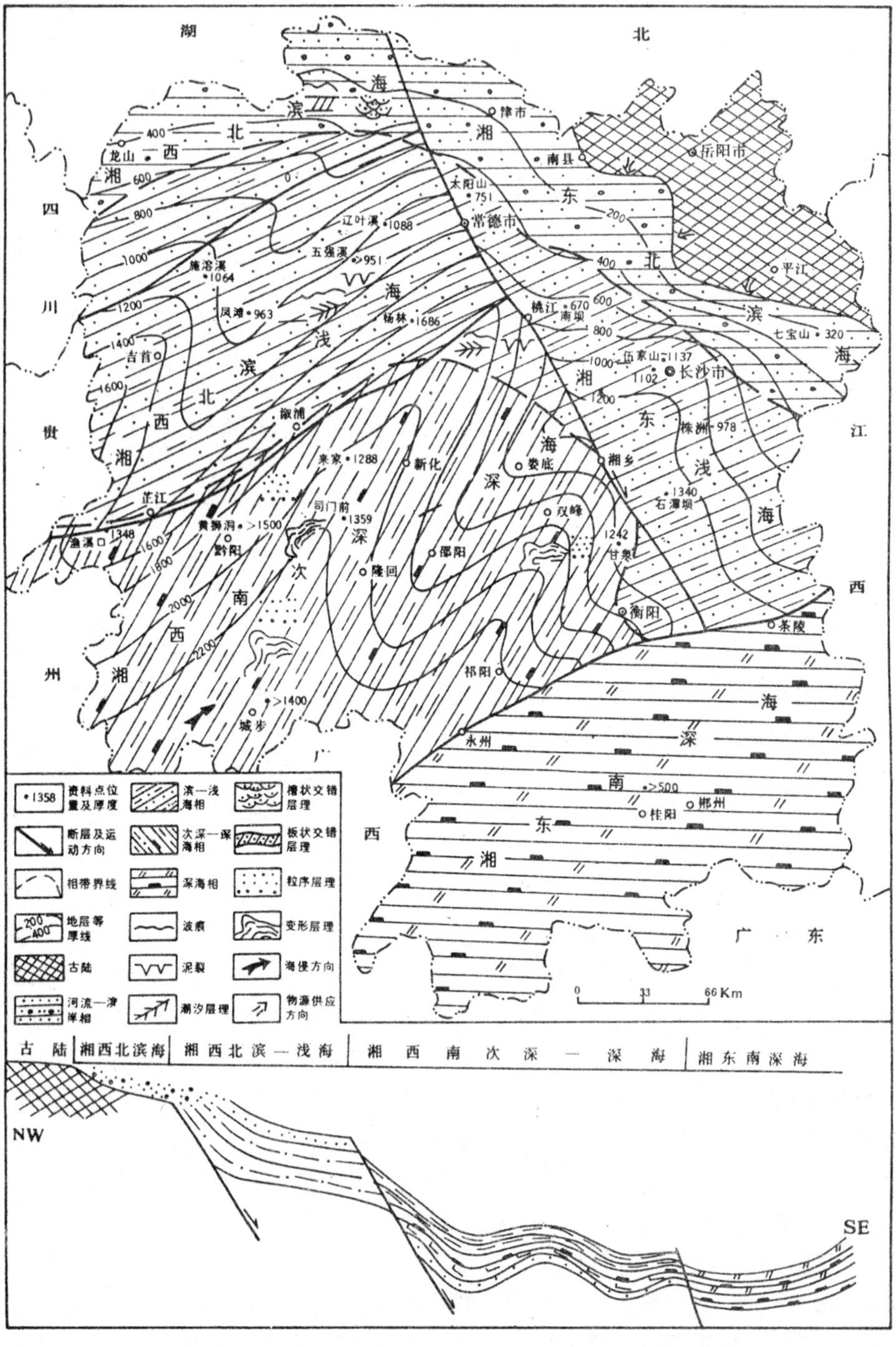

图 2-9　湖南省晚元古代板溪早期构造岩相古地理图

合大陆进入了新一轮拉张—裂陷活动，在省境内沿永州—衡阳壳幔断裂带（金兰断裂带），出现了由裂隆、裂凹相伴的裂陷海槽，进入了双大陆边缘裂陷（谷）活动阶段，形成了既受西北扬子地块、又受东南华夏地块控制的双大陆边缘裂陷海盆，从板溪群、高涧群本身的建造性质及其间的双模式火山岩之延展，都充分表明板溪期的沉积是板溪裂陷（谷）槽的成生—演化记录，并大致可分为下列阶段：

1. 相对稳定的阶段

武陵运动后的再次拉张裂陷活动，致使扬子地块东南被动大陆边缘形成北高南低，北陆南海的构造古地理格局，省境内海域地势平坦，海水由东南向西北侵进加深，形成了广阔的浅海（图 2－9），接受了板溪早期陆缘滨岸相沉积，形成了张家湾组/横路冲组、河流—滨岸相陆源碎屑岩及马底驿组/黄狮洞组潮坪—陆架钙泥质及碳酸盐岩混合沉积。

2. 相对活动阶段

砖墙湾期，出现了明显的差异性升降活动。雪峰山以南，盆地下降，斜坡及坡下凹陷形成，普遍出现了欠补偿—滞留环境中的黑色碳泥质及低密度浊流沉积岩系即砖墙湾组，并出现了颇有规模的裂隙喷溢型酸性—基性双模式火山岩类（云场里组）的带状分布。而在雪峰山北缘——武陵山区仍为浅海，形成了通塔湾组砂泥质沉积，但武陵山以北的石门—慈利一带全部抬升成陆。显示了由北向南抬升与下降之间的明显差异。

3. 构造剧烈变动阶段

砖墙湾末期，构造变动逐渐加剧，由北向南的块体不均衡抬升运动——西晃山运动，已延展至雪峰山地区，导致了大规模的海退，雪峰山以北均隆升为陆（图 2－10），雪峰山以南的海域斜坡遭受不同程度的侵蚀，形成了低水位扇浊流沉积（砖墙湾组中上部）。

4. 构造稳定，海侵扩大阶段

经历了西晃山运动之后，地壳又处于相对稳定下降时期，海平面上升，雪峰山以南海域形成了低水位楔高密度浊流（架枧田组），在雪峰山以北接受了五强溪组的河—滨岸相沉积，至多益塘—牛牯坪期，滨线北移至武陵山一线，浅海区内形成了多益塘组—牛牯坪组陆源砂泥质—火山碎屑沉积岩系。

板溪期末，雪峰造陆运动开始，雪峰山以北广大地区隆升为陆，雪峰山以南接受了厚度巨大的融冻泥石流沉积，盆地进入震旦纪演化阶段。但有关华夏陆块西北活动陆缘盆地的演化情况，尚有待进一步研究。

---

①湘、桂、黔三省（区）前寒武系踏勘组，1962，湘、桂、黔三省（区）前寒武系踏勘报告（油印本）。

②唐晓珊，1988，湖南冷家溪群岩石地层单位，湖南区调，第 1 号（内刊）。

③唐晓珊、黄建中、张晓阳、郭乐群，1995，湘南新元古代板溪群（内部出版）。

④湖南省区调队，1986，湖南地层（内部出版）。

⑤唐晓珊等，1988，1：5 万株洲—湘中幅区域地质调查报告（内部出版）。

⑥黄惟沛等，1990，湖南岩石地层清理与研究（油印本）。

⑦罗海晏、黄惟沛，1988，湖南省岩石地层单位研究（油印本）。

⑧唐晓珊等，1991，雪峰山地区板溪群、芙蓉溪群的建造类型及环境，湖南区调，4 号（内刊）。

⑨彭继述等，1993，1：5 万金石桥幅区域地质调查报告（内部出版）。

⑩郑国宝等，1964，湖南地层表（内部出版）。

⑪湖南区调队，1982，1：5 万白沙镇幅区域地质调查报告（内部出版）。

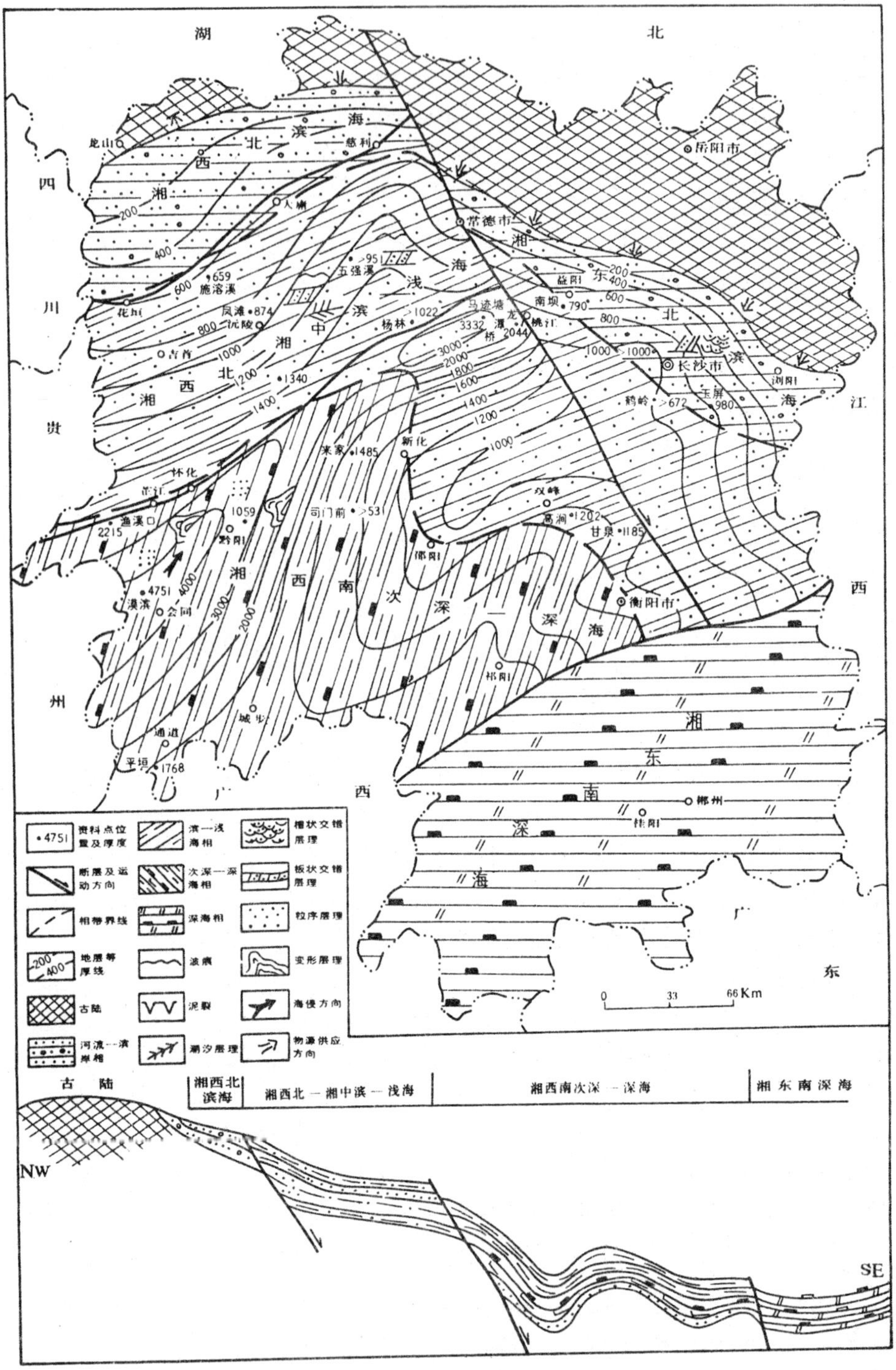

图 2-10 湖南省晚元古代板溪晚期构造岩相古地理图

第三章
震旦纪—志留纪

湖南震旦纪—志留纪地层，属同一构造沉积演化阶段之产物。其总体沉积格局是：一个沉积盆地，两个不同性质的盆地边缘。西北为被动边缘（上扬子地层分区、湘中地层分区），东南（桂湘赣地层分区）为活动边缘，二者构造属性不同，沉积特征及建造序列各异。各纪地层分区并不一致，详见地层总表（表 1－1）。

第一节　岩石地层单位

长安组　$Z\hat{c}$　（6－43－0201）

【创名及原始定义】　王曰伦 1936 年在广西北部融安县长安镇创“长安砂岩”一名。赵金科、吴燕生 1941 年将长安砂岩定义为：整合于丹洲片岩及千枚岩之上，富禄凝灰岩之下的一套地层，称“长安砂岩，厚 600±公尺，为绿色砂岩含椭圆状卵石”。

【沿革】　湘、桂、黔三省（区）前寒武系踏勘组①1962 年在洞口县江口镇创江口组一名。1964 年被湖南区测队郑国宝等②所编的《湖南地层表》正式采用，后经湖南区调所③1992 年在 1∶5 万铁坡山幅将江口组分解为长滩组、观音田组及鹤岭组。长滩组与广西长安组岩性相似，层位相当，本次对比研究按建名的优先原则采用长安组一名。江口组及长滩组与长安组同物异名，省内停用。

【现在定义】　* 指位于拱洞组与富禄组之间的一套巨厚层状含砾泥岩、含砾砂岩，中夹细砂岩、粉砂岩及泥岩。下以千枚状板岩的消失或砂岩的出现与拱洞组分界，整合接触；上以块状含砾砂泥岩的消失或含铁页岩的出现与富禄组分界，呈平行不整合接触。在湖南系平行不整合于高涧群岩门寨组之上，整合于富禄组之下的一套灰绿色、黄绿色轻变质块状含砾泥岩、泥砾岩（旧称含砾板岩）为主，夹变质砂岩、板岩及碳酸盐岩凸镜体。它以含砾泥岩的开始与岩门寨组板岩分界，又以它的结束与上覆富禄组分界。

【层型】　省内次层型为黔阳铁山乡长滩剖面（G－49－29－B；110°15′，27°19′）（图 3－

* 凡属外省（区）创名的岩石地层单位，其【现在定义】的第一段为照抄外省的现在定义，第二段是根据我省次层型所下的——编者注。

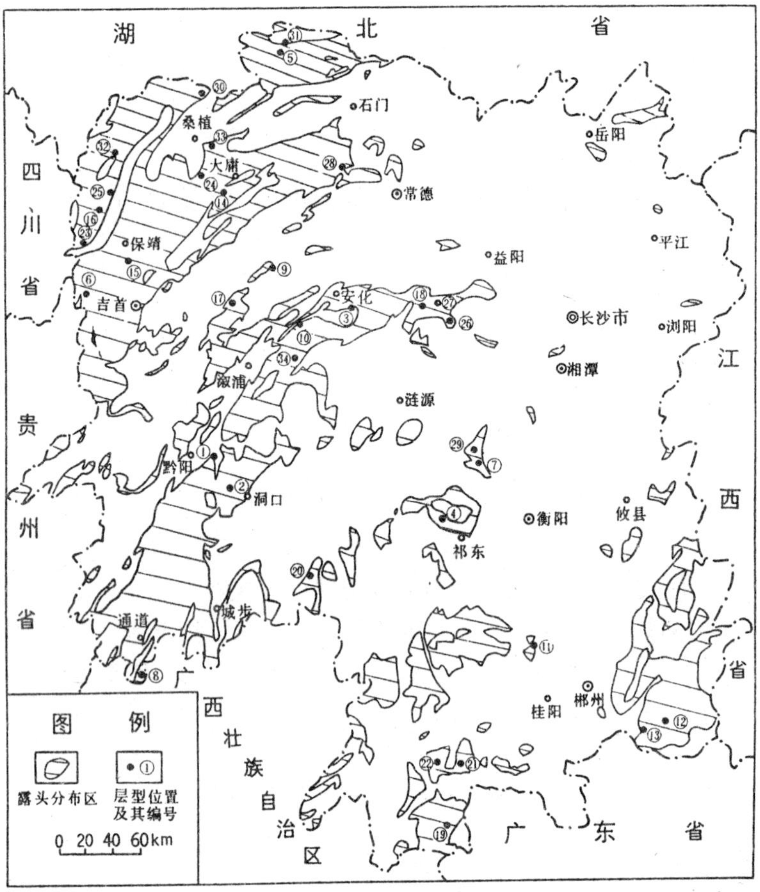

图 3-1 湖南省震旦纪—志留纪岩石地层露头分布及层型剖面位置图

1 中①)，湖南区调所 1989 年测制。

上覆地层：**富禄组**

22. 灰色厚层—巨厚层状长石石英杂砂岩夹含砾长石石英砂岩。水平层理及低角度冲洗层理发育　20 m

——————— 整　合 ———————

长安组　总厚度 1 918.6 m

21. 浅灰色块状含砾砂质板岩，含砾 1%±，砾石分布不均，砾径 2～3 mm　120.2 m

20—19. 灰色、浅灰绿色块状含砾岩屑砂岩与含砾砂质板岩或砂质板岩呈韵律。砾石含量 3%～5%，发育大型波状层理　375.3 m

18—16. 灰绿色块状含砾粉砂质板岩，夹少量含砾长石石英杂砂岩。砾石大小不一，一般在 0.2～5 cm，含砾 3%～7%，多呈扁平状　392.3m

15—13. 灰绿色条带状岩屑石英砂岩夹含砾长石石英杂砂岩、条带状板岩。杂砂岩见有粒序层理，厚 2 cm，由砾石—粗砂—细砂递变。板岩具水平纹层　130.1 m

12. 浅灰绿色中—厚层条带状板岩与绢云母板岩，单层厚 0.8 m，条带由砂、泥质各自相对富集而成，宽度不一，密者 1 cm 内有 3～4 条，稀者 10 cm 内 3～4 条　228.1 m

11. 灰绿色厚层块状中细粒石英砂岩，单层厚度 0.8～1.5 m，水平纹理发育　92.9 m

10—9. 灰绿色绢云母板岩、条带状绢云母板岩，单层厚度 0.8～1 m，条带由砂、泥质各自相对富集而成 97.5 m

8—7. 浅灰绿色块状含砾长石石英杂砂岩，砾石含量 3%～5%，具定向排列 57.6 m

6. 浅灰绿色块状含砾岩屑砂岩与含砾砂质板岩呈韵律。砾石含量 1%～5%不等，局部富集可达 15%，单个韵律厚 30～35 m 84.5 m

5. 浅灰绿色块状含砾岩屑砂岩夹含砾砂质板岩。含砾砂岩，砾石含量 3%～5%，砾径 0.2～3 cm，含砾砂质板岩砾石含量 1% 137.2 m

4—2. 灰绿色块状含砾砂质板岩夹含砾岩屑砂岩。含砾 3%～9%，砾径 1～3 cm 189.8 m

1. 底部为灰色、灰紫色长石石英砂岩，往上为灰色中厚层状含砾长石石英杂砂岩 13.1 m

——————— 平行不整合 ———————

下伏地层：**高涧群岩门寨组** 灰绿色绢云母板岩夹凝灰质板岩

【地质特征及区域变化】 本组岩性主要是由含砾板岩（砾泥岩或泥砾岩）构成，次为砂岩、含砾砂岩和少量板岩及碳酸盐岩透镜体。在湘中、湘西一带与下伏高涧群或板溪群呈平行不整合接触，在双峰—祁东一带呈整合接触。本组厚 1 500～2 280 m，最厚在新邵龙山一带，厚度达 2 512 m，最薄在双峰—祁东一带，厚 106～659 m，局部仅 9.6～12 m。

含砾板岩以含绢云母板岩为主，次为含砾凝灰质板岩、含砾硅质板岩。含砾板岩总的特征呈块状、无层理，含砾 3%～5%，局部可达 10%。砾径一般为 0.5～1.5 cm，个别达 30 cm。砾石成分因地而异。砂岩有含砾砂岩、长石石英砂岩及杂砂岩。板岩，以绢云母板岩为[illegible]质板岩次之。在新化凉竹亭本组中部夹一层玄武岩，层状产出，具角砾状及条带状[illegible]26.1 m。

本组微古植物主要有：*Trachysphaeridium*，*Leiopsophosphaera*，*Laminarites antiquissimus* 和 *Lophosphaeridium* 等 9 个属 16 种。它们的特征与峡东、新疆震旦系下统所产的微古植物化石特征相似。

【其他】 含砾板岩砾石均悬浮于基质之中，分布比较均匀。总观无层理，局部由砾石的大小变化而显粒序，也见局部集中成砾岩透镜体和细小的不连续的泥质条带。通过 25 个样的粒度分析，11 个样为泥石流，14 个样属带水泥石流范畴。砂岩，层理清楚，见有楔状交错层及宽缓型波痕，属浅海—滨海地带的沉积物。据《1∶5 万铁坡山幅区域地质调查报告》，通过化学分析，并在不同气候带粘土岩的成分图解上显示，含砾板岩属干燥气候的海相粘土与寒冷和中等寒冷气候带的陆相粘土成分的过渡区。可见本组含砾岩石所形成的环境是在寒冷气候下的冰碛物经改造而成泥石流或水下泥石流。一旦气候变暖便形成滨岸—浅海相的砂岩和板岩。

雪峰运动使海水退至湘中地层分区及桂湘赣地层分区，上扬子地层分区露出水面形成山地。在湘中地层分区沉积了本组，在区内的湘潭九潭冲、城步等地有孤岛露出水面而缺失本组沉积。震旦纪开始由于冰期的到来，它所形成的地层与前震旦系截然不同，是以一套特殊的震旦纪所独有的含砾泥质岩石组合为特征，与前震旦系极易分界。同时，在桃江县马迹塘乡王家湾剖面，本组采有一同位素年龄样，其结果 Rb－Sr 全岩等时线年龄为 808.6 Ma。从以上岩石特征及同位素测定的年龄，本组代表震旦纪最早沉积是无疑的。

富禄组 *Zf* （6－43－0202）

【创名及原始定义】 原称富禄凝灰岩，出自王曰伦 1936 年在广西三江县富禄乡之东公路上剖面创名。赵金科、吴燕生1941年定义为：长安砂岩之上，车田矽化层之下的地层部分称富禄凝灰岩。

【沿革】 广西区测队1966年将富禄砂岩厘定为富禄组，用以代表长安组之上，南沱组之下的地层。本组在湖南使用沿革与长安组相似（表3-1）。观音田组及渫水河组与富禄组同物异名，省内停用。

表3-1 富禄组沿革表

1∶20万洞口幅 1965	1∶20万桑植幅 1970	湖南省区域地质志 1988		1∶5万铁坡山幅 1992	本书
江口组	南沱冰碛岩组	湘锰组		鹤岭组	大塘坡组
		东山峰组	江口组	观音田组	古城组
	南沱砂岩组	渫水河组			富禄组
		张家湾组*		长滩组	
					长安组

* 张家湾组现划入青白口系

【现在定义】 指长安组与黎家坡组之间的一套地层，岩性为层理清晰的砂岩、泥岩，局[illegible]岩、凸镜状白云岩。下以紫红色含铁页岩的出现与长安组分界，呈平行不整合接[illegible]黑色碳质页岩（此部分应为大塘坡组——编者注）的消失或黎家坡组含砾砂泥岩的出现分界，二者呈整合接触。在湖南系整合于长安组之上，平行不整合于古城组或大塘坡组之下的一套以条带状赤铁矿、磁铁矿为底，其上以长石石英砂岩为主体夹板岩及白云岩凸镜体的地层。

【层型】 用洞口观音田次层型剖面代表湘中地层分区的沉积特点，用安化县松子坳次层型剖面代表上扬子分区的特点。洞口江口镇观音田次层型剖面（H-49-29-B；110°22′，27°11′）（图3-1中②），湖南区调所1989年测制。

上覆地层：**古城组**

36. 含砾泥砂质石英粉砂岩

——————— 平行不整合 ———————

富禄组	总厚度 410.1 m
35. 灰黑色薄—中层状长石石英砂岩与粉砂质板岩呈韵律	25.6 m
34—33. 灰绿色薄—中厚层状条带状含钙泥质长石石英粉砂岩与条带状板岩呈韵律	106.3 m
32. 浅灰绿色薄—中层条带状板岩与条带状砂岩互层	10.5 m
31. 浅灰绿色薄—中层状含铁粉砂质绢云母板岩，发育水平纹层	14.6 m
30. 灰黄色不等厚厚层状长石石英细砂岩夹条带状粉砂质板岩	22.4 m
29—28. 灰绿色厚层状含钙、泥质长石石英粉砂岩夹条带状细砂岩	116.3 m
27. 浅灰绿色块状细砂岩夹含砾长石石英砂岩。偶见钙质团块	47.6 m
26. 深灰黑色薄层硅质粉砂质板岩夹条带状铁质硅质岩	5.0 m
25—24. 深灰色薄层条带状铁质硅质板岩与条带状含铁硅质岩互层。单层厚0.05～1.5 cm	61.8 m

——————— 整 合 ———————

下伏地层：**长安组**

23. 含砾石英砂岩

安化松子坳次层型剖面（111°12′，28°20′）（图 3－1 中③），湖南区测队 1973 年测制。

上覆地层：**大塘坡组**

3. 灰黑色含钙、泥质硅质岩　0.5 m

——————— 平行不整合 ———————

富禄组　总厚度 99.2 m

2. 灰绿色厚层状细粒石英砂岩，中夹薄层含凝灰质长石石英砂岩。长石石英砂岩含长石 20%、中基性岩屑 3%、白云石 2%、凝灰质 5%　46.4 m
1. 灰色，风化后为棕黄色厚—巨厚层粗—中粒含长石石英砂岩。岩石中含白云岩及少量花岗岩屑，霏细岩屑　52.8 m

———————平行不整合———————

下伏地层：**多益塘组**　灰绿色含粉砂硅质板岩夹细粒石英砂岩　50 m

【地质特征及区域变化】　湘中地层分区　底部以赤铁矿、磁铁矿层为主，称江口式铁矿。含矿岩系沿古陆边缘分布，从通道开始，一支是由通道—洞口止于新化。另一支从通道—新宁止于祁东沿走向变为硅质板岩直至尖灭。厚 67.9 m。中、上部以灰绿色厚层状长石石英砂岩、含钙长石石英砂岩、石英砂岩为主，夹条带状粉砂质板岩、绢云母板岩。砂岩局部含砾，具水平层理、波状层理及冲刷交错层理。厚 410.5 m。在通道砂岩占 65.5%，向北变多、变粗，在新邵大河滩砂岩占 86.8%。在通道板岩占 29.7%，向北变少仅 13.2%。本组之底界：铁矿层的出现作为本组的开始；当铁矿相变成含铁硅质板岩或硅质板岩时，结合长安组含砾板岩的结束，则以含铁硅质板岩或硅质板岩作为本组的底界；当铁矿层、含铁硅质板岩、硅质板岩均不存在时，则以长安组含砾板岩结束后出现砂岩时，则以砂岩作为本组的底界。本组与上覆古城组、大塘坡组均呈平行不整合接触。当古城组存在时，本组顶部之砂岩或板岩与古城组含砾砂岩或砾泥岩的出现作为二者界线。当古城组不存在时，则本组直接与大塘坡组白云岩或碳质页岩分界。在湘潭市湘潭锰矿区（鹤岭）（图 3－2）黄荆坪、城步等地缺失长安组，富禄组直接超覆于板溪群、高涧群之上，并呈平行不整合接触。

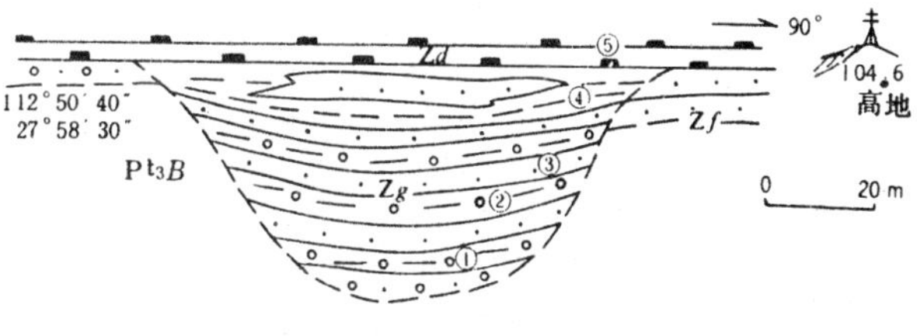

图 3－2　湘潭锰矿 104.6 高地古城组与富禄组、板溪群接触关系走向图切剖面图

①含砾长石石英砂岩；②含砾泥岩；③长石石英砂岩；④砂质页岩；⑤碳质页岩

上扬子地层分区　本组为一套灰白色块状含砾长石石英砂岩、砂岩，局部夹板岩或硅质板岩。直接超覆于前震旦系之上，呈平行不整合接触。岩性变化甚小，而厚度变化较大，厚 1～260.3m。它以灰白色块状砂岩为特征，与上、下地层均易划分。

本组所产微古植物，与下伏长安组所产种属相似，仍以微细藻类为主。主要有：*Laminarites antiquissimus*，*Leiopsophosphaera*，*Trachysphaeridium* 等 6 属 4 种。

【其他】　湘中地层分区　本组与长安组为连续沉积。其沉积中心位于新化—通道一个狭窄的地带，厚 500～1 892 m，其中又以通道—绥宁一带为最厚，均在 1 000 m 以上。在盆地边部厚度较小，在 100 m 左右。

在通道一带岩层水平层理发育，并有细小微层理，夹白云岩及碳质页岩，应为浅海外陆架低能环境的产物。在沉积区的边部，砂岩含砾，有大型单向交错层和双向冲刷交错层理，结合粒度分析，其边部均为浅水高能滨岸—内陆架环境的产物。

本组底部之铁矿，湖南称为江口式铁矿或洞口式铁矿，由磁—赤铁矿或赤—磁铁矿组成，与含铁硅质板岩呈条带状产出。见于洞口、新宁、祁东一带，常见 1～2 层，厚 1～160 m，含铁品位 7%～30%，由于含硅较高，铁的品位低则难以利用。

上扬子地层分区　由于冰川的消融，海水由湘中地层分区扩展到了本区，反映出富禄组广泛超覆于前震旦系之上。因此，在本分区内的富禄组岩性更加单一，基本上由含砾长石石英砂岩组成，厚度大大变小，多数情况在 10 m 左右。此套以砂岩为主的地层，前人在石门杨家坪称渫水河组，在峡东地区称莲沱组。前人将前者置于晚元古代板溪群，后者视为震旦纪最早的沉积。此套地层从安化—溆浦一线之西北广泛出露，它是由湘中地层分区富禄组中上部地层延展而来，并非一个独立的地质体，同时两分区的此套地层均伏于大塘坡组之下，无疑两者属同一地层单位。此套地层在湘中地层分区内，直接覆于长安组之上，因此本组只能是早震旦世中期的产物，绝非震旦纪最早的沉积。

西冲组　Zx　(6－43－0203)

【创名及原始定义】　张纯臣 1994 年创名于祁东西冲。指与下伏长安组呈整合接触，上覆大塘坡组呈平行不整合接触。底部以磁铁矿、赤铁矿与长安组分界，其上为灰绿色砂质板岩、条带状板岩。有时下部夹灰岩，上部夹粉砂岩的一套地层。

【沿革】　前人将祁东、双峰一带南沱组之下高涧群之上的一套砾泥岩—铁矿、板岩—砾泥岩统称江口组。1992 年湖南区调所③将江口组解体为长滩组（长安组）、观音田组（富禄组）、鹤岭组（大塘坡组）。同年湖南区调所④在紫云山地区将砾泥岩—铁矿、板岩—砾泥岩的一套地层统称为长滩组＋观音田组。通过研究后认为上述地层包括在长安组—富禄组—古城组之内，而铁矿、板岩之地层其层位与富禄组相当，但与定义不符，为了能与区域对比、划分，故将以板岩为主的地层创西冲组一名。

【现在定义】　西冲组与下伏长安组呈整合接触，上覆古城组呈平行不整合接触。本组全由一套板岩组成，并有发育的条带，其层位与富禄组相当。

【层型】　正层型为祁东西冲剖面（G－49－44－C；111°59′，26°54′）（图 3－1 中④）。由于建组时未能核查，现发现该组正层型层序不全，故指定双峰小洞冲剖面为次层型（G－49－33－B；112°17′，27°20′）（图 3－1 中⑦），湖南区测队 1973 年测制。

上覆地层：**古城组**

12. 黄绿色含砾砂质板岩	109.5 m
——————— 平行不整合 ———————	
西冲组	总厚度 281.7 m
11. 灰绿色粉砂质板岩，具条带状构造	95.7 m
10. 灰绿色含绿泥石斑点状板岩	34.4 m
9. 黄绿色板岩，纹层构造发育	91.4 m
8. 黄绿色绿泥石斑状板岩	60.2 m

——————— 整　合 ———————

下伏地层：长安组

7. 黄绿色含砾砂质板岩　　54 m

【地质特征及区域变化】　在湘中地层分区祁东—双峰一带，本组整合于长安组之上，为一套板岩，厚度较大，在 280 m 左右。与下伏、上覆地层的含砾泥岩极易分界。

在上扬子地层分区古丈—会同一带，平行不整合于板溪群或高涧群之上，底为 1～2 m 厚的灰白色含砾长石石英砂岩，其上则为灰绿色板岩或硅质板岩，厚 20 m 左右（图 3－3）。与上覆古城组亦为平行不整合接触。本组产少量微古化植物：*Polyporata obsoleta*，*Leiopsophosphaera* aff. *effusus*，*Trematosphaeridium holtedahlii*。本组为早震旦世中期的沉积，其层位与富禄组相当。

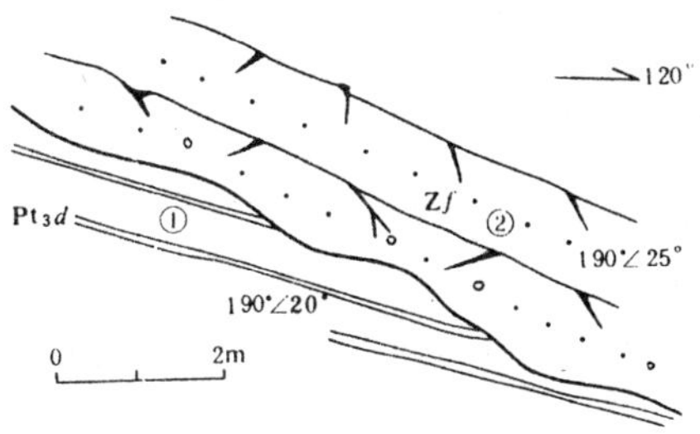

图 3－3　古丈县毛坪寨富禄组超覆于多益塘组之上平行不整合接触素描图
①板岩；②砂岩；③含砾砂岩

古城组　*Zg*　（6－43－0204）

【创名及原始定义】　赵自强等 1985 年建名于湖北省长阳高家堰东南 5.5 km 的古城岭附近。定义为：下部为冰碛砾岩，上部为砂砾岩、含砾砂质粘土岩及粉砂质粘土岩。含微古植物。

【沿革】　马国干 1980 年将此套地层称“下冰碛层”，1985 年赵自强等将“下冰碛层”正式命名为古城组。在湖南省，1982 年之前将上述地层置于江口组顶部，或置于南沱组之底部。杨彦钧 1984 年在研究石门杨家坪震旦系剖面后，将此剖面原划归“南沱组”的一套地层分解为：底部泥砾岩称东山峰组，其上之板岩称湘锰组，顶部之泥砾岩称南沱组。1984 年唐世喻⑤在研究花垣县民乐锰矿时，将含锰岩系之下的泥砾岩、砂岩夹白云岩称椿木组。东山峰组、椿木组之岩性均与古城组相似，层位相当，故本书按建名的优先原则采用古城组一名。与本组同物异名的有东山峰组、椿木组，省内停止使用。

【现在定义】　为一套灰绿色冰碛砾岩（杂砾岩）、砂砾岩，上部夹粉砂质粘土岩。其底以出现粉砂岩、细砂岩与莲沱组呈平行不整合接触，与上覆大塘坡组黑色或灰色碳质页岩呈整合接触，含微古植物。在湖南古城组系平行不整合于富禄组之上，整合于大塘坡组之下的一套灰黑色含砾板岩（含砾泥岩）。

【层型】　省内次层型为石门杨家坪剖面（H－49－78－A；110°13′，29°53′）（图 3－1 中⑤），湖南区调队 1986 年测制。

上覆地层：**大塘坡组**

104. 灰黑色中—薄层条带状板岩　　3.8 m

——————— 整　合 ———————

古城组　　总厚度 3.7 m

103. 灰黑色中层状含砾板岩，砾石含量少，砾径小，形状多变，成分复杂。具层理及落石构造。含 *Trematosphaeridium minutum*，*Laminarites* sp.，*L. antiquissimus* 等微古植物化石　　3.7 m

－－－－－－－ 平行不整合 －－－－－－－

下伏地层：**富禄组**

102. 黄灰色厚层—块状变质细粒长石石英砂岩，以平行层理为主，其次为大型楔状层理，偶见爬升层理，顶部见一层厚 20 cm 粉砂质泥板岩　9.8 m

【地质特征及区域变化】　本组的主体岩性是以含砾泥质岩石为特征，有含砾泥岩、泥砾岩、含砾砂岩、砂砾岩等，局部夹白云岩、板岩。厚度变化极大，厚为 2～160.2 m。

在湘中地层分区的西侧通道、新宁及洞口江口等地，本组为灰绿色含砾泥岩夹碳质板岩或含砾砂岩，厚仅几米。在湘中地层分区东侧，湘潭锰矿地区为黄绿色长石石英砂岩、含砾长石石英砂岩与砾泥岩互层，厚 22.4 m。并与板溪群和富禄组均呈平行不整合接触（图 3-2），呈明显的河流堆积。在双峰—祁东一带，本组为一大套含砾泥岩夹板岩及灰岩凸镜体，厚度为 160.2 m。

在上扬子地层分区，本组岩性变化较大，多为一套含砾泥岩，并可直接超覆于板溪群之上。在花垣县民乐—古丈毛坪寨—安化留茶坡一带，本组具明显的韵律性。下韵素为砾岩、砾泥岩、含砾砂岩或砂岩，上韵素为藻白云岩、白云岩、硅质岩或板岩，其比例约 2∶1。个别砾石有擦痕、压坑。局部地区有正粒序层理或大型板状交错层理，并有落石构造。结合粒度分析，花垣民乐一带为冰前滨海浅水沉积及冰水沉积，局部为水下泥石流沉积。其余各地有河床堆积或泥石流或冰水沉积。

本组产有少量微古植物化石，其特征与长安组、富禄组所产微古植物化石相似。主要有 *Laminarites antiquissimus* 等。计有 16 个种属。本组时代为早震旦世中期。

大塘坡组　*Zd*　(6-43-0205)

【创名及原始定义】　大塘坡组系江荣吉⑥1967 年所创，正层型位于贵州省松桃县大塘坡。系指整合于莲沱砂岩组与南沱冰碛岩组之间的一套细屑沉积。下部含锰岩系，为灰黑色碳质粘土岩夹粉砂岩、细砂岩、白云岩，为主要含锰层位，厚 25 米；中部砂质页岩层，深灰色含粉砂质粘土页岩，厚 247 米；上部微层状砂质页岩层，……厚 295 米。下以碳质页岩与下伏莲沱砂岩组分界，上以粘土页岩与南沱组分界。

【沿革】　1982 年前，省内区调工作将本组置于南沱组内，未能划出。1984 年杨彦钧等研究石门县杨家坪震旦系后，将南沱组底部之含砾板岩（砾泥岩）建名为东山峰组，中下部黑色页岩夹菱锰矿的地层称湘锰组，中上部之块状泥砾岩称南沱组。唐世喻⑤1984 年在花垣县民乐锰矿进行锰矿床研究后又创民乐组一名。湖南区调所⑦1990 年认为“湘锰”是工作单位名称而非地名，又将湘锰组改为鹤岭组。上述湘锰组、民乐组、鹤岭组均与大塘坡组岩性相似，层位相当，按建名优先原则本次采用大塘坡组一名。民乐组、湘锰组、鹤岭组为本组同物异名，省内停用。

【现在定义】　为整合于铁丝坳组和南沱组之间的一套细屑沉积，可分二段：第一段为深灰、灰黑色碳质粘土岩和含粉砂质碳质粘土岩，底部夹多层似层状、凸镜状菱锰矿及凝灰岩，含菌、藻、疑源类化石；第二段为灰、深灰色粉砂质粘土岩、粘土岩、泥岩夹粉砂岩，含疑源类化石。底以碳质粉砂质粘土岩与下伏铁丝坳组分界，顶以粘土岩与南沱组分界。在湖南系整合于古城组之上，平行不整合伏于南沱组之下的一套黑色碳质页岩、粘土质板状页岩，下部夹白云岩及菱锰矿的地层。

【层型】　次层型为花垣民乐锰矿区剖面（H-49-123-D；109°20′，28°22′）（图 3-1 中

⑥)，唐世喻 1984 年测制。

上覆地层：**南沱组** 深灰色含砾凝灰质粉砂岩 5 m

——————— 平行不整合 ———————

大塘坡组	总厚度 217.8 m
81. 深灰色含粉砂质板状页岩	80.0 m
80. 深灰色含粉砂质凝灰质板状页岩	61.3 m
79—78. 灰色板状页岩，夹白云岩凸镜体	48.5 m
77—76. 黑色粘土页岩，具水平纹层构造	17.8 m
75—65. 黑色页岩，含极薄的条带状菱锰矿（10～30 cm）层	7.6 m
64—63. 黑色碳泥质白云岩，夹菱锰矿及黑色页岩	0.8 m
62—57. 黑色含黄铁矿页岩，夹多层条带状菱锰矿	1.4 m
56—54. 黑色中—细粒岩屑石英砂岩，夹碳质页岩，含黄铁矿	0.4 m

———————— 整 合 ————————

下伏地层：**古城组** 灰色厚层状含砾粉砂泥晶白云岩

【地质特征及区域变化】 本组下部为黑色碳质页岩夹白云岩、菱锰矿，局部夹薄层硅质岩，上部为灰色板状页岩。厚 2～217.8 m。在省境内本组多直接与下伏古城组整合接触，当古城组不存在时，则直接与富禄组或西冲组呈平行不整合接触。在湘潭—溆浦—花垣民乐一带，下部为黑色碳质页岩，有丰富的黄铁矿，夹白云岩及菱锰矿 1～3 层，厚 18～28 m；上部为灰色板状页岩，偶夹白云岩，厚 2～189.8 m。在双峰—祁东一带，本组由白云岩及硅质岩组成，厚 1.5 m。在通道、靖县、绥宁一带，多为深灰色条带状板岩及少量碳质页岩夹白云岩，富含黄铁矿。局部见有含铁绿泥石板岩及绢云母板岩，厚 2～79 m。在古丈、大庸、石门杨家坪及常德一带，黑色碳质页岩夹含锰灰岩或灰绿色板岩，风化后局部为暗紫红色板岩。厚 3～32 m，一般为 10 m 左右。在平江、浏阳永和一带为灰色厚层条带状含凝灰质粉砂质板岩、硅质板岩夹含磷碳质板岩与含磷白云岩凸镜体。厚 23.2 m。

本组微古植物化石在早震旦世达到空前繁盛，总的特征仍与长安组、富禄组相似，共有 35 个属种。主要有 *Trachysphaeridium*，*Laminarites*。

【其他】 大塘坡组层位稳定，遍布湘中、上扬子两地层分区，又以湘潭—溆浦—吉首一带发育最好，这是由于当时多孤岛、海湾所致。由于环境适宜蓝藻大量繁殖，形成了较多的锰矿床。锰矿产于本组的底部，见 1～3 层，厚 0.63～5.41 m，平均 2 m 左右。层状、似层状产出，以菱锰矿为主，具条带状构造。

在花垣民乐采有同位素年龄样，经地质矿产部宜昌地质矿产研究所测定的全岩 Rb - Sr 等时年龄为 728±27 Ma。

南沱组 *Zn* （6 - 43 - 0206）

【创名及原始定义】 Blackwelder（1907）于湖北省宜昌市南沱创名。原始定义：指伏于大套石灰岩之下的砂质和泥质岩石组成的南沱层（Nantou Formation）。出露于南沱陡壁之下的缓坡上，这套岩层的底部由长石石英砂岩和砾岩组成。下部呈紫褐色，向上渐变成白色和紫色石英岩，总厚度约 45 m；上部出露 35 m 厚的硬质块状泥砾层或冰碛岩，既不呈片状也不成层。这是一套绿色粗砂质的粘土岩，结构杂乱，呈棱角状，无分选性的地层系列。

【沿革】 省内从1：20万区调工作开始就引用了南沱冰碛岩组一名。1984年杨彦钧将南沱组下部所夹板岩称湘锰组，板岩之下砂岩（渫水河组）之上的泥砾岩称东山峰组，板岩之上的泥砾岩称南沱组。同时认为除石门杨家坪--大庸一带这一狭小地区为大陆冰川的南沱组外，其余湘中广大地区皆为海洋冰川的洪江组。与本组层位相当的有小洞冲组，它不仅包括南沱组，还包括大塘坡组在内。故省内停止使用。

【现在定义】 灰绿色、紫红色冰碛泥砾岩（杂砾岩），上部夹薄层砂岩凸镜体，冰碛砾岩（杂砾岩）中的砾石分选性差，表面具擦痕。与上覆陡山沱组白云岩与下伏莲沱组的凝灰质细砂岩均为平行不整合接触。在湖南系指平行不整合于大塘坡组之上，整合于金家洞组之下的一套灰绿色块状泥砾岩，中部偶夹板岩、白云岩、硅质岩的地层。

【层型】 次层型为双峰小洞冲剖面（G－49－33－B；112°17′，27°20′）（图3－1中⑦），湖南区测队1976年测制。张纯臣1985年修改、补充。

上覆地层：**金家洞组** 灰绿色泥灰岩 1.3 m

——————— 整 合 ———————

南沱组 总厚度 70.4 m

21. 灰绿色含砾板岩夹白云岩透镜体，层理清楚，条带密集。砾石以脉石英、碳酸盐岩为主，砾径一般3～5 mm，个别达2 cm，滚圆度较好，坠石普遍 4.4 m
20. 灰色藕莲状灰岩质砂砾岩，厚度沿走向急剧尖灭。砾、砂以碳酸盐岩为主，有少量石英，滚圆度良好，可沿下伏地层裂隙渗入1～1.5 m深 0～12 m
19. 灰绿色泥砾岩，块状不显层理，砾石定向构造明显，有两组不同方向的砾石构成镶嵌构造。非构造劈理十分发育，劈理的方向不定且多分叉。砾石成分复杂，计有10余种，以白云岩为主，次为砂岩、板岩、花岗岩等，并悬浮于基质之中。含量大于30%。砾径一般1～10 cm，个别达90 cm。圆度及分选性极差，砾石形态复杂，有麻花状砾石，压裂现象普遍，擦痕、沟槽、压坑现象明显。对下伏地层有刨蚀作用，接触面波状起伏 11.7 m
18. 黄绿色条带状板岩，夹含砾板岩凸镜体 4.9 m
17. 硅质白云岩及硅质岩 0.8 m

16—2. 灰紫、灰绿色粘土质板岩 3 m

16—1. 紫灰色砾泥岩 3 m

15. 黄绿色砾泥岩，砾石含量小于10%，砾径2～3 cm为主。砾石局部集中，并有叠瓦状构造 30.6 m

－－－－－－－ 平行不整合 －－－－－－－

下伏地层：**大塘坡组** 含锰泥晶白云岩 0.9 m

【地质特征及区域变化】 南沱组以块状泥砾岩或砾泥岩为特征，是寒冷气候条件下的特殊堆积物，它的变化虽大，但仅限于砾石成分、大小、含量及厚度的差异。砾石成分、大小、含量变化因地而异，无规律可循。总观之，东部较薄7～167 m，西部较厚200～600 m。在双峰—祁东一带夹一层白云岩、硅质岩，其他各地常夹一层灰绿色板岩。除沅陵—辰溪一带，南沱组直接平行不整合于多益塘组之上外（图3－4），其余各地南沱组均与大塘坡组平行不整合接触。在上扬子地层分区本组上覆地层为陡山沱组，在湘中地层分区上覆地层则为金家洞组。

南沱组冰碛岩绝大部分均已改造成泥石流或冰碛岩—泥石流的过渡类型。唯双峰小洞冲南沱组上部地层（第19—21层）冰川构造最为醒目，保存完整。冰碛岩为块状泥砾岩，厚

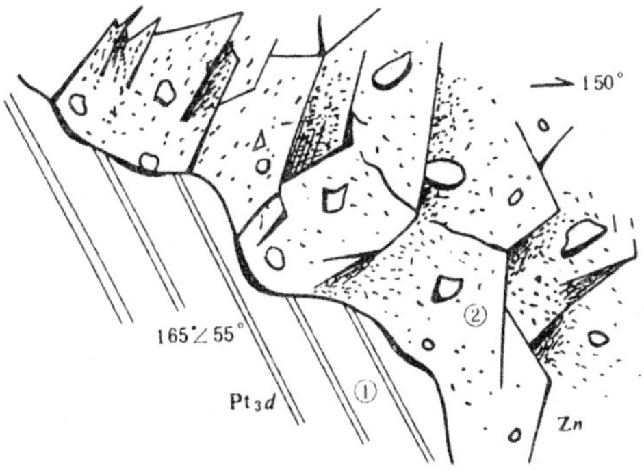

图 3-4　沅陵黄泥溪南沱组超覆于多益塘组之上平行不整合接触素描图
①板岩；②泥砾岩

17.3 m。本组微古植物化石均由大塘坡组延续而来，无特殊种属，计有 28 个种属。

【其他】　南沱期，海水由上扬子地层分区和湘中地层分区退至桂湘赣地层分区及湘中地层分区西部新化—通道一个狭长的地带（洪江组分布区），其余各地基本上露出了水面，加之气候寒冷，冰川广布。其堆积物泥砾岩、冰碛构造几乎全部经过了改造，成为泥石流或冰碛—泥石流的过渡类型。泥砾岩在湘西一带花岗岩砾石较多，大者 1 m。砾石成分复杂、形态多变、滚圆度较差，表面擦痕、压裂现象明显。在黔城剖面见有由砾石成分不同的镶嵌构造，并有核心为板岩的泥包石。其组合层理以混杂砾石层为主，并与悬浮递变粒级层、冲刷粒级层构成。局部夹冰河相、冰湖相或冰前滨海相的砂砾岩、砂岩及含砾板岩、板岩。夹层各地层数及层位均不固定，时上时下，时厚时薄。悬浮递变粒级层在怀化袁家、沅陵黄泥溪剖面较明显，并以多个旋回组成，每个旋回砾石下粗上细较为明显。冲刷粒级层，是冰川或冰川泥石流停积后，经河流冲刷而成，呈砂砾岩透镜体，见于黔阳黔城、怀化袁家、沅陵黄泥溪、荔枝溪及安化罗家斗剖面。层数最多是袁家，透镜体最大是黔城和罗家斗，长 5～15 m，厚 1～5 m。混杂砾石层更为普遍，块状、无粒序，砾石悬浮于基质之中。在会同分水坳、黔阳黔城、怀化袁家、沅陵楠木铺、古丈毛坪寨、益阳南坝及湘潭鹤岭等地，本组顶部均有一层厚 1～3 m 的含砾砂岩，并含丰富的黄铁矿。通过对湘潭鹤岭本组顶部含砾砂岩研究后认为属浅海冰水沉积物。其时代应为早震旦世晚期。

洪江组　*Zh*　（6-43-0216）

【创名及原始定义】　王晓青 1940 年在洪江—黔城调查时，将“震旦纪板溪系上部含卵石之千枚岩”创洪江系一名。

【沿革】　1984 年杨彦钧等根据黔城剖面将南沱组、大塘坡组、富禄组之和厘定为洪江组，并认为是海洋冰川与正常海洋混合沉积。经考察黔城剖面与定义并不相符，它仍具南沱组之特征。因此，正层型剖面并不具备其代表性。本次对比研究仍采用洪江组一名。

【现在定义】　洪江组与南沱组层位相当，与下伏大塘坡组、上覆金家洞组皆为整合接触，以泥砾岩为主，夹较多的板岩、砂岩，且厚度巨大为特征。以含砾板岩的出现与下伏大塘坡组碳质页岩分界，又以含砾板岩结束与上覆金家洞组碳质泥灰岩分界。

【层型】　选层型为通道长安堡剖面（H-49-64-D；109°52′，26°03′）（图 3-1 中⑧），贵州省地质局 108 地质队 1977 年测制。

上覆地层：**金家洞组**

132. 灰色含硅质微粒白云岩	4 m

———————— 整　合 ————————

洪江组	总厚度 534.1 m
131—126. 灰色砂质含砾泥岩与纹层状砂质绢云母板岩互层	79.8 m

125. 紫灰色条带状含碳粉砂质绢云母板岩。产微古植物 *Protoleiosphaeridium solidum*, *Leiominuscula* sp., *L. minuta* 19.9 m

124. 灰色含砾泥岩，顶部为变余绢云母砂砾岩 178.3 m

123—122. 下部白色厚层含石英白云岩，上部浅灰绿色条纹状粉砂质绢云母板岩 5 m

121. 深灰色含砾砂质泥岩，中下部夹条纹不等粒状变余砂岩 249.3 m

120. 灰色条纹状粉砂质绢云母板岩与含砾泥岩互层 1.8 m

———————— 整　合 ————————

下伏地层：**大塘坡组**

119. 粉砂质绢云母板岩 5.5 m

【地质特征及区域变化】 在省内分布范围极为有限，仅见于新化—通道一带。岩性以灰、深灰色块状含砾泥岩，夹板岩、砂岩及白云岩凸镜体为特征。砾石成分复杂，花岗岩砾石较多，砾径 1～5 cm，个别达 20 cm。砾石含量 5%～15%。通道一带夹板岩及白云岩较多，而砂岩甚少，在通道东溪厚 2 069 m。向北在洞口、江口一带纹层发育，夹较多白云岩凸镜体，落石构造比较发育。再向北在隆回大水田一带，砂岩增多，板岩减少，并有硅质板岩及凝灰质板岩，厚 1 000 m。为了在野外能与南沱组区别，现列一对比表供参考（表 3-2）。

表 3-2 南沱组与洪江组岩石特征对比表

对比特征		南沱组	洪江组
含砾岩石	砾石含量	较多（5%～30%）	较少（5%～15%）
	砾石大小	大小混杂，一般较粗	一般较小
	所夹岩层	仅夹一层板岩或白云岩	夹多层板岩、砂岩或白云岩
	冰川、泥石流构造	明　显	不明显或不甚明显
	坠石现象	多在顶部 1～3 m 范围内	普遍发育
条带构造		不　发　育	明显、发育
本组厚度		200～600 m	一般在 1 000 m 以上
与下伏地层接触关系		平行不整合	整合接触

本组化石采集点较少，仅在通道县长安堡剖面采有少量微古植物化石，计有 *Trachysphaeridium* aff. *laminaritum*, *T. planum*, *Protoleiosphaeridium solidium*, *Leiominuscula minuta*, *Polyporata obsoleta*, *P. microporosa* 及 *Laminarites* 等。基本特征与长安组、富禄组、大塘坡组所产化石相似。

本组层位与南沱组相当，时代应为早震旦世晚期。

陡山沱组　*Zdŝ*　(6-43-0207)

【创名及原始定义】 系李四光等（1924）创名的陡山沱岩系（Toushantou series）演变而来，命名地点在湖北省宜昌市陡山沱。原始定义："中震旦系，陡山沱岩系：它主要含页岩和薄层石灰岩。在下部主要为页岩，……含有盘状黑色燧石的硬质页岩是这个地层下部的突出特征。……顺次地向上追索，页岩渐渐变得富于钙质。它们先后顺序是：最初为泥质的层纹状蓝色硬石灰岩，其次局部呈鲕状的纯石灰岩层，最后是薄层状白云岩局部被砂质页岩盖覆。"

【沿革】 1980年前我省广泛使用陡山沱组一名，以后，则台区称陡山沱组，斜坡区称金家洞组。本次对比研究认为陡山沱组仍只适用于上扬子地层分区，故沿用此名。

【现在定义】 指整合在灯影组之下，平行不整合于南沱组之上，以灰、褐灰、灰白色白云岩为主，下部为灰—褐灰色白云岩，含泥质和硅质磷质结核；中部为灰黑色页片状含粉砂质白云岩；上部为灰、灰白色中—厚层状白云岩夹硅质层或燧石团块组成。顶部以黑色碳质页岩与上覆灯影组分界，底以一层含砾白云岩的底面与下伏南沱组分界。在湖南系整合于南沱组之上、灯影组之下的一套深灰色碳质页岩、泥灰岩夹碳泥质白云岩、灰岩及硅质岩的地层。

【层型】 次层型为石门杨家坪剖面（G－49－78－A；110°44′，29°58′）（图3－1中⑤），湖南区调队1982年测制。

上覆地层：灯影组

145. 暗灰色厚层—块状鲕粒灰岩	44 m

——————— 整　合 ———————

陡山沱组	总厚度 362.6 m
144—136. 灰黑色薄—中层条带状碳泥质白云岩夹白云质灰岩。下部含较多磷结核。产微古植物 *Laminarites* sp.，*L.* cf. *antiquissimus*，*Polyporata* sp.	87.9 m
135. 浮土掩盖	78.6 m
134—131. 灰、灰黑色中层条带状碳泥质白云岩。产微古植物 *Paleamorpha punctulata*，*Laminarites* sp.，*L.* cf. *antiquissimus*，*Polyporata obsoleta*	52.2 m
130. 浮土掩盖	60.5 m
129—126. 灰、灰黑色中—厚层状灰岩，或含硅质、或含碳质泥质、或含白云质的灰岩	26.4 m
125—123. 灰—灰黑色薄—中层状硅质岩、硅质板岩，夹薄层碳泥质砂岩、碳泥质白云岩。产微古植物 *Leiopsophosphaera densa* 等	19.7 m
122—121. 灰黑色薄—中层状条带状含粉砂质板岩、碳质粉砂质板岩。产微古植物 *Paleamorpha punctulata*，*Trachysphaeridium cultum*，*Lophosphaeridium* sp.，*L. acietatum*，*L. yichangense*，*Leiopsophosphaera densa*，*Lophominuscula crassa*，*Leiominuscula minuta*，*Margominuscula verrucosa* 等	22.9 m
120. 灰色薄—中层条带状泥质石英粉砂岩	10.4 m
119. 灰白色厚层状灰质白云岩，夹薄层状白云岩	4 m

——————— 整　合 ———————

下伏地层：南沱组　灰黑色砂质砾泥岩	＞20 m

【地质特征及区域变化】 本组基本岩性是碳质页岩、碳质泥灰岩及碳泥质白云岩夹砂岩。它与灯影组岩性呈过渡关系，二者分界线比较难以掌握，总观陡山沱组碳泥质成分高、色深，而灯影组钙质成分高而色浅。当陡山沱组之碳质页岩、泥灰岩全部结束后，则为灯影组的开始。本组与金家洞组之区别在于不夹薄层硅质岩，金家洞组则夹少量薄层硅质岩。本组与金家洞组平面上的分布界线在大庸—凤凰一带，呈犬牙交错之势。此线之西北为陡山沱组，此线之东南为金家洞组。在浏阳永和以黑色含磷碳质板岩为主夹白云质磷块岩。厚8～362.6 cm，一般厚50 m左右。本组的沉积中心在民乐—四都坪—杨家坪一带。

震旦系上统微体植物化石种属增多，并出现较多的新生分子，还产叠层石等。微古植物有 *Acanthomorphitae*，*Prismatomorphitae yichangense*，*Hubeisphaera radiata* 等；叠层石 *Boxo-*

nia f.，*Gymnosolen*，*Nucleela*。本组见有工业价值的磷矿及锰矿。其时代为晚震旦世早期。

灯影组 *Zdy* （6-43-0209）

【命名及原始定义】 系李四光等（1924）创建的“灯影石灰岩”演变而来，命名地点在湖北省宜昌市西北20 km长江南岸石牌村至南沱村的灯影峡。原始定义：“上震旦系灯影石灰岩：白色块状呈峭壁形的石灰岩，多少带白云质；在风化表面上有坚硬的矽质夹层突出。”“在很多地方包含特殊且成群的层状体，有时呈似圆筒状，但更多的是不对称圆锥状。”“是震旦纪浅水中繁殖的钙质藻类遗骸。”“特地命名为*Collenia cylindrica*，*Collenia angulata*。”“灯影石灰岩，从灯影峡下口的寒武纪页岩下突起。”

【沿革】 在我省灯影组一名广泛使用于碳酸盐台地的一套白云岩为主的地层。但在1：20万区调中也有将一套硅质岩为主的地层称灯影组。本次对比研究后认为灯影组只适用于碳酸盐台地白云岩为主的地层。

【现在定义】 指平行不整合于牛蹄塘组（水井沱组）之下，整合于陡山沱组之上的一套地层，岩性三分：下部灰白色厚层状内碎屑白云岩；中部黑色薄层状含沥青质灰岩，含燧石条带及结核，产宏观藻类；上部灰白色中—厚层状白云岩，含燧石层及燧石团块，顶部硅磷质白云岩产小壳化石。以黑色薄层状白云岩出现与其上覆、下伏地层分界。在湖南系指整合于陡山沱组之上、牛蹄塘组之下的浅色厚层状白云岩夹磷块岩及少量燧石条带的地层。

【层型】 次层型为石门杨家坪剖面（H-49-78-A；110°44′，29°58′）（图3-1中⑤），湖南区调队1982年测制。

上覆地层：牛蹄塘组 黑色薄层状碳质板状页岩与硅质岩互层，含磷结核。产小壳类 *Protohertzina* sp.，*P. unguliformis*，*P. anabarica*，*Turcutheca*? sp.，*Torellella*? sp.，Siphogonuchitidae；海绵类 *Oteaklostera monaxon*，*Clonophycus* sp.，及大量微古植物 *Protosolenopora distincta*，*Archaeotrichion fasciculum*，*Paracymatiosphaera annularis*，*Rediecoccus yangjiapingensis* ＞5 m

——————— 整 合 ———————

灯影组 总厚度 305.1 m

187—186. 灰色、灰白色薄—中层状泥晶白云岩，夹硅质条带或凸镜体 15.4 m

185—184. 灰白色薄—厚层状白云岩，夹硅质岩条带或凸镜体。产叠层石 *Nucleela* f. 9 m

183—177. 灰白色厚层状条带状白云岩。产叠层石 *Nucleela* f. 37.1 m

176—174. 灰色、灰白色薄—中层状白云岩，夹薄层硅质岩、碳质板状页岩 17 m

173—166. 灰黑色薄—厚层状硅质及泥质白云岩，夹少量含碳质板状页岩 57.3 m

165—163. 黄灰色、灰色薄层—厚层状硅质白云岩，产微古植物 *Laminarites* sp.，*Asperatopsophosphaera umishanensis*，*Trachysphaeridium rude* 26.1 m

162—160. 灰黑色薄—厚层状白云岩，下部含磷结核。产微古植物 *Laminarites* sp.，*Paleamorpha punctulata*，*Lignum* sp. 14.5 m

159. 灰黑色厚层状灰质白云岩，顶部夹薄层硅质岩。产微古植物 *Laminarites* sp.，*Paleamorpha punctulata*，*Lignum* sp.，*Polyporata microporosa*，*Taeniatum* cf. *crassum*，*Trematosphaeridium minutum* 14.7 m

158—153. 灰色中—厚层状灰质或硅质或含磷白云岩，具条带状构造或鲕状构造，局部夹胶磷矿条带或团块，或含磷硅质岩。产微古植物 *Pseudozonosphaera asperella*，*P. gigantea*，*Laminarites* sp.，*Trachysphaeridium rude*，*Orygmatosphaeridium reticu-*

latum。叠层石 *Boxonia* f.，*Gymnosolen* f.，*Nucleela* f.　　26 m

152—146. 灰黑色中—厚层灰质、碳泥质白云岩，局部含硅质，具条带或磷结核。产微古植物 *Asperatopsophosphaera umishanensis*，*Taeniatum* cf. *crassum*，*Laminarites* cf. *antiquissimus*　　43.8 m

145. 暗灰色厚—块状鲕状灰岩。顶面有泥裂。产微古植物 *Laminarites* sp.　　44.2 m

———————— 整　合 ————————

下伏地层：陡山沱组

144. 灰黑色薄—中层状碳泥质白云岩夹白云质灰岩　　9.6 m

【地质特征及区域变化】 本组以浅色厚层状白云岩、硅质白云岩夹磷块岩及硅质条带为特征，横向上变化不大。与上覆牛蹄塘组黑色薄层硅质岩夹碳质板岩或留茶坡组硅质岩分界标志清楚，易于区分。本组在省境内分布极为有限，主要集中于石门杨家坪—大庸田坪—古丈一线。在杨家坪最为发育，厚 305.1 m，沅陵四都坪—古丈是一个相变地带，厚 11.7～90 m。在杨家坪—古丈以东广大地区，本组零散出露于桃源理公港，厚 129.7 m；浏阳永和，厚 41.9 m；湘潭黄荆坪，厚 72.5 m。其上均为留茶坡组。

本组为浅海碳酸盐台地之产物。

本组产有微古植物和叠层石 *Boxonia*，*Gymnosolen* 及 *Nucleela*，小壳化石 *Eocucumaria sinica*，*Huangshandongella yangjiapingensis*。

【其他】 1983 年 12 月—1984 年 1 月国际前寒武系-寒武系界线研究工作组，研究了云梅树村剖面资料后，同意三个生物组合带的划分：Ⅰ带 *Anabarites* - *Conotheca* 组合带；Ⅱ带 *Paragloborilus* - *Siphogonuchites* - *Sachites* 组合带；Ⅲ带 *Sinosachites* - *Eonovitatus* 组合带。同时通过决议将震旦系与寒武系的界线置于Ⅰ与Ⅱ生物组合带之间。湖南省在双峰水原山留茶坡组厚层硅质岩之上、牛蹄塘组青灰色硅质板岩之中距底 15.16 m 范围之内采有第Ⅲ带的标准分子 *Sinosachites* sp.。在杨家坪灯影组白云岩之上牛蹄塘组碳质页岩夹黑色薄层硅质岩，在 5 m 的范围之内连续采有第Ⅰ带的标准分子 *Conotheca* 和 *Protohertzina*。据此分析灯影组并不代表震旦系的结束，而震旦系与寒武系的分界线应在牛蹄塘组下部薄层硅质岩夹碳质页岩与上部碳质页岩之间。因此，本组时代应为晚震旦世晚期。

本组见有具工业价值的磷矿。

金家洞组　*Zj*　(6-43-0208)

【创名及原始定义】 湖南区调队⑧1986 年根据溆浦县木溪乡金家洞剖面创名。定义为："黑色板状页岩夹白云岩、灰岩、硅质岩或成互层。中夹胶磷矿层，底部偶夹砂岩"。

【沿革】 此套地层前人置于陡山沱组，1986 年后省内广泛使用金家洞组一名。

【现在定义】 系一套深灰色碳质板岩、泥灰岩夹凸镜状白云岩及薄层硅质岩的地层。它与下伏南沱组、上覆留茶坡组皆为整合接触。

【层型】 因正层型剖面无硅质岩，而不具代表性，故指定楠木铺剖面（H-49-126-A；110°44′，28°31′）（图 3-1 中⑨）为选层型。湖南区测队 1971 年测制。

上覆地层：留茶坡组　灰黑色中—厚层状硅质岩　　77.6 m

———————— 整　合 ————————

金家洞组　　总厚度 44.7 m

4. 黑色泥质硅质岩　　4.3 m

3. 黑色块状硅质岩及白云岩，并有硅质团块　　31.8 m

2. 黑色碳质硅质板岩　　8.6 m

—————— 整　合 ——————

下伏地层：南沱组

1. 含砾板岩、砾泥岩　　4.3 m

【地质特征及区域变化】　本组主要见于湘中地层分区，在上扬子地层分区沅陵、辰溪一带少有出露。岩性以深灰色碳质页岩、硅质岩及白云岩三者兼有为特征。当南沱组或洪江组泥砾岩、含砾板岩结束，黑色碳质页岩或白云岩出现则为本组的开始。当本组碳质页岩夹薄层硅质岩或白云岩结束，厚层纯硅质岩的出现则为留茶坡组的开始。与下伏南沱组、洪江组皆为整合接触。在不同的地点碳质页岩、硅质岩、白云岩三者的比例变化较大，总体上由西北向东南硅质岩增多，而白云岩减少。

在沅陵四都坪—溆浦低庄一带，火山碎屑岩较为普遍，它与硅质岩、硅质板岩密切共生，有凝灰岩和沉凝灰岩，西北薄而东南厚。凝灰岩对 Au、Cu、Pb、Zn、Ni 有明显的富集作用。

在沅陵神仙坪本组中部夹锰矿层，在益阳南坝底部夹硫铁矿一层，偶见胶磷矿及锰矿层。

总观本组西北厚东南薄，厚 7～166 m，一般厚 30～50 m。本组产少量微古植物化石：*Leiopsophosphaera* sp.，*Micrhystridium* sp.，*Trematosphaeridium* sp.，*Asperatopsophosphaera umishanensis*，*A.* aff. *umishanensis*，*Lophosphaeridium* sp.，*L. yichangense*。微古植物化石基本特征同陡山沱组，其时代为晚震旦世。

留茶坡组　*Zl*　（6－43－0210）

【创名及原始定义】　王超翔、边效曾 1949 年在湖南安化县留茶坡创"留茶坡燧石层"。

【沿革】　湖南区测队 1974 年以前的 1∶20 万区调工作中将此套地层归于灯影组。中南地区区域地层表编写小组首次用留茶坡组一名后，1974 年以后的区测工作中广泛沿用留茶坡组一名。

【现在定义】　系整合于金家洞组之上、牛蹄塘组之下，为一套不夹其他岩性的纯硅质岩的地层。

【层型】　正层型剖面位于安化留茶坡（H－49－138－D；110°54′，28°10′）（图 3－1 中⑩），湖南区测队 1973 年重测。

上覆地层：牛蹄塘组　黑色碳质板岩夹硅质岩　　>7 m

—————— 整　合 ——————

留茶坡组　　总厚度 87.7 m

3. 灰—青灰色中层状，具纹层构造的硅质岩　　51.6 m

2. 青灰色薄层、中层状硅质岩　　16.1 m

1. 青灰色中—厚层状硅质岩　　20.0 m

—————— 整　合 ——————

下伏地层：金家洞组　黑色碳质板状页岩　　3 m

【地质特征及区域变化】　本组以灰色或黑、白相间条带的薄—厚层状不夹其他岩性的纯硅质岩为特征。它与下伏金家洞组、上覆牛蹄塘组黑色薄层硅质岩夹硅质板岩或碳质页岩，易于分界。它在地貌上特别醒目，呈突出的山脊。在省境内大部分地区极为稳定，在湘西最为发育，厚 7.6～137.9 m。

本组微古植物化石基本特征与陡山沱组相似。还产叠层石 *Nucleela* f.，有孔虫 *Foraminifera*，环形动物化石 *Chinochaetopterus* sp.，须腕动物化石 cf. *Sabellidites* sp.，海绵骨针 *Protospongia* sp.。鉴于有资料证实震旦系与寒武系的界线在牛蹄塘组下部碳质页岩夹薄层硅质岩与碳质页岩之间，故本组时代应为晚震旦世。

泗洲山组 *Zs* （6－43－0211）

【创名及原始定义】 湖南区调队⑨1982 年根据桂阳桥市泗洲山大江边震旦系剖面所创。用泗洲山组一名代表早震旦世地层，系一套浅灰、灰绿色板岩、砂质板岩夹含砾板岩、砂岩及少量白云岩、碳质页岩的地层。

【沿革】 在区调工作中，1982 年前称此套地层为震旦系下组，1982 年后则正式采用泗洲山组一名。1994 年黄建中等对正层型剖面的构造、地层层序进行了详细的研究，确认原始剖面由于断裂、褶皱发育，地层重复较多。最后重新建立了层序，并进行了新的划分。

【现在定义】 泗洲山组系整合于青白口系大江边组之上、天子地组之下，为灰紫色板岩、砂质板岩夹含砾板岩及少量白云岩的地层。

【层型】 正层型为桂阳桥市大江边泗洲山剖面（G－49－70－C；112°37′，26°05′）（图 3－1 中⑪），湖南区调队 1982 年测制，1992 年黄建中等修改、补充。

上覆地层：天子地组

13. 紫灰色板岩夹厚层白云岩，顶有赤铁矿层	16.0 m

——————— 整　合 ———————

泗洲山组	总厚度 551.5 m
12—11. 灰黑色含粉砂质板岩，夹砾质板岩、白云质板岩及硅质岩。具落石（坠石）构造，含砾 32%	58.5 m
10. 灰色中层状白云质灰岩夹砂质板岩、含砾板岩	68.0 m
9. 中、上部灰绿色含粉砂质板岩。底部灰绿色砾质板岩、泥砾岩透镜体夹含锰白云岩。含砾 5%～50%	29.0 m
8. 深灰色粉砂、白云质板岩，有发育的条带	64.0 m
7. 顶为 1 m 厚的砂砾岩，中、下部灰黑色中—厚层状含锰白云岩夹硅质岩	24.0 m
6. 灰色含粉砂质板岩夹深灰色条带状白云质板岩	56.0 m
5—4. 灰绿、灰紫色中—厚层状含砾板岩、砾质板岩。砾石分布不均，砾径 0.2～3 cm，大者 5～12 cm，砾石含量 3%～15%，具落石（坠石）构造	53.0 m
3—2. 灰、灰绿色条带状粉砂质板岩，夹含砾板岩及透镜状白云岩	199.0 m

——————— 整　合 ———————

下伏地层：青口白系大江边组　灰色条带状板岩夹碳质板岩及白云质板岩　　>100 m

【地质特征及区域变化】 本组以板岩、含砾板岩夹少量碳酸盐岩为特征，以含砾岩石的出现或消失作为划分本组之依据。下部为灰绿色含砾板岩与条带状板岩、砂质板岩互层；上部为深灰色条带状粉砂质板岩为主，间夹变质泥砾岩、含砾板岩、硅质岩及白云质灰岩。厚 551.5 m。发育有水平层理及滑塌变形层理，所含砾石分选及磨圆度差，砾石表面有刻痕、凹坑及压裂现象。落石构造普遍发育。上述特征显示是在深海盆地与下斜坡地带，寒冷气候下冰筏与正常海洋之混合沉积。本组白云质灰岩中测得 Rb－Sr 等时线同位素年龄为 794 Ma。证实了本组是华南地区震旦纪最早的冰成地层；以含砾岩系的出现作为震旦纪的开始是正确的，震旦纪的始限为 800 Ma 是恰当的。本组就其岩性与湘中地区长安组相似，同属于寒冷气候下形成的含砾板岩。其层位二者相当，均属早震旦世早期的沉积。

天子地组　*Zt*　（6－43－0212）

【创名及原始定义】　湖南区调队⑨1982 年根据桂阳桥市大江边泗洲山剖面所创。将一套以砂岩为主的地层称天子地组，用以代表晚震旦世的沉积。

【沿革】　建名后一直沿用，用以代表晚震旦世的沉积。黄建中等 1994 年对该剖面的构造、地层层序进行了系统的研究，认为原剖面层序不清，重新厘定了天子地组。它仅代表早震旦世中期的沉积。

【现在定义】　系指与下伏泗洲山组、上覆正园岭组皆为整合接触的一套底部为凸镜状、条带状赤铁矿或硅质岩，其上为紫红色、灰绿色中层状岩屑杂砂岩、绢云板岩、条带状板岩构成的地层。

【层型】　正层型为桂阳桥市大江边泗洲山剖面（G－49－70－C；112°37′，26°05′）（图 3－1 中⑪），湖南区调队 1982 年测制，1992 年黄建中等补充、修改。

上覆地层：正园岭组

30. 灰绿色巨厚层状含长石石英杂砂岩、砂质粉砂岩夹薄层状砂质板岩、板岩，夹层比 7∶1～6∶1　　36.0 m

——————整　合——————

天子地组　　总厚度 587.2 m

29. 灰绿色粉砂质板岩，夹薄层、中层状粉砂岩、岩屑杂砂岩，夹层比 5∶1 左右　　7.0 m
28. 紫红色粉砂质板岩夹灰绿色砂质板岩、砂质粉砂岩　　23.0 m
27. 灰绿色、紫灰色厚层状岩屑杂砂岩、砂质粉砂岩与红色、灰紫色条带状板岩互层。鲍马序列的 BCDE、CDE、ABCE 组合及变形层理、水平层理、粒序层理发育　　12.0 m
26. 灰绿色中厚层状岩屑杂砂岩夹紫红色、灰绿色含粉砂质板岩，夹层比 2∶1～3∶1　　54.5 m
25. 紫红色、灰绿色粉砂质板岩，夹石英岩屑杂砂岩、砂质粉砂岩。夹层比 4∶1 左右　　26.5 m
24. 灰绿色中厚层状岩屑石英杂砂岩、粉砂岩与紫红色、灰绿色粉砂质板岩呈不等厚互层状　　30.0 m
23. 紫红色条带状粉砂质板岩，与灰绿色粉砂质板岩互层。不等距夹 2～3 层厚层杂砂岩　24.6 m
22. 灰绿色中厚层状岩屑杂砂岩、粉砂岩与紫红色板岩、砂质板岩组成韵律　　16.0 m
21. 紫红色粉砂质板岩，间夹灰绿色粉砂岩　　35.6 m
20. 灰绿色厚层状砂质粉砂岩、岩屑杂砂岩与灰紫—灰绿色厚层状粉砂质板岩互层　　13.0 m
19—18. 紫红色含粉砂质板岩、条带状板岩夹灰紫、灰绿色中层状岩屑杂砂岩，夹层比 3∶1 左右　　178.0 m
17. 紫、灰紫色含粉砂质板岩与灰绿色中厚层状岩屑杂砂岩、砂质粉砂岩呈等厚互层　　37.0 m
16. 灰紫色含粉砂质板岩与绢云母板岩互层，中上部偶夹岩屑杂砂岩　　44.0 m
15. 紫红色条带状板岩夹灰绿色中厚层状砂质粉砂岩、岩屑杂砂岩，夹层比 3∶1 左右　　67.0 m
14. 灰绿色厚—块状岩屑杂砂岩与砂质粉砂岩、砂质板岩组成韵律　　3.0 m
13. 紫灰色板岩夹厚 30 cm 白云质灰岩，顶部夹厚 15～20 cm 条带状赤铁矿层　　16.0 m

————— 整　合 —————

下伏地层：**泗洲山组**

12. 灰黑色含粉砂质板岩夹7层硅质岩及1层厚1 m的砾质板岩。顶部为1层厚2 m的块状白云岩。砾质板岩含砾量32%，具落石构造特征　　9.5 m

【地质特征及区域变化】　本组以紫红、灰绿色条带状板岩、绢云母板岩与灰绿色中厚层状砂质粉砂岩、岩屑杂砂岩呈大厚度互层为特征。大量紫红色岩层的出现和条带状赤铁矿的出现则为本组的开始。岩层多由ADE、BCDE、CDE鲍马序列构成韵律层。上述特征应属陆缘斜坡浊积扇的中扇—扇舌外缘浊流沉积。厚587.2 m。其顶界止于正园岭组厚—块状含长石石英杂砂岩、砂砾岩为主体的碎屑岩组合之下。本组就其层位与富禄组相当。其时代应为早震旦世。

正园岭组　Zẑ　(6-43-0213)

【创名及原始定义】　黄建中等1994年在桂阳桥市大江边泗洲山剖面所创。系指与下伏天子地组、上覆埃歧岭组皆为整合接触的一套以灰绿色块状岩屑杂砂岩、粉砂岩、砂质板岩、条带状板岩组成鲍马序列的地层。其顶部为乳白色硅质岩及含砾板岩。本组大体相当于古城组、大塘坡组及南沱组。

【沿革】　湖南区测队四分队1969年在1∶20万郴县幅，将此地层划归震旦系下组的顶部。现所称正园岭组即沿用黄建中等所称之正园岭组一名。

【现在定义】　同原始定义。

【层型】　正层型为桂阳桥市大江边泗洲山剖面（G-49-70-C；112°37′，26°05′）（图3-1中⑪），湖南区调队1982年测制，1992年黄建中等修改、补充。

上覆地层：**埃歧岭组**

38-2. 紫红色板岩夹硅质岩　　30.8 m

————— 整　合 —————

正园岭组　　总厚度497.0 m

38-1. 灰紫、灰绿色条带状含砾板岩，夹板岩及粉砂岩　　6.0 m

37-2. 乳白色薄—中层状硅质岩　　3.0 m

37-1. 灰—灰黄色厚层状岩屑石英砂岩、砂质粉砂岩夹板岩，夹层比4∶1左右　　147.0 m

36. 灰绿色巨厚层状含长石岩屑杂砂岩、石英杂砂岩偶夹粉砂质板岩。砂岩具小型沙纹层理　　203.0 m

35. 灰绿色块状含长石岩屑杂砂岩、岩屑杂砂岩夹少量薄层砂质板岩。岩层面冲刷明显，且含砾级岩屑　　36.0 m

34. 灰绿色巨厚层状含长石岩屑杂砂岩、含砾长石岩屑杂砂岩与条带状板岩组成韵律，发育鲍马A、ABDE序列　　17.5 m

33. 灰绿色薄—中层砂砾岩、含砾长石石英杂砂岩、与薄层粉砂岩、板岩组成韵律。呈似层状—凸镜状展布的砂砾岩，底层面多具冲刷构造，砾石具叠覆现象和正向粒序特征。砂板岩层内具变形层理、水平层理　　6.5 m

32. 紫红色条带状粉砂质板岩、板岩夹薄层砂质粉砂岩、细粒岩屑杂砂岩。层内有沙纹层理、变形层理、水平层理构成CDE、CE鲍马序列　　14.0 m

31. 灰绿色粉砂质板岩夹粉砂岩、石英杂砂岩　　28.0 m

30. 灰绿色巨厚层状含长石石英杂砂岩、砂质粉砂岩夹薄层状砂板岩、板岩。夹层比 7∶1～6∶1　36.0 m

——整　合——

下伏地层：天子地组

29. 灰绿色粉砂质板岩，夹中层状粉砂岩、岩屑杂砂岩。夹层比 5∶1 左右　7.5 m

【地质特征及区域变化】　本组在桂、湘、赣地层分区分布广泛，纵横变化甚小，是本区震旦系进一步划分的良好标志层。

下部，灰绿色巨厚层—块状含长石岩屑杂砂岩为主，夹薄层粉砂岩、砂质板岩、条带状板岩，层内发育 AC、ACE、CDE、CE 组合的鲍马序列。其中夹 6.5 m 厚的砂砾岩和含砾长石石英杂砂岩构成的韵律层。含砾长石石英杂砂岩，单层厚、结构粗，具粗尾递变层理。底面发育有槽模。近顶层面为粉砂结构，发育沙纹层理、水平层理。砂砾岩，砾石多为砂岩、板岩和含锰碳酸盐岩，少量为硅质岩。砾径 1～4 cm，大者 5～10 cm。砾石多呈扁平体、椭球体，有明显的叠瓦状构造和正粒序递变特征，岩层底面有槽模。板岩具水平层理及变形层理。

上部，灰绿色、黄绿色中厚层状石英杂砂岩夹粉砂质板岩。厚 417～683 m。

顶部，为乳白色硅质岩及含砾板岩夹板岩，厚 9 m。在郴县—江华一带较薄，厚 4.7 m，向东南本组达汝城一带明显变厚，大于 683 m。

本组是浊积扇内扇—扇内水道滞留沉积，它与下伏天子地组浊积扇扇舌外沉积的砂岩、板岩组成复理石韵律层分界。它们较为突出的标志是本组为厚层状砂岩，颗粒较粗，而天子地组为中层状砂岩，且颗粒较细，并作为它们的分界标志。

本组大体与古城组、大塘坡组及南沱组相当。含砾板岩呈凸镜体产出，见于郴县—资兴—汝城一带，厚 0.4～0.6 m，并断续产出。砾石成分为砂岩、板岩、脉石英及硅质岩等，含砾量 3%左右，多为次圆状—次棱角状。砾、砂、泥相对集中形成灰黄及深棕色相间的条带。灰黄色条带宽 5 mm，含砂、砾 75%，杂基 25%，为含砾砂岩。深棕色条带宽 3 mm，含砂 30%，为砂质板岩。见落石构造。含砾板岩凸镜体可能是寒冷气候下冰筏相的产物，其层位大体与南沱组相当。含砾岩石之下砂岩、页岩与古城组和大塘坡组层位相当，其时代应为早震旦世。

埃岐岭组　*Za*　(6 - 43 - 0214)

【创名及原始定义】　黄建中等 1994 年根据资兴黄草乡浙江电站震旦系剖面所创。认为属晚震旦世早期的沉积，系与下伏正园岭组、上覆丁腰河组皆为整合接触，一套灰绿色中层状变质石英岩屑杂砂岩、条带状板岩、硅质岩构成韵律的地层。

【沿革】　湖南区测队 1969 年将此套地层称震旦系中组。湖南地质矿产局，1988 年划归震旦系上统的一部分。

【现在定义】　同原始定义。

【层型】　正层型为资兴黄草乡浙江电站剖面（G - 49 - 95 - B；113°28′，25°34′）（图 3 - 1 中⑫），湖南区调队 1982 年测制，黄建中等 1992 年修改、补充。

上覆地层：丁腰河组

55. 灰黑—灰色厚层硅质岩　3.5 m

——整　合——

埃岐岭组　总厚度 802.5 m

54. 灰绿色含长石质粉砂岩夹条带状板岩	21.6 m
53. 青灰色巨厚层粉砂岩夹粉砂质板岩	66.7 m
52. 灰绿色巨厚层钙泥质石英粉砂岩夹板岩	93.8 m
51. 深灰色厚层硅质岩与板岩互层	10.0 m
50. 灰绿色条带状板岩与粉砂岩、杂砂岩互层	36.2 m
49. 灰绿色岩屑杂砂岩、粉砂岩夹板岩	151.3 m
48. 青灰色中厚层状泥板岩夹薄层硅质岩	11.5 m
47. 灰绿色条带状粉砂质板岩、粉砂岩、岩屑石英杂砂岩。砂岩底部见槽模、火焰状构造	60.3 m
46. 灰绿色长石石英杂砂岩，夹粉砂质板岩	21.3 m
45. 灰绿色板岩、长石石英砂岩互层。上部夹一层硅质岩，下部见 0.2 m 含锰砂岩	81.9 m
44. 青灰色粉砂质板岩，偶夹杂砂岩	12.3 m
43. 灰绿色长石石英杂砂岩、粉砂岩夹板岩	57.1 m
42. 青灰色板岩夹白色含铁泥质硅质岩	16.5 m
41. 青灰色纹层状板岩夹石英杂砂岩	75.5 m
40. 灰绿色长石石英杂砂岩夹粉砂质板岩	44.7 m
39. 青灰色、紫红色粉砂质板岩、绢云母板岩夹白色、肉红色中层状硅质岩	11.0 m
38-2. 紫红色板岩夹灰白色中层状硅质岩	30.8 m

——————— 整　合 ———————

下伏地层：**正园岭组**

38-1. 灰紫、灰绿色条带状含砾板岩	6.0 m

【地质特征及区域变化】　本组以一套灰绿色中层状石英岩屑杂砂岩与条带状板岩、硅质岩构成韵律序列为特征。砂岩底面具沟、槽模构造、火焰状构造，层面发育变形层理、沙纹层理和水平纹层构成的CDE、DE 鲍马序列。为边缘海盆低密度浊流末梢相与半深海硅质岩沉积的交替。厚 40～231 m。由郴县狮子口—江华梅子沟一带向东南方向硅质岩有明显变少之势。

本组与下伏地层的分界线：当正园岭组顶部含砾板岩存在时，则含砾板岩结束，便是本组的开始；当正园岭组顶部含砾板岩不存在时，则以硅质岩的出现为本组的开始，此时本组则有穿时性。本组属于晚震旦世早期沉积，层位与陡山沱组、金家洞组相当。

丁腰河组　*Zdyh*　(6-43-0215)

【创名及原始定义】　唐晓珊⑩1992 年根据资兴县丁腰河剖面所创。系与下伏埃歧岭组、上覆寒武系香楠组皆为整合接触的一套黑色、白色薄层硅质岩，偶夹板岩、粉砂岩的地层。

【沿革】　湖南区调队 1969 年在 1∶20 万郴县幅将此套地层称震旦系上组。湖南地质矿产局 1988 年划归天子地组顶部。后经唐晓珊研究后创丁腰河组一名。本次研究后仍用丁腰河组一名，用以代表湘东南活动型震旦纪最晚的沉积。

【现在定义】　同原始定义。

【层型】　正层型为资兴丁腰河剖面（G-49-85-B；112°36′，26°02′）（图 3-1 中⑬），湖南区测队 1969 年测制，唐晓珊 1992 年补充、修改。

上覆地层：**寒武系香楠组**

14. 黑色碳质板岩夹薄层硅质岩	>1 m

——————整　合——————

丁腰河组	总厚度 15.6 m
13. 灰黑色薄层状硅质岩夹绿色硅质岩	0.3 m
12. 浅灰绿色厚层状长石石英杂砂岩	1.3 m
11. 灰黑色碳质泥质岩夹薄层硅质岩	1.2 m
10. 灰绿色薄层泥质岩夹硅质岩	0.7 m
9. 灰白色中厚层状硅质岩，含星点状黄铁矿	0.6 m
8. 灰黑色薄层硅质岩，上部夹 15 cm 厚的硅质板岩	1.9 m
7. 灰黑色中层状泥质硅质岩	1.2 m
6. 灰绿色薄层状泥质硅质岩，具水平层理	1.3 m
5. 乳白色厚层状硅质岩	0.4 m
4. 灰绿色硅质岩夹薄层板岩	2.1 m
3. 浅灰色条带状绢云板岩	0.5 m
2. 紫红色条带状含凝灰质板岩，由砂泥质与火山物质组成，层内发育条带构造	0.6 m
1. 灰黑—灰色厚层硅质岩	3.5 m

——————整　合——————

下伏地层：埃歧岭组	
0. 灰绿色含长石质粉砂岩夹条带状板岩	21.6 m

【地质特征及区域变化】 本组为深海—半深海硅、泥质沉积，以灰黑色、白色条带状硅质岩、硅质板岩偶夹砂质板岩为特征。厚 1.3～21.9 m。横向上之岩性、厚度都较稳定无大的变化。其顶界硅质岩的消失，与寒武系香楠组碳质板岩、石煤层夹砂岩分界。与下伏埃歧岭组分界，是以本组硅质岩相对集中为标志。本组微古植物化石以具 *Zanooidum* sp.，*Pseudozonosphaera asperella*，*P. rugose*，*Paleamorpha punctulata*，*Taeniatum* cf. *crassum*，*Laminarites* sp. 组合为特征。本组为晚震旦世晚期沉积，其层位与留茶坡组、灯影组大体相当。

牛蹄塘组　Z∈*n*　(6-43-0301)

【命名及原始定义】 刘之远 1942 年在贵州遵义县牛蹄塘附近创牛蹄塘“黑色页岩”，为“灰黑，间含碳质，风化后呈灰白色……底部与新土沟石灰岩成不连续接触，厚约 150 m；顶部为明心寺层，居间有一褐黄色石英砂岩，具有虫迹，厚约 0.5 m，可作二者分层标志。”

【沿革】 湖南区测队 1965 年引用牛蹄塘组一名。林焕令等 1966 年创木昌组、渣拉沟组。湖北区测队 1976 年在 1∶20 万蒲圻幅称羊楼洞组。项礼文 1981 年称石门杨家坪的此套地层为杨家坪组。湖南地质矿产局 1988 年按不同的地层区沉积盆地，分别称为水井沱组、木昌组、小烟溪组。

【现在定义】 系指灯影组与明心寺组间的一套下部为黑色高碳质页岩，偶夹黑色硅质页岩；中、上部为黑色碳质页岩，夹灰绿色含碳质粉砂岩和粉砂质泥岩，含三叶虫 *Tsunyidiscus* 等的地层序列。下以黑色磷块岩和白云岩的消失及黑色高碳质页岩的出现与灯影组分界；上以黑色碳质页岩的消失和灰、灰绿色含钙质砂质页岩的出现与明心寺组分界。在湖南为连续沉积于灯影组之上，整合伏于石牌组之下，底部为黑色薄层硅质岩与碳质板（状页）岩互层，并含磷结核，上部为黑色碳质粉砂质板（状页）岩。产三叶虫、海绵骨针及小壳化石等。

【层型】 次层型为石门杨家坪剖面（H-49-78-A；110°43′，29°59′）（图 3-1 中⑤），

湖南区测队 1966 年测制。

上覆地层：**石牌组**

3. 深灰黑色页状泥灰岩与黑色碳质板状页岩互层，底部为一层黑色厚层含白云质泥灰岩，含三叶虫 *Changaspis* sp. 36.2 m

——————— 整　合 ———————

牛蹄塘组 总厚度 168.2 m

2. 黑色硅质碳质粉砂质板岩，含三叶虫及大量海绵骨针 *Hunanocephalus* sp.，*Protospongia* sp. 156.6 m

1. 黑—灰黑色薄层硅质岩与碳质粉砂质板岩互层，含细小磷结核。底部含小壳化石 *Protohertzina* sp.，*P. unguliformis*，*P. anabarica*，*Turcutheca*? sp.，*Torellella*? sp.，Siphogonuchitidae gen. et sp. indet.，*Oxeaklostera monaxon* 等 11.6 m

——————— 整　合 ———————

下伏地层：**灯影组**　浅灰—灰白色薄—中层硅质白云岩 10 m

【地质特征及区域变化】　本组岩性稳定，主要为黑色碳质板（状页）岩，底部常夹有薄层硅质岩，中、上部偶夹灰岩凸镜体。双峰水源山地区，本组底部为青灰色板岩、硅质板岩。靠湘川、湘黔边境一带，板（状页）岩中含砂质，甚至夹有少量粉砂岩、细砂岩。本组底部常夹有磷块岩或富含磷结核和石煤层；碳质板岩或碳质页岩中含钒、钼、镍、铀、铂等多种元素并可形成矿床。岩石中普遍含有结核状、星点状黄铁矿。碳质有由下向上，由西向东降低之趋势，岩石的变质程度则是由西向东增强，但一般为浅变质。厚度为 200 m 左右，个别地方变化较大，如怀化花桥白沙厚仅 40 m 左右，新宁茶园头厚逾 400 m。

牛蹄塘组中所产大化石甚少，主要有 *Hupeidiscus* sp.，*Tsunyidiscus* sp.，*Shabaiella* sp. 及 *Protospongia* sp. 等，底部产丰富的小壳化石，综合石门杨家坪和双峰水源山地区资料，主要有 *Protohertzina* sp.，*Turcutheca*? sp.，*Olivooides* sp.，*Conotheca* sp.，*Kaiyangites multispinatus*，*Archaeoides granubatus*，*Sinosachites* sp.，*Granoconus* sp. 等。此外，还含有无铰纲腕足类及微古植物化石。

根据所含化石，本组的时代应为晚震旦世晚期—早寒武世早期。本组自西向东，可分别伏于时代不同的石牌组、污泥塘组、茶园头组之下，所以它是一个穿时的地层体，由西向东，顶界逐渐升高。

本组与上、下地层均为连续沉积，当下伏地层为灯影组时，界线划在灯影组顶部白云岩与本组底部黑色碳质板状页岩、碳质页岩与硅质岩互层之间。在湘西及湘中，下伏地层为留茶坡组，当留茶坡组纯硅质岩结束，碳质页岩一出现则为本组的开始。

牛蹄塘组主要由黑色碳质泥质沉积物所组成，其中发育水平层理，指相矿物有黄铁矿，含生物化石稀少，表明本组应属水流不畅、宁静，具还原环境的闭塞海盆地沉积。本组分布范围较广，见于上扬子地层分区和湘中地层分区。

本组同物异名有：木昌组、杨家坪组、小烟溪组、渣拉沟组等，省内停止使用。

石牌组　$\in \hat{s}$　(6－43－0302)

【创名及原始定义】　由李四光等（1924）创名的“石牌页岩”演变而来，命名地点在湖北省宜昌市北 20 km 长江南岸石牌村。原始定义：“指宜昌石灰岩与灯影石灰岩之间一套灰色砂质和云母质、易剥离的页岩，富含石灰质（钙质），其中夹有数层鲕状石灰岩，且愈向上灰岩夹层愈多，含三叶虫 *Redlichia* 等，厚 200 m，下与灯影石灰岩呈平行不整合分界，上与宜昌石灰岩呈整合分界，顶、底界线清楚，时代为早寒武世。”

【沿革】 1957 年，张文堂将李四光等所创“石牌页岩”下部地层另创水井沱组，上部地层称石牌组。1965 年，湖南区测队在 1∶20 万石门幅称石门一带牛蹄塘组之上的一套灰黄色页岩为明心寺组。同年，在 1∶20 万吉首幅称吉首一带清虚洞组之下灰绿色页岩为杷榔组。湖北区测队 1976 年称临湘一带的石牌组为五里牌组。湖南地质矿产局于 1988 年称龙山一带的石牌组为石牌组和天河板组，武陵山地区的石牌组为杷榔组。本书石牌组仅指李四光等 1924 年所创石牌页岩的上部地层，而与张文堂 1957 年所称石牌组含义一致。

【现在定义】 为一套灰绿—黄绿色粘土岩、砂质页岩、细砂岩、粉砂岩夹薄层状灰岩、生物碎屑灰岩，含三叶虫化石。底界以灰绿色砂质页岩与牛蹄塘组黑色页岩夹黑色薄层灰岩呈整合接触；顶界与天河板组灰色泥质条带灰岩为界，呈整合接触。在湖南系整合覆于牛蹄塘组之上、伏于清虚洞组之下的由灰绿色、黄绿色、深灰色页岩夹白云质泥灰岩，底为灰岩所组成的地层。其含三叶虫等化石。

【层型】 次层型剖面位于大庸田坪（H－49－113－B；110°23′，28°59′）（图 3－1 中⑭），湖南区测队 1965 年测制。

上覆地层：清虚洞组

13—10. 黑色、深灰色含粉砂钙质页岩与灰岩、碳质泥灰岩互层。产化石 *Arthricocephalus chauveaui*，*A. duyunensis*，*Changaspis* sp. 33.7 m

———— 整 合 ————

石牌组 总厚度 189.2 m

9. 深灰色页岩，层理清晰，性脆而硬。产三叶虫化石 *Arthricocephalus duyunensis*，*A. chauveaui*，*Balangia balangensis*，*B.* sp.，*Changaspis micropyge*，*C.* sp. 61.5 m

8. 灰黑色页岩，层理不甚清晰 6.1 m

7. 灰黑色中层状具微层理的白云质泥灰岩，风化后呈黄色 2.7 m

6—5. 深灰色页岩，具微层理。产三叶虫 *Arthricocephalus chauveaui*，*A. duyunensis*，*Changaspis* sp. 和海绵骨针化石 77.8 m

4. 浅灰色与浅黄色灰岩互层，夹少量灰黑色微粒白云质泥灰岩凸镜体 41.1 m

———— 整 合 ————

下伏地层：**牛蹄塘组** 黑色碳质页岩 10 m

【地质特征及区域变化】 石牌组一般为灰绿、黄绿色页岩、钙质页岩，新鲜岩石呈灰、灰黑色，夹泥灰岩（多为凸镜状）。由西往东钙质成分增加，石门杨家坪一带风化后呈页状、片状泥质灰岩、泥灰岩等。大庸田坪一带为白云质泥灰岩。本组厚 200 m 左右。含三叶虫化石：*Arthricocephalus chauveaui*，*Changaspis* sp.，*Balangia balangensis*，*Palaeolenus* sp.，*Redlichia* sp. 等。

石牌组与下伏牛蹄塘组整合接触，牛蹄塘组顶部为黑色碳质页岩，而石牌组底部为灰绿、黄绿色页岩。石门杨家坪、大庸田坪等地底部为白云质泥灰岩。

石牌组岩石已由牛蹄塘组的黑色变为灰黑、灰、灰绿等色，且不含碳质，水平微细层理十分发育，含有比牛蹄塘组中稍多的三叶虫等生物化石。这些都说明石牌组是在正常浅海环境中沉积而成的。根据所含的三叶虫，本组的时代应为早寒武世中期。

石牌组分布于上扬子地层分区。

清虚洞组　∈*q*　（6－43－0303）

【创名及原始定义】　尹赞勋等 1945 年根据贵州湄潭城东清虚洞剖面创名“清虚洞石灰岩”。指发育于高台石灰岩之下和金顶山层黄色云母砂岩或砂质页岩之上的由黑灰及深灰色石灰岩、污斑石灰岩和不纯石灰岩组成，厚 100 余米的一套地层。时代相当于鄂西石龙洞组上部。

【沿革】　湖南区测队 1965 年在 1∶20 万吉首幅沿用清虚洞组一名，以后广为采用。1970 年 1∶20 万桑植幅引用龙王庙组，湖南地质矿产局（1988）称龙山地区的清虚洞组为石龙洞组。本次对比研究沿用清虚洞组一名。

【现在定义】　指高台组与金顶山组之间的一套地层，自下而上为深灰色鲕状灰岩夹砂质页岩，中部为豹皮状灰岩、白云质生物屑灰岩和灰岩夹灰质白云岩，上部为白云岩和泥质白云岩夹粉砂岩及鲕状白云岩。含三叶虫化石。底以粉砂质页岩的消失和鲕状灰岩的出现与金顶山组分界；顶以含云母砂质白云岩的出现和鲕粒及泥质团块白云岩的消失与高台组分界。在湖南为深灰色薄—中层状灰岩，次为白云质灰岩、白云岩及泥灰岩，近底部为含硅质碳质灰岩、钙质页岩。产三叶虫、腕足类等化石。与下伏石牌组和上覆敖溪组均呈整合接触。

【层型】　次层型大庸田坪剖面（H－49－113－B；110°23′，28°59′）（图 3－1 中⑭），湖南区测队 1965 年测制。

上覆地层：敖溪组

29. 深灰色薄层细粒硅质白云岩　9.9 m

——————— 整　合 ———————

清虚洞组　总厚度 379.7 m

28. 深灰色薄—中层状致密泥质灰岩夹少量深灰色钙质页岩　35.7 m

27. 深灰色具微层的微粒白云岩　3.2 m

26—25. 深灰色薄—中层致密灰岩，顶部夹钙质页岩。产 *Arthricocephalus* sp.　58 m

24—23. 浅灰色具微层或条带的白云岩、泥质白云岩（下部）　16.3 m

22. 深灰色薄层状灰岩与白云质泥质灰岩互层　5.4 m

21—20. 深灰色薄层状白云质灰岩夹少量薄层灰岩及钙质页岩。产 *Redlichia* sp.，*Obolus* sp.，*Acrothele* sp.　76.9 m

19—18. 深灰色薄层状致密灰岩，中、下部含钙质白云质团块　78.8 m

17. 深灰色巨厚层角砾状白云质灰岩　2.6 m

16. 灰黑色薄—中层致密灰岩，上部夹少量黄灰色钙质页岩。产：*Acrothele* sp.，*Arthricocephalus chauveaui*，*Redlichia chinensis*，Ptychopariidae，*Probowmania* sp.　43.9 m

15. 灰黑色页片状含硅质碳质泥质灰岩与黑色含粉砂质页岩、碳质页岩　14 m

14. 深灰色薄层致密泥灰岩　7.2 m

13—10. 黑色含粉砂钙质页岩、钙质页岩与薄层灰岩、碳泥质灰岩互层。底部产：*Arthricocephalus chauveaui*，*A. duyunensis*，*Changaspis* sp.　37.7 m

——————— 整　合 ———————

下伏地层：石牌组

9. 灰黑色页岩。产化石：*Arthricocephalus duyunensis*，*A. chauveaui*，*Balangia balangen-*

sis, *Changaspis* cf. *micropyge* 61.5 m

【地质特征及区域变化】 清虚洞组的岩性比较稳定，以薄—中层青灰—深灰色灰岩为特征，夹泥灰岩、碳质灰岩及钙质页岩、碳质板状页岩。本组厚度变化较大，厚 270～960 m 左右，北厚南薄。

其中含三叶虫化石 *Redlichia chinensis*，*Probowmania* sp.，*Yuehsienszella szechuanensis*，*Arthricocephalus chauveaui*，*A. duyunensis*，*Ptychoparia* sp. 及腕足类化石 *Obolus* sp.，*Acrothele* sp. 等。从所含生物化石分析，我省清虚洞组的地质时限应为早寒武世晚期。

清虚洞组以底部之灰岩或白云质灰岩与下伏石牌组顶部的页岩整合接触，界线明显。

本组以灰岩为主，水平泥质纹层发育，产底栖为主的生物化石。说明清虚洞组是在较稳定的浅海环境条件下的碳酸盐台地沉积。白云岩和白云质灰岩的出现，表明当时海水略有咸化。

高台组 ∈g （6-43-0307）

【创名及原始定义】 尹赞勋等 1945 年根据贵州湄潭高台剖面创"高台石灰岩"一名。卢衍豪 1962 年介绍。指发育于清虚洞石灰岩之上的底部为黄色页岩，下部为灰白色薄层易碎之石灰岩、共心构造之石灰岩、深灰色燧石状石灰岩和灰色角砾状石灰岩，上部为灰色石灰岩夹灰色砂质石灰岩，顶底均含三叶虫等化石。厚度 150～250 公尺。

【沿革】 高台石灰岩经贵州地质工作者证实，应为白云岩、泥质白云岩之误。湖南区测队 1965 年在 1∶20 万吉首幅首次使用高台组一名，代表湘西北清虚洞组和娄山关组间的一套由灰岩、白云岩组成的地层，以后一直沿用。本次对比研究仍采用高台组一名。

【现在定义】 指石冷水组与清虚洞组间的一套灰色薄层砂泥质白云岩、粘土岩、砂质粘土岩和粉砂岩夹泥质白云岩及白云岩，含三叶虫等的地层。底以鲕状白云岩的消失和灰色薄层砂泥质白云岩、砂质粘土岩的出现与清虚洞组分界；顶以灰色泥质条带白云岩的出现和灰色砂泥质白云岩、粘土岩的消失与石冷水组分界。在湖南它是一套由薄层及厚层白云岩夹页岩所组成的地层，泥质白云岩风化后多呈黄褐色页片状，含三叶虫等。与下伏清虚洞组、上覆娄山关组均呈整合接触。

【层型】 次层型为龙山比耳剖面（H-49-111-D；109°23′，28°48′）（图 3-1 中⑯），湖南区测队 1966 年测制。

上覆地层：**娄山关组**

3. 灰白—深灰色厚层细—粗粒白云岩，夹少量薄层白云岩 1566 m

——————— 整　合 ———————

高台组 总厚度 71 m

2. 深灰色厚层白云岩，顶部为灰绿色页岩，产三叶虫化石 *Sinoptychoparia meitanensis* 36 m

1. 灰绿色页岩与浅灰、灰色薄—厚层白云岩互层，产三叶虫化石 *Kaotaia magnum*，*Sinoptychoparia meitanensis*，*S. tulereulata* 35 m

——————— 整　合 ———————

下伏地层：**清虚洞组** 浅灰色、灰黑色厚层白云岩，深灰色厚层豹皮状灰岩 10 m

【地质特征及区域变化】 本组岩性十分稳定，它主要由白云岩组成，夹页岩，局部为互层。白云岩往往具细而密的纹层理，含泥质，风化露头常呈黄褐色、页片状。至石门杨家坪和慈利雷家山等地，本组渐变为泥灰岩与页岩的互层。即由西向东，白云质逐渐减少，而钙质逐渐增加。泥灰岩极易风化呈页片状、呈黄褐色。高台组不仅岩性特征明显，而且地貌上形成负地形，是地质填图中的标志层。本组厚度不大，一般 150 m 左右，最厚可达 270 m。

组内含有三叶虫及腕足类化石，但以三叶虫为主，其中以 *Kaotaia* 为特征，此外尚有 *Sinoptychoparia meitanensis*，*Proasaphiscus suni*，*Pagetia* sp.，*Probowmania* sp.，*Yuehsienszella szechuanensis*。腕足类有 *Nisusia* sp. 等。据上述三叶虫化石，可知我省高台组的地质时限应为中寒武世早期。

高台组岩层中水平层理极发育，岩石镁质含量高，应为海水盐度稍高、低能环境下的局限台地—浅海碳酸盐泥质沉积。

高台组是湘黔汞矿带上汞矿的主要赋存空间，亦是“渔塘式”铅锌矿的重要含矿层位。本组仅分布于龙山—临湘一带，范围不大。

孔王溪组　∈*k*　（6－43－0308）

【创名及原始定义】　湖南区测队 1970 年根据湖北鹤峰县官木场乡孔王溪剖面创孔王溪组。其岩性为厚层灰岩、白云岩夹泥质白云岩和少量白云质长石砂岩，产三叶虫，位于高台组之上，娄山关群之下。

【沿革】　湖南省地矿局 1988 年沿用孔王溪组，本书亦采用该名。

【现在定义】　中厚层状白云岩、硅质白云岩、灰质白云岩夹白云质灰岩、灰岩，产少量三叶虫化石。与下伏高台组和上覆娄山关组整合接触。

【层型】　省内次层型为石门杨家坪剖面（H－49－78－A；110°43′，29°59′）（图 3－1 中⑤），湖南区测队 1966 年测制。

上覆地层：娄山关组

10. 灰—灰黑色细晶或微晶白云岩，夹具竹叶状和水平微层理灰质白云岩　20 m

——————— 整　合 ———————

孔王溪组　总厚度 604.8 m

9. 上部灰白色含白云质硅质灰岩，偶夹灰黑色硅质灰岩；下部灰白色块状白云岩与深灰黑色厚层状团粒灰岩互层。产藻类及三叶虫 *Anomocarella* sp.　79.3 m
8. 浅灰、深灰色中厚层状白云岩与薄—中厚层状灰岩互层。产藻类及三叶虫 Asaphascidae　62.1 m
7. 灰—灰黑色中厚层状硅质白云岩、灰质白云岩与粉砂质白云岩互层　88.8 m
6. 浅灰—深灰色块状灰质白云岩，偶夹灰岩薄层　154.1 m
5. 灰—深灰色厚层状白云岩夹条带状硅质白云岩　52.8 m
4. 灰—深灰色厚层灰质白云岩、薄层灰质白云岩与页片状含粉砂质白云岩组成韵律　88.8 m
3. 灰黑色中—厚层状白云岩，具极薄的硅质条带及水平微层理　51.1 m
2. 灰黑色中厚层状灰岩夹薄—中厚层碎屑状白云质灰岩，含三叶虫　27.8 m

——————— 整　合 ———————

下伏地层：高台组

1. 深灰、灰黑色薄层—页状泥灰岩夹薄层泥质灰岩，风化后为黄灰—黄色砂质泥灰岩，产三叶虫 *Kaotaia magnum*，*K. meitanense*，*Paramecephalus* sp.　10 m

【地质特征及区域变化】 孔王溪组上部多为白云质硅质灰岩和硅质白云岩、条带状硅质白云岩，夹薄层灰岩，有时为互层。底部为厚层灰岩夹薄至中层状白云质灰岩，中部多为厚层白云岩、灰质白云岩及白云质灰岩、页片状含粉砂质白云岩等，顶部为硅质灰岩。在龙山茨岩塘，部分灰岩具鲕状结构。本组在石门杨家坪厚 605 m，大庸八家河厚 77 m 以上（未见顶），一般在 600～700 m 间。

组内含化石不多，上部见有三叶虫 *Solenoparia* sp.，*Pseudosinoptychoparia* sp.，*Prohedinia*? sp.，*Girvanella*? sp.，*Anomocarella* sp.；底部含三叶虫 *Elrathia*? sp.，*Solenoparia* sp.，*Solenoparia* cf. *planifrons*。

从所含三叶虫化石分析，我省的孔王溪组的地质时限应是寒武纪中世晚期。

孔王溪组由白云质灰岩、硅质白云岩、灰岩组成，夹有亮晶鲕粒灰岩和亮晶内碎屑灰岩等，所含生物化石稀少，说明孔王溪组应是潮下高能至潮坪泻湖环境沉积。

本组分布范围小，仅见于湘西北的龙山、桑植、石门、慈利等县境内。

娄山关组　∈O*l*　(6－43－0309)

【创名及原始定义】 1930 年丁文江根据贵州遵义与桐梓之间的娄山关剖面创"娄山关石灰岩"。刘之远 1942 年首次介绍，黄汲清 1947 年整理正式发表。岩性为厚层石灰岩（实为白云岩），时代为寒武纪。

【沿革】 湖南区测队 1965 年在 1∶20 万吉首幅首次引用娄山关群一名，用时将武陵山地区的本组称追屯组。后来，湖南省地矿局 1988 年又将此套地层称为耗子沱群，而在武陵山地区称追屯组。本书采用娄山关组一名。追屯组为本组同物异名，省内停用。

【现在定义】 指陡坡寺组与桐梓组间的一套灰、浅灰色薄层至块状微—细粒白云岩、泥质白云岩夹角砾状白云岩，局部含燧石团块的地层序列。底以灰、灰绿色粉砂质白云质泥岩及鲕状白云岩的消失与灰、浅灰色中层至厚层白云岩的出现与陡坡寺组分界；顶以浅灰、浅灰白色中、薄层白云岩的消失和生物碎屑灰岩的出现与桐梓组分界。在湖南为灰白—深灰色厚层—块状细至粗粒结晶白云岩，夹薄层白云岩。与下伏高台组、上覆桐梓组均为连续沉积关系。

【层型】 次层型为龙山比耳剖面（H－49－111－D；109°23′，28°48′）（图 3－1 中⑯），湖南区测队 1966 年测制。

上覆地层：**桐梓组**　浅灰色、灰白色厚层致密灰岩，夹少量白云质灰岩	＞20 m
———— 整　合 ————	
娄山关组	总厚度 1 566 m
3. 灰白—深灰色厚层细—粗粒白云岩，夹少量薄层白云岩	1 566 m
———— 整　合 ————	
下伏地层：**高台组**　深灰色厚层白云岩，顶部为灰绿色页岩，产三叶虫 *Sinoptychoparia meitanensis*	＞15 m

【地质特征及区域变化】 本组岩性为厚层夹薄层细—粗粒白云岩。石门杨家坪本组多为厚层—块状致密—细粒白云岩，部分岩石具水平微层理，夹灰质白云岩，底部灰质白云岩具竹叶状构造和水平微层理。本组厚度变化较大，西北部龙山厚 1 500～1 700 余米，东南部永顺松柏场、王村，保靖排吉，凤凰鸭宝寨、追屯一带，厚度锐减至 103～320 m。

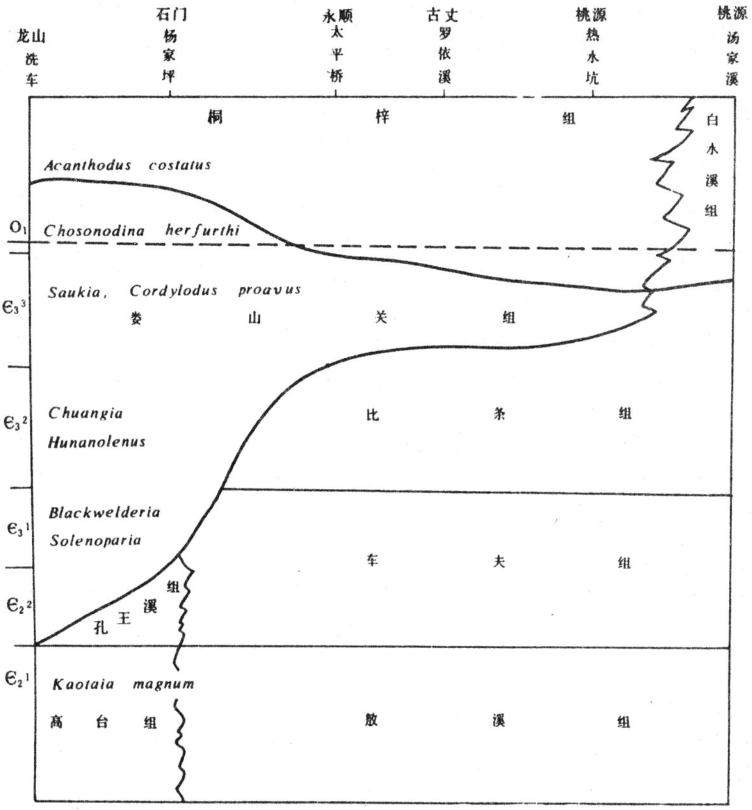

图 3-5　娄山关组穿时示意图

因在龙山一带的本组下部发现崮山期早时的带化石 *Blackwelderia* sp.，上部发现凤山期晚时的带化石 *Calvinella walcotti*，所以，龙山一带整覆在时代属中寒武世早期的高台组之上的本组，时代应为中—晚寒武世。

由龙山往东北至石门杨家坪一带的娄山关组连续沉积于时代属中寒武世晚期的孔王溪组之上；安太庠和胡济民（1987）在本组上覆桐梓组底部仅发现含奥陶系两河口阶第二牙形刺带化石：*Acanthodus costatus*，*Acodus oneotensis* 等，而在本组顶界向下 40 m 和 70 m 处，分别发现寒武系凤山阶牙形刺常见分子：*Teridontus nakamurai* 和 *Cordylodus proavus* 凤山阶上部的带化石。

因此这里的娄山关组，其地质时限为晚寒武世，并可能延至早奥陶世。同样，据安、胡二氏报道，根据永顺郑家坡、太平桥两地牙形刺资料，两河口阶第一牙形刺带化石产于本组顶界之上约 4 m 处，更高层位见第二牙形石带化石，说明这里娄山关组顶界与寒武系顶界接近一致。在古丈罗依溪（可能为永顺王村），牙形刺资料说明寒武纪、奥陶纪界线已上移至距本组顶界之上 26 m，桃源热水坑的情况更是如此，说明这两地的娄山关组未达寒武系之顶。由于永顺、桃源一带的娄山关组是整合在时代为晚寒世中期的比条组之上，故其地质时限最短，为晚寒武世晚期。从上述情况看，本组底界由西北向东南分别整覆在高台组、孔王溪组和比条组这些时代各不相同的地层之上，其顶界由西北向东南层位逐渐降低，说明娄山关组无疑是一个明显的穿时地层体（图 3-5）。娄山关组几乎全由白云岩组成，含生物化石稀少，其中具水平微层理、鲕粒、藻纹层、鸟眼、竹叶状、角砾状构造等。说明本组是在海水盐度高，潮间、潮上、潮下环境交替的局限碳酸盐台地相区至台地边缘斜坡的沉积。

我省的娄山关组仅见于湘西北和湘北一带。

敖溪组　∈a　(6-43-0304)

【创名及原始定义】 1965年由湖南区测队根据保靖县敖溪—排吉剖面创名。本组整合覆于清虚洞组之上，由薄层—微层泥质白云岩、白云岩夹少量中厚层灰质白云岩组成。靠近下部夹30～40 cm碳泥质微粒白云岩，风化后似板状页岩。在碳泥质及泥质白云岩中产三叶虫及腕足类化石。

【沿革】 自湖南区测队1965年建名以来沿用至今。

【现在定义】 为整合于清虚洞组和车夫组之间的一套薄层夹中厚层泥质白云岩、白云岩，夹少量灰质白云岩、碳泥质白云岩的地层。产三叶虫及腕足类化石。

【层型】 正层型为保靖敖溪—排吉剖面(H-49-124-A；109°39′，28°39′)(图3-1中⑮)，湖南区测队1964年测制。

上覆地层：**车夫组**　暗灰色泥质条带灰岩，局部夹中厚层灰岩。含三叶虫化石　＞100 m

——————— 整　合 ———————

敖溪组　总厚度 552.4 m

13—12. 灰白色薄层状中—细粒白云岩，上部以中粗粒白云岩为主　300.5 m

11. 灰色中—厚层假角砾状、中粒结晶灰质白云岩，风化面具刀砍状特征　23.5 m

10—9. 暗灰色薄层白云岩　48.4 m

8—7. 黑色—青灰色薄层板状碳泥质白云岩，顶部含三叶虫 *Ptychoparia* sp.，*Pagetia* sp.；腕足类 *Nisusia* sp.　33 m

6—2. 灰—深灰色薄层—纹层状微粒白云岩夹中厚层白云岩，下部泥质纹层白云岩中产 *Proasaphiscus* sp.，*Pagetia* sp.　147 m

——————— 整　合 ———————

下伏地层：**清虚洞组**　灰色薄层灰岩夹泥质纹层假鲕状灰岩　＞25 m

【地质特征及区域变化】 本组以薄层和微层状白云岩、泥质白云岩为主。在桃源牛车河、沅陵明溪口、凤凰茶田一线，下部为碳质页岩与泥质页岩互层，上部为白云岩夹少量黑色页岩及薄层灰岩，白云岩显著减少。大庸天门山、慈利金塌一带，下部为深灰—灰黑色白云质页岩、泥灰岩，上部以白云岩为主，夹少量页岩、灰岩。往北西白云岩显著增多。厚度变化较大，保靖一带厚500～600 m；往北东，大庸田坪一带厚421～478 m，桃源牛车河、常德理公港一带锐减至241～187 m。有从西南向东北变薄之规律。

组内主要含三叶虫化石，有：*Proasaphiscus* sp.，*Pagetia* sp.，*Ptychagnostus* sp.，*Ptychoparia* sp.，*Oryctocephalus* sp.，*Kootenia* sp.，*Olenoides* sp. 及腕足类化石 *Nisusia* sp.，*Lingulella* sp.。敖溪组的时代应为中寒武世早期。

敖溪组白云岩具纹层，夹角砾状、竹叶状白云岩和灰岩凸镜体，生物门类单调，化石稀少，说明海水咸化，静水环境为其主要沉积环境，兼有斜坡重力流堆积，应属陆架前缘斜坡相区的沉积。

本组分布于桃源牛车河、大庸田坪、保靖敖溪、凤凰茶田、新晃酒店塘一带，沿NE-SW

方向呈狭长带状分布。敖溪组亦是湘黔汞矿带上汞矿的赋存层位。

车夫组　$\in \hat{c}$　(6-43-0305)

【创名及原始定义】　1965年，湖南区测队根据保靖县敖溪—排吉剖面上一村名——车夫创名。它由薄层泥质条带灰岩夹厚层角砾状灰岩、竹叶状灰岩及白云岩组成，底部以一层厚约30～40 m的白云岩与下伏"花桥组"分界，整合接触。产丰富的三叶虫及少量腕足类，时代属晚寒武世早期。

【沿革】　湖南区测队1965年创车夫组时，在同一剖面上又创名花桥组，岩性为薄层泥质条带灰岩夹砾状灰岩及竹叶状灰岩，时代属中寒武世晚期。黄惟沛⑪1990年将花桥组、车夫组合并为一个组级地层单位，以车夫组称之。本书的车夫组含义与之一致。

【现在定义】　为灰、青灰色泥质微层灰岩及薄层泥质条带灰岩，夹角砾状、竹叶状灰岩、白云质灰岩及白云岩，含丰富的三叶虫化石和少量腕足类化石。与下伏敖溪组和上覆比条组均为整合接触。

【层型】　正层型为保靖敖溪—排吉剖面（H-49-124-A；109°39′，28°39′）（图3-1中⑮），湖南区测队1964年测制。

上覆地层：比条组

17. 暗灰色厚层灰岩夹薄层泥质条带状灰岩。产三叶虫 *Prochuangia* sp.，*P. granulosa*，*Proceratopyge fenghwangensis*　　18 m

——————整　合——————

车夫组　　总厚度527 m

16. 青灰色薄层泥质条带状灰岩，夹1.2 m厚层竹叶状灰岩，顶部为竹叶状灰岩。产三叶虫化石 *Glyptagnostus reticulatus*，*Homagnostus* sp.，*Proceratopyge fenghwangensis*，*Shengia* sp.，Pterocephaliidae，Kaolishaniidae　　55 m

15. 灰白色厚层含砂质白云岩　　23 m

14. 青灰色薄层泥质条带灰岩，其中夹厚约1 m竹叶状灰岩　　47 m

13—12. 顶部为灰白色厚层白云岩。中、下部为青灰色厚层角砾状灰岩、竹叶状灰岩与薄层泥质条带状灰岩互层。产三叶虫 *Blackwelderia sinensis*，*B.* sp.，*Drepanura* sp.，*Teinistion* sp.，*Pterocephalia* sp.，*Liaoningaspis* sp.，Dikelocephalidae，Catillicephalidae，Damesellidae　　63 m

11. 灰白色薄—中厚层状白云岩。顶部为3 m厚灰岩。灰岩中产三叶虫 *Blackwelderia* sp.，*Homagnostus* sp.，*Pseadagnostus* sp.，Dikelocephalidae，Shumardiidae；腕足类 *Lingulella* sp.　　24 m

10. 灰白色纹层状泥质白云岩　　18 m

9. 灰—暗灰色薄层泥质条带灰岩。产三叶虫 *Taitzuia* sp.，*Fuchouia* sp.，*Dorypygella* sp.，Damesellidae；腕足类 *Lingulella* sp.　　43 m

8. 灰—暗灰色薄层泥质条带灰岩夹厚层竹叶状及角砾状灰岩。上部产三叶虫 *Fuchouia* sp.，*Hypagnostus* sp.，*Lisania* sp.；下部产三叶虫 Dolichometopidae　　53 m

7. 灰色薄层泥质条带灰岩与竹叶状灰岩互层。上部产三叶虫 *Lisaniella* sp.，*Fuchouia* sp.，*Hypagnostus* sp.，*Peronopsis* sp.，*Diplagnostus* sp.，*Aojia* sp.，*Anomocare* sp.，*Lisania* sp.，Anomocaridae，Dolichometopidae。腕足类 *Obolus* sp.　　32 m

6. 暗灰—灰黑色薄层泥质条带状灰岩，局部夹中厚层灰岩。产三叶虫 *Prohedinia* sp.，

Lisania sp., *Lejopyge* sp., *Fuchouia* sp., *Hypagnostus* sp., *Solenoparia* sp., *Dorypyge* sp., *Peronopsis* sp., *Solenopleurella* sp., *Amphoton* sp., *Ptychagnostus* sp., *P.* aff. *atavus*, *Mapanopsis* sp., Dorypygidae; 腕足类 *Lingulella* sp. 169 m

——————— 整 合 ———————

下伏地层：**敖溪组**

5. 灰色薄层状微粒结晶白云岩。具纹层状构造 300.5 m

【地质特征及区域变化】 车夫组以薄层泥质条带灰岩夹多层竹叶状、角砾状灰岩及白云岩为特征，底部为青灰、暗灰色微层泥质灰岩。往东，碳、泥质含量增加，如桃源牛车河、黄石等地，本组下部夹有少量碳质板状页岩。

车夫组所含三叶虫化石十分丰富，以底栖爬行生活的华北型三叶虫与以漂游方式生活的江南型球接子类混生为特征，其中又以球接子数量占优势。下部主要有：*Clavagnostus trispinus*, *Goniagnostus nathorsti*, *Lejopyge laevigata*, *L. laevigata armata*, *Hypagnostus nepos*, *Peronopsis scutalis*, *Fuchouia oratolimba*, *Dorypyge perconvexalis*, *Prohedinia sinensis*, *Wanshania wanshanensis*, *Cyclolorenzella paraconvexa*, *Lisania paralala*, *Aojia yuanjiangensis*, *Neoanomocarella asiatica*, *Paradamesella typica*, *Amphoton* (*Paramphoton*) *xiangxiensis*, *Diplagnostus planicauda*, *Phalacroma glandiforma*, *Damesella* sp., *Taitzuia* sp., *Ptychagnostus* sp.；上部主要有：*Glyptagnostus stolidotus*, *Pseudagnostus communis*, *Monkaspis quadratus*, *Yuepingia niobiformis*, *Proceratopyge yuepingia laochatianensis*, *Drepanura* sp., *Shengia* sp., *Blackwelderia sinensis*, *Teinistion* sp.；顶部含有：*Prochuangia* sp., *P. granulosa* 等三叶虫。共生的还有牙形刺：*Gapparodus bisulcatus*, *Prosagittodontus eureka*, *Prooneotodus terashimai cylindricum*, *P.* cf. *gallatini*, *P. gallatini* 等。从车夫组中所含三叶虫分析，其时代应属中寒武世晚期—晚寒武世中期。

车夫组多为薄层灰岩，其中发育水平泥质纹层及条带，富含三叶虫化石，保存较好。这是正常浅海环境的沉积。但其中夹有大量角砾状、竹叶状灰岩，同时还见有一些斜交层理。这被认为是陆架前缘斜坡相区的重力流堆积物。因此，车夫组是在正常陆架浅海与陆架前缘斜坡环境中形成的。

车夫组的分布与敖溪组相同。

比条组 ∈O*b* (6-43-0306)

【创名及原始定义】 1965年，湖南区测队根据保靖敖溪—排吉剖面线上一村名——比条创名。定义为：与下伏车夫组和上覆追屯组为连续沉积，由青灰色厚层—块状致密灰岩及细粒结晶灰岩组成的一套地层。下部灰岩呈瘤痢状或条带状构造，夹假鲕状灰岩。上部灰岩常具斜交的泥质纹带，夹数层中—粗粒结晶白云岩。本组含生物化石丰富，主要有三叶虫，次为腕足类。时代为晚寒武世。

【沿革】 1978年，杨家騄研究湘西、黔东一带地层时，称铜仁白云岩之下、老茶田组之上的一段灰岩地层为亭子关组，其顶、底界线与本组的顶底大致相当。湖南地质研究所1979年称武陵山东南侧车夫组之上的一套灰岩地层为比条组和沈家湾组。本次对比研究所称比条组，与上述二者之和相当。

【现在定义】 为青灰色厚层—块状致密灰岩及细粒结晶灰岩，下部灰岩具瘤痢状构造，上部夹数层中—粗粒结晶白云岩。含三叶虫及少量腕足类、牙形刺等化石。与下伏车夫组和上覆娄山关组整合接触。

【层型】 正层型为保靖敖溪至排吉的比条剖面（H-49-124-A；109°39′，28°39′）（图3-1中⑮），湖南区测队1964年测制。

上覆地层：**娄山关组** 灰白色厚层—块状白云岩，局部夹灰岩透镜体 >100 m

———— 整 合 ————

比条组 总厚度 792.2 m

33—26. 青灰色厚层—块状具斜交泥质纹带灰岩与灰白色厚层细—粗粒结晶白云岩互层。顶部产三叶虫 *Prochuangia* sp.，腕足类 *Billingsella* sp.。下部产三叶虫 *Prochuangia* sp.，*Shengia* sp.，*Pseudagnostus* sp.，Dikelocephalidae 230 m

25—23. 青灰色、灰白色厚层—块状致密灰岩，上部夹2 m灰白色厚层细粒结晶白云岩。下部产三叶虫 *Pseudagnostus* sp.，*Prochuangia* sp.，Dikelocephalidae 100 m

22—21. 青灰色厚层含白云质假鲕状灰岩，具斜交泥质纹带构造。产三叶虫 *Shengia* sp.，*Prochuangia* sp.，Dikelocephalidae，Kaolishaniidae，Harpididae。腕足类 *Eoorthis* sp.，*Billingsella* sp.。底部为青灰色厚层灰岩，具不明显的平行泥质条带，夹1 m钙质板状页岩。产三叶虫 *Geragnostus* sp.，*Homagnostus* sp.，*Proceratopyge* sp.，Shumardiidae，Aphelaspiidae 202.2 m

20—19. 青灰—灰白色厚层—块状灰岩，表面具不连续的条带。产三叶虫 *Prochuangia* sp.，*Pseudagnostus* sp.，*Homagnostus* sp.，*Shengia* sp.，顶部为灰白色厚层白云岩（3 m） 103 m

18. 灰色、暗灰色厚层癞痢状灰岩。产三叶虫 *Prochuangia* sp.，*Pseudagnostus* sp.，*Homagnostus* sp.，*Shengia* sp.，*Proceratopyge fenghwangensis* 139 m

17. 暗灰色厚层状灰岩夹薄层泥质条带状灰岩。产三叶虫 *Shengia* sp.，*Prochuangia* sp.，*P. granulosa*，*Proceratopyge fenghwangensis* 18 m

———— 整 合 ————

下伏地层：**车夫组**

16. 青灰色泥质条带灰岩，夹竹叶状灰岩 55 m

【地质特征及区域变化】 本组岩性比较稳定，以厚层—块状灰岩为主，多具泥质条带构造，上部夹白云岩。但在接近桃源汤家溪一带，白云岩显著减少，泥质增高，而以厚层条带灰岩为主，夹角砾状灰岩、团块灰岩，其上覆地层为白水溪组。厚450～850 m，变化较大。

本组含三叶虫化石丰富，华北型与江南型混生是其特点。下部主要分子有：*Prochuangia* sp.，*P. granulosa*，*Aphelaspis* sp.，*Shengia* sp.，*S. quadrata*，*Proceratopyge* sp.，*P. fenghwangensis*，*Pseudagnostus communis*，*Geragnostus* sp.，*Chuangia* sp.，*Pagodia convexa*，*Olenus austriacus*，*Yuepingia niobiformis*。上部含有：*Saukia* sp.，*Microsaukia* sp.，*Prosaukia* sp.，*Saukioides* sp.，*Dictyites* sp.，*Tsinania* sp.，*Ptychaspis* sp.，*Hysterolenus asiaticus*，*Szechuanella szechuanensis*；笔石 *Dendrograptus lotolatzensis*，*Callograptus* sp.，*Dictyonema* sp.；头足类 *Ellesmeroceras* sp.，*Cyclostomiceras* sp.。

共生的还有牙形刺化石：*Prodistaccodus palmeri*，*Hertzina americana*，*Muellerodus pulcherus*，*Proconodontus muelleri*，*Cordylodus proavus*，*C. prion*，*C. lindstroemi* 等。

从以上三叶虫、笔石及牙形刺分析，比条组的时代应为晚寒武世晚期—早奥陶世早期。

比条组在各地的地质时限是不相同的。就其底界的时代而言，因产 *Prochuangia* sp.，故较一致的属晚寒武世中期。就其顶界而言，在古丈—慈利一带，北西侧较早，仍属晚寒武世中期（顶部化石仍为 *Prochuangia* sp.，*Chuangia* sp. 等）；在武陵山的东南侧，在产 *Chuangia* sp. 化石层之上还含有三叶虫 *Saukia* sp.，*Microsaukia* sp.，*Prosaukia* sp.，*Saukioides* sp.，*Hysterolenus asiaticus*，*Szechuanella szechuanensis*；笔石 *Dendrograptus lotolatzensis*，*Callograptus* sp.，*Dictyonema* sp.；头足类 *Ellesmeroceras* sp.，*Cyclostomiceras* sp.；牙形刺 *Cordylodus proavus* 等化石。显然这一地带的比条组顶界的时代已晚于晚寒武世晚期，延续到了早奥陶世早期。所以，比条组的顶界是穿时的，比条组是一个穿时的地层体。

比条组灰岩以发育泥质组成的水平层理为主，另有少量斜层理，夹角砾状灰岩，顶部还夹有较多的白云岩。因此，推测比条组是陆架浅海—陆架前缘斜坡相的沉积。

本组与下伏车夫组分界处岩性往往具过渡特点，主要区别在于：车夫组为薄层泥质条带灰岩，而比条组为厚层灰岩，并常具癞痢状构造。

本组的分布范围与车夫组、敖溪组相同。

污泥塘组　∈w　（6-43-0310）

【创名及原始定义】　湖南区调队⑧1986 年根据怀化花桥白沙污泥塘剖面创污泥塘组。其岩性为碳质板状页岩与含白云质灰岩互层。产三叶虫化石，时限为早寒武世。

【沿革】　污泥塘组仅相当于王超翔等（1949）所创的小烟溪组的上部地层。湖南省地质矿产局 1988 年沿用中南地区区域地层表编写小组（1974）探溪组一名，则将污泥塘组归于探溪组的下部。本书采用污泥塘组一名。

【现在定义】　整覆于牛蹄塘组之上、探溪组之下的一套由碳质板状页岩与含白云质灰岩互层所组成的地层，产少量三叶虫及海绵骨针化石。

【层型】　正层型为怀化白沙污泥塘剖面（G-49-5-C；110°12′，27°40′）（图 3-1 中⑰），湖南区测队 1972 年测制。

上覆地层：探溪组　灰黑色、深灰色薄层泥质条带灰岩，产三叶虫 *Proceratopyge* cf. *cylindrica*，*Charchaqia* sp.，*Pseudagnostus* sp.　>20 m

——————整　合——————

污泥塘组	总厚度 223.4 m
18. 灰黑色薄层泥灰岩夹薄层结晶灰岩及结核	39.2 m
17. 灰黑色薄层泥灰岩夹薄层条纹状含白云质灰岩及其结核。含 *Protospongia* sp.	17.0 m
16. 黑色薄层碳质板状页岩	20.3 m
15. 深灰色薄层细纹状含白云质灰岩	3.5 m
14. 黑色薄层含灰岩结核之硅质碳质页岩	33.2 m
13—12. 深灰色、灰黑色薄层及厚层含白云质灰岩	25.7 m
11. 黑色碳质板状页岩	27.9 m
10—9. 上部为深灰色薄层细纹状含白云质灰岩，中、上部为黑色薄层碳质板状页岩	22.4 m
8. 黑色碳质板状页岩夹薄层细纹状含白云质灰岩，页岩中富含黄铁矿，呈晶粒、结核及似层状	7.2 m
7—6. 上部深灰色、灰黑色厚层细纹状含白云质灰岩；下部黑色碳质板状页岩	10.3 m
5. 深灰色、灰黑色薄层细纹状白云质灰岩	16.7 m

———————— 整 合 ————————

下伏地层：**牛蹄塘组** 碳质板状页岩

【地质特征及区域变化】 本组岩性由怀化污泥塘往西，碳质板状页岩部分逐渐相变为灰绿色、蓝灰色板状页岩，偶夹硅质碳质板状页岩。向东，含白云质灰岩多相变为碳泥质灰岩、泥灰岩等，碳、泥质成分明显增高，白云质含量减少。

创名剖面上，本组厚 223.4 m，向西，泸溪兴隆场增至 534.3 m；往东，沅陵凉水井厚 84.2 m，安化琅琳冲厚 100.9 m，新化麻罗山厚 74.1 m，桃江凉水井厚 89.6 m。从怀化污泥塘向东，厚度显著变薄。

污泥塘组中生物化石稀少、单调，最常见的是海绵骨针 *Protospongia* sp.，另外在沅陵筲箕湾—凉水井一带的本组顶部含三叶虫 *Lejopyge laevigata armata*，新晃贡溪本组中部含三叶虫 *Solenoparia* sp.，*Fuchouia* sp.，*Dorypyge richthofeni*，*D. richthofeni chinliensis*，*Kootenia* sp.，*Ptychoparia* sp. 及腕足类 *Eoorthis* sp.；底部含三叶虫 *Redlichia chinensis*，*Micmacca* cf. *elongata*，*Probowmania* sp.。新邵太芝庙本组上部产 *Centrapleura* sp. 等。从上述三叶虫化石分析，污泥塘组的时限应为早寒武世晚期—中寒武世。

本组分布于湘西、湘中一带。

本组碳质板岩中富含黄铁矿，灰岩含碳泥质成分高；生物稀少、单调，发育水平层理。显示污泥塘组为平静、还原、海水较深的陆架环境的沉积。

探溪组 ∈*t* （6－43－0311）

【创名及原始定义】 1949 年王超翔、边效曾创名探溪灰岩，创名地点在安化探溪。据王、边记载，探溪组为一套暗灰色薄层状纹层灰岩，常见页岩夹层，厚约 100 m，顶部以泥岩向上覆地层过渡。上覆地层为白水溪组条带状板岩，下伏地层为小烟溪组黑色板岩（与探溪灰岩岩性呈逐渐过渡关系）。

【沿革】 中南地区区域地层表编写小组（1974）及湖南地质矿产局（1988）对王、边的探溪组进行了同样的修正，修正后的探溪组大致相当王、边的探溪组下部，时代限定为中寒武世；其中：上部称米粮坡组和田家坪组，岩性以条带状灰岩和泥质灰岩为主。本书大体恢复王、边的含义，沿用探溪组一名。琅琳冲组为本组同物异名，省内停用。

【现在定义】 指污泥塘组之上、白水溪组之下的一套由含碳泥质的白云质灰岩、泥质灰岩、泥质灰质白云岩组成的地层。其含三叶虫及腕足类化石。它与下、上地层均为整合接触。

【层型】 探溪被柘溪水库淹没，故正层型剖面已不存在。本书以安化琅琳冲探溪组剖面作为本组的新层型（H－49－140－B；111°53′，28°16′）（图 3－1 中⑱），湖南区测队 1975 年测制。

上覆地层：**白水溪组** 暗灰色泥板岩，底部为粉砂质泥板岩 ＞25 m

———————— 整 合 ————————

探溪组 总厚度 199.9 m

16. 深灰色厚层状团块灰岩，团块四周为碳泥质灰质白云岩。富产三叶虫 *Lotagnostus hedini* 6.3 m

15. 深灰色纹层状含碳泥质灰质白云岩，富产三叶虫化石 *Lotagnostus* sp.，*Hedinaspis* sp.，*Yuepingia* sp. 13.5 m

14. 深灰色纹层状碳泥质白云质灰岩 12.1 m

13. 深灰色含碳泥质灰岩夹泥质条带灰岩 7.5 m

12. 深灰色致密、微粒结晶灰岩，中部夹纹层状泥质灰岩，顶部灰岩含三叶虫 *Pseudagnostus* sp. 8.1 m

11. 深灰色纹层状泥质灰岩，中部夹 1 层 0.3 cm 含磷质的黑色碳质板岩。产腕足类化石 *Obolus* sp. 2.3 m

10. 深灰色纹层状含泥质灰岩与微粒结晶灰岩。产三叶虫化石 *Lotagnostus* sp.，*Hedinaspis* sp.，*Homagnostus* sp.，*Pseudagnostus* sp. 90.4 m

9. 深灰色泥质条带状微粒灰岩夹纹层状泥质灰岩。含三叶虫化石 *Phalacroma* sp.，*Lejopyge* sp. 33.8 m

8. 深灰色泥质灰岩。产三叶虫化石 *Lejopyge* sp.，*Phalacroma* sp. 25.9 m

——————整　合——————

下伏地层：**污泥塘组**　灰黑色中—厚层纹层状含白云质碳质泥质灰岩，夹黑色板状钙质页岩，顶部为碳质页岩 >15 m

【地质特征及区域变化】　安化琅琳冲一带，本组岩性主要为碳泥质白云质泥质灰岩及泥质灰岩；往西，怀化花桥米粮坡及泸溪兴隆场一带，本组以薄层结晶灰岩及泥质条带灰岩为主；往东以泥质条带灰岩为主。本组岩石以含碳泥质高和具纹层构造为特征。产丰富球接子类三叶虫化石等。主要有：*Charchaqia* sp.，*C. norini*，*Homagnostus* sp.，*Yuepingia* sp.，*Pseudagnostus communis*，*P.* cf. *douvillei*，*Hedinaspis* sp.，*Westergaardites* sp.，*Phalacroma* sp.，*P. sinica*，*Lotagnostus* sp.，*Diceratopyge* sp.，*Acrocephalina* cf. *armata*，*Lejopyge* sp.，*L. laevigata armmata*，*Ptychagnostus* cf. *atavus* 及腕足类 *Obolus* sp.。

从本组所含化石组合分析，探溪组的地质时限应为中寒武世—晚寒武世。

探溪组与下伏污泥塘组岩性界线清楚，前者底部为碳酸盐岩，而后者顶部为黑色碳质板状页岩。本组沉积物以富碳、泥质的碳酸盐岩为主，含丰富球接子类三叶虫（营浮游生活），发育水平层理、水平微细层理，岩石颜色一般呈深灰、黑色，显示为海水欠流畅、较平静距岸较远的陆架浅海环境。

本组分布于湘中地层分区。

香楠组　∈*x*　**(6-43-0312)**

【创名及原始定义】　罗海晏、黄惟沛⑫于 1988 年根据江华县香楠剖面创名，"代表湘南、湘东南地区留茶坡组之上、茶园头组之下的一套以砂质沉积为主，夹有较多碳泥质的一套沉积地层"。

【沿革】　湖南区调队⑧1986 年称本组为塔山群下组，湖南省地质矿产局 1988 沿用此名。本次对比研究后采用香楠组一名。

【现在定义】　为湘南地区丁腰河组之上、茶园头组之下的一套以浅变质砂岩为主，夹板岩及较多碳质板岩的地层。香楠组与下伏、上覆地层均为整合接触。本组底以碳质板岩或碳质板岩夹磷结核、黄铁矿结核或浅变质厚层砂岩与丁腰河组顶部薄层硅质岩分界；顶与茶园头组的界线是渐变的，以所夹石炭质板岩相对多少划界，香楠组夹石炭质板岩较多。

【层型】　正层型为江华水口南东约 12km 的香楠剖面（H-49-116-B；111°3′，24°59′）（图 3-1 中⑲），湖南区测队 1971 年测制。

上覆地层：茶园头组　深灰色巨厚层状不等粒到细粒石英砂岩、长石石英砂岩夹板岩、砂质板岩　>30 m

——————整　合——————

香楠组　总厚度 761 m

17. 灰黑色板岩、碳质板岩，夹有中层状浅变质细粒石英砂岩，上部板岩具条带状构造　28 m
16. 深灰色中层、厚层状浅变质细粒长石石英砂岩、石英砂岩夹板岩、碳质板岩　56 m
15. 灰黑色板岩、碳质板岩、砂质板岩夹有薄层状浅变质细粒石英砂岩或粉砂岩　7 m
14. 深灰色、灰黑色厚层状浅变质细粒石英砂岩、中细粒长石石英砂岩夹板岩或砂质板岩、碳质板岩　119 m
13. 灰黑色、黑色碳质板岩、板岩　7 m
12. 深灰—灰黑色厚层状浅变质细粒石英砂岩夹板岩、砂质板岩，有时互层　56 m
11. 深灰色厚层状浅变质绢云母粉砂岩与板岩、砂质板岩或碳质板岩互层　94 m
10. 灰黑色板岩、含碳质板岩夹中层状浅变质细粒石英砂岩或粉砂岩　72 m
9. 深灰—灰黑色厚层状浅变质中—细粒石英砂岩、少许长石石英砂岩夹板岩或砂质板岩　91 m
8. 灰黑色板岩、纹层状板岩、砂质板岩及含碳质板岩夹厚层状浅变质细粒石英砂岩　25 m
7. 灰黑色厚层状浅变质细粒石英砂岩夹板岩　12 m
6. 灰黑色板岩、碳质板岩、砂质板岩夹厚层状浅变质细粒石英砾岩或互层　69 m
5. 深灰色，风化后呈灰黄色厚层、巨厚层状浅变质细粒长石石英砂岩、石英砂岩夹板岩、含碳质板岩及砂质板岩。长石石英砂岩中含长石达15%，偶见中粒结构　108 m
4. 灰黑色、黑色板岩、碳质板岩及“石煤线”　12 m
3. 灰黑色厚层状浅变质含同生碳泥砾砂岩或长石石英砂岩，底部为碳质板岩。与下伏硅质岩呈过渡关系　5 m

——————整　合——————

下伏地层：丁腰河组　深灰—灰绿色薄层硅质岩及乳白色厚层硅质岩　5 m

【地质特征及区域变化】　本组岩性较稳定，为灰黑、黑色、深灰、灰绿色中厚层—块状浅变质中细—中粗粒及不等粒浅变质石英砂岩、杂砂岩、长石石英砂岩、含碳质长石石英砂岩，夹黑色碳质板岩、板岩、砂质板岩。含碳质长石石英砂岩常见于本组底部，且多为中粗粒结构，偶夹“石煤”层。岩石中常见有星散状黄铁矿，底部黑色碳质板岩中还含有少量磷结核和夹不稳定的薄层硅质岩。厚 300～760 m，各地厚度变化较大。

香楠组中产：海绵骨针 *Protospongia* sp. 及微古植物化石 *Trematosphaeridium holtedahlii*，*Lignum* sp.，*Brocholaminaria* sp.，*Laminarites* sp.，*Taeniatum crassum*，*Trachysphaeridium* sp.，*T. minutum*，*Polyporata* sp.，*Paleamorpha punctulata*，*Polyedryxium* sp.，*P. polygonum*，*Triangumorpha tenera*，*Fuchunshania rarofugata*，*Quadratimorpha* sp.，*Orygmatosphaeridium* sp.，*Micrhystridium* sp.，*Lophominuscula* sp.，*Leiopsophosphaera* sp. 等。以上化石见于晚震旦世—寒武纪，对准确判定香楠组的地质时代无大作用。按区域对比，推测其时代为早寒武世。

香楠组厚度大，其中具水平微细层理、块状层理、不完整的鲍马序列、象形印模、同生碳质泥砾等沉积构造。岩石中陆源碎屑物分选欠佳，含长石。指相矿物有星点状黄铁矿，生物化石特别稀少、单调。显示本组为距陆源区不远的边缘海槽盆环境堆积而成。

香楠组分布于湘南—湘东一带。

茶园头组 ∈cy （6-43-0313）

【创名及原始定义】 罗海晏、黄惟沛⑫1988年根据新宁清江桥茶园头剖面创建。用以代表湘南、湘东南整合覆于小烟溪组或香楠组之上，整伏于小紫荆组之下的一套以浅变质砂岩为主的地层。

【沿革】 湖南省地质矿产局1988年称本套地层为塔山群中组下段。本次对比研究采用茶园头组一名。

【现在定义】 指整合于牛蹄塘组和小紫荆组之间的一套主要岩性为灰、深灰色、灰黑色浅变质厚层细粒石英砂岩夹板岩或为二者互层，尚夹少量碳质板岩的地层。具粒序层理及象形印模，产少量古孢子化石。

【层型】 正层型为新宁清江桥茶园头剖面（G-49-55-A；110°00′，26°30′）（图3-1中⑳）。湖南区测队1974年测制。

上覆地层：小紫荆组 灰色中—厚层夹薄层微粒泥质条带灰岩 >7 m

——————— 整 合 ———————

茶园头组	总厚度 682.9 m
21. 基本被掩盖。下部见少许深灰色条带状含碳质板岩	86.8 m
20. 深灰色含粉砂质板岩	22.2 m
19. 灰色厚层浅变质砂岩与灰黑色薄—中层碳质板岩互层，砂岩中含少量碳酸盐矿物	156.3 m
18. 黑色薄层条带状含碳质板岩，其中含少量碳酸盐矿物	41.9 m
17. 灰色厚层浅变质细砂岩	36.6 m
16. 黑色绿泥石绢云母板岩	14.1 m
15—13. 灰色厚层浅变质细砂岩，下部砂岩中含有黑色碳泥质同生角砾，上部和底部夹绿泥石绢云母板岩	87.2 m
12. 黑色薄层绿泥石绢云母板岩，夹浅变质砂岩透镜体	68.8 m
11. 灰色浅变质细砂岩	96.5 m
10. 灰色浅变质细砂岩，夹少量砂质板岩，顶部为黑色薄层绿泥石绢云母板岩。浅变质砂岩中含碳泥质同生角砾	39 m
9. 黑色薄层板岩	23 m
8. 灰色厚层浅变质中—细粒石英砂岩。层面具舌状象形印模	10.5 m

——————— 整 合 ———————

下伏地层：牛蹄塘组 灰黑色薄层条带状板岩。产海绵骨针 *Protospongia* sp. 15 m

【地质特征及区域变化】 茶园头组的岩性稳定，以深灰色、灰色浅变质厚层状细—中细粒石英砂岩、长石石英砂岩、长石石英杂砂岩（湘南）为主，夹绿泥石绢云母板岩、砂质板岩，或为互层。此外，尚夹有一定数量的黑色碳质板岩、含碳质泥板岩。砂岩中偶见碳泥质同生角砾及酸性火山岩屑。上述岩石常构成复理石韵律。

本组含生物化石稀少而单调，有腕足类 *Obolus* sp.，*Acrothele* sp.，*Lingulella* sp.，*L. tangshihensis* sp.；海绵骨针 *Protospongia* sp.。除此，还含有一些微古植物 *Polyporata* sp.，*Laminarites* sp.，*Orygmatosphaeridium rubiginosum*，*Favososphaeridium* sp.，*Quadratimorpha* sp.，*Paleamorpha punctulata* 等。从茶园头组自身所含生物化石，无法说明其所属时代，但由于它整伏于时代属晚寒武世的小紫荆组之下，故暂推测茶园头组的时代为中寒武世。

本组岩层中发育水平层理、小型交错层理、粒序层理和象形印模，复理石韵律发育，碎屑物成分较复杂，含长石，分选不好至中等。指相矿物有黄铁矿（星散状分布）。所含生物化石稀少而单调，显示为近源（相对其他单位的沉积）的边缘海槽盆沉积。

茶园头组与香楠组具有较大的岩性相似性，因此两者的岩性界线是渐变的，而且主要表现在所夹黑色碳质板岩相对数量上。茶园头组中所夹碳质板岩相对少于香楠组中所夹有的碳质板岩。所以有人建议将二者合并为一个单位。当下伏地层为牛蹄塘组时，界线十分清楚，划在本组底部浅变质砂岩与牛蹄塘组顶部黑色含碳质板岩、黑色板岩之间。

本组分布于湘东、湘东南及新宁、东安一带。

小紫荆组　∈*xz*　(6－43－0314)

【创名及原始定义】　罗海晏、黄惟沛[12]1988年根据宁远县小紫荆剖面创名。代表整合于茶园头组与爵山沟组之间的一套浅变质砂岩夹板岩及碳酸盐岩的地层。顶底均以灰岩与上、下地层分界，产少量三叶虫及腕足类化石。

【沿革】　1∶20万区调资料中，相当或大致相当本组的地层称为寒武系中组上段，或塔山群中组上段。本次采用小紫荆组一名。

【现在定义】　同原始定义。

【层型】　正层型为宁远小紫荆至兰山县新屋场剖面（G－49－93－C；112°05′，25°23′）（图3－1中㉑），湖南区测队1965年测制。

上覆地层：爵山沟组　灰黑色浅变质中厚—巨厚层状细—中粒长石石英砂岩、石英砂岩夹灰绿色、灰黑色板岩，偶见碳质板岩，具复理石韵律　30 m

———— 整　合 ————

小紫荆组　总厚度1 058.3 m

28. 灰黑色薄层泥质灰岩，夹1层厚0.4 m的细粒石英砂岩　4 m
27. 灰黑色浅变质巨厚层状细粒石英砂岩　15 m
26. 灰黑色薄层状细粒泥质灰岩　3 m
25. 灰黑色浅变质中厚—巨厚层状细粒石英砂岩夹黑色板岩，前者含酸性火山岩屑　21 m
24. 灰黑色细粒泥质灰岩　48 m
23. 下部为灰黑色浅变质中厚—巨厚层状细粒石英砂岩，上部为灰绿色板岩　43 m
22. 灰黑色薄层状微粒灰岩　14.4 m
21. 灰黑色浅变质厚—巨厚层状中—细粒长石石英砂岩、细粒石英砂岩夹板岩，偶夹碳质板岩　136 m
20. 灰绿色板岩夹灰绿色浅变质中—厚层状细粒石英砂岩　47 m
19. 灰绿及灰黑色浅变质中—厚层状细粒石英砂岩、长石石英砂岩，夹板岩和砂质板岩。石英砂岩具斜层理、纹层构造，层面有侵蚀痕迹，夹灰岩一层　400 m
18. 灰黑色板岩夹碳质板岩、薄层状细粒石英砂岩。板岩具纹层构造，石英砂岩具斜层理。产海绵骨针化石　29 m
17. 灰黑色及灰绿色薄—厚层状细粒、中粒石英砂岩夹灰绿色及灰黑色板岩、砂质板岩或互层。石英砂岩具斜层理及纹层，层面具侵蚀痕迹，含少量酸性火成岩屑，底部夹0.2 m的灰白色薄层状致密灰岩　590 m
16. 灰黑色细粒灰岩。下部为厚层状，上部为薄层状，顶部有15 cm的钙质板岩　24 m
15. 灰黑色浅变质巨厚层状细粒石英砂岩，夹灰黑色、灰绿色板岩和砂质板岩，或互层。

板岩具纹层，砂岩具斜层理 23 m

14. 灰黑色薄层状细粒泥质灰岩 2.3 m

13. 灰黑色浅变质巨厚层状细粒石英砂岩夹板岩 6.6 m

12. 灰黑色薄层状泥质灰岩夹薄层状白云岩 12 m

———————— 整　合 ————————

下伏地层：**茶园头组**　灰黑、灰绿色浅变质巨厚层状细—中粒石英砂岩夹少量灰黑色板岩 50 m

【地质特征及区域变化】　本组之主要岩性为浅变质石英砂岩夹板岩、灰岩及硅质岩，并以夹灰岩为特征。浅变质砂岩与板岩常组成复理石韵律。碳酸盐岩及其透镜体很不稳定，其数量由北向南、由西向东呈现减少趋势，至临武、江华、江永、桂东等地则很难见其踪迹，取而代之的是钙质砂岩、碳质硅质板岩及硅质岩等。碳酸盐岩夹层，一般厚几米至10余米，多为薄层状，具纹层构造。小紫荆组厚650～1 058.3 m，变化较大，其规律是北薄南厚。

本组中常见的海绵骨针 *Protospongia* sp.，根据上、下层位关系推测，小紫荆组的地质时代为中寒武世—晚寒武世。

本组板岩中水平层理、纹层发育，砂岩中具斜层理、同生泥砾，层面具侵蚀痕迹，砂岩与板岩常组成复理石韵律，砂岩中还含有长石。生物化石稀少、单调。这表明小紫荆组仍属边缘海槽盆的沉积。

小紫荆组分布于湘南地区。

爵山沟组　∈O*j*　(6-43-0315)

【创名及原始定义】　系魏秀喆、肖承协、陈胜高、俞韬（1966）创立，创名地在井冈山市厦坪乡爵山沟。原始定义：为一套灰绿、黄绿色绢云绿泥砂岩、绿泥石石英砂岩夹灰绿色砂质板岩、板岩组成。其顶部与七溪岭组连续关系。未见化石，根据上覆的 *Didymograptus hirundo* 带的层位控制，可能相当于浙西的印渚埠组或皖南的谭家桥组。

【沿革】　1∶20万区调资料中称本组为寒武系上组或上统。湖南区调队⑧1986年首先将爵山沟组引入湘南地区，并定其时代为奥陶纪。

【现在定义】　指整合于寒武系水石组之上、对耳石组之下，岩性为黄绿、灰白色变质细砂岩、绢云绿泥砂岩夹粉砂质板岩、板岩，具轻度变质。上以对耳石组硅质板岩出现分界，下以水石组灰、深灰、灰绿色条纹状板岩夹细砂岩的出现作为划分标志。在湖南为灰、深灰色厚层—巨厚层状浅变质细粒石英砂岩、不等粒石英砂岩夹板岩，或组成复理石韵律层。其中含生物化石稀少。与下伏小紫荆组、上覆桥亭子组均为整合接触。

【层型】　次层型为宁远县鲁塘剖面（H-49-92-D；110°50′，25°20′）（图3-1中㉒），湖南区测队1975年测制。

上覆地层：**桥亭子组**　灰绿色纹层状板岩、砂质板岩。产腕足类 *Lingulella* sp. 及笔石碎片 80 m

———————— 整　合 ————————

爵山沟组 总厚度 576 m

11. 黑灰色巨厚层状浅变质细粒石英砂岩夹板岩薄层。上部砂岩中偶见同生板岩泥砾，中下部含长石 112 m

10. 黑灰—灰黑色中厚层、厚层状浅变质细粒石英砂岩夹板岩。往上板岩增多，往下砂岩单层厚度增大，为厚层状 33 m

9. 黑灰色、黑色巨厚层状浅变质细粒石英砂岩夹板岩。底部夹 0.3 m 厚碳质板岩一层；中部砂岩中见有同生泥砾；上部砂岩偶见中粒结构　31 m

8. 灰绿色、黑灰色板岩、含碳质板岩，其中夹有薄层状浅变质细粒石英砂岩　7 m

7. 黑灰色板岩与深灰色厚层状浅变质细粒石英砂岩互层，往下砂岩增多，并含有约 5% 的长石，或成为长石石英砂岩　73 m

6. 黑灰色巨厚层状浅变质细粒长石石英砂岩、石英砂岩夹板岩或碳质板岩　25 m

5. 灰黑—黑灰色碳质板岩与中层—中厚层状浅变质细粒石英砂岩、粉砂岩互层　71 m

4. 黑色纹层或条带状碳质板岩、绿泥石绢云母板岩　6 m

3. 黑灰色厚层—巨厚层状浅变质细粒石英砂岩夹板岩。下部夹 0.4 m 碳质板岩　200 m

2. 黑色板岩、碳质板岩夹浅变质细粒石英砂岩。板岩中产腕足类 *Lingulella* sp.　6 m

1. 黑灰色巨厚层状浅变质细粒石英砂岩—粉砂岩夹板岩。下部含少量长石　12 m

——————— 整　合 ———————

下伏地层：**小紫荆组**　黑色碳质硅质板岩及碳质板岩。产腕足类 *Lingulella* sp.　20 m

【地质特征及区域变化】　本组岩性较稳定，多由浅变质巨厚、厚层石英砂岩、长石石英砂岩夹板岩或构成复理石韵律，偶夹碳质板岩。厚度变化大，薄者为 500～600 m，厚者可达 2 000 m。

本组的生物化石是：海绵骨针、无铰纲腕足类 *Obolus* sp.，*Acrothele* sp. 等。根据爵山沟组上、下地层的时代（上覆桥亭子组的时代为早奥陶世，详见后节），故推测爵山沟组的地质时代为晚寒武世—早奥陶世。

岩层中斜层理、包卷层理及纹层常见，亦可在层面见及波痕，含生物化石稀少，复理石韵律发育，岩石中含长石。这些现象表明，本组仍为一种距陆源区不远的边缘海槽盆沉积。

爵山沟组分布于湘东、湘东南。

桐梓组　∈O*t*　（6－43－0402）

【创名及原始定义】　由张鸣韶、盛莘夫 1940 年创建，原名"桐梓层"。1948 年刘之远首次介绍，1958 年公开发表。创名地点在贵州桐梓红花园附近。"下段以灰色页岩为主，间夹薄层灰岩，上段以灰岩为主，间夹灰色及黄灰色页岩，共厚 70 米，有二层化石"，"其时代相当于欧洲的 Tremadocian"，整伏于红花园灰岩之下。

【沿革】　湖南区调队（1965）在省内 1：20 万吉首幅首次沿用桐梓组，指娄山关组和红花园组之间的一套厚层灰岩夹薄层灰岩及页岩。同年（1：20 万石门幅）又在石门一带沿用南津关组和分乡组二名。南津关组位于娄山关组和分乡组之间，为一套厚层灰岩、白云质灰岩，下部夹少量页岩。分乡组位于南津关组和红花园组之间，下段为厚层灰岩，上段为厚层灰岩与页岩互层。湖南省地矿局 1988 年在湘西北地区亦使用南津关组和分乡组二名。1993 年经全国地层多重划分对比与研究项目中南大区办公室讨论，以灰岩为主的地层称南津关组，以白云岩为主的地层称桐梓组。通过对比研究，不再划分南津关组与分乡组，故采用桐梓组一名。

【现在定义】　指整合于娄山关组之上，红花园组之下，由灰—深灰色中至厚层夹薄层微—细晶白云岩和细—粗晶生物屑灰岩，夹砾屑、鲕豆粒白云岩，常含燧石团块或结核。富含三叶虫、腕足类等化石。底部与下伏娄山关组细晶白云岩划界，顶以上覆红花园组生物屑灰岩划界。在湖南为灰白至深灰色厚层灰岩、白云质灰岩夹白云岩和页岩，富含腕足类、三叶虫。与下伏娄山关组和上覆红花园组均为整合接触。

【层型】 次层型为石门杨家坪剖面（H－49－78－A；110°42′，30°00′）（图3－1中⑤），湖南区测队1966年测制。

上覆地层：**红花园组** 灰色、深灰色厚层—块状中粗粒含白云质灰岩，偶夹白云岩结核 10 m

——————整 合——————

桐梓组 总厚度407.5 m

23. 灰色、青灰色页片状泥质白云质灰岩与深灰色中—厚层微密状灰岩互层。灰岩中产腕足类及三叶虫化石 *Psilocephalina sinuala* 53.5 m
22. 灰色、深灰色厚层块状粗粒结晶—致密状灰岩。产三叶虫 *Psilocephalina* sp. 5.76 m
21. 灰黄—灰绿色页片状泥灰岩与浅灰—深灰色中—厚层状生物碎屑含磷灰岩互层。含笔石 *Acanthograptus* sp.；腕足类 *Orthis* sp.，*Sinorthis* sp.；三叶虫 *Taihungshania* sp.，*Eoisotelus* sp. 18.6 m
20. 浅灰—深灰色厚层状致密—粗粒结晶灰岩。含腕足类及头足类化石。腕足类有 *Orthaoea* sp. 33.3 m
19. 灰—深灰色块状细粒结晶—致密状灰岩，偶夹有白云岩结核 9 m
18. 浅灰—灰色中—厚层状细粒—致密状灰岩，下部偶夹鲕状灰岩团块，上部夹一层灰色中层状泥质条带灰岩 12.2 m
17—16. 灰色、深灰色厚层生物碎屑含白云质灰岩，粗粒结构，局部夹致密状灰岩团块，顶部为深灰色块状生物碎屑灰岩、白云岩。产腕足类 *Orthaoea* sp. 20.1 m
15. 浅灰—深灰色块状细粒结晶灰岩，夹灰色灰质白云岩团块 40.8 m
14. 灰色—深灰色块状假鲕状灰岩，局部见致密状灰岩团块。产头足类、腕足类化石 12.1 m
13. 灰色中—厚层状致密灰岩，夹灰色薄—中层泥质条带灰岩 7.2 m
12. 深灰色厚层致密含白云质灰岩，偶夹细粒—粗粒结晶灰岩团块。产头足类、腕足类及双壳类化石，双壳类有 *Modiolopsis* sp. 35.3 m
11. 浅灰—深灰色中—厚层假鲕状白云质灰岩 15.7 m
10. 灰—灰白色中层状灰质白云岩 6.1 m
9. 深灰色块状粗粒结晶灰岩，与灰色块状致密灰岩互层。含腕足类及三叶虫化石 46.6 m
8. 灰色—深灰色块状致密灰岩，夹灰色块状白云质泥质条带灰岩，在中、上部分别夹鲕状灰岩一层。产头足类、腕足类及三叶虫化石，三叶虫有 *Szechuanella* sp. 31.9 m
7. 青灰色含灰岩结核之钙质页岩，含少量黄铁矿 2.5 m
6. 灰色、深灰色块状致密—粗粒结晶灰岩 6.5 m
5—4. 灰—深灰色厚层—块状白云质灰岩。产腕足类及三叶虫化石，三叶虫有 *Asaphopsis* sp.，*Szechuanella* sp.，*Gragnostus* sp. 19.5 m
3. 灰色、深灰色薄层状泥灰岩，中部夹一层具黄铁矿化的细粒结晶灰岩。泥灰岩中产三叶虫化石 *Dactylocephalus dactyloides* 7.5 m
2. 灰色中—厚层状含磷灰质生物碎屑白云岩。产三叶虫 *Szechuanella* sp.；腕足类 *Nanorthis* sp. 11.7 m
1. 灰色厚层状致密灰岩与灰色、深灰色厚层状致密—细粒结晶灰质白云岩互层 11.7 m

——————整 合——————

下伏地层：**娄山关组** 灰色块状细粒灰质白云岩夹致密白云岩 >100 m

【地质特征及区域变化】 桐梓组的总体岩性是稳定的，但各地也略有变化。石门杨家坪本组顶部和下部都夹有页岩（顶部有时为页状泥灰岩），中部白云质灰岩较多；往西南，桑植鹿耳口，本组顶部夹页岩和硅质页岩，但下部不夹页岩，代之为薄层硅质灰岩；中、下部仍有较多白云质灰岩、白云岩；再往南西，龙山洗车顶部及上部夹页岩，顶、底部灰岩含燧石团块或条带，自底至顶白云质灰岩较多；往南，大庸温塘以细晶灰岩和致密灰岩为主，仅上部夹页岩，灰岩中含硅质条带，白云质灰岩、白云岩少见。很显然，在石门杨家坪、桑植鹿耳口及龙山洗车一带，本组含白云质普遍较高；往南，白云质则明显减少。大庸、永顺一带的本组常夹有一层厚约 1 m 的中细粒钙质石英砂岩。

本组厚度变化较大，厚 200～407 m 左右，北西薄，南东厚。

桐梓组中的生物化石门类较多，主要有笔石 *Dictyonema* sp.，*Acanthograptus erectoramosus*，*Clonograptus tenellus*，*C. zheugguoensis*；三叶虫 *Shumardia pentagonalis*，*Szechuanella szechuanensis*，*S. cylindria*，*Eoisotelus* sp.，*Ptychopyge* sp.，*Isoteloides gigashupeiensis*，*Asaphellus inflatus*，*Tungzuella yunanensis*，*Psilocephalina* sp.，*P. sinuata*，*P. lubrica*，*P. kuoi*，*P. hsui tungtzeengie*，*Asaphopsis* sp.，*A. immanis*，*A. granulatus*，*Dactylocephalus dactyloides*，*Bumastus* sp.；头足类 *Dayongoceras wentangense*，*Ellesmeroceras yungshunense*，*E. nanningense*，*E.? wangcunese*，*Lebetoceras* sp.，*Proterocameroceras* sp.，*Paraendoceras taoyuanense*；腕足类 *Orthis* sp.，*Sinorthis* sp.，*Nanorthis* sp.，*Apheoorthis* sp.，*Nereidella* sp.，*Metorthis alata* 及牙形刺、双壳类等。

从上述化石分析，其时代应属早奥陶世早期，但据安太庠和胡济民（1987）对湘西北寒武—奥陶系界线的研究，在古丈罗依溪及桃源热水坑等地，桐梓组底部含有寒武纪牙形刺化石，因此，桐梓组的地质时限应为晚寒武世—早奥陶世。

桐梓组中含不少亮晶内碎屑灰岩、亮晶生物屑灰岩、亮晶粒屑灰岩及泥晶生物屑灰岩等，这些内碎屑颗粒呈滚圆状，分选好。本组中还夹有鲕状灰岩。它们应属水体能量较高的台地浅滩相沉积。本组顶部和下部常夹页岩或硅质条带，薄层硅质灰岩含笔石化石等，大庸、永顺一带还见夹有钙质细砂岩，这说明本组沉积物中，还有台地上相对低洼地区沉积的台盆相产物，又因陆地暂时上升，在台地上沉积了少量的陆源碎屑物。从总体看，本组应属碳酸盐台地相沉积。

本组分布于湘西及湘东北的临湘一带。

红花园组　*Oh*　（6-43-0403）

【创名及原始定义】　由张鸣韶、盛莘夫 1940 年创建，创名剖面位于贵州省桐梓红花园附近，原名“红花园石灰岩”。1948 年刘之远首次介绍，1958 年公开发表。“岩性为灰色厚层灰岩，厚 40 米”，含头足类及海绵动物化石，整覆于桐梓层之上，平行不整合于马路口页岩之下。时代相当北美 Canadian。

【沿革】　湖南区测队 1965 年在 1∶20 万石门幅首次引入红花园组一名，沿用至今。

【现在定义】　指整合于桐梓组灰岩夹页岩之上、湄潭组页岩之下，由灰、深灰色中—厚层夹薄层微—粗晶生物碎屑灰岩与波状泥质条带生物碎屑灰岩组成的韵律式沉积。下部偶夹页岩或燧石薄层，常含结核或凸镜状燧石，富含头足类、海绵、三叶虫及腕足类等化石。在湖南为灰、深灰色厚层至块状灰岩，多具中—粗粒结晶，夹硅质结核及团块。产头足类、三叶虫、腕足类、笔石及牙形刺等化石。与下伏桐梓组及上覆大湾组连续沉积。

【层型】　次层型为大庸温塘剖面（H-49-101-C；110°11′，29°9′）（图 3-1 中㉔）。湖南区测队 1965 年测制。

上覆地层：**大湾组**　紫红色瘤状泥灰岩、泥质灰岩与灰绿色瘤状泥灰岩、泥灰岩互层。产头足类 *Dideroceras endoseptum*，三叶虫 *Asaphellus* sp.　20 m

——————— 整　合 ———————

红花园组　总厚度 55.00 m

20. 灰、褐、黄紫等杂色薄—厚层灰岩、泥质灰岩。产头足类化石 *Dideroceras endoseptum*，三叶虫 *Isoteloides* sp.，? *Asaphellus* sp，*Apheoorthis* sp.　25 m

19. 灰、深灰、棕色厚层—块状致密灰岩、结晶灰岩，局部含硅质结核及硅质团块。产三叶虫 *Szechuanella* sp.，? *Illaenus* sp.，腕足类 *Orthaoea* sp.，*Sinorthis* sp.　30 m

——————— 整　合 ———————

下伏地层：**桐梓组**

18. 灰色薄层结晶灰岩及黄色页岩，产笔石 *Dictyonema* sp.，*Clonograptus tenellus sinicus*　5 m

【地质特征及区域变化】　红花园组在石门杨家坪、桑植鹿耳口、临湘一带为白云质灰岩、白云质生物屑灰岩、白云岩等；在这之南的龙山洗车、大庸温塘、慈利宜冲桥等地，未见有含白云质成分的岩石出现。本组一般厚 50～100 m，北部杨家坪、鹿耳口厚约 100 m，临湘路口铺厚 70 m 左右；往南至龙山洗车、大庸温塘、保靖田家坪厚 30～50 m，北厚南薄。再往南东至桃源九溪一带，岩性变为杂色中、厚层泥质生物灰岩，厚仅 3 m，位于白水溪组与桥亭子组之间，湖南省地矿局（1988）曾称桃花石组。

从上述资料可以看出，本组南北存在一定差异，即北部含白云质高，厚度大，而南部基本不含白云质，且厚度变薄。

组内主要含有头足类化石 *Cameroceras hupehense*，*Protocycloceras minosiphonatum*，*Proterocameroceras triformatum*，*Coreanoceras xiushanensis*；腕足类 *Sinorthis* sp.，*Yangtzeella* sp.；三叶虫 *Szechuanella* sp.，*Illaenus* sp.，*Symphysurus* sp.，*Ptychopyge*? *suni*；笔石 *Didymograptus* sp.；牙形刺 *Drepanodus perlongus*，*Juanognathus variabilis* 等。据以上所含化石，红花园组属早奥陶世。

本组岩石多为粗粒结晶，含生物屑丰富，说明其主要为水体能量较高的碳酸盐台地浅滩相沉积。

本组见于湘西北及湘东北的临湘一带。

大湾组　*Od*　(6-43-0404)

【创名及原始定义】　系张文堂等（1957）创名的“大湾层”演变而来，命名地点在湖北省宜昌县分乡场女娲庙大湾村。原始定义：大湾层（约 11 m）灰绿色瘤状石灰为主，间夹有薄层矽绿色页岩多层，产腕足类、笔石、三叶虫等。与上覆扬子贝层、下伏 *Cameroceras* 石灰岩均呈整合接触。

【沿革】　湖南区测队 1965 年在 1∶20 万石门幅首次引入大湾组，至今仍广为沿用。

【现在定义】　为一套富含腕足类、三叶虫、笔石等的泥质较高的碳酸盐岩地层。下部为灰、灰绿色薄至中厚层泥质瘤状生物灰岩夹黄绿、灰绿色泥岩；中部为紫红、暗红色生屑灰岩、泥灰岩；上部为灰、灰绿色薄至中厚层状泥质瘤状生物灰岩夹泥岩。与上覆牯牛潭组中厚层状灰岩和下伏红花园组深灰色厚层含头足类粗生屑灰岩，均呈整合接触。在湖南由灰绿色、紫红色瘤状泥灰岩及瘤状泥质灰岩、薄—中厚层泥质灰岩、致密灰岩组成，上部多为泥质灰岩。产头足类、腕足类等化石。与下伏红花园组和上覆牯牛潭组均呈整合接触。

【层型】 次层型为龙山洗车剖面（H-49-100-C；109°30′，29°05′）（图3-1中㉕）。湖南区测队1970年测制。

上覆地层：**牯牛潭组** 灰绿色厚层及中厚层含砂质白云质灰岩，具不发育的瘤状构造，其中夹极薄层粉砂质泥灰岩。含三叶虫 *Nileus* sp.，*Isotelus* sp.，*Isoteloides* sp.；头足类 *Cochlioceras* cf. *lingfenghowense*，*Dideroceras* sp.，*Protocycloceras* cf. *deprati* 31.05 m

——————— 整 合 ———————

大湾组 总厚度 111.74 m

35. 紫红色厚层瘤状粉砂质泥灰岩，夹薄层泥质灰岩 3.29 m

34. 灰绿色、紫红色中层及厚层状瘤状泥质灰岩。产头足类 *Michelinoceras* sp. 20.1 m

33. 灰绿色厚层及中厚层瘤状粉砂质泥灰岩 7.51 m

32. 灰绿色厚层及中厚层瘤状泥质灰岩，沿层面呈波浪状分布，其中夹灰绿色薄层泥灰岩。产三叶虫 *Isotelus* sp. 5.63 m

31. 灰绿色薄层粉砂质灰岩，夹灰色凸镜状致密灰岩 6.6 m

30. 灰绿色厚层及中厚层含砂质白云质灰岩，具不发育的瘤状构造，向上砂质含量减少，而灰岩含量增高，中夹极薄层粉砂质泥灰岩。产三叶虫 *Nileus* sp.，*Isotelus* sp.，*Illaenus* sp.，*Isoteloides* sp.；头足类 *Cochlioceras* cf. *lingfenghowense*，*Dideroceras* sp.，*Protocycloceras* cf. *deprati* 2.81 m

29—26. 紫红色厚层及中厚层瘤状泥灰岩，含少量砂质及白云母小片，夹少量薄层或凸镜状泥质灰岩。产三叶虫 *Isotelus* sp.，*Isoteloides* sp.；头足类 *Endoceras* sp.，*Vaginoceras* sp.，*Michelinoceras mui*，*Cochlioceras* sp.；腕足类 *Yangtzeella* cf. *poloi*，*Nereidella* sp.，*Lingula* sp. 42.20 m

25. 紫红色薄层泥质灰岩，风化后呈页片状，中夹黄绿色、紫红色凸镜状灰岩和泥质灰岩 13.6 m

24—23. 顶部，灰绿色、紫红色薄层致密灰岩，产腕足类和三叶虫化石（1.4 m）；下部，深灰色薄层及中层状中—细粒含绿泥石斑点的砂质灰岩，具泥质条带。盛产腕足类和三叶虫 *Psilocephalina* sp. 10.00 m

——————— 整 合 ———————

下伏地层：**红花园组** 灰黑色厚层中粒结晶灰岩，局部为致密灰岩 7.0 m

【地质特征及区域变化】 大湾组岩石颜色特殊，呈灰绿、紫红、黄绿、青灰等色，且一般含泥质较高，具瘤状构造，岩层单层厚度一般为薄—中厚层状。但各地岩性也呈现一定差异。如西北部龙山境内的本组岩性可三分为：上部黄绿色、青灰色薄—中层泥灰岩为主；中部紫红色瘤状泥灰岩为主；下部以灰色薄—中层状含白云质泥质灰岩为主，夹紫红色泥灰岩、黄绿色页岩、深灰色薄—中层状生物碎屑灰岩及含泥质灰岩。往南进入1∶20万吉首幅，本组下部为紫红色、暗绿色瘤状泥质灰岩，上部为灰绿色薄层钙质页岩、页岩。往东进入1∶20万桑植幅，上部以紫红、灰绿色薄—中层状瘤状生物屑泥质灰岩为主，下部为紫红、灰绿色瘤状泥灰岩及泥灰岩夹薄—中层状泥质灰岩。往南东至慈利宜冲桥、桃源热水坑、茅草铺一带，宝塔组与红花园组之间全为紫红、灰绿色瘤状泥灰岩。因此，大湾组与牯牛潭组难以划分。

本组在湘西北一般厚90～120 m，湘东北临湘一带减至60 m余。

大湾组中富含头足类化石，有 *Michelinoceras* cf. *paraelongatum*，*Vaginoceras giganteum*，*Chisiloceras reedi*，*C.* cf. *neichianense*，*Orthoceras regulare*，*Richardsonoceras* sp.，*Protocyclocer-as deprati*，*Endoceras* sp.，*Bathmoceras complexum*，*Cochlioceras yangtzeense*，*Dideroceras dayungense*，*D. endoseptum*，*D. meridionale*，*D. lungshanense*；腕足类 *Yangtzeella poloi*，*Y. kueiyangensis*，*Sinorthis* sp.，*Leptelloidea* cf. *leptelloids*；三叶虫 *Asaphus* sp.，*Ptychopyge* sp.，*Nileus* sp.，*Isoteloides liangshanensis*；笔石 *Trigonograptus ensiformis*，*Tetragraptus bigsbyi*；牙形刺 *Oepikodus evae*，*Oistodus* aff. *multicorrugatus*，*Periodon flabellum* 及双壳类化石。上列化石显示的地质时代应为早奥陶世。

大湾组岩石主要为紫红色、次为灰绿、灰色泥晶灰岩、泥质泥晶灰岩，含生物屑泥晶灰岩、含生物泥质灰岩等。具波状、凸镜状层理，含多门类生物化石，保存好，个体大，同时，又间以生物屑、砾屑、砂屑沉积。显示大湾组属碳酸盐台地之潮坪—浅滩相沉积。

大湾组分布与红花园组相同。

牯牛潭组　Og　（6－43－0405）

【创名及原始定义】　系张文堂等（1957）所创建的“牯牛潭石灰岩”演变而来，命名地点在湖北省宜昌县分乡场牯牛潭。原始定义：牯牛潭石灰岩，厚约23 m，灰色泥质干裂纹石灰岩，夹灰黄色泥质瘤状石灰岩，产 *Vaginoceras* 及一些较大的头足类化石，与上覆庙坡页岩和下伏扬子贝层秽绿色页岩夹瘤状石灰岩均呈整合接触。

【沿革】　湖南区测队1965年在1∶20万石门幅将大湾组和宝塔组间的一套泥质灰岩，局部夹页岩的地层称牯牛潭组，以后广为沿用。

【现在定义】　指整合于大湾组和庙坡组之间的一套青灰、灰色及紫灰色薄至中厚层灰岩与瘤状泥质灰岩互层，富含头足类和三叶虫等化石。区域上，当上覆无庙坡组页岩时，与宝塔组龟裂纹灰岩呈整合接触。在湖南为整合于大湾组与宝塔组之间的一套以紫红色为主的瘤状泥质灰岩夹瘤状粉砂质泥灰岩，富含头足类化石的地层。

【层型】　次层型为龙山洗车剖面（H－49－100－C；109°30′，29°05′）（图3－1中㉕），湖南区测队1970年测制。

上覆地层：**宝塔组**　灰绿色带赭色厚层泥质条带状灰岩，层面上见有不太发育的龟裂纹及瘤状构造　10 m

——————整　合——————

牯牛潭组　总厚度 31.05 m

36. 紫红色厚层及中厚层瘤状泥质灰岩，泥质组成条带，呈波浪状分布，并具不太发育的龟裂构造。夹紫红色薄层瘤状粉砂质泥灰岩。含头足类化石 *Trilacinoceras discors*，*Sinoceras chinense*，*Michelinoceras* cf. *xuansianense*，*Orthoceras regulare*　31.05 m

——————整　合——————

下伏地层：**大湾组**　紫红色厚层瘤状粉砂质泥灰岩，夹紫红色薄层状泥质灰岩　3.29 m

【地质特征及区域变化】　本组岩性从总体上看是稳定的，但各地也稍有变化。如：保靖田家坪一带，顶部为含钙质结核的黄绿色钙质绢云母板岩，之下为灰绿色中厚层含生物屑瘤状灰岩；石门杨家坪，本组上部为紫红色泥质灰岩，中、下部为灰、灰绿色瘤状泥质灰岩；永顺石堤西、大庸温塘岩石呈灰绿、赭色，紫红色者极少见；临湘路口铺一带为紫红色瘤状生物屑灰岩，下部夹黄绿色页岩。

牯牛潭组厚度变化在30～70 m间。

本组含生物化石丰富，以头足类为主，它们大都是由下伏大湾组延续而来的。主要有头足类 *Bactroceras angutisiphonatum*，*B. avus*，*Cochlioceras* cf. *avus*，*Chisiloceras reedi*，*C. ichangense*，*Vaginoceras giganteum*，*V. multipectoseptatum*，*V. peiyangense*，*Troedssonella hunanense*，*Sinoceras chinense*；三叶虫 *Nileus* sp.，*Cyclopyge* sp.，*Geragnostus* sp.；牙形刺 *Microzarkodina ozarkodella*，*Protopanderodus varicostatus*，*Complexodus pugionifer*，*Polyplacognathus jianyeense* 等。本组所含生物化石，尤其是头足类化石，具有早奥陶世—中奥陶世早期特点。故定本组时限为早奥陶世晚期—中奥陶世早期。

本组沉积物与大湾组雷同，推测亦为碳酸盐台地潮坪—浅滩相产物。

牯牛潭组与大湾组实属难分，当第一层瘤状泥灰岩的出现则为大湾组的顶界，亦为本组之底界。这一岩性分界标志较难掌握，因为泥灰岩夹层较多，又容易相变，如果再加上露头不好等因素，这条界线就很难划准。

牯牛潭组分布在湘北。

宝塔组　*Ob*　（6－43－0406）

【创名及原始定义】　系李四光等（1924）所创名的“宝塔石灰岩”直接引伸而来，这是我国唯一用化石形态特征创名的一个地层单位名称。命名地点在湖北省秭归新滩龙马溪雷家山（曾误称艾家山）。原始定义：“宝塔石灰岩：一种致密灰色石灰岩，几米厚，以含大量巨大直角石即 *Orthoceras sinensis* Foord 个体为特征。”

【沿革】　湖南区测队1965年在1：20万石门幅首次将牯牛潭组和临湘组之间的一套龟裂纹灰岩称宝塔组，以后广为应用。穆恩之、盛金章1948年在临湘五里牌创名临湘石灰岩，为一套瘤状泥质灰岩，也广为沿用。1993年，经中南有关省（区）协商，中南大区地层清理领导小组决定，原宝塔组与临湘组合并为一个组级岩石地层单位，称宝塔组。

【现在定义】　指整合于庙坡组黑色页岩之上、龙马溪黑色硅质页岩之下的一套含头足类、三叶虫等化石，上部以灰绿色瘤状泥质灰岩为主，下部以中厚层、厚层状紫红、灰绿色“龟裂纹”灰岩为主，夹薄层泥质灰岩。在湖南为整合于龙马溪组与牯牛潭组之间的一套灰绿色、赭色龟裂纹灰岩，有时夹灰绿色瘤状灰岩，顶部为瘤状灰岩。含头足类、三叶虫等化石。

【层型】　次层型为大庸温塘剖面（H－49－101－C；110°11′，29°09′）（图3－1中㉔），湖南区测队1965年测制。

上覆地层：龙马溪组　黑色页岩、砂质页岩，夹厚0.03～0.1 m白色粘土页岩三层　5 m

———————— 整　合 ————————

宝塔组　总厚度 31.9 m

34—33. 黄绿色、灰绿色瘤状灰岩夹薄层龟裂纹灰岩。含三叶虫 *Nankinolithus* sp.，? *Hammatocnemis* sp.，? *Symphysurus* sp.，*Nileus* sp.，*Cyclopyge* sp.，*C. recurtus*，*Illaenus* sp.，*Geragnostus* sp.；头足类 *Sinoceras chinense*，*Michelinoceras* sp.　10.9 m

32. 灰绿色、赭色薄—厚层龟裂纹灰岩，下部夹致密灰岩。上部夹瘤状灰岩，富产头足类 *Sinoceras suni*，*S.* cf. *chinense*，*Michelinoceras* cf. *elongatum*，*M.* ?*yui*，*Richardsonoceras* cf. *asiaticum*，*Trilacinoceras* sp.，*Kionoceras* sp.，*Vaginoceras peiyangense*，*Or-*

thoceras? *regulare*, *Dideroceras* cf. *endocylindricum*；三叶虫 *Cyclopyge recurtus*，? *Ecceptechile xiushanensis*, *Hammatocnemis* sp., *Remopleurides* sp., "*Sculellium*" sp., *Microparia* sp., *Amphytrion* sp., *Ruedemannia*? sp. 21 m

——— 整 合 ———

下伏地层：**牯牛潭组** 灰绿色、黄绿色、赭色薄层瘤状灰岩、致密灰岩，局部具龟裂纹。产头足类 *Richardsonoceras* cf. *asiaticum*, *Trilacinoceras* sp., *Orthoceras regulare*；腹足类 *Machlurites niuhsintaiensis*, *Ecculiomphalus kepintazhensis* 8 m

【地质特征及区域变化】 本组岩性很稳定，各地只是在所夹瘤状灰岩的多少和顶部有无页岩、钙质页岩或泥岩方面存在差别。所夹瘤状灰岩，以大庸温塘最多，其次是桑植鹿耳口；石门杨家坪和龙山洗车为具龟裂纹的泥质条带灰岩；临湘一带，本组为龟裂纹生物碎屑灰岩。顶部灰绿色、灰褐色页岩、钙质页岩、泥岩等岩石，以桃源九溪一带最多，往西渐变为瘤状泥灰岩、瘤状泥质灰岩。本组岩石多呈青灰、灰色，但赭色、灰绿色、紫红等色也有所见。宝塔组一般厚 50～60 m，保靖田家坪最厚达 105 m，在湘西北—湘东北地区的东南边缘，本组仅厚 11 m 左右。

宝塔组中含有丰富的头足类化石，头足类主要有 *Sinoceras chinense*、*S. suni*, *Dideroceras endocylindricum*, *Suecoceras*? *taoyuanense*, *Vaginoceras* cf. *grabaui*, *V. grabaui depressum*, *Orthongbyoceras* sp., *Kionoceras wentangense*, *Michelinoceras paraelongatum*, *M. paraelongatum subcentrale*, *M. paraelongatum abruptum*, *M. huangnigangense*, *M. taoyuanense*, *M. elongatum*, *M.* cf. *xuansianense*, *M. maocaopuense*, *Troedssonella* sp., *Sterospyroceras*? *maocaopuense*, *Richardsonoceras asiaticum*, *Winnipegoceras taoyuanense*, *Discoceras eurasiaticum*, *Trilacinoceras hunanense*；三叶虫 *Cyclopyge recurtus*, *Illaenus* sp., *Nileus* sp., *Geragnostus* sp., *Nankinolithus nankinensis*, *Hammatocnemis tetrasulcatus*, *Ecceptochile xiushanensis*；珊瑚 *Plasmoporella subtilis*；牙形刺 *Hamarodus europaeus*, *Drepanodus arcuatus*, *Pseudoneotodus* sp., *Protopanderodus insculptus*；笔石 *Dicellograptus* sp.。从该组所含化石，说明其时代应为奥陶纪中世。

本组分布于湘西北、湘东北的临湘一带。

【问题讨论】 在湘中桃江、益阳、宁乡、安化一带，烟溪组和龙马溪组之间有一套含锰碳酸盐岩和灰色厚层泥岩。徐熊飞（1963）以桃江磨刀溪剖面为标准将含锰岩系命名为磨刀溪组，岩性为灰色泥岩、灰黑色页岩夹含锰灰岩，厚 29.3 m，产三叶虫 *Cyclopyge* sp., *Telephina chinensis* 等和笔石 *Dicranograptus* sp., *Orthograptus calcaratus* 等，当时认为与宝塔组的层位相当。该组以磨刀溪一带最厚，向四周变薄，并逐渐尖灭。金玉琴等 1964 年沿用磨刀溪组⑬，并以桃江南石冲剖面为标准，将磨刀溪组之上的 20 余米厚之中、厚层泥岩创名南石冲组，其中仅产少量笔石，且保存不好，当时认为可与临湘组对比。双峰一带的南石冲组位于天马组之下，为厚约 50m 之黄绿色钙质粉砂质泥岩和泥灰岩，产三叶虫 *Hammatocnemis*, *Nankinolithus* 等，无论是岩性特征还是古生物性质，均与湘东北的临湘组、鄂东南和赣北的黄泥岗组相似。鉴于此次地层清理已统一将临湘组和黄泥岗组归入宝塔组，故本书将磨刀溪组和南石冲组合并，暂称“宝塔组”，并冠以引号，以示区别，留待今后进一步研究。

白水溪组 ∈*Obŝ* （6－43－0407）

【创名及原始定义】 王超翔、边效曾 1949 年在资水流域工作时创白水溪带状板岩。定义为绿色带状板岩，下部常夹灰质板岩或夹石灰岩层，上部主要为黄绿色含云母页岩，厚约400 m，时代属“寒武-奥陶纪”。与上覆烟溪板岩和下伏探溪灰岩整合接触。

【沿革】 金玉琴等⑬1964年将王、边氏之白水溪带状板岩的下部称白水溪组，上部则称桥亭子组。湖南区测队1966年首次称这套地层为印渚埠组和宁国组。湖南省地矿局（1988）则沿用金氏等的划分意见。本次研究仍采用金氏等（1964）的意见。

【现在定义】 深灰色纹层状板状页岩、钙质板状页岩，夹灰岩扁豆体。含笔石、三叶虫、双壳类化石。与下伏探溪组和上覆桥亭子组均呈整合接触。

【层型】 王、边氏当年在创建白水溪带状板岩时，仅指出了标准地点为安化白水溪，而未详测剖面。1964年金玉琴等改称白水溪组时，详测了桃江南石冲剖面，现以该剖面作为白水溪组的选层型（H-49-141-A；112°6′，28°11′）（图3-1中㉖）。

上覆地层：桥亭子组　灰绿色、青灰色条带状粉砂质（板状）页岩、页岩互层　3.5 m

——————整　合——————

白水溪组　总厚度131 m

5. 灰色及青灰色板状页岩，灰白、灰黑色条带相间出现　64.6 m
4. 灰色及深灰色含重晶石页岩　14.5 m
3. 灰色条带状粉砂质页岩。含甲壳类化石 *Caryocaris* sp.　1.4 m
2. 灰色及深灰色钙质页岩，下部夹泥灰岩凸镜体。底部含腕足类化石 *Obolus* sp.　27 m
1. 灰色及深灰色薄层泥质页岩夹灰岩凸镜体。顶部含三叶虫 *Agnostus hedini*，*Charchaqia norini*，*Hedinaspis* sp.　23.5 m

——————整　合——————

下伏地层：探溪组　深灰色及暗灰色砾状石灰岩，含三叶虫化石碎片　4 m

【地质特征及区域变化】 白水溪组的岩石呈灰至深灰色，并具毫米级水平纹层，常夹钙质板岩、灰岩扁豆体或灰岩薄层，偶含粉砂质。桃江南石冲还夹有含重晶石页岩。由西向东钙质含量逐渐减少，砂质含量增加；由底部往顶部，岩石中钙质含量也呈递减趋势。

白水溪组生物化石主要有三叶虫 *Triarthus* sp.，*T. tetragonalis*，*Geragnostus* sp.，*Hedinaspis* cf. *shengi*，*Lotagnostus asiticus*，*Charchaqia* sp.，*Westergaardites* sp.；笔石 *Dictyonema flabelliforme sociale*，*D. flabelliforme regulare*，*D. taojiangense*，*Staurograptus diffissus*；双壳类 *Modiolopsis* sp.；甲壳类 *Caryocaris* sp. 及小型无铰纲腕足类化石。

白水溪组所含三叶虫具寒武纪晚世色彩，笔石化石显示的时代为Tremadocian。因此，白水溪组的地质时限应为寒武纪晚世—奥陶纪早世早期。

白水溪组的厚度变化较大，靖县蛛丝坡厚216 m，安化烟溪厚240 m，隆回尚恩冲厚120 m，桃江南石冲厚160 m，祁东前龙厚62 m，西厚东薄。

白水溪组岩石之颜色较深，发育水平纹层，生物主要为浮游生物，化石保存好，大小混杂，排列不定向，表明生物死后，其遗骸未经搬运。以上岩性特点和生物化石埋藏特征，说明白水溪组是在海水较深，且不流畅的半封闭、半还原条件的浅海沉积盆地中形成。

由于在桃江南石冲、怀化花桥米粮坡等地的白水溪组底部产寒武纪三叶虫和奥陶纪笔石，这里的白水溪组的时代跨寒武纪和奥陶纪。而在其西（桃源九溪）的白水溪组中，仅含早奥陶世笔石，说明其地质时代仅为早奥陶世。因此，白水溪组的底界是穿时的。

本组仅分布于湘西北和湘中一带，以湘中一带为主。

桥亭子组　Oq　（6-43-0408）

【创名及原始定义】　田奇瑪等1933年在（双峰桥桥亭子创桥亭子系，桥亭子组由此演变而来。田氏等的桥亭子系包括地层较多，其岩性主要为千枚状板岩、灰岩等，被天马山系板岩和砂岩所覆。

【沿革】　王晓青等1936年将田氏等的桥亭子系二分，下部称大福坪系，上部仍称桥亭子系。1964年，金玉琴等⑬又将王晓青等的桥亭子系二分，下部为白水溪组，上部称桥亭子组。金氏等指出，桥亭子组在湘中出露最广，化石丰富，各地岩性近乎一致，岩相亦很稳定，与白水溪组整合接触。其主要岩性为灰绿色页岩与板状页岩，夹粉砂质页岩，顶部有少量灰黑色页岩和粘土质页岩。刘义仁1973年将桃源九溪一带的桃花石组之上、宝塔组之下的一套黄绿色页岩称九溪组和舍人湾组，本次对比研究将二者合称桥亭子组。

【现在定义】　整合于白水溪组和烟溪组之间的一套灰绿色、青灰色粉砂质板状页岩，下部粉砂岩较多。含笔石化石。本组与下伏白水溪组的岩性分界标志为：大套灰绿色、黄绿色纹层状或条带状板状页岩属本组；灰、青灰、深灰等色板状页岩、钙质板状页岩等归属白水溪组。当下伏地层为爵山沟组时，则以本组底部向下出现大套厚层浅变质砂岩时，为本组与爵山沟组的分界。

【层型】　田奇瑪等当年仅指出标准地点在湘乡（现双峰）桥亭子，未详测剖面。现指定安化毛铺子的剖面为选层型（H-49-140-B；111°55′，28°17′）（图3-1中㉗），湖南区测队1973年测制。

上覆地层：**烟溪组**　薄层状碳质板状页岩与碳质泥质硅质板状页岩互层。产笔石 *Didymograptus* sp.，*Phyllograptus* sp.，*Climacograptus* sp.，*C. shihuigouensis*　　10 m

——————整　合——————

桥亭子组	总厚度 323.2 m
10. 灰绿色粉砂质泥质板状页岩夹板状页岩	40.2 m
9. 青灰色粉砂质板状页岩夹中厚层砂岩	84.7 m
8. 青灰色砂质板状页岩夹少量板岩。产笔石 *Didymograptus* sp.，*D. hirundo*，*D. asperus*，*D. bifidus*，*D.* cf. *ellesae*，*Tetragraptus* sp.，*T. amii*，*T. quadribrachiatus*	34.6 m
7. 青灰色浅变质粉砂岩夹少许板岩，产笔石 *Didymograptus* sp.	19.4 m
6. 青灰色板状页岩夹砂质板状页岩。产笔石 *Didymograptus* sp.，*D.* aff. *ellesae*	55.5 m
5. 灰绿色砂质板状页岩夹板岩，上部夹少量浅变质砂岩。产笔石 *Tylopraptus* sp.，*T.* cf. *spiniformis*，*Didymograptus* sp.	41.9 m
4. 灰绿色、浅黄色浅变质粉砂岩夹板状页岩、砂质板状页岩	19.5 m
3. 灰绿色含粉砂质板状页岩夹板岩及浅变质粉砂岩。产笔石 *Didymograptus* sp.	8.3 m
2. 灰绿色、黄绿色浅变质粉砂岩夹砂质板岩	19.1 m

——————整　合——————

下伏地层：**白水溪组**　青灰色板状页岩。产腕足类化石 *Lingula* sp.　　23 m

【地质特征及区域变化】　本组岩性稳定，但也有一些小的变化，如安化大福坪毛铺子一带，本组上部岩石多为青灰色，下部多为灰绿色；桃源九溪一带夹有钙质板状页岩和灰岩凸镜体，新化新塘麻罗山、安化大福坪毛铺子一带夹粉砂岩和细砂岩较多，并与板状页岩、砂质板状页岩组成韵律层。

桥亭子组中含笔石 *Didymograptus hirundo*, *D. asperus*, *D. bifidus*, *D.* cf. *ellesae*, *D. inflexus*, *D. lofuensis*, *D. similis*, *D. minutus*, *D. nexus*, *D. extensus linealis*, *D. nicholsoni*, *Cardiograptus* sp., *Phyllograptus anna*, *P. ilicifolius*, *P. uniformis*, *P. regularis*, *Tetragraptus decipiens*, *T. immaturus*, *T. taraxacum*, *T. quadribrachiatus*, *T. pararigidus*, *T. pendens*, *Dichograptus octobrachiatus*, *Bryograptus* sp.；腕足类 *Palaeobolus* sp., *Obolus* sp. 及双壳类、甲壳类等化石。在桃源九溪舍人湾一带，本组尚产笔石 *Nemagraptus* sp., *Nicholsonograptus fasciculatus*, *Amplexograptus confertus*, *Didymograptus hirundo*, *Glyptograptus dentatus*, *Pseudoclimacograptus formosus*；三叶虫 *Microparia*? sp., *Ampyx* sp., *Cyclopyge* sp., *Geragnostus* sp., *Symphysurus* sp.；腕足类 *Orthis* sp., *Acrothele* sp., *Lingulella* sp.。从本组化石组合分析，其地质时代为早奥陶世晚期—中奥陶世初期（指九溪一带），桃源九溪往东的大片地区，本组时代仅为早奥陶世晚期。

桥亭子组的笔石化石亦保存完好，堆积无定向排列，岩石中水平纹层和条带发育，多呈灰绿、黄绿色，夹粉砂岩和细砂岩较多，并组成复理石韵律层。因此，该组应为海水相对流畅，但能量不高的陆架开阔海盆的沉积。

桥亭子组的分布要比白水溪组广泛，见于湘西、湘中及湘南、湘东南等处。

烟溪组　Oy　（6-43-0410）

【创名及原始定义】　王超翔、边效曾（1949）创建，创名地点在安化烟溪，原名烟溪黑色页岩（Yenchi Black Shale）。其岩性为一套黑色含笔石页岩，成分均一，风化后呈浅青灰色、灰白色。含丰富的笔石和黄铁矿结核。整覆于白水溪条带状板岩之上。

【沿革】　1964 年，金玉琴等⑬对王、边的烟溪黑色页岩之含义进行修订，并改称烟溪组。金玉琴等的烟溪组是指位于磨刀溪组和桥亭子组之间的一套由硅质页岩夹黑色碳质页岩，或为碳质硅质页岩组成的笔石相地层。与磨刀溪组和桥亭子组均为整合接触。1979 年，刘义仁、傅汉英称分布于祁东双家口村及广大湘东南、湘南的烟溪组为百马冲组和双家口组。湖南省地矿局（1988）在湘中和湘南同时沿用金玉琴等和刘义仁等的划分。本次研究后采用金氏等的划分方案。

【现在定义】　指一套由黑色碳质板状页岩、薄层硅质岩、碳泥质硅质岩组成的笔石相地层。与下伏桥亭子组、上覆宝塔组均呈整合接触。

【层型】　王超翔、边效曾当年在创名时只有路线剖面，未指定层型剖面。现指定安化大福坪毛铺子剖面作为选层型（H-49-140-B；111°55′，28°17′）（图 3-1 中㉗），湖南区测队 1975 年测制。

上覆地层：**宝塔组**　灰色含钙质粘土板岩　2 m

——————— 整　合 ———————

烟溪组　总厚度 7.2m

9. 黑色薄层状硅质岩。富含笔石 *Glossograptus* sp., *Dicranograptus* sp., *D.* cf. *ziczac minutus*, *Orthograptus* sp., *Climacograptus* sp., *C.* cf. *uniformis* 及三叶虫 *Cyclopyge* sp.　3 m
8. 薄层状黑色页岩与碳泥质硅质岩互层。富含笔石 *Didymograptus* sp., *Pyllograptus* sp., *Climacograptus* sp., *C. shihuigouensis*　4.2 m

——————— 整　合 ———————

下伏地层：**桥亭子组** 灰绿色粉砂质泥板岩（纹层状），夹青灰色板岩　　50 m

【地质特征及区域变化】 在烟溪组的标准地区，本组为黑色碳质板状页岩和碳质硅质板状页岩；往南东至新化一带，本组岩性除夹粉砂质板岩较多外，基本无变化。往东，安化毛铺子，桃江响涛源、南石冲，益阳南坝一带，本组顶部常为薄层硅质岩，中、下部为薄层状黑色页岩与泥质硅质岩互层；再往南东，在祁东、祁阳、新宁、东安、茶陵、酃县、桂东、零陵、新田、双牌、江永等广大湘东、湘南地区，烟溪组下、中部为黑色薄层硅质岩夹碳质板岩、砂质板岩，底部为灰黑色碳质板岩夹黑色薄层硅质岩，顶部或上部为黑色纹层状含碳质板岩，富含笔石。从总体看，烟溪组岩性稳定，标志明显，分布较广泛，是填图中的标志层。

烟溪组的厚度变化较大，在安化大福坪毛铺子，桃江响涛园、南石冲，益阳南坝一带，本组一般厚度较小（7～22 m）。向西，安化烟溪厚 63 m；向南东，厚度巨增至 108～160 m。

烟溪组含笔石极其丰富，主要有 *Didymograptus bifidus*, *Tetragraptus erectus*, *Pterograptus elegans*, *P. sinicus*, *Cryptograptus tricornis*, *Climacograptus forticaudatus*, *C. uniformis*, *C.* cf. *bicornis*, *C. antiquus*, *Glyptograptus teretiusculus*, *Glyossograptus hincksii*, *G. fimbriatus*, *Leptograptus* sp., *Orthograptus tricornis*, *O. calcaratus*, *O. quadrimucronatus*, *Nemagraptus gracilis*, *N. exilis*, *N. remotus*, *N. linearis*, *Dicranograptus nicholsoni diapason*, *Dicellograptus sextans*, *D. sextans exilis*, *D. complanatus*, *D. flexuosus*, *D. ornatus*, *D. intortus*, *D. divaricatus salopiensis* 及三叶虫 *Cyclopyge* sp., *Paraphillipsinella bella*, *Pseudopetigurus vatus* 等。从烟溪组所含笔石群看出，它的地质时限为早奥陶世晚期—晚奥陶世早期。

烟溪组岩石颜色为黑色、深灰色，富含碳质、硅质及黄铁矿，含丰富笔石化石，且一般均保存较好，排列无定向。岩石中发育水平纹层及条带，单层厚度小，仅几个厘米。表明本组是处于水流不畅、缺氧的还原环境，为陆源物质供应欠充分的滞流海盆中的沉积物。本组与下伏桥亭子组岩性分界标志清楚，下伏地层为灰绿、黄绿等色板状页岩或板岩，而本组为黑色炭质板状页岩或碳质板岩、硅质碳质板（状页）岩等，二者易于区分。烟溪组分布于湘西、湘中、湘东南、湘南一带。

天马山组　*Otm*　（6-43-0411）

【创名及原始定义】 田奇瑪等 1933 年创建天马山系，创名地点在湘乡（现双峰）湄水桥东之天马山。岩性为石英砂岩与千枚状页岩互层，与其下之桥亭子系整合接触，而与其上之跳马涧系不整合接触。时代为奥陶—志留纪。

【沿革】 1964 年，金玉琴等⑬将田氏等的天马山系改称天马山群，时代定为志留纪，并与周家溪群对比。湖南区调队⑧1986 年将天马山群改称天马山组，并将其上产五峰晚期笔石的厚层砂岩、砂质板岩命名为苏水冲组，指出二者的时代为晚奥陶世。本次对比研究仍用天马山组。

【现在定义】 指整合覆于“宝塔组”之上，不整合伏于跳马涧组之下的一套由浅变质长石石英砂岩、粉砂岩与泥岩互层组成的地层。其含笔石化石。

【层型】 正层型为双峰湄水桥天马山剖面（G-49-21-C；112°29′，27°22′）（图 3-1 中㉙），湖南区测队 1971 年重测。

上覆地层：**跳马涧组** 灰白色石英砂砾岩　　10 m

～～～～～～ 不 整 合 ～～～～～～

天马山组　　　　　　　　　　　　　　　　　　　　　　　总厚度 666.5 m

16. 暗灰色块状、条带状粉砂质泥岩与块状长石石英粉砂岩互层。顶部产笔石 *Dicellograptus szechuanensis*, *Climacograptus supernus*　319.5 m

15. 灰黄—灰绿色中—厚层状长石石英砂岩　49.4 m

14. 黄绿色、蓝灰色块状泥岩与厚层长石石英砂岩、块状粉砂岩互层。产笔石 *Dicellograptus* sp., *D. excavatus*, *D. complanatus*, *Climacograptus supernus*, *C. chiai*, *C. suni*, *Orthograptus* cf. *amplexiacaulis*, *O. truncatus abbreviatus*　190 m

13-2. 黄色、灰绿色块状泥质粉砂岩，灰绿、黄绿色中厚层状条带状泥岩，夹薄层粉砂岩。产笔石 *Dicellograptus excavatus*, *D. complanatus ornatus*, *Climacograptus supernus*, *C. chiai*, *C. suni*, *Orthograptus* cf. *amplexiacaulis*, *O. truncatus abbreviatus*　67.2 m

13-1. 黄色、灰白色薄层—块状长石石英粉砂岩与泥灰岩互层　28.2 m

12. 灰色、蓝灰色薄层状含硅质板状页岩，产笔石 *Dicellograptus complanatus ornatus*, *Orthograptus* cf. *fostigatus maxima*　12.2 m

———— 整 合 ————

下伏地层："宝塔组"　黄绿色、蓝灰色块状钙质泥岩及泥灰岩。产三叶虫 *Hammatocnemis tetrasulcatus*, *Nankinolithus* sp., *Cyclopyge* sp.　3 m

【地质特征及区域变化】 天马山组岩性稳定，底部或下部板岩稍多，往上浅变质砂岩逐渐增加，湘东南、湘南一带，多为浅变质砂岩夹板岩，部分浅变质砂岩含长石。板岩中和浅变质砂岩之层间，常可见到厚 0.5～1 cm，个别层厚可达 10～20 cm 的黑色碳质板岩，其中富含笔石化石。浅变质砂岩、浅变质长石石英砂岩、板岩及砂质板岩等常组成复理石韵律层。本组顶未出露，最大厚度为 3 020 m。

天马山组为纯笔石相地层，所含笔石主要有：*Climacograptnus truncatus*, *C. diplacanthus*, *C. supernus*, *C. textus yichangensis*, *C. duplex*, *C. hvalross*, *C. hastatus*, *C. venustus*, *Amplexograptus suni*, *Dicellograptus ornatus*, *D. szechuanensis*, *Retiograptus* sp., *Yinograptus hrevispinus*, *Paraorthograptus typicus*, *P. brevispinus*, *Diplograptus szechunaensis*, *Glyptograptus yingpanensis*, *Orthograptus truncatus abbreviatus*。从笔石群可以看出，天马山组的地质时限应为中奥陶世晚期—晚奥陶世，但大部分地区仅为晚奥陶世。由于本组底部含 *Climacograptus diplacanthus*, *Dicellograptus* cf. *sextans exilis* 的地层仅见于茶陵、酃县一带，而广大地区分布的天马山组之底部是含 *D. complanatus*，或 *D. szechuanensis*。前者为中奥陶世，后者为晚奥陶世早期，其底部的地质时代，由东向西由老变新。故天马山组之底界是穿时的。本组下伏地层在双峰一带为宝塔组，其余地区为烟溪组。

本组厚度巨大，岩石呈灰绿、灰黑等色，主要岩石类型有岩屑砂岩、石英杂砂岩、长石杂砂岩、凝灰质石英杂砂岩、粉砂岩、板岩等。沉积构造有粒序层理、水平层理、沙纹层理、包卷层理、象形印模、同生角砾等，一般认为具浊流沉积特征。

本组分布于湘中、湘东、湘东南及湘南广大地区。

龙马溪组　OS*l*　(6-43-0412)

【创名及原始定义】 系李四光、赵亚曾（1924）所创建的"龙马页岩"演变而来，命名地点在湖北省秭归县新滩龙马溪。原始定义："龙马页岩是黑色带些沥青质页岩，比上覆新滩页岩要硬得多，含大量剑笔石、栅笔石、单笔石，和少量零星的直角石在一起。黑色页岩的厚度不超过 32 米，但它向上消失于巧克力色的风化黑蓝色页岩中。……不知道是否应将这层黑蓝色页岩包括在龙马页岩中，……有待于对它含笔石性质的进一步证明。无论如何，龙马页岩总厚度不会超过 200 米。”“龙马页岩为早期蓝多维列世（早志留世早期）。”

【沿革】 五峰组由孙云铸 1931 年创建，创名地点为湖北五峰渔洋关，它仅限于时代属晚奥陶世部分的黑色笔石页岩相地层。中国地质学编辑委员会和中国科学院地质研究所 1956 年首次在我省临湘引用龙马溪页岩和五峰页岩，并沿用至今。1993 年，中南地层清理领导小组决定：由原五峰组加龙马溪组底部黑色笔石页岩部分，组成一个地层单位，称龙马溪组。

【现在定义】 指整合于宝塔组瘤状灰岩之上，新滩组黄绿色页岩之下的一套富含笔石的黑色页岩、碳质页岩、硅质岩、碳质硅质页岩夹泥灰岩或硅质灰岩凸镜体（观音桥层），含腕足类和三叶虫化石。在湖南整合覆于宝塔组之上、伏于新滩组之下的一套由黑色碳质页岩、硅质碳质页岩组成的笔石页岩相地层。

【层型】 次层型为石门江坪剖面（H-49-66-C；110°40′，30°02′）（图 3-1 中⑤），湖南区调所 1992 年测制。

上覆地层：新滩组　灰绿色、黄绿色页岩。含笔石 *Monoclimacis* sp.，*Pristiograptus* sp.，*P.* cf. *kueichihensis* 50 m

——————— 整　合 ———————

龙马溪组 总厚度 11.3 m

9. 黑色碳质页岩，具水平微层理。含笔石 *Rastrites peregrinus*，*R.* cf. *rastrum*，*Petalolithus palmeus*，*P. ovatus*，*Pristiograptus* cf. *concinnus*，*P. gregarius*，*Diplograptus deminutus*，*Climacograptus normalis*，*C. medius*，*C.* cf. *premedius* 1.7 m

8. 黑色含硅质碳质页岩，顶、底分别为厚 6～10 cm 和 5～8 cm 的灰白色铝土矿层。硅质碳质页岩中含笔石 *Rastrites* sp.，*R. peregrinus*，*Pristiograptus concinnus*，*P. argutus*，*Monograptus erinitus*，*Oktavites planus*，*Diplograptus* cf. *deminutus*，*Petalolithus minor*，*P. ovatus*，*Climacograptus* cf. *premedius*，*Amplexograptus* sp. 0.3 m

7. 黑色含硅质碳质页岩，具水平微细层理，含黄铁矿 1.1 m

6. 黑色含硅质碳质页岩，其中含黄铁矿，以微细层状分布于页岩中 0.2 m

5. 黑色薄层状含硅质碳质页岩夹灰色薄层粘土质页岩。含笔石 *Pristiograptus leei*，*P.* cf. *incommodus*，*Climacograptus* sp.，*Glyptograptus sinuatus*，*Phaphidograptus* cf. *sinicus*，*Petalolithus* cf. *minor* 1 m

4. 黑色厚层状含硅质碳质页岩夹深灰色薄层状页岩，具微细水平层理，含星点状黄铁矿。含笔石 *Monograptus* sp.，*M.* cf. *gemmatus*，*Pristiograptus atavus*，*P. leei*，*P.* cf. *concinnus*，*P. gregarius*，*Glyptograptus* cf. *persculptus*，*Climacograptus normalis*，*C.* cf. *miserabilis*，*C.* cf. *premedius*，*Amplexograptus* sp.，*Akidograptus* sp. 6.4 m

3. 黑色薄层碳质页岩夹深灰色薄层铝土质页岩，具水平微细层理。含笔石 *Amplexograptus suni*，*Climacograptus* cf. *caudatus*，*C. guizhoiensis*，*C.* cf. *hubeiensis*，*C. miserabilis*，*C. supernus*，*Dicellograptus* ex gr. *graciliramosus* 0.6 m

——————— 整　合 ———————

下伏地层：宝塔组　灰色厚层瘤状泥质灰岩 7 m

【地质特征及区域变化】 龙马溪组岩性变化不大，石门江坪、大庸温塘一带，见本组顶部夹有灰白色铝土矿数层，单层厚由不足 1～20 cm 左右。大庸温塘甘溪，本组顶部夹泥灰岩凸镜体。西部龙山洗车、红岩溪，保靖田家坪等地，岩石中普遍含砂质。桃源九溪、慈利失马溪等一些地区，有较多薄层黑色硅质岩。

组内含笔石化石极为丰富，在湘西北和湘东北，下部主要有 *Pleurograptus lui*，*Dicellograptus szechuanensis*，*D. complanatus*，*D. ornatus*，*D.* cf. *tumidus*，*D. excavatus*，*Climacograptus supernus*，*C. venustus*，*C. hastatus*，*C. leptothecalis*，*Amplexograptus suni*，*Orthograptus uniformis*，*Paraorthograptus* sp.，*Tangyagraptus* sp.，*T. typicus*，*T. erectus*，*Yinograptus grandis*，*Y. robustus*，*Y. brevispinus*，*Y. disjunctus*；上部所含笔石主要为 *Glyptograptus persculptus*，*Orthograptus vesiculosus*，*Akidograptus* sp.，*A. acuminatus*，*Pristiograptus leei*，*P. cyphus*，*Demirastrites triangulatus*，*Petalolithus* sp.，*Rastrites peregrinus*，*Diplograptus* cf. *diminutus*，*Climacograptus normalis*，*Monograptus* cf. *gemmatus* 等。从其所含的化石说明，本组下部时代为晚奥陶世，上部为早志留世早期。总体时限为晚奥陶世—早志留世早期。但在慈利宜冲桥、失马溪一带，本组最底部所含笔石为 *Rastrites* sp.，*Petalolithus minor*。这里缺失五峰期笔石化石。由此可知，龙马溪组之底界是不等时的，其总时限也随地理位置不同而有所不同。它具有明显的穿时性。

本组与下伏宝塔组整合接触，但在慈利宜冲桥、失马溪一带为平行不整合接触。

龙马溪组分布于湘西北—湘东北及湘西桃源九溪等地。

新滩组　Sx　(6－43－0501)

【创名及原始定义】　由 Blackwelder (1907) 创建的“新滩页岩”(Sintan Shale) 演变而来，命名地点在湖北省秭归县新滩。原始定义：“厚层绿色页岩，局部夹薄层石英岩和结晶灰岩。页岩甚软，常含砂质，无化石。最底部在苏家坝一带是黑色和棕色的粘土页岩，在天目树坪最顶部是红色页岩，在大宁县其上部偶见含橄榄绿色石英岩和泥质石灰岩。在大庙寺不仅含绿色且含具有薄煤层的棕色和灰色泥岩。沿长江出现于巫山峡、宜昌峡和新滩。以最后地名作为此地层名称。”

【沿革】　李四光、赵亚曾 (1924) 将新滩系分为下部龙马页岩，上部新滩页岩。盛金章、穆恩之 (1949) 则分别称龙马溪群和新滩群。本次对比研究采用新滩组一名，其层位与新滩页岩、新滩群相当。

【现在定义】　指整合于龙马溪组与罗惹坪组之间的一套黄绿色页岩、砂质页岩、薄层粉砂岩夹少量薄层细砂岩，波痕发育，产笔石化石。在湖南为整合于龙马溪组之上、小河坝组之下，岩性为灰绿色、黄绿色、灰色页岩（泥岩）、砂质页岩夹砂岩，下部夹少量薄层黑色页岩。产笔石和少量头足类化石。

【层型】　次层型为龙山比洞剖面 (H－49－100－A；109°35′，29°15′)（图 3－1 中㉜），湖南区调队 1980 年测制。

上覆地层：**小河坝组**　黄褐色薄层细砂岩夹少许黄褐色页岩	10 m
———— 整　合 ————	
新滩组	总厚度 529.9 m
12. 灰色页岩夹少量薄层细砂岩	45.3 m
11. 灰色页岩及含粉砂质、粘土质页岩。产笔石 *Pristiograptus* sp.	87.3 m
10. 灰色含粉砂质、粘土质页岩。产笔石 *Pristiograptus* sp.，cf. *P. leptoscheca*，*Pseudocli-*	

macograptus sp. 47.1 m

9. 灰色、黄绿色页岩、粉砂质页岩 37.1 m

8. 黄绿色页岩。产头足类 *Murchisonia* sp. 93.1 m

7. 灰色页岩夹粉砂质、粘土质页岩，下部46m为厚层砂岩夹页岩。产笔石 *Climacograptus* sp.，*Pseudoclimacograptus hughesi*，*Pristiograptus* sp.，*P.* cf. *sandersoni* 69 m

6. 黄绿色页岩夹极少量黑色页岩。产笔石 *Monoclimacis* sp.，*Monograptus* sp. 32.6 m

5. 浅绿色厚层细砂岩，层间夹灰—黄绿色页岩 6.8 m

4. 黄绿色页岩夹黑色页岩及一层厚层砂岩。产笔石 *Climacograptus* sp.，*Glyptograptus* sp.，? *Monoclimacis* sp.，*Pseudoglyptograptus* sp.，*Petalolithus* sp.，*P. palmeus*，*Paramonoclimacis minor*，*Rastrites* sp. 30.9 m

3. 黄绿色页岩夹薄—中层状细砂岩及极少量黑色极薄层页岩。产笔石 *Rastrites* cf. *longispinus*，*R.* cf. *fugax*，*R.* cf. *peregrinus*，*Petalolithus primulus*，*P. tenuis*，*P. minor*，*P. palmeus*，*Monoclimacis* cf. *vomerinus*，*M. fengangensis*，*Paramonoclimacis sinicus magnus*，*P. typicalis*，*Glyptograptus incertus*，*G. tamariscus*，*G.* cf. *caudatus*，*Pseudoclimacograptus* cf. *guizhouensis*，*Streptograptus* sp.，*Pristiograptus argutus* 48.5 m

2. 灰色页岩。产笔石 *Pseudoclimacograptus retroversus*，*P. sculptus*，*Pristiograptus* sp.，*Rastrites* sp.，*Monoclimacis falcata*，*Petalolithus trajectilis*，*Diplograptus elegans* 32.2 m

——————— 整　合 ———————

下伏地层：**龙马溪组**　风化呈紫红色的粉砂质粘土质页岩。产笔石化石 15 m

【地质特征及区域变化】　本组与下伏龙马溪组呈整合接触。两者分界标志清楚，龙马溪组以黑色页岩为特征，当灰绿、黄绿色页岩出现，则为本组的开始。

本组以灰绿、灰、黄绿色页岩（泥岩）粉砂质页岩为主，夹粉砂岩、泥质粉砂岩、细砂岩，局部夹钙质砂岩、钙质页岩或泥灰岩。在桑植洪家峪与大庸温塘一线以西砂岩夹层稍多，且粒度较粗，多为细砂岩。纹层、条带及波痕较发育。厚度一般为530～754 m，临湘附近大于1 000 m。

本组含丰富的笔石，计有：*Monograptus* cf. *gemmatus*，*Monoclimacis fengangensis*，*Petalolithus palmeus*，*Pseudoclimacograptus hughesi*，*P. sculptus*，*Paramonoclimacis typicalis*，*P. simcus*，*Pristigraptus argutus*，*Glyptograptus tamariscus*，*Orthograptus vesiculosus*，*Rastrites longispinus* 等。据其笔石化石组合，新滩组属早志留世早期。

本组属浅海相沉积，分布于湘北。

小河坝组　S*xh*　（6-43-0502）

【创名及原始定义】　常隆庆1933年命名于四川省南川县金佛山南麓的小河坝，原称“小河系”。其含义为“本系直接在富池页岩之上，二叠纪栖霞灰岩之下，共厚400 m，下部是厚层状硬砂岩，不含化石；上部多半是黄绿色页岩，其间也夹有砂岩薄层；顶部夹灰岩薄层，富含三叶虫、腕足类化石”。其含义较广，它包括了“富池页岩”（广义的“龙马溪页岩”）以外的全部志留系。

【沿革】　尹赞勋、李星学（1943）的小河坝系只限于原小河坝系下部之砂岩。后来，尹赞勋（1949）称小河坝组。我省与小河坝组相当的地层，以前一般划归于罗惹坪群（区元任、敖振宽，1959）。湖南区调队⑧1986年，在省内首次引用小河坝组，其含义与常隆庆（1933）的小河坝系大体相同。本书的小河坝组，采用经四川本次清理后的定义，与尹赞勋（1949）的小河坝组相当。

【现在定义】 以灰、黄色细、粉砂岩为主，夹黄灰、黄绿色页岩，含腕足类、笔石等化石，与下伏新滩组黄绿灰色页岩及上覆韩家店组或马脚冲组黄绿色页岩均呈整合接触。在湖南为灰绿、黄绿色薄层石英砂岩、细砂岩、钙质长石石英砂岩、粉砂岩夹砂质页岩（砂质泥岩），中部夹结晶灰岩。产笔石、珊瑚、腕足类、三叶虫、角石、有孔虫化石。与下伏新滩组和上覆马脚冲组均为连续沉积。

【层型】 次层型为桑植洪家峪剖面（H－49－89－A；110°08′，29°38′）（图3－1中㉚），湖南区测队1970年测制。

上覆地层：**马脚冲组** 蓝灰色粉砂质页岩夹薄层石英粉砂岩 30.2 m

——————— 整 合 ———————

小河坝组 总厚度343.2 m

31. 黄灰色、黄绿色薄层状粉砂岩夹灰绿色薄层石英细砂岩 38.2 m

30. 黄绿色、黄褐色中—薄层状细砂岩，上部砂岩层面具有十分发育的波痕 43.9 m

29. 黄绿色中—薄层状泥质粉砂岩夹中层状石英细砂岩及薄层粉砂质页岩 56.4 m

28. 黄绿色薄层状泥质粉砂岩，具清晰的水平微层理 14.5 m

27. 灰白色中层状粗粒结晶灰岩，内产丰富的腕足类、珊瑚、三叶虫、有孔虫、角石化石。三叶虫 *Ptilillaenus* sp.，*Latiproetus* sp.，*Encrinurus* sp. 3.2 m

26. 灰绿色中—薄层状细粒钙质长石石英砂岩夹黄绿色薄层粉砂岩。产丰富的化石，有海百合茎 *Cyclocyclicus* sp.，层孔虫 *Clathrodictyon* sp.，腕足类 *Eospirifer* sp.，双壳类 *Pleurodium* sp. 23 m

25. 黄绿色、灰绿色薄层状石英粉砂岩，夹少量黄绿色粉砂质页岩 12.7 m

24. 黄绿色、灰绿色薄层状泥质粉砂岩夹少量黄绿色薄层状石英细砂岩，中部夹一层厚约5 cm之含磷粉砂岩 83.8 m

23. 黄绿色、灰绿色薄层粉砂岩，夹较多量的黄绿色薄层粉砂质泥岩，产笔石 *Pseudoclimacograptus hughesi*、*Pristiograptus* cf. *regularis* 67.5 m

——————— 整 合 ———————

下伏地层：**新滩组** 灰绿色、黄绿色薄层粉砂质泥岩夹棕色、灰绿色薄层石英粉砂岩 70 m

【地质特征及区域变化】 本组以灰、灰绿、黄绿色粉砂岩、细砂岩、泥质粉砂岩为主，夹砂质页岩（泥岩），局部夹钙质泥岩或钙质砂岩。以产笔石为主，并有少量三叶虫、腕足类等。部分地段夹厚3.2～23.8 m的灰岩、生物灰岩或泥质灰岩，内产丰富的腕足类、珊瑚、三叶虫、角石、海百合茎、苔藓虫等化石。本组砂岩中常见波痕、泥质条带、水平层理等，局部见砂质管状体。厚度变化大，最薄8.5 m，最厚达357.6 m；在桑植、大庸、慈利一线大于340 m，下伏地层为新滩组。在龙山洗车至石门龙池河一线只有8.5～40.7 m，下伏地层为罗惹坪组。组内化石主要有腕足类 *Nucleospira calypta*；三叶虫 *Ptilillaenus lojopingensis*，*Latiproetus* cf. *lotilimbatus*；珊瑚 *Onychophyllum hunanense*；笔石 *Pristiograptus atavus*，*P.* cf. *regularis*，*Pseudoclimacograptus hughesi*，*Orthograptus* cf. *tumidicaulus*；海百合茎 *Pentagonocyclicus* sp.。以上化石组合特征表明本组属早志留世沉积。

本组与下伏的新滩组或罗惹坪组均呈连续沉积，其底部以砂岩为主，与以页岩为主的新滩组或以碳酸盐岩为特征的罗惹坪组均易区别。

小河坝组分布于湘西北。

马脚冲组 *Sm* （6－43－0503）

【创名及原始定义】 由葛治洲、戎嘉余（1979）命名，创名地点在贵州石阡雷家屯—龙塘公路旁的马脚冲村。指雷家屯组和溶溪组之间的一套由黄绿、灰绿色页岩组成的地层，厚48 m，所含化石主要为腕足类。

【沿革】穆恩之等（1982）在湘西北首次沿用此名。湖南省地质矿产局1988年将这套地层归并到小河坝组上部，林宝玉等1984年将此套地层归入石牛栏组。本书沿用马脚冲组一名。

【现在定义】 整合于石牛栏组灰岩之上、溶溪组紫红色泥页岩之下，由灰绿、黄绿、蓝灰色页岩、粉砂岩、钙质页岩，夹泥质粉砂岩、石英砂岩及少量灰岩凸镜体组成，常见虫迹及波痕，生物不发育，多为腕足类，偶见三叶虫。在湖南整合于小河坝组之上和溶溪组之下的一套黄绿色、灰绿色页岩、粉砂质页岩夹粉砂岩、细砂岩，产笔石及腕足类化石。

【层型】 次层型为桑植洪家峪剖面（H－49－89－A；110°8′，29°38′）（图3－1中㉚），湖南区测队1970年测制。

上覆地层：溶溪组　底部为厚2m紫红色中—薄层状石英细砂岩，下部为灰绿色、紫红色粉砂质页岩，中部为紫红色粉砂质泥岩，上部为紫红色中—薄层状细砂岩　20 m

——————整　合——————

马脚冲组　总厚度189.9 m

35．灰绿色、黄绿色粉砂质页岩夹少量黄绿色石英细砂岩，近底部产腕足类 *Eospirifer* cf. *tiog*，*Mutationella* sp.，*Strophomena* sp. 及笔石碎片　36 m

34．灰绿、蓝灰色粉砂质页岩，偶夹灰绿色薄层粉砂岩及黄绿色石英细砂岩，粉砂岩有含磷反应　100 m

33．下部蓝灰色、青灰色粉砂质页岩与青灰色薄层粉砂岩互层，上部为灰绿色、黄绿色粉砂质页岩，偶夹极薄层黄绿色粉砂岩　23.7 m

32．蓝灰色粉砂质页岩夹薄层石英粉砂岩　30.2 m

——————整　合——————

下伏地层：小河坝组　黄灰色、黄绿色薄层状粉砂岩夹灰绿色薄层石英细砂岩　38.2 m

【地质特征及区域变化】 本组分布于湘西北。岩性为黄绿、灰绿、蓝灰色页岩、砂质页岩夹粉砂岩、细砂岩，厚度变化大，一般由南往北增厚，厚度仅22.3 m，往北至桑植洪家峪、石门龙池河一带为189.9～255 m。

本组化石较少，有腕足类 *Eospirifer* cf. *tingi*，*Mutationella* sp.，*Strophomena* sp.，*Nucleospira pulchra*；三叶虫 *Encrinurus* sp.；笔石 *Monograptus* sp.，*Pristiograptus* sp.，*Hunanodendrum typicum*；海百合茎 *Cyclocyclicus* sp. 等。以上化石组合说明其时代属早志留世。

本组与下伏小河坝组或罗惹坪组呈连续沉积，马脚冲组以页岩为主，与以细砂岩、粉砂岩为主的小河坝组或以夹碳酸盐岩为特征的罗惹坪组均可区别。

罗惹坪组 *Sl* （6－43－0504）

【创名及原始定义】 由谢家荣、赵亚曾（1925）创建的“罗惹坪系”演变而来，命名地点在湖北省宜昌罗惹坪（又称大中坝）。原始定义：宜昌罗惹坪纱帽山剖面的7—10层，由薄层石灰岩与黄色页岩互层开始，渐上为黄色页岩夹石灰岩和钙质页岩，含珊瑚、瓣鳃类化石。

厚约 62 m。与下伏龙马页岩和上覆纱帽山层均为连续沉积，为志留纪。

【沿革】 区元任、敖振宽等（1959）在省内慈利、石门一带首次引用“罗惹坪群”一名。当时认为属中志留统，湖南区测队 1970 年 1：20 万大庸幅的罗惹坪群相当于本书的小河坝组至吴家院组这一大套地层。南京地质古生物研究所（简称南古所，下同）测制了石门龙池河剖面，将以夹碳酸盐岩为特征的砂、页岩划分为香树园组和雷家屯组（1974）。经湖北本次岩石地层对比研究，罗惹坪组是指新滩组之上、纱帽组之下的一套泥、页岩夹灰岩。本书的罗惹坪组与小河坝组或马脚冲组呈相变关系。

【现在定义】 指整合于新滩组与纱帽组之间的地层。下部为黄绿色泥岩、页岩夹生物灰岩、泥灰岩或凸镜体，产腕足类、笔石等混合相生物群；中部为黄灰色泥岩、钙质泥岩与灰岩或泥灰岩互层，渐上为灰岩夹层，产珊瑚、腕足类等壳相生物群；上部为黄绿色泥岩、粉砂质泥岩，不含灰岩。在湖南为灰、灰绿、深灰色厚层状灰岩、瘤状灰岩、钙质泥岩夹泥岩或泥质条带，产丰富的珊瑚、腕足类及少量三叶虫化石。与下伏新滩组和上覆小河坝组均呈整合接触。

【层型】 次层型为石门龙池河剖面（H－49－66－C；110°40′，30°2′）（图 3－1 中㉛），南古所 1975 年测制。

上覆地层：小河坝组　黄色、深灰色含泥质砂岩。产三叶虫 *Latiproetus* sp.　5 m

——————— 整　合 ———————

罗惹坪组　总厚度 67.4 m

12. 深灰绿色、灰黑色灰质泥岩与瘤状灰岩互层。产珊瑚 *Amplexoides* sp.，*Zelophyllum* sp.，*Brachyelasma sibiricum*，*Ceriastercelumelltus* sp.，*Codonophyllum* sp.，*Tryplasma* sp.，*Rhizophyllum* sp.，*Gyalophyllum minor*，*Palaeofavosites* sp.，*Mesofavosites* sp.，*Favosites* sp.，*Syringopora* sp.，*Heliolites* sp.，*Plasmopora* sp.；腕足类 *Climtonella* sp.，*Striispirifer* sp.　6.2 m

11. 深灰色厚层灰岩夹泥质条带。产珊瑚 *Tabularia* sp.，*Zelophyllum* sp.，*Ceriaster* sp.，*Codonophyllum* sp.，*Tryplasma* sp.，*Dentilasma* sp.，*Hedatromophyllum* sp.，*Palaeofavosites* sp.，*Mesofavosites* sp.；腕足类 *Dolerorthis* sp.，*Isorthis* sp.，*Striispirifer* cf. *acuminiplicatus*，*Climtonella* sp.　22.6 m

10. 深灰色泥岩。产腕足类 *Spiriferina* cf. *sinensis*，*Dolerorthis* sp.，*Isorthis* sp.，*Atrypa* sp.，*Striispirifer* sp.，*Ferganella* sp.　10.7 m

9. 浅灰—灰色厚层块状灰岩。产珊瑚 *Densiphylloides* sp.，*Codonophyllum* sp.，*Mesofavosites* sp.；腕足类 *Spiriferina* cf. *sinensis*，*Isorthis* sp.，*Dolerorthis* sp.，*Climtonella* sp.，*Clorinda* sp.，*Striispirifer* sp.，*Atrypina gramma*，*Pentamerus* sp.，*Pleurodium* sp.；三叶虫 *Scutellum* sp.，*Encrinuroides* sp.　27.9 m

——————— 整　合 ———————

下伏地层：新滩组　灰绿色粉砂岩与页岩互层。产腕足类 *Isorthis* sp.，*Qianbelensis* sp.，*Dolerorthis* sp.　7 m

【地质特征及区域变化】 本组在省内主要分布在湘西北的龙山洗车、石门龙池河及湘鄂边界一线，岩性以灰岩或瘤状灰岩、砂岩为主夹泥岩或页岩。厚度变化不大，一般为 40.9～82.9 m。本组富含珊瑚、腕足类及少量三叶虫等化石，主要有珊瑚 *Brachyelasma sibiricum*，*Ceriastercelumelltus* sp.，*Gyalophyllum minor*，*Hedatromophyllum* sp.，*Palaeofavosites* sp.，

Mesofavosites sp.；腕足类 *Striispirifer* cf. *acuminiplicatus*，*Spiriferina* cf. *sinensis*，*Atrypina gramma*；三叶虫 *Scutellum* sp.，*Encrinuroides* sp.。据上述化石组合，本组时代属早志留世。

溶溪组　Sr　（6－43－0505）

【创名及原始定义】　葛治洲等1979年命名于四川秀山县溶溪东南6 km的公路旁。原始定义指"岩性是一套紫红、黄绿、灰绿等杂色砂质泥岩、砂质页岩夹粉砂岩，顶底均以紫红色砂质泥岩为界，色调鲜明，易于划分，其下与'小河坝组'、其上与秀山组均显连续沉积，厚258.3 m"的地层。化石稀少，产笔石、腕足类等。

【沿革】　南古所（1979）在石门龙池河剖面沿用本组名。此后在省内广为采用。

【现在定义】　岩性以紫红、灰绿等杂色泥、页岩、粉砂质泥岩为主，夹粉砂岩，含以腕足类、三叶虫等为主的生物群，与下伏马脚冲组黄绿色页岩及上覆秀山组黄绿等色粉砂岩、页岩均为整合接触的地层体。在湖南为紫红、蓝灰、黄绿色粉砂质泥岩、砂质页岩夹粉砂岩、细砂岩、钙泥质砂岩，俗称"下红层"。产双壳类、腕足类化石等。与下伏马脚冲组、上覆辣子壳组呈整合接触。

【层型】　次层型为龙山比洞剖面（H－49－100－A；109°35′，29°15′）（图3－1中㉜），湖南区调队1980年测制。

上覆层：辣子壳组　灰绿色薄至厚层状石英粉砂至细砂岩夹黄绿色粉砂质页岩及页岩　37 m

——————　整　合　——————

溶溪组　总厚度466.2 m

36. 蓝灰色粉砂岩、粉砂质泥岩，底为浅灰色厚层状粉—细砂岩。产腕足类 *Nalivkinia* sp.，*Eospirifer* sp.，"*Leptostrophia*" sp. 及鱼化石　43.8 m
35. 紫红色粉砂质页岩夹紫红色粉砂岩和蓝灰、黄绿色页岩，产双壳类化石　26.2 m
34. 紫红色粉砂质粘土质页岩夹蓝灰色、黄绿色页岩及细砂岩　25.2 m
33—32. 上部蓝灰色粉砂质泥岩、紫红色泥岩，产腕足类、双壳类化石。下部蓝灰色粉砂质泥岩，产腕足类 *Lingulella* sp.　61.5 m
31. 蓝灰色页岩与浅灰色薄层含灰质石英细砂质粉砂岩互层　14.5 m
30. 黄绿色、灰色页岩夹泥质粉砂岩　27.5 m
29. 黄绿色、蓝灰色粉砂质泥岩、页岩夹紫红色泥岩。产腕足类 *Nalivkinia* sp.，*Eospirifer* sp.，"*Leptostrophia*" sp.　55.6 m
28. 黄绿色页岩夹黄绿色薄层细砂岩　6 m
27. 紫红色与黄绿色泥岩互层，夹黄绿色薄层砂岩。产腕足类和双壳类化石　9 m
26. 黄绿色页岩夹一层紫红色泥岩及若干层黄绿色薄层细砂岩　6 m
25. 紫红色粉砂质泥岩，偶夹厚约2 cm的淡黄色细砂岩　11.6 m
24. 紫红色粉砂质粘土质页岩夹蓝灰色泥岩产腕足类化石　24.7 m
23. 紫红色粉砂质粘土质页岩夹黄绿、黄色页岩，黄绿色页岩中偶见有紫红色小饼状之砂岩透镜体　39.6 m
22. 紫红色、蓝灰色粉砂质粘土质页岩，具砂质细条带，产腕足类 *Lingulella*? sp.　40.8 m
21. 紫红色泥岩夹蓝灰色泥岩及紫红色薄层砂岩　11.5 m
20. 黄绿、灰色页岩夹含铁质的砂质薄层　55 m
19. 紫红色泥岩夹蓝灰色、黄绿色页岩。产海百合茎 *Cyclocyclicus* sp.　7.7 m

——————　整　合　——————

下伏地层：**马脚冲组**　黄绿色页岩夹灰绿色页岩　5 m

【地质特征及区域变化】　本组分布于湘西北，以紫红色为特征，以泥岩、粉砂质泥岩或粉砂质页岩为主，夹粉砂岩、细砂岩，局部夹少许钙质泥岩及薄层铁锰质粉砂岩、含磷薄层粉砂岩，常见波痕、水平微层理、细砂岩条带、饼状砂岩凸镜体。岩性稳定，厚度变化较小，269.1～467.1 m。

本组化石稀少，以腕足类、双壳类为主，次为鱼、笔石及海百合茎化石。主要有腕足类 *Nalivkinia* sp.，*Leptostrophia* sp.，*Eospirifer* sp.，*Dipiurodonta* sp.?；双壳类 *Modiolopsis* cf. *crypta*；笔石 *Hunanodendrum typicum*；海百合茎 *Cyclocyclicus* sp.；鱼类 *Dayongaspis hunanensis*。其时代属早志留世。

区域上有的地方与罗惹坪组的灰岩或泥质灰岩接触，属连续沉积。

辣子壳组　*Slz*　(**6-43-0506**)

【创名及原始定义】　黄惟沛⑭于1980年根据龙山比洞剖面创名辣子壳组。以其代表整合在溶溪组之上的一套灰绿色粉砂岩和细砂岩组成的地层。

【沿革】　自建名以后，省内一直沿用至今。

【现在定义】　整合于溶溪组和吴家院组之间，岩性主要为灰绿色粉砂岩、细砂岩夹页岩、砂质页岩，产腹足类、腕足类、鱼类化石。

【层型】　正层型为龙山比洞剖面（H-49-100-A；119°35′，29°15′）（图3-1中㉜），湖南区调队1980年测制。

上覆地层：**吴家院组**　灰绿色页岩夹薄层砂岩、粉砂岩及极薄层胶磷矿层。产腹足类 *Hormotoma* sp.　14.5 m

——————　**整　合**　——————

辣子壳组　总厚度 56.8 m

39—38. 浅灰—灰白色薄层状微含磷粘土质石英细砂岩，顶部为质纯细粒石英砂岩。产腹足类 *Hormotoma* sp.；鱼类 *Acanthodus* sp.(?)；腕足类 *Nalivkinia* sp.，*Eospirifer* sp.，“*Leptostrophia*” sp.　19.8 m

37. 灰绿色薄层—厚层状石英粉—细砂岩夹黄色粉砂质页岩及页岩　37 m

——————　**整　合**　——————

下伏地层：**溶溪组**　蓝灰色粉砂岩、粉砂质泥岩，底为浅灰色厚层状粉砂—细砂岩，产腕足类 *Nalivkinia* sp.，*Eospirifer* sp.，“*Leptostrophia*” sp. 及鱼类化石　43.8 m

【地质特征及区域变化】　本组广泛分布于湘西北，岩性稳定，以灰、灰绿、黄绿色砂岩、粉砂岩为主，夹砂质页岩及页岩，局部夹钙质粉砂岩或薄层含磷粉砂岩。常见泥质条带、砂质灰岩凸镜体、波痕。厚度变化较大，56.2～179 m，一般西部厚度较小，如龙山比洞 56.8 m、保靖卡棚 51.2 m，桑植、大庸、永顺以东则都大于 120 m。

本组主要产有腕足类 *Nalivkinia* sp.，*Lingula* sp.，“*Leptostrophia*” sp.，*Eospirifer* cf. *tingi*；三叶虫 *Encrinurus* sp.；笔石 *Monograptus priodon*；腹足类 *Hormotoma* sp.；双壳类 *Modiolopsis* cf. *crypta*，*Cornellites mientiensis*；鱼类 *Acanthodus* sp. 及翼肢鲎等。其时代属早志留世。

吴家院组 Sw (6-43-0507)

【创名及原始定义】 黄惟沛⑭1980年根据龙山比洞吴家院剖面创名。以其代表富产三叶虫、腕足类等的灰绿色、黄绿色粉砂质页岩、泥质粉砂岩，夹灰色薄层状结核灰岩，生物钙质砂、页岩的地层，并位于辣子壳组和回星哨组之间。

【沿革】 本组相当于原秀山组上段（穆恩之等，1979）。考虑到原秀山组上、下两段岩性、岩相、古生物差异大，故本次对比研究仍采用吴家院组一名。

【现在定义】 整合于辣子壳组之上、回星哨组之下，岩性以灰绿、黄绿色页岩、粉砂质页岩、泥质粉砂岩为主，夹灰色薄层状细晶灰岩、生物灰岩及砂岩。含丰富的三叶虫、腕足类等化石。

【层型】 正层型为龙山比洞剖面（H-49-100-A；109°35′，29°15′）（图3-1中㉜），湖南区调队1980年测制。

上覆地层：**回星哨组** 紫红、灰绿色粉砂质泥岩。产腕足类 *Lingula* sp. 27.2 m

——————— 整 合 ———————

吴家院组 总厚度 479.5 m

51. 灰色页岩 53 m
50. 灰、黄绿色粉砂质页岩。产腕足类 *Striispirifer hsiehi*，*Nalivkinia* sp.，*Salopina minuta*；三叶虫 *Coronocephalus* cf. *changningensis*，*C. simplex*，*C. badongensis*，*C.* cf. *rex*，*C. ovatus*，*Encrinuroides* cf. *abnormis*，*Kailia quadriclcata*，*Senticucullus elegans*；腹足类 *Oriostoma* sp.；海百合茎 *Cyclocyclicus* sp.，*Pentagonocyclicus* sp.；双壳类 *Vlasta bohemica*，*Eoschizodus* sp. 99.6 m
49. 上部为灰色页岩夹少量泥质灰岩小凸镜体；下部为页岩与薄层细晶灰岩互层。产笔石 *Stomatograptus shiqiahensis*，*S. sinensis*，*Retiolites geinitzianus minor*，*Monograptus* cf. *distans*，*Monoclimacis* cf. *opercula*；三叶虫 *Coronocephalus* cf. *simplex*，*C.* cf. *xuanenensis*；双壳类？*Modiomorpha* sp.；头足类 *Lewocycloceras* sp.，*Sichuanoceras* sp. 22.1 m
48. 黄绿色页岩 71.9 m
47. 黄绿色含粉砂质页岩夹极薄层砂岩。产三叶虫 *Coronocephalus* cf. *simplex*，*C.* cf. *xuanenensis*，*Encrinuroides* sp.；腹足类 *Gyronema*? sp.，*Murchisonia* sp.；腕足类 *Nalivkinia* sp.，*Lingula* sp.，*Aegiria* sp. 44.3 m
46. 灰色含粉砂质页岩夹少量浅灰—灰色薄层亮晶生物灰岩，生物灰岩中微含胶磷矿屑。产腕足类 *Nalivkinia* sp.；三叶虫 *Chuangianoproetus* sp.，*Latiproetus* sp.，*Encrinurus* sp. 及头足类 *Sichuanoceras* sp. 21.1 m
45. 浅灰色粉砂质页岩，含粉砂质页岩。产腹足类、双壳类、腕足类化石 55 m
44. 灰绿色、黄绿色页岩夹少量砂岩。砂岩中含较多生物屑及微含磷。产腕足类、双壳类、腹足类化石 41.4 m
43. 灰绿色页岩夹较多薄层石英砂岩及少许薄层灰白色亮晶陆屑生物灰岩、细晶灰岩。产三叶虫 *Latiproetus* sp.；腹足类 *Hormotoma* sp.；腕足类 *Nalivkinia* sp.，*Lingula* sp.，*Eospirifer* sp.，"*Leptostrophia*" sp. 18.4 m
42. 灰绿色页岩与薄层砂岩互层，夹极薄层砾状胶磷矿数层（单层厚2～3 cm左右）。产腕足类 *Nalivkinia* sp.，*Eospirifer* sp.；腹足类 *Hormotoma* sp.，*Planitrochus* sp. 19.7 m
41. 灰色页岩夹较多薄层砂岩，砂岩单层厚2～7 cm左右，微含磷。产头足类 *Ormoceras*

sp.，*Protokionoceras* sp.；双壳类 *Sphenotus* sp.，*Eoschizodus* sp.，*Palaeoneilo* sp.；腕足类 *Nalivkinia* sp.，*Eospirifer* sp.，*Leptostrophia* sp. 18.5 m

40. 灰绿色页岩夹薄层砂岩、粉砂岩及极薄层胶磷矿层。产腹足类 *Hormotoma* sp. 14.5 m

——————整　合——————

下伏地层：辣子壳组　浅灰白色—浅灰色薄层状微含磷粘土质石英细砂岩，顶部为质纯细粒石英砂岩，产腹足类 *Hormotoma* sp.；鱼类 *Acanthodus* sp.；腕足类 *Nalivkinia* sp.，*Eospirifer* sp.，“*Leptostrophia*” sp. 19.8 m

【地质特征及区域变化】　本组分布于湘西北，岩性以灰绿、灰黄、深灰色粉砂质页岩、泥质粉砂岩、页岩为主，夹灰色薄—中厚层状结核灰岩，含磷白云质结晶灰岩、生物灰岩、泥质灰岩、粉砂岩，局部夹厚层钙质生物碎屑假鲕状磷块岩，波痕、条带构造常见。保靖卡棚剖面该组夹有鸡窝状鲕状赤铁矿。厚度变化较大，108.7～479.5 m；西部龙山比洞、保靖卡棚一带其厚度大于 400 m，但向东厚度逐渐变薄，如桑植洪家峪 266.3 m、大庸温塘 214 m、慈利失马溪 136.9 m、石门龙池河 108.7 m。

吴家院组的化石非常丰富，有三叶虫、头足类、腕足类、珊瑚、腹足类、双壳类、海百合、苔藓虫、鱼类等门类化石，生物群较下伏辣子壳组有显著变化，新生分子大量出现。主要有三叶虫 *Coronocephalus*，*Encrinuroides*，*Senticucullus*，*Ringxlella*，*Kailia*；笔石 *Stomatograptus sinensis*，*Retiolites geinitzianus*，*Monoclimacis* sp.，*Monograptus priodon*，*M. shigiaanensis*；腕足类 *Striispirifer*，*Nalivkinia*，*Salopina*，*Eospirifer* 等；珊瑚 *Nanshanophyllum planocystosum*，*Flatcheria vidus* 等；头足类 *Sichuanoceras*；腹足类 *Hormotoma kütsingensis*，*Discordichilus glohrous* 等。根据以上化石，一般认为吴家院组属中志留世。

本组与下伏辣子壳组呈连续沉积，岩性呈渐变过渡关系，辣子壳组以砂岩为主夹页岩，本组底部以页岩为主夹砂岩。

回星哨组　*Sh*　（6－43－0508）

【创名及原始定义】　中科院南古所 1974 年命名于四川秀山县溶溪区回星哨。原始含义为“在川、湘、黔交界地区，秀山组之上存在一套紫红、黄绿色泥质粉砂岩，产大甲类翼肢鲎（*Pterygotus*）等化石，暂定为上志留统，名回星哨组”。葛治洲等（1979）补充定义为：“它的下部为暗紫红色、灰绿色粉砂质泥岩，上部为黄色、灰白色薄层石英粉砂岩夹砂质页岩”，“其下与秀山组整合接触，其上与泥盆系（?）石英砂岩呈平行不整合接触”，时代改定为中志留世晚期。

【沿革】　1975 年南古所将我省龙山红岩溪的回星哨组分为上、下两部分，下部为灰绿及暗紫红色粉砂质泥岩夹粉砂岩、泥质粉砂岩和石英粉砂岩；上部为泥质粉砂岩和石英细砂岩。其上部相当于湖南区测队 1970 年所称的小溪组。后来，湖南省地质矿产局 1988 年扩大小溪组的地层范围，用以代替回星哨组。考虑到回星哨组创名在先，又被地质工作者广泛运用，仍沿用其名。但原回星哨组上、下两部岩性、古生物都有明显差异，故本书的回星哨组仅包括原回星哨组下部，而其上部则称小溪峪组。渔南溪组与本组同物异名，省内停用。

【现在定义】　岩性以紫红色泥页岩为主，夹黄绿等色粉砂岩、页岩，含少量双壳类、腹足类及翼肢鲎化石，整合覆于韩家店组或秀山组等黄绿色泥、页岩之上，平行不整合伏于坡松冲组或云台观组石英砂岩或梁山组之下或整合伏于车家坝组黄绿色页岩之下的地层体。在湖南为紫红、黄绿、灰绿色泥质粉砂岩、粉砂质泥岩、泥岩，夹少量石英细砂岩。产腕足类化石。与下伏吴家院组和上覆小溪峪组均呈整合接触。本组岩石颜色特殊，有“上红层”之称。

【层型】 次层型为龙山比洞剖面（H－49－100－A；109°35′，29°15′）（图3－1中㉜），湖南区调队1980年测制。

上覆地层：小溪峪组　黄绿、浅灰白色厚层状细砂岩夹黄绿色泥质粉砂岩　20 m

——整　合——

回星哨组　总厚度 86.3 m

56. 黄绿色粘土质石英粉砂岩及泥质粉砂岩，含少量砂质管状体，顶部为一层厚1m的紫红色含粉砂质泥岩　16 m

55. 黄绿色粉砂质泥岩夹石英粉砂岩，底部为一层厚60 cm的浅灰白色细粒石英砂岩　12.9 m

54. 紫红、黄绿色粉砂质泥岩、泥岩互层　17.3 m

53. 黄绿色泥岩、含粉砂质泥岩，底部夹一层粘土质石英粉砂岩　12.9 m

52. 紫红、灰绿色粉砂质泥岩。产腕足类 *Lingula* sp.　27.2 m

——整　合——

下伏地层：吴家院组　灰色页岩　53 m

【地质特征及区域变化】 本组分布于湘西北，岩性为黄绿、灰绿、深灰、紫红、蓝灰色泥质粉砂岩、粉砂质泥（页）岩及页岩为主，夹粉砂岩、砂岩，以紫红色为特征。发育微波状层理、波痕、砂质结核及砂质管状体。厚度变化大，保靖卡棚最大为246.2 m，而桑植洪家峪最小只有1 m；由西南向东北，由厚变薄，慈利失马溪缺失本组沉积。

本组化石稀少。含腕足类 *Atrypa* sp.，*Meistells* sp.；双壳类 *Ctenadonta* sp.，*Paracyclas*? sp.，*Modiolopsis* sp. 等；腹足类 *Bellerophon* sp.；鱼类 *Galeaspis* sp. 及翼肢鲎等。据王根贤等（1988）的资料还有 *Coronocephalus*（*Coronocephalina*）sp.?，腕足类 *Striispirifer* sp.，三叶虫等。根据所产化石和上下层位关系，推测本组为中志留世地层。

小溪峪组　Sxx　（6－43－0509）

【创名及原始定义】 湖南区测队1970年据桑植县小溪峪剖面创名。将云台观组之下的一套含 *Antiarchi* 等鱼化石的灰绿、灰黄色砂岩、泥质粉砂岩、石英砂岩、粉砂岩等组成的地层称小溪组，当时认为属泥盆系。

【沿革】 赵汝旋（1978）改称为小溪峪组，仍认为属泥盆系。湖南省地矿局1988年将相当本书之回星哨组的一套紫红色、黄绿色砂质页岩夹砂岩包括在小溪组之内。本书沿用小溪峪组（赵汝旋，1978）一名。小溪组为本组的同物异名，省内停用。

【现在定义】 整合于回星哨组之上、平行不整合于云台观组之下的一套以灰绿、灰黄色细砂岩、石英砂岩为主，夹粉砂岩、泥质粉砂岩、粉砂质泥岩的地层。产鱼化石。本组以其底部为黄绿、灰绿色砂岩，由大量虫迹砂质管状体组成为特征，与回星哨组顶部的紫红色、蓝灰色砂质页（泥）岩、粉砂岩易于分界。

【层型】 正层型为桑植小溪峪剖面（H－49－89－C；110°15′，29°23′）（图3－1中㉝），湖南区测队1970年测制。

上覆地层：云台观组　紫红色厚—巨厚层状夹薄—中层细粒砂岩及石英砂岩　20 m

——————— 平行不整合 ———————

小溪峪组 总厚度 235.6 m

3. 灰黄色、黄绿色厚层细砂岩，夹薄—中层状细粒石英砂岩及粉砂岩、泥质粉砂岩，砂质管状体呈长扁柱状，柱径 0.5～2 cm，长数厘米至数十厘米，分布方向不完全一致，但其长轴多与层面一致层内有较多的虫迹化石管体 34.6 m

2. 灰黄色、黄绿色厚状细粒砂岩，夹三层灰黄色薄—中层状细粒石英砂岩，细粒砂岩中含 *Antiarchi* 等鱼化石，层内有较多的虫迹化石管体 91.9 m

1. 可分三部分：上部为灰黄色薄—中层状细粒砂岩和石英砂岩，夹粉砂质泥岩；中部为灰黄色、黄绿色中—厚层状中—细粒砂岩、石英砂岩夹粉砂质泥岩及粉砂岩；下部为灰黄色厚层细粒砂岩，往上渐变为粉砂岩 109.1 m

———————— 整　合 ————————

下伏地层：回星哨组　蓝灰色粉砂岩、泥质粉砂岩夹粉砂质泥岩，厚约几十米，未获化石，再往下则为生物碎屑灰岩及泥灰岩 7 m

【地质特征及区域变化】　本组分布于湘西北，以灰绿、黄绿色砂岩为主，夹少量灰绿色砂质泥（页）岩。砂岩多呈厚—中层状，以含大量虫迹砂质管状体为特征，层内同生砾石、斜层理、交错层理发育。属前滨沙滩至河口湾沉积。厚度由西向东增大，如龙山比洞为 109.8 m，向东至桑植小溪峪为 235.6 m，再向东至慈利失马溪为 307 m。

含化石稀少。主要为鱼类 *Arthrodira* sp.，Placodermi，*Heterost* sp.，*Heterostraci* sp.，*Ptyctodontidn* sp. 等；腕足类 *Striispirifer* sp.，*Fenesitella* sp.，*Lingula* sp.；双壳类 *Orthonota* sp.，*Modiomorpha* sp.；植物 *Stigmaria* sp.？及翼肢鲎等。一般认为其时代属中志留世，但湖南区测队（1970）和赵汝旋等（1978）认为属泥盆纪。林宝玉等 1984 年认为属晚志留世。

周家溪群　$S\hat{Z}$　（6－43－0510）

【创名及原始定义】　王超翔、边效曾（1949）在安化梅城镇东约 15 km 的周家溪村创名周家溪群。指一套厚层粉砂岩夹含碳质页岩。往上渐变为灰绿色云母板岩，整合于奥陶系“五峰组”之上，厚约 600 m。当时在其底部采获早志留世笔石，并认为还“可能包括有中志留世的沉积”。

【沿革】　黄惟沛⑪于 1980 年分周家溪群为上、下两个组：下组第一段岩性为黑色碳质砂质板岩夹黑色薄层硅质岩或碳质硅质板岩；第二段为青灰、灰绿色浅变质砂岩夹板岩；第三段为灰绿、黄绿、深灰色板岩与变质砂岩互层，夹少量碳质板岩，局部见石煤；上组为暗灰、灰绿色板岩、砂质板岩夹浅变质粉砂岩。罗海晏、黄惟沛⑫于 1988 年划分周家溪群为两江河组和珠溪江组，前者相当于黄惟沛（1980）的下组第二、三段，后者相当于上组。本次对比研究后仍采用周家溪群一名。

【现在定义】　本群下与龙马溪组呈整合接触，上与跳马涧组不整合接触，主要由一套灰绿、灰色浅变质砂岩、板岩组成，自下而上包括两江河组及珠溪江组。含笔石化石。分布于洞口—安化一带。

两江河组　*Slj*　（6－43－0511）

【创名及原始定义】　由罗海晏、黄惟沛⑫1988 年根据溆浦两下江—沙滩剖面创名，代表周家溪群下部地层。其岩性为暗灰绿色、灰绿色浅变质中—厚层状细砂岩、粉砂岩夹砂质板岩、板岩，下部夹少量含碳质板岩。产笔石。与下伏龙马溪组和上覆珠溪江组均呈整合接触。

【沿革】 湖南省地矿局1988年将此段地层归入周家溪群下组第二至三段。本次对比研究，将周家溪群下组第二至三段归于两江河组。

【现在定义】 为暗灰绿、灰绿色浅变质中—厚层状细砂岩、粉砂岩夹砂质板岩，下部夹少量黑色碳质板岩。产笔石。与下伏龙马溪组和上覆珠溪江组均呈整合接触。

【层型】 正层型为溆浦两下江—沙滩剖面（G-49-6-B；110°52′，27°58′）（图3-1中㉞），湖南区测队1973年测制。

上覆地层：**珠溪江组** 暗灰绿色薄—中层条带状板岩 190.8 m

——————整 合——————

两江河组 总厚度1931.1 m

25. 上部为暗灰绿色板岩，中部为灰绿色板岩，含星点状黄铁矿，下部为暗灰色浅变质薄—中层状长石石英砂岩。产笔石 *Rastrites* sp.，*R.* cf. *hybridus*，*Glyptograptus* sp.，*Pristiograptus* sp.，*Streptograptus* sp. 46 m

24—22. 暗灰绿色浅变质中—厚层状细粒石英砂岩夹暗灰绿色粉砂质板岩，偶夹薄层砂岩 399.3 m

21. 暗灰绿色浅变质厚层状长石石英粉砂岩，夹暗灰绿色粉砂质板岩 166.9 m

20. 暗灰绿色浅变质厚层状石英粉砂岩，与暗灰绿色粉砂质板岩互层，砂岩单层厚60～80 cm 114.8 m

19. 暗灰绿色、深灰色中厚层状粉砂质板岩，颜色较深者含星点状黄铁矿，底部夹暗灰绿色浅变质长石石英砂岩 153.5 m

18—17. 暗灰绿色浅变质薄—中层状石英粉砂岩与暗灰绿色粉砂质板岩互层，粉砂岩单层厚10～30 cm，砂质板岩局部含石英及暗色矿物集合体 146.5 m

16. 暗灰绿色粉砂质板岩夹暗灰绿色薄—中层状细粒长石石英砂岩 16.4 m

15. 灰绿色浅变质薄—中层状石英粉砂岩夹中层状砂质泥板岩 54.5 m

14—13. 灰绿色浅变质中厚层状细粒石英砂岩与中层状砂质板状页岩互层 114.2 m

12. 暗灰绿色浅变质中—厚层状细粒石英砂岩，夹少量暗灰绿色砂质板岩 76.7 m

11. 灰绿色块状砂质板岩，局部含星点状黄铁矿 61.2 m

10. 暗灰绿色浅变质巨厚层状石英粉砂岩，间夹砂质板岩，粉砂岩单层厚50～80 cm 120.2 m

9. 暗灰绿色浅变质中—厚层状细粒石英砂岩，夹粉砂质板岩单层厚20～45 cm 25 m

8—7. 暗灰绿色、灰绿色浅变质中—厚层状细粒长石石英砂岩 232.4 m

6. 暗灰色、灰绿色厚层状含碳质板岩，夹浅变质细—中粒石英砂岩，砂岩单层厚1～1.4 m 108.6 m

5. 暗灰绿色浅变质薄—中层状细粒石英砂岩夹少量砂质板岩单层厚2～45 cm 86 m

4. 灰绿色浅变质中厚—厚层状石英砂岩与暗灰绿色砂质泥板岩互层，单层厚30～80 cm，顶部夹灰黑色板状碳质页岩，含星点状黄铁矿。产笔石化石 *Dimorphograptus* sp.，*Glyptograptus persculptus*，*G. tamariscus*，*Climacograptus minutus*，*Orthograptus* sp.，*Diplograptus modestus* 8.9 m

——————整 合——————

下伏地层：**龙马溪组** 灰绿色粉砂质泥板岩和含砂质板岩。产笔石 *Dicellograptus szechuanensis*，*D. complanatus ornatus*，*Climacograptus supernus* 20 m

【地质特征及区域变化】 本组分布于洞口—安化一带，岩性以青灰、灰绿色中—厚层状浅变质细砂岩、粉砂岩为主，夹砂质板岩、板岩或板状页岩及少量碳质板岩，常见水平层理、斜层理、沙纹层理、波痕等。厚度较大，一般939.4～1931.8 m。

本组为笔石相地层，一般在色较深的板岩或砂质板岩中保存较好。主要有*Rastrites* cf. *hybridus*，*R. linnaei*，*Pristiograptus leei*，*P.* cf. *tenuis*，*P. gregarius*，*Amplexograptus disjunctus siluricus*，*Pseudoclimacograptus hughesi*，*Monograptus gemmatus*，*Streptograptus* sp. 等。其时代属早志留世早期。

珠溪江组　Szx　(6-43-0512)

【创名及原始定义】　本组由罗海晏、黄惟沛⑫1988年根据溆浦两下江—沙滩剖面命名，珠溪江为该剖面上一小村名。该组为整合于两江河组之上、不整合于跳马涧组之下的一套由灰绿、暗灰绿色条带状板岩、浅变质粉砂岩组成的地层。

【沿革】　建名后沿用至今。

【现在定义】　同原始定义。

【层型】　正层型为溆浦两下江—沙滩剖面（H-49-6-B；110°52′，27°58′）（图3-1中㉞），湖南区测队1973年测制。

上覆地层：**跳马涧组**　灰白色中厚层石英岩状砂岩	10 m
～～～～～～ 不 整 合 ～～～～～～	
珠溪江组	总厚度 2 361.5 m
35. 灰绿色条带状板岩，顶部有变质石英粉砂岩	669.7 m
34. 灰绿色浅变质厚层—块状绢云母粉砂岩，具微层构造，单层厚80 cm以上	198.2 m
33—32. 暗灰绿色浅变质薄—中层状绢云母粉砂岩，具微层构造，单层厚20～30 cm，上部为灰绿色条带状板岩	513.6 m
31—30. 暗灰色中厚—厚层条带状砂质板岩，具微层构造	345.4 m
29—27. 暗灰绿色、暗灰色浅变质中—厚层状粉砂岩，具微层构造	443.8 m
26. 暗灰绿色薄—中层条带状板岩，单层厚5～25 cm	190.8 m
———— 整 合 ————	
下伏地层：**两江河组**　上部为暗灰绿色板岩，中部为灰绿色板岩，含星点状黄铁矿，下部为暗灰色浅变质薄—中层状长石石英砂岩。产笔石*Pristiograptus* sp.，*Streptograptus* sp.，*Rastrites* cf. *hybridus*	46 m

【地质特征及区域变化】　本组分布于洞口—安化一带，岩性以灰绿、暗灰绿、深灰色条带状、纹层状砂质板岩、板岩、粉砂岩为主夹细粒石英砂岩，局部偶夹碳质板岩。条带、纹层状构造特别发育，部分粉砂岩具球状风化特征。本组未露顶，跳马涧组高角度不整合于本组之上。厚度变化很大，溆浦两下江—沙滩剖面本组厚2 361.5 m，安化仙溪下茶洞只有165.7 m。

本组含少量笔石化石，主要有*Monograptus* cf. *gemmatus*，*M. gemmatus*，*Pristiograptus argutus*，*Climacograptus* sp.，*Pseudoclimacograptus hughesi*。其时代应属早志留世。

本组与下伏两江河组为连续沉积，岩性渐变，但总体来看珠溪江组底部为一套深灰、灰绿色砂质板岩、板岩，具明显的条带或纹层状构造，而两江河组以深灰、灰绿色细砂岩、粉砂岩为主，夹砂质板岩及板岩，两者可以区分。

第二节　生物地层

震旦纪—志留纪的生物地层工作，以往比较重要的有：1958—1959 年，叶戈罗娃（苏）、项礼文、李善姬、南润善、郭振明等对贵州和湖南西部三叶虫的研究；1966 年，林焕令、刘义仁等对贵州松桃、铜仁及我省泸溪一带寒武纪地层和三叶虫的研究；1964 年，金玉琴等对湘中奥陶系划分与对比的初步研究；1975 年，中国科学院南古所对湘西北志留系的研究；1977 年，赖才根、齐敦伦对湘西北奥陶纪头足类的研究；1978 年，杨家騄对湘西中、上寒武统及三叶虫的研究；1984 年，杨彦钧、魏绪寿等对石门杨家坪震旦系剖面的研究；1987 年，安太庠、胡济民对湘西寒武纪—奥陶纪牙形刺地层的研究；1988 年，丁伟明、钱逸对石门杨家坪震旦系—寒武系界线剖面的研究；1989 年，刘义仁、傅汉英对祁东双家口滯江阶、石口阶层型（候选）的研究。除此，湖南地质局 1982 年对全省震旦纪—志留纪地层中古生物资料进行了系统收集、整理及综合研究。

前人在生物地层工作中，着重研究了小壳化石、三叶虫、牙形刺、头足类及笔石等生物群在地层中的纵、横变化。

现就上述成果分别作简要介绍。

1. 小壳化石

全省对小壳化石的研究，主要集中在两个地点上，一为石门杨家坪，二为双峰水源山，以前者研究较详。据丁伟明、钱逸（1988）研究，石门杨家坪震旦系—寒武系剖面上建有 *Eocucumaria sinica-Huangshandongella yangjiapingensis* 组合带（下组合带）和 *Protohertzina unguliformis-Kaiyangites multispinatus* 组合带（上组合带）。前者产于灯影组顶部 13.8 m 内，后者产于牛蹄塘组底部 0～4.5 m 内。与云南省梅树村震旦系-寒武系界线剖面的生物带对比，这两个化石带均属震旦纪。

在双峰县水源山，在距牛蹄塘组底部 16 cm 处产有 *Sinosachites* 等化石。

2. 牙形刺

据安太庠、胡济民（1987），研究湘西北的古丈罗依溪、石门的杨家坪、桃源的汤家溪和热水坑等地的寒武纪—奥陶纪地层的灰岩中含较丰富的牙形刺。它们自下至上是：*Gapparodus bisulcatus*，*Prosagittodontus eureka* 产于车夫组下部；*Prooneotodus terashimai*，*P.* cf. *gallatini* 产干车夫组上部；*Westergaardodina fossa*，*Prodistacodus palmeri*，*Hertzina americana*，*Muellerodus pulcherus* 产于比条组；*Proconodontus muelleri*，*P. notchpeakensis*，*Westergaardodina bisulcatus*，*Teridontus nakamurai*，*Cordylodus proavus* 产于桃源汤家溪一带的比条组；*Acanthodus costatus*，*Drepanodus tenuis* 产于桐梓组底部；*Drepanodus subarcuatus*，*D. tenuis*，*Teridontus reclinatus* 产于桐梓组中部；*Drepanodus arcuatus*，*Scolopodus quadraplicatus* 产于桐梓组上部；*Scolopodus paucicostatus*，*S. restrictus*，*Scandodus parallelus* 产于桐梓组顶部；*Triangulodus proteus* 产于桐梓组最顶部；*Drepanodus perlongus*，*Baltoniodus intermedius* 产于红花园组；*Oistodus* aff *multicorrugatus*，*Periodon flabellum* 产于大湾组中部；*Microzarkodina ozarkodella*，*Eoplacoganathus pseudoplanus* 产于牯牛潭组；*Panderoderodus* sp.，*Dapsilodus mutatus*……产于宝塔组底部；*Hamarodus europaeus* 产于宝塔组中部；*Pseudooneotodus* sp.，*P. insculptus* 产于宝塔组上部。

上述车夫组、比条组中所产牙形刺完全可与华北地区中、上寒武统牙形刺动物群对比。产于桐梓组—宝塔组中的牙形刺，完全可与湖北南津关组至宝塔组相对应之地层中的牙形刺化石对比，时代分别隶属早、中奥陶世。

3. 三叶虫

（1）下统

最早出现的三叶虫是 *Hunanocephalus*，见于 1965 年 1：20 万吉首幅及石门杨家坪等地的牛蹄塘组中、上部。项礼文、叶戈洛娃（1978）和湖南区测队（1965）认为，这一三叶虫面貌可与云南筇竹寺组对比，时代属早寒武世。在 *Hunanocephalus* 之上，从下至上有两个三叶虫动物群：①*Redlichia chinensis*，*Arthricocephalus chauveaui*，*Changaspis elongata*，*Bajangia* sp.，*Pseudolancastria* sp. 等。见于 1：20 万吉首幅杷榔组，在常德幅螺子山的杷榔组中还见产有 *Palaeolenus* sp.。这一三叶虫面貌，项礼文等认为可与沧浪铺组对比，湖南区测队认为可与明心寺组及金顶山组，或与云南沧浪铺组—龙王庙组相当。时代为早寒武世中期；② *Redlichia takooensis*，*R. nobilis*，*R. chinensis*，*Ptychoparia*，*Yuehsienszella* 等，伴生有少量腕足类化石。常见于湘西北各地清虚洞组中，被视为代表这一地区早寒武世晚期的动物群。

（2）中、上统

杨家騄（1978）和湖南区测队（1965）对湘西中、上寒武统三叶虫进行详细研究后，各自均建立了三叶虫化石带（表 3－3）。

表 3－3　寒武纪三叶虫化石分带表

生物带 作者 地层		杨家騄（1978）	湖南区测队（1965）
上寒武统	比条组	*Chuangia*－*Prochuangia* 带	*Prochuangia* 带
中寒武统	车夫组	*Liostracina*－*Chatiania* 带 *Pseudoyuepingia laochatianensis* 带 *Paradamesops jimaensis*-*Cyclolorenzella tuma* 带 *Lisania tungjenensis* 带	*Glyptagnostus reticulatus* 带 *Drepanura*－*Blackwelderia* 带
	敖溪组	*Paramphotum* 带 *Dorypyge* cf. *richthofeni* 带 *Proasaphiscus* 带	*Koataia*－*Proasaphiscus* 带（高台组）

另在桃源汤家溪一带，比条组中的 *Prochuangia* 带之上，还见有以 *Saukia*，*Prosaukia* 为特征的三叶虫群。进入奥陶纪，三叶虫显得稀少而不那么重要，只是到了中、晚世才见有较重要的三叶虫分子，如：常见产于烟溪组中的 *Cyclopyge* sp. 和见于宝塔组中的 *Nankinolithus* 及 *Hammatocnemis*。还有见于龙马溪组中的达尔曼虫，吴家院组内的 *Coronocephalus*，*Senticucullus*，罗惹坪组内所产 *Encrinuroides*。它们仅见湘西北、湘东北的志留纪地层，是我省早古生代存在的最晚三叶虫化石。

4. 头足类

本类动物群是我省台地相区奥陶系中最具代表性的动物群。赖才根、齐敦伦于 1978 年总结划分了如下组合（自上而下）：

①*Sinoceras chinense*-*Michelinoceras elongatum*-*Trilacinoceras hunanense* 组合，产于宝塔组。

②*Bactroceras-Dideroceras wahlenbergi-Ruedemannoceras-Troedssoneila hunanense* 组合，产于牯牛潭组。

③*Bathmoceras complexum-Cochlioceras-Protocycloceras* 组合，产于大湾组。

④*Proterocameroceras triformatum-Coreanoceras* 组合，产于红花园组。

⑤*Ellesmeroceroides-Proterocameroceroides* 组合，产于桐梓组。

赖、齐认为：湘西北的奥陶系与鄂西奥陶系完全相当，两地奥陶纪地层中所产头足类相同的种属甚多，完全可以对比。

5. 笔石

金玉琴等对湘中奥陶系所含笔石曾自上至下划分为：

①*Dicellograptus szechuanensis* 带，产于五峰组。

②*Nemagraptus gracilis* 带，产于烟溪组上段（本书的烟溪组中上部）。

③*Glyptograptus teretiusculus* 带，产于烟溪组上段下部（本书的烟溪组中部）。

④*Pterograptus elegans* 带，产于烟溪组下段上部（本书烟溪组的中下部）。

⑤*Didymograptus bifidus* 带，产于烟溪组下段下部（本书烟溪组中下部）。

⑥*D. hirundo* 带，产于桥亭子组中、上部。

⑦*D. deflexus-Tetragraptus* （*Etagr.*） *approximatus* 带（产于桥亭子组下部）。

⑧*Bryograptus-Triarthrus* 带，产于白水溪组上部。

⑨*Dictyonema flabelliforme* 带，产于白水溪组下部。

1989 年，刘义仁、傅汉英在湖南祁东双家口奥陶系滞江阶、石口阶剖面的研究中，在 *Dicellograptus szechuanensis* 带与 *Nemagraptus* 带间，建有 7 个带：*Dicellograptus johnstrupi* 带、*Climacograptus pygmaeus* 带、*C. spiniferus* 带、*Dicranograptus clingani* 带、*Climacograptus wilsoni* 带、*C. bicornis* 带及 *Dicellograptus divaricatus rigidus* 带。7 个带中的前 3 个生物带被认为属石口阶，后 4 个生物带属滞江阶。从刘、傅所列剖面岩性看，含上述生物带的岩石地层，应属烟溪组上部。

我省含 *Dicellograptus szechuanensis* 带或 *D. complanatus* 带的地层之上，尚见有大量笔石化石，如：*Glyptograptus persculptus*，*Pristiograptus leei*，*Monograptus sedgwicki*，*Stromatograptus sinensis*，*Monoclimacis chucholensis* 等，只是尚未进行详细研究，更未进行生物地层划分。

除此，较为重要的生物门类还有腕足类、珊瑚等，同样因研究欠详，未作生物地层划分。

第三节　年代地层

一、震旦系

震旦系底界惯以雪峰运动所造成的平行不整合面为标志，即划在长安组与板溪群之间，或泗洲山组与大江边组之间。近年在板溪群顶部、泗洲山组获得同位素年龄值，故现定其界线处时间为 800±10 Ma（详见青白口纪岩石地层部分）。

震旦系分上、下两统，统界划在陡山沱组与南沱组之间，或金家洞组与南沱组及洪江组之间。

二、寒武系

（一）阶的划分

本书采用目前我国较通用的寒武系年代地层划分方案，即：上统，凤山阶、长山阶、崮山阶；中统，张夏阶、徐庄阶、毛庄阶；下统，龙王庙阶、沧浪铺阶、筇竹寺阶、梅树村阶。

1. 梅树村阶

层型剖面在云南晋宁梅树村小歪头山—八道湾。自下而上包含两个生物带：①*Paraglobo-rilus-Siphogonuchites-Sachites* 组合带和②*Sinosachites-Eonovitatus* 组合带。

目前，我省牛蹄塘组底部已发现上述组合带中，第②带带化石 *Sinosachites* 应属梅树村阶。至于本阶的准确顶、底位置，由于资料不够，还难以作出判断。

2. 筇竹寺阶

层型剖面位于云南昆明筇竹寺。它连续于梅树村阶之上，下部不含三叶虫，而含小壳动物化石；上部以出现我国最古老的三叶虫为特征，建有 *Eoredlichia* 带。

我省牛蹄塘组中继小壳化石产出层位之上产：*Hunanocephalus* 延限带。过去这一带化石曾被鉴定为 *Yunnanocephalus* sp.，这说明二者具有很大相似性，而后者是云南筇竹寺阶 *Eo-redlichia* 带的重要分子。估计 *Hunanocephalus* 的产出层位与 *Eoredlichia* 带应大致可对比。那么我省牛蹄塘组应大致属筇竹寺阶的地层。

3. 沧浪铺阶

层型剖面在云南马龙沧浪铺。该阶自下而上包括 3 个三叶虫化石带：①*Yiliangella-Yun-nanaspis* 带；②*Drepanuroides* 带和③*Palaeolenus* 带。

我省仅在石牌组下部见有第③带带化石 *Palaeolenus* sp.，*P. douvillei*，而石牌组上部见有第③带顶部的共生分子 *Yuehsienszella szechuanensis*，第①和②化石带未发现。故只能推测我省与沧浪铺阶大致相当的地层应为石牌组，或包括牛蹄塘组的顶部。

4. 龙王庙阶

层型剖面位于昆明西山龙门龙王庙。本阶建有 *Hoffetella-Redlichia murakamii* 带。与之共生的重要分子有 *Redlichia chinensis*，*Arthricocephalus* 等。层型地区的标准分子及其共生的典型分子，在我省清虚洞组大量可见，其他典型分子在污泥塘组和石牌组上部也有分布。因此，我省的石牌组上部至清虚洞组、污泥塘组（下部）应大致相当龙王庙阶。

5. 毛庄阶

层型剖面位于山东张夏镇毛庄。所含生物化石以三叶虫为主，建有 *Shantungaspis* 带。莱得利基虫基本消失，其主要代表几乎全为褶颊虫科、小奇蒂特虫科和野营虫科的分子。

我省还未发现层型剖面上的带化石。据刘义仁、傅汉英⑮（1980）意见，我省高台组的中、下部和敖溪组的中、下部及探溪组下部应大致与毛庄阶对比，对应的生物为 *Proasaphiscus*，*Kaotaia*，*Sinoptychoparia*。

6. 徐庄阶

层型剖面在山东张夏镇徐庄。本阶自下而上包含①*Hsuchuangia* 带，②*Sunaspis* 带，③*Po-riagraulos* 带及④*Bailiella* 带。

上述 4 个化石带的带化石，我省还未发现。目前只能靠其共生分子进行对比。据刘义仁、傅汉英⑮（1980）意见，我省相当徐庄阶的地层有高台组顶部至娄山关组下部、高台组顶部至孔王溪组下部、敖溪组顶部至车夫组底部。

7. 张夏阶

层型剖面在山东张夏崮山虎头山至黄草顶。本阶自下而上包括①*Crepicephalina* 带，②*Amphoton-Taitzuia* 带，③*Damesella* 带。

在我省，除第①化石带带化石未发现外，其余两个带化石均已见于车夫组中下部。其他常见分子同时见于车夫组和探溪组中下部。因此，我省张夏阶对应的岩石地层应为车夫组中下部、探溪组中下部，推测我省孔王溪组的上部及娄山关组的中下部也应与之相当。

8. 崮山阶

层型剖面在山东长清县崮山唐王寨。本阶自下而上包括两个化石带：①*Blackwelderia* 带，②*Drepanura* 带。

以上两个化石带的带化石及其共生分子，在我省车夫组的中上部有产出，不过 *Blackwelderia* 与 *Drepanura* 有混生现象，故层型剖面的这两个三叶虫化石带，只相当我省过渡区寒武纪的 *Blackwelderia-Drepanura* 组合带；在江南区，可能相当 *Glyptagnostus* 产生的层位。与崮山阶对应的岩石地层应为车夫组中上部和探溪组中上部。

9. 长山阶

命名剖面在河北唐山古冶赵各庄的长山沟。自下而上建有 3 个三叶虫化石带：①*Chuangia* 带，②*Changshania* 带和③*Kaolishania* 带。

第①和第②两化石带的带化石及其 3 个化石带中的主要共生分子：*Glyptagnostus reticulatus*，*Lotagnostus*，*Olenus*，*Charchaqia*，*Yuepingia*，*Proceratopyge* 等，在车夫组上部至比条组和探溪组上部有产出。无疑，我省 *Prochuangia-Chuangia* 的产出层位大致可与层型地区的 3 个化石带对比。因为这 3 个带化石在我省的分带性差，在同一剖面上可见它们混生。此外，比条组中还见有华北长山阶中典型的牙形刺分子 *Westergaaedodina fossa* 和常见分子 *Prooneotodus rotundatus*。

我省与本阶对应的岩石地层是车夫组上部—比条组（桃源汤家溪一带的比条组中上部除外）、探溪组上部等。

10. 凤山阶

命名地在河北唐山古冶赵各庄马家沟的凤山。凤山阶以三叶虫动物群中的褶盾虫科、索克虫科、济南科的大量出现为标志。自下而上建有 3 个化石带：①*Ptychaspis-Tsinania* 带，②*Quadraticephalus-Dictyella* 带和③*Calvinella-Mictosaukia* 带。

我省桃源汤家溪一带的比条组上部产有①带带化石和②、③带中的重要共生分子。同层位中还含有凤山阶典型的牙形刺分子 *Proconodontus* 和 *Cordylodus proavus*。此外，探溪组顶部及部分白水溪组的底部（桃江天井山等）含有与上述化石带中的重要分子共生的球接子类三叶虫化石，如 *Pseudagnostus*，*Geragnostus*，*Lotagnostus*，*Hedinaspis*，*Charchaqia* 及 *Westergaardites* 等。

凤山阶在我省对应的岩石地层是比条组上部（指桃源汤家溪一带）、探溪组顶部至白水溪组底部或探溪组顶部。对应的生物带为 *Saukia-Prosaukia*，*Acrocephalina* 延限带。

（二）寒武系与震旦系的界线

目前，我国云南晋宁梅树村剖面震旦系与寒武系界线，位于 *Anabarites-Conotheca* 组合带与 *Paragloborilus-Siphogonuchites-Sachites* 组合带之间，即年代地层的灯影峡阶与梅树村阶之间。梅树村阶底部的年龄值为 610±10 Ma。

我省目前在这一段地层中没有测年资料。不过，在石门杨家坪和双峰水源山两地的牛蹄塘组和石门杨家坪灯影组中，发现了大量小壳化石。

丁伟明、钱逸（1988）在石门杨家坪建有两个小壳化石带，即 *Eocucumaria sinica-Huangshandongella yangjiapingensis* 组合带（产于灯影组顶部 13.8 m 厚的硅质白云岩中）和 *Protohertzina unguliformis-Kaiyangites multispinatus* 组合带（产于牛蹄塘组底部 0～4.5 m 内），后者中还共生有重要分子 *Conotheca* sp.，两者都属震旦系。在此之上约 160 m 处，方见产典型的寒武纪三叶虫 *Hunanocephalus* sp.。

在双峰水源山，于牛蹄塘组最底部采获 *Archaeooides granulatus*，*A. kuanchuanpuensis*，*Olivooides* sp.，它们在四川南川、印度及伊朗等地，可与 *Anabarites*，*Protohertzina* 等共生。因此，这里的牛蹄塘组最底部很可能为灯影峡阶顶部。这一小壳化石层之上（距牛蹄塘组底界约 16 m），见产 *Sinosachites* sp.，*Solcriconus simus*，*Canopoconus calvatus*，*Anabarella plana* 等小壳化石。其中 *Sinosachites* sp. 是云南晋宁梅树村梅树村阶的第③带带化石，因此，这一小壳化石产出的地层应属寒武系梅树村阶。所以，震旦系与寒武系的界线应在这两个小壳化石产出的层位之间。更准确的划分，有待对小壳化石资料的进一步研究（表 3－4）。

表 3－4　湖南省寒武纪岩石地层、生物地层及年代地层划分对比表

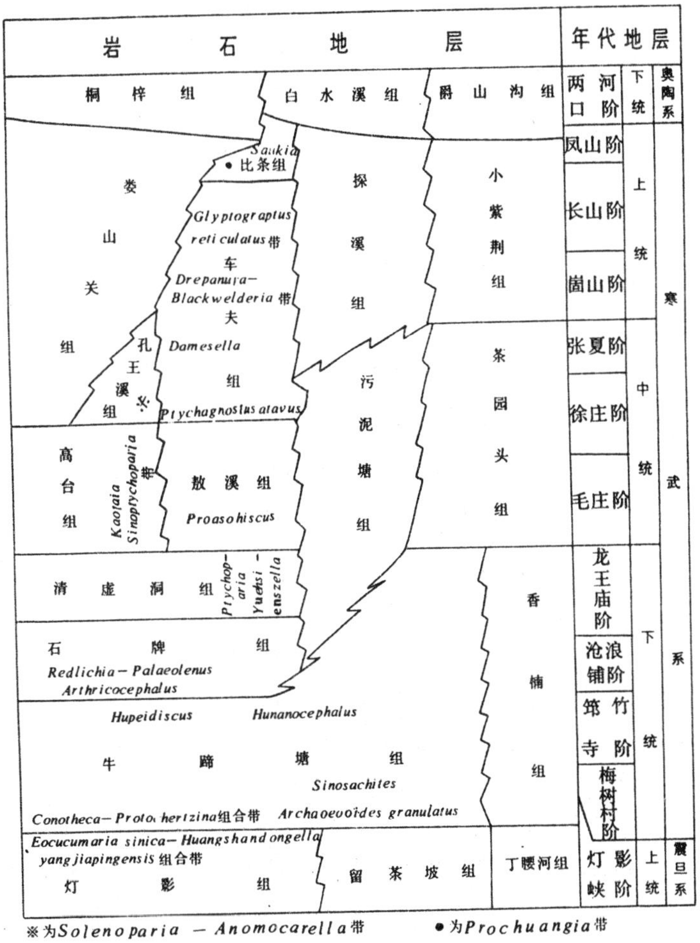

※为 *Solenoparia－Anomocarella* 带　　●为 *Prochuangia* 带

三、奥陶系

（一）阶的划分

本书采用目前国内常使用的统和阶的划分方案（表 3－5）。

表 3－5　湖南省奥陶纪岩石地层、生物地层及年代地层划分对比表

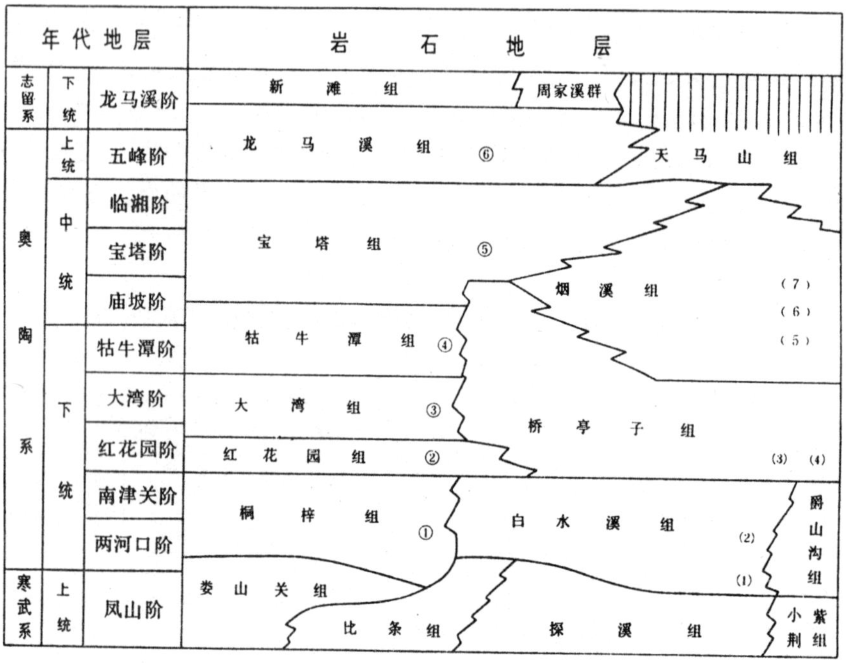

①*Ellesmeroceroids-Proterocameroceroids* 组合带；②*Proterocameroceras triformatum-Coreanoceras* 组合带；③*Bathmoceras complexum-Cochlioceras-Protocycloceras* 组合带；④*Bactroceras-Dideroceras wahlenbergi-Ruedemannoceras-Troedssonella hunanense* 组合带；⑤*Sinoceras chinense-Michelicoceras elongatum-Trilacinoceras hunanense* 组合带；⑥*Dicellograptus complanatus* 组合带；　(1) *Dictyonema flabelliforme-Staurograptus* 组合带；(2) *Bryograptus-Triarthus* 组合带；(3) *Didymograptus deflexus-Tetragraptus approximatus* 组合带；(4) *Didymograptus hirundo* 带；(5) *Didymograptus difidus*；(6) *Pterograptus elegans-Didymograptus*；(7) *Nemagraptus gracillis*

1. 两河口阶

赖才根等（1982）根据湖北宜昌黄花场两河口剖面创建。层型剖面和层型地区的两河口阶自下而上分为 7 个综合化石带：①*Drepanodus simplex* 带，②*Dictyonema flabelliforme yichangensis* 带，③*Asaphellus inflatus* 带，④*Dactylocephalus dactyloides* 带，⑤*Asaphopsis immanis* 带，⑥*Acanthograptus sinensis-Tungtzuella* 带，⑦*Adelograptus* 带。其中除②、⑦两化石带带化石外，其余各带带化石，在我省桐梓组中都存在。在江西崇义、广东台山两河口期顶部为 *Adelograptus-Clonograptus* 带，因此，本省桐梓组顶部有 *Clonograptus* sp. 的层位，可能即为层型地区两河口阶⑦化石带所居层位。

在牙形刺方面，层型剖面自上而下共划分 5 个带。石门杨家坪桐梓组底部含有层型剖面上的第②带带化石 *Acanthodus costatus*，"*Acodus*" *oneotensis*；在古丈罗依溪（可能系永顺王村之误）桐梓组底界之上 26 m 处，含 *Teridontus nakamurai*，*Proconodontus notchpeakensis*，*P. carinatus*，*Furnishina*? sp. 等寒武纪牙形刺。因此，在这一地区，两河口阶的底界在桐梓组底部距底界 26m 之上某层位，底部 0～26 m 的地层肯定属寒武系凤山阶。

在湘中、南的白水溪组底部产有 *Hedinaspis* cf. *shengi*，*Lotagnostus asiticus* 等寒武纪三叶虫，在这之上产 *Dictyonema flabelliforme regulare*，*Staurograptus diffissus* 等奥陶纪笔石。赖才根认为这一笔石群的层位相当层型第①带上部至第②带位置。目前③至⑦带的带化石在本区未找到。两河口阶在这一地区的底界应略高于白水溪组的底界。

2. 红花园阶

层型在湖北宜昌黄花场。建有头足类 *Coreanoceras-Manchuroceras* 组合带，对应的牙形刺带有（自下而上）：①*Serratognathus* 带及②*Oepikodus evae* 带。我省红花园组的 *Coreanoceras-Proterocameroceras triformatum* 组合带及大湾组下部的牙形刺 *Oepikodus evae*，应分别与层型剖面的头足类组合带及牙形刺②带相当。因此，红花园阶与之相当的岩石地层，应是红花园组至大湾组下部。

被认为属红花园期的笔石带共有 3 个，自下而上为：①*Etagraptus approximatus* 带；②*Tetragraptus fruticosus*/*Didymograptus filiformis* 带；③*Didymograptus*"*Protobifidus*"/*Didymograptus deflexus* 带。

桥亭子组中、下部的 *Didymograptus deflexus-Tetragraptus approximatus* 带应大体相当于这 3 个带。因此，相当红花园阶的岩石地层约为桥亭子组中、下部。

3. 大湾阶

本阶的层型在湖北宜昌黄花场。层型地区共建有 3 个综合化石带（自下而上）：①*Azygograptus suecicus* 带；②*Protocycloceras deprati* 带；③*Glyptograptus austrodentatus* 带。②带又包括 *Bathmoceras* 组合和 *Cochlioceras yangtzeense* 组合，它们见于我省大湾组。牙形刺化石，层型剖面也自下而上建有 3 个带。目前，仅在我省大湾组中部发现有①带带化石 *Oistodus multicorrugatus*，*Periodon flabellum*。大湾组下部还产红花园阶顶部的牙形刺带带化石 *Oepikodus evae*。因此，大湾阶的底界应在我省大湾组中、下部之间。在石门杨家坪大湾组上部，见有 *Baltoniaris* sp.，*B. triangularis*，*Periodon flabellum* 等牙形刺，它们产出的层位可能与③带 *B.* aff. *navis* 带相当。那么，我省大湾组的中、上部就可能相当于大湾阶。

被认为相当于大湾期的笔石，自下而上共划分 4 个带：①*Didymograptus abnormis*/*Azygraptus suecicus* 带，②*Oncograptus* 带，③*Cardiograptus amplus*/*Didymograptus nexus* 带，④*Glyptograptus austrodentatus* 带。其中①、③、④带带化石及其重要分子，在桥亭子组的中、上部有大量存在，且分布较广。*D. abnormis* 的时限较长，在桥亭子组中、上部均有其出现。因此，大湾阶相当的岩石地层是桥亭子组中、上部。

4. 牯牛潭阶

层型剖面在湖北宜昌分乡牯牛潭。是指大湾阶 *Glyptograptus austrodentatus* 带和庙坡阶 *Glyptograptus teretiusculus* 带之间的一段富产头足类的地层。自下而上建有两个头足类组合带：①*Meitanoceras-Dideroceras wahlenbergi* 组合带，②*Sinoceras yichangense* 组合带。我省牯牛潭组中的 *Bactroceras-Dideroceras wahlenbergi-Ruedmannoceras-Troedssonella hunanese* 组合带，含有①带的带化石及 *Sinoceras suni*，*Sinoceras chinense* 等少数分子。故应与层型剖面①带，乃至②带对比，甚至层位更高些。同时，我省牯牛潭组中所含牙形刺的面貌，与层

型地区类似。不过，在桃源热水坑的牯牛潭组底界之上 2 m 处，含 *Eophacognathus pseudoplanus*，它属层型地区牯牛潭阶第②牙形刺带带化石。这说明，我省牯牛潭组的底界可能近似于层型地区牯牛潭阶的底界，或略高于该底界，而顶部层位，可能属庙坡阶。

被视为牯牛潭期的笔石群共划分为两个带：上带 *Pterograptus elegans/Didymograptus murchisoni* 带；下带 *Amplexograptus confertus/Didymograptus artus* 带。上带应相当我省的 *Pterograptus elegans* 带，下带可与我省 *Didymograptus bifidus* 带对比。这两个笔石带，普遍见于湘中、南的烟溪组下部和桃源九溪的桥亭子组顶部。

因此，牯牛潭阶与我省对应的岩石地层还有湘中、南的烟溪组下部及桃源九溪一带桥亭子组的顶部。

5. 庙坡阶

命名地在湖北宜昌分乡庙坡，阶的层型在宜昌黄花场。本阶含笔石丰富，自下而上共建有 3 个笔石带：①*Glyptograptus teretiusculus* 带；②*Nemagraptus gracilis* 带；③*Corynoides calicularis* 带。经葛梅钰（1963）研究，认为③带可与 *Dicranograptus sinensis* 带相当。这些笔石带带化石及其重要组成成员，在湘中、南烟溪组中、上部都有产出，且含量丰富，分布广泛。同时，在桃源九溪桥亭子组顶部也有①、②化石带的主要笔石分子产出。除此，茶陵、酃县一带天马山组底部，也见有本阶重要笔石分子出现。

因此，与庙坡阶对应的岩石地层是湘中、南的烟溪组中、上部，桃源九溪一带桥亭子组最顶部及茶陵、酃县一带的天马山组底部。

我省北部，依照笔石化石无法寻找相当庙坡阶的地层。但我省的牯牛潭组顶部至宝塔组底部，含丰富牙形刺石，其组合与层型地区庙坡阶牙形刺面貌相似，并含有 *Polyplacognathus jianyeense*，*Complexodus pugionifer* 等庙坡阶牙形刺群中的特有分子。因此，据牙形刺资料，我省牯牛潭组顶部—宝塔组底部，可与层型地区的庙坡阶对比。

6. 宝塔阶

命名地在湖北秭归新滩龙马溪艾家山。层型选在新滩下滩沱沿江剖面。本阶以 *Sinoceras chinense-Michelinoceras elongatum* 头足类组合为特征。我省的宝塔组所含头足类化石与层型地区完全相同，分布广泛。不同的是 *Sinoceras chinense* 在牯牛潭阶和本阶之上的临湘阶中，也有少量出现。宝塔组所含牙形刺、三叶虫分子，也与层型地区相似，其中牙形刺 *Hamarodus europaeus* 是宝塔阶第①带带化石。

因此，宝塔阶在湘北的底界可定在宝塔组近底部，即 *Sinoceras chinense-Michelinoceras elongatum-Trilacinoceras hunanense* 组合带之底，而顶界应划在宝塔组顶部 *Nankinolithus-Hammatocnemis* 化石带之底。

被视为宝塔期的笔石群自下而上划分为两个化石带：①*Climacograptus baragwanthi zhonggyoense/C. diplacanthus* 带，②*Dicranograptus clingani-D. ramosus longicaulis/Climacograptus spiniferus* 带。这些带化石在湘中、南的烟溪组上部都有产出，不同的是它们常混生在一起，分带不像层型地区那样明显。但可肯定，宝塔阶的对应岩石地层，在这一地区为烟溪组上部地层。

7. 临湘阶

层型剖面在湖北宜昌分乡。本阶以含 *Nankinolithus*，特别是 *Nankinolithus nankinensis* 为特征。在笔石相区，相当 *Orthograptus quadrimucronatus* 带的分布范围。

我省宝塔组顶部 *Nankinolithus-Hammatocnemis* 组合带，应与 *Nankinolithus nankinensis*

的层位对比。它普遍含有 *Nankinolithus nankinensis*，共生的还有 *Hammatocnemis* 等。因此，我省临湘阶对应的岩石地层应是宝塔组顶部。

我省笔石相区的 *Orthograptus quadrimucronatus* 分布层位较宽，不仅见于湘中、南地区的烟溪组近顶部，而且中、上部也有出现。在烟溪组顶部的 *Dicellograptus johnstrupi* 延限带可能与 *O. quadrimucronatus* 带相当。因此，临湘阶在这一地区与之对应的笔石相地层是烟溪组近顶部一小段地层。

8. 五峰阶

层型剖面在湖北宜昌分乡。在层型剖面上它包括五峰组（本书的龙马溪组下部）和观音桥组。本阶是以笔石相地层为基础建立的，自下而上共包括 4 个笔石带：①*Dicellograptus szechuanensis* 带，②*Tangyagraptus typicus-Yinograptus disjunctus* 带，③*Paraorthograptus-Diceratograptus mirus* 带，④*Diplograptus bohemicus* 带。在龙马溪组下部普遍见有 *Dicel. szechuanensis*，还有 *Tangyagraptus* 及 *Yinograptus* 两属。在天马山组底部，常可见到 *Dicel. szechuanensis*，*Dicel. complanatus*。在东安苏水冲，有 *Dicer. mirus*，*P. typicus*，*P. uniformis*，*Diplograptus szechuanensis*。*Dip. szechuanensis* 是 *Dip. bohemicus* 带的特征分子。*Dicer. mirus* 是 *Diceratograptus mirus* 带的带化石。

因此，我省五峰阶对应的岩石地层，在湘北为龙马溪组下部地层，在湘中、南为天马山组的下部地层。

（二）奥陶系与寒武系的界线

目前，关于寒武系-奥陶系界线的争论较多，尚未统一。现就我省具体情况，做一初步划分。

（1）在湘西北—湘东北，按目前多数人的主张，是运用牙形刺化石来进行划分∈-O 系界线。以牙形刺 *Drepanodus simplex* 带的底界作为奥陶系的底界。安太庠、胡济民运用牙形刺资料对本区寒武系-奥陶系界线曾作研究，研究表明，本区未发现 *D. simplex*，但在永顺太平桥桐梓组底部 4 m 处，发现了 *Monocostodus sevierensis* 和 *Chosonodina herfurthi*。它们是峡区西陵峡组牙形刺 *Hirsutodontus simplex-Monocostodus sevierensis* 带的带化石及重要分子。而 *H. simplex-M. sevierensis* 带之底，被视为奥陶系之底界。因此，我省寒武系-奥陶系界线划在 *Monocostodus sevierensis* 牙形刺层位之底，即两河口阶与凤山阶之间。在永顺太平桥划在桐梓组底部约 4 m 与 3 m 间。由于娄山关组与桐梓组之界线是穿时的，故寒武系-奥陶系界线在各地岩石地层中的位置也有不同，如石门杨家坪，此界线位于娄山关组顶界之下 40～70 m 之间；在桃源热水坑，桐梓组底部 90 m 处含两河口阶大量 *Acanthodus costatus* 带带化石（第②带），考虑到第一牙形刺带通常不厚，因此，这里的寒武系-奥陶系界线应在桐梓组底界之上。

（2）在湘西—湘中—湘南，在桃江天井，金玉琴、汪啸风（1977）曾在同一剖面的白水溪组下部发现含 *Dictyonema flabelliforme sociale* 和 *Staurograptus diffissus*，笔石层之下 21.6 m处产 *Hedinaspis* 及 *Charchaqia* 等三叶虫化石。前者为早奥陶世早期笔石，后者为晚寒武世三叶虫。目前，习惯将这一界线置于爵山沟组的底部。

四、志留系

目前，我国志留系分统划阶方案尚不统一，现采用林宝玉等（1984）的划分方案，对我省志留系划分如下：

1. 龙马溪阶

创名于湖北三峡龙马溪，层型剖面为四川綦江观音桥。根据所含笔石，共划分为8个笔石带（自下而上）：①*Glyptograptus persculptus* 带；②*Akidograptus acuminatus* 带；③*Orthograptus vesiculosus* 带；④*Pristiograptus cyphus* 带；⑤*Pristiograptus leei* 带；⑥*Demirastrites triangulatus* 带；⑦*D. convolutus* 带；⑧*Monograptus sedgwickii* 带。

上述笔石带带化石及其主要共生分子，在我省龙马溪组上部至新滩组至珠溪江组底部都有或部分有分布。因此，我省龙马溪阶的底界应是龙马溪组上部产 *G. persculptus* 的层位，而顶界大致在新滩组之顶和珠溪江组之底，即 *Pristiograptus regularis-Pseudoclimacograptus hughesi* 产出层位之顶。

2. 石牛栏阶

命名和层型剖面均在四川綦江石牛栏。本阶自下而上有4个生物带，即①*Troedssonites-Labyrinthites-Borealis-Virgiana-Camarotoechia fengkangensis* 组合带；②*Baikitolites-Paraconchidium-Pleurodium-Stricklandia* 组合带；③*Qianbeilites-Mitanopora-Pentamerus-Clintonella-Yichangoceras* 组合带；④*Pristiograptus xiushanensis-Hunanodendrum typicum* 组合带。其中②组合带的 *Pleurodium*，③组合带的 *Pentamerus* 及④组合带的 *Hunanodendrum* 在我省小河坝组和马脚冲组中有所见。与其共生的珊瑚、笔石、三叶虫等，部分见于马脚冲组和罗惹坪组中。

因此，我省属石牛栏阶的岩石地层应大致是罗惹坪组或小河坝组至马脚冲组。

3. 白沙阶

命名于贵州石阡白沙，层型剖面在四川溶溪。现尚未建有生物带。其中所产腕足类 *Nalivkinia* sp.，*Nucleospira* sp.；双壳类 *Modiolopsis* sp.；笔石 *Hunanodendrum typicum* 等化石，在我省的溶溪组中都有发现，不但生物组合面貌完全相同，就是岩性也十分相似。因此，我省与白沙阶对应的岩石地层应是溶溪组。

上述3个阶，归属下统。

4. 秀山阶

命名和层型剖面均在四川秀山溶溪。归属中统。

秀山阶中化石丰富，层型剖面中的大化石主要有：三叶虫 *Coronocephalus*，*Senticucullus*，*Kailia*；笔石 *Monograptus riccartonensis*，*M. flemingii*，*M. chuchlensis Stomatograptus sinensis*；腕足类 *Nalivkinia gruenwaldtiae formis*，*Salopina*，*Xinanospirifer*；头足类 *Sichuanoceras*，*Neosichuanoceras*，*Yangziceras*，*Kailiceras*，*Parahelenites*，*Trimeroceras*，*Systophoceras*；珊瑚 *Nanshanophyllum*，*Somphopora* 等。

上述化石大量见于我省吴家院组，我省吴家院组及辣子壳组具相似的生物面貌，且其分布的地区与秀山阶的层型剖面十分邻近，所以，我省辣子壳组的底界，应大致相当本阶的底界。其生物单位包括 *Coronocephalus-Sichuanoceras-Salopina minuta* 组合带和 *Nalivkinia-"Leptostrophia"-Hormotoma* 组合带。

5. 关底阶

命名和层型剖面均在云南曲靖城西南。归属上统。

我省的回星哨组和小溪峪组未见产有关底阶常见的头足类、珊瑚及牙形刺化石。但与关底阶层型一样，都产鱼及双壳类化石，它们的一些属是完全相同的，只是我省这些层所含的鱼化石更为丰富。两者含生物化石上的差异，可能是因为岩性、岩相的的差异造成的。它们都同整覆于秀山阶之上，产胴甲鱼、棘鱼等鱼化石。推测我省的回星哨组和小溪峪组大致属关底阶。

我省目前没有发现关底阶之上的志留系沉积。

关于志留系的底界，本书采用我国的传统划分方案，以 *Glyptograptus persculptus* 的出现作为志留系的底界，即位于岩石地层龙马溪组的上、下部之间。中、下志留统的界线亦按传统习惯划在秀山阶上、下部之间，即辣子壳组与吴家院组之间。

第四节　震旦纪层序地层浅析

湖南震旦纪的构造-盆地格局(图 3-6)。即一个沉积盆地，两个不同性质的盆地边缘。在横切剖面上，大致以祁东—耒阳为盆地中心，具有非补尝性（饥饿）盆地的沉积特点；其北西侧为被动型盆地边缘；南东侧为所谓 A 型俯冲的褶冲断式的活动型盆地边缘。两个边缘的沉积作用及特征不同，但从层序地层分析，二者则存在着显而易见的、具成生联系的对应关系。现从被动边缘侧的沉积格架分析入手，对全盆地的层序地层特征进行简要的分析。

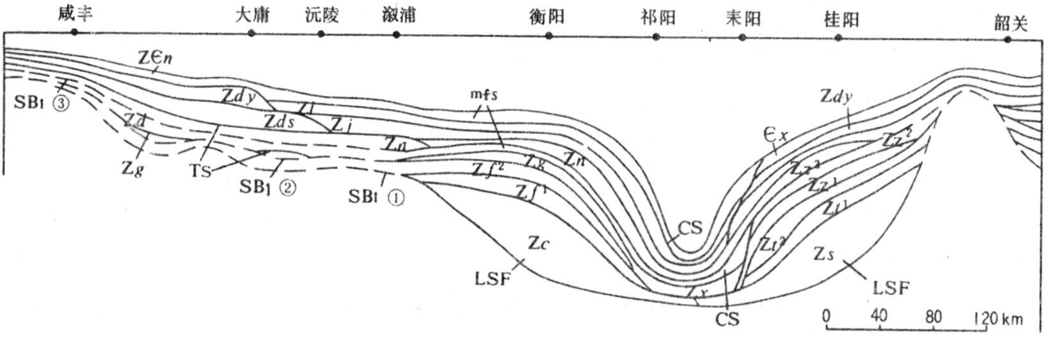

图 3-6　湖南省震旦纪岩石地层格架图

SB_1. Ⅰ型层序界面；TS. 海侵面；mfs. 最大海泛面；CS. 凝缩段；LSF. 低水位扇。其他代号见正文

该被动边缘震旦系发育 3 个Ⅰ型层序界面，从而将其分为 3 个层序。为叙述方便，本书自下而上分别称其为Ⅰ、Ⅱ、Ⅲ层序。

Ⅰ层序包括长安组和富禄组，其中长安组构成本层序低水位域的斜坡扇及盆底扇，斜坡扇大致在垂直岸线的横剖面上，总体上为一大型凸镜体，以坡、盆接壤带最厚，如在新邵一带厚达 2 512 m，向岸渐薄，祁东一带仅 100 余米，而在近上斜坡的转折点处，仅厚 9.6～12 m，再向岸即行尖灭。盆底扇厚度变化较小，一般为百米至数百米。扇体计由块状含砾砂质板岩、块状含砾岩屑长石石英杂砂岩、具粒度递变结构之杂砂岩、具楔状交错层理之长石石英砂岩、块状中—细粒长石石英杂砂岩及砂质或粉砂质条带状板岩 6 种微相组成。其中以块状含砾砂质板岩及块状含砾长石石英杂砂岩为主，常组成多变的不定式之剖面结构，是一个由冰碛、冰融重力流及部分牵引流和悬浮降落沉积所组成的复成因的斜坡—盆地沉积体系。

由于构造抬升及相对海平面下降，盆地的沉积物可容纳空间相对于青白口纪有显著减小，因而盆地东南缘由泗洲山组组成的低水位斜坡扇及盆底扇与北西被动边缘的长安组沉积特征基本相似，唯其正常海相沉积夹层较多，具落石构造特征的冰筏沉积也较为常见。在低水位域的上部，尚有一个由富禄组底部含砾长石岩屑石英杂砂岩构成的低水位楔，它由海进初动期所形成的加积—弱退积副层序组（或称基本层序组）组成。相应于东南活动盆缘亦有一个近基高密度重力流组成的低水位楔，在岩石地层一节将其归属于天子地组的底部。因此，从层序地层学分析，被动边缘的富禄组底界与活动边缘的天子地组底界是等时或基本等时的。

Ⅰ层序的海进体系域由富禄组中上部组成，可分为3个沉积体系（相当于相带）。溆浦北西侧，即陆架—滨岸带主要由发育楔状、槽状及冲洗交错层理的砂岩组成，间夹有条带状粉砂质板岩，总体显示出退积型副层序组，在滨岸带出现泥晶白云岩夹层，普遍上超于其下的Ⅰ型层序界面之上。在溆浦南东即陆架外缘斜坡转折点（拐点）以下，富禄组中上部整覆于富禄组底部的低水位楔或下超在长安组的盆底扇之上。由具水平层理的砂岩及条带状粉砂质板岩组成退积—弱加积型副层序。该层序的高水位体系域见于溆浦以南的斜坡—盆缘带，由富禄组顶部的条带状粉砂岩及条带状粉砂质板岩组成的加积型—弱进积型副层序组构成，属陆架外缘斜坡—盆缘悬浮降落沉积体系。而在溆浦以西的陆块区高水位体系域则很不发育，这可能是由于古城冰期所造成的骤然性海平面下降的原因，亦可能由于间断剥蚀所致。与该海进体系域相对应的活动边缘侧的海侵体系域称天子地组，它是以一套远基低密度流沉积为特征沉积的体系。在祁阳与耒阳之间，尚存在着一个以条带状粉砂质板岩为特征的悬浮降落型饥饿盆地泥质沉积体系，底部铁钙质沉积，厚仅数十米，属非补尝性贫屑沉积，可视为该层序中的凝缩段，岩石地层称西冲组。

Ⅱ层序顶底为两个一型界面所限定，在被动边缘侧计包括古城组及大塘坡组。本层序由低水位体系域、海进体系域及高水位体系域三部分组成。低水位体系域由溆浦南东的陆架边缘斜坡上的低水位楔组成，主要由块状砾质板岩、含砾板岩及砾砂岩组成，属冰川—冰川泥石流沉积体系。因溆浦北西侧即斜坡以上的广大地区，则断续分布有陆上冰川沉积及冰水沉积体系，其中包括有冰湖、冰河及冰成三角洲、底碛等多种微相类型。其均以平行不整合覆于富禄组或板溪群之上，侵蚀构造发育，具有Ⅰ型层序界面的显著特征。在活动大陆边缘侧，本层序的低水位楔系由正园岭组底部的厚—巨厚层杂砂岩夹板岩组成，沉积构造不发育，属近基斜坡碎屑流—颗粒流沉积体系。

Ⅱ层序的海侵体系域在被动边缘一侧由大塘坡组下部的碳质板岩及含锰白云岩、菱锰矿等组成，属浅水陆架—潮坪钙泥质沉积体系。在湘东南的活动边缘一侧相应的海侵体系由石英杂砂岩、粉砂岩及粉砂质板岩组成的近基浊流沉积体系组成，岩石地层现归入正园岭组近底部。Ⅱ层序的高水位域由大塘坡组上部的粉砂质条带状板岩组成，以加积型副层序组为特征。在活动边缘侧，相应的高水位域由正园岭组下部弱进积的远基低密度流沉积至加积型条带状粉砂质板岩微相组成，属下斜坡至盆缘低密底流—悬浮降落沉积体系。在两个边缘之间，发育一套厚度极小的灰泥—硅质盆心沉积体系，构成本层序的凝缩段。综上所述，Ⅱ层序在活动边缘一侧只包括正园岭组底部旋回，因此，从层序地层角度看，正园岭组似有进一步划分之必要。

第Ⅲ层序的下部层序界面为Ⅰ型层序界面；上部界面已跨入寒武 系，由一个Ⅱ型界面限定。此处仅就震旦系部分作如下阐述。在被动边缘侧，震旦系仅存有低水位体系域和海侵体系域两部分。其中低水位体系域由洪江组构成的斜坡扇至盆底扇组成。其岩性为块状含砾砂质板岩、含砾杂砂岩、含砾条带状粉砂质板岩及条带状粉砂质板岩等，在空间上，上述岩性互为规模不等的凸镜体，部分具粒尾递变，部分显落石构造，而大多是不显层理的，因此应属斜坡—盆缘的冰海、冰水重力流及冰筏等多成因沉积体系。在溆浦之北西，此期海岸下超，广大陆架暴露于海平面之上，沉积以南沱组为代表的陆相沉积。包括块状泥砾岩、冲刷砂砾岩一杂砂岩、粗尾递变含砾杂砂岩等微相类型，属陆上冰川—冰水重力流沉积体系。该沉积体系均上超于其下的Ⅰ型层序界面之上。在活动边缘侧，Ⅲ层序的低水位域系由一套厚至巨厚层的杂砂岩、含砾杂砂岩夹薄层板岩构成的斜坡扇—盆底扇组成，部分岩层隐约可见粗尾递变结构，大多为块状不显沉积构造，属斜坡—盆缘近基颗粒流—低杂基碎屑流沉积体系。

Ⅲ层序的海侵体系域在被动边缘侧系由金家洞组、老堡组及陡山沱组、灯影组构成，以具退积型副层序为特征。可分为两个沉积体系。大庸之北西，主要由白云岩、白云质灰岩、碳硅质板岩组成退积型副层序组，属浅海碳酸盐岩台地沉积体系；大庸之南东主要由薄层白云岩、碳泥质硅质岩、碳质板岩、硅质岩等组成退积型副层序组，属下陆架—斜坡—盆缘内源至细屑悬浮降落沉积体系。

Ⅲ层序的湘东南活动边缘海进体系域，由埃歧岭组及丁腰河组构成，以薄—中层状长石石英杂砂岩、粉砂岩、粉砂质板岩或硅质岩组成副层序组为特征。属斜坡—盆缘远基浊流沉积体系。

Ⅲ层序的凝缩段由寒武纪的牛蹄塘组及活动边缘的香楠组构成，以饥饿型加积式黑色碳硅质沉积为特征，构成本层序的最大海泛沉积，其上为高水位体系域，已属寒武纪章节叙述范畴，此处从略。

通过上述层序地层分析，我们得出如下基本看法：

(1) 古扬子克拉通东南缘沉积盆地在青白口纪属拉张型的陆间裂谷。自震旦纪开始，自东南向西北递次形成褶冲断带，并伴有A型俯冲，使整个盆地由早期的拉张逐渐转为中晚期的汇聚型盆地，从而形成了震旦纪的3个明显的沉积分区。耒阳以南为湘东南区（桂湘赣分区）、隶属活动边缘，以复陆屑建造、复理石建造及远硅质建造为特征；耒阳—祁东一带，为盆地中心，属非补尝性（饥饿）盆地。以远洋泥质建造—无硅质建造为特征；祁东之北西为被动大陆边缘，下部以复陆式建造为主，往上逐渐为碳酸盐岩建造所代替，在下斜坡处则显示为二者之过渡类型。

(2) 两个边缘的沉积特征不同，但从层序分析看，二者存在着明显的内在联系。当被动边缘的海岸上超、海平面下降时，活动边缘侧则形成近基重力流，反之则形成远基低密度流乃至悬浮降落沉积；当最大海泛面形成时，两个边缘的沉积特征则趋于一致。这种内在联系成为两个不同性质边缘沉积的对比线索。据此，笔者将省境不同沉积区震旦纪地层的多重划分对比归纳为图3-7。

(3) 通过层序地层分析，省境震旦系存在3个Ⅰ型层序界面，本书分别称其为$SB_1$①，$SB_1$②，$SB_1$③。其中$SB_1$①界面在连续沉积区的长安组与岩门寨组或泗洲山组与大江边组之间，本界面在涂浦以西即陆架前缘斜坡拐点以上，具有明显的暴露及侵蚀特征，缺失长安组，海侵体系域之富禄组直接超覆平行不整合于板溪群之上；在斜坡、盆地及活动边缘侧，该界面表现为以重力流为特征的斜坡扇或海底扇，下超于下伏的较深水沉积物之上。在该界面的连续沉积区的上覆长安组及泗洲山组中均获有全岩Rb-Sr等时年龄值，前者为808.6 Ma，后者为794.0 Ma，因此将此界面的年龄值定为800.0 Ma±是恰当的，这与现行中国年代地层表震旦系底界年龄值是吻合的。因此，笔者认为中国南方震旦系的底界，应放在长安组或泗洲山组之底，而不应放在超覆区的富禄组（莲沱组）之底。

$SB_1$②及$SB_1$③分别位于坡下连续沉积区的富禄组与古城组、大塘坡组与洪江组或活动边缘的天子地组与正园岭组一段及正园岭组二段与正园岭组三段之间。其表现特征与$SB_1$①完全相同。

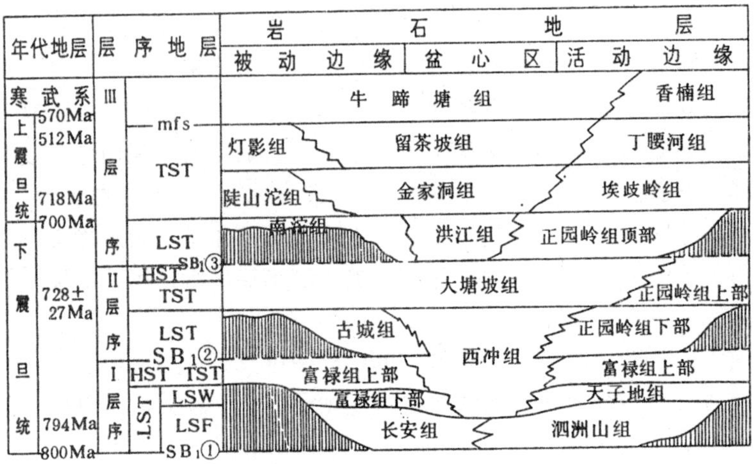

图 3-7 湖南省震旦纪地层多重划分对比图

（4）在被动边缘Ⅱ层序海进体系域的大塘坡组中所获同位素 Rb-Sr 等时线年龄 728±27 Ma，而在活动边缘Ⅲ层序的海进体系域之埃歧岭组及丁腰河组中分别有 Rb-Sr 等时线年龄 718～721 Ma 和 Pb-Pb 等时线年龄 612 Ma，其上的香楠组其 Pb-Pb 等时线年龄为 556 Ma，由此证明，盆地两侧层序的划分和对比是正确的。这与中国年代地层表中所规定的震旦系上、下统及震旦系与寒武系的界线年龄是基本吻合的。

（5）从震旦系的沉积格架及盆地分析得知，雪峰—加里东阶段的华南海盆，早期具陆间裂谷性质，中晚期则逐渐朝汇聚型盆地方向演化，但溆浦之西北，始终保持着被动大陆边缘的演化特点，而其南东则递次转化为活动型盆地边缘。总体来说，中晚期具有所谓“前陆盆地”的性质。

---

①湘、桂、黔三省（区）前寒武系踏勘组，1962，湘、桂、黔三省（区）前寒武系踏勘报告（油印本）。

②郑国宝等，1964，湖南地层表（内部版）。

③湖南区调所，1992，1∶5 万铁坡山幅区域地质调查报告（内部版）。

④湖南区调所，1992，1∶5 万紫云山地区区域地质调查报告（内部版）。

⑤唐世喻，1984，花垣县民乐锰矿地质特征和找矿规律研究报告（内部版）。

⑥江荣吉，1967，贵州省松桃县大塘坡锰矿区详查报告（未刊）。

⑦湖南区调所，1990，1∶5 万株洲—湘潭幅区域地质调查报告（内部版）。

⑧湖南区调队，1986，湖南地层（内部版）。

⑨湖南区调队，1982，1∶5 万白沙镇幅区域地质调查报告（内部版）。

⑩唐晓珊，1992，湖南晚震旦世丁腰河组的建立与建组剖面，湖南区调，第 5 号（内刊）。

⑪黄惟沛，1990，湖南省岩石地层单位清理与研究（油印本）。

⑫罗海晏、黄惟沛，1988，湖南省岩石地层单位研究（油印本）。

⑬金玉琴等，1964，湘中奥陶系划分与对比的初步研究（油印本）。

⑭黄惟沛，1980，湖南地层断代总结（油印本）。

⑮刘义仁、傅汉英，1980，湖南地层断代总结（油印本）。

第四章
泥盆纪—中三叠世

加里东运动后，湖南境内进入稳定的浅海沉积阶段，从泥盆纪海侵至中三叠世海退形成一个巨型沉积旋回。早泥盆世晚期，海水自南西方向侵入我省，最先到达江永、江华、道县、双牌一带，沉积了早泥盆世晚期地层。以后海侵继续向北东渐次推进，在中泥盆世晚期或晚泥盆世越过“江南古陆”的低凹部位，与湘西北海域相通。晚泥盆世法门期之初为泥盆纪海侵最盛期，晚期则发生了一次大规模海退，海水退出湘西北及湘中南区北部边缘地带，因而这些地方一般缺失法门期晚期沉积，但湘中南腹地仍继续沉积海相地层。接踵而来的石炭纪海侵亦由南向北推进，在湘中南区北缘多形成超覆。至晚石炭世早期，海侵到达靖县、芷江、沅陵一线，大大超出泥盆纪海侵范围，但湘西北泥盆系分布区仅石门一偶见有石炭纪沉积。晚石炭世末，海水又退出湘西北区，湘中南区则仍为连续海相沉积。二叠纪海侵范围最大，包括了泥盆纪和石炭纪全部海侵区，这一海侵态势大体维持至早三叠世。中三叠世早期海水退出我省绝大部分地区，至中三叠世晚期海水几乎完全退出我省。

“江南古陆”于加里东运动后成型，但在其地质历程中并非总是连成一体的陆地，有时为链状岛屿，有时甚至沦为水下隆起，并且迁移频繁，但对沉积作用的控制却是相当明显的。其北西为上扬子地层分区，南东属华南沉积区，为湘中地层分区—桂湘赣地层分区，就目前所知，上扬子地层分区与湘中地层分区—桂湘赣地层分区至少有如下主要区别：①后者的沉积基底遭受了强烈的加里东褶皱运动，泥盆系高角度不整合于前泥盆纪地层之上；前者的基底仅被抬升和剥蚀，晚古生代地层平行不整合于前泥盆纪地层之上。②后者除沉积区边缘外各纪地层均系连续沉积；前者则因海水进退频繁，各系之间多为平行不整合接触。③后者沉积类型复杂，若干时期普遍发育以北东向为主的小型裂陷盆地或扩张断裂，沉积分异明显，在碳酸盐台地间形成以深水硅泥质岩为主的台盆沉积，如泥盆系榴江组和二叠系孤峰组；前者的沉积类型相对简单。④后者石炭系发育齐全，自成体系；前者除个别地点外，缺失下石炭统，上统也不齐全。⑤后者的栖霞组与典型地区同名组的层序和岩性极其相似，茅口组与标准地点差异甚大；前者则与此相反。后者一般无梁山组，龙潭组甚发育，厚10～1 000余米；前者普遍存在梁山组，但龙潭组很不发育，厚仅数米甚至缺失。

湖南的泥盆系分布广泛，出露面积达$2.5\times10^4\ km^2$，约占全省总面积的12%。花垣、永顺、大庸、常德一线之北属上扬子地层分区；靖县、黔阳、溆浦之东和益阳、望城一线之南属湘中地层分区—桂湘赣地层分区；二者之间为无露头区，大体相当“江南古陆”的位置（图4-1、4-2）。上扬子地层分区一般认为仅有中、晚泥盆世地层，以陆源碎屑沉积为主，与

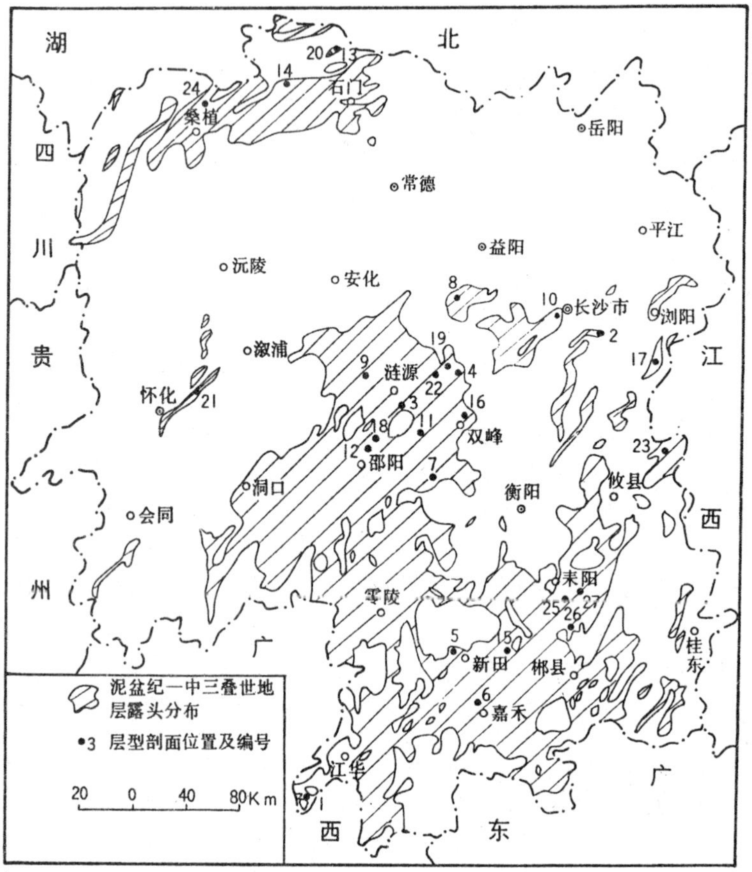

图4-1 湖南省泥盆纪—中三叠世岩石地层露头分布及层型剖面位置图

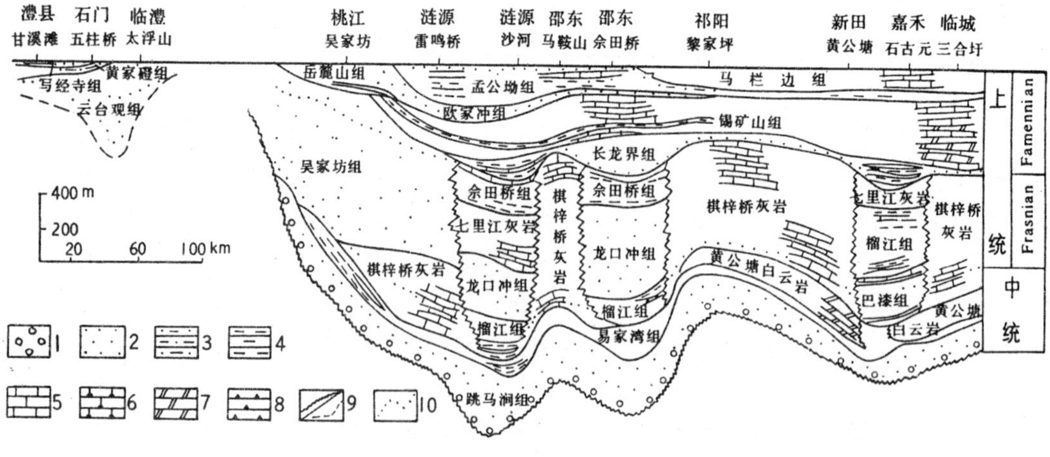

图4-2 湖南省泥盆系横剖面示意图

1. 砾岩；2. 砂岩、粉砂岩；3. 砂质页岩；4. 页岩、泥灰岩；5. 灰岩；6. 含燧石团块灰岩；7. 白云岩；8. 硅质岩；9. 不整合和平行不整合界线；10. 年代地层界线

鄂西的地层特征相似，且属同一沉积区，因而完全沿用鄂西的岩石地层名称。湘中地层分区—桂湘赣地层分区则自成体系，与邻省、区均有区别，故多采用本地的岩石地层名称，包括早泥盆世晚期至晚泥盆世沉积，与下伏前泥盆纪地层为不整合接触。除靠近古陆的地区以陆源碎屑沉积为主外，余皆以内源碳酸盐沉积占优势。中泥盆世末和晚泥盆世早期，沉积分异最显著，可进而分为陆缘碎屑岩区、碳酸盐台地区和台盆—斜坡相区，从而使用的岩石地层名称也各不相同。

湖南石炭系的出露面积约 2×10^4 km^2，占全省面积的 9.5%。上扬子地层分区本系发育不全，多缺失下统，与下伏、上覆地层均为平行不整合接触。其中石门、澧县北部的石炭系仅零星出露，与鄂西相似，本书称石门地层小区，目前仅见金陵组和马平组。沅陵以南，靖县、黔阳、溆浦以西，称怀化小区，仅见上石炭统，有大埔组和马平组。湘中地层分区—桂湘赣地层分区可分为两个小区，益阳、长沙以南和安化、湘乡、衡山以北属安化-浏阳地层小区，不同层位地层多超覆于前泥盆纪地层之上，下统基本上为碎屑岩，自下而上包括尚保冲组、樟树湾组、梓门桥组、大埔组和马平组。安化-浏阳地层小区之南为邵阳-郴州地层小区，石炭系发育齐全，与下伏、上覆地层普遍为整合接触，属湘中地层分区—桂湘赣地层分区的主体部分，自下而上有马栏边组、天鹅坪组、石磴子组、测水组、梓门桥组、大埔组和马平组（图 4-1、图 4-3），它们都向南延伸至粤北和桂北。

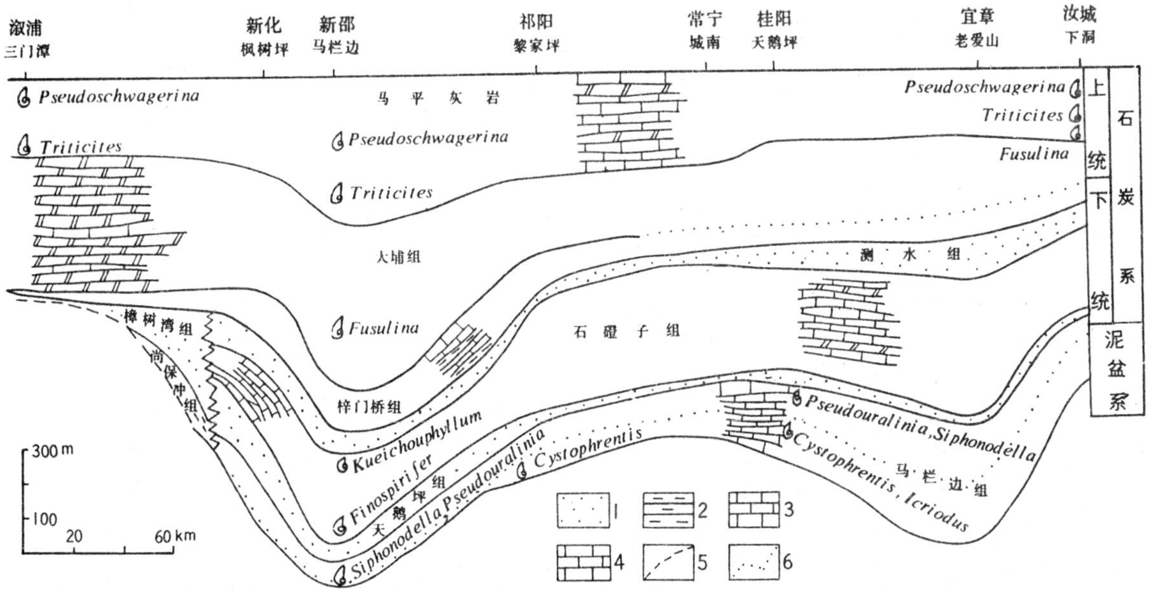

图 4-3　湖南省石炭系横剖面示意图

1. 砂岩、粉砂岩；2. 页岩、泥岩、泥灰岩；3. 灰岩；4. 含燧石团块灰岩；5. 平行不整合界线；6. 年代地层界线；

湖南的二叠纪地层分布广泛。上扬子地层分区可进一步划分为武陵山小区和雪峰山小区，两者大致以临澧—大庸—古丈一线为界。湘中地层分区—桂湘赣地层分区可以大致以北纬 27°40′为界分为安化-浏阳地层小区与邵阳-郴州地层小区。上扬子地层分区本系与下伏地层之间、上统与下统之间都有明显的沉积间断，沉积特征与上扬子区基本相同，以碳酸盐岩沉积为主，总厚 260～560 m。

在湘中地层分区—桂湘赣地层分区的邵阳-郴州地层小区，本系自底至顶基本上为连续沉积，含煤碎屑岩（龙潭组）和硅泥质沉积（孤峰组和大隆组）十分发育，其沉积特征迥异于上扬子地层分区。新化-浏阳地层小区实际上具有湘西与邵阳-郴州地层小区之过渡性质，下统以碳酸盐岩为主，厚度甚大，龙潭组限于上统，厚度大大小于邵阳-郴州小区。湘中地层分区-桂湘赣地层分区本系总厚 400～1900 m，总体自西北向东南增厚。本系岩相分异明显，茅口组与孤峰组，吴家坪灰岩与大隆组属大致同期的异相沉积（图 4-4）。

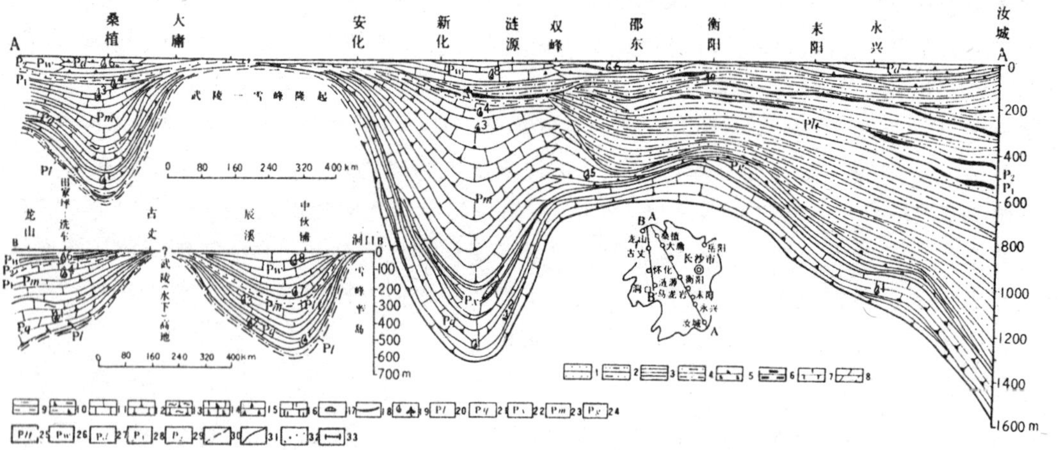

图 4-4　湖南省二叠系横剖面示意图

1. 砂岩；2. 泥质粉砂岩；3. 页岩；4. 砂质页（泥）岩；5. 硅质页岩；6. 碳质页岩；7. 钙质页岩；8. 泥灰岩；9. 泥质灰岩；10. 含硅质泥质灰岩；11. 灰岩；12. 硅质团块灰岩；13. 硅质条带灰岩；14. 硅质灰岩；15. 硅质岩；16. 含白云质灰岩；17. 灰岩凸镜体；18. 煤层；19. 动、植物化石及其编号：①*Schwagerina chilhsiaensis*；②*Schwagerina tschernyschewi*；③*Neoschwagerina*；④*Yabeina-Neomisllina*；⑤*Altudoceras*；⑥*Pseudotirolites*；⑦*Condonofusiella*；⑧*Palaeofusulina*；⑨*Gigantopteris nocotianensis*；20. 梁山组；21. 栖霞组；22. 小江边组；23. 茅口组；24. 孤峰组；25. 龙潭组；26. 吴家坪组；27. 大隆组；28. 下二叠统；29. 上二叠统；30. 平行不整合；31. 岩石地层单位界线；32. 年代地层单位界线；33. 剖面位置

受印支运动影响，我省早、中三叠世地层发育及保存不全。除桑植、石门一带分布较集中外，余则皆为零星散布。出露总面积约占全省面积的 1.43%。据大地构造条件及岩性岩相特征，可分为两个地层区、五个小区。长江、桃江、溆浦、黔阳一线以北为上扬子地层分区，以南为湘中地层分区—桂湘赣地层分区。前者隶属扬子区，下部以台地浅海碳酸盐岩为主，上部为潮坪泻湖相的杂色陆源碎屑岩以及富镁碳酸盐岩，自下而上划分为大冶组、嘉陵江组、巴东组；后者隶属华南区，以陆架浅海碳酸盐岩及陆架陆源碎屑岩为特征，自下而上划分为张家坪组、管子山组、三宝坳组、石镜组。其中上扬子地层分区又据其地层发育程度及岩相特征分为桑植-石门地层小区（下文简称桑石小区）、怀化-靖县地层小区（下文简称怀靖小区）及益阳-岳阳地层小区（以下简称益岳小区）。湘东南区以碳酸盐岩为主体者称湘潭-邵阳-郴州地层小区，以碎屑岩沉积特色者称耒阳-攸县地层小区（图 4-1、图 4-5）。由于早三叠世早期扬子区与华南区在省境为缓坡过渡关系，故除耒阳-攸县地层小区外，大冶组的延伸未受到上述一级分区界线的限制。省内泥盆纪至中三叠世的岩石地层单位及其叠置关系见表 4-1。

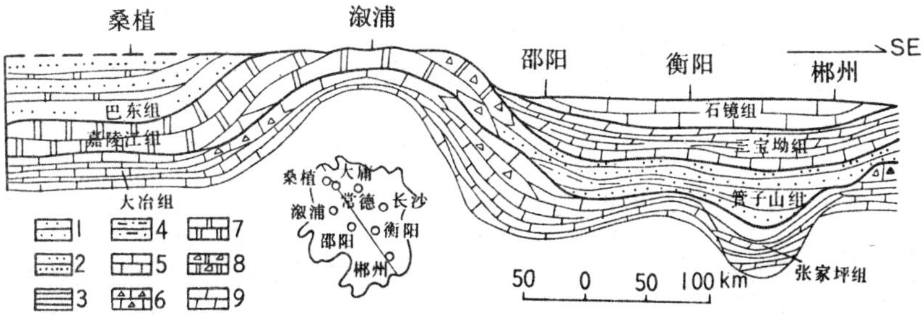

图 4-5　湖南省早—中三叠世岩石地层断面示意图

1. 砂岩；2. 粉砂岩；3. 页岩；4. 粉砂质页岩；5. 灰岩；6. 角砾灰岩；7. 白云岩；8. 角砾白云岩；9. 泥灰岩

表 4-1　湖南省泥盆纪至中三叠世地层多重划分表

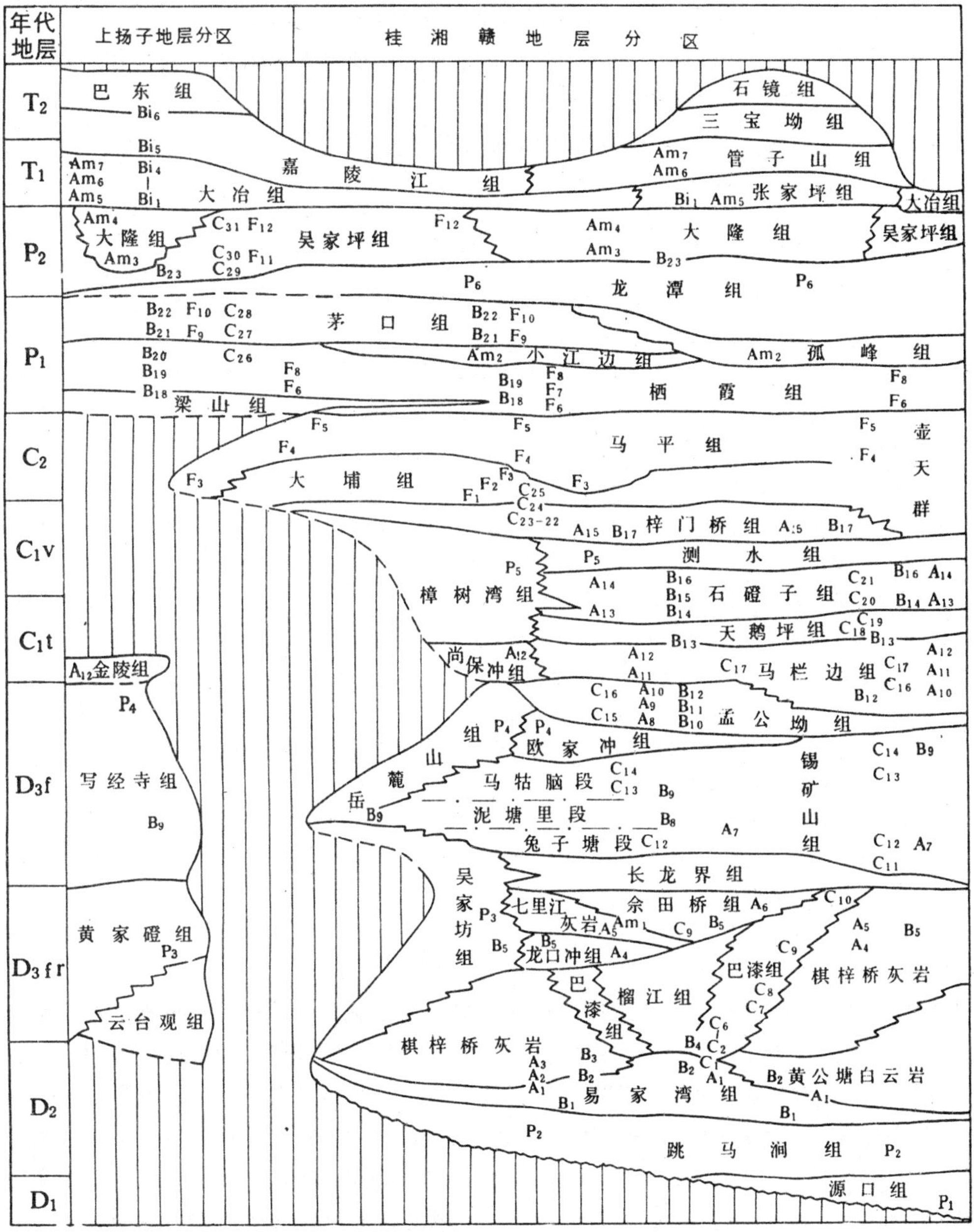

表内生物地层单位说明：A 珊瑚带（序号及带名见正文，下同）；Am 菊石带；B 腕足类带；Bi 双壳类带；C 牙形刺带；F 䗴类带；P 植物组合

第一节　岩石地层单位

源口组　Dy　(6-43-0603)

【创名及原始定义】　1980年余日升[①]根据江永源口水库西侧剖面创源口组一名。其原始定义为：位于前泥盆系不整合面之上，“半山组”之下，岩性以紫红、紫灰色碎屑岩为主，下至底部为灰白色石英砂砾岩、石英砾岩夹砂质页岩，属早泥盆世晚期沉积。

【沿革】　本书沿用源口组一名。

【现在定义】　不整合于前泥盆纪地层之上，整合于跳马涧组之下，下部为灰白、浅灰色石英砾岩、石英砂砾岩夹砂质页岩，往上为紫红色石英砂岩、粉砂岩、泥质粉砂岩、粉砂质泥岩，含植物、叶肢介、双壳类及舌形贝腕足类。

【层型】　正层型为江永县源口水库西侧山脊剖面（G-49-103-C；110°05′，25°00′）（图4-1中①），湖南区测队1979年测制。

源口组	总厚度＞291.6 m
19. 紫红色中厚层泥质石英粉砂岩（未测至顶）	17.8 m
18. 黄灰、黄白色厚层细粒岩屑砂岩	4.0 m
17. 紫红色薄、中层含泥质岩屑细粒石英粉砂岩	11.8 m
16—14. 紫红色中、厚层细—中粒岩屑石英砂岩，顶底为浅灰、灰白色	48.7 m
13—12. 紫红色薄—厚层泥质粉砂岩	52.3 m
11. 灰白色厚、巨厚层粗—中粒含砾石英砂岩	2.4 m
10—8. 紫红色厚、巨厚层细—中粒岩屑石英砂岩夹粉砂质页岩，产植物化石碎片	88.2 m
7. 灰白色厚层砂砾岩	18.8 m
6. 灰白、黄灰色中厚层含砾岩屑石英砂岩	5.9 m
5. 灰白色厚层细、中粒石英砂岩，层间夹灰绿色页岩	25.4 m
4. 灰白色厚、巨厚层砂质砾岩，层间夹灰绿色页岩。产植物化石 *Taeniocrada guangxiensis*	5.4 m
3. 灰白色中、厚层中粒岩屑石英砂岩，层间夹灰绿色页岩。产植物及叶肢介 *Liostheria* sp.，双壳类 *Nuculoidea* sp.	2.3 m
2. 褐灰色巨厚层石英砂砾岩夹粗砂岩	8.6 m
～～～～～ 不 整 合 ～～～～～	
下伏地层：**寒武纪茶园头组**	
1. 浅灰绿色砂质板岩	

【地质特征及区域变化】　此组以紫红色碎屑岩为特征，自下而上由砂砾岩变为砂岩、粉砂岩至粉砂质泥岩，构成一个完整的碎屑岩系列沉积旋回。在分布区西南端江永县源口一带，下部为厚约60 m之灰白色砾岩、砂砾岩夹石英砂岩和少量砂质页岩，往上为厚逾200 m之紫红色砂岩、粉砂岩、泥质粉砂岩夹少量灰白色石英砂岩，总厚300 m左右。由此往东北，底部砾岩显著减少，至宁远县半山水库和双牌县打鼓坪一带，厚仅2 m余，向上几乎全为紫红色砂岩、粉砂岩，总厚亦变薄至120 m左右。区域上其上与跳马涧组整合接触。

本组除正层型剖面的化石外，在该剖面之东约200 m的源口水库东侧公路旁的源口组下

部还产植物化石 *Zosterophyllum* sp.，*Z.* cf. *yunnanicum*，*Psilophyton* sp.，*Emplectophycus yunnanensis*，*Aphyllopteris* sp.，*Hostimella* sp.，*Taeniocrada*? sp.（王根贤等，1979），其时代应属早泥盆世晚期。

跳马涧组 D*t*　（6－43－0604）

【创名及原始定义】 1928年田奇瑰以长沙跳马涧剖面为标准创名跳马涧系。当时认为其底未露出，上覆地层为“岳麓系”，“下部主要为陆成之砂岩及泥质砂岩”，中部为“泥质砂岩及黄色页岩，不产化石，在顶部者为淡黄色与棕色页岩及砂质页岩，产腕足类、瓣鳃类、三叶虫类化石”。

【沿革】 1929年，田奇瑰等“始知跳马涧系包有中上泥盆统”，“爰将跳马涧系范围缩小，专以之代表中泥盆统”。稍后，田奇瑰等（1933）再次缩小跳马涧系的地层范围，明确指出该系不整合于下伏地层之上，按岩性分两部分，下部为砾岩、砂岩夹页岩，产植物及双壳类化石，上部为页岩夹泥质灰岩，富产腕足类，上覆地层为石燕铺系。以后，跳马涧系上部称上跳马涧系，下部称下跳马涧系（田奇瑰，1938；《中国区域地层表（草案）》，1956）。在60—70年代的区域地质调查和其他地质工作中，普遍改称跳马涧组，并限制其仅指“下跳马涧系”。1978年，赵汝旋等正式将“跳马涧组的含义修改为专指下跳马涧系中的含中华沟鳞鱼和鳞木化石的紫红色砂岩和砾岩”，并以长沙跳马涧大屋湾剖面为例予以说明，“上跳马涧系”则划归棋梓桥组。赵汝旋等（1978）还将湘、桂边境一带跳马涧组下部属下泥盆统的地层单独分出，但未命名；并认为湘中南大部分地区的跳马涧组下部的岩性和植物化石群与其上部不同，属中泥盆统下部，命名为“下组”。这样，传统的跳马涧组就被一分为三。余日升1980年则以江永县源口剖面为标准，将属下泥盆统的碎屑岩命名为源口组；以宁远县半山水库剖面为标准，将赵汝旋等的“下组”重新命名为“半山组”。鉴于“半山组”与其上的跳马涧组并无明显区别，加之目前对“半山组”的使用和理解也比较混乱。因此，本书不采用该名，其有关地层仍划归跳马涧组。至于源口组，因岩性特征稳定，与上覆跳马涧组易于区别，又有明确的分布范围，且具较重要的地质意义，故仍予保留。

【现在定义】 不整合于板溪群之上，整合于易家湾组之下，岩性为紫红色、灰白色石英砂岩、砾岩、粉砂岩、泥质粉砂岩及砂质页岩，富产植物及鱼类化石。

【层型】 正层型在长沙跳马涧镇，因露头较差和构造问题研究不详，可以跳马涧镇西南约2 km的大屋湾次层型剖面（H－49－143－C；113°05′，28°01′）（图4－1中②）为代表，该剖面系湖南区测队1975年测制，后经赵汝旋等修改（1978）。

上覆地层：易家湾组

25. 粉砂质泥灰岩、泥岩。产腕足类 *Schizophoria excellena kansuensis*，*Altiplecus tieni*

——————— 整　合 ———————

跳马涧组　总厚度 165.9 m

24. 灰色、微紫红色薄层细砂岩　3.4 m

23. 紫红色中、厚层砂质泥岩，下部夹一层厚 0.3 m 的紫红色泥质细砂岩。富产鱼化石 *Hunanolepis tieni*，*Bothriolepis sinensis*　9.8 m

22. 紫红色中、厚层泥质细砂岩，层间夹砂质泥岩　2.1 m

21. 紫红色厚层状砂质泥岩，夹一层 0.3 m 厚泥质细砂岩　16.2 m

20. 深灰色、风化为灰白色含粉砂质板状页岩。产鱼类 *Bothriolepis* sp.，*Hunanolepis*

tieni；植物 *Sublepidodendron* sp.；双壳类 *Prothyris* cf. *lanceolata*，*Glossites brevis* 2.2 m

19. 紫红色薄层砂质泥岩夹少量泥质细砂岩。产鱼类 *Bothriolepis sinensis*，*Hunanolepis tieni*；双壳类 *Glassites* sp. 22.1 m

18. 紫红色薄层泥质细砂岩夹薄层砂质泥岩 1.8 m

17. 紫红色薄、中层砂质泥岩夹少量泥质细砂岩。产植物 *Lepidodendropsis* sp.，*Sublepidodendron* sp.，*Lepidodendron* sp.；双壳类 *Glossites langa* 7.1 m

16. 紫红色薄层泥质细砂岩夹砂质泥岩 5.3 m

15. 紫红色薄层砂质泥岩。产植物化石 *Lepidodendron* sp. 8.0 m

14. 紫红色薄、中层泥质细砂岩夹砂质泥岩 1.3 m

13. 紫红色薄、中层砂质泥岩 9.1 m

12. 灰黄、灰白色薄、中层石英砂岩，偶夹砂质页岩。产植物化石碎片 6.8 m

11. 灰白色块状石英砾岩 13.6 m

10. 浅灰色砂质页岩。产植物化石 *Taeniocrada*? sp.，*Lepidodendropsis* sp. 27 m

9. 灰白色中、厚层石英砾岩夹灰黄色石英砂岩 5.4 m

8. 灰白色厚层石英砂岩 3.6 m

7. 灰黄、灰白色薄层石英砂岩夹砂质页岩 1.8 m

6. 灰白色砂质页岩 1.3 m

5. 灰黄色中、厚层石英砂岩 5.1 m

4. 灰白色砂质页岩夹二层薄层粉砂岩。含植物化石碎片 1.1 m

3. 灰黄、灰白色中、厚层石英砂岩 2.2 m

2. 灰白色中、厚层含长石石英粉砂岩夹砂质页岩。产植物化石 *Lepidodendropsis* sp.，*L. arborescens*，*Taeniocrada* sp. 2.4 m

1. 灰白色块状石英砾岩 7.2 m

~~~~~~~~~~ 不 整 合 ~~~~~~~~~~

下伏地层：板溪群五强溪组

0. 条带状板岩

【地质特征及区域变化】 本组广泛分布于湘中南地区，并延至赣西、粤北和桂北。

在湘南与广西毗邻的江永、江华、道县、双牌、宁远一带，跳马涧组整合于源口组之上，其余各地均与前泥盆纪地层呈高角度不整合接触，岩性主要为紫红色夹灰白色陆源碎屑岩。在沉积盆地的边缘地区，如新化、涟源、双峰以北及汝城、桂东等地，可以长沙跳马涧大屋湾剖面为代表。它只包括一个较大的沉积旋回：下部为灰、灰白色石英砾岩、石英砂岩；上部为紫红色砂质泥岩、砂质页岩、泥质粉砂岩夹细砂岩，普遍富产鱼类、植物、双壳类和无铰纲腕足类。厚一般 100～250 m，最薄仅 20 m。湘中、湘南大多数地区，跳马涧组由两个较大的沉积旋回组成，可以新邵县新田铺镇雷公脊剖面（唐晓珊，1986）为代表：下旋回下部为浅灰、灰白色、紫红色石英砾岩、砂砾岩、石英砂岩夹少量砂质页岩，上部为紫红色泥质粉砂岩、粉砂质泥岩夹石英砂岩，含豆状赤铁矿多层，仅见植物化石，厚 551 m；上旋回下部为灰白色石英砂岩夹含砾砂岩、粉砂岩，上部为砂质页岩夹石英砂岩，产鱼类、双壳类、植物化石，厚 146 m。可以认为，这些地区的上旋回地层在层位上应大体相当于跳马涧地区的跳马涧组。各地岩性与此大同小异，厚度一般 200～500 m。本组的上覆地层在不同地方分别为易家湾组、棋梓桥灰岩或黄公塘白云岩。

本组下部产植物化石 *Protopteridium*，*Psilophyton*，*Protolepidodendron*，*Barrandeina*、
~~~~~~~~~~

Hostimella 等；上部产鱼类 *Bothriolepis sinensis*，*Hunanolepis tieni*；双壳类 *Glossites*，*Mytilarca*，*Palaeoneilo*，*Paracyclas*，*Actinopteria*，*Tanodon* 等；植物 *Lepidodendropsis*，*Sublepidodendron*，*Platyphyllum*，*Taeniocroda*，*Psilophyton*，*Protolepidodendron* 等。关于跳马涧组的时代，目前认识已趋一致，普遍认为属中泥盆世早期，由于其中缺少可作详细对比的化石材料，因而其穿时性有待进一步研究。

易家湾组 Dyj （6－43－0605）

【创名及原始定义】 1938年田奇瑪创建易家湾页岩，命名地点在湘潭易家湾（113°00′，27°54′）。指跳马涧组之上、棋梓桥灰岩之下的一套以页岩为主的地层。

【沿革】 中国地质学编辑委员会和中国科学院地质研究所（1956）合称易家湾页岩和棋梓桥灰岩为棋梓桥组。潘江（1956）、王钰等（1962）认为易家湾页岩与棋梓桥灰岩系相变关系，将二者合为一个地层单位，总称棋梓桥组。赵汝旋等（1978）实地考察了湘潭易家湾，赞同潘江、王钰等的意见。湖南区调队②（1986）创名沙河组，代表中泥盆世晚期以页岩、泥灰岩为主的地层；命名茅冲组代表湘中北部同期以泥灰岩、页岩为主夹砂岩、粉砂岩的地层；并认为易家湾页岩与棋梓桥灰岩呈明显的上、下关系，仍总称棋梓桥组。谭正修等（1987）则将跳马涧组之上、棋梓桥灰岩之下的页岩、泥灰岩夹灰岩命名为巨口铺组。实际上，易家湾组与棋梓桥灰岩既有上、下关系，又有横向相变关系，本书恢复易家湾组一名。沙河组、茅冲组和巨口铺组为该组同物异名，省内停用。

【现在定义】 整合于跳马涧组之上、榴江组之下，以泥灰岩、页岩为主，夹泥质灰岩、生物屑灰岩和少量钙质粉砂岩，富产腕足类、双壳类和珊瑚。

【层型】 田奇瑪创名时未指定命名剖面，而在其标准地点湘潭易家湾附近露头极差，不能测制剖面。本次对比研究指定涟源县茅塘乡沙河剖面为选层型（G－49－20－B；111°46′，27°34′）（图4－1中③），为湖南区测队1977年测制，后经赵汝旋修改（1978）。

上覆地层：榴江组

17. 黑、灰黑色薄层含白云质碳泥质灰岩与含碳泥灰岩互层，风化后呈紫红色。产腕足类 *Ilmenia sinensis*，*Schizophoria kansuensis*，*S. striatula*，*Desquamatia* sp.，*Stringocephalus*? sp. 20 m

——————整　合——————

易家湾组 总厚度 198.9 m

16. 暗灰色中—厚层含白云质灰岩夹少量泥灰岩和瘤状泥质灰岩。产腕足类 *Desquamatia hunanensis*，*Meristella tiaomachienensis*，*Leiorhynchus obesa*；珊瑚 *Temnophyllum leei*，*Alveolites* sp.，*Scoliopora* sp.，*S. denticulata* 25.6 m

15. 暗灰色泥灰岩，上部夹中层泥质灰岩。产腕足类 *Altiplecus tieni*，*Productellana* sp.，*Desquamatia* sp.；双壳类 *Limoptera* sp. 17.8 m

14. 暗灰色泥灰岩夹薄—中层泥质灰岩。产腕足类 *Desquamatia kansuensis*；珊瑚 *Sunophyllum phacelloides*，*Endophyllum xiangxiangense*，*Disphyllum* sp.；双壳类 *Limoptera* sp.，*Palaeoneilo* sp.，*Similoconcha* cf. *symmetrica* 21.6 m

13. 深灰色中—厚层状生物碎屑灰岩与暗灰色泥灰岩互层。产腕足类 *Desquamatia* cf. *peshiensis*，*Schizophoria* sp.；珊瑚 *Hexagonaria* cf. *simplex*；双壳类 *Limoptera nodosa* 1.3 m

12. 暗灰色中—厚层泥灰岩夹中层灰岩。产腕足类 *Schizophoria excellens*, *Meristella hunanensis*；珊瑚 *Hexagonaria* cf., *simplex*, *Temnophyllum waltheri* 38.7 m

11. 暗灰色钙质泥岩 14.4 m

10. 深灰色厚层钙质粉砂岩。产腕足类 *Emanuella transversa* 31.0 m

9. 暗灰色薄—厚层状泥灰岩夹少量泥质灰岩及其凸镜体。产腕足类 *Emanuella* sp. 11.9 m

8. 深灰色中—厚层灰岩、瘤状泥质灰岩夹泥灰岩。产腕足类 *Desquamatia hunanensis* 7.7 m

7. 暗灰色中—厚层泥灰岩夹泥质灰岩。产双壳类 *Ptychopteria* sp. 8.7m

6. 黄、黄灰色页岩，夹少量泥质灰岩凸镜体，产腕足类 *Chonetes supragibbosa*, *Emanuella* sp.；双壳类 *Ptychopteria* (*Actinopteria*) *hunanensis*, *Cypricardinia*? sp. 31.2 m

———— 整　合 ————

下伏地层：跳马涧组

5. 暗灰色中层泥质粉砂岩 20 m

【地质特征及区域变化】 本组下伏地层为跳马涧组，上覆地层为榴江组或巴漆组或棋梓桥灰岩或黄公塘白云岩或吴家坊组。岩性以页岩、泥灰岩为特征，由下而上泥质减少，钙质增加。其下部为页岩、粉砂质页岩、泥灰岩夹少量泥质灰岩或其凸镜体，上部为泥质灰岩夹灰岩或为二者互层。总体来说，当其上覆地层为棋梓桥灰岩或黄公塘白云岩时，上部的泥质灰岩、生物屑灰岩夹层较多，有时甚至以灰岩为主夹泥灰岩，时限范围较短，厚度亦较小，一般数十米至 100 余米，在湘南部分地区，甚至完全尖灭。如邵东县马鞍山剖面，其上部为灰岩与泥灰岩互层，总厚 116 m，在涟源市雷鸣桥，厚 64 m，在湘乡棋梓桥仅 20 余米。当其上覆地层以泥质岩为主时，灰岩夹层相对较小，时限范围较长，厚度亦增大。如长沙跳马涧，本组以泥灰岩、泥岩为主，仅上部夹少量泥质灰岩，厚达 537 m，涟源沙河较薄，但仍近 200 m。在靠近古陆的边缘地区，如浏阳茅冲等地，夹有或多或少的粉砂岩、砂岩，但仍以泥质岩为主。

本组化石十分丰富，尤以腕足类为最，其下部属 *Chonetes supragibbosa* 组合带，上部为 *Stringocephalus* 组合带，珊瑚属 *Endophyllum* - *Stringophyllum* 组合带，此外，尚有双壳类、海百合茎、层孔虫 苔藓虫、轮藻、竹节石等。根据上述化石，时代应属中泥盆世晚期，但长沙跳马涧等地，此组顶部尚有腕足类 *Hypothyridina* 等，可能略高于中泥盆统顶界。

本组以广海陆架沉积为主，上部包括部分台盆相沉积。

棋梓桥灰岩 *Dq* (6-43-0606)

【创名及原始定义】 1933 年田奇㻪等以湘乡棋梓桥镇万罗山剖面为标准创名棋梓桥灰岩。他们指出“棋梓桥灰岩……在湘乡县属之棋梓桥、田心街及界岭西北五里，通体悉为灰岩，厚达三百公尺，其露头以棋梓桥附近最佳，故是以命名之”，其时代属中泥盆世。

【沿革】 1938 年，田奇㻪建立棋梓桥系，包括下部易家湾页岩和上部棋梓桥灰岩。中国地质学编辑委员会和中国科学院地质研究所（1956）改称棋梓桥组。潘江（1958）、王钰等（1962）、赵汝旋等（1978）认为棋梓桥灰岩与易家湾页岩是同期异相沉积，总称二者为棋梓桥组。显然，此时的棋梓桥组在横向上包括不同相区的不同类型沉积，在纵向包括岩性、岩相差异显著的上、下两部分。姜水根（1983）以珊瑚 *Grypophyllum mackenziense* 带为上泥盆统底部标志，将棋梓桥灰岩一分为二，属上泥盆统的部分命名为马鞍山组，下部则仍称棋梓桥组。湖南区调队②1986 年将棋梓桥组的使用范围限制在中泥盆世的碳酸盐台地沉积，同期的台盆相以泥质岩为主的地层则另名沙河组。谭正修等（1987）按地层多重划分原则，恢复了田奇瑪等（1933、1938）在标准地点给棋梓桥灰岩下的定义，只包括易家湾页岩之上的一大套连续沉积的碳酸盐岩，并认为该灰岩具有明显的穿时性，其顶、底界的时代因地而异，最大时代范围包括中泥盆统上部和上泥盆统 Frasnian 之和。本书采纳这一意见。马鞍山组只相当于棋梓桥灰岩的上部，省内停用。

【现在定义】 整合于易家湾组之上、龙口冲组之下，岩性以厚至巨厚层灰岩为主夹白云质灰岩和少量白云岩，富产珊瑚、层孔虫、腕足类等底栖生物化石。

【层型】 正层型为湘乡棋梓桥镇万罗山剖面（G－49－9－C；112°13′，27°44′）（图 4－1 中④），胡兆珣和邓占球于 1965 年重测，后经姜水根（1983）、谭正修等（1987）补充。

上覆地层：**龙口冲组**

12. 风化后为土黄色中、厚层石英砂岩与泥质粉砂岩互层，底部为泥质岩和泥灰岩 48.8 m

——————— 整　合 ———————

棋梓桥灰岩 总厚度 367.8 m

11. 灰、浅灰色厚层灰岩，偶夹褐灰色泥质灰岩。产珊瑚 *Thamnopora* sp.，*Disphyllum* sp.，*Hexagonaria* sp.；层孔虫 *Amphipora* sp.；牙形刺 *Polygnathus* sp.，*Spatognathodus strigosus*，*Hindeodella* sp. 22.4 m

10. 深灰、灰黑色巨厚层灰岩，富含层孔虫。产珊瑚 *Alaiophyllum xiangxiangense* 100.0 m

9. 深灰、灰黑色厚层灰岩。产珊瑚 *Pseudozaphrentis*? sp.；层孔虫 *Stictostroma xiangzhouense*，*Actinostroma petrovi*，*Stromatopora shaoyangensis*，*Fenestromatopora conferta*，*Stachyodes radiata*，*Hermatostroma* sp.，*Paramphipora* sp. 43.9 m

8. 灰黑色中、厚层含泥质灰岩，层间偶夹少量钙质页岩。产腕足类 *Emanuella* sp.，*Ilmenia sinensis* 等及层孔虫、螺类 10.7 m

7. 深灰、灰黑色厚层灰岩 30.1 m

6. 浅灰—深灰色中、厚层灰岩，含少量燧石团块，夹数层中层白云质灰岩。产珊瑚 *Grypophyllum* sp. 及层孔虫 132.3 m

5. 深灰、灰黑色厚、巨厚层白云岩和白云质灰岩，含燧石团块。产珊瑚 *Hexagonaria* sp.，*Sociophyllum* sp. 及层孔虫 22.8 m

4. 灰、深灰色薄、中层泥质灰岩。产珊瑚 *Endophyllum yunnanense*，*E. guizhouense*，*Sunophyllum* sp.，*Stringophyllum isactus*，*Hexagonaria* sp.，*Thamnopora* sp.，*Cladopora* sp.，*Alveolties* sp. 5.6 m

——————— 整　合 ———————

下伏地层：**易家湾组**

3—1. 灰黑色钙质页岩夹薄层泥质灰岩。产腕足类 *Stringocephalus* sp. 18.8 m

【地质特征及区域变化】 本组广泛分布于湘中南地区碳酸盐台地相区，并延至赣西、粤北和桂东北，是铅、锌、黄铁矿等重要层控矿产赋存层位。棋梓桥灰岩代表中泥盆世晚期至晚泥盆世早期时限不等的碳酸盐台地相沉积，由于沉积作用的不均衡性，各地碳酸盐台地形成和消失的时间不一，延限的时间也有长短，因而其穿时性和厚度变化是十分显著的。

在标准地点湘乡棋梓桥及涟源雷鸣桥、安化青山冲一线，本组为厚、巨厚层灰岩，夹少量白云质灰岩和白云岩，厚度分别为 358 m、552 m 和 666 m。下伏地层为易家湾页岩，上覆地层为龙口冲组或吴家坊组。在这些地方，其上部产牙形刺 *Spathognathodus strigosus*；珊瑚

Pseudozaphrentis ? sp. 等，且其上覆地层之底部产腕足类 *Cyrtospirifer sinensis* 等，故其顶部可能已跨越中、上泥盆统界线。在新邵县大坝口剖面等地，为厚、巨厚层灰岩、白云质灰岩夹少量白云岩，厚200余米，其上覆地层巴漆组下部约有30 m厚地层属牙形刺 *Schmidtognathus hermanni* – *Polygnathus cristatus* 带和 *Klapperia disparilis* 带，无疑为中泥盆统，因此，这里的棋梓桥灰岩之顶低于中泥盆统顶界。在冷水江市锡矿山、禾青，新邵县铜柱滩、严塘，醴陵小洞，浏阳高坪等地，亦为厚、巨厚层灰岩夹少量白云岩，厚300～800 m。其上覆地层为佘田桥组，属上泥盆统 Frasnian 上部。因此，这些地方的棋梓桥灰岩延续至 Frasnian 中部。在邵东县马鞍山、祁阳县黎家坪、新田县黄公塘及湘南大多数地方，为厚、巨厚层灰岩夹白云质灰岩和少量白云岩，厚500～1 000 m。下伏地层为易家湾组或黄公塘白云岩，少数地方直接覆于跳马涧组之上，上覆地层均为长龙界组。其中富产上泥盆统上部法门阶的标准化石：*Yunnanellina*，*Yunnanella*，*Cyrtiopsis* 等。因此，这些地方棋梓桥灰岩之顶已达 Frasnian 顶界。在靠近台盆或斜坡相沉积的少数地方，如新邵县巨口铺镇寺脚下，本组中、下部夹数十米之灰黑色薄、中层泥晶灰岩，部分含硅质岩团块和条带，富产牙形刺、竹节石和小咀贝类腕足，具巴漆组的特征，但延伸数百米即为厚、巨厚层灰岩所替代。在靠近古陆的宁乡县崔坪一带，本组夹少量粉砂岩和砂岩，厚约200 m。

综上所述，棋梓桥灰岩是一个岩性相当单调的明显的穿时地质体。

【讨论】 本组创名时称"棋子桥灰岩"，与其命名地湘乡棋梓桥有一字之别，即棋梓桥之误。赵汝旋等（1974、1978）将"棋子桥组"更正为"棋梓桥组"，符合《地层规范草案及地层规范草案说明书》（1960）的有关规定，本书亦予采纳。

黄公塘白云岩 D*h* （6－43－0607）

【创名及原始定义】 黄惟沛等③1990年根据新田黄公塘剖面创名。定义为易家湾组和棋梓桥灰岩之间"由白云岩组成的地层"。

【沿革】 本书沿用黄公塘白云岩一名

【现在定义】 整合于易家湾组之上、棋梓桥灰岩之下，岩性以厚层至巨厚层白云岩为主，夹灰岩和白云质灰岩，含层孔虫、珊瑚、腕足类等化石。

【层型】 正层型为新田县黄公塘剖面（G－49－81－A；112°09′，26°00′）（图4－1中⑤），湖南区测队1970年测制。

上覆地层：**棋梓桥灰岩**

14. 灰色厚层泥晶灰岩。产腕足类 *Ilmenia* sp.	20 m

——————整　合——————

黄公塘白云岩	总厚度 234.4 m
13. 浅灰色厚层粗晶白云岩	6.5 m
12. 深灰色厚层白云质灰岩。产腕足类 *Ilmenia* sp.，*Chonetes* sp.；层孔虫 *Amphipora ramosa*	8.2 m
11. 灰色厚层细晶白云岩。含层孔虫及腕足类	164 m
10. 肉红色、青灰色厚层细晶白云岩，偶夹灰岩凸镜体。产腕足类 *Ilmenia* sp.，*Desquamatia* sp.；珊瑚 *Temnophyllum* sp.，*Grypophyllum* sp.	41.2 m
9. 灰、深灰色厚层含生物屑泥质灰岩。产珊瑚 *Temnophyllum* sp.，*Stringophyllum* sp.，*Hexagonaria* sp.	7.0 m

8. 灰色中、厚层泥晶灰岩。产珊瑚 *Stringophyllum semiseptatum*，*Sunophyllum* sp.，*Hexagonaria* sp.，*Temnophyllum* sp. 7.5 m

——————— 整　合 ———————

下伏地层：**易家湾组**

7. 灰黑色页岩夹泥质灰岩 20 m

【地质特征及区域变化】 黄公塘白云岩主要分布于湖南碳酸盐岩台地相区，岩性单一，特征稳定，各地均以厚层、巨厚层白云岩为主，并不同程度地夹白云质灰岩和生物屑泥晶灰岩，属局限台地相沉积，与其下伏、上覆地层岩性迥异，极易区分。下伏地层在大多数地方为易家湾组，少数地方，如新宁依山铺、桂阳泗洲山西翼等地，易家湾组完全尖灭，黄公塘白云岩直接覆于跳马涧组之上。上覆地层则多系棋梓桥灰岩，在嘉禾石古元、临武香花岭等地则为巴漆组。厚度变化较大，具西南厚、东北薄的变化趋势，多在100～300 m之间。

湘中和湘南东部的棋梓桥灰岩中或多或少地夹白云岩，但厚度不大，多在30 m以下，且不稳定，不宜单独分出。棋梓桥灰岩与黄公塘白云岩在横向上呈相变关系，当以灰岩为主时称前者，当以白云岩为主时称后者，当二者都存在时，一般前者在上，后者在下。

黄公塘白云岩所含化石与棋梓桥灰岩下部相似，属珊瑚 *Endophyllum* - *Stringophyllum* 带，其时代当为中泥盆世晚期。但因其上部化石极少，部分地方是否延至上统，尚不得而知。

巴漆组　*Db*　（6 - 43 - 0608）

【创名及原始定义】 原称巴漆段，白顺良等于1979年创名于广西象州大乐乡巴漆村。该组“在象州大乐中、上泥盆统沉积是连续的，其中有26米厚的过渡层，称巴漆段”，其岩性为深灰色薄层状灰岩夹硅质岩、燧石条带。

【沿革】 湖南的中泥盆世晚期和晚泥盆世早期的斜坡至台盆相区，普遍发育一套以薄、中层灰岩为主夹硅质岩团块和条带的地层，传统上多按当时认识的地质时代而划归佘田桥组底部（赵汝旋等，1978；湖南省地质矿产局，1988）。景元家④（1983）以新邵县巨口铺镇定河冲剖面为标准创名定河冲硅质岩，专指这套地层底部10余米厚硅质岩条带比较集中的部分。谭正修等（1987）沿用定河冲组，并将此组之上以薄、中层灰岩为主的200余米厚地层命名为新邵组，并指出“在部分地区，定河冲组硅质岩不发育，相变为新邵组，在这些地方，新邵组直接覆于沙河组之上”。鉴于新邵组的薄层灰岩亦夹有或多或少的硅质团块和条带，谭正修等⑤（1992）指出从总体情况来看，并考虑到使用方便，还是称定河冲段好，并作为新邵组的一部分。从目前掌握的资料考虑，新邵组无论是岩性、岩相特征，还是古生物面貌或年代地层位置，都与广西的巴漆组十分相似，且后者命名较早，故本书引入巴漆组一名代表这套地层，新邵组则为同物异名，省内停止使用。

【现在定义】 指整合于东岗岭组与融县组之间的地层，以深灰色薄层灰岩夹燧石条带为特征。其下与东岗岭组灰色中厚层状灰岩分界，上与融县组灰色厚层灰岩分界。在湖南整合于黄公塘白云岩之上、榴江组之下，以薄、中层灰岩为主，夹少量页岩、硅质岩团块和条带，产牙形刺、竹节石、腕足类等。

【层型】 次层型为嘉禾县石古元水库剖面（G - 49 - 93 - B；112°20′，25°27′）（图4 - 1中⑥），湖南区调所1991年测制。

上覆地层：榴江组

33. 深灰、灰黑色薄层粉砂质泥灰岩夹薄层硅质岩 5 m

——————整　合——————

巴漆组 总厚度 230.2 m

32. 灰黑色薄、中层泥质灰岩夹泥灰岩。产竹节石 *Styliolina* sp. 40.0m

31. 灰黑色薄、中层含泥质砂岩。产竹节石 *Styliolina* sp. 13.1 m

30. 灰黑薄、中层生物屑粉晶灰岩 4.4 m

29. 深灰、灰黑色中层生物屑粉晶泥质灰岩，产竹节石 3.3 m

28. 深灰、灰黑色中层泥质灰岩夹泥灰岩，产竹节石 17.0 m

27. 深灰、灰黑色中层粉晶白云质灰岩与页岩互层 15.1 m

26. 深灰、灰黑色中层泥质灰岩 4.3 m

25. 灰黑、深灰色薄、中层粉晶泥质灰岩与泥灰岩互层。产竹节石 *Styliolina* sp. 3.0 m

24. 灰黄色泥灰岩，含大量硅质团块和条带，夹灰岩透镜体 8.6 m

23. 灰黑、深灰色薄、中层生物屑粉晶泥质灰岩与泥灰岩互层、局部夹硅质岩团块和条带 9.9 m

22. 深灰、灰黑色中层粉晶灰岩，夹大量硅质岩团块和条带 6.0 m

21. 灰黑色泥、粉晶灰岩夹硅质岩 19.8 m

20. 灰、灰黑色厚层粉晶含云质灰岩。产牙形刺 *Polygnathus* sp. 23.1m

19. 深灰、灰黑色厚层藻屑粉晶灰岩。产牙形刺 *Polygnathus normalis*，*Hindeodella* sp. 8.3 m

18. 深灰色薄层泥质灰岩 2.5 m

17. 灰、深灰色薄层粉晶云质灰岩 3.0 m

16. 灰黑色中层粉晶含泥质灰岩。产牙形刺 *Ozarkodina* sp.；竹节石 *Styliolina* sp. 3.8 m

15. 灰色厚层泥晶灰岩。产腕足类 *Leiorhynchus* sp.；螺 *Euomophalus* sp. 11.9 m

14. 灰色中层泥晶灰岩。产腕足类 *Leiorhynchus* sp.；珊瑚 *Coenites* sp；牙形刺 *Hindeodella* sp. 2.6m

13. 灰、深灰色厚层含生物屑泥晶含云质灰岩，含少量硅质岩团块和条带。产牙形刺 *Homoctenus* sp.；竹节石 *Styliolina* sp. 24.4 m

12. 深灰、灰黑色中层泥晶灰岩。产竹节石 *Nowakia* sp.，*Styliolina* sp. 4.3 m

11. 深灰、灰黑色厚层泥晶灰岩。产珊瑚 *Temnophyllum* sp.；竹节石 *Styliolina* sp. 1.9 m

——————整　合——————

下伏地层：黄公塘白云岩

10. 灰黑色中层粉晶白云岩。产腕足类 *Leiorhynchus* sp.，*Emanuella* sp.；竹节石 *Nowakia* sp.，*Styliolina* sp. 4 m

【地质特征及区域变化】　本组以薄、中层灰岩为主，但各地岩性有所变化。上述嘉禾石古元剖面底部为中、厚层灰岩，向上变为以薄层灰岩为主，夹硅质岩团块和条带，上部夹泥灰岩。化石主要为竹节石和牙形刺，腕足类和珊瑚仅见于底部，厚 210.4 m。往东至临武香花岭，本组位于黄公塘白云岩和锡矿山组之间，以薄、中层灰岩为主，夹少量泥灰岩和多层砾屑灰岩（竹叶状灰岩），局部夹硅质岩团块和条带，化石以牙形刺为主，腕足类和珊瑚稀少，厚 279.8 m。往北至新邵大坝口，下部以薄、中层灰岩为主，夹少量砾屑灰岩及泥灰岩，并部分含碳质；上部为中、厚层灰岩，其中下部含较多硅质岩团块和条带，往上减少；富产竹节石、牙形刺和小咀贝类腕足，厚 255.7 m，下伏棋梓桥灰岩，上覆龙口冲组。新化西河一带，岩性与新邵大坝口类似，但夹较多的砾屑灰岩，且不产竹节石而富产牙形刺、珊瑚及小咀贝类腕足，厚度在 110 m 以上。在安化县清塘铺一带，本组夹相当多的灰黑色泥灰岩或页岩，仅偶夹硅质岩团块和条带，化石以腕足类为主，牙形刺也较丰富，竹节石和珊瑚偶尔见及，厚239.2 m，下伏易家湾组，上覆龙口冲组。

本组亦具明显的穿时性，在安化清塘铺，其底部为牙形刺 *Mesotaxis asymmetrica* 带，属上泥盆统之底，因此这里的巴漆组底界与上泥盆统底界大体一致。在新邵大坝口，由下而上包括牙形刺 *Schmidtognathus hermanni* - *Polygnathus cristatus* 带、*Klapperia disparilis* 带、*Mesotaxis asymmetrica* 带、*A. triangularis* 带和 *gigas* 带。其中，前二带属中统，后三带属上统，而上泥盆统底部的标志分子 *Ancyrodella ratundiloba* 的首次出现高于本组底界约 30 m 处，故此处的巴漆组下部属中泥盆统无疑。在新化西河，此组之底界已达牙形刺中 *Mesotaxis asymmetrica* 带，稍高于上泥盆统的底界。至于顶界，清塘铺、大坝口等地，上覆龙口冲组，离 Frasnian 之顶尚有很大距离。石古元剖面上覆榴江组，也未达 Frasnian 之顶。但在临武香花岭剖面，此组顶部为牙形刺 *linguiformis* 带，属 Frasnian 之顶，而上覆锡矿山组底部为 *P. triangularis* 带，属 Famennian 之底，故巴漆组顶界与 Frasnian/Famennian 界线基本一致。所以，巴漆组的顶界也是穿时的。本组的最大时限为中泥盆统顶部至上泥盆统 Frasnian 顶部。

榴江组　D*l*　(6-43-0609)

【创名及原始定义】　原称榴江系。冯景兰等（1929）在广西鹿寨县寨沙镇（旧榴江县城）创名。"岩性为绿色及红色页岩及其中所夹之扁豆状石灰岩等岩层，下与金竹坳砂岩或四排页岩相接，上与块状石灰岩相接"。在"扁豆状灰岩"中找到 *Stringocephalus burtini* 等，时代定为中泥盆世。

【沿革】　中泥盆世末到晚泥盆世早期，湘中南的台盆相区普遍发育一套以灰黑色薄层硅质岩、泥灰岩、硅质页岩、页岩为主的地层，以前一般将其划归佘田桥下部（赵汝旋等，1978；湖南省地质矿产局，1988）。柳祖汉（1987）以邵东县佘田桥自发堂—造仁堂剖面为标准，将这套地层命名为自发堂组。广西这一时期的台盆相沉积比较发育，向北东分两支分别从城步、武岗和兰山、嘉禾延伸至湖南境内。鉴于岩性、岩相、化石特征及年代地层位置的相似性和地理上的毗邻，本书引人广西的榴江组一名代表这套沉积。自发堂组系本组的同物异名，省内停用。

【现在定义】　指整合于东岗岭组之上、五指山组之下的一套以灰黑—棕色薄层硅质岩、硅质泥岩为特征的岩层。下以泥晶灰岩的消失或硅质岩的出现与东岗岭组分界；上以硅质岩的消失或扁豆状灰岩的出现与五指山组分界。在湖南整合于巴漆组之上、七里江灰岩之下，岩性以深灰、灰黑色薄层硅质岩、页岩为主，夹薄层灰岩、泥质灰岩，产牙形刺、竹节石等。

【层型】　次层型为嘉禾县石古元水库剖面（G-49-93-B；112°20′，25°27′）（图 4-1 中⑥），湖南区调所 1991 年测制。

榴江组	总厚度＞382.9 m
47. 灰黑色薄层粉晶灰岩夹泥灰岩。产牙形刺 *Hindeodella subtilis*（未见顶）	＞27.8 m
46. 灰色中层粉晶含铁泥质灰岩	6.6 m
45. 灰、深灰色薄层粉晶粒屑灰岩。产牙形刺 *Polygnathus* sp.	16.0 m
44. 深灰、灰黑色泥晶粉晶灰岩夹硅质岩团块和条带。产牙形刺 *Palmatolepis quadrantinodosalobata*	40.2 m
43. 浅黄、粉红色（风化色）粉砂质板状页岩	23.5 m
42. 灰黑色中层硅质岩夹薄层粉晶灰岩。产竹节石 *Styliolina* sp.	31.5m

41. 灰黑色薄层含铁硅质岩与泥灰岩互层	14.3 m
40. 灰黑色薄、中层粉晶灰岩与硅质岩互层。产竹节石 *Styliolina* sp.	9.6 m
39. 灰黑色薄、中层粉晶灰岩夹硅质岩，灰岩风化后呈粉红色粘土状	23.4 m
38. 灰黑色中层粉晶灰岩，风化后呈粉红色，粘土状	28.3 m
37. 灰黑色薄层泥灰岩夹硅质岩	28.0 m
36. 风化后灰黄、灰白色粉砂质板状页岩	32.0 m
35. 灰黑色薄层硅质岩与粉砂质泥灰岩互层	9.6 m
34. 灰黑、黑色硅质岩夹粉砂质泥灰岩	49.9 m
33. 深灰色薄层粉砂质泥灰岩夹硅质岩	42.2 m

——————— 整　合 ———————

下伏地层：巴漆组

32. 灰、灰黑色薄、中层生物屑粉晶灰岩夹泥灰岩

【地质特征及区域变化】 本组以薄层硅质岩、硅质页岩、页岩为特征，但各地岩性变化较大。在嘉禾石古元一带，如上述剖面所示，以灰黑色薄层硅质岩、泥灰岩、页岩为主，夹灰岩和泥质灰岩，由下往上硅质岩减少，厚度大于 380 m。在零陵寨梓岭一带，岩性与此相似，但中、上部多为灰、黄灰色页岩，且夹较多的薄层灰岩。往北至零陵花桥一带，薄层泥、粉晶灰岩明显增多，与薄层硅质岩、泥灰岩或页岩互层或互为夹层，硅质岩含量亦由下往上减少，厚达 468.2 m。在邵东佘田桥至双峰沙田铺一带，以硅质页岩、薄层硅质岩为主，夹薄层灰岩和泥质灰岩，厚度不足 200 m。本组岩性与巴漆组有些相似性，但后者总是以薄、中层灰岩为主，仅夹少量硅质岩和页岩，在总体特征上二者可以区别。

本组在不同地区分别整合于易家湾组、巴漆组或棋梓桥灰岩之上，其底以富含薄层硅质岩为特征，与易家湾组的泥灰岩夹灰岩、巴漆组的薄层灰岩及棋梓桥灰岩的厚、巨厚层灰岩均易于区别。上覆地层为龙口冲组或七里江灰岩或佘田桥组。

本组富含竹节石、牙形刺及少量腕足类、双壳类、珊瑚等，但研究欠详。据目前掌握的资料，主要有竹节石 *Nowakia*，*Striatostyliolina*，*Styliolina*；牙形刺 *Ancyrodella rotundiloba alata*，*Mesotaxis asymmetrica*，*Palmatolepis quadrantinodosalobata*；腕足类 *Leiorhynchus kwangsiensis*，*Tenticospirifer*；双壳类 *Buchiola retrostriata*；珊瑚 *Pseudozaphrentis* 等。

总体时代范围从中泥盆世末到晚泥盆世早期，如果嘉禾石古元剖面确实存在牙形刺 *Palmatolepis quadrantinodosalobata*，那么，本组在该处已延伸至晚泥盆世 Famennian。应当指出，本组顶、底界的时代往往因地而异，换言之，即具明显的穿时性。一般来说，当其下伏地层为易家湾组时，其底属中泥盆世末；若下伏地层为巴漆组，其底已属晚泥盆世。

龙口冲组　*Dlk*　(6-43-0612)

【创名及原始定义】 1933 年田奇瑰、王晓青和许原道创名龙口冲层。当时称“本层主要岩石为砂岩及薄层砂岩与页岩互层，内夹泥质灰岩层，厚度达一百六十公尺，其露头以见于湘乡县属龙口冲及田心街附近较为清晰”，并认为属中泥盆统。

【沿革】 1938 年田奇瑰认为龙口冲层属上泥盆统，并与佘田桥层一起归入佘田桥系（或群）。中国地质学编辑委员会和中国科学院地质研究所（1956）称其为龙口冲组，位于棋梓桥灰岩和佘田桥组之间。以后，不同作者称龙口冲段（王钰、俞昌民，1962；王根贤等，1986；侯鸿飞等，1988）或龙口冲组（谭正修等，1987；柳祖汉，1987）。柳祖汉（1987）创名的蒸

水河组实际上就是邵东佘田桥地区的龙口冲组，唯较之标准地区的同名组砂质成分较少，粒度较细而已。应为本组的同物异名，省内停用。

【现在定义】 整合于棋梓桥灰岩之上、七里江灰岩之下，岩性以砂岩、粉砂岩、粉砂质页岩为主，夹或多或少的泥质灰岩、灰岩，产腕足类、双壳类和珊瑚。

【层型】 正层型为湘乡棋梓桥镇龙口冲组剖面（G-49-9-C；112°12′，27°44′）（图4-1中④）。胡兆珣和邓占球于1965年重测，俞昌民等（1979），谭正修（1987），柳祖汉（1987）均进行过修改。

上覆地层：七里江灰岩

20. 深灰色厚层灰岩。产珊瑚 *Hexagonaria schucherti*；腕足类 *Cyrtospirifer* sp.	5 m

——————— 整　合 ———————

龙口冲组	总厚度 237 m
19. 黄灰色薄层含云母片之钙质页岩，含植物化石碎片	24 m
18. 深灰色中厚层砂岩、泥质粉砂岩夹泥质灰岩。产腕足类 *Desquamatia* sp.	8 m
17. 黄色中、厚层钙质石英细砂岩夹含云母片之钙质泥岩	55.5 m
16. 深灰色钙质粉砂质泥岩，含大量云母片	30.3 m
15. 深灰色钙质粉砂岩、石英砂岩夹泥质粉砂岩	18.5 m
14. 深灰、灰黑色含砂泥质灰岩夹泥灰岩。产珊瑚 *Sinodisphyllum simplex*，*S. variabile*，*Cladopora* sp.，*Thamnopora* sp.；腕足类 *Cyrtospirifer sinensis*，*C. disjunctus*，*Desquamatia richthofeni*，*Spinatrypa* sp.	11.7 m
13. 深灰色石英砂岩、泥质粉砂岩夹砂泥质灰岩	40.2 m
12. 风化后为土黄色中、厚层石英砂岩与泥质粉砂岩互层，底部为泥灰岩和泥岩	48.8 m

——————— 整　合 ———————

下伏地层：棋梓桥灰岩

11. 灰、浅灰色厚层灰岩，偶夹泥质灰岩。产珊瑚 *Disphyllum* sp.，*Hexagonaria* sp.；牙形刺 *Polygnathus* sp.，*Spathognathodus strigosus*	12 m

【地质特征及区域变化】 本组分布于湘中和湘东，岩性以粉砂岩、细砂岩、砂质页岩为主，并常夹较多的灰岩、泥质灰岩和泥灰岩。在分布区的北部和东部，如湘乡龙口冲、衡山石湾等地，以粉砂岩、石英细砂岩为主，夹页岩和少量灰岩，厚200～400 m。在湘乡龙口冲以南、邵东佘田桥以北，则以富含云母片的粉砂岩为主，夹砂质页岩和灰岩，厚度300 m左右。必须提及的是，在涟源县南部杨家滩之南东至龙山之东侧一带，厚度甚大，最厚达500余米，其中，下部夹数十米至近200 m的灰色厚层灰岩，但沿走向可迅速变薄乃至尖灭。在邵东佘田桥一带，则以砂质页岩为主，夹粉砂岩、粉砂质泥灰岩和少量灰岩，砂质成分显著减少，厚300余米。本组下部以粉砂岩、砂质页岩的出现与以厚、巨厚层灰岩为特征的棋梓桥灰岩、以薄至中层灰岩为主的巴漆组及以硅质岩、硅质页岩为特征的榴江组均易于区分。本组岩性与吴家坊组相似，地层位置也大体可比，但后者总是以灰白、浅灰色石英砂岩为主，还不同程度夹粗砂岩、含砾砂岩，碎屑颗粒显然较粗，上覆地层为岳麓山组或锡矿山组，分布地区靠近古陆；本组的碎屑颗粒较细，多以粉砂岩为主，上覆地层为七里江灰岩或佘田桥组，分布区亦离古陆较远。

本组化石主要有腕足类 *Cyrtospirifer sinensis*，*C. disjunctus*，*Desquamatia*，*Spinatrypa* sp.，*Spinatrypina* sp.；珊瑚 *Sinodisphyllum simplex*，*S. variabile*；牙形刺 *Palmatolepis* 等，

属晚泥盆世 Frasnian 无疑。

七里江灰岩 *Dql* （6-43-0613）

【创名及原始定义】 1934年王曰伦、张兆瑾⑥在冷水江市锡矿山创七里江石英砂岩一名。系指锡矿山锑矿的含矿地层，并将其归入“佘田桥系”。

【沿革】 王晓青等（1938）首次公开引用七里江石英砂岩，且将其下并与之连续沉积的灰岩命名为老矿山灰岩。王植、杨庆如（1947）认为七里江石英砂岩是灰岩的硅化产物，将硅化和未硅化的灰岩视为一个整体并统称为七里江矽化灰岩。刘国昌（1947）则认为原老矿山灰岩下部与棋梓桥组相似而划归后者，合并原老矿山灰岩上部和七里江矽化灰岩，更名为飞水岩灰岩。王根贤等（1986）大体采用了王植、杨庆如的含义，称七里江灰岩段，归属佘田桥组，并详细列举了该组剖面。柳祖汉（1987）以湘乡棋梓桥龙口冲剖面为代表，将龙口冲组之上的100余米厚之厚层灰岩命名为佘田组，其地层内容与七里江灰岩完全一致，因其创名较晚，故采用七里江灰岩一名，省内停用佘田组。

【现在定义】 整合于龙口冲组之上、佘田桥组之下，岩性以厚层、巨厚层灰岩为主，局部夹泥质灰岩，富含珊瑚、牙形刺和腕足类。

【层型】 创名时未指定层型。本次对比研究指定冷水江市锡矿山南矿井下11—13中段剖面为选层型（G-49-7-D；111°28′，27°45′）（图4-1中⑨），王根贤等1986年测制。

上覆地层：佘田桥组

37. 灰黑色薄层泥灰岩、页岩，夹生物屑灰岩。产珊瑚 *Pseudozaphrentis difficile*，*P. curvatum*，*Sinodisphyllum simplex*，*Hunanophrentis* cf. *uniforme*；腕足类 *Tenticospirifer* sp.，*Spinatrypa* sp.，*Desquamatia* sp.，*Ptychomaletoechia* sp. 5 m

——————— 整　合 ———————

七里江灰岩 总厚度 192.3 m

36—31. 灰、灰黑色中、厚层生物屑灰岩、白云质灰岩夹少量页岩。产珊瑚 *Pseudozaphrentis curvatum*，*Disphyllum cylindricum*，*Hexagonaria* sp.；腕足类 *Cyrtospirifer* sp.，*Spinatrypina* sp.；层孔虫 *Amphipora* sp. 13.0 m

30. 灰、灰黑色中、厚层泥晶含生物屑灰岩、白云质灰岩、灰质白云岩夹粉砂岩。产珊瑚 *Disphyllum* sp.，*Syringopora* sp.；层孔虫 *Amphipora* sp. 28.8 m

29—28. 灰、灰白色纹层状白云质灰岩、灰质白云岩、生物屑泥晶灰岩夹砂质白云岩。产珊瑚 *Disphyllum cylindricum*，? *Phillpsastraea* sp.，*Hexagonaria* sp.；腕足类 *Tenticospirifer* sp.；层孔虫 *Amphipora* sp. 16.9 m

27—22. 灰、灰黑色厚层生物屑泥晶灰岩、含白云质灰岩夹少量泥灰岩、页岩、粉砂岩。产珊瑚 *Sinodisphyllum simplex*，? *Phillipsastraea* sp.，*Pseudozaphrentis* sp.，*Hexagonaria* cf. *orientalis*，*Disphyllum caespitosum*，*D.* cf. *cylindricum*；腕足类 *Cyrtospirifer* sp.，*Tenticospirifer* sp.，*Desquamatia shetienchiaoensis*；层孔虫 *Amphipora* sp.，*Stachyodes* sp. 58.3 m

21. 灰黑色页岩夹白云质钙质粉砂岩条带。产珊瑚 *Disphyllum* sp.；腕足类 *Cyrtospirifer* sp. 5.1 m

20. 浅灰、灰黑色厚层含生物屑泥晶灰岩、层孔虫灰岩、生物屑砾状灰岩。产珊瑚 *Pseudozaphrentis* sp.，*Temnophyllum* sp.；腕足类 *Cyrtospirifer* sp.；层孔虫 *Amphipora* sp. 12.8 m

19—14. 深灰、灰黑色生物屑泥晶灰岩、层孔虫灰岩、白云质灰岩、粉砂质白云岩夹页岩和少量粉砂岩。产珊瑚 *Pseudozaphrentis* sp.，*Temnophyllum* sp.，*Alveolites* sp.；腕足类 *Cyrtospirifer* sp.，*Tenticospirifer* sp.，*Desquamatia* sp.，*Spinatrypa* sp.；层孔虫 *Amphipora* sp. 39.3 m

13. 灰黑色薄层生物屑灰岩。产珊瑚 *Temnophyllum* sp.，*Disphyllum* sp.，*Alveolites* sp.；腕足类 *Tenticospirifer* sp.，*Cyrtospirifer* sp.，*Desquamatia* sp.，*Spinatrypina* sp.，*Spinatrypa* sp.；层孔虫 *Amphipora* sp. 2.2 m

12. 灰黑色厚层泥晶灰岩夹薄层灰岩、黑色页岩、白云岩。产珊瑚 *Disphyllum* sp.，*Scoliopora* sp.；层孔虫 *Amphipora* sp.，*Stachyodes* sp. 10.2 m

11—10. 灰黑色厚层生物屑泥晶灰岩夹薄层生物屑灰岩。产珊瑚 *Sinodisphyllum simplex*，*Hexagonaria* sp.，*Disphyllum* sp.，*Alveolites* sp.；腕足类 *Desquamatia* sp.；层孔虫 *Amphipora* sp. 5.7 m

———————— 整 合 ————————

下伏地层：**龙口冲组**

9. 灰黑色粉砂质页岩、钙质砂岩、含云母钙质砂岩。产珊瑚 *Sinodisphyllum simplex*，*Pseudozaphrentis* sp.，*Alveolites* sp.；腕足类 *Cyrtospirifer* sp.，*Tenticospirifer* sp.，*Spinatrypina bodini*、*Desquamatia* sp. 5 m

【地质特征及区域变化】 本组广泛分布于湘中、湘东和湘南部分地区。从大区域的横向展布来看，本组实际上是梓棋桥灰岩上部伸进非碳酸盐沉积中的插入体（图 4-1-2）。但从纵向层序来看，在许多地方，例如本组的标准地点冷水江市锡矿山、湘乡棋梓桥等地，其下伏地层存在典型的棋梓桥灰岩。根据地层的叠覆原理，同一剖面上不允许出现同名地层单位，因此，将这个插入体另行命名为七里江灰岩。

本组以厚层状灰岩为主，但各地岩性和厚度变化较大。在选层型剖面上，以厚、中层灰岩为主，夹白云岩、页岩和少量钙质粉砂岩，厚近 200 m。在涟源田心坪至新邵孙家桥一带，为浅灰色厚、巨厚层泥晶灰岩、生物屑泥晶灰岩，最厚达 300 余米。但由此往东至新邵花桥一带，砂质大量增加，为厚、巨厚层砂质灰岩、粉晶灰岩夹薄层灰岩和少量泥灰岩，厚仅 100 余米。在湘潭麦子石余家湾，为中至巨厚层生物屑泥、粉晶灰岩夹少量泥灰岩、页岩，厚仅 40 余米。本组底部以厚层灰岩的出现与下伏龙口冲组砂、页岩或巴漆组薄层灰岩或榴江组硅质岩、页岩容易区别，填图标志清楚。

本组富产珊瑚，主要有 *Phillipsastraea*，*Sinodisphyllum*，*Pseudozaphrentis*，*Hexagonaria* 等。还产腕足类 *Tenticospirifer*，*Cyrtospirifer*，*Desquamatia*，*Spinatrypa* 等；层孔虫 *Amphipora*，*Stachyodes*；菊石 *Manticoceras* 等。其时代应属晚泥盆世 Frasnian。

佘田桥组 Dŝ （6-43-0610）

【创名及原始定义】 田奇瑪、王晓青和郭绍仪（1929）创名佘田桥系，创名地点在邵东佘田桥。他们指出："于佘田桥附近，发现中泥盆纪标准化石 *Stringocephalus burtini* 及上泥盆纪标准化石，如 *Hypothyridina procuboides*，*Spirifer archiaci*，*Pugnax*，*Atrypa* 等，自是始知跳马涧系包有中、上泥盆纪……妥将跳马涧系范围缩小，专以代表中泥盆纪，其上部之下段则名曰佘田桥系，大致约与欧洲之 Frasnian 相当，上段则名锡矿山系……其层位约与欧洲之 Famennian 相当"。

【沿革】 1933 年，田奇瑪等列述了邵东佘田桥的路线剖面，认为佘田桥系由下部砂、页岩，中部厚层灰岩和上部页岩夹灰岩组成，下伏石燕铺系龙口冲层，上覆锡矿山灰岩。1938年，田奇瑰将佘田桥系分为下部龙口冲层和上部佘田桥层，前者以砂、页岩为主，后者以灰岩、页岩为主。中国地质学编辑委员会和中国科学院地质研究所1956年将佘田桥层改称佘田桥组，认为其下部为厚层灰岩，上部为薄层灰岩与页岩互层。王钰、俞昌民（1962）则称田氏的佘田桥系称为佘田桥组，包括龙口冲段和佘田桥段。在以后相当长的时间内多沿用这一划分，将晚泥盆世早期地层均称佘田桥组。赵汝旋等（1978）将这一时期滨海碎屑岩沉积另名吴家坊组，限制佘田桥组于浅海以碳酸盐岩、泥岩为主的地区，并认为其底部为薄层硅质岩或硅质灰岩。王根贤等（1986）根据冷水江市锡矿山地区的资料将佘田桥组自下而上分为龙口冲砂岩段、七里江灰岩段和老江冲泥灰岩段，他们的龙口冲砂岩段相当于田奇瑰等的龙口冲层，七里江灰岩与老江冲泥灰岩段之和则相当于佘田桥层。谭正修等（1987）仍沿用“佘田桥层”，但冠以引号，以示存疑。同年，柳祖汉将邵东佘田桥地区的Frasnian期地层自下而上分为自发堂组、蒸水河组和杨桥组，其中蒸水河组和杨桥组分别相当田奇瑰等的龙口冲层和佘田桥层；他还将湘乡棋梓桥的同期地层划分为龙口冲组、佘田组和杨桥组，其中的后二者之和相当于田奇瑰等的佘田桥层。田奇瑰等的佘田桥系及由此演化而来并与之完全相当的佘田桥组具有明显的年代地层性质，它包括不同的岩石组合，在区域地质调查中已划分为数个填图单元，因此其解体是不可避免的。但田氏的佘田桥层则具有独特的岩性特征，是一个明显的岩石地层单位，应予保留。因此，本书的佘田桥组相当于田氏的“佘田桥层”，并采纳在邵东佘田桥地区的含义（田奇瑰等，1933、1938）。老江冲组（段）和杨桥组则均为本组的同物异名，省内停止使用。

【现在定义】 指整合于龙口冲组之上、长龙界组之下的一套富含菊石、牙形刺、腕足类、珊瑚等的，以页岩或泥灰岩为主夹灰岩的地层。

【层型】 田奇瑰等（1933）列述的佘田桥路线剖面因人工破坏，露头残存无几，而且当时亦未指定为层型。本次清理确定佘田桥镇东北约6 km之造仁堂剖面为选层型（G-49-32-D；111°58′，27°09′）（表4-1，图4-1中⑦），湖南区测队测制（1976），谭正修等（1992）又作了补充、修正。

上覆地层：**长龙界组**

33.	灰黄色页岩夹薄层生物屑灰岩。产腕足类 *Productella shetianchiaoensis*，*Productellana sinensis*，*Yunnanellina hanburyi*，*Y. uniplicata*，*Y. triplicata*，*Cyrtospirifer subextensus*，*Tenticospirifer kwangsiensis*	10 m

——————— 整　合 ———————

佘田桥组　　　　总厚度 179.2 m

32.	灰色厚层状泥质生物屑灰岩和核形石灰岩。产珊瑚 *Pseudozaphrentis curvatum*	1.6 m
31.	灰、黄灰色薄层瘤状泥质灰岩夹泥灰岩。产腕足类 *Hypothyridina hunanensis*，*Spinatrypina douvillii*	6.2m
30.	灰色中、厚层生物屑灰岩、核形石灰岩。产珊瑚 *Hunanophrentis* sp.	1.8 m
29.	灰、黄灰色瘤状泥质灰岩夹泥灰岩。产腕足类 *Desquamatia* sp.，*Spinatrypa* sp.，*Productella shetienchiaoensis*，*Hypothyridina hunanensis*，*Cyrtospirifer* sp.	9.6 m
28.	黄灰色页岩	14.5 m
27.	灰、深灰色厚层核形石灰岩、生物屑灰岩夹泥质灰岩和泥灰岩。产珊瑚 *Hunanophrentis* cf. *uniforme*，*Neosunophyllum* sp.	6.5 m

26. 黄灰色泥灰岩夹薄层瘤状泥质灰岩。产腕足类 *Productella shetienchiaoensis*, *Desquamatia* sp., *Spinatrypa* sp., *Ptychomaletoechia shetienchiaoensis*, *Rigauxia shetienqiaoensis*, *Tenticospirifer gortani* 11.2 m

25. 黄灰色页岩 5.2 m

24. 深灰色、黄灰色薄层瘤状泥岩夹泥质灰岩。产腕足类 *Rigauxia shetienqiaoensis* 6.3 m

23. 深灰色、风化后黄灰色泥岩夹少量泥质灰岩。产腕足类 *Ptychomaletoechia hsingkuaensis*, *Desquamatia* sp., *Spinatrypina douvillii*, *Cyrtospirifer* sp., *Athyris* sp. 114.6 m

22. 深灰色厚层状生物屑灰岩。产菊石 *Manticoceras* sp., *M.* cf. *cordatum*；珊瑚 *Amplexiphyllum* sp., *Tabulophyllum* sp., *Mictophyllum* sp.；牙形刺 *Palmatolepis gigas*, *Ancyrodella ioides*, *Ancyrognathus triangularis* 等 1.7 m

——————— 整　合 ———————

下伏地层：**龙口冲组**

21. 黄绿色粉砂质泥岩。产双壳类 *Buchiola retrostriata* 86.0 m

【地质特征及区域变化】 本组以页岩或泥灰岩为主，夹或多或少的灰岩、泥质灰岩，特征清楚，与下伏以粉砂岩为特征的龙口冲组、以厚至巨厚层灰岩为特征的七里江灰岩和棋梓桥灰岩分界明显。其顶部往往夹数层中、厚层生物屑灰岩，且多富含珊瑚，以此与上覆长龙界组下部的页岩夹薄层灰岩分界。佘田桥组的岩性比较稳定，只是当其下伏地层为七里江灰岩或棋梓桥灰岩时，夹有较多灰岩和泥质灰岩。但厚度变化大，如在邵东佘田桥 179.2 m，新邵东边口达 332.0 m，而在冷水江市锡矿山、浏阳古港一带，厚数 10 m。在佘田桥一带，本组底部有 1 m 至 10 余米厚之厚层灰岩，显然不便单独分出七里江灰岩，因而佘田桥组直接覆于龙口冲组之上。但往新邵、双峰方向，灰岩厚度可迅速增大为数十米至数百米，即七里江灰岩，因而那些地区的佘田桥组覆于七里江灰岩之上。

本组化石丰富，主要有菊石 *Manticoceras*；牙形刺 *Palmatolepis gigas*, *Ancyrognathus triangularis*；珊瑚 *Phillipsastraea*, *Mictophyllum*, *Pseudozaphrentis*, *Sinodisphyllum*, *Hunanophrentis*；腕足类 *Desquamatia*, *Spinatrypa*, *Cyrtospirifer*, *Rigauxia* 等。这些化石表明，佘田桥组属 Frasnian 上部。值得注意的是，上述 Frasnian 的珊瑚消失于本组之顶，不再上延，与腕足类 *Atrypa* 类的消失同步，而典型的 Famennian 腕足类，如 *Yunnanellina*, *Cyrtiopsis* 等在其上覆地层长龙界组下部才开始出现，因此可以认为佘田桥组与长龙界组的界线与 Frasnian 和 Famennian 的界线大体吻合。根据最近侯鸿飞等（1989）和谭正修等（1992）的研究，在佘田桥组之顶及相当层位除了普遍存在生物集群绝灭之外，还在冷水江市锡矿山、祁阳黎家坪等地夹有一层厚数至数十厘米之黑色页岩，被认为代表一次缺氧事件，可作大区域及至全球对比的依据。

长龙界组　Dĉ　(6-43-0615)

【创名及原始定义】 1934 年王曰伦、张兆瑾⑥创名长龙界页岩，标准地点在锡矿山。指“七里江石英砂岩”之上、兔子塘灰岩之下的一套以页岩为主的地层，当时将其归入“锡矿山系”。田奇瑪（1938）首次公开引用该名，并赞同他们的划分方案。

【沿革】 王晓青等（1938）认为长龙界页岩应划归佘田桥系。中国地质学编辑委员会和中国科学院地质研究所（1956）认为其位于佘田桥组和兔子塘灰岩之间，“以黄绿色页岩为主，有时上部夹薄层灰岩，底部常有黑色页岩”。王钰等（1962）将长龙界页岩当作段级地层单位，归入锡矿山组之底，后人多沿用这一划分。湖南区测队1973年认为锡矿山地区的长龙界页岩应一分为二：下部产珊瑚 *Sinodisphyllum*，*Hunanophrentis* 和腕足类 *Desquanella* 等，属佘田桥组；上部产腕足类 *Yunnanellina*，*Yunnanella* 等，属锡矿山组。赵汝旋等（1978）沿用这一观点。王根贤等（1986）限制锡矿山地区的长龙界页岩只包括原义的上部，即产腕足类 *Yunnanellina*、*Yunnanella* 的部分，下部则另外命名为老江冲泥灰岩段，并将前者划入锡矿山组，后者归于佘田桥组。侯鸿飞等（1988）称长龙界组。谭正修等⑤（1992）指出，长龙界组在不同地区覆于不同的下伏地层之上，其底界附近普遍存在一个大规模生物集群绝灭事件，并多处见到代表缺氧事件的黑色页岩层，可以与大区域的乃至全球性的Frasnian事件对比。因此，该组的底界在各处大体上是等时的，代表晚泥盆世Famennian的开始，并认为该组在多数地区具有三分性，且具有由北往南泥质减少、钙质增多的特点。老江冲组系本组的同物异名，省内停止使用。

【现在定义】 整合于佘田桥组之上、锡矿山组之下，岩性为页岩、泥灰岩夹薄层灰岩，富产腕足类化石。

【层型】 创名时未指定型层，本次对比研究指定冷水江市锡矿山老江冲剖面为选层型（G-49-7-D；111°29′，27°46′）（表4-1，图4-1中⑨）。该剖面系王根贤等（1986）测制，后由侯鸿飞等（1990）重测。

上覆地层：**锡矿山组兔子塘段**

25. 灰、深灰色中、厚层状生物屑灰岩、粉晶灰岩。产腕足类 *Yunnanellina triplicata*，*Cyrtospirifer* sp. 2 m

——————— 整　合 ———————

长龙界组 总厚度 45.2 m

24. 深灰色、风化后黄色泥岩 3.5 m

23. 风化后黄色泥岩夹似层状、透镜状泥晶灰岩 3.0 m

22—19. 灰、灰黄色薄层泥灰岩、粉晶灰岩与泥岩互层。产腕足类 *Yunnanellina* sp.，*Yunnanella* sp. 12.2 m

18—15. 灰、深灰色薄层生物屑粉晶灰岩、泥晶灰岩夹介壳灰岩和少量砂屑灰岩。产腕足类 *Cyrtospirifer* sp.，*Yunnanellina hanburyi*，*Y.* sp.，*Yunnanella* sp. 4.1 m

14—13. 深灰色泥岩夹薄层泥质灰岩。产腕足类 *Cyrtospirifer* sp. 7.0m

12. 深灰、灰黑色泥岩。底部产腕足类 *Yunnanellina* sp.，*Cyrtospirifer* sp. 7.5 m

11. 灰色中层生物屑灰岩 0.4 m

10. 深灰、灰黑色泥岩 7.5 m

——————— 整　合 ———————

下伏地层：**佘田桥组**

9—8. 灰、深灰色厚层状介壳灰岩、生物屑砂屑灰岩 2 m

【地质特征及区域变化】 长龙界组在湘中一般以泥质岩为主，夹薄层灰岩和泥质灰岩，在大多数地方分为三部分。下部为泥岩或页岩、泥灰岩，偶夹薄层灰岩，与下伏佘田桥组顶部的往往富含珊瑚、层孔虫的中、厚层灰岩或七里江灰岩、棋梓桥灰岩的厚层灰岩均容易区别；中部为薄层灰岩、泥质灰岩夹泥灰岩、页岩；上部为泥灰岩、页岩夹少量灰岩。除了总体上具有由北往南泥质减少、钙质增加的趋势外，本组据其岩性和厚度可分两种类型。当其下伏地层为以台盆相为主沉积的佘田桥组时，则以泥质岩为主，厚度巨大。如新邵花桥一带，厚达 300 m，具明显的三分性，下部为100余米厚之页岩、粉砂质页岩，仅偶夹少量薄层生物屑灰岩，中部为薄层灰岩夹泥灰岩，上部为数十米厚之泥岩、页岩夹薄层泥质灰岩。在邵东崇山铺一带，薄层灰岩显著减少，泥质岩中富含粉砂质，并局部夹钙质粉砂岩，厚近 200 m。在新田东南至嘉禾北西一带，为页岩、泥灰岩，中部夹薄、中层灰岩，厚 200 余米或更厚。当其下伏地层为碳酸盐台地沉积的棋梓桥灰岩时，本组往往以薄层灰岩、泥质灰岩为主，厚仅十余米至数十米。如邵东斫曹至廉桥一带，为薄层灰岩与泥灰岩互层，厚 30 m。在祁阳黎家坪一带，除底、顶部有数米厚之页岩夹薄层灰岩外，其余均为薄、中层灰岩、泥质灰岩夹少量页岩，厚 40 m 左右。新田木井塘一带，泥质进一步减少，以薄、中层灰岩为主夹泥质灰岩、泥灰岩，厚不足 40 m。再往南至道县、江华、桂阳等地，亦以薄层灰岩为主，夹泥质灰岩和少量泥灰岩，厚仅 10～40 m。湘南地区这类地方的长龙界组虽薄，但因其夹于下伏棋梓桥灰岩和上覆锡矿山组的厚、巨厚层灰岩之间，且多呈负地形，因而甚为醒目，不失为地质填图的良好标志层。中泥盆世末和晚泥盆世早期，湘中南区沉积分异明显，主要有碳酸盐台地区和台盆区，其中后者的沉降幅度较大，沉积厚度亦大，晚泥盆世 Famennian 之初在一定程度上继承了这一特征，因而这一时期沉积的长龙界组出现上述两种沉积类型。

化石主要为腕足类，大多为 Famennian 期早期的标准分子，包括 *Yunnanella*, *Yunnanellina*, *Cyrtiopsis*, *Platyspirifer*, *Cyrtospirifer sinensis*, *C. subextensus*, *C. wangleighi*, *Ptychomaletoechia livoniciformis*, *Productellana sinensis* 等。因此长龙界组无疑属晚泥盆世 Famennian。

锡矿山组　D*x*　(6-43-0616)

【创名及原始定义】　1929年田奇㻪、王晓青和郭绍仪创名锡矿山系，标准地点在冷水江市锡矿山。他们认为“其层位与欧洲之 Famennian 相当”，自下而上包括三部分：①含锑石英砂岩，厚 20～30 m，②砂质页岩，厚约 30 m，③石灰岩，厚 160 m。

【沿革】　1933年，田奇㻪等采用锡矿山灰岩一名，指出其上部为厚层灰岩，下部为薄层状灰岩，富含泥质，位于佘田桥系和岳麓石英砂岩之间。王曰伦和张兆瑾（1934）[6]认为锡矿山地区的锡矿山系包括下部长龙界页岩和上部锡矿山灰岩，后者又自下而上分为兔子塘灰岩、泥塘里铁矿层和马牯脑灰岩（田奇㻪介绍，1938）。田奇㻪（1938）划分锡矿山系（或群）为长龙界页岩、兔子塘灰岩和马牯脑灰岩，泥塘里铁矿层则置于马牯脑灰岩的下部。王晓青等（1938）的锡矿山系仅包括兔子塘灰岩、泥塘里含铁砂岩和马牯脑灰岩，长龙界页岩则归入佘田桥系。中国地质学编辑委员会和中国科学院地质研究所（1956）称锡矿山统，实际上是上泥盆统的代名词，王钰（1962）完全沿用田奇㻪1938年的划分，但改称锡矿山组，并将此组的年代范围创名锡矿山阶。赵汝旋等（1978）的锡矿山组分为两段，下段包括长龙界页岩至马牯脑灰岩，即王钰等的锡矿山组全部地层；上段为湘中地区的岳麓山砂岩或欧家冲组或“雪峰山砂岩”下部，在区域地质调查中往往称砂岩段。王根贤等（1986）沿用了赵汝旋等的划分，但认为锡矿山阶还应包括邵东组。谭正修等（1987，1992）试图维持王曰伦等和田奇㻪的划分，保留“锡矿山系（或群）”下辖的4个组级单位，分别称长龙界组、兔子塘灰岩、泥塘里组和马牯脑灰岩。但是，锡矿山组知名度极高，沿用甚广，将其提升为群（尽管田奇㻪的含意确有群的意思）或废弃均不妥当。因此，本书仍沿用锡矿山组，其地层范围大体相当于田奇㻪和王曰伦等（1934）的锡矿山灰岩，在湘中和湘南部分地方自下而上包括兔子塘段、泥塘里段和马牯脑段。

【现在定义】 整合于长龙界组之上、欧家冲组之下，岩性以厚层灰岩为主，夹泥灰岩、泥质灰岩，富产腕足类和牙形刺。

【层型】 创名时未指定层型，本次对比研究指定冷水江市锡矿山欧家冲剖面为选层型（G-49-7-D；111°29′，27°46′）（图4-1中⑨），王根贤等1986年测制。

上覆地层：欧家冲组

32. 灰黑、深灰色泥质粉砂岩、石英砂岩、砂质页岩，偶夹泥灰岩凸镜体。产植物 *Hamatophyton vertillatum*, *Sublepidodenoron mirabile*, *Lepidodendropsis hirmeri*；鱼类 *Bothriolepis* sp.；孢子 *Retispora lepidophyta* 20 m

——————整　合——————

锡矿山组 总厚度 315.6 m

马牯脑段 厚度 266.1 m

31. 深灰色中、厚层泥质灰岩夹薄层灰岩。产腕足类 *Yunnanella hsikuangshanensis*, *Tenticospirifer* sp., *Hunanospirifer ninghsiangensis*, *Xinshaoella* sp. 2.9 m

30. 灰、深灰色薄、中层瘤状泥质灰岩。产腕足类 *Yunnanella synplicata*, *Tenticospirifer* cf. *triplisinosus*, *T. tenticulum*, *Ptychomaletoechia* cf. *hunanensis*；苔藓虫 *Schulgina hunanensis*；牙形刺 *Hindeodella germana*, *Neoprioniodus* sp. 15.5 m

29. 深灰色薄层泥灰岩。产腕足类 *Yunnanella* sp., *Y. synplicata*, *Ptychomaletoechia* sp., *Xinshaoella* sp.；牙形刺 *Polygnathus semicostatus*, *Palmatolepis glabra*, *Polylophodonta* sp. 6.8 m

28. 深灰色薄、中层状瘤状泥质灰岩。产腕足类 *Yunnanella* sp., *Hunanospirifer ninghsiangensis*, *Ptychomaletoechia* cf. *hunanensis*, *Xinshaoella* sp.；苔藓虫 *Schulgina* cf. *hunanensis*；牙形刺 *Palmatolepis quadrantinodosa marginifera*, *Polygnathus* cf. *semicostatus* 19.4 m

27. 青灰色中、厚层泥质灰岩。产腕足类：*Yunnanella abrupta*, *Tenticospirifer* cf. *triplisinosus*, *Cyrtospirifer subextensus* 14.6 m

26. 青灰色砂质灰岩、含白云质灰岩。产腕足类 *Yunnanella* sp., *Tenticospirifer tenticulum*, *T.* cf. *triplisinosus*, *Cyrtospirifer* sp.；牙形刺 *Polygnathus semicostatus*, *Polylophodonta linguiformis* 1.9 m

25. 黄色页岩。产腕足类 *Yunnanella* cf. *abrupta*, *Tenticospirifer supervilis* 10.1 m

24. 青灰色泥灰岩夹薄层砂质灰岩 16.0 m

23. 青灰色砂泥质灰岩。产 *Yunnanella* cf. *abrupta*, *Tenticospirifer supervilis*, *Xinshaoella* sp. 19.1m

22. 青灰色厚层瘤状砂质灰岩，风化后呈砂岩状。产牙形刺 *Palmatolepis rhomboidea*, *P. rugosa*, *Polylophodonta confluence* 11.2 m

21. 青灰色厚层灰岩夹泥质灰岩。产腕足类 *Yunnanella synplicata*, *Y. abrupta*, *Tenticospirifer supervilis*, *Xinshaoella* sp. 21.3 m

20. 青灰色薄层含砂质灰岩。产腕足类 *Yunnanella abrupta*, *Y. uncinuloides*, *Tenticospirifer supervilis* 8.5m

19. 青灰色薄层灰岩 13.7 m

18. 灰色瘤状泥质灰岩 5.8 m

17. 风化后为浅黄色薄、中层泥灰岩。产腕足类 *Yunnanella abrupta*, *Hunanospirifer ninghsiangensis* 5.8 m

6. 黄绿色云母粉砂岩与薄层石英砂岩互层	3.0 m
5. 黑色页岩与云母质砂岩互层，下部夹一层砂质灰岩，厚 1.5 m	6.2 m
4. 灰白色石英砂岩与黑色粉砂质页岩。产植物 *Hamatophyton verticillatum*	4.0 m
3. 黄褐色粉砂质页岩夹黑色页岩	6.0 m
2. 灰色条带状砂质灰岩	2.3 m
1. 灰黑、灰绿色粉砂质灰岩夹钙质页岩，下部夹泥灰岩	12.2 m

——————— 整　合 ———————

下伏地层：锡矿山组马牯脑段

0. 厚层灰岩	2 m

侯静鹏（1982）曾于该剖面的欧家冲组中采得孢子 *Retispora lepidophyta*，*Granulatisporites hunanensis*，*Cymbosporites parvibasilaris*，*Spinozonotriletes* cf. *conspicuus*，*Leiotriletes inermis*，*Punctatisporites solidus*，*P. planus*，*Retusotriletes communis*，*Apiculiretisispora plicata*，*Acanthotriletes crenatus* 等样品，但采集的具体层位不清。

【地质特征及区域变化】 本组以砂、页岩为特征。底部以砂、页岩的出现与下伏锡矿山组马牯脑段厚层灰岩、泥质灰岩容易区分。下部以粉砂岩、黑色粉砂质页岩为主，夹石英砂岩和少量灰岩、泥灰岩透镜体，上部以石英砂岩、粉砂岩为主夹砂质页岩，由下向上由细变粗，泥质减少，砂质增多。一般来说，由北往南本组砂质减少，颗粒变细，厚度变薄，在锡矿山一带厚逾 100 m，往南至新邵马栏边、隆回周旺铺一带，厚 70 m 左右，至邵东佘田桥、邵阳县附近则仅 30 m 左右，再往南则渐趋消失。普遍认为本组以三角洲沉积为主。本组岩性与岳麓山组相似，但前者下伏典型的锡矿山组，后者下伏吴家坊组或佘田桥组。实际上，二者是在空间上相连的同一地质体，但为了反映区域性特征，暂保留欧家冲组一名。

本组富产植物化石，主要有 *Hamatophyton verticillatum*，*Sublepidodendron mirabile*，*S. wushiense*，*Lepidostrobus grabaui*，*Cyclostigma kiltorkense*，*Lepidodendropsis* sp. 等，相当于 *Hamatophyton verticillatum* - *Sublepidodendron mirabile* 组合带。孢子也很丰富，其中产有晚泥盆世的标准分子 *Retispora lepidophyta*，*Vallatisporites pusillites* 等。此外还有鱼类 *Bothriolepis*，无铰纲腕足类 *Lingula* 及双壳类。近年来的研究表明，覆于本组之上的孟公坳组亦属泥盆纪，因此本组时代无疑属晚泥盆世。

孟公坳组　Dm　(6-43-0622)

【创名及原始定义】 1932 年田奇瑪、王晓青以邵东县界岭孟公坳剖面为标准创名孟公坳系。指“岳麓系”之上、石磴子灰岩之下的一套砂、页岩夹灰岩的地层，时代与 Tournaisian 相当。

【沿革】 俞建章（1933）认为孟公坳系下部与贵州革老河灰岩相当，田奇瑪等（1933）认为孟公坳系可与革老河灰岩与汤粑沟砂岩之和对比。王曰伦、边兆祥（1938）在湘南地区改称孟公坳灰岩。中国地质学编辑委员会和中国科学院地质研究所（1956）称孟公坳组，杨敬之等（1962）沿用此名。1962 年侯鸿飞划分孟公坳组为邵东段、孟公坳段和双和段，同年乐森玥、侯鸿飞改称双和段为刘家塘段或界岭段。孙云铸（1962）称孟公坳群。吴望始（1964）合并孟公坳段和邵东段为孟公坳段，与黔南革老河段对比。侯鸿飞（1965）认为邵东段和孟公坳段的腕足类具有明显的泥盆、石炭系过渡色彩，与西欧的艾特隆层相当。以后，刘家塘段、孟公坳段、邵东段又演变为组（吴望始等，1981；杨敬之等，1982）。王成源等

(1982) 认为邵东组属泥盆系，而孟公坳组下部的牙形刺与邵东组并无区别。侯静鹏根据孢子组合特征认为邵东组下部属泥盆系，上部属石炭系。王根贤等则认为邵东组属泥盆系，孟公坳组属石炭系。谭正修等（1987）将孟公坳组和邵东组修订为岩石地层单位，认为以产 *Cystophrentis* 为特征的湘中孟公坳组属泥盆系，王成源（1987）亦持此说。

实际上，邵东组和孟公坳组岩性特征相似，二者的界线历来只是一条生物地层界线，即以 *Cystophrentis* 的出现为标志划分彼此，加之各地岩性有所变化，二者在野外确实难以区分，因而在区域地质调查中长期以来合为一个填图单位。鉴于此种情况，本书赞同谭正修等（1994）的意见，将邵东组归入孟公坳组下部。

【现在定义】 整合于欧家冲组之上、马栏边组之下，岩性以砂页岩为主，夹灰岩和泥质灰岩，富含腕足类、珊瑚、有孔虫、复合型牙形刺、孢子等化石。

【层型】 因邵东界岭孟公坳正层型剖面露头差、构造复杂、研究不详，在此列举新邵县田心乡马栏边次层型剖面（G－49－19－D；111°30′，27°20′）（表 4－1，图 4－1 中⑫），系湖南区调队（1984）测制。

上覆地层：**马栏边组**

39—37. 灰、浅灰色厚—巨厚层结晶颗粒灰岩夹条带状团粒泥晶灰岩。下部产有孔虫 *Chernyshinella* sp.，上部产牙形刺 *Siphonodella levis* 6.8 m

——————— 整　合 ———————

孟公坳组 总厚度 215.5 m

36. 上部为浅灰色石英粉砂岩，下部为灰黑色砂质页岩。产孢子 *Vallatisporites vallatus* 和植物化石碎片 3.2m

35. 灰色厚、巨厚层粉晶白云质灰岩夹薄层生物屑粉晶灰岩，下部夹钙质页岩。产珊瑚 *Cystophrentis* sp.；牙形刺 *Apatognathus varians*；孢子 *Vallatisporites pusillites* 12.5 m

34. 灰黑色钙质页岩夹泥晶灰岩和石英粉砂岩。产腕足类 *Cyrtospirifer* sp.；珊瑚 *Cystophrentis kolaohoensis*；牙形刺 *Apatognathus varians*；孢子 *Vallatisporites pusillites* 27.3 m

33. 灰、深灰色厚层豹皮状泥晶白云质灰岩夹生物屑泥晶灰岩，下部夹泥岩。产牙形刺 *Icriodus costatus* 11.7m

32. 灰黑色粉砂质页岩夹含生物屑泥晶灰岩。产腕足类 *Cyrtospirifer* sp.，*Yanguania dushanensis*；孢子 *Retispora lepidophyta* 15.3 m

31. 灰色中、厚层生物屑粉晶灰岩与泥灰岩、粉砂质页岩互层。产有孔虫 *Quasiendothyra* cf. *regularis*，*Q.* aff. *baidjansaica*；腕足类 *Cyrtospirifer* sp.，*Hunanoproductus hunanensis* 8.0 m

30. 灰色泥质粉砂岩夹生物屑灰岩。产腕足类 *Tenticospirifer vilis*；孢子 *Retispora lepidophyta* 17.8 m

29—28. 灰色薄—中厚层生物屑粉晶灰岩夹钙质页岩。产珊瑚 *Cystophrentis xinhuaensis*；腕足类 *Tenticospirifer vilis* 17.3 m

27. 灰黑色钙质页岩、泥灰岩夹生物屑泥晶灰岩 13.2 m

26. 灰黑色中、厚层生物屑泥晶灰岩与钙质页岩成韵律。产珊瑚 *Cystophrentis xinhuaensis*；腕足类 *Cyrtospirifer* sp. 16.3 m

25. 灰色含粉砂质钙质页岩夹粉晶灰岩。产腕足类 *Cyrtospirifer* sp.，*Plicochonetes ornatus*；孢子 *Retispora lepidophyta*、*Vallatisporites pusillites* 12.7 m

24. 灰色薄层泥晶生物屑灰岩与泥灰岩互层。产腕足类 *Cyrtospirifer minor*, *Ptychomaletoechia kinlingensis*；牙形刺 *Polygnathus* sp.，*Apatognathus varians* 8.5 m

23. 灰色中、厚层生物屑灰岩。产腕足类：*Cyrtospirifer* cf. *hybridus*, *Tenticospirifer malanbianensis*；珊瑚 *Caninia patula*, *C. dorlodoti*；牙形刺 *Polygnathus obliquicostatus*, *Apatognathus varians* 4.9 m

22—17. 灰、深灰色中、薄层石英粉砂岩、泥质粉砂岩夹粉砂质泥岩和生物屑粉晶灰岩。产腕足类 *Acanthoplecta mesoloba*, *Cyrtospirifer* sp.；珊瑚 *Complanophyllum minor*；孢子：*Retispora lepidophyta* 19.3 m

16. 深灰色厚层粉砂质泥岩、粉砂岩夹砂质灰岩。产腕足类 *Trifidorostellum longuiense*, *Tenticospirifer* sp.；孢子 *Retispora lepidophyta* 11.9 m

15. 深灰色石英粉砂岩、泥质粉砂岩夹粉砂质泥岩和细粒石英砂岩。产孢子 *Retispora lepidophta*, *Archaeozonotriletes famenensis* 13.3 m

14. 深灰色泥质粉砂岩夹透镜状砂质含白云质灰岩。产牙形刺 *Spathognathodus planiconvexus*；有孔虫 *Lagenammina lagemmina* 2.3 m

——————整　合——————

下伏地层：欧家冲组

13—9. 浅灰、灰白色石英砂岩、粉砂岩，灰黑色泥质粉砂岩和泥岩。产植物 *Hamatophyton verticillatum* 10.1 m

与马栏边剖面比较，邵东孟公坳的孟公坳组的砂、页岩更多，灰岩相对较少，其顶部与第 36 层相当的粉砂岩、砂岩和砂质页岩厚 20 m 左右。

上述剖面的孢子名单已由方晓思等（1993）修正，下文在讨论泥盆—石炭系界线时将予叙述，在此仍保留原状。

【地质特征及区域变化】　本组属砂页岩与灰岩混合沉积，具由下而上砂质减少、钙质增加的特点。在湘中地区，下部以粉砂岩、砂岩、砂质页岩为主夹泥灰岩和灰岩，其底部以富含腕足等化石的泥灰岩、灰岩夹层的出现而与欧家冲组上部产植物化石的石英砂岩夹砂质页岩分界。上部为砂质页岩、页岩与灰岩互层，夹砂岩和粉砂岩，其顶部普遍存在数米至数十米厚之砂、页岩，与上覆马栏边组下部的厚、巨厚层灰岩分界清楚。厚度多为 150～300 m。本组由北往南砂、页岩减少，灰岩增多。大体在衡阳、邵阳一线以南，与孟公坳组上部或中、上部的相当地层为厚层灰岩，而归属马栏边组，因而孟公坳组的顶界由北往南渐次降低。湘南地区的孟公坳组以页岩、砂质页岩、泥灰岩为主夹灰岩和泥质粉砂岩，底部一般以粉砂岩为主，这些地方一般不存在欧家冲组，因此本组直接覆于锡矿山组厚层灰岩之上，除少数地点外，厚仅数十米。

本组化石丰富，在湘中地区，例如邵东、新邵、涟源、隆回等地，包含腕足类（自下而上，下同）*Trifidorostellum* 带，*Acanthoplecta mesoloba* 带和 *Yanguania* - *Cyrtospirifer* - *Paulonia* 带；珊瑚 *Ceriphyllum elegantum* 带，*Caninia dorlodoti* 带和 *Cystophrentis* 带；牙形刺 *Polygnathus obliquicostatus* 带和 *Icriodus costatus* 带；有孔虫 *Quasiendothyra communis* - *Q. kobeitusana* 带，以及孢子 *Retispora lepidophyta* - *Vallatisporites pusillites* 带。在湘南地区，例如祁阳、桂阳、临武、道县等地，珊瑚 *Cystophrentis* 带及与之共存的腕足 *Yanguania* - *Cyrtospirifer* - *Paulonia* 带、牙形刺 *Icriodus costatus* 带、有孔虫 *Quasiendothyra communis* - *Q. kobeitusana* 带均产于上覆马栏边组下部，而不存在本组之中。这也证明了湘南孟公坳组之顶界明显低于湘中，因而孟公坳组无疑是一个穿时的地质体。上述资料表明本组在湘中属晚

泥盆世最晚期沉积。

吴家坊组 Dw （6－43－0611）

【创名及原始定义】 1978年赵汝旋等创名吴家坊组。他们认为该组“主要为陆源碎屑沉积，以桃江吴家坊为代表。下部为灰白色石英砂岩，上部为灰白、灰黄、微红、紫红色砂岩、粉砂岩夹含砾砂岩、砂砾岩，厚达600 m。生物以鱼类和植物为主，……代表佘田桥期的滨海碎屑沉积相”。

【沿革】 谭必祥、王根贤（1983）认为赖以建立吴家坊组的桃江吴家坊剖面“无佘田桥期的可靠化石控制”，“吴家坊组下部应属中泥盆世晚期”，因而认为吴家坊组一名不妥，遂以长沙岳麓山剖面为代表新建云麓宫组替代。但是，无论是分布区域、地层范围，还是岩石组合、古生物特征，云麓宫组与吴家坊组完全相同，不存在废弃后者而建立新名的理由。因此，本书继续沿用吴家坊组，云麓宫组则为它的同物异名，省内停止使用。

【现在定义】 整合于易家湾组之上、岳麓山组之下，岩性以石英砂岩、粉砂岩为主，夹含砾砂岩、砂砾岩、砂质页岩，化石以植物、鱼类为主。

【层型】 正层型为桃江县河洪水乡吴家坊剖面（H－49－141－A；112°13′，28°20′）（图4－1中⑧），湖南区测队1975年测制，后经赵汝旋等（1978）补充、修改。

上覆地层：岳麓山组

21. 深灰、黄色页岩、泥灰岩夹鲕状铁矿层，下部夹云母质石英砂岩。产腕足类 *Yunnanella* sp.，*Cyrtospirifer* cf. *subextensus*，*Tenticospirifer* sp. 10 m

——————整 合——————

吴家坊组 总厚度 714.4 m

20. 黄灰、深灰色中—厚层粗或细粒含砂砾岩，夹少量黄绿色页岩，底部为砂砾岩 33.8 m

19. 灰白带微红色中—厚层细、中粒石英砂岩 83.4 m

18. 灰白色中、厚层细、中粒石英砂岩，层间含石英细砾石 9.0 m

17. 灰白、黄灰、浅紫色中、厚层状中粒石英砂岩夹粉砂岩 54.2 m

16. 灰、紫灰色中、厚层粉砂岩夹石英砂岩和页岩。产鱼类 *Bothriolepis* sp.；双壳类 *Pterichyes* sp.，*Leptodesma* sp.，*Nucula* sp. 148.2 m

15. 灰紫、灰黄色薄、中层石英砂岩夹紫灰色粉砂岩及砂质页岩 11.4 m

14. 灰白色中、厚层细粒石英砂岩夹紫色粉砂岩和砂质页岩。顶部夹灰黑色碳质砂页岩，底部为1m厚含锰石英砂岩 20.1 m

13. 紫色中、厚层泥质粉砂岩夹灰白色薄—中层石英砂岩，间夹砂质页岩。产植物 *Sublepidodendron* sp.；鱼类 *Bothriolepis* sp. 31.9 m

12. 灰白色中、厚层细粒石英砂岩与紫灰、灰绿色粉砂岩互层，夹黄色页岩。产鱼类 *Bothriolepis* sp. 及腕足类、双壳类、植物化石 101.1 m

11. 灰白色中、厚层细粒石英砂岩夹紫色粉砂岩及砂质页岩，产植物化石碎片 62.2 m

10. 紫灰色砂质页岩与粉砂岩互层，夹石英砂岩。产腕足类、植物化石碎片 9.1 m

9. 灰白、灰紫色中、厚层细粒石英砂岩夹砂质页岩。产鱼类 *Bothriolepis* sp. 19.2 m

8. 灰白色中、厚层细粒石英砂岩，间夹灰紫色砂质页岩。产腹足类及植物化石 10.9 m

7—5. 灰白色中、厚层细粒石英砂岩 71.0 m

4. 灰白色—灰黑薄—厚层细粒石英粉砂岩及灰黑色砂质页岩。产腕足类和植物化石碎片 29.4 m

3. 灰白色中、厚层石英砂岩夹一层砂质页岩。产植物化石碎片　7.9 m

2. 灰黄色薄层石英砂岩　7.8 m

1. 掩盖　3.8 m

———— 整　合 ————

下伏地层：易家湾组

0. 深灰—灰黑色厚层含碳泥灰岩夹泥质灰岩。产腕足类 *Ilmenia* sp.，*Leptostrophia* sp.，*Desquamatia* sp.　5 m

【地质特征及区域变化】　本组主要分布于靠近古陆的益阳、桃江、宁乡、长沙一带，以陆源碎屑沉积为特征，大体呈现由北往南，即由滨海至浅海规律性变化，陆源碎屑减少，粒度变小，泥质、钙质渐次增加，在北端益阳、桃江一带，以灰白色石英砂岩、紫灰色粉砂岩为主，夹砂质页岩，上部夹少量含砾砂岩，局部夹砂砾岩，化石以鱼类和植物为主，并有少量双壳类和无铰纲腕足类，总厚 500～700 m。在宁乡崔坪一带，下部以粉砂岩为主夹砂质页岩和泥灰岩，局部夹灰岩透镜体，上部为石英砂岩夹粉砂岩，富产腕足类、双壳类，下部尚产少量珊瑚和层孔虫。再往南至涟源雷鸣桥一带，下部为页岩、粉砂岩、泥灰岩夹细粒石英砂岩、泥质灰岩和生物屑灰岩，上部为灰白色石英砂岩夹粉砂岩，局部夹砂质灰岩透镜体，下部富产腕足类及少量珊瑚，上部产植物化石，厚约 500 m。本组下部以石英砂岩、粉砂岩的出现与易家湾组上部的泥灰岩或页岩夹泥质灰岩、棋梓桥灰岩的厚、巨厚层灰岩分界。

本组化石比较丰富，北部主要产鱼类 *Bothriolepis*、植物 *Sublepidodendron*，据此难以限定准确时代，但因其夹于产 *Ilmenia*，*Leptostrophia* 等中泥盆世晚期化石的易家湾组和产 *Yunnanella* 等 Famennian 标准分子的岳麓山组之间，故其时代属晚泥盆世当无大疑问。在分布区南部则富产腕足类 *Tenticospirifer*，*Cyrtospirifer*，*Hypothyridina*，*Emanuella*，*Ilmenia* 等属，除可能包括中泥盆统上部外，其余应属上泥盆统下部。本组总的时代范围从中泥盆世末至晚泥盆世 Frasnian，也可能延至 Famennian 之初。

岳麓山组　D*yl*　（6－43－0620）

【创名及原始定义】　田奇瑰于 1929 年以长沙岳麓山昆涛亭—五轮塔为标准剖面创名岳麓系。含义指："主要岩石为石英岩，内常夹薄状页岩，富产淡水动物及植物化石……与苏省梧桐石英岩似属同层……当属于上泥盆纪或竟至石炭纪"。

【沿革】　田奇瑰等（1929）研究新化锡矿山地质矿产时将直接覆于锡矿山系灰岩之上的石英砂岩夹页岩亦称岳麓系，并同时使用了岳麓石英砂岩系一名。后来，田奇瑰等（1932，1933）称岳麓石英砂岩，将其使用范围扩展至邵阳、衡阳等湘中各地，认为从长沙经湘乡至邵阳，其厚度从 300 m 余至不及 100 m 至不及 50 m，"其下锡矿山灰岩则由无而有，由薄而厚，换言之，即本组中下部逐渐为锡矿山灰岩所代替"，从而指出了岳麓石英砂岩与锡矿山灰岩的相变关系。刘祖彝、王晓青（1934）调查宁乡黄材附近的铁矿时称覆于锡矿山灰岩之上的砂岩为岳麓系砂岩。1934 年王曰伦、刘祖彝、程裕淇命名雪峰山砂岩，标准地点在宁乡、桃江交界的雪峰山。他们于 1938 年公开发表时指出，"雪峰山系直覆于锡矿山系之上，岩层以石英砂岩为主……该系下部石英砂岩内采得保存不完备之 *Lepidodendron* 化石一块……新化锡矿山附近锡矿山灰岩之上，亦有此等砂岩系"，认为属于下石炭统下部。但稍早于此，王晓青、刘祖彝（1936）已将雪峰山砂岩沿用于宁乡、安化、桃江等地，并找到被认为属早石炭世的植物化石 *Calamites*，以为"岳麓砂岩与锡矿山系实互为消长"。1938 年田奇瑰将宁乡横市、新化锡矿山、涟源插花庙、双峰八湾、邵东界岭和佘田桥等地的锡矿山系灰岩与上覆砂岩之间均处理为平行不整合，平行不整合以上的以前所称岳麓砂岩则均改称雪峰山砂岩，认为属石炭系，而长沙一带的岳麓砂岩属泥盆系。如此划分，雪峰山砂岩的使用范围便扩大至整个湘中。以后，不同作者将岳麓砂岩改称岳麓山砂岩（中国地质学编辑委员会及中国科学院地质研究所，1956）、岳麓群（王钰、俞昌民，1962）和岳麓组（李星学，1963）。

湖南区测队1975年重测长沙岳麓山昆涛亭—五轮塔剖面。根据大量的化石资料，田奇瑪（1933）划分的佘田桥系（1928年曾归属跳马涧系）实为棋梓桥组，属中泥盆统；大体以夹鲕状赤铁矿层、含腕足类 *Yunnanella* 等的砂质页岩、泥质粉砂岩的出现为界，将田氏的岳麓砂岩一分为二，下部归于佘田桥组，上部归入锡矿山组。赵汝旋等（1978）维持这一划分意见，但将下部命名为吴家坊组，上部则考虑传统习惯仍称岳麓山组，限制其使用范围于湘中北部桃江、宁乡、长沙一带，而此线以南地区的锡矿山组灰岩之上覆砂岩均称“锡矿山组上段”。黄大信（1978）将锡矿山地区的“雪峰山组砂岩”下部，即相当于“锡矿山组上段”的部分创名为欧家冲段，以后又演变为欧家冲组（王成源，1978；谭正修等，1987；侯鸿飞，1991）。谭必祥等（1983）与赵汝旋等的划分意见基本一致，但更名吴家坊组为云麓宫组，认为雪峰山砂岩位于岳麓山组之上。

关于岳麓山组与雪峰山砂岩的关系，长期争论不休，有的认为二者为上下关系，前者属泥盆纪，后者属石炭纪（王晓青等，1936；田奇瑪，1938，1961；徐能飞，1960；陈源仁，1964；谭必祥等，1983），有的主张二者属同一层位（敖振宽、冯燮彪、余日升，1959；李星学，1963）。其实，王曰伦等（1938）在发表雪峰山砂岩一名时即已指出，“锡矿山系以上之砂岩系（即雪峰山砂岩），湖南地质调查所通称之曰岳麓系，归于上泥盆纪，其实长沙岳麓山之砂岩系颇为复杂，无上泥盆纪石灰岩为之标识，是否为锡矿山系以上砂岩系或为其以下之砂岩系（佘田桥系）或两者俱有，尚为疑问”。显而易见，他们认为岳麓山砂岩就是雪峰山砂岩，之所以重新命名后者，是因为对长沙岳麓山之岳麓砂岩的时代归属尚有疑义，而后人对岳麓砂岩的研究并将其解体，恰好证明他们的怀疑是正确的。现已查明，湘中地区锡矿山灰岩与其上覆砂岩之间系连续沉积，不存在沉积间断，与田奇瑪等1938年以前的认识一致。这套砂岩可以从锡矿山往东北，经桃江、宁乡追索至长沙、浏阳等地，是一个空间上连续、时代大体相当的地质体。因此，雪峰山砂岩与修订（赵汝旋等，1978）后的岳麓山组含义基本相同，相当于田奇瑪（1929，1933，1938）的岳麓砂岩上部。按照地层命名原则，既然原义岳麓砂岩已经再分，再分后的上部用雪峰山砂岩一名显然更为合理，但正如赵汝旋所说：“考虑到岳麓山组一名已为广大地质工作者所熟悉……仍然保留岳麓山组一名”。

【现在定义】 整合于吴家坊组之上、尚保冲组之下，岩性以石英砂岩、粉砂岩为主夹页岩，下部常夹鲕状赤铁矿层和泥质灰岩，富产植物、双壳类，下部含腕足类化石。

【层型】 因长沙岳麓山正层型剖面出露不全，在此列举长沙望城县莲花乡云盖寺次层型剖面（H-49-142-B；112°55′，28°10′）（图4-1中⑩），湖南区测队（1975）测制。

上覆地层：尚保冲组

13. 灰白色厚层含砾石英砂岩夹砂质页岩和碳质粉砂岩 64 m

———————— 整 合（?）————————

岳麓山组 总厚度 63.9 m

12. 灰白色中厚层石英砂岩夹少量粉砂岩。产植物 *Sublepidodendron* sp.；双壳类

Palaeoneilo sp.；腕足类 *Lingula* sp. 18.8 m

11. 灰绿、黄绿色薄层粉砂岩、页岩夹石英砂岩。产植物化石碎片 1.7 m

10. 灰白色中厚层石英砂岩 9.4 m

9. 黄绿、灰绿色云母泥质细砂岩夹云母粉砂岩及碳质粉砂岩。产植物 *Sphenopteris* sp.，*Sublepidodendron* sp.，*Platyphyllum pseudoreticulatum*；双壳类 *Palaeoneilo* sp.；腕足类 *Lingula* sp. 2.4 m

8. 灰绿、黄绿色钙质页岩、薄层粉砂岩夹石英砂岩。产腕足类 *Yunnanella* cf. *hsikuangshanensis*，*Athyris* sp.，*Tenticospirifer* sp.，*T.* cf. *supervilis*；双壳类 *Mytilasca* sp.，*Palaeoneilo* sp.；植物 *Sphenophyllum* sp.，*Lepidodendropsis* sp. 15.6 m

7. 黄色砂质页岩夹 1 m 厚紫红色砂质鲕状赤铁矿。产腕足类 *Tenticospirifer* sp. 16.0 m

——————整　合——————

下伏地层：吴家坊组

6. 灰白色厚层石英砂岩夹少量粉砂岩 3.8 m

【地质特征及区域变化】　本组分布于湘中北部之桃江、益阳、宁乡、长沙、湘潭、醴陵、浏阳一带，总体岩性特征为石英砂岩夹页岩，下部夹鲕状赤铁矿层。在西部宁乡、桃江、益阳南部等地，下部为粉砂岩、页岩、砂岩夹泥灰岩、泥质灰岩和鲕状赤铁矿层，富产 *Yunnanella*、*Tenticospirifer* 等腕足类化石，厚100m左右。王晓青等(1936)、王曰伦等(1938)和田奇瑞(1938)曾称之为锡矿山系。上段为灰白色石英砂岩夹粉砂岩、砂质页岩，产植物化石，厚 40 m 左右，王晓青等（1936)、田奇瑞等（1938）和王曰伦等（1938）曾称为雪峰山砂岩。往东至长沙、浏阳、湘潭、株洲等地，下部为石英砂岩夹粉砂岩、砂质页岩及鲕状赤铁矿层，砂质显著增加，钙质相对减少，厚 30 m 左右，亦产腕足类 *Yunnanella* 等；上段仍以灰白色石英砂岩为主，夹粉砂岩、砂质页岩。这些地方的上、下部岩性接近，已不像西部那样可以明显分开，总厚 40～150 m。本组下部以其夹鲕状赤铁矿之砂页岩与下伏吴家坊组上部的厚层、巨厚层石英砂岩和佘田桥组上部的泥灰岩夹灰岩明显分界。本组与上覆尚保冲组属何接触关系尚待研究。

本组下部富产 *Yunnanella*，*Tenticospirifer*，*Cyrtospirifer* 等腕足类，与锡矿山组层位大体相当，属晚泥盆世 Famennian 早期。上部产植物 *Platyphyllum pseudoreticullicum* 等，亦属 Famennian。

云台观组　Dyt　(6-43-0631)

【创名及原始定义】　俞建章、舒文博（1929）创“云台观石英岩”，命名地点为湖北省钟祥县东桥镇之南云台观（现属钟祥市大口林场管辖）。原始定义：“云台观石英岩，于九龙山层之上，巫山灰岩之下，有石英岩；颜色灰白色及呈肉红；而其厚度自零至六十公尺。惟东桥镇南之聊屈山与云台观之山顶有最大厚度之石英岩，冠盖于新滩页岩上。于是以云台观名之”。并与“长江下游的梧桐石英岩对比，定为泥盆纪”。

【沿革】　湘西北区这套泥盆纪砂岩以前统称五通砂岩（中国地质学编辑委员会及中国科学院地质研究所，1956），1959 年敖振宽、杨昌权按鄂西的泥盆纪地层系统划分其为云台观群、黄家磴组和写经寺组，其中的云台观群“主要为纯质石英砂岩”，厚 600～100m。以后，再改称云台观群为云台观组，但涵义并无变化。

【现在定义】　为一套灰白色中至厚层或块状石英岩状细粒石英砂岩，夹少许灰绿色泥质砂岩。平行不整合于志留纪地层的不同层位之上，平行不整合于梁山组之下。区域上整合于黄家磴组之下。在湖南平行不整合于小溪峪组之上，整合于黄家磴组之下，岩性以灰白、肉红或紫红色中、厚层石英砂岩为主，夹粉砂岩和砂质页岩，产植物化石。

【层型】 次层型为澧县闸口山门水库剖面（H－49－91－B；110°27′，29°53′）（表 4－1、图 4－1 中⑬），湖南区测队（1965）测制。

下伏地层：**黄家磴组**

9. 紫红色中、薄层含铁石英砂岩及粉砂岩，近顶部一层含铁粉砂岩，局部富集成鲕状赤铁矿 1.8 m

——————— 整 合 ———————

云台观组 总厚度 28 m

8. 黄灰、灰白色中厚层细—中粒石英砂岩，夹薄—中层砂岩及砂质页岩。页岩中产植物 *Protolepidodendron scharyanum*, *Barrandeina dusliana*, *Protopteridium minutum*, *Lepidodendropsis* sp.，*Psilophytites* sp. 14.8 m
7. 浅紫—灰白色巨厚层细—中粒石英砂岩，层间夹黄灰、黄绿色砂质页岩 10.5 m
6. 紫红色中厚层细粒石英砂岩，夹黑紫色薄层砂质页岩及粉砂岩 2.7 m

－－－－－－－ 平行不整合 －－－－－－－

下伏地层：**小溪峪组**

5. 黄绿色中厚层泥质粉砂岩，上部为黄色细粒石英砂岩含较多的虫迹化石（砂质管状体）。 2 m

【地质特征及区域变化】 本组分布于湘西北区，为典型的滨海陆源碎屑沉积，一般以灰白、肉红色中、厚至块状石英岩状石英砂岩为主，夹少量砂质页岩，其底部以浅灰、灰白色石英砂岩的出现与下伏小溪峪组的黄绿、黄灰色含较多的砂质管状体砂岩、粉砂岩分界。厚度变化大，由北往南厚度显著增大，在龙山、桑植北部，澧县等地厚数米至数十米，个别地点，如桑植县洪家峪，则完全缺失；但往南迅速增厚，在桑植南部和大庸张家界等地可厚达 300～600 m。

本组所含植物化石为 *Protolepidodendron scharyanum－Barrandeina dusliana* 组合带，属中泥盆世晚期，但本组与黄家磴组确实存在消长的关系（赵汝旋等，1978），因此，部分地区可能延至上泥盆统。

黄家磴组 D*hj* （6－43－0632）

【创名及原始定义】 系杨敬之、穆恩之（1951）所创的“黄家磴层”演变而来，命名地点在湖北省长阳县马鞍山东端黄家磴。原始定义：“云台观石英岩与写经寺层之间的黄色、灰白色石英质砂岩、夹灰色及红色页岩，60 公尺厚。其中获得 *Lepidodendropsis arborescens*，与湖南跳马涧层所产者完全相同，故其时代应为早期中泥盆世。此层和上、下岩层之间均有显著之侵蚀面，应为一独立地层单位，今取名为黄家磴层。”

【沿革】 敖振宽、杨昌权（1959）首次将黄家磴组沿用于湘西北地区，岩性为“灰绿色薄层或中厚层状石英砂岩与灰白色页岩，夹鲕状赤铁矿多层”。以后广为沿用。

【现在定义】 以黄绿、灰绿色页岩、砂质页岩和砂岩为主，时夹鲕状赤铁矿层，含植物和腕足类化石。与下伏云台观组的纯质石英岩状砂岩和上覆写经寺组底部的泥灰岩、灰岩均呈整合关系。在湖南整合于云台观组之上、写经寺组之下，岩性为灰黄、灰绿色砂岩、粉砂岩、砂质页岩夹赤铁矿层，产植物和腕足类化石。

【层型】 次层型为桑植县西莲剖面（H－49－78－C；110°44′，29°41′）（表4－1，图4－1中⑭），湖南区测队（1970）测制。

上覆地层：写经寺组

8. 灰绿色泥质页岩，中夹数层页状泥质灰岩	2 m

——————整　合——————

黄家磴组	总厚度 40.6 m
7. 灰绿色薄、中层粉砂岩。产腕足类 *Tenticospirifer* cf. *tenticulum*，*Cyrtospirifer* sp. 等及植物化石碎片	2.7 m
6. 浅灰绿色含粉砂质页岩，含砂质管状结核。产腕足类 *Lingula* cf. *subparallela*；植物 *Lepidodendropsis*? sp.	3.5 m
5. 灰绿色厚层石英岩状石英砂岩，底部为一层粉砂质页岩	2.8 m
4. 灰绿色泥质粉砂岩。产腕足类 *Lingula* sp. 等	4.6 m
3. 浅灰白色厚层石英岩状石英砂岩，底部夹一层黄色砂质岩。产植物 *Drepanophycus* sp. 等	5.9 m
2. 浅灰色页岩，夹两层灰紫色页岩，一层厚7 cm之鲕状赤铁矿及两层砂质铁锰质层。产腕足类 *Cyrtospirifer* sp.，*Tenticospirifer* sp.，植物 *Knorria*? sp.	18.8 m
1. 鲕状赤铁矿三层，分别为0.25 m、1 m和0.25 m厚，顶、底板为砂质页岩和砂岩	2.3 m

——————整　合——————

下伏地层：云台观组　灰紫色厚层石英砂岩	2 m

【地质特征及区域变化】 本组分布于湘西北区，岩性稳定，为灰绿、黄灰色砂岩、粉砂岩、砂质页岩，夹鲕状赤铁矿层或含铁砂岩。其底部以页岩、粉砂岩或鲕状赤铁矿层的出现为标志，与下伏云台观组石英砂岩可以区分。赵汝旋等（1978）曾正确指出，黄家磴组与云台观组呈相互消长关系，后者由北往南变厚，前者则由南往北增厚。本组在分布区南部大庸、桑植南侧仅数米至10m余，往北至桑植北部，澧县一带增厚至40m左右。

本组产植物 *Leptophloeum rhomibicum*，*Sublepidodendron mirabile*，*Cyclostigma hunanense*；鱼类 *Changyanophyton hupeiense*；腕足类 *Tenticospirifer* sp.，*Cyrtospirifer* sp.，*Spinatrypina douvillii*；珊瑚 *Pseudozaphrentis difficile* 等，说明其时代属晚泥盆世早期。

写经寺组　Dxj　（6－43－0633）

【创名及原始定义】 由谢家荣、刘季辰（1929）所创的“写经寺含铁层”演变而来，命名地点在湖北宜都县（现称枝城市）写经寺。原始定义：“写经寺含铁层，界于石炭纪灰岩与下志留纪页岩之间，有一砂岩页岩与石灰岩之交互层，厚约百公尺，中含鲕状赤铁矿数层，以出露于宜都写经寺者最为著名，故特名之为写经寺含铁层。”

【沿革】 杨敬之、穆恩之（1953）确定写经寺组的时代属晚泥盆世，限制写经寺组位于黄家磴组之上、黄龙石灰岩之下。杨敬之等（1962）分本组为两段，下段为页岩与灰岩或泥质灰岩互层夹鲕状赤铁矿，上段为砂页岩夹瘤状铁矿。敖振宽、杨昌权（1959）在湘西北区首次沿用写经寺组，并于其中找到云南贝等腕足类，认为可延至晚泥盆世晚期。中南地区区域地层表编写小组（1974）、赵汝旋等（1978）和潘江等（1978）将湘西北的写经寺组分为上、下两段，与杨敬之等意见一致。冯少南等（1984）限制写经寺组仅包括下段，上段另行命名为梯子口组，湖南省地矿局（1988）将上段划归尚保冲组下部，认为属石炭系。湖北省地质矿产局区域地质调查所（1989）曾将与梯子口组大体相当的地层命名为毛湖埫组，但经过地层清理，又将其并入写经寺组，从而基本上恢复了杨敬之等（1953，1962）的涵义。本书采纳湖北区调所的意见。

【现在定义】 指整合于黄家磴组与金陵组之间的一套地层，其上部称砂页岩段，以灰绿、灰黑色页岩、碳质页岩、粉砂岩、砂岩为主，时含鲕绿泥石菱铁矿及煤线，含腕足类和植物化石；下部称灰岩段，以灰、深灰色泥灰岩、灰岩或白云岩为主，时夹页岩及鲕状赤铁矿层或鲕状绿泥石菱铁矿，含腕足类化石。在湖南整覆于黄家磴组之上、平行不整合于梁山组之下（或伏于金陵组之下），按岩性可分为两段，下段以页岩、灰岩为主产腕足类等海相化石，上段以砂、页岩为主产植物化石。

【层型】 次层型为澧县闸口山门水库剖面（H－49－79－B；111°27′，29°53′）（图4－1中⑬），湖南区测队（1965）测制，后经湖南省区调所（1988）补充、修改。

上覆地层：梁山组

25—24. 下部为黄灰、黄褐色页岩，上部为碳质砂岩、碳质页岩夹烟煤　12.6 m

——————— 平行不整合 ———————

写经寺组　总厚度 68.2 m

23. 灰白、黄灰色厚层细粒石英砂岩夹粉砂质页岩。产植物 *Stigmaria* sp.　20.3 m

22. 灰绿色页岩夹中层粉砂岩　5.7 m

21. 灰、深灰色中层细粒石英砂岩与灰黑色碳质粉砂岩互层。产植物化石碎片　3.8 m

20. 深灰、灰黑色中厚层细粒石英砂岩，下部夹砂质碳质页岩及劣质煤层。产植物 *Sublepidodendron* sp.，*S.* cf. *mirabile*，*Lepidodendropsis* sp.，*Stigmaria rugulosa*，*Knorria* sp.　5.4m

19. 铁褐色薄、中层赤铁矿层夹黑色页岩和黄灰色砂质页岩。产植物 *Sublepidodendron* sp.，腕足类 *Ptychomaletoechia* sp.　1.9 m

18. 黄灰色厚层细粒泥质灰岩，底部夹一层生物屑灰岩。富产腕足类 *Yunnanella* sp. 及苔藓虫、海百合茎　1.3 m

17. 黄绿色薄层泥灰岩，夹凸镜状或结核状泥质灰岩。产腕足类 *Yunnanella grandis*，*Tenticospirifer pellizzariformis*，*Cyrtospirifer* sp.　14.6 m

16. 浮土掩盖　10.1 m

15. 黄绿色砂质页岩及页岩，上部夹厚约 40 cm 之鲕状赤铁矿层　5.1 m

——————— 整　合 ———————

下伏地层：黄家磴组

14. 黄灰、灰绿色中厚层细粒石英砂岩，上部夹粉砂质页岩及页岩，产植物 *Sublepidodendron mirabile*　9.5 m

【地质特征及区域变化】 本组分布于湘西北区，按岩性可分两段。下段分布于桑植、石门以北地区，此线之南可能均缺失，岩性为页岩、泥灰岩、灰岩、泥质灰岩夹砂岩和鲕状赤铁矿层，富含腕足类，厚一般 20～30 m，由南往北有增厚的趋势。上段仅分布于澧县、石门北部与湖北相邻的羊耳山至太清山一带，其余地方均由二叠纪地层平行不整合于下段之上，因而缺失上段。上段主要为石英砂岩夹砂质页岩及菱铁矿层，富含植物化石，厚度不大，在山门水库 37.1 m，在太清山 25.9 m。

写经寺组下段产腕足类 *Yunnanella synplicata*，*Y. abrupta*，*Y. supersynplicata*，*Y. grandis*，*Y. hsikuangshanensis*，*Yunnanellina hanbury*，*Yenticospirifer pellizzariformis*，*Cyrtospirifer subextensus*，*Hunanospirifer ningsiangensis* 等，属 *Yunnanella* - *Yunnanellina* 动物群，与湘中南区的锡矿山组和岳麓山组下部基本一致，无疑属晚泥盆世法门期早期沉积。上段主要产植物化石，因分布区有限，目前仅见 *Sublepidodendron mirabile*，*Leptophloeum rhomibicum*，*Hamatophyton* sp.，*Stigmaria rugulosa*，*Knorria* sp. 等。但在与湘西北毗邻的鄂西南区，所产植物为 *Hamatophyton verticillatum* - *Lepidodendropsis hirmeri* 组合，亦属 Famennian。

本组无论是层序、两分性的岩性特征、含鲕状赤铁矿性质，还是腕足类、植物的组合特征，均与湘中南区北部的岳麓山组十分相似。

马栏边组　C*m*　(6 - 43 - 0701)

【创名及原始定义】　1983 年谭正修、唐晓珊在全国石炭纪会议《湘中的早石炭世地层及其腕足动物组合》一文中创名马栏边段，1987 年公开发表，命名剖面在新邵县田心乡马栏边水库。指孟公坳组之上、天鹅坪段之下的一套厚、巨厚层灰岩，时代属早石炭世，相当于原刘家塘组下部。

【沿革】　1987 年谭正修等改称马栏边组，并正式修订为岩石地层单位，限制其用于湘中；他们还以桂阳县天鹅坪大塘背剖面为标准，将湘南地区天鹅坪组以下的一大套厚层灰岩命名为桂阳组。王增吉、吴祥和等（1990）沿用马栏边组。实际上，桂阳组和马栏边组岩性特征相同，空间上连成一体，唯前者年代范围较大，其上部属下石炭统，下部属上泥盆统；后者则一般限于下石炭统。因前者创名较晚，应予废弃，后者的使用范围则应扩大到湘南、粤北。至于年代的差异，则恰好说明马栏边组具穿时性。桂阳组系本组的同物异名，省内停用。

【现在定义】　整合于孟公坳组之上、天鹅坪组之下，以厚层灰岩为主夹白云质灰岩，中部为薄层灰岩与页状泥灰岩，富产珊瑚、腕足类、牙形刺、有孔虫等。

【层型】　正层型为新邵县田心乡马栏边水库剖面（G - 49 - 20 - C；111°34′，27°23′）（表 4 - 1，图 4 - 1 中⑫），湖南区调队 1984 年测制，谭正修等 1987 年修改、补充。

上覆地层：天鹅坪组

44. 灰黑色钙质页岩夹薄层灰岩。产腕足类 *Unispirifer tornacensis*，*Eochoristites neipentaiensis*，*Spirifer doulingaoensis*，*Cleiothyridina obmaxima*　3.5 m

——————— 整　合 ———————

马栏边组　总厚度 78.4 m

43. 深灰色厚、巨厚层生物屑粉晶灰岩。产腕足类 *Spirifer doulingaoensis*，有孔虫 *Chernyshinella tumulosa* 等　17.7 m

42. 深灰色薄层生物屑泥晶灰岩与页状泥灰岩互层。产腕足类 *Hunanoproductus hunanensis*，*Martiniella chinglungensis*，*M. elongata*，*Spirifer* sp.；珊瑚 *Pseudouralinia tangpakouensis simplex*，*Caninophyllum tutsingense*；牙形刺 *Siphonodella levis*，*Dinodus* sp.，*Polygnathus inornatus*；有孔虫 *Bairdia certriensis Shishanella pulchra* 等　16.0 m

41. 灰色中、厚层夹薄层粉晶灰岩。产腕足类 *Yanguania* cf. *pingtangensis*；珊瑚 *Pseudouralinia* sp.；牙形刺 *Siphonodella levis*，*Polygnathus* cf. *inornatus*　2.0 m

40. 浅灰色巨厚层粉晶白云质灰岩。产牙形刺 *Dinodus* sp.，*Polygnathus* cf. *inornatus* 10.3 m

39. 浅灰色巨厚层亮晶砾屑灰岩。产牙形刺 *Siphonodella sinensis*；有孔虫 *Eotuberitina reitlingerae* 等 10.7m

38. 浅灰色巨厚层亮晶颗粒灰岩。产有孔虫 *Eovolutina elementa*；牙形刺 *Bispathodus* sp.，*Ligonodina* ? *levis* 14.9 m

37. 灰色巨厚层亮晶团粒灰岩与条带状团粒泥粉晶灰岩。产有孔虫 *Chernyshinella* sp.；牙形刺 *Polygnathus* sp.，*Bispathodus aculeastus* 6.8 m

——————— 整　合 ———————

下伏地层：**孟公坳组**

36. 上部为浅灰色薄层粉砂岩，下部为灰黑色砂质页岩。产孢子 *Vallatisporites vallatus* 和植物化石碎片 3.2m

【地质特征及区域变化】 本组广泛分布于湘中南地区，并向南延至粤北和桂北。总体以厚层灰岩、白云质灰岩为主，与下伏孟公坳组顶部的砂、页岩分界清楚。在湘中地区一般可分三部分，下部为厚、巨厚层灰岩、含白云质条带灰岩，大化石难以觅获，多形成醒目的陡坎地貌；中部为深灰、灰黑色薄层生物屑泥晶灰岩夹页岩或为二者互层，富产腕足类、珊瑚等；上部又为厚、巨厚层灰岩。本组总厚 100 m 左右，但往北往东变薄，至双峰湾头和衡东东冲等地厚仅十余米，而其上覆天鹅坪组显著增厚。在湘南地区，厚度增至 150～300 m，如祁阳、桂阳等地区可明显分为两部分，下段为中、厚层生物屑泥晶灰岩、粉晶灰岩，底部夹泥质灰岩和少量页岩；上段下部多为巨厚层含白云质条带或斑块灰岩，有时亦形成陡坎，中部为数米至十余米之薄层灰岩，层间有时夹页岩，上部为厚、巨厚层灰岩，此段的三部分大致与湘中的马栏边组上、中、下部一一对应。

本组化石丰富，在湘中地区包括珊瑚 *Pseudouralinia tangpakouensis* 带，腕足类 *Eochoristites* - *Martiniella* 带下部，牙形刺 *Siphonodella levis* 带和有孔虫 *Chernyshinella* 带，说明其时代无疑属早石炭世 Tournaisian。在湘南地区，本组上部与上述湘中的化石带一致，属早石炭世；下部包括珊瑚 *Cystophrentis* 带、有孔虫 *Quasiendothyra communis* - *Q. kobeitusana* 带、牙形刺 *Icriodus costatus* 带，属晚泥盆世。基于上述，本组底界的时代各地不一，其顶界也不一致，因而具明显的穿时性。

天鹅坪组　C*t*　(6 - 43 - 0702)

【创名及原始定义】 1983 年谭正修、唐晓珊以桂阳县天鹅坪大塘背为标准剖面创名天鹅坪段，1987 年正式发表。当时指“马栏边段”之上、“陡岭坳段”之下的一套砂页岩，相当于原刘家塘组中部，时代属早石炭世 Tournaisian。

【沿革】 谭正修（1987）改称天鹅坪组，季强（1987）以江华县大圩镇三工村剖面为标准称这套地层为大圩组，该组应为本组的同物异名，省内停用。

【现在定义】 整合于马栏边组之上、石磴子组之下，岩性以页岩、粉砂岩为主夹泥质灰岩，富产海百合茎、腕足类等。

【层型】 正层型为桂阳县天鹅坪（欧阳海乡所在地）大塘背剖面（G - 49 - 70 - C；112°30′，26°00′）（表 4 - 1，图 4 - 1 中⑮），湖南区测队（1970）测制，后经谭正修等（1987）补充、修改。

上覆地层：**石磴子组**

40—37. 深灰、灰黑色厚层亮晶砂屑灰岩夹少量灰质白云岩。产珊瑚 *Keyserlingophyllum* sp. 10 m

———————— 整　合 ————————

天鹅坪组 总厚度 36.3 m

36. 灰黑色含生物屑粉砂质泥岩，局部夹泥质灰岩凸镜体。产腕足类 *Eochoristites* sp.；珊瑚 *Syringopora repens* 5.5 m

35. 深灰、黑色薄、中层钙泥质粉砂岩夹凸镜状泥质灰岩。产腕足类 *Eochoristites neipentaiensis*，*Spirifer* sp.，*Ptychomaletoechia kinlingensis*，*Leptagonia analoga*；珊瑚 *Michelina* sp.，*Syringopora* sp.；海百合茎 *Cyclocyclicus* sp. 12.0 m

34. 深灰色薄层泥质粉砂岩夹泥灰岩和少量凸镜体灰岩。产腕足类 *Plicochonetes* sp.；海百合茎 *Cyclocyclicus* sp. 9.9 m

33. 灰黑色含钙砂质泥岩、粉砂岩夹薄层生物屑泥晶泥质灰岩。产腕足类 *Plicochonetes* sp. 8.9 m

———————— 整　合 ————————

下伏地层：**马栏边组**

32. 灰黑色巨厚层亮晶砂屑灰岩。产珊瑚 *Pseudouralinia* sp. 10 m

【地质特征及区域变化】　本组广泛分布于邵阳-郴州小区，并南延至粤北、桂北。

本组以砂、页岩为特征，夹于以厚、巨厚层灰岩为特征的下伏马栏边组和上覆石磴子组之间，十分醒目，是野外地质填图的良好标志层。岩性以粉砂质页岩、粉砂岩为主，夹泥质灰岩、泥灰岩，在湘中部分地方夹石英砂岩，在湘桂边境道县等地夹劣质煤层，往南至江华大圩一带，夹薄层硅质岩。厚度一般 30～50 m，往北东至双峰湾头、衡东东冲等地显著增厚，达 100 余米。化石主要包括腕足类 *Eochoristites neipentaiensis*，*Spirifer* sp.，*Leptagonia analoga*，*Martiniella* sp. 等，属 *Eochoristites*－*Martiniella* 带，此外还产珊瑚 *Pseudouralinia*，*Keyserlingophyllum* 等，说明其时代属早石炭世早、中期。

石磴子组　C$\hat{s}$　（6－43－0703）

【创名及原始定义】　1932 年田奇瑪、王晓青创名石磴子石灰岩（或石磴子系）。指“孟公坳系”之上、“测水煤系”之下的一套灰岩，时代属早石炭世 Visean。

【沿革】　田奇瑪等（1933）报道了标准地点湘乡棋梓桥石磴子剖面，认为石磴子灰岩可与贵州的旧司砂岩对比。杨敬之（1960）、杨敬之等（1962）称石磴子段，认为此段与测水段之和相当于贵州的旧司组。李星学（1963）则称石磴子组。侯鸿飞（1962，1965）和吴望始仍将石磴子灰岩严格限制于维宪阶，原归属石磴子灰岩下部的数十米至近 100 米厚之厚层灰岩夹页岩、泥灰岩因富含 Tournaisian 化石，如 *Pseudouralinia* 等，而划归 Tournaisian 的刘家塘段上部。谭正修、唐晓珊（1983，1987）再分刘家塘组为三个段，即马栏边段、天鹅坪段和陡岭坳段；后来，谭正修等（1987）又将此三段提升为组，其中的陡岭坳组即指原石磴子灰岩下部的一套地层。本书为方便地质填图，考虑到陡岭坳组因夹页岩、泥灰岩与石磴子组虽有所区分，但它们毕竟都是以厚层灰岩为主，因此仍称陡岭坳段，归于石磴子组下部。

【现在定义】　整合于天鹅坪组之上、测水组之下，岩性以厚层灰岩为主夹页岩、泥灰岩，富产珊瑚、腕足类、有孔虫等。

【层型】　因湘乡棋梓桥镇石磴子正层型剖面研究不详，在此列举新邵县田心乡马栏边水库剖面（G-49-20-C；111°34′，27°23′）（表4-1，图4-1中⑫），该剖面为次层型，系湖南区调队测制（1984），后经谭正修等（1987）补充。

上覆地层：**测水组**

68. 浅灰、褐灰色页岩夹粉砂岩，底部为0.5 m之石英砂岩 6.3 m

———— 整 合 ————

石磴子组 总厚度 269.3 m

67. 浅灰色中层粉晶泥质灰岩与生物屑泥质灰岩互层。产有孔虫 *Eostaffella* sp.，*Mediocris minimus*，*M. ovalis*，*Latiendothyra bradyi* 6.9 m

66. 灰色巨厚层生物屑粉晶灰岩夹薄层泥灰岩。产有孔虫 *Eostaffella* sp.，*Latiendothyra bradyi*，*Eodiscus explanatus*，*Mediocris brevisculus* 12.2 m

65. 深灰色薄、中层生物屑泥晶灰岩。产珊瑚 *Kueichouphyllum* sp.，*Arachnolasma shaodongense*，*Heterocaninia tahopoensis*，*Dibunophyllum* sp.；有孔虫 *Eostaffella fucoides*，*E. hohsienica*，*Eodiscus explanatus*，*Mediocris mediocris*，*M.* sp. 18.9 m

64. 灰、深灰色中、厚生物屑粉晶灰岩夹薄层瘤状泥质灰岩。产珊瑚 *Heterocaninia* sp.；有孔虫 *Mediocris* sp.，*Eostaffella hohsienica*，*E. fucoides* 16.2 m

63. 灰、深灰色中、厚层泥晶生物屑灰岩。产珊瑚 *Thysanophyllum* cf. *shaoyangense*，*Siphyonodendron yaolingense*；有孔虫 *Eostaffella fucoides*，*E. hohsienica*，*Mediocris mediocris*，*M. brevisculus* 18.8 m

62. 深灰色中、厚层生物屑含白云质灰岩。产腕足类 *Megachonetes* sp.；有孔虫 *Eostaffella oblonga*，*Eoparastaffella* sp. 11.0 m

61. 深灰色中、厚层生物屑泥晶灰岩。产珊瑚 *Kueichouphyllum* sp.；有孔虫 *Pseudoendothyra ovata*，*Eostaffella* cf. *proikensis* 6.6 m

60—57. 深灰色薄、中层瘤状泥质灰岩与生物屑泥晶灰岩互层。富产腕足类 *Marginoproductus hunanensis*，*Marginatia hunanensis*，*Ovatia laevicosta*，*O. malanbianensis*，*Torynifer evagoratus*；牙形刺 *Cavusgnathus* sp.；有孔虫 *Eostaffella bigemmicula* 33.2 m

56. 浅灰色中、厚层泥晶粒屑灰岩、亮晶颗粒灰岩夹鸟眼泥晶灰岩，顶部偶夹燧石团块。产腕足类 *Anathyris rhomboidalis*，*Schuchertella* sp. 43.1 m

55. 灰色中厚层含燧石团块泥晶灰岩夹鸟眼泥晶灰岩 23.4 m

54. 灰色中层粉晶白云质灰岩夹二层灰质白云岩，产有孔虫 *Dainella* cf. *hunanensis*，*D.* cf. *chomatic*，*Tournayella discoidea maxima* 6.3 m

53. 浅灰色中层泥粉晶灰岩，夹燧石层和团块 7.0 m

52. 灰色厚层含生物屑泥晶灰岩 7.7 m

陡岭坳段 厚度 58.4 m

51. 灰色中、厚层生物屑灰岩、泥灰岩、瘤状泥质灰岩互层。富产腕足类 *Finospirifer shaoyangensis*，*Marginatia huaqiaoensis*，*Unispirifer* sp. 23.4 m

50. 灰色中、厚层白云质灰岩夹页岩。产腕足类 *Finospirifer* sp.，*Unispirifer* sp.，*Anathyris rhomboidalis*，*Marginatia* sp.；珊瑚 *Humboldtia hunanensis*；有孔虫 *Forschia subangulata* 12.0 m

49. 灰色厚、中层生物屑粉晶灰岩夹页岩。产腕足类 *Finospirifer shaoyangensis*；珊瑚 *Humboldtia* sp.，*Keyserlingophyllum* sp.；有孔虫 *Tournayella kisella*，*Forschia mikhoilovi*，*F. subangulata*，*F. concinuma*，*Glomospira subquadrata* 23.0 m

———— 整 合 ————

下伏地层：**天鹅坪组**

48. 灰白色薄、中层石英细砂岩夹含钙粉砂质泥岩和泥灰岩　15 m

【地质特征及区域变化】　本组广泛分布于湘中南地区，并向南延伸到粤北和桂北，尹赞勋等（1966）指出，广西的“黄金石灰岩可以看做是石磴子组的同义语”。

本组以中、厚层灰岩为主，但各地岩性有所变化，其底部以厚、中层灰岩与下伏天鹅坪组的粉砂岩、页岩分界，标志清楚。在湘中隆回、邵阳、邵东一带，如马栏边剖面所示，明显分为二段，下段即陡岭坳段，为中、厚层灰岩夹大量泥灰岩、钙质页岩，富产腕足类和珊瑚，厚 50～100 m。上段又可分为三部分，总厚 200 m 左右，下部为中、厚层灰岩，含燧石团块和条带；中部为薄、中层泥质灰岩、生物屑泥晶灰岩，多夹页岩或泥灰岩，富含腕足类；上部为厚、中层灰岩，靠近顶部常夹页岩，富产珊瑚。在湘中北部靠近古陆的部分地方，如新化北部、安化等地，其下部夹数米至 10 m 余厚之钙质粉砂岩或石英砂岩。本组由北往南泥质减少，白云质增加，在衡阳、祁东一线以南，为厚、巨厚层灰岩、白云质灰岩夹少量白云岩，下部含少量燧石团块，底部往往夹极薄的页岩，亦富含大个体腕足类和珊瑚，与陡岭坳段相当，总厚 200～300 m。

本组化石丰富，陡岭坳段包括珊瑚 *Keyserlingophyllum* 带、腕足类 *Finospirifer shaoyangensis* 带、有孔虫 *Tournayella kisella* - *Forschia subangulata* 带，应属早石炭世 Tournaisian 末。上段包括有孔虫 *Dainella chomatic* 带、*Eostaffella bigemmicula* - *Pseudoendothyra ovata* 带和 *Mediocris mediocris* - *Eodiscus explanatus* 带，腕足类 *Marginoproductus hunanensis* - *Ovatia laevicosta* 带和 *Vitiliproductus groberi* - *Pugilis hunanensis* 带，珊瑚则仅产于上部，属 *Thysanophyllum* - *Kueichouphyllum* 带，说明其时代属 Visean 早期。

测水组　*Cc*　(6 - 43 - 0704)

【创名及原始定义】　1929 年田奇瑪创名测水系，命名剖面在双峰县（原属湘乡县）梓门桥镇北约 2 km 之测水河东岸湾头公路旁。其包括下部块状灰岩和上部含煤层两部分，当时认为属下石炭统维宪阶下部。

【沿革】　1929 年秋，田奇瑪等单独分出下部的块状灰岩，命名为万罗山石灰岩，上部的含煤层则称测水石英砂岩。同年稍晚，田奇瑪等同时称测水系、测水煤系和测水石英砂岩，认为其介于万罗山石灰岩与梓门桥石灰岩之间。后来，田奇瑪等（1932，1933）又称测水煤系。中国地质学编辑委员会及中国科学院地质研究所（1956）称测水组。杨敬之（1960）和杨敬之等（1962）称测水段。总之，凡以测水为词根的地层名称均指石磴子组之上、梓门桥组之下的含煤砂页岩层。张善桢等（1980）、吴秀元等（1986）、陆天德等（1992）研究了湘中双峰、涟源、冷水江等地的测水组植物化石，认为大致可与德国的 Doberlug - Kichhain 地区 Visean中期的植物群比较，应属 Visean 中期。

【现在定义】　整合于石磴子组之上、梓门桥组之下，岩性以石英砂岩、粉砂岩为主，夹黑色页岩和无烟煤层，富产植物和少量珊瑚、腕足类等。

【层型】　正层型为双峰县梓门桥镇湾头公路东侧剖面（G - 49 - 21 - A；112°13′，27°30′）（表 1 - 1，图 4 - 1 中⑯），最初由田奇瑪等（1932）报道，1992 年湖南区调所重测。

上覆地层：梓门桥组

12—11. 灰色泥灰岩、钙质泥岩夹泥质灰岩和生物屑灰岩。产珊瑚 *Arachnolasma* sp.；腕

足类 *Punctospirifer* sp.，*Schuchertella* sp. 3.4 m

——————整　合——————

测水组 总厚度 82.7 m

10. 灰色薄层状泥质细砂岩、粉砂岩 3.2 m

9. 浅灰色中厚层石英粉砂岩夹粉砂质泥岩。产珊瑚 *Arachnolasma* sp.，*Heterocaninia* cf. *guixianensis*，*Hunanoclisia* sp.；腕足类 *Plicochonetes* sp. 34.1 m

8. 灰白色中、厚层石英砂岩夹泥质粉砂岩与含碳粉砂质页岩，夹三层劣质煤。产珊瑚 *Lithostrotion* sp.，*Arachnolasma* sp.，*Neoclisiophyllum* sp.；腕足类 *Gigantoproductus* sp.，*Kansuella* sp. 31.9 m

7. 灰白色厚层石英细砂岩 8.5 m

6. 灰色薄、中层铁质细粒石英砂岩、泥质粉砂岩夹黑色粉砂质页岩和一层透镜状泥质灰岩。产植物 *Stigmaria ficoides*，*Rhodeopteridium* sp.，*R. xiangxiangensis*，*Triphylloptenis* sp. 5.0 m

——————整　合——————

下伏地层：**石磴子组**

5—4. 灰色中、厚层泥灰岩夹灰岩。产珊瑚 *Kueichouphyllum sinense*，*Heterocaninia* sp.，*Lithostrotion yaolingense*；腕足类 *Pugilis hunanensis*，*Linoproductus* sp. 3.3 m

该剖面有若干段被掩盖和小断层等构造破坏，层序可能不尽完整。张善桢等（1980）根据双峰湾头煤矿地层资料编制的柱状图即与此有所不同，不仅厚度较大，植物化石则主要产自煤层之上，主要有 *Cardiopteridium spetsbergense*，*Triphyllopteris collombiana*，*Adiantites gothani*，*Rhodeopteridium hsianghsiangense*，*Archaeocalamites prolixus*，*Lepidodendron* cf. *roberti*，*Stigmaria ficoides*，*S. rugulosa* 等。

【地质特征及区域变化】 本组是我省主要含无烟煤岩系，广泛分布于湘中南地区，并向南延至粤北和桂北，尹赞勋等在《中国地层典》（1966）中指出，广西的“寺门煤系（狭义的）可看做是湖南测水组的同义语”。

本组以含煤碎屑岩为特征，底部为砂、页岩，与下伏石磴子组上部的中、厚层灰岩分界标志清楚。湘中地区本组发育最好，一般具二分性，下部为粉砂岩、石英砂岩夹含碳黑色砂质页岩，并夹无烟煤层 1～10 余层，黑色页岩中多含黄铁矿或菱铁矿结核，靠近底部有时夹泥灰岩、泥质灰岩，欲称含煤段。上部一般以灰白色石英细砾岩或含砾砂岩或石英砂岩为底，向上为石英砂岩、粉砂岩夹砂质页岩，靠近顶部多夹灰岩、泥灰岩，亦夹劣质煤层，但不可采，欲称不含煤段。含煤性以湘中为好，其中又以冷水江至涟源一带为最，那里的煤层多、单层厚、煤质好，湘南地区则一般不具可采煤层。此组厚度变化大，在冷水江附近最厚可达 200 m 余，宜章杨梅山亦厚 180 m，其余地方多在 50～100 m 间，祁东县石和塘最薄，厚仅 6 m 余。

本组富产植物化石，除前述双峰湾头所产者外，重要者尚有 *Sublepidodendron spetsbergense*，*Neuropteris gigantea*，*Archaeocalamites scrobiculatus*，*Lepidodendron shaoyangense*，*L. rhodeanum* 等，吴秀之等（1982）称之为 *Cardiopteridium spetsbergense* - *Archaeocalamites scrobiculatus* - *Triphyllopteris collambiana* 组合带。此外还产珊瑚 *Kueichouphyllum*，腕足类 *Gigantoproductus* 等。根据这些化石，并结合上下层位考虑，本组应属下石炭统 Visean 中部。

梓门桥组　Cz　（6－43－0707）

【创名及原始定义】 1929 年田奇瑰创名梓门桥灰岩，命名剖面在双峰县梓门桥镇北约 2

km 的湾头公路东侧。当时划分梓门桥灰岩为三部分，下梓门桥灰岩属下石炭统顶部，中梓门桥灰岩属中石炭统，上梓门桥灰岩属上石炭统。

【沿革】 1932 年田奇琇、王晓青修正梓门桥灰岩的含义，限制其仅包括原下梓门桥灰岩，明确指出梓门桥灰岩位于测水煤系之上和壶天石灰岩之下，并认为属 Visean 上部，可与贵州的上司灰岩对比。以后，杨敬之（1960、1962）称梓门桥段，李星学（1963）称梓门桥组。吴望始（1964）将梓门桥组的珊瑚 *Yuanophyllum* 带分为三亚带，与英国的 D 带对比；后来，吴望始等（1974）根据此组上部产 *Aulina rotiformis* 而认为其上部属 Namurian 期沉积。单惠珍、赵汝旋划分棋梓桥地区的梓门桥组腕足类为 3 个组合带，认为那里可能不存在 Namurian 期沉积。谭正修等（1987）在新邵的梓门桥组顶部找到下石炭统顶部和上石炭统底部的标准牙形刺带，而在涟源田心坪等地此组之顶尚未达下统之顶，因此认为其顶界是穿时的。

【现在定义】 整合于测水组之上、大埔组之下，岩性为含燧石团块和条带的中、厚层灰岩夹泥灰岩、页岩，富产珊瑚、腕足类、䗴类、牙形刺、苔藓虫等。

【层型】 正层型为双峰县梓门桥镇湾头公路东侧剖面（G-49-21-A；112°13′，27°30′）（表 4-1，图 4-1 中⑯），系田奇琇等（1932）报道，湖南区调所于 1992 年重测。

上覆地层：**大埔组**

31. 灰白色厚层角砾状白云岩。产牙形刺 *Gnathodus bilineatus* 2 m

——————— 整　合 ———————

梓门桥组 总厚度 121.3 m

30. 灰色薄层泥灰岩夹二层灰白色中层硅质岩。产腕足类 *Rhipidomella lianshanensis*；珊瑚 *Lithostrotion compactum*，*Yuanophyllum* sp. 5.9 m

29. 灰白色巨厚层含硅质岩团体白云质灰岩。产腕足类 *Rhipidomella lianshanensis*，*Gigantoproductus* sp.；珊瑚 *Lithostrotion compactum*，*L. irregular* 5.9 m

28. 灰白、浅灰色厚层生物屑含泥质灰岩夹瘤状泥质灰岩 5.4 m

27. 灰色钙质页岩与泥质灰岩互层 4.3 m

26—22. 深灰色中—巨厚层生物屑泥质灰岩与生物屑泥晶灰岩互层。产珊瑚 *Heterocaninia* cf. *abnormis*，*Yuanophyllum* cf. *kansuense*，*Arachnolasma* sp.，*Amplexizaphrentis shaodongensis*；腕足类 *Gigantoproductus* cf. *transversus* 20.4 m

21. 灰色中层生物屑粉晶灰岩与泥灰岩互层。产珊瑚 *Amplexizaphrentis shaodongensis*，*Yuanophyllum* cf. *kansuense*，*Heterocaninia* sp.，*Lophophyllum* sp.；腕足类 *Gigantoproductus giganteus*，*Echinoconchus* sp. 4.6 m

20. 灰色中层生物屑泥灰岩，含硅质岩团块和条带。产腕足类 *Megachonetes papilionacea*；珊瑚 *Arachnolasma* sp.，*Koninckophyllum* sp. 4.6 m

19. 灰色中层灰质白云岩夹泥灰岩，底部白云岩含硅质团块。产腕足类 *Subspirifer* cf. *chitzechiaoensis* 4.6 m

18—16. 灰色中、厚层生物屑泥晶灰岩与泥灰岩互层。产珊瑚 *Arachnolasma* sp.，*Koninckophyllum* sp.，*Clisiophyllum* cf. *multisepatum*；腕足类 *Echinoconchus* sp.，*Rhipidomella* sp.，*Subspirifer* cf. *chitzechiaoensis*，*Gigantoproductus edelburgensis* 27.7 m

15. 灰色中层生物屑粉砂质泥灰岩。产珊瑚 *Lophophyllum* sp.，*Yuanophyllum* sp.，*Arachnolasma* sp.，*Koninckophyllum stellatum*；腕足类 *Kansuella* sp. 5.0 m

14—13. 灰色中、厚层泥晶生物屑灰岩夹泥灰岩。产珊瑚 *Yuanophyllum kansuense*，*Arachnolasma* sp.，*Axialvortexiphyllum* cf. *axialvortexum* 5.5 m

12. 灰色泥灰岩夹中、厚层泥质灰岩、泥晶生物屑灰岩。产珊瑚 *Arachnolasma* sp.；腕足类 *Punctospirifer* sp. 24.0 m

11. 灰色钙质泥岩夹泥灰岩。产腕足类 *Schuchertella* sp.，*Ovatia* sp. 3.4 m

——————整　合——————

下伏地层：测水组

10. 灰色薄层泥质细砂岩、粉砂岩 3.2 m

【地质特征及区域变化】　本组分布于湘中南地区，并向南延伸至粤北、桂北。桂北的罗城组实际上是本组的同物异名（尹赞勋等，1966）。本组以含硅质岩团块和条带的中、厚层灰岩、泥质灰岩为主，夹页岩、泥灰岩，其底部以灰岩、泥质灰岩或页岩夹灰岩的出现与下伏测水组上部的砂、页岩容易区分。各地岩性变化较大，总体由北往南泥质减少，钙质和白云岩增多，就同一剖面而言，由下往上亦具此种变化。在湘中地区，如涟源、双峰、邵阳、隆回等地，下部为页岩、泥灰岩和泥质灰岩、灰岩互层或互为夹层，上部则为灰岩、泥质灰岩夹少量页岩和白云岩，灰岩中多含硅质岩团块和条带。至衡阳、零陵一带，泥质岩已大大减少，仅下部夹页岩，上部全系灰岩并夹白云岩。至桂阳、蓝山、郴州等地，则为白云质灰岩、白云岩和生物屑粉晶灰岩，几乎不夹页岩。往北至安化-浏阳小区，如湘潭、长沙、浏阳、醴陵地区，为泥质岩夹灰岩和硅质岩，当露头强烈风化时，往往只见泥岩夹硅质岩。厚度除安化—浏阳小区仅 10～40 m 以外，其余地方变化不大，均为 100 m 左右。

本组在湘中南地区多属碳酸盐台地沉积，在湘中隆回、邵阳、双峰、涟源地区为局限台地的泻湖潮坪沉积，叠层石、藻纹层、鸟眼构造相当发育，含多层石膏，生物屑灰岩—泥晶白云岩—石膏层—泥晶白云岩的沉积序列形成多个含石膏旋回。

本组化石以大个体底栖生物为特色，腕足类属 *Gigantoproductus* - *Kansuella* 带；珊瑚包括 *Yuanophyllum* 带和 *Kueichouphyllum sinense* - *Thysanophyllum* 带顶部；牙形刺有 *Gnathodus bilineatus* 带、*Adetognathus unicornis* 带和 *Declinognathodus noduliferus* 带。此外还富产有孔虫、苔藓虫、双壳类、海百合茎。这些化石表明此组总体属下石炭统顶部，但正如前述，其顶界是穿时的，它可以越过或低于下石炭统顶界。

尚保冲组　C$\hat{s}$b　（6-43-0705）

【创名及原始定义】　1986 年李普成②在《湖南地层》中创名尚保冲组，命名剖面在醴陵市北东约 24 km 之尚保冲，1988 年在《湖南省区域地质志》中公开发表。创名时指岳麓山组之上、樟树湾组之下富产腕足类等海相化石的一套砂岩、泥岩、泥灰岩，“下段由灰白色石英砂岩、粉砂岩、砂质页岩夹石英砾岩及少量碳质页岩组成，厚 57.9 m……上段为砂质泥灰岩、泥灰岩、页岩夹碳质页岩，厚 11.9 m，富含腕足类”，当时认为属下石炭统 Tournaisian。

【沿革】　在以后的区域地质调查中，多将以石英砂岩为主的下段划归岳麓山组，尚保冲组仅包括以钙、泥质岩为主的上段，本书采用这一观点。

【现在定义】　整合于岳麓山组之上、樟树湾组之下，岩性为页岩、砂质页岩、泥灰岩夹粉砂岩和少量灰岩、泥质灰岩，富产腕足类和少量苔藓虫、海百合茎等。

【层型】　正层型为醴陵市尚保冲剖面（G-49-12-C；113°37′，27°49′）（表 4-1，图 4-1 中⑰），湖南区测队（1967）测制。

上覆地层：樟树湾组

19. 浅灰色中层石英砂岩　2 m

——————整　合——————

尚保冲组　总厚度 14.8 m

18. 灰黑色中、厚层泥灰岩、粉砂质页岩。产腕足类 *Linoproductus* sp., *Ptychomaletoechia* sp., *Marginatia* sp., *Plicatifera* sp., 苔藓虫 *Fenestella* sp.　3.2 m

17. 灰黑色中层砂质泥灰岩夹砂质页岩。产腕足类 *Eochoristites transversa*, *E.* sp.　2.5 m

16. 灰黑色页岩　3.8 m

15. 灰黑色薄、中层砂质泥灰岩夹碳质页岩。产腕足类 *Eochoristites* sp., *E. transversa* 及海百合茎　2.4 m

14. 浅灰色薄、中层铁质石英细砂岩夹砂质页岩和碳质页岩。产腕足类 *Spirifer* sp., *Schuchertella* sp.　2.9 m

——————整　合（?）——————

下伏地层：岳麓山组

13. 灰色薄层石英细砂岩　2 m

【地质特征及区域变化】　本组分布于安化-浏阳小区，以泥、钙质岩为特征，夹于下伏以石英砂岩为主的岳麓山组和上覆以石英砂、砾岩为特点的樟树湾组之间，因其易于风化而往往形成相对的负地形，划分标志比较清楚。此外，本组中富含腕足类等海相化石，与富产植物化石的下伏、上覆地层亦截然不同。

在分布区西部益阳、桃江和南部湘潭、株洲一带，本组页岩、砂质页岩和泥灰岩中夹有多少不一的灰岩、泥质灰岩，厚度一般在 100 m 以上。往东、北至宁乡、长沙一带，则已看不到灰岩夹层，厚度一般不足 100 m。至尚保冲一带，则如前述剖面所示，厚仅 10 m 至数十米。

化石主要有腕足类 *Eochoristites neipentaiensis*, *E. transversa*, *Unispirifer*, *Neospirifer*, *Ptychomaletoechia kinlingensis* 等，属 *Eochoristites* - *Martiniella* 带；珊瑚有 *Pseudouralinia* sp., *Keyserlingophyllum* sp. 等。因此，本组应属下石炭统 Tournaisian。

值得注意的是，在 1∶20 万长沙幅和株洲幅区域地质调查报告中，均认为原划为尚保冲组下段与下伏岳麓山组之间系平行不整合接触。从沉积序列和海水进退规律考虑，在沉积盆地的边缘地区出现此种情况不无可能。若经证实，那么，该“下段”还是以划归尚保冲组为宜。

樟树湾组　$C\hat{z}\hat{s}$　(6-43-0706)

【创名及原始定义】　李普成②1986 年以醴陵市北东约 24 km 的尚保冲—樟树湾剖面为标准创名樟树湾组。当时该组包括两段，“下段为灰白、紫红色石英砂岩、石英砾岩、砂质页岩及含铁砂岩，夹灰黑色页岩及煤层（线），厚 337.7 m，富含植物；上段仅见厚 12 m 的灰白、灰黑色硅质岩，往上为稻田覆盖”，认为其时代属 Visean。

【沿革】　在以后的区域地质调查中，樟树湾组仅指下部的砂、砾岩夹页岩，上部的硅质岩则划归梓门桥组，本书认为这一修正是必要的。

【现在定义】　整合于尚保冲组之上、梓门桥组之下，岩性为石英砂岩、粉砂岩夹砾岩、砂质页岩，局部夹劣质煤层，富产植物化石。

【层型】　正层型为醴陵市尚保冲—樟树湾剖面（G-49-12-C；113°37′，27°45′）（表

4－1，图4－1中⑰)，湖南区测队（1967）测制。

上覆地层：梓门桥组

51. 灰白、灰黑色中厚层硅质岩。产腕足类 *Echinoconchus subelegans*，*Linoproductus tenuistriatus*；珊瑚 *Caninia* sp. 及苔藓虫、海百合茎 12 m

——————— 整 合 ———————

樟树湾组 总厚度 345 m

50. 紫红色薄、中层石英砂岩夹砂质页岩 12.2 m
49. 灰白、浅灰色巨厚层石英砾岩 63.2 m
48. 紫红色薄、中层含铁石英细砂岩 20.5 m
47. 浅灰、灰白色砂质页岩 2.6 m
46. 灰白色中厚层石英砾岩 6.8 m
45. 紫红色薄、中层含铁石英砂岩 3 m
44. 灰白、浅黄色粉砂质页岩夹石英砂岩。富含植物化石 *Neuropteris* aff. *gigantea*，*Adiantites*? sp.，*Cordaites* sp.，*Rhodeopteridium* sp.，*Cardiopteridium* sp. 9.4 m
43—39. 灰白色中—巨厚层石英砾岩夹砂质页岩和石英细砂岩。产植物 *Sublepidodendron mirabile* 50.1 m
38—35. 灰白色薄—厚层石英细砂岩夹砂质页岩。产植物 *Sublepidodendron mirabile* 30.1 m
34. 浅黄、灰白色薄、中层石英细砂岩、砂质页岩夹碳质页岩与煤线。产植物 *Sublepidodendron mirabile*，*Lepidodendron* sp.，*Cordaites* sp. 6.6 m
33. 灰白色厚、巨厚层石英砾岩 9.1 m
32—28. 灰白、浅灰色中、厚层石英砂岩与砂质页岩互层。产植物 *Sublepidodendron mirabile*，*Rhodeopteridium* cf. *hsianghsiangensis* 52.0 m
27. 灰白带肉红色中—巨厚层石英砂岩及石英砾岩 15.1 m
26—25. 灰白色中、薄层石英细砂岩夹砂质页岩，底部为含砾石英砂岩 21.6 m
24. 紫灰色页岩 5.6 m
23—22. 灰白色薄—厚层细粒石英砂岩夹砂质页岩 19.2 m
21. 黄褐色薄层细砂岩，夹碳质页岩与煤线 1.8 m
20—19. 灰白、浅灰色石英细砂岩夹砂质页岩。富产植物 *Cordaites* cf. *principalis*，*Rhodeopteridium hsianghsiangensis*，*Sublepidodendron mirabile*，*Stigomaria rugulosa* 16.1 m

——————— 整 合 ———————

下伏地层：尚保冲组

18. 灰黑色中、厚层泥灰岩。产腕足类 *Ptychomaletoechia* sp. 10 m

【地质特征及区域变化】 本组仅分布于安化-浏阳地层小区，怀化小区亦可能局部存在。本组以石英砂岩或石英砂、砾岩为特征，但岩性及其与下伏地层的关系各地不一。在分布区的西部和南部，如益阳、桃江、宁乡、湘潭、株洲等地，一般为石英砂岩、粉砂岩夹砂质页岩和少量砾岩，偶夹劣质煤层，厚70～200 m，与下伏尚保冲组和上覆梓门桥组均系整合接触。往北、东至长沙、醴陵一带，石英砾岩夹层显著增加，其上部甚至以石英砾岩为主，如尚保冲剖面所示，厚200～350 m，与下伏尚保冲组亦为整合接触。至浏阳地区，则多以石英砂岩、石英砾岩为主，夹砂岩和砂质页岩，厚度变化大，10余米至300多米，均超覆于泥盆纪地层，如岳麓山组、佘田桥组之上。在怀化小区的靖县、会同、芷江、怀化等地，大埔白云岩之底部一般有数米厚之砾岩、砂砾岩或含砾砂质灰岩，有时夹页岩，因其厚度较薄，可处理为大埔白云岩之底砾岩；但若厚度较大而岩性又以碎屑岩为主，则可考虑划为本组。在沅陵、溆浦北部亦有相似沉积，可相应归入大埔白云岩或梓门桥组或樟树湾组。

本组富产植物化石，主要有 *Rhodeopteridium hsianghsiangensis*，*Neuropteris gigantea*，*Sublepidodendron mirabile*，*Cordaites principalis* 等，与测水组植物群相似。此外尚产腕足类 *Vitiliproductus*，*Megachonetes* 等 Visean 早期分子。因此，本组时代属 Visean 早、中期。

金陵组　*Cj*　（6－43－0711）

【创名及原始定义】　金陵组系李四光、朱森（1930）创名，创名地点在南京市龙潭镇之观山。指该处黄龙灰岩之下五通石英岩之上的两层页岩中的一层灰岩。该层灰岩为深灰蓝色，质地致密，中厚层，产丰富的海百合茎及珊瑚，上部灰岩含腕足类等。

【沿革】　60年代初，江涛（1965）认为石门境内存在孟公坳组。中南矿冶学院（1973）将湘西北区的早石炭世地层划分为岩关组和大塘组。中南地区区域地层表编写小组（1974）则称“岩关阶”和“大塘阶”。李普成、余日升1979年在石门太清山一带测制剖面，证实该处存在下石炭统下部地层，称尚保冲组，下统上部地层则缺失，其资料先后发表于《湖南地层》（1986，内刊）②和《湖南省区域地质志》（1988）。李普成的尚保冲组包括两段，下段为砂页岩夹菱铁矿层，以产植物化石为主，相当中南矿冶学院（1973）的“岩关组”；上段为厚层灰岩、页岩，产珊瑚 *Pseudouralinia*、腕足类 *Eochoristites* 等，相当于中南矿冶学院（1973）的“大塘组”。鉴于尚保冲组上段的岩性与化石特征与鄂西的金陵组一致，且属同一沉积区，宜称金陵组。尚保冲组下段因与鄂西写经寺组上段（曾称梯子口组或毛湖埫组）的特征相似，本书按传统习惯将其划归写经寺组。

【现在定义】　为灰、灰黑色中厚层状微晶生物屑灰岩，含腕足类、珊瑚、牙形刺等，顶部与高骊山组土黄色含铁质粉砂岩或深灰色粉砂质泥岩为界，底部与擂鼓台组猪肝色页岩或含铁质细粒石英砂岩为界，均为整合接触。在湖南湘西北为：整合于写经寺组之上、平行不整合于壶天群之下，以厚、中层灰岩为主，顶、底为页岩，产珊瑚、腕足类等化石。

【层型】　次层型为石门太清山西坡剖面（G－49－79－A；111°13′，29°56′）（表4－1，图4－1中⑳），李普成等（1979）测制。

上覆地层：壶天群

13. 浅灰、灰白色巨厚层泥晶白云质灰岩，风化面深灰、灰黑色　　1m

－－－－－－－ 平行不整合 －－－－－－－

金陵组　　总厚度 5.1 m

12. 黄灰色页岩　　1.2 m

11. 深灰色厚、巨厚层细晶灰岩，上部含白云质灰岩团块。产珊瑚 *Pseudouralinia* sp.，*Kueichoupora* sp.；腕足类 *Athyris* sp.　　3.1 m

10. 灰黑色薄层泥灰岩。产腕足类 *Eochoristites* sp.，*Ptychomaletoechia kinlingensis*，*Schuchertella* sp.；海百合茎 *Cyclocyclicus* sp.　　0.8 m

———————— 整　合 ————————

下伏地层：写经寺组

9. 黄褐色中厚层石英粉砂岩，含植物化石碎片　　1 m

【地质特征及区域变化】 湘西北区可靠的金陵组目前仅见于石门县北部与湖北接壤的太清山。如太清山剖面所示，本组以厚层状灰岩为主，顶、底为页岩或泥灰岩，富产珊瑚、腕足类等，厚度 5 m 左右。其底部以泥灰岩或灰岩的出现为标志，与写经寺组上部的石英砂岩、粉砂岩容易区分。

本组珊瑚属 *Pseudouralinia tangpakouensis* 带，腕足类属 *Eochoristites* - *Martiniella* 组合带，与鄂西金陵组一致，时代属早石炭世早期，并大体与安化-浏阳地层小区的尚保冲组相当，与湘中南区的马栏边组亦大致可以对比。

壶天群 *CH* (6-43-0710)

【创名及原始定义】 1932 年田奇瑰、王晓青创名壶天石灰岩（G-49-9-A，112°3′，27°51′）。指"壶天石灰岩为灰白色之块状石灰岩，间含砂质层理往往不明，以在湘乡县属之壶天镇出露为整齐，故名。总厚约达 200 m，直接覆于梓门桥石灰岩之上……其时代或包有中上石炭纪两层，因其适位于下二叠纪石灰岩与梓门桥灰岩之间也。"

【沿革】 1962 年杨敬之等改称为壶天群。我省 1:20 万区调工作广泛采用壶天群一名。

【现在定义】 位于梓门桥组之上、栖霞组之下，下部以厚层至块状白云岩为主夹灰岩，上部以厚、巨厚层灰岩为主夹白云岩，富产䗴类、珊瑚，时代属晚石炭世。本群包括大埔组和马平组（图 4-1 中⑲）。

大埔组 *Cd* (6-43-0708)

【创名及原始定义】 原称大埔白云石层，系张文佑等（1941）创名，命名剖面在广西柳城县大埔乡杨柳村。指位于燕子系与黄龙石灰岩之间的一套灰白色粗粒白云岩。厚约 70 公尺。

【沿革】 湖南区测队 1965 年将壶天群一分为二，下部为块状白云岩，认为属中统，沿用黄龙组；上部以灰岩为主夹白云岩，认为属上统，沿用船山组。这一划分一直沿用至 80 年代末。黄维沛等③1990 年引用广西的大埔白云岩和马平灰岩，分别指壶天群下部以白云岩为主和上部以灰岩为主的地层，而不受时代的限制，本书采纳这一意见。

【现在定义】 指整合于罗城组灰岩之上、黄龙组灰岩之下的一套灰白—灰黑色厚层块状白云岩，局部含燧石团块。下以厚层块状白云岩的出现与罗城组分界，上以厚层块状白云岩的消失或灰岩的出现与黄龙组分界。在湖南整合于梓门桥组之上、马平组之下，岩性以厚层—块状白云岩为主，夹白云质灰岩和灰岩，偶含燧石团块，产䗴类、非䗴有孔虫、牙形刺和珊瑚。

【层型】 次层型为涟源县田心坪剖面（G-49-20-A；111°39′，27°35′）（表 4-1，图 4-1 中⑱），湖南区测队（1977）测制，经谢盛刚等（1983）补充、修改。

上覆地层：马平组

23. 灰色厚、巨厚层生物屑灰岩。产䗴 *Triticites chinensis*，*T. chui*，*Quasifusulina tenuis*，*Q. longissima*，*Ozawainella angulata* 20 m

——————— 整 合 ———————

大埔组 总厚度 476.8 m

22. 浅灰色巨厚层白云岩，含少量燧石团块 27.2 m

21. 浅灰、灰白色巨厚层—块状细粒含灰质白云岩 128.0 m

20. 浅灰色巨厚层—块状白云岩 177.4 m

19. 浅灰色厚层—块状白云岩，上部夹灰岩凸镜体，含少量燧石团块。灰岩中产䗴 *Fusulinella bocki*，*F. subsphaeirca*，*F. xiangningensis*，*Profusulinella wangyui*，*P. subsphaerica*，*Fusulina* aff. *quasicylindrica*，*Ozawainella vozhgalica*，*O. turgida*，*Pseudowedekindellina paraprolixa*，*Schubertella inflata* 41.9 m

18. 浅灰色巨厚层生物屑灰岩。产䗴 *Pseudowedekindellina prolixa*，*Aljutovella pseudolongata* 6.7 m

17. 浅灰色厚层灰质白云岩 1.5 m

16. 浅灰、灰白色厚、巨厚层泥晶灰岩，含燧石团块。产䗴 *Pseudowedekindellina prolixa*，*Millerella depressa*，*M. pressa*，*Profusulinella wangyui*，*P. deprati*，*P. prisca*，*Ozawainella mosquensis*，*O. angulata*，*Pseudostaffella ivanovi*；珊瑚 *Kionophyllum* sp.，*Lophophyllum* sp. 30.6 m

15. 灰白色厚、巨厚层灰岩，含少量燧石团块。产牙形刺 *Neognathodus bassleri bassleri*，*N.* cf. *bassileri symmetricus*，*Idiognathodus sinuosis*，*Idiognathoides sinuatus* 9.2 m

14. 浅灰、灰白色厚层含灰质白云岩夹含白云质生物屑灰岩。产䗴 *Pseudostaffella paracompressa*，*P. ampla*，*P. vasanofievae*，*Millerella designata*，*Eostaffella mosquensis*；珊瑚 *Sestrophyllum* sp.；腕足类 *Linoproductus* sp. 26.8 m

13. 浅灰、白色巨厚层灰岩。产䗴 *Pseudostaffella moelleri*，*P. ampla*，*P. antiqua posterior*，*Eostaffella mosquensis*，*Millerella pseudostruvei angusta* 10.0 m

12. 灰、灰白色厚、巨厚层灰质白云岩，含燧石团块和条带。产䗴类 *Pseudostaffella* sp.，*Eostaffella* sp. 7.5 m

11. 深灰色厚、巨厚层灰质白云岩，含燧石团块和条带 11.9 m

———— 整 合 ————

下伏地层：**梓门桥组**

10. 深灰色巨厚层灰岩夹两层白云岩，含燧石团块。产珊瑚 *Lithostrotion* sp. 牙形刺 *Cavusgnathus uniconnis* 11.9 m

【地质特征及区域变化】 本组岩性稳定，以厚层至块状白云岩、灰质白云岩为主，夹少量白云质灰岩、灰岩，或全系白云岩，有时含燧石团块和条带。在湘中南绝大部分地区，下伏地层为梓门桥组，但在湘东南之桂阳、临武、宜章、汝城一带，下伏测水组。本组下部以大套白云岩的出现为标志，与梓门桥组上部灰岩或测水组砂页岩分界清楚。在怀化小区及安化-浏阳小区的部分地方，大埔组多超覆于前石炭纪地层之上，其底部往往有数米厚之碎屑岩，因其厚度不大，一般未单独命名。厚度变化较大，为 90～520 m，总体有由北往南增厚的趋势。本组属半局限—局限台地沉积，局部白云岩较纯，形成白云石矿。

本组化石以䗴类为主，一般自下而上包括 *Pseudostaffella* 带、*Profusulinella* 带和 *Fusulinella* - *Fusulina* 带，属晚石炭世早期，但其顶、底界是明显穿时的。其底界的穿时情况已在梓门桥组中述及，顶界的穿时性则更为显著，例如邵东县小黑田剖面此组之顶尚在 *Fusulinella* - *Fusulina* 带之下，而在临武上头坳已达 *Pseudoschwagerina* 带，在零陵县上河一带，下二叠统栖霞组直接整合覆于本组之上，因此这里的大埔组包括了整个上石炭统。

马平组 *Cmp* (6-43-0709)

【创名及原始定义】 1928 年丁文江命名马平石灰岩，乐森玥（1929）介绍，创名地点在广西柳州市（原马平县）附近。指质纯色白的块状灰岩，自下而上划分为珊瑚层、细线贝层和纺锤虫层。属上二叠统。

【沿革】 黄惟沛③等1990年首次在湖南引用马平灰岩一名，代表壶天群上部以厚层灰岩为主夹白云岩的地层，本书采纳这一观点。

【现在定义】 指位于黄龙组之上、栖霞组之下的一套灰白色中厚层泥晶灰岩、微晶灰岩、生物屑灰岩、白云质灰岩。上与栖霞组深灰—灰黑色灰岩的底部数厘米厚的泥质岩分界，呈平行不整合关系，下与黄龙组顶部灰色灰岩或深灰色白云质灰岩分界，呈整合接触。在湖南整合于大埔组之上、栖霞组之下，岩性以厚层灰岩为主夹白云岩、白云质灰岩，产䗴类、珊瑚等。

【层型】 次层型为涟源市田心坪剖面（G－49－20－A；111°39′，27°35′）（表4－1，图4－1中⑱），湖南区测队（1977）测制，经谢盛刚等（1983）补充、修改。

上覆地层：栖霞组

42. 深灰色巨厚层含泥质灰岩，含大量燧石团块。产䗴类 *Pseudofusulina* cf. *japonica*，*P. honziguanica*，*Schwagerina tschernyschewi* 5 m

——————— 整 合 ———————

马平灰岩 总厚度 419.6 m

41. 浅灰色巨厚层灰岩 16.4 m

40. 浅灰色厚、巨厚层灰岩夹白云质灰岩，下部含燧石团块 25.1 m

39. 浅灰色巨厚层生物屑灰岩。产䗴 *Eoparafusulina truncata*，*Pseudoschwagerina* sp.；珊瑚 *Pseudotimania* sp. 21.3 m

38. 浅灰色厚层灰岩，含大量燧石团块和条带 1.9 m

37. 浅灰色巨厚层含粉砂白云质灰岩。产䗴 *Pseudoschwagerina* cf. *beedei*，*Schwagerina* cf. *quasiregularis*；珊瑚 *Timania lophophylloides*，*Bothrophyllum* cf. *pseudoconicum* 46.9 m

36. 浅灰色厚层含硅质灰质白云岩 1.8 m

35. 浅灰色厚—巨厚层泥晶灰岩夹白云质灰岩。产䗴 *Sphaeroschwagerina* cf. *sphaerica*，*Eoparafusulina* sp.，*Triticites beedei*；珊瑚 *Caninia* cf. *kueihsienensis*，*Timania* sp. 53.4 m

34. 灰色中层状含泥质灰岩，含少量燧石团块 11.3 m

33. 灰色薄层硅质岩 2.6 m

32. 浅灰色巨厚层生物屑灰岩。产䗴 *Rugosofusulina anderssoni*，*R. prisca* 17.1 m

31. 浅灰色厚层含白云质灰岩夹灰岩。产䗴 *Pseudofusulina vulgaris watanabei*，*Rugosofusulina* sp. 2.6 m

30. 浅灰色巨厚层泥晶灰岩，含少量燧石团块。产䗴 *Pseudoschwagerina* sp.，*Rugosofusulina* cf. *hunanensis*，*Triticites gallowyi*，*T. chui*，*Ozawainella inepta*，*Pseudofusulina* cf. *vulgaris*；珊瑚 *Caninia* sp. 102.2 m

29. 灰色中、厚层泥晶灰岩，含大量燧石团块和条带 5.4 m

28. 暗灰、灰黑色厚、巨厚层泥晶灰岩 6.4 m

27. 浅灰、灰白色厚—巨厚层生物屑灰岩，含燧石团块。产䗴 *Pseudoschwagerina* sp.，*Rugosofusulina decora*，*Quasifusulina megaprolocula*，*Triticites* cf. *huanglienhsiaensis*，*Ozawainella* cf. *inepta*；珊瑚 *Pseudotimania* sp. 68.5 m

26. 浅灰、灰白色巨厚层粗晶白云岩，含燧石团块 22.8 m

25. 白色硅化岩（原岩可能为碳酸盐岩），有走向断层通过 3.6 m

24. 浅灰、灰白色巨厚层粗晶白云岩 7.6 m

23. 灰色厚、巨厚层含生物屑灰岩。产䗴 *Triticites chinensis*，*T. grangerensis*，*T. chui*，

T. planoseptus, *T. qixingjieensis*, *Quasifusulina tenuis* 2.7 m

——————整　合——————

下伏地层：**大埔组**　浅灰色巨厚层白云岩 20 m

【地质特征及区域变化】　本组岩性变化不大，以浅灰、灰白色厚、巨厚层灰岩为主，或多或少地夹白云质灰岩、白云岩，含燧石团块和条带，其底部以厚层灰岩、白云质灰岩的出现并以其为主作为标志，与大埔组上部的块状白云岩区别明显。厚度一般 100～400 m，与下伏大埔组多具彼此消长关系。如临武上头坳和桂阳冲头园，大埔组分别厚 333 m 和 477 m，马平灰岩厚分别为 81 m 和 153 m；在邵东小黑田，前者厚仅 50 m，后者厚 400 m。另有少数地方，如道县上河等地，大埔组厚 300 余米，其上为栖霞组灰岩整合覆盖，没有马平灰岩；而芷江瓦盖桥的马平灰岩从 *Profusulinella* 带延续至 *Pseudoschwagerina* 带，大体相当整个晚石炭世，并不整合于前泥盆纪地层之上，缺失大埔组。湘西北石门、澧县北部，零星散布壶天群，厚仅 20 m 左右，上、下均为平行不整合接触，产 *Fusulina* 等，以前称黄龙组，因其以灰岩为主，本书划归马平灰岩。

本组化石以䗴类、非䗴有孔虫、珊瑚为主，还有少量腕足类等，大多数地方包括䗴类 *Triticites* 带和 *Pseudoschwagerina* 带，属上石炭统上部，但其下界是明显穿时的，其最大时代范围包括整个晚石炭世。

梁山组　Pl　(6-43-0808)

【创名及原始定义】　赵亚曾、黄汲清（1931）创名于陕西省南郑县梁山（原归汉中县），原称梁山层。为“黑色页岩，含有劣质的无烟煤及植物化石痕迹。直伏于含有 *Tetrapora* 的巫山石灰岩之下，而和志留纪笔石页岩直接接触”。

【沿革】　黄汲清（1932）称其为“栖霞底部煤系”。在湖南惯称“黔阳煤系”（王晓青，1942）、“黔阳组”（中国地质学编辑委员会及中国科学院地质研究所，1956）、“栖霞组梁山段”（盛金章，1964）、“栖霞组含煤段”（湖南省地质矿产局，1988）、“梁山组”（赵汝旋等，1984；湖南区调队，1986）等。本书采用“梁山组”。黔阳组系本组同物异名，省内停用。

【现在定义】　平行不整合于新滩组或罗惹坪组之上，以黑色含铁质页岩为主，夹劣质煤层及粘土岩、砂岩等，与上覆阳新组整合接触。在湖南为平行不整合于马平组之上，整合于栖霞组之下的一套含煤砂、页岩，产植物化石。下以石英砂岩的出现与下伏马平组分界，上以石英砂岩消失与上覆栖霞组灰岩分界。

【层型】　次层型为辰溪中伙铺剖面（H-49-5-C；110°05′，27°00′）（表 4-1，图 4-1 中㉑），湖南区测队（1973）测制。

上覆地层：**栖霞组**　深灰色中—厚层状含生物屑粉晶灰岩，局部含泥质条带。产腕足类 *Uncinunellina* sp.；䗴类 *Schwagerina chihsiaensis* 等 5.7 m

——————整　合——————

梁山组　总厚度 43.5 m

8. 灰黑色薄层细粒石英砂岩，上部夹页岩一层。页岩中产植物化石 *Stigmaria fecoides* 等 2.8 m
7. 杂色薄层石英砂岩与碳质页岩互层。页岩中富产植物化石碎片 1.9 m
6. 杂色薄层细粒石英砂岩与黑色页岩互层 4.0 m
5. 灰色中—厚层细粒石英砂岩，上部夹碳质页岩 3.2 m

4. 灰白色薄—中层细粒石英砂岩，局部含黄铁矿结核及碳泥质条带	13.4 m
3. 灰白色中—厚层细粒石英砂岩，中夹透镜状碳质页岩一层。产植物化石 *Stigmaria fecoides*	11.0 m
2. 灰白色薄层细—中粒石英砂岩	6.3 m
1. 灰黄色薄层中粒石英砂岩夹黑色页岩。产植物化石碎片	0.9 m

——————— 平行不整合 ———————

下伏地层：马平组

0. 灰白色厚层细粒白云质灰岩。产䗴类 *Pseudoschwagerina* sp.	8.9 m

【地质特征及区域变化】 本组属滨海沼泽相含煤碎屑沉积，一般由灰绿—灰白色石英砂岩夹黄灰、灰黑色或杂色页岩、碳质页岩及1～3层煤组成，偶见赤铁矿、铝土矿层。在武陵山小区厚度多在数米至十余米，仅在东部石门县井家垭、太清山一带可达50～60 m，总体由西南向东北增厚，多与泥盆系（局部与石炭系或志留系）呈平行不整合接触。在雪峰山小区较武陵山小区厚度稍大、碎屑颗粒变细、石英砂岩所占比例增多，厚一般为10～40 m，总体上以椒板溪—大江口一带为沉降中心，厚度最大达104 m，向南向北渐薄，大多与下伏马平灰岩呈平行不整合接触（图4-1-5）。

本组以富产植物化石为其物色，主要产植物 *Pecopteris* sp.，*Stigmaria* cf. *ficoides*，*Plagiozamites* cf. *oblongifolius*，*Lepidodendron oculus-felis*，*Knorria* sp.；顶部产腕足类 *Schuchertella* sp.，*Chonetes* sp.，*Dictyoclostus* sp. 等。本组之时代为早二叠世早期。

栖霞组 Pq （6-43-0801）

【创名及原始定义】 原名栖霞灰岩，由德人李希霍芬（Richthofen，1912）创名，创名地点在南京东郊之栖霞山。指“栖霞山泥盆系五通砂岩与南京砂岩（即钟山层）之间的一大套深灰—暗灰色夹燧石结核厚层灰岩、灰岩及泥灰岩等序列，产珊瑚、腕足类和海绵等化石，命名为栖霞灰岩（Hsihsia kalkstein）。其时代定为下石炭纪，南京砂岩为上石炭纪。”

【沿革】 李四光（1931）将栖霞灰岩细分为：下部称船山灰岩，中部称臭灰岩，上部称栖霞灰岩（狭义）。认为其时代均属二叠纪。然而在实际运用中多将臭灰岩和栖霞灰岩合称为广义的栖霞组。盛金章（1964）使用的就是包括臭灰岩在内的广义的栖霞组，并指出“湖南中部的水洞里灰岩与栖霞组具有相同的岩性和动物群，应该就是栖霞组”。

水洞里灰岩由田奇瑪、王晓青等（1933）创名，标准地点在涟源（原属湘乡）水洞里。指壶天灰岩之上、清溪冲灰岩之下的一套黑色碳质页岩、灰白色厚层状含燧石灰岩、暗褐色薄层状含燧石结核灰岩、灰黑色硅质页岩，灰岩中富含䗴类化石。其后田奇瑪、徐瑞麟（1936）沿用此名。王晓青（1942）引用的“栖霞灰岩”一名亦指这套地层。自盛氏（1964）指出小洞里灰岩与栖霞组实为一体以来，栖霞组一名在湖南得到广泛采用。本次地层清理亦赞同盛氏之观点，认为小洞里灰岩因创名较晚而应予废弃。

【现在定义】 指船山组与孤峰组之间一套碳酸盐岩。自下而上：碎屑岩或夹煤；臭灰岩层为灰黑色沥青质中厚层泥晶灰岩；下硅质层为灰黑色薄层硅质岩夹灰岩；本部灰岩为深灰色厚层含燧石结核微晶灰岩、生物碎屑灰岩；上硅质层为灰黑色中薄层硅质岩夹灰岩；含珊瑚、腕足类等。与下伏船山组灰岩呈平行不整合，与上覆孤峰组含锰或磷质结核页岩为整合。在湖南指整合于马平组之上、小江边组之下的一套含大量燧石团块及条带之灰黑色中—厚层灰岩的地层，夹少量泥灰岩或钙质页岩、硅质灰岩及硅质岩。富含䗴类、珊瑚及腕足类化石。

下以含燧石团块灰岩与马平灰岩之泥晶灰岩，上以含燧石团块灰岩与小江边组之钙泥质岩分界。

【层型】 次层型为涟源七星街剖面（G-49-8-B；111°51′，27°54′）（表4-1，图4-1中㉒），湖南区测队（1977）测制，经湖南省区调所（1988）补充、修改。

上覆地层：小江边组

10. 深灰色、灰黑色钙质页岩夹薄层泥灰岩和泥质灰岩凸镜体。产菊石 *Altudoceras* sp.；腕足类 *Neochonetes* sp.，*Enteletes* cf. *retardata*，*Orbiculoidea* sp. 10 m

——————整 合——————

栖霞组 总厚度 176.6 m

9—8. 深灰色厚—巨厚层隐晶—微粒灰岩，含大量燧石团块或条带。产蜓 *Pseudofusulina* spp.，*Parafusulina subextensa*，*P. tangtianensis*，*Misellina claudiae*，*Schwagerina* aff. *kueichowensis*；珊瑚 *Wentzellophyllum volzi*，*Yatsengia asiatica*，*Paracaninia intermedia*，*Liangshanophyllum chiuyaoshanense*，*Protomichelinia siyangensis*，*Cystomichelinia sichuanensis*，*C. renhuaiensis*，*C.* cf. *multicystosa*；腕足类 *Hustedia lata*，*Haydenella* sp.，*Dictyoclostus* sp.，*Tyloplecta* cf. *nankingensis*，*Orthotichia derbyinana*，*Neochonetes* sp. *Martinia* sp. 98.1 m

7. 深灰、灰黑色中厚层状隐晶—微粒灰岩夹少量泥灰岩，含少量燧石团块。产蜓 *Misellina claudiae*；珊瑚 *Cystomichelinia* cf. *multicystosa* 27.5 m

6. 深灰、灰黑色泥灰岩夹薄层泥质灰岩及少量硅质岩。产蜓 *Pseudofusulina* spp.，*Schwagerina tschernyschewi fusiformis*，*S. setumolia* 8.6 m

5—4. 黑色、秽黑色硅质岩、钙质页岩夹泥灰岩。产蜓 *Pseudofusulinia* spp. 5.9 m

3—1. 灰黑色中—巨厚层含燧石团块灰岩。下部颜色渐深、成层渐厚、化石渐多。产蜓 *Pseudofusulina* cf. *kueichowensis*，*P. gundaraensis*，*P.* aff. *japonica*，*Ozawainella* sp.，*Schwagerina cushmani*，*Darvasites* cf. *sinensis*，*D.* cf. *ordinatus*；珊瑚 *Cystomichelinia* sp.，*Protomichelinia* sp.；腕足类 *Schellwienella* sp. 36.4 m

——————整 合——————

下伏地层：马平组

0. 浅灰色厚—巨厚层状微粒—隐晶灰岩。产蜓 *Pseudoschwagerina* aff. *fusulinoides* 10 m

【地质特征及区域变化】 栖霞组在湘中南新化-浏阳小区内岩性变化不大，可分上、下两段：上段属陆架浅海开阔台地相沉积，为灰、深灰色厚至巨厚层状隐晶—微粒灰岩，含大量燧石团块及条带；下段为半封闭的浅海沉积，以深灰、灰黑色的中至巨厚层状含燧石团块的灰岩为主，在其上部一般夹有较多的深色钙质页岩、泥灰岩、硅质岩等，其硅、泥质含量普遍增高。在该小区西部新化等地，本组下段常夹数米至10余米之浅灰白色中厚至厚层状石英砂岩、碳质页岩等。厚度在区内介于169.7～410 m之间，有向北向东增大之趋势。下与马平组之浅色不含燧石之厚至巨厚层灰岩整合接触，上与小江边组钙质页岩夹泥灰岩分界清楚。在邵阳-郴州小区，本组主要为一套灰—灰黑色中厚至巨厚层含燧石结核灰岩，在小区西部，本组底部常夹不稳定的石英砂岩、石英粉砂岩及页岩；在南部，本组的中上部大多存在较多的白云质灰岩或钙质白云岩，顶部常夹钙质页岩、泥灰岩、泥质白云岩等。小区内本组厚度变化较大，西北部的邵阳—隆回一带厚度在94～161 m间，东南部的桂阳—汝城一带多为100余米，其余地区一般小于100 m。下与马平组之浅灰色、灰白色灰岩，上与孤峰组硅质岩连续沉积，但分界清楚。本组在湘西北地区属开阔台地相碳酸盐岩沉积，含少量燧石团块及白云质团块，与下伏梁山组含煤碎屑岩迥异；上部含泥质较高，具“眼球状”构造并以此特征与上覆茅口组质纯灰岩分野。厚度在武陵山小区介于80～230 m之间，在雪峰山小区一般北部为35～65 m、南部为75～100 m。

本组以富产䗴类为特色，自下而上包含 *Schwagerina tschernyschewi* 带，*Misellina claudiae* 带和 *Parafusulina*-*Cancellina* 带，与之共生的珊瑚主要有 *Wentzellophyllum volzi*，*Yatsengia asiatica*，*Liangshanophyllum chiuyaoshanense* 等，腕足类有 *Orthotichia chekiangensis*，*Tyloplecta nankingensis* 等。故栖霞组属早二叠世无疑。

小江边组 P*x* （6－43－0802）

【创名及原始定义】 原名小江边灰岩，由王竹泉（1920）创名，创名地在江西省安福县小江边村。其原始定义为：“于敖城系之上……则见有石灰岩、厚约四十余公尺，色黑富含动物化石。”

【沿革】 在湖南惯称这套地层为“茅口组含泥质段”（赵汝旋等，1984；湖南省地矿局，1988）；湖南区调所[7]（1988）首次引入“小江边页岩”一名。本书改用小江边组一名。

【现在定义】 整合于栖霞组之上、茅口组之下的一套灰黑色钙质页岩及碳质泥（页）岩夹大量灰岩凸镜体及少量薄层泥灰岩。产䗴、珊瑚、腕足类及菊石化石。顶、底均以灰黑色碳质页岩夹灰岩凸镜体与下伏、上覆地层区分。在湖南指整合于栖霞组之上、茅口组之下的一套灰黑色钙质页岩、泥灰岩夹薄层状或凸镜状灰岩的地层，产腕足类、菊石及双壳类等化石。下以灰岩的消失或泥质页岩出现与栖霞组分界，上以泥质灰岩的消失与茅口组分界。

【层型】 次层型为涟源七星街剖面（G－49－8－B；111°51′，27°54′）（表4－1，图4－1中㉒），湖南区测队（1977）测制。

上覆地层：茅口组

12．深灰、灰黑色中、薄层含大量燧石条带之泥晶、粉晶含白云质灰岩。产腕足类 *Martinia* sp.，*Haydenella* sp. 10 m

——————整　合——————

小江边组 总厚度 50.5 m

11．灰黑色薄层泥灰岩与泥晶灰岩互层 12.0 m

10．深灰、灰黑色钙质页岩夹薄层泥灰岩和泥质灰岩凸镜体。产菊石 *Altudoceras* sp.；腕足 *Athyris* sp.，*Neochonetes* sp.，*Enteletes* cf. *retardata* 38.5 m

——————整　合——————

下伏地层：栖霞组

9．深灰色厚、巨厚层生物屑泥晶粉晶灰岩，含大量燧石团块或条带。产䗴类 *Pseudofusulina* sp.，*Parafusulina subextensa*，*Misellina claudiae*，*Schwagerina* cf. *kueichouensis*；珊瑚 *Wentzellophyllum volzi*，*Yatsengia asiatica*，*Liangshanophyllum chiuyaoshanense*；腕足类 *Tyloplecta* cf. *nankingensis*，*Haydenella* sp. 10 m

【地质特征及区域变化】 小江边组在本省总体上为一套灰黑色钙质页岩、泥灰岩夹薄层状或透镜体灰岩、硅质灰岩，局部地区偶夹薄层硅质岩。属海水滞流还原条件下的台盆相—半局限台地相沉积。主要分布于新化-浏阳小区，向东延至江西境内。厚度在10～140 m之间，呈南薄北厚之势。在西部之安化龙坳为一套灰黑、黑色含碳泥质页岩夹碳泥质硅质灰岩，厚可达200余米；在西南部之新邵五湖庙为灰黑色含碳质、钙质页岩夹似层状含硅质泥晶灰岩、硅质岩及硅化白云岩，厚80余米；在西北之宁乡煤炭坝为灰黑色泥灰岩、泥质灰岩，间夹黑色泥岩，厚70 m；在东部之浏阳一带则为一套深灰黑色薄层至页片状泥灰岩夹灰色泥质灰岩薄层或扁豆状，泥灰岩风化后呈灰白—白色粘土页岩，富含镁、铝质及海泡石，是重要的含矿层位和良好的填图标志。本组底部以灰黑—黑色含碳钙质页岩、泥灰岩与下伏栖霞组含燧石团块灰岩分野。

小江边组含菊石：*Pseudohalorites* 带。该带的主要分子有：*Pseudohalorites subglobosus*，*P. celestris*，*Paraceltites elegans*，*Paragastrioceras* sp.，*Altudoceras* sp.，*Tainoceras orientale* 等。与之共生者主要有腕足类 *Neochonetes* sp.，䗴类 *Schwagerina* sp.，*Parafusulina* sp. 等。一般认为其时代应属早二叠世晚期。

茅口组 P*m* （6-43-0803）

【创名及原始定义】 原称茅口灰岩，系乐森璕（1929）所创，创名地点在贵州郎岱镇之茅口河岸至打铁关一带。指“茅口希瓦格䗴石灰岩”：上部为富含化石的黑色致密灰岩，下部为浅灰色薄层灰岩，含纺锤虫科新希瓦格䗴（*Neoschwagerina*）、有孔虫（*Doliolina*）及珊瑚。时代为下二叠统，伏于富含 *Lyttonia* 的中二叠统煤系（轿子山煤系）之下。

【沿革】 田奇瑪等（1933）创“清溪冲灰岩”一名，用以指水洞里灰岩（即栖霞组）之上、斗岭煤系（即龙潭组）之下的一套灰白色、质纯块状半晶状灰岩。中国地质学编辑委员会和中国科学院地质研究所（1956）亦沿用此名。自盛金章（1964）在《中国的二叠系》一文中明确清溪冲灰岩与茅口组实为一体后，茅口组一名就取代清溪冲灰岩而在湖南得以广泛沿用。本书亦采用茅口组一名。

【现在定义】 指整合于栖霞组深灰色燧石灰岩之上，平行不整合于龙潭组粘土岩之下的一套深灰、灰、浅灰色白云质斑块灰岩、灰岩及深灰色含燧石结核灰岩，夹少量白云岩，富含䗴、珊瑚及腕足类化石。底以燧石灰岩的消失或浅灰色白云质斑块灰岩出现与栖霞组分界；顶以黄灰色粘土岩出现与龙潭组分界。在湖南指整合于小江边组之上、龙潭组之下的一套灰、浅灰色厚至巨厚层灰岩，其中富含燧石条带或结核及䗴类、珊瑚等化石。下以含燧石团块灰岩的出现与小江边组薄层泥质灰岩分界，顶部以含燧石团块泥晶灰岩的消失与上覆龙潭组粉砂岩分野。

【层型】 次层型为涟源七星街剖面（G-49-8-B；111°51′，27°54′）（表4-1，图4-1中㉒），湖南区测队（1977）测制，经湖南区调所（1988）补充、修改。

上覆地层：**龙潭组**

21. 浅紫灰色粉砂岩。产植物化石 *Cordaites principalis*，*Gigantopteris hallei*，*Fascipteris* sp.　　4.4 m

——————— 整　合 ———————

茅口组　　总厚度 593.9 m

20. 浅灰、灰色，局部带肉红色之厚、巨厚层泥晶灰岩夹生物屑灰岩，顶部含少量燧石团块。产䗴类 *Neomisellina dauvillei*，*N. compacta*，*Neoschwagerina leei*，*N. craticulifera*，*Sumatrina fusiformis*，*Chusenella* sp.　　159.4 m

19. 深灰色厚层生物屑泥粉晶灰岩，含燧石团块。产䗴类 *Chusenella conicocylindrica*，

C. schwagerinaeformis, *Verbeekina verbeeki*, *V. keimi*, *Pseudodolina chinghaiensis*, *P. pulchara*, *Schwagerina hupehensis*, *S. hunanica*；腕足类 *Monticulifera sinensis*；珊瑚 *Hapsiphyllum* sp. 93.2 m

18. 浅灰色厚、巨厚层生物屑团块灰岩，含少量燧石团块。产䗴类 *Chusenella globularis*, *C. conicocylindrica*, *C. hunanica*；珊瑚 *Protomichelina* cf. *xinchengensis* 18.7 m

17—16. 深灰色厚、巨厚层泥晶粉晶灰岩，含大量燧石团块。产䗴类 *Chusenella globularis*；珊瑚 *Ipciphyllum timoricum*, *Tachylasma elongatum* 182.4 m

15. 浅灰色厚层状海百合茎灰岩 5.6 m

14. 深灰色厚、巨厚层粉晶泥晶灰岩，含大量燧石团块 9.4 m

13. 深灰色含大量燧石条带之含白云质粉晶灰岩 104.2 m

12. 深灰、灰黑色薄、中层泥晶粉晶灰岩夹燧石条带。产腕足类 *Martinia* sp., *Haydenella* sp. 21.0 m

——————— 整　合 ———————

下伏地层：小江边组

11. 灰黑色薄层泥灰岩与泥晶灰岩互层 12 m

【地质特征及区域变化】　茅口组在本省总体上属一套开阔碳酸盐台地相沉积。在不同分区，其表现有所差别。在武陵山小区据硅质含量变化可分为两个岩性段：下部含硅质段为灰、深灰色隐晶—微粒灰岩夹大量硅质条带或燧石团块，厚 190 m 余；上部灰岩段为灰、浅灰色厚、巨厚层生物灰岩，偶夹少量白云质或燧石团块，厚一般 60～100 m 余。往南灰岩段增厚，颜色变深；往西，含硅质岩段厚度显著减小，而灰岩段显著增厚；往东，二分性不明显且变薄，上部多为深灰色中厚层状泥灰岩和硅质灰岩夹碳质硅质泥岩。在雪峰山小区，本组可分为下部颜色较深、白云质含量较高之白云质段与上部颜色较浅之灰岩段。厚度变化较大，一般在 40～250 m 之间。在上述两个小区内，本组底部以含硅质或白云质较高之灰岩与下伏栖霞组顶部含泥质（常聚成团块及"眼球状"构造）灰岩分野。在新化-浏阳小区，木组亦可分为下部含硅质岩段和上部灰岩段。灰岩段中偶含少量燧石或白云质团块；含硅质量有由北向南渐增之势，至本区南界附近与邵阳-郴州小区之孤峰组硅质岩过渡，因而愈靠南，硅质岩夹层愈多。小区内本组底部以浅色含硅质条带或燧石团块灰岩与下伏小江边组顶部之钙质页岩、页岩或泥灰岩分界清楚。区内本组厚度呈西厚东薄之势，由西部 700 m 减至南部 300 m 余。

本组所含生物群内容十分丰富，尤以䗴类之发育最具特色，含䗴类（自下而上）*Neoschwagerina* 带，*Yabeina*－*Neomisellina* 带，二者均为早二叠世晚期的标准化石带。其他门类化石，如腕足类 *Neoplicatifera huangi* 和珊瑚 *Ipciphyllum timoricum*, *Allotropiophyllum* 亦是茅口阶的标准分子。因此，省内茅口组之时代无疑应属早二叠世晚期。

孤峰组　*Pg*　(6－43－0804)

【创名及原始定义】　原名孤峰镇石灰岩，叶良辅、李捷（1924）创名于安徽省泾县孤峰镇。原指"黑色灰质页岩及硅质甚富之灰岩等，间于栖霞灰岩及龙潭煤系间，底部之灰质黑色页岩含化石极丰，其最著者为菊石及腕足类"。

【沿革】　在湖南，与孤峰组相当之地层惯称"当冲组"。"当冲组"原名"当冲层"，系田奇瑪、徐瑞麟（1936）所创，创名地点在湖南邵阳保和堂煤田南端的当冲，其岩性为"底部为薄层页岩，厚仅 1～2 m……其上为硅质厚层页岩……富含锰质……。全层厚至少在 100m

以上。其下与水洞里灰岩及清溪冲灰岩成不整合接触”。中国地质学编辑委员会和中国科学院地质研究所（1956）改称“当冲组”。盛金章（1964）指出“当冲组为下二叠统的一部分，和孤峰组、鸣山组等层位相当，同是茅口组中、上部两个化石带的相变。”由于当冲组与孤峰组无论在岩性、岩相，还是在层位上两者基本上都是一致的，而后者之建名时间（1931）早于前者（1936），故本书采用孤峰组一名，而建议将“当冲组”一名作为其同物异名。

【现在定义】 岩性为薄层硅质岩、硅质页岩、粉砂质泥岩、碳质页岩、锰质页岩地层，下部页岩含锰及磷结核。产菊石、腕足类、双壳类及放射虫等。底与栖霞组平行不整合接触，顶与龙潭组整合接触。在湖南指整合于栖霞组之上、龙潭组之下的一套灰黑色硅质岩、硅质页岩、铁锰质页岩及黑色页岩夹硅质灰岩地层。产菊石、腕足类及双壳类化石。下以厚层灰岩的消失或薄层硅质岩的地层出现与栖霞组分界；上以灰黑色硅质页岩的消失或含粉砂质页岩的出现与龙潭组分界。

【层型】 次层型为攸县广黄剖面（G－49－36－A；113°41′，27°17′）（表4－1，图4－1中㉓），湖南区测队（1966）测制。

上覆地层：**龙潭组**

25．灰白色粉砂质板状页岩。产植物化石 *Pecopteris* sp. 5 m

——————— 整 合 ———————

孤峰组 总厚度 98.4 m

24．灰黑色板状硅质页岩。产腕足类 *Martinia* sp.，*Chonetes* sp.，*Squamularia* sp. 3.9 m

23．深灰色硅质灰岩，夹含锰的钙质页岩。产腕足类 *Martinia* sp. 4.2 m

22—21．灰黑色含硅质、铁锰质的板状页岩。产腕足类 *Martinia* cf. *triquetra* 5.4 m

20—19．灰黑色、黑色板状页岩，夹有灰色致密灰岩凸镜体。产菊石 *Paraceltites* aff. *altudoensis*，*Paragastrioceras* sp.，*Pseudogastrioceras* sp.；腕足类 *Neoplicatifera* aff. *huangi*，*Cancrinella* sp.，*Squamularia* sp. 15.2 m

18—17．黄褐、黄绿等杂色页岩，下部含少量砂质。产菊石 *Altudoceras* sp.，*Paragastrioceras* sp.；双壳类 *Aviculopecten* sp.，*Astartella* sp. 9.8 m

16—15．灰黑色、黑色含碳质页岩。上部采获腕足类 *Chonetes* sp.；双壳类 *Aviculopecten* sp.；菊石？*Waagenoceras* sp. 47.3 m

14．灰绿色绿泥石页岩，夹少量砂质页岩 9.7 m

13．灰白、浅灰色薄层硅质岩。产䗴 *Staffella* sp.，*Verbeekina* sp.，*Schwagerina* sp. 2.9 m

——————— 整 合 ———————

下伏地层：**栖霞组**

12．灰色微粒致密状灰岩。产䗴 *Pseudofusulina* sp.，*Staffella* sp.；珊瑚 *Protomichelinia* sp. 16.6 m

【地质特征及区域变化】 孤峰组在本省总体上属一套浅海台盆相硅泥质沉积，可分为上、下两段：下段以灰黑—黑色页岩、钙质页岩、泥灰岩为主，夹硅质岩及泥质灰岩、白云质灰岩；上段为灰黑色含铁锰质的硅质岩、硅质页岩夹页岩、硅质灰岩等。所含铁锰质局部可风化淋滤富集而成铁锰矿。底部以黑色页岩、硅质岩与下伏栖霞组灰岩分界清楚；顶部以硅质沉积与上覆龙潭组碎屑岩沉积分界。本组在新化-浏阳小区南部只偶夹泥质灰岩透镜体，往北则硅质灰岩、泥质灰岩、白云质灰岩渐增；在新化-浏阳小区北缘过渡带有大量灰岩出现。厚度一般较小，不稳定，总体上呈自北向南、自西向东变薄之趋势。以临武杉木冲最薄，仅12

m；零陵米筛井最厚，可达124.7 m。

本组所含化石主要为菊石、腕足类、双壳类等，只在新化-浏阳小区北缘所夹灰岩中含䗴类化石。其中的菊石 *Altudoceras jianshiense*，*Paragastrioceras* cf. *ellipsaidale*，*Tainoceras orientale* 为早二叠世的标准属种，*Waagenoceras* 为茅口阶顶部 *Mexicoceras* - *Waagenoceras* 带的带化石。与该带共生的腕足类 *Neoplicatifera* aff. *huangi*，双壳类 *Euchondria* cf. *jingxianensis* 和珊瑚 *Cystomichelinia marginocystosa* 亦为早二叠世晚期的标准分子。此外，在新化-浏阳小区北部边缘灰岩夹层中含以 *Neomisellina* 为主的䗴群，亦显示早二叠世末期 *Yabeina* - *Neomisellina* 带之面貌。故省内孤峰组之时代应属早二叠世晚期。

龙潭组　*Plt*　（6-43-0805）

【创名及原始定义】　原称龙潭煤系，系丁文江（1919）所创，标准地点在南京附近龙潭镇。指“上为二叠世或三叠纪张公岭石灰岩，下为上石炭纪船山石灰岩的一套含煤地层，时代定为二叠纪”。

【沿革】　田奇瑪、王晓青等（1933）在湖南常宁斗岭创“斗岭系”一名，代表湘中南的这套含煤地层，其“上下两部均以硅质页岩为主，中部则为碳质页岩、砂岩及砂质页岩，且富含黄铁矿及硅质结核，煤层悉含于此部，煤层中产 *Gigantopteris* 等植物化石”。田奇瑪、徐瑞麟（1936）的“斗岭煤系”专指其中部的含煤碎屑岩。自此之后，斗岭煤系广为沿用，中国地质学编辑委员会和中国科学院地质研究所（1956）改称斗岭组，煤田勘探部门至今仍沿用此名。王兆信等（1966）将“斗岭组”下部（即不含煤段）称为“邵阳组”，而将其上部称为龙潭组。在湘西北，田奇瑪、王晓青（1933）在辰溪县五里墩创“辰溪煤系”一名，其“为杂色铝土页岩、砂质页岩及不稳定鸡窝状煤，全厚最大不过10余米，一般3～5 m”。盛金章（1964）建议用龙潭组代表中国南部上二叠统下部的以海陆交互相为主的地层。湖南区测队于1965年（1：20万攸县幅）首次引入龙潭组一名，代表当冲组与大隆组之间的一套含煤碎屑岩地层。此后，龙潭组在湘中、南得以广泛运用。同时，将分布于湘西北的这一含煤地层称为“吴家坪组”（湖南区测队1：20万石门幅，1964）、“辰溪组”（湖南区调队②，1986）、“吴家坪组含煤段”（湖南省地质矿产局，1988）等。斗岭组无论在层位上，还是在岩性、岩相及古生物特征上都与龙潭组大体一致；辰溪组的层位及岩性亦与龙潭组大体一致，考虑到龙潭组命名时间在先，故采用龙潭组一名以代表本省孤峰组或茅口组之上、吴家坪灰岩或大隆组之下的一套含煤地层。斗岭组、邵阳组、辰溪组为本组同物异名，省内停用。

【现在定义】　指孤峰组与大隆组之间一套含煤地层。下部以深灰色砂、页岩互层为主，顶为砂岩及含䗴灰岩；中部为黄褐色中至粗粒厚层长石石英砂岩、铝土质泥岩、页岩夹煤层，含植物化石；上部以黑色页岩为主夹灰岩及细砂岩，富含腕足类等化石。下与孤峰组以含个体甚小的双壳类含钙质碳质页岩之底为界；上以大隆组硅质页岩出现为界，均为整合关系。在湖南指整合于孤峰组之上、大隆组之下的一套含煤砂页岩地层，富产植物化石。下以硅质页岩的消失或粉砂质砂质板状页岩的出现与孤峰组分界；上以含粉砂质板状页岩的消失或硅质岩的出现与大隆组分界。

【层型】　次层型为攸县广黄剖面（G-49-36-A；113°41′，27°17′）（表4-1，图4-1中㉓），湖南区测队（1966）测制，后经湖南省区调所（1988）修改、补充。

上覆地层：**大隆组**

22. 灰色泥质硅质岩。产菊石 *Grabauites* sp.，*Xenaspis* sp.，*Anderssonoceras* sp. 等　20 m

——————— 整　合 ———————

龙潭组　总厚度 759.5 m

21. 灰色板状页岩，含少量粉砂质。产腕足类 *Chonetes* cf. *chonetoides*，*C.* cf. *substrophomenoides*，*Martinia* sp.　5.7 m

20. 上部为灰色泥质石英粉砂岩，层面多含云母；下部为黑色薄—中层石英粉砂岩。产腕足类 *Oldhamina* sp.，*O. squamosa*，*Schellwienella ruber*，*Leptodus tenuis*，*Transennatia gratiosus*，*Spinomarginifera kueichowensis*，*Orthotichia* sp.，*Squamularia* sp.　54.1 m

19. 上部黑色碳质板岩，可含一层煤；下部浅灰色薄—中厚层状细粒石英砂岩，层间夹有 5—10cm 的黑色砂质页岩。产植物化石 *Pecopteris* sp.，*Lobatannularia* sp.　38.4 m

18. 上部黑色页岩及含粉砂质的页岩夹泥质粉砂岩，上、下均含一层煤。下部灰白色厚层状浅变质粗粒石英砂岩。产植物 *Gigantopteris nicotianaefolia*，*Sphenophyllum sino-coreanum*，*Protoblechnum* sp.，*Pecopteris* sp.　111.4 m

17. 上部黑色页岩夹砂质页岩，含一层煤；下部灰白色中厚—厚层状浅变质细粒长石石英砂岩。产植物 *Gigantopteris nicotianaefolia*，*Sphenophyllum sino-coreanum*，*Protoblechnum* sp.，*Sphenopteris* sp.，*Pecopteris* cf. *arcuata*　39.9 m

16. 上部黑色微粒砂质碳质页岩，其中含一层煤；下部浅灰色浅变质粗粒石英砂岩。产植物 *Gigantopteris nicotianaefolia*，*Sphenophyllum* sp.，*Protoblechnum* cf. *wongii*，*Neuropteridium* sp.　32.9 m

15. 上部黑色含碳质的泥质页岩，夹一层煤；下部灰白色厚层浅变质粗粒石英砂岩。产植物 *Gigantopteris nicotianaefolia*，*Protoblechnum* cf. *wongii*，*Pecopteris* sp.，*Cordaites principalis*，*Lobatannularia* sp.；双壳类 *Schizodus* sp.　33.1 m

14. 上部黑色板状砂质页岩，含一层煤；下部中厚层状含铁泥质的石英细砂岩与砂质页岩夹黑色页岩互层。往下浮土掩盖 20.4 m。产植物 *Gigantopteris nicotianaefolia*，*Protoblechnum* sp.，*Cordaites* sp.，*Taeniopteris* sp.　80.1 m

13. 浅灰色浅变质中粒长石石英砂岩，上部为黑色粉砂质页岩夹页岩　21.3 m

12—9. 黑色含粉砂质板状页岩，中夹粉红、黄绿色浅变质微粒石英砂岩，底部为黄绿色中厚层及薄层浅变质石英砂岩。产植物 *Sphenophyllum sino-coreanum*，*Protoblechnum* sp.，*Gigantonoclea* sp.，*Danaeites* cf. *mirabilis*，*Neuropteridium* sp.　45.3 m

8—6. 上部灰绿色薄层板状砂质页，夹有 1～2 层中厚层状细粒长石石英砂岩；下部深灰色厚层状浅变质细粒石英砂岩，夹黑色砂质页岩　106 m

5—4. 上部灰黑色薄层板状粉砂质页岩与页岩呈韵律，偶见磷结核；下部灰色厚层状细砂岩夹少量黑色砂质页岩和页岩　53.5 m

3—2. 灰白色板状页岩夹砂质页岩及灰绿色薄层细砂岩。其上掩盖 76 m，下部为灰绿色中厚—厚层细粒含铁泥质石英砂岩夹黑色页岩　95.3 m

1. 灰白色粉砂质板状页岩，上部夹灰黑色细砂岩之凸镜体。产植物 *Pecopteris* sp.　42.5 m

——————— 整　合 ———————

下伏地层：孤峰组

0. 灰黑色板状硅质页岩　10 m

【地质特征及区域变化】　本省龙潭组具明显的分区性。在湘西北区，本组为一套滨海沼泽相含煤沉积，主要由铝土岩、铝土质泥岩、杂色泥岩或黑色页岩及煤层组成，局部夹碎屑岩。其中在武陵山小区局部夹豆状、鲕状赤铁矿和结核状、星点状黄铁矿；在雪峰山小区本组所含碎屑岩稍多，厚度多为 2～4 m，最厚达 12.5 m，极不稳定，时有缺失，与下伏茅口组呈平行不整合接触；在湘中南区的新化-浏阳小区，本组属滨岸泻湖—沼泽相含煤碎屑岩沉积，由浅紫灰、紫灰、灰色细砂岩、粉砂岩、粉砂质页岩夹煤层组成 2～4 个旋回，中部偶见海相夹层，底部常见底砾岩或粘土层，与下伏茅口组呈平行不整合—整合接触。含煤多为 2～3 层。厚一般为数米至 30 余米，最厚可达 60 余米；在邵阳-郴州小区，本组可分为下部不含煤段与上部含煤段。不含煤段由石英砂岩、长石石英砂岩、粉砂质泥岩、砂质页岩、含碳质页岩等组成 4～5 个或更多的沉积旋回，时含菱铁矿结核，一般不含煤，少数地区夹有不稳定的 2～4 层薄煤层或煤线。总厚一般 200～600 m，在沉积中心耒阳江头洲等地可达 900 余米，具由北而南、自西向东增厚之趋势。与下伏孤峰组硅质沉积呈整合接触，分界清楚。上部含煤段一般由长石石英砂岩、细粒石英砂岩或含砾砂岩、碳质页岩、砂质页岩、粉砂质泥岩夹煤层组成 3～8 个或更多的不甚完整的沉积旋回，页岩中常含菱铁矿、黄铁矿薄层或结核，局部夹油页岩 1～2 层。该段厚一般 200～300 m，最厚可达 450 余米，自西向东厚度增大、碎屑物颗粒变细、煤层数及海相化石增多。

本组富产植物化石，亦产腕足类化石。在湘西北区，本组产 *Stigmaria* sp.，*Lepidodendron* sp. 等植物化石和 *Spinomarginifera* sp.，*Leptodus nobilis*，*L. tenus*，*Cathaysia chonetoides*，*Waagenoconcha soochowensis*，*Haydenella kiangsiensis* 等腕足类化石，显然属晚二叠世早期。湘中南区的含煤段含以 *Gigantopteris nicotianaefolia* 为代表的大羽羊齿植物群，普遍认为属晚二叠世早期。不含煤段含 *Cordaites*－*Sphenophyllum* 组合带，在永兴等地产 *Mexicoceras*；*Paratongluceras* 等菊石，说明本段至少有一部分应归属早二叠世晚期。目前比较流行的观点是湖南的龙潭组不含煤段属早二叠世晚期，而含煤段属晚二叠世早期。

吴家坪组　Pw　(6－43－0807)

【创名及原始定义】　卢衍豪（1956）创名于陕西南郑县梁山，原称吴家坪灰岩。“代表陕西汉中梁山区上二叠纪的中上部。上部主要为暗灰色厚层状及块状灰岩及灰色块状积云状灰岩，下部除有厚层状及块状灰岩外，薄层灰岩亦极发育。富含燧石”。

【沿革】　盛金章（1964）称其为吴家坪组，用以代表长兴组之下、茅口组之上的一个地层单位。在湖南李毓尧（1934）曾用“梅田灰岩”一名代表宜章梅田镇东北约 600 m 一地“龙潭煤系之上、青龙灰岩之下的一处富产䗴类（*Gallowaina meitienensis*）和海百合茎的浅灰色块状灰岩孤立露头”。湖南区调队于 1964 年（1∶20 万石门幅）首次引入吴家坪组一名代表湘西北整合于长兴组之下、不整合于茅口组之上的一套地层。中南地区区域地层表编写小组（1974）沿用此案。湖南区调队[②]1986 年将其下部之含煤段启用“辰溪组”一名，而将其上部灰岩段称为吴家坪组。湖南省地矿局 1988 年又将“含煤段”与“灰岩段”合并称吴家坪组，而将湘中南区龙潭组之上、大冶组之下的一套以台地相碳酸盐岩为主的地层称为长兴组。本书采用吴家坪组代表龙潭组之上、大冶组之下的一套以灰岩为主的地层，而不管是湘西北地区还是湘中南地区。

【现在定义】　指整合于阳新组灰岩与大冶组灰岩之间的地层序列，为灰色中厚—厚层、块状含燧石团块的泥晶灰岩、生物碎屑灰岩。底部稳定地发育一层厚度不大的含鲕粒的铁铝质泥质岩（王坡段），并以此之底作为该组的底界，以纹层灰岩结束为该组顶界。在湖南指整合于龙潭组之上、大冶组之下的一套以浅灰色厚层状含燧石结核灰岩为主、间夹少量含白云质灰岩、泥质白云岩、薄层泥灰岩地层，以富产䗴类化石为特征。下以灰岩的出现与龙潭组分界；上以灰岩的消失或泥岩的出现与大冶组分界。

【层型】 次层型为辰溪县中伙铺剖面（G-49-5-C；110°05′，27°05′）（表4-1，图4-1中㉑），湖南区测队（1973）测制，后经湖南省区调所（1988）修改、补充。

上覆地层：大冶组

44. 灰黄色铝土质泥岩。产双壳类 *Claraia* aff. *griesbachi* 5 m

——————整　合——————

吴家坪组　　总厚度 267.5 m

43. 灰色厚层中、粗晶生物屑灰岩，顶部有厚约25 cm之硅质泥岩。产䗴 *Palaeofusulina nana*，*P. fusiformis*，*P. sinensis*，*P. minima*，*P. mutabilis*，*P. ellipsoidalis*，*Reichelina* sp. 6.5 m

42—41. 浅灰色中、厚层粉晶灰岩。产䗴 *Palaeofusulina minima*，*P. sinensis*，*Sphaerulina crassipira* 40.2 m

40. 深灰色中、厚层细晶灰岩。产䗴 *Palaeofusulina* cf. *simplex*，*Nankinella minor* 15.3 m

39. 深灰色厚层含白云质粉晶灰岩，含少量燧石结核。产䗴 *Nankinella orientalis*，*Eoverbeekina* cf. *fusuiensis* 17.9 m

38. 深灰色中、厚层状粉晶灰岩。产䗴 *Sphaerulina crassipira*，*Reichelina* sp. 13.2 m

37—36. 黑灰色中、厚层状含白云质粉晶灰岩，含燧团块和条带。产䗴 *Gallowaynella meitienensis*，腕足类 *Tyloplecta* cf. *yangtzeensis*，*Edriosteges poyangensis*，珊瑚 *Lophophyllum* sp.；双壳类 *Aviculopecten* sp. 42.2 m

35. 浅灰色中、厚层泥晶灰岩，含大量燧石团块和薄层。产䗴 *Palaeofusulina nana*，*Codonofusiella* sp.，*Gallowaynella* sp.；珊瑚 *Lophocarinophyllum* sp. 5.0 m

34. 浅灰色厚层生物屑灰岩，含大量燧石团块。产䗴 *Nankinella* sp.，*Codonofusiella* cf. *lui*；珊瑚 *Liangshanophyllum* sp.；腕足类 *Edriosteges poyangensis* 11.0 m

33. 浅灰色中、厚层细晶含白云质灰岩，含大量燧石团块。产珊瑚 *Liangshanophyllum* sp.；腕足类 *Edriosteges poyangensis* 36.5 m

32. 浅灰色厚、巨厚层泥晶灰岩，含大量燧石团块。产腕足类 *Tyloplecta yangtzeensis* 21.1 m

31—30. 深灰色中、厚层粗晶灰岩，含燧石团块和薄层。产䗴 *Codonofusiella* sp.；珊瑚 *Liangshanophyllum* sp.，*Waagenophyllum wengchengense*；腕足类 *Cathysia chonetoides*，*Leptodus* cf. *tenus*，*Edriosteges* sp.，*Haydenella kiangsiensis*，*Tyloplecta yangtzeensis*，*Tschernyshewia sinensis*，*Waagenites soochowensis* 52.6 m

29. 深灰色厚、巨厚层泥晶灰岩，含大量燧石团块。产腕足类 *Tyloplecta yangtzeensis*，*Edriosteges poyangensis* 6.0 m

——————整　合——————

下伏地层：龙潭组

28. 灰黑色薄层硅质岩夹煤线 1.8 m

【地质特征及区域变化】 分布于雪峰山小区、武陵山小区和新化-浏阳小区的大部及邵阳-郴州小区的局部地区。

吴家坪组在本省总体上为一套台地相碳酸盐岩沉积，明显区别于下伏龙潭组砂页岩沉积。在武陵山小区，本组主要由含硅质团块或条带的灰岩组成，上部有较多的页岩或泥灰岩，局部地区夹硅质岩。厚一般为20～60 m。在雪峰山小区，本组可分为三部分：下部为深灰色中—厚层状粗粒结晶灰岩，含燧石结核和条带，局部含泥质细条带；中部为浅灰色中—厚层状灰岩及含白云质灰岩，含大量燧石结核，局部含泥质团块；上部为深灰色中—厚层状微—中粒含白云质灰岩及微粒灰岩，偶含燧石结核。往南燧石减少，下部岩性变杂。厚度一般在150～270 m之间。在新化-浏阳小区，本组主要分布于北部和南部，其下部主要为厚数米至十余米的灰、深灰色页岩夹泥质灰岩凸镜体；上部主要为灰岩、含硅质团块灰质、硅质灰岩，厚136～410 m。

在邵阳-郴州小区，本组只分布于南阳桂阳马王井、宜章梅田等局部地区。其下部为泥灰岩、硅质泥岩夹硅质岩及灰岩；上部为白云质生物灰岩、泥质灰岩夹硅质岩、硅质页岩。厚100～300 m，与下伏龙潭组整合接触。

本组富产䗴类，自下而上含䗴类*Codonofusiella*带、*Palaeofusulina*带。其中，前者主要分布于雪峰山小区，属晚二叠世龙潭期，与之共生的珊瑚*Lophophyllum*和腕足类*Tyloplecta yangtzeensis*，*Edriosteges poyangensis*等均为晚二叠世早期之代表分子，*Palaeofusulina*是长兴阶的标准䗴类化石带。故本组属晚二叠世沉积无疑。

大隆组　*Pd*　(6-43-0806)

【创名及原始定义】　原称大垅层，系张文佑、陈家天⑧（1938）所创，创名地点在广西合山市大隆村。岩性分上下两部分：上部为灰色、黄灰色、绿灰色硅质页岩、灰质页岩及砂岩；下部为暗色硅质页岩夹白灰色及杂色页岩及砂岩，时代为二叠纪。其上与三叠系为整合接触，下与合山层为连续沉积。

【沿革】　李四光等（1941）沿用大隆组一名，并将其时代修订为晚二叠世晚期。自此以后，这一涵义的大隆组被广泛沿用。湖南区测队于1964年（1∶20万耒阳幅）首次将大隆组引进湖南，代表斗岭组和张家坪组之间富产菊石的以硅、泥质岩为主的地层。孟逢源等(1980)将大隆组下部含以*Anderssonoceras*，*Prototoceras*为代表的晚二叠世早期菊石群的部分命名为小元冲组。本书采用的大隆组与湖南省地质矿产局（1988）之大隆组含义基本一致。

【现在定义】　指整合于合山组之上，南洪组之下的一套硅质岩、泥岩、砂岩及凝灰岩等岩性组合的地层。下以泥质灰岩、泥灰岩的消失或硅质岩的出现与合山组分界，上以硅质岩的消失或灰色薄层页岩的出现与南洪组分界。在湖南为整合于龙潭组之上、大冶组之下的一套硅质页岩夹灰岩及页岩的地层，富产菊石。其底以页岩夹灰岩凸镜体与龙潭组顶部之含粉砂质泥岩分界，其顶以灰岩夹硅质页岩与大冶组底部之钙质页岩夹薄层泥质灰岩分界。

【层型】　次层型为涟源七星街剖面（G-49-8-B；110°51′，27°54′）（表4-1，图4-1中㉒），湖南区测队（1977）测制，后经湖南省区调所（1988）修改、补充。

上覆地层：大冶组

30. 灰黑、深灰色钙质页岩夹薄层泥质灰岩，底部有两层厚约2～5 cm之页岩。产双壳类*Claraia griesbachi*，*C.* cf. *wangi*等　11.4 m

——————整　合——————

大隆组　总厚度182.1 m

29. 深灰、灰黑色粉、泥晶灰岩夹硅质页岩，往下两者为互层。产菊石*Pseudotirolites* cf. *anshunensis*，*Pleuronodoceras* sp.，*Hunanoceras* sp.，*Pseudogastrioceras* sp.；双壳类*Aviculopecten* sp.　68.0 m

28. 灰、深灰色硅质页岩夹白云质泥灰岩、泥质灰岩，底部夹数层厚约数厘米的褐棕色含锰层。产菊石*Pseudotirolites* cf. *asiaticus*，*Hunanoceras* cf. *qianjiangense*，*Pseudogastrioceras* cf. *szechuanense*；双壳类*Aviculopecten* sp.；腕足类*Leptodus* sp.，

Edriosteges poyangense, *Neochonetes* sp. *Martinia* cf. *triquetra* 99.8 m

27. 灰、深灰色页岩夹泥质灰岩凸镜体。产腕足类 *Spinomarginifera* cf. *kueichowensis*, *Martinia* cf. *triquetra*, *Oldhamina* sp.，双壳类 *Aviculopecten* cf. *sichuanensis*, *Astartella* cf. *salaris*, *Edmondia* sp.；菊石类 *Lenticoceltites*? sp.? *Lopingoceras* sp.，腹足类 *Loxonema* sp.，*Zygopleura* sp. 14.3 m

——————整　合——————

下伏地层：**龙潭组**

26. 紫灰、深灰色含粉砂质泥岩夹泥质粉砂岩，中夹菱铁矿薄层，产植物 *Gigantopteris nicotianaefolia*, *Cordaites* sp.，*Alethopteris* sp.，*Pecopteris rigida*, *Calamites* sp. 10 m

【地质特征及区域变化】 省内大隆组分布于邵阳-郴州小区及新化-浏阳小区和武陵山小区的局部地区，总体上为一套以硅泥质岩为主的台盆相沉积，主要由深灰、灰黑色薄至中层状硅质岩、硅质灰岩夹或多或少的黑色页岩及少量灰岩组成，盛产菊石。本组在武陵山小区与下伏吴家坪灰岩呈连续沉积，然分界清楚，厚多在 30 m 左右；在湘中南地区，与下伏龙潭组碎屑岩分界清楚，厚 30～250 m。在邵阳-郴州小区，本组偶含碳酸锰矿。

本组以富产菊石为特色，属菊石 *Anderssonoceras*－*Prototoceras* 带、*Pseudotirolites* 带、主要分子 *Anderssonoceras* sp.，*Prototoceras* sp.，*Pseudotirolites asiaicus*, *P. anshunensis*, *P. mapingensis*, *Pleuronoceras mapingense*, *P.* cf. *dushanense*, *Hunanoceras qianjiangense*, *Pseudogastrioceras liui*, *P.* cf. *szechuanense* 等绝大多数为晚二叠世晚期的标准分子。故大隆组之时代应属晚二叠世晚期。

大隆组与吴家坪组均整合于三叠系之下，二者之间常见其互相交错、逐渐递变，且时代相当，故它们属大致同期的异相沉积。

大冶组　T*d*　(6－43－0901)

【创名及原始定义】 由谢家荣（1924）所创“大冶石灰岩”演变而来，创名地点在湖北省大冶县城北之著名铁矿附近（现为大冶县铁山附近）。原始定义：“指位于炭山湾煤系与武昌煤系之间的地层。为灰、灰白色薄层石灰岩，广泛分布于大冶以北之山丘地带，其最下部可相变为 30～40 m 的钙质页岩和黄色页岩，在大冶保安东北一带，该层页岩有头足类等化石，它们为二叠纪生物群。总厚度约 500 m。其时代，下部为二叠纪？上部薄层灰岩地质时代可能为三叠纪。”

【沿革】 1933 年，田奇瑞等在邵阳、湘乡、双峰一带工作时，首将“斗岭煤系”之上的一套薄层灰岩划归下三叠统，并与“大冶灰岩”对比。1964 年湖南区测队根据全国地层会议学术报告汇编的有关资料，首次将我省 1∶20 万石门幅的“大冶灰岩”分为两部分，下部以灰岩为主称大冶群，上部以白云岩、灰岩为主者称嘉陵江组。湖南区测队 1969 年将大冶群改称大冶组，尔后，此方案广为沿用。通过本次清理研究，考虑到岩石地层界线的明显性，将原嘉陵江组底部灰岩夹薄层白云岩的一段岩层划归大冶组，而以大套厚层白云岩或角砾状白云岩的出现作为大冶组与嘉陵江组的分界标志。北京地质学院 1959 年在双峰一带所创之“大脑顶层”及“四方井层”实属本组同物异名，省内停止使用。

【现在定义】 以灰色、浅灰色薄层状灰岩为主，中、上部夹中—厚层状灰岩，时而夹鲕状灰岩、白云质灰岩或白云岩化灰岩，下部为含泥质灰岩或黄绿色页岩。底界以页岩与下伏大隆组硅质页岩、硅质岩呈整合接触；顶界与上覆嘉陵江组白云岩呈整合接触。在湖南以薄层泥晶灰岩为主，下部夹少许钙质页岩，中、上部夹中—厚层状鲕粒灰岩及薄层白云岩。其下与大隆组硅质岩整合接触，其上与嘉陵江组厚层白云岩、角砾状白云岩整合接触。

【层型】 次层型为桑植县洪家关剖面（H-49-89-C；110°10′，29°28′），（图4-1中㉔），湖南区测队1966年测制。

上覆地层：**嘉陵江组**

25. 赭色厚—巨厚层状白云质灰岩及白云岩 33.1 m

——————整　合——————

大冶组 总厚度 874.2 m

24—23. 灰色页状灰岩，中上部夹少量中层状灰岩，产双壳类及腕足类化石。其中双壳类有 *Bakevellia costata*，*Posidonia circularis*，*Chlamys* ex gr. *reticulotus*；头足类 *Tirolites* sp.；腕足类 *Lepismantina* cf. *hsui* 60.3 m

22. 灰色中层状灰岩夹薄层灰岩 20 m

21. 下部薄层状灰质白云岩，上部厚层角砾状白云岩 22.4 m

20—19. 灰色薄层状灰岩间夹少量中层状灰岩及白云质灰岩。产双壳类化石 *Palaeonucula gingyanesis*，*Pteria murchisoni*，*Eumnorphotis* sp.，*Schafhaeutlia* sp.，*Entolium*? sp.，*Astarte willebadessensis* 43.6 m

18—16. 灰色薄层状灰岩，中下部夹中层状灰岩 236.1 m

15—8. 灰色薄层状灰岩夹页状灰岩 321.8 m

7—2. 灰色薄层状灰岩夹薄层泥灰岩及页岩。产双壳类 *Claraia griesbachi*，*C. g. concentrica*；头足类 cf. *Ophiceras* sp.，cf. *Lytophiceras* sp.；腕足类 *Lingula* sp. 170 m

——————整　合——————

下伏地层：**大隆组**

1. 褐色薄层状泥质硅质岩。产头足类化石 *Pseudotirolites* sp.，*Pseudogastrioceras* sp.，*Anderssonoceras* sp.；腕足类 *Waagennites soochowensis*，*Dictyoclostus gratiosus* 25 m

【地质特征及区域变化】 本组下部以薄层泥晶灰岩为主夹不等量的钙质页岩，水平层理极为发育，尚见有束状上叠浪成交错层，部分地区见重力流形成的滑塌角砾岩夹层。生物中窄盐性薄壳双壳类及善游泳的头足类为主，分异度低。属潮下浅海或陆架沉积。上部浅色厚层灰岩及白云质灰岩增多，部分具鲕状结构，并夹有不等量的白云岩，生物以厚壳的广盐度双壳类成分增多，反映其为浅滩至潮坪沉积。因此，大冶组的沉积环境纵向上有由深变浅，由开阔变局限的总趋势。本组横向变化亦较明显，桑石小区西部可以上列剖面为代表，东北部慈利、石门一带厚层灰岩、鲕状灰岩及白云质灰岩显著增多，反映局限台地沉积的特点。怀靖小区该组厚度骤减，且以浅色厚层鲕粒灰岩为主，相变为台缘高能浅滩沉积。湘东南地区的湘潭-邵阳-郴州小区则由薄层泥晶灰岩、薄层泥质灰岩夹泥灰岩及塌积角砾状灰岩或灰质角砾岩组成，具台缘斜坡及浅海陆架沉积之特点。

本组下部普遍产头足类 *Hypophiceras* sp.，*Ophiceras* sp.，*Lytophiceras* sp. 及双壳类 *Claraia wangi*，*C. griesbachi*，*Towapteria scythicum* 等早三叠世早期的代表化石，并在桑石小区的桑植县利福塔、仁村坪及湘东南地区的嘉禾县乐岭头、宜章县梅田、涟源县七星街等多处，发现存在数十厘米的二叠系与三叠系生物混生层。在本组最底部的泥灰岩中，除产有三叠纪的菊石 *Hypophiceras* 及 *Claraia wangi* 等双壳类化石外，尚见有二叠纪型腕足类 *Fusichonetes nayongensis*，*F. pigmaea*，*Paryphella triquetra*，*Waagenites barusiensis* 及双壳类

Stutchuria jiangxuensis 等化石与之共生。这说明本组底界在省区代表了早三叠世的最早沉积，且近乎等时面，尚未见有穿时的资料。本组顶部似有穿时现象，且桑植洪家关一带，本组顶部获有头足类 *Tirolites* sp.，双壳类 *Pteria murchisoni*，*Entolium discites*，腕足类 *Lepismantina* cf. *hsui* 等，它们都是产于我国早三叠世末期的属种，尤其是后者，一般见于中三叠统下部，此处与 *Tirolites* 共生尚属首例。

因此，在桑石小区西部，本组时限应代表整个早三叠世。怀靖小区本组仅见以 *Clariaia* 为代表的双壳类化石组合，其上即为嘉陵江组白云岩所整覆，似乎反映该小区本组底界要低，其时代仅代表早三叠世早期。湘东南区的大冶组，大多未见顶，仅在涟源县株木及马桥边两处其上分别整覆有嘉陵江组及管子山组，但前者未获化石，无以为证。后者在管子山组底部产有丰富的双壳类，主要由大量的 *Posidonia* 及 *Amonotis* 组成，另见有少量的 *Leptochondria* 及 *Nuculana* 这一双壳化石组合面貌，具有中三叠世早期的双壳类组合色彩，由此可见该区大冶组之时代亦应代表整个早三叠世。综上所述，本区大冶组具有如下穿时规律：即潮下浅海及浅海陆架区其所代表的时限长而台地浅水区及局限台地区则所代表的时限短。因此，省境大冶组的总体时限应为早三叠世早期至整个早三叠世。

嘉陵江组　Tj　(6－43－0902)

【创名及原始定义】　赵亚曾、黄汲清 1931 年将原称“昭化灰岩”（赵亚曾，1929），更名为“嘉陵江石灰岩”，命名地位于四川省广元县城北 15 km 的嘉陵江沿岸。原始含义泛指“整合于紫红色页岩为主的飞仙关页岩之上的一套黄—浅灰色薄层含白云质石灰岩地层，厚约 600 余米，未找到化石”。

【沿革】　1961 年，陈楚震等进一步将其划分为雷口坡组、嘉陵江组和铜街子组。但西南诸省则多采用另一划分方案，即将飞仙关组之上、雷口坡组之下的一套白云岩及灰岩称嘉陵江组，即将铜街子组并入嘉陵江组第一段。1964 年，湖南区测队首次引用嘉陵江组一名，用以代表湘北石门一带“大冶群”之上、巴东组紫色砂、页岩之下的一套白云岩及灰岩，1969 年，又据其生物化石，将其顶部一段灰岩置于巴东组。尔后此划分方案即为我省广为沿用。

【现在定义】　岩性以灰色中—厚层状白云岩、白云质灰岩为主，夹微晶灰岩、“盐溶角砾岩”（井下为巨厚岩盐及石膏层），含海相双壳类、有孔虫化石，头足类罕见。与下伏大冶组灰色薄层石灰岩或铜街子组杂色砂、泥岩及上覆雷口坡组或巴东组底部杂色泥岩、白云岩均为整合接触。在湖南由浅灰色、灰色厚层状白云岩或角砾状白云岩与薄—厚层状灰岩或泥质灰岩组成两个旋回。其上与巴东组之灰绿色或紫红色粉砂质泥岩或粉砂岩整合接触；其下与大冶组之薄层灰岩亦为整合接触。

【层型】　次层型为桑植县洪家关剖面（H－49－89－C；110°10′，29°28′），（图 4－1 中㉔），湖南区测队 1966 年测制。

上覆地层：巴东组

30. 黄绿色、薄层状含粉砂质泥岩夹紫红色粉砂质泥岩。产双壳类化石 *Myophoria* (*Costatoria*) cf. *galdfussi mansuyi*，*Eumorphotis* (*Asoella*) *illyrica crassistriata*　　22 m

——————— 整　合 ———————

嘉陵江组　　总厚度 700.4 m

29. 黄灰色薄层状泥灰岩。产双壳类 *Pleuromya* sp.，*Myoconcha* sp.　　38.4 m

28. 黄灰色薄层状泥质灰岩。产双壳类 *Eumorphotis* (*Asoella*) cf. *subillyrica*, *Entolium discites*, *Leptochondria albertii* 37.8 m

27. 灰色厚层微晶灰岩。产双壳类 *Eumorphotis* (*Asoella*) cf. *paradoxica* 38.6 m

26—22. 紫灰色块状角砾状白云质灰岩，夹中层状白云岩 143 m

21—12. 青灰色中—厚层状灰岩夹少量薄层灰岩，近顶部产海百合茎 *Cyclocyclicus* sp. 310.9 m

11. 浅红色厚层状灰质白云岩 30 m

10. 紫灰色厚层状白云质灰岩 21.7 m

9. 上部为浅紫灰色厚层状白云岩，下部为厚层角砾状白云质灰岩 16.5 m

8. 紫灰色厚层结晶白云岩 30.4 m

7. 紫灰色厚—巨厚层状白云岩，下部为巨厚层白云质灰岩 33.1 m

——————— 整　合 ———————

下伏地层：**大冶组**

6. 上部深灰色页状灰岩，下部为中厚层状灰岩。产双壳类 *Bakevellia costata*，腕足类 *Lingula* sp. 16.4 m

【地质特征及区域变化】 本组在省区分布不广，仅在桑石小区发育较好，怀靖小区及湘东南区则残留于局部地区。

本组由两套白云岩、角砾状白云岩和两套泥晶灰岩或白云质泥质灰岩组成。前者常含石膏及盐类假晶，并形成盐溶角砾岩，常发育泥裂构造，生物化石极为贫乏或缺乏生物化石，属局限台地沉积。后者以泥晶结构为主，水平层型发育，常含不等量的白云质，含双壳类 *Myophoria - Entolium* 生物组合，属广盐型生物，反映其为半局限台地沉积。横向上之变化规律是：桑石小区以局限—半局限台地沉积为特征，怀靖小区主要为局限台地沉积，而湘东南区北部之上斜坡则以半局限台地沉积为特色。往南即相变为以陆源碎屑沉积为特征的管子山组。

省内本组之时代各地不一，具穿时特点。桑石小区西部的桑植、永顺一带，本组整合覆于产头足类 *Tirolites* sp.，双壳类 *Pteria murchisoni*，腕足类 *Lepismantina* cf. *hsui* 的大冶组之上；其上部产双壳类 *Eumorphotis*(*Asoella*) cf. *paradoxica*，*E.* (*A.*) *subillyrica*，*E.* (*A.*) *illyrica crassistriata*，*Entolium discites*，*Leptochondria albertii*，*Myophoria*(*Costatoria*) *goldfussi mansuyi*，*M.* (*C.*) cf. *radiata hsui* 等化石，整组之时代以归属中三叠世为宜。该小区东北部慈利熊家庄一带，本组下部产大量的 *Entolium discites* 兼有少量的 *Promyalina vetusta*，未出现典型的早三叠世分子与中三叠世分子，似乎反映本组下部在桑石小区东部其时代具早、中三叠世的过渡性质。在怀靖小区，本组直接整合覆于盛产 *Claraia* 的大冶组灰岩之上，说明其时代下限已达早三叠世晚期。综上所述，本组具有由深水区向浅水区其底界时限逐渐变新的规律。

巴东组　T*b*　(6 - 43 - 0903)

【创名及原始定义】 由李希霍芬 (1912) 所建的“巴东层 (Patung-Schichten)”演变而来，命名地点在湖北巴东县长江沿岸。原始定义：“泛指红色地层，盖在三叠纪 (?) 石灰岩之上。”

【沿革】 1962 年，赵金科将谢氏所称“大冶灰岩”上部厚层白云岩划归嘉陵江组，其顶部产双壳类 *Eumorphotis* (*Asoella*) *subillyrica* 的灰岩并入巴东系，并改称其为巴东组。湖南区测队 1965 年首次引用巴东组一名，划分与谢氏一致，1969 年，又重新将嘉陵江组顶部产中统双壳类化石的一段灰岩置于巴东组，而与赵氏划分标准相同。此方案即为尔后我省所沿用。

【现在定义】 该组岩性可三分，即上、下部分为紫红色粉砂岩、泥岩夹灰绿色页岩，偶含孔雀石薄膜，中部为灰岩、泥灰岩，底部普遍有灰绿色页岩。与下伏嘉陵江组白云岩、灰岩呈过渡关系，界线明显；顶部为浅灰色钙质页岩、灰岩、白云岩，与上覆香溪群九里岗组黑色粉砂质粘土岩、碳质页岩呈整合接触。在湖南为整合覆于嘉陵江组灰岩或泥灰岩之上的以紫红色泥岩及粉砂岩为主，中下部及上部分别夹有灰岩及白云岩的一套岩层组合。其上与九里岗组呈平行不整合接触。

【层型】 次层型为位于桑植县洪家关剖面（H－49－89－C；110°10′00″，29°28′00″）（图4－1中㉔），湖南省区测队1966年测制。

上覆地层：**九里岗组**

54. 灰白色厚—巨厚层状长石石英粗砂岩与紫红色中层状含钙质粉砂岩及紫红色粉砂质泥岩呈韵律，底部有厚约10 cm的砾岩　92.4 m

——————— 平行不整合 ———————

巴东组　总厚度 2 003.1 m

53—52. 紫红色薄—中层状钙质粉砂岩夹紫红、灰绿色泥岩　35.3 m

51. 紫红色粉砂质钙质泥岩夹灰绿色薄—中层状砂质泥灰岩。产双壳类 *Pteria* sp.，*Gervillia* sp.，*Pleuromya* sp.，*Plaeoneilo* sp.；植物 *Neocalamites* sp.，*Taniopteris* sp.，*Equisetites* sp.　26.3 m

50. 灰色薄层状含生物碎屑灰岩　28 m

49—46. 灰绿、灰白色薄—中层状白云岩，夹少量紫灰色钙质砂岩　110.2 m

45—35. 紫红色薄—中层状含钙泥质粉砂岩与粉砂质钙质泥岩呈韵律　480 m

34—27. 紫红色中—薄层状含钙泥质粉砂岩夹粉砂质含钙质泥岩。下部产双壳类化石 *Myophoria* cf. *radiata*，*Pteria* sp.　365.8 m

26—21. 紫红色薄层状粉砂质泥灰岩，夹少量砂质灰岩。底部产双壳类化石 *Myophoria* (*Costatoria*) cf. *radiata*，*Eumorphotis* (*Asoella*) cf. *illyrica crassistriata*，*Leptochondria* sp.，*Entolium* sp.，*Lima* sp.，*Pteria* cf. *cassiana*　218.2 m

20—17. 紫红色薄—中层状含钙质粉砂岩与钙质泥岩呈韵律　176.1 m

16—5. 紫灰色薄—厚层状含钙长石石英砂岩与钙泥质粉砂岩及粉砂质钙质泥岩组成韵律结构　541 m

4. 黄绿色含砂质泥岩夹紫红色砂质泥岩，产双壳类 *Myophoria* (*Costatoria*) cf. *goldfussi mansuyi*，*Eumorphotis* (*Asoella*) *illyrica crassistriata*　22.2 m

——————— 整　合 ———————

下伏地层：**嘉陵江组**

3—2. 黄灰色薄层状泥灰岩，产双壳类 *Eumorphotis* (*Asoella*) cf. *subillyrica*，*Entolium discites*，*Leptochondria albertii*　76.2 m

【地质特征及区域变化】 省内本组分布局限，仅见于桑石小区。自下而上可分为四部分，其中以下部分布较广，余则仅见于洪家关一带。下部为紫灰色厚—巨厚层含钙长石石英细砂岩与紫红色含钙泥质粉砂岩及粉砂质钙质泥岩组成韵律结构，底部有数十米黄绿、紫红等杂色粉砂质泥岩。灰绿色砂岩往往含铜及石膏。其厚度以上列剖面最大，达2 003 m，其他各地均属残留厚度，为数十米至400 m不等。近底部产双壳类 *Eumorphotis* (*Asoella*) *illyrica*，*E.* (*A.*) cf. *illyrica crassistriata*，*Myophoria* (*Costatoria*) cf. *goldfussi mansuyi*，*M.* (*C.*)

aff. *goldfussi*, *Myoconcha* sp.；植物 *Neocalamites* ? sp. *Equisetites* sp., *Equisetostachchys* sp.；爬行类 *Chinchenia* sp., *Lotosaurus adentus* 等化石。中部为紫色薄层状粉砂质泥岩夹少量砂质灰岩，厚218 m。产双壳类 *Myophoria* (*Costatoria*) cf. *radiata*, *Eumorphotis* (*Asoella*) cf. *illyrica crassistriata*, *Leptochondria* sp., *Entolium* ? sp., *Lima* sp., *Pteria* cf. *cassiana* 等。上部为薄—中层状含钙质粉砂岩与粉砂质钙质泥岩组成韵律结构。总厚 846 m。产双壳类 *Pteria* sp., *Myophoria* (*Costatoria*) cf. *radiata*。顶部为灰、灰绿色薄—中层状白云岩，生物碎屑灰岩、泥灰岩，间夹紫红色粉砂岩及泥岩。厚 200 m。产双壳类 *Pleuromya* sp., *Pteira* sp., *Bakevellia* sp., *Myiloides* sp., *Unionites* sp., *Palaeoneilo* ? sp., *Gervillia* ? sp.；腹足类 *Loxonema* sp.；植物 *Neocalamites* sp., *Equisetites* ? sp. 等化石。

本组的陆源碎屑岩以紫红色为特征，砂岩多为杂砂岩类；碳酸盐岩常富泥质及白云质，呈泥晶结构，泥灰岩具瘤状构造；常见石膏及石盐假晶；生物化石贫乏，仅见有少量的广盐度双壳类和腹足类，兼有陆生爬行类及植物化石，并见粗大的新芦木茎杆垂直层面产出，据上述特征，本组应为滨岸之潮坪—泻湖沉积。

本组下部及中部以富含 *Myophoria* (*Costatoria*) *goldfussi mansuyi* - *Eumorphotis* (*Asoella*) *illyrica* 双壳类化石组合为特征，其时代属 Anisian 无疑。上部及顶部化石较贫乏，从已获资料看，双壳类以 *Pteria*, *Bakevellia*, *Unionites*, *Gervillia* 等分子为主，而 *M.* (*C.*) *goldfussi mansuyi* - *E.* (*A.*) *illyrica* 组合的常见属种已未见及，故不排除其有属 Ladinian 的可能。因此，本书将省区巴东组之时代定为 Anisian—Ladinian 早期。

张家坪组 Tẑ (6-43-0904)

【创名及原始定义】 系郑国宝⑨ (1964) 所创，创名地点在湖南省耒阳县之张家坪。其原始涵义包括上下两部分地层，下部以页岩、粉砂岩为主，夹薄层泥晶灰岩，称齐家段；上部以砂岩、粉砂岩、页岩呈韵律为特征，称罗家段。其上以头足类 *Meekoceras* 及 *Kashmirites* 出现而与管子山组分界，其下与大隆组硅质岩或硅质页岩整合接触。

【沿革】 自建组来一直沿用。

【现在定义】 以灰色页岩、粉砂岩夹薄层灰岩为特征，产头足类及双壳类化石。其下与大隆组之硅质岩或硅质页岩整合接触；其上与管子山组之砂页岩呈进积型递变式整合关系。

【层型】 正层型为耒阳县张家坪齐家—易家冲剖面 (G-49-70-B; 112°55′, 26°18′) (图 4-1 中㉕)，湖南区测队 1964 年测制。

上覆地层：管子山组

10. 青灰色中—厚层状含白云母钙质石英细砂岩与灰绿色页岩互层。产双壳类 *Claraia* aff. *aurita*, *C.* aff. *wangi*, *Lytophiceras* sp., *Ophiceras* sp., *Meekoceras* sp. 100 m

——————— 整 合 ———————

张家坪组 总厚度 370 m

9. 深灰色薄—厚层灰岩夹黄色页岩 70 m

8—7. 黄绿色页岩夹钙质粉砂岩及灰岩透镜体。产双壳类 *Claraia* aff. *wangi*, *C.* aff. *griesbachi concetrica*, *Lytophiceras* sp. 197 m

6—5. 灰色薄层泥灰岩夹黄色页岩。产双壳类 *Claraia* sp., *C.* aff. *wangi*, *C. grisbachi con-concetrica* 55 m

4. 黄灰色钙质粉砂岩与钙质页岩互层。产头足类 *Lytophiceras* sp., *Prionolobus* sp.；双

壳类 *Claraia grisbachi concontrica* 22 m

3—1. 黄灰色薄层泥灰岩与页岩互层。产头足类 *Prionolobus* sp.；双壳类 *Claraia grisbachi*，*C.* aff. *khandana* 26 m

——————— 整　合 ———————

下伏地层：**大隆组**

0. 灰白色硅质岩夹硅质页岩，产菊石 *Pseudotirolites* sp. 10 m

【地质特征及区域变化】 本组分布局限，仅见于湘东南区的耒阳-攸县小区，以陆源细碎屑及钙泥沉积为主，水平层理发育，部分薄层粉砂岩具粒序层理。生物以窄盐度双壳类及游泳型头足类为主，属种单调，分异度低。在本组分布区的边缘相变带，往往发育塌积灰质角砾岩层或不同规模的凸镜体。说明本组具架盆沉积之特征。

本组所获生物化石有双壳类及头足类。其中双壳类 *Claraia wangi*，*C. grisbachi*，*C. g. concetrica*，*C. painkhandana* 等；头足类 *Ophiceras* sp.，*Lytophiceras* sp.，*L. chamunda*，*Prinlobus* sp.。上列属种均为我国下三叠统底部 *Claraia wangi* 及 *Ophicera sinensis* 组合带的常见分子，故本组之时代应为 Indian 早期。

管子山组　Tg　(6-43-0905)

【创名及原始定义】 郑国宝（1964）创管子山组一名，命名地点在耒阳管子山一带齐家—易家。原始涵义系包括上下两部分地层，下部以石英砂岩、页岩为主，称诸家段；上部以页岩为主夹砂岩、粉砂岩及泥灰岩，称易家段，其上未见顶，其下以 *Meekoceras* 及 *Kashmirites* 等头足类的出现而分野于下伏张家坪组。

【沿革】 建组以来一直沿用。北京地质学院（1959）在双峰县洪山殿煤矿创“麒麟山层”一名，其后湖南区调队（1986）将其更称为组，经本次研究，其实属管子山组之同物异名，省内停止使用。

【现在定义】 以灰色中厚层状细砂岩、粉砂岩、页岩组成韵律结构，富产头足类化石。其下与张家坪组呈整合接触，区域上其上与三宝坳组之薄层泥晶灰岩为连续沉积。

【层型】 正层型为耒阳县小水铺乡齐家—易家剖面（G-49-70-B；112°55′，26°18′）（图 4-1 中㉕），湖南区测队 1964 年测制。

管子山组 总厚度＞531 m

29. 褐红色页岩夹黄色泥质粉砂岩。产双壳类 *Unionites* aff. *fassaensis brevis*，*Schafhaeutlia* sp.。（未见顶） 102 m

28. 灰绿色页岩夹石英砂岩。产双壳类 *Astarte* sp. 20 m

27. 灰绿色薄层泥岩夹钙质页岩 18 m

26—22. 黄绿色页岩间夹云母质石英粉砂岩。产双壳类 *Claraia* sp.，*Pteria* aff. *murchisoni*，*Gervillia* sp.，*Bakevellia costata*，*Unionites* sp.；头足类 *Hemilecanites* cf. *discus* 82 m

21—18. 黄绿色中—厚层状石英砂岩与页岩互层。产双壳类 *Unionites* aff. *fassaensis*，*Claraia* sp.，*Posidonia* aff. *circularis*，*Lima* sp. 85 m

17—14. 黄绿色薄层粉砂岩与页岩互层，中部产双壳类 *Claraia* sp.；头足类 *Hemilecanites* sp.，*Kashmirites* sp.，*Aspenites* sp.，*Meekoceras* sp. 40 m

13—11. 灰绿色厚层长石石英砂岩夹页岩。产双壳类 *Posidonia* aff. *circularis*，*Leptochon-*

dria aff. *minimus*，头足类 *Dieneroceras* sp.，*Flemingites* sp.，*Pseudoflemingites* sp. 35 m

10. 灰绿色石英砂岩与页岩互层。产双壳类 *Claraia wangi* ?，*Claraia* aff. *aurita*；头足类 *Lytophiceras* sp.，*Ophiceras* sp. 149 m

——————— 整　合 ———————

下伏地层：张家坪组

9. 深灰色薄—中层灰岩夹黄色页岩

【地质特征及区域变化】 本组分布较张家坪组为广，除耒阳-攸县小区外，在涟源一带亦可见及。主要由灰绿至深灰色中厚层状钙质粉—细粒石英砂岩、粉砂岩及钙质页岩组成韵律结构，具清晰之水平层理。在耒阳文冲剖面，上部与三宝坳组连续沉积。本组生物单调，除少量的窄盐双壳类属种外，主要为游泳型头足类。应为较深水、较局限的大陆架盆地沉积。

本组具有较明显的穿时现象。在耒阳-攸县小区，本组顶部获有头足类 *Tirolites* cf. *cassianus*，*Hemilecanites* cf. *discus*；双壳类 *Pteria* cf. *murchisoni*，*Gervillia* aff. *subpannonica*，*Bakevellia* aff. *costata*，*Eumorphotis* cf. *huancangensis*，*E.* cf. *multiformis*，*Posidonia* cf. *pannonica*，二者分别相当于 *Tirolites spinosus* 及 *Pteria murchisoni* 带，其时代属早三叠世 Olenekian 晚期。中部产菊石 *Meekoceras* sp.，*Kashmirites* sp.，*Xenoceltites* sp.，*Aspenites* sp.，*Hemilecanites* sp.；双壳类 *Unionites fassaensis*，*Claraia* aff. *aurita*，*C. clarai*，*C.* aff. *stachei*，*Posidonia* aff. *circularis*，*Nucula* aff. *goldfussi*，*Eumorphotis* sp.，*Entolium discites microtis*，*Pteria* sp.，*Lima* sp. 等。上列菊石及双壳类属种大多见于下三叠统下部，大致相当于 *Owenites* - *Meekoceras* 及 *Eumorphotis multiformis* 组合带。其时代属 Olenekian 早期。下部产菊石 *Flemingites* sp.，*Pseudoflemingites* sp.，*Dieneroceras* sp.，*Pseudosageceras* sp.；双壳类 *Claraia clarai*，*C.* aff. *aurita*，*Posidonia circularis* 等。上列菊石和双壳类，大致分别相当于 *Flemingites* - *Koninckites* 组合及 *Claraia aurita* 组合带，其时代为早三叠世 Indian 晚期。因此，本组时代在耒阳-攸县架盆沉积区，为 Indian 晚期—Olenekian 晚期。

在湘东南区北带的陆架沉积区，本组整覆于含 *Hellenites* sp.，*Kashmirites obliquecostatus* 的大冶组灰岩之上，并在本组底部获有 *Leptochondria* sp.，*Posidonia* sp.，*Amonotis* sp.，*Nuculana* sp. 等双壳类化石。反映其时代很可能为 Olenekian 早期。因此本组有架盆沉积较早而陆架沉积较晚的变化趋势。

三宝坳组　T*sb*　(6 - 43 - 0906)

【创名及原始定义】 本组系湖南区调队②(1986)于永兴县三宝坳创建。其原始定义：下部为钙质粉砂岩、泥灰岩，中部为含白云质泥质灰岩、泥质灰岩、泥灰岩及灰岩，上部为含白云质泥质灰岩及白云岩。产双壳类 *Posidonia* 等化石。时代为中三叠世。

【沿革】 建组以来一直沿用。

【现在定义】 整合于管子山组砂页岩之上的一套以薄层泥晶灰岩、泥质灰岩及泥灰岩为主夹少许粉砂岩及页岩的岩层，产头足类及双壳类化石。其上与石镜组之厚层白云质灰岩或灰岩整合接触。

【层型】 正层型为永兴县三宝坳剖面（G - 49 - 70 - D；112°58′，26°05′）（图 4 - 1 中㉖），湖南区调队 1986 年测制。

上覆地层：石镜组

14. 青灰色紫红色、灰白色中—厚层状白云质灰岩　30 m

——————整　合——————

三宝坳组　总厚度>918.9 m

13. 深灰色薄层状偶夹中层状含白云母片之含白云质泥质灰岩。具水平纹层构造，产 *Posidonia* sp.　68.5 m

12. 深灰色薄层泥质灰岩，富含白云母片。具水平纹理　31.4 m

11. 深灰色薄层状泥灰岩，产双壳类 *Posidonia* sp.，*P. wengensis*，*Entolium discites*　20 m

10. 灰色薄层泥质灰岩，含少量白云母。产双壳类 *Posidonia ussurica*，*P.* cf. *ussurica*，*P. wengensis*，*P.* cf. *pannonica*，*P.* cf. *bosniaca*　90.7 m

9. 深灰色厚层状隐晶质灰岩　12 m

8. 灰色中层状瘤状灰岩。产双壳类 *Posidonia wengensis*，*P. ussurica*　38.9 m

7. 灰色略带紫色厚层块状泥质灰岩。产双壳类 *Posidonia wengensis*，*P. japonica*　30.2 m

6. 灰色薄—中层状含白云质泥质灰岩，具水平纹层构造　40 m

5. 灰色薄—中层状含白云母片泥灰岩。产双壳类 *Leptochondria* cf. *albertii*，*Posidonia wengensis*，*P.* cf. *ussurica*　56.4 m

4. 黄灰色泥灰岩，含白云母片。产双壳类 *Posidonia* cf. *wengensis*，*P.* cf. *pannonica*　96 m

3. 掩盖　50 m

2. 黄褐色含云母质钙质粉砂岩，产双壳类 *Leptochondria* sp.，*Posidonia* sp.　5 m

1. 灰色薄层状灰岩（未见底）　11 m

本组正层型剖面因出露不全未测至底，现列示耒阳县文冲剖面，以补其之不足。

三宝坳组

21. 深灰色薄层条带含陆屑泥晶泥质灰岩及泥晶灰岩（相当于上列剖面第一层）　133 m

20. 深灰色薄层状含陆屑泥晶灰岩　128 m

19. 灰色薄层状含陆屑泥晶灰岩夹泥质条带灰岩。产双壳类 *Palaeoneilo* cf. *oviformis*，*Nuculana* sp.，*N. subperlonga*　74.1 m

18. 灰黄色中—厚层状粉砂质泥灰岩夹凸镜状粉晶灰岩　33.7 m

——————整　合——————

下伏地层：管子山组

17. 青灰色中层状泥质粉砂岩夹纹层状粉砂质页岩。产双壳类化石 *Palaeonucula strigilata*，*Leptochondria albertii*　10 m

【地质特征及区域变化】　本组分布局限，仅在耒阳-攸县小区有零星出露。岩性大致可分为两部分。下部以薄层泥晶泥质灰岩为主；上部以富含白云母片的含白云质泥灰岩为主。总厚大于918.9 m。本组岩石主要为薄—极薄层状，其色较深，普遍具水平条纹构造，具泥晶结构。产小个体的窄盐双壳类，少量游泳型头足类，化石分异度低。属静水陆相沉积。

本组化石以双壳类为主，属种单调而个体丰富。计有 *Posidonia wengensis*，*P. ussurica*，*P.* cf. *pannonica*，*P.* cf. *bosniace*，尚有少量的双壳类 *Leptochondria albertii*，*Entolium discites*，*Eumorphotis* (*Asoella*) *illyrica*，其时代属中三叠世 Anisian。

石镜组　$T\hat{s}j$　(6-43-0907)

【创名及原始定义】　本组系朱伦杰（1994）所创建，创名地点在耒阳县上架乡之石镜。

系指整合于三宝坳组薄层泥灰岩、泥质灰岩之上的一套灰岩、白云质灰岩。其上部夹纹层状含陆屑泥晶灰岩及紫红色钙质粉砂岩和页岩。未露顶。

【沿革】 1974年，湖南省煤田地质勘探公司第一勘探队姜家恭等曾将该组下部层位称"劳武段"，1986年，湖南区调队②将其归属三宝坳组。鉴于其岩性、岩相与下伏三宝坳组有明显区别，故新创石镜组一名。本书予以沿用。

【现在定义】 同原始定义。

【层型】 正层型为耒阳县上架乡石镜剖面（G-49-7-A；113°06′，26°19′）（图4-1中㉗），湖南区调所1992年测制。

石镜组	总厚度＞600.5 m
21. 浅紫红色中层状钙泥质石英粉砂岩夹砂泥质灰岩（未见顶）	16.5 m
20. 浅紫红色中厚层状砂质、白云质灰岩夹钙泥质石英粉砂岩及粉砂质、钙质页岩	27.1 m
19. 浅紫红色中厚层状钙泥质粉砂岩与含陆屑泥质泥晶灰岩互层	34.8 m
18. 深灰色厚—巨厚层状泥质粉晶灰岩	43.9 m
17. 浅紫色纹带状含同生细砾粉砂质、钙质泥岩夹薄层状砾屑粉晶灰岩	66 m
16. 灰色中厚层状含陆屑（石英）砾屑粉晶白云质灰岩	21.1 m
15. 灰色厚—巨厚层状粉晶鲕粒灰岩夹泥晶灰岩及白云质灰岩	40.3 m
14. 浅紫红色中厚层状含白云质粉晶粒屑灰岩，夹薄层钙泥质页岩	14.9 m
13. 浅紫红色薄层纹带状钙泥质石英粉砂岩及页岩，夹纹层状砂质白云质灰岩	5.3 m
12. 浅紫红色条带状含陆屑泥晶灰岩	11.4 m
11. 浅紫红色厚层状含陆屑泥晶泥质灰岩	13.7 m
10. 浅灰色厚—巨层状粉晶含白云质灰岩	135.4 m
9. 浅灰色厚—巨厚层状粉晶生物屑含白云质灰岩。产双壳类 *Hoernesia angusta*	49 m
8. 浅灰色中厚层状含陆屑泥晶灰岩	121.1 m
———— 整　合 ————	
下伏地层：三宝坳组	
7. 深灰色薄层状夹中层状含陆屑泥灰岩，具条带构造。产双壳类 *Leptochondria albertii*, *L. paradaxica*, *Posidonia elliptica*, *P. wengensis*, *Eumorphotis* (*Asoella*) *illyrica*；菊石 *Beyrichitos* sp.	24.9 m

【地质特征及区域变化】 本组分布局限，仅见于耒阳-攸县小区的永兴、耒阳一带。以厚层白云质灰岩夹紫色陆源碎屑岩为特征，总厚大于600 m。本组以泥晶云质灰岩为主，反映其为局限的低能沉积环境。其间所夹之紫色纹层状碎屑岩及灰岩，均属潮汐作用所造成的砂泥薄互层。局部尚可见富介壳的薄层或凸镜体，属潮上带风暴浪作用的产物。因此，本组具有潮坪—泻湖沉积之特征。

本组整覆于产双壳类 *Eumorphotis* (*Asoella*) *illyrica* 及 *Beyrichitos* sp. 等中三叠统化石的三宝坳组之上，其自身亦含有中三叠统的双壳类 *Hoernesia angusta*；腕足类 *Pseudospiriferina* cf. *pinguis* 及有孔虫 *Glomospiras inensis*, *G. simplex*, *G. articulosa*, *G. regularis*, *Meondrospia insolita*, *M. pusilla* 等化石，故其时代属中三叠世无疑。根据上述化石及层位叠覆关系，似以归为 Anisian 晚期—Ladinian 早期较恰当。

第二节 生物地层划分

湖南泥盆系至中三叠统的化石十分丰富，有腕足类、珊瑚、牙形刺、竹节石、菊石、䗴类、非䗴有孔虫、双壳类、层孔虫、苔藓、海百合茎、介形虫、鱼类、植物、孢子等。这里仅讨论主要化石门类的生物地层单位。

1. 牙形刺

鉴于牙形刺分布广、演化快、特征清楚，国际上已确定其为古生界许多重要年代地层界线的主要划分标志。根据湖南已有的牙形刺资料（沈启明，1982；赵锡文、左自壁，1983；季强，1985，1986，1987；谭正修、唐晓珊、董振常，1987；谭正修等，1987；俞昌民，1990；王成源、董振常，1991；谭正修、董振常等，1992），参照国际上通用的标准牙形刺带，我省上古生界可划分如下牙形刺带（从下至上）。

①*Polygnathus varcus* 带

主要分子有 *Polygnathus varcus*，*P. timorensis*，*P. ansatus* 等，见于新邵巨口铺定河冲巴漆组底部和易家湾组顶部。

②*Schmidtognathus hermanni* - *Polygnathus cristatus* 带和 *Klapperia disparilis* 带

该二带不易划分，其带化石属于 *Palmatolepis* 型，一般产于深水、半深水沉积中，在湖南的这套浅水沉积中难以找到它们是完全正常的，但是仍然可以根据一些重要分子的延伸情况和其他牙形刺带的产出位置，大致确定这两带之所在。其主要分子有 *Polygnathus dubius*，*P. webbi*，*P. ordinatus*，*P. pennatus*，*P. alatus*，*P. varcus*，*P. timorensis*，*P. xylus*，*P. latifossatus*，*P. ansatus*，*Icriodus symmetricus*，*I. laternatus*，其中前 5 种在世界各地的首次出现均高于 *Polygnathus varcus* 带。此带见于新邵大坝口、临武香花岭等剖面的巴漆组下部，地层厚度约 30 m。

③最下 *Mesotaxis asymmetrica* 带

以 *Mesotaxis asymmetrica* 的首次出现为底界，以 *Ancyrodella rotundiloba* 的首次出现为顶界。主要分子有 *Mesotaxis* cf. *dengleri*，*Polygnatus foliata*，*P. dubius*，*P. procerus* 等。见于新邵定河冲剖面巴漆组下部。

④下 *Mesotaxis asymmetrica* 带

以 *Ancyrodella rotundiloba* 的首次出现为底，以 *Palmatolepis punctata* 或 *Ancyrodella lobata* 的首次出现为顶。主要分子有 *A. rotundiloba*，*Mesotaxis asymmetrica*，*M. falsiovalis* 及多种 *Polygnathus*。此带发育于新邵大坝口和定河冲、临武香花岭等剖面的巴漆组下部。国际地层委员会泥盆纪分会（1982）决定此带之底为上泥盆统之底。

⑤中 *Mesotaxis asymmetrica* 带

以 *Palmatolepis punctata* 或 *Ancyrodella lobata* 的首次出现为底，以 *Palmatolepis hassi* 的首次出现为顶。主要分子有 *Palmatolepis punctata*，*P. plana*. *P. transitans*，*P. proversa* 及多种 *Polygnathus* 和 *Icriodus*。此带见于新化西河剖面巴漆组底部和新邵大坝口、临武香花岭等剖面的巴漆组下部。

⑥上 *Mesotaxis asymmetrica* 带

以 *Palmatolepis hassi* 的首次出现为底，以 *Ancyrognathus triangularis* 或 *Ancyrodella nodosa* 的首次出现为顶。主要分子包括 *Palmatolepis hassi*，*P. punctata*，*P. plana*，*P. subrecta*，

P. transitans，*Ancyrodella lobata*，*A. buckeensis* 及多种 *Polygnathus*，*Icriodus* 等。此带见于新化西河剖面巴漆组下部和新邵大坝口、临武香花岭等剖面的巴漆组中部。

⑦*Ancyrognathus triangularis* 带

以带化石或 *Ancyrodella nodosa* 的首次出现为底，以 *Palmatolepis jamieae* 或 *P. foliacea* 的首次出现为顶。主要分子有 *Palmatolepis plana*，*P. hassi*，*P. proversa*，*P. transtans*，*P. punctata*，*P. subrecta*，*Ancyrognathus triangularis*，*Ancyrodella nodosa*，*A. lobata*，*A. gigas*，*A. buckeyensis* 及大量 *Polygnathus* 等。此带位于新化西河剖面巴漆组中部和新邵大坝口、临武香花岭等剖面的巴漆组上部。

⑧*Palmatolepis jamieae* 带

以带化石或 *Palmatolepis foliacea* 的首次出现为其下限，以 *Palmatolepis gigas* 的首次出现为上限。除带化石外，主要分子还有 *Palmatolepis foliacea*，*P.* sp.，*Ancyrognathus triangularis*，*Polygnathus decorosus* 等。此带见于新邵大坝口、新化西河剖面的巴漆组上部。

⑨*Palmatolepis gigas* 带

以带化石的首次出现为底，以 *Palmatolepis linguiformis* 的首次出现为顶。除带化石外，主要分子还有 *Palmatolepis hassi*，*P. proversa*，*P. subrecta*，*P. plana*，*P. punctata*，*P. jamieae*，*P. transtans*，*Ancyrodella nodosa*，*A. gigas* 及多种 *Polygnathus*，*Icriodus*。此带普遍见于湖南各地，延续的地层厚度大，在新邵一带，包括巴漆组上部、七里江灰岩和佘田桥组。

⑩*Palmatolepis linguiformis* 带

此带原为 *Palmatolepis gigas* 带上部（Ziegler，1962，1971），最近才单独分出（Ziegler 和 Sandberg，1990），以 *Palmatolepis linguiformis* 的首次出现为底，以 *P. triangularis* 的首次出现为顶，共生的其他分子主要有 *Palmatolepis gigas*，*P. delicatu*，*P. proversa*，*Ancyrodella nodosa* 等。此带在湖南目前仅发现于临武香花岭剖面的巴漆组顶部，其他地方因研究程度低尚未见及。

⑪*Palmatolepis triangularis* 带

以带化石的首次出现为其下界，以 *Palmatolepis crepida* 的首次出现为顶界。除带化石外，主要分子有 *P. delicatula*，*P. minuta*，*P. subperlobata* 等。此带目前亦仅发现于临武香花岭剖面的锡矿山组下部。国际地层委员会泥盆纪分会（1988）已选择此带之底为法门阶之底。

⑫*Palmatolepis crepida* 带

以带化石的首次出现为底，以 *Palmatolepis rhomboidea* 的首次出现为顶。除带化石外，主要分子有 *P. minuta*，*P. wolshajae*，*P. triangularis*，*P. subperlobata*，*P. perlobata*，*P. quadrantinodosalobata* 等。此带见于临武香花岭剖面锡矿山组下部，亦发现于冷水江锡矿山的锡矿山组兔子塘段（季强，1990），其延续的地层厚度较大，可能向上延伸至马牯脑段下部。

⑬*Palmatolepis rhomboidea* 带

以带化石的首次出现为底界，以 *Palmatolepis marginifera* 的首次出现为顶界。除带化石外，主要分子有 *P. minuta*，*Polygnathus semicostatus* 等。此带见于临武香花岭剖面、祁阳黎家坪剖面的锡矿山组上部和冷水江锡矿山的锡矿山组马牯脑段中部，此外，东安井圩头、新田黄公塘、桂阳欧阳海等地的相当层位中亦找到此带（沈启明，1982；赵锡光、左自壁，1983）。

⑭*Palmatolepis marginifera* 带

以带化石的首次出现为底界，其顶为锡矿山组之顶所限制。除带化石外，主要分子还有

Palmatolepis quadrantinodosa inflex，*P. glabra*，*P. delicatula*，*Polygnathus semicostatus*，*Polylophodonta linguiformis* 等。此带位于冷水江市锡矿山的锡矿山组马牯脑段上部、临武香花岭、新邵东边口、隆回石义、桂阳欧阳海等剖面的锡矿山组顶部。

上述①—⑭带出现于中泥盆统 Givetian 上部至 Famennian 下部，均可作大区域和国际对比。湖南 Famennian 晚期地层欧家冲组、孟公坳组及湘南马栏边组下段，至今未找到 *Palmatolepis* 类分子，均为浅水相牙形刺，以复合型分子为主，*Polygnathus* 和 *Icriodus* 都不多见，因而无法采用国际标准的牙形刺带，只能根据我省的具体情况建立如下两个带（谭正修等，1987）。

⑮*Polygnathus obliquicostatus* 带

以带化石的出现为特征，其他分子主要有 *Apatognathus varians*，*Hindeodella subtilis*，*Hibbardella alternata*，*Drepanodus circularis* 等。此带见于新邵马栏边、隆回周旺铺、邵东界岭的孟公坳组下部。可与西伯利亚 Omolon 地区同名带对比。大体相当于西欧的 *Palmatolepis postera* 带（Simakov 等，1983；Ziegler 和 Sandberg，1990），属晚 Famennian。

⑯*Icriodus costatus* 带

以带化石的产出为特征，其他分子主要有 *Icriodus sujiapingensis*，*Polygnathus communis communis*，*P. normalis*，*Apatognathus varians* 等。此带见于新邵马栏边、隆回周旺铺剖面的孟公坳组中上部和湘南祁阳苏家坪剖面马栏边组下部，相当于珊瑚 *Cystophrentis* 延限带中部，大体可与西欧的 *Palmatolepis expansa* 带对比，亦属晚 Famennian。

湖南石炭系的牙形刺尚未系统建带，以往的研究多偏重于下石炭统。

⑰*Siphonodella* 带　此带属 Tournaisian 早期，可再分三个亚带。

⑰a. *Siphonodella levis* 亚带

以 *Siphonodella levis* 的首次出现为底界，以 *S. sinensis* 的首次出现为顶界。除带化石外，主要分子有 *Polyggnathus communis communis*，*Dinodus*? *fragosus* 和多种 *Spathognathodus*，*Bispathodus*，*Hindeodella*，*Apatognathus*。此亚带见于祁阳苏家坪、桂阳天鹅坪大塘背、江华三百工村等地的马栏边组下段下部。

⑰b. *Siphonodella sinensis* 亚带

底界以带化石的首次出现为标志，顶界以 *Siphonodella eurylobata* 的首次出现来确定。主要分子有 *Siphonodella sinensis*，*S. levis*，*Polygnathus streeli*，*P. communis communis*，*P.* cf. *inornatus* 及若干复合型属种。此亚带见于祁阳苏家坪、桂阳大塘背、江华三百工村等地的马栏边组上段中部。

⑰c. *Siphonodella eurylobata* - *S. isosticha* 亚带

以 *Siphonodella eurylobata* 的首次出现为底界，以 *Siphonodella* 的消失为顶界。主要分子有 *Siphonodella eurylobata*，*S. isosticha*，*S. levis*，*S. sinensis*，*S. qiyangensis*，*Polygnathus inornatus*，*P. communis communis*，*Dinodus fragosus*，*D. wilsoni* 等。此带广泛见于湘中新邵马栏边、隆回周旺铺、冷水江锡矿山等剖面的马栏边组中、上部和湘南祁阳苏家坪、桂阳大塘背、江华三百工村等剖面马栏边组上段中、上部，大体相当于珊瑚 *Pseudouralinia tangpakouensis* 组合带。

⑱*Polygnathus communis carinus* 带

以 *Siphonodella* 的绝灭或 *Polygnathus communis carinus* 的首次出现为底，以 *Scaliognathus anchoralis* 的首次出现为顶。主要分子有 *Pseudopolygnathus pinnatus*，*Ps. simplex*，

Gnathodus delicatus, *Protognathodus praedelicatus*, *Eotaphrus bultynck*, *Scaliognathus semianchoralis* 等。此带见于江华三百工村天鹅坪组下部。

⑲*Scaliognathus anchoralis* 带

以 *Scaliognathus anchoralis* 的首次出现为底界，以 *Polygnathus semidictyus* 的首次出现为顶界。除带化石外，主要分子有 *Scaliognathus praeanchoralis*, *Pseudopolygnathus simplex*, *Ps. pinnatus*, *Polygnathus communis carinus*, *Gnathodus delicatus*, *G. simplicatus* 等。此带见于江华三百工村天鹅坪组上部。

上述⑱—⑲带相当于比利时的同名带，属 Tournaisian 晚期。

石磴子组产牙形刺 *Cavusgnathus unicornis*, *C. naviculus*, *Gnathodus simplicatus* 及多种 *Mestognathus*, *Pseudopolygnathus*, *Polygnathus* 等，但缺乏可作大区域或洲际对比的标准分子，季强（1987）以江华三百工村剖面为依据建立两个地方性的组合带，它们是：

⑳*Polygnathus semidictyus* - *Pseudopolygnathus multicostatus* 组合带

㉑*Mestognathus latilobatus* - *Gnathodus hunanensis* 组合带

季强认为二者均属 Visean 期。

㉒*Gnathodus bilineatus* 带

以 *Gnathodus bilineatus* 的首次出现为底界，以 *Adetognathus unicornis* 的首次出现为顶界。除带化石外，主要分子有 *G. cymmutatus*, *Cavusgnathus* sp. 及若干复合型属种。此带见于新邵龙王磴剖面的梓门桥组上部，大体相当于珊瑚 *Yuanophyllum* 带。

㉓*Adetognathus unicornis* 带

以带化石 *Adetognathus unicornis* 的首次出现为底，以 *Declinognathodus noduliferus* 的首次出现为顶。主要分子还有 *Cavusgnathus unicornis*, *Gnathodus girtyi intermedia* 等。此带见于新邵龙王磴剖面梓门桥组上部，位于珊瑚 *Yuanophyllum* 带之上。

㉔*Declinognathodus noduliferus* 带

以 *Declinognathodus noduliferus* 的首次出现为底，其顶为大埔白云岩底部的块状粗晶白云岩所限制，未采到牙形刺。除带化石外，主要分子尚有 *Adetognathus lautus*, *A. unicornis* 及一些复合型属种。此带见于新邵龙王磴剖面梓门桥组顶部，可与世界各地的同名带对比。国际石炭纪中间界线委员会（1983）提出以此带之底为上石炭统之底，以 *D. noduliferus* 的首次出现为划分标志。

㉕*Neognathodus bassleri bassleri* - *Idiognathoides sinuatus* 组合带

以带化石 *Neognathodus bassleri bassleri* 和 *Idiognathoides sinuatus* 的出现为特征，主要分子还有 *N. bassleri symmetricus*, *Idiognathodus sinuatus* 等。此带见于涟源田心坪剖面大埔白云岩下部，其下为䗴类 *Pseudostaffella* 带，其上为 *Profusulinella* 带，可与广西（徐珊红，1986）的 *D. noduliferus japonicus* - *I. sinuatus* 带对比，与英国（Higgins，1982）的 *I. corrugatus* 带和 *I. sulcatus* 带、北美（Lane，1982）的 *Rhachistognathus minutus* 带和 *I. sinuatus* 带大体相当，属晚石炭世早期。

湖南二叠系的牙形刺很少研究，仅在慈利索溪峪剖面做了较为系统的工作（王成源、董振常，1991），划分了如下化石带。

㉖*Neogondolella serrata* 带

除带化石外，主要还有 *Sweetognathus iranicuso*。此带位于栖霞组上部的眼球状灰岩中。

㉗*Neogondolella aserrata* - *Neogondolella postserrata* 组合带

除带化石外，主要分子还有 *Sweetognathus whitei*，*Hindeodus minutus*，*Xaniognathus elongatus*，*Enantiognathus ziegleri*，*Ellisonia* sp. 等。此带见于茅口组中部，延伸厚度约百米。

㉘*Neogondolella wilcoxi* 带

除带化石外，主要分子有 *N. guangyuanensis*，*N.* cf. *deflecta*，*Diplognathodus movschvitschi*，*D. paralanceolatus* 等。此带见于茅口组上部，共生的䗴类有 *Chusenella*，*Pseudofusulina*，*Codonofusiella* 等。

㉙*Neogondolella betteri* 带

以 *Neogondolella betteri* 的首次出现为底界，以 *N. leveni* 的首次出现为顶界。除带化石外，尚产 *N. rosenkrantzi*，*N. guangyuanensis* 等。此带见于吴家坪组下部，共生的䗴类有 *Codonofusiella*，*Palaeofusulina* 等。

㉚*Neogondolella leveni* 带

除带化石外，尚产 *N. liangshanensis*，*N. bitteri*，*N. guangyuanensis*，*N. rosenkrantzi*，*N.* cf. *subcarinata* 等。此带见于吴家坪组中部，共生有珊瑚 *Liangshanophyllum* 等。

㉛*Neogondolella changxingensis* - *N. deflecta* 组合带

此带牙形刺不丰富，除带化石外，还有 *N.* cf. *carinata*，*Xaniognathus tortilis* 等，见于吴家坪组顶部。

2. 腕足类

自田奇瑰(1938)研究湖南泥盆纪腕足类以来，已积累大量资料，其中，侯鸿飞(1965)、赵汝旋等(1978)、单惠珍和赵汝旋(1981)、赵汝旋和谭正修(1984)、谭正修(1986)、谭正修和唐晓珊(1987)、谭正修、董振常和唐晓珊(1987)、谭正修、董振常等(1992)的研究最为重要，据此可划分如下腕足类生物地层单位。

①*Chonetes supragilbbosa* 组合带

以带化石的产出为特征，主要由一些小个体腕足类组成，除带化石外，重要者有 *Altiplecus tieni*，*Ilmenia sinensis*，*Emanuella* sp.，*Indospirifer* sp. 等，还共生有轮藻、双壳类等。此带广泛见于易家湾组下部，是湖南上古生界最早的腕足化石带，虽然其下的源口组和跳马涧组亦产少量腕足类，但均为 *Lingula* 等无铰纲类。

②*Stringocephalus* 组合带

以带化石的出现和消失为其底、顶界线，除带化石外，还富产 *Desquamatia*，*Spinatrypa*，*Spinatrypina*，*Leptostrophia*，*Schizophoria* 等。此带广泛见于湘中南区的易家湾组上部、棋梓桥灰岩下部，具世界性分布特征，共生的珊瑚属 *Endophyllum* - *Stringophyllum* 组合带，大体相当于牙形刺 *varcus* 带。

③*Ilmenia* - *Emanuella* 组合带

此带位于棋梓桥灰岩的 *Stringocephalus* 带之上，主要是一套个体小，数量不多的 *Ilmenia sinensis* 及 *Emanuella takwanensis* 等，共生的其他腕足类和珊瑚均甚稀少，唯枝状层孔虫十分丰富。一般认为此带属中泥盆统顶部，但亦可能延伸至上泥盆统底部。

④*Leiorhynchus kwangsiensis* 组合带

以大量出现 *Leiorhynchus* 为特征，主要分子有 *L. kwangsiensis*，*L. obesus*，*L. depressa*，*Hypothyridina transversa*，*Pugnax pugnus*，*Gipidula uniplicata*，*G. multiplicata*，*Sinatrypina* sp.，*Desquamatia* sp. 等。此带主要见于巴漆组下部，如新邵大坝口、东边口剖面，也见于榴江组下部，但属种和数量贫乏得多。在新邵大坝口，此带之底大体相当于牙形刺 *Schmidtog*-

nathus hermanni - *Polygnathus cristatus* 带，顶部延至 *Palmatolepis gigas* 带下部。

⑤*Cyrtospirifer* - *Desquamatia* 组合带

以 *Cyrtospirifer* 的出现为底界，以 *Desquamatia* 的消失为顶界。主要分子有 *Cyrtospirifer* sp.，*C. sinensis*，*Tenticospirifer tenticulum*，*T. gortani*，*Rigauxia shetianqiaoensis*，*Productella shetienchiaoensis*，*Hypothyridina hunanensis*，*Ptychomaletoechia shetienchiaoensis* 及大量 *Desquamatia*，*Spinatrypa* 和 *Spinatrypina*。此带广泛分布于湖南各地，赋存地层有棋梓桥灰岩上部、龙口冲组、吴家坊组、七里江灰岩和佘田桥组，相当于牙形刺 *gigas* 带中上部和 *linguiformis* 带。

⑥*Yunnanellina* - *Cyrtiopsis* 组合带

以带化石的出现为底界，腕足类的分异度和丰度都很高，其中尤以弓石燕类分子最发育，主要属种有 *Yunnanellina hanburyi*，*Y. uniplicata*，*Y. triplicata*，*Cyrtospirifer sinensis*，*C. subextensus*，*C. wangleighi*，*C. pekinensis*，*C. pellizzarii*，*C. archiaciformis*，*Tenticospirifer kwangsiensis*，*T. mesosulcata*，*T. hayasakai*，*Demitria sujiapingensis*，*Platyspirifer paronai*，*Cyrtiopsis davidsoni*，*C. shensiensis*，*C. transversa*，*C. spiriferoides*，*C. graciosa*，*Productella asiatica*，*Productellana sinensis* 等。此带广泛分布于长龙界组下部，尤以锡矿山、新邵、邵阳、邵东、隆回、祁东、祁阳一带发育最好，历来被公认属法门阶下部，大体相当于牙形刺 *Palmatolepis triangularis* 带，具世界对比意义。

⑦*Ptychomaletoechia livoniciformis* 组合带

主要特征是贝体较大、壳线较多的 *Ptychomaletoechia* 非常发育，占个体总数的60%以上。主要分子有 *P. livoniciformis*，*P. sublivoniciformis*，*P. hunanensis*，*P. depressa*，*Athyris gurdoni*，另有少量 *Yunnanellina hanburyi*，*Y. triplicata*，*Y. uniplicata* 及 *Tenticospirifer*，*Cyrtospirifer* 等。此带位于长龙界组上部，大体相当于北美的 *Eopararhynchus* 带，属早法门期。

⑧*Yunnanellina latiformis* 组合带

以带化石的存在为特征，主要分子还有 *Athyris gurdoni*，*Demitria hunanensis*，*Cleiothyridina serra*，*C. hynanensis*，*Yunnanella synplicata*，*Y. rostrata* 及少量 *Yunnanellina xintianensis*，*Y. hanburyi*，*Cyrtospirifer pellizzarii*，*Tenticospirifer vilis* 等。此带位于锡矿山组兔子塘段和泥塘里段下部，大体相当于牙形刺 *Palmatolepis crepida* 带下部。

⑨*Yunnanella* - *Hunanospirifer* 组合带

Yunnanella 虽在第6带上部即已个别出现，但至本带才大量发育，进入高潮期。弓石燕类化石具大型化特征，以 *Hunanospirifer* 的大量出现最令人瞩目。主要分子有 *Yunnanella synplicata*，*Y. grandis*，*Y. mixima*，*Y. mesoplicata*，*Y. supersynplicata*，*Y. meclia*，*Y. wangi*，*Y. globosa*，*Hunanospirifer wangi*，*H. ninhsiangensis*，*Tenticospirifer supervilis*，*T. triplisinosus*，*T. tiani*，*Cyrtospirifer kwangsiensis*，*Xinshaoella huaqiaoensis*，*Ptychomaletoechia hsikuangshanensis*，*Athyris gurdoni* 等。此带以 *Yunnanellina* 的消失为底，以 *Yunnanella* 的消失为顶，广泛分布于湘中南地区的锡矿山组泥塘里段和马牯脑段、岳麓山组下部，也见于湘西北区的写经寺组下部，相当于牙形刺 *Palmatolepis crepida* 带上部和 *P. rhomboidea* 带、*P. marginifera* 带，亦属早法门期。

上述第⑥—⑨带在总体上以 *Yunnanella* 和 *Yunnanellina* 为特征，称 *Yunnanella* - *Yunnanellina* 动物群，其中的标准分子甚多，一般仅限于 Famennian 早期。该动物群以湖南最发育，粤北、桂北、赣东、鄂西、云南亦较发育，并向北通过秦岭、新疆、哈萨克斯坦、乌拉尔到达俄罗斯的新地岛地区，实际上，在澳大利亚也有分布（Robert，1971），并且在这些地方均位于 Famennian 下部，因而这个动物群具大区域乃至洲际对比意义。

必须指出，湘南、粤北的锡矿山组为纯碳酸盐岩，腕足类化石并不丰富，第 6—8 带不易找到，但第 9 带一般均可见到。

⑩*Trifidorostellum* 顶峰带

以 *Trifidorostellum* 的大量产出为特征，主要有 *T. longhuiense*，*T. longhuiense uniplicatum*，*T. longhuiense triplicatum*，它们一般占个体总数的 70%以上，此外尚有 *Cyrtospirifer*，*Tenticospirifer*，*Productella*，*Ptychomaletoechia* 等。此带目前仅见于隆回、新邵、邵东一带的孟公坳组底部，这也是国内迄今已知唯一分布区。在国外分布于北美西部、俄罗斯等地，Sartenaer 等（1989）曾根据这些地方的材料建立世界性的 *Trifidorostellum* 带，其时代属晚 Famennian 早期。

⑪*Acanthoplecta mesoloba* 组合带

除带化石外，主要分子还有 *Plicochonetes*，*Schuchertella*，*Semicostata*，*Plicatifera*，*Hunanoproductus*，*Mesoplica*，*Ptychomaletoechia*，*Cyrtospirifer* 等。此带见于湘中孟公坳组下部，大致相当于珊瑚 *Caninia dorlodoti* 带。

⑫*Yanguania* - *Cyrtospirifer* - *Paulonia* 组合带

以带化石的共同产出或大量产出为特征，*Yanguania* 主要产于此带，仅个别分子上延至第 13 带；*Paulonia* 仅产于此带，但数量较少；*Cyrtospirifer* 主要是个体小，壳线简单的 *C. minor*，并绝灭于该带之顶。主要分子有 *Yanguania dushanensis*，*Cyrtospirifer minor*，*C.* sp.，*Tenticospirifer* sp.，*Paulonia menggongaoensis*，*Plicochonetes ornatus*，*Hunanoproductus hunanensis*，*Sentosia praecursor*，*Cleiothyridina serra*，*C. media*，*Ptychomaletoechia kinlingensis* 等，此带以 *Yanguania* 的首次出现为底，以 *Cyrtospirifer* 的绝灭为顶，位于湘中的孟公坳组中上部和湘南的马栏边组下部，与珊瑚 *Cystophrentis* 延限带相当，牙形刺 *Polygnathus obliquicostatus* 带和 *Icriodus costatus* 带相当于其中、下部。

上述⑩—⑫带以前一般认为属下石炭统 Tournaisian，根据最近研究成果，它们应属晚 Famennian，对此下文将予详述。

⑬*Eochoristites neipentaiensis* - *Martiniella chinglungensis* 组合带

以带化石的产出为特征，它们仅见于本带，弓石燕科分子已于 12 带之顶完全绝灭，从本带开始大量出现石燕科分子。除带化石外，主要分子有 *Eochoristites minor*，*Neospirifer* sp.，*Spirifer* sp.，*Leptagonia* sp.，*Martiniella elongata*，*Xinshaoproductus xinshaoensis*，*Ericiatia kiangkuensis*，*Ptychomaletoechia kinlingensis*，*Palaeochoristites* 带。此带分布广泛，见于马栏边组、天鹅坪组和尚保冲组，大体相当于珊瑚 *Pseudouralinia tangpakouensis* 带，牙形刺 *Siphonodella* 带相当于其下部。

⑭*Finospirifer shaoyangensis* 延限带

以形态特殊、个体甚大的带化石为特征，并以其出现和消失为底、顶界线。除带化石外，主要分子还有 *Finospirifer parashaoyangensis*，*F. asymmetricus*，*Marginatia huaqiaoensis*，*Ovatia* sp.，*Anathyis rhomboidea*，*Unispirifer* sp.，*Spirifer* sp. 等。此带广泛分布于湘中南地区的石磴子组下部陡岭坳段，除湖南外，还见于粤北和黔西，与珊瑚 *Keyserlingophyllum* 带相当，一般认为属晚 Tournaisian。

⑮*Marginoproductus hunanensis* - *Ovatia laevicosta* 组合带

带化石 *Marginoproductus hunanensis*, *Ovatia laevicosta* 的个体占总数的 70%以上，除这二属外，尚见少量 *Marginatia* sp.，*Fluctuaria* sp.，*Undaria* sp.，*Toryrifer* sp. 等。此带主要分布于湘中的石磴子组中部薄层泥质灰岩中，延伸厚度 20 cm 左右，同层中几乎找不到珊瑚。

⑯*Vitiliproductus groberi* - *Pugilis hunanensis* 组合带

以富含 *Vitiliproductus* 和 *Pugilis* 为特征，此外尚有 *Schuchertella*, *Megachonetes*, *Balakhonia*, *Punctospirifer* 等。此带广泛分布于石磴子组上部，与珊瑚 *Thysanopyllum* - *Kueichouphyllum sinense* 带同层位。

⑰*Kansuella* - *Gigantoproductus* 组合带

以大量产出个体巨大的长身贝类为特征，*Kansuella* 和 *Gigantoproductus* 非常丰富和显目，前者限于本带，后者富集于此，仅个别分子出现于石磴子组之顶。除此之外，主要者尚有 *Megachonetes*, *Delepinea*, *Echinoconchus*, *Echinaria*, *Antiquatonia*, *Dictyoclostus*, *Semiplanus*, *Parakansuella*, *Subspirifer*, *Rhipidomella*, *Punctospirifer* 等。此带分布甚广，普遍见于梓门桥组，与珊瑚 *Yuanophyllum* 带相当，牙形刺 *Gnathodus bilineatus* 带位于其上部。

上述⑮—⑰带一般认为属下石炭统 Visean。至于上石炭统的腕足类，因壶天群全系白云岩或灰岩，腕足类十分稀少，至今未予研究。

⑱*Tyloplecta richthofeni* - *Orthotichia chekiangensis* 组合带

除带化石外，主要属种有 *Acosarina* sp.，*Meekella sangzhiensis*, *Pygmochonetes subjingxianensis*, *Paraplicatifera sangzhiensis*, *Reticularia nandouxiensis*, *Dictyoclostoidea kiangsiensis*, *Monticulifera sinensis*, *Chaoia* sp. 等。此带包括栖霞组下部和梁山组，共生的䗴类有 *Schwagerina chihsiaensis* 等，属早二叠世早期。

⑲*Paraplicatifera regularis* - *Athyris mongoliensis* 组合带

除带化石外，重要分子有 *Acosarina indica*, *Tyloplecta grandicostata*, *Linoproductus cora*, *Uncinunellina sangzhiensis*, *Squamularia kwangsiensis*, *Leptodus nobilis* 等。此带见于栖霞组下部。

⑳*Cryptospirifer transversa* - *Spirigerella grandis* 组合带

以产贝体巨大的 *Cryptospirifer* 为特征，除带化石外，尚有 *Tyloplecta nankingensis*, *T. grandicostata* 等。此带仅见于湘西北地区的栖霞组顶部眼球状泥质灰岩中，但在上扬子区分布广泛。

㉑*Haydenella chianensis* - *Vediproductus vediensis* 组合带

以带化石的产出为特征，重要属种尚有 *Haydenella kiangsiensis*, *H. wenganensis*, *Paraplicatifera elongata*, *Tyloplecta subrichthofeni*, *Compressoproductus compressus* 等。此带主要见于湘西北区茅口组下部，湘中地区发育较差，与之共生的䗴类为 *Neoschwagerina* 带，珊瑚属 *Ipiciphyllum* 带。

㉒*Neoplicatifera huangi* 组合带

带化石大量产出，并且一般只见于此带，重要属种尚有 *Tenuichonetes tenuilirata*, *Neochonetes spinulostriatus*, *Urushtenia chaoi*, *U. szechuanensis*, *Anidanthus sinosus*, *A. guichiensis* 等。此带分布于湘西北和湘中茅口组中部，并广泛见于上、下扬子区，可能相当䗴类 *Neoschwagerina* 带上部。

上述⑱—㉒带属早二叠世。

㉓*Tyloplecta yangtzeensis* - *Edriosteges poyangensis* 组合带

以带化石的产出为特征，此外尚有 *Spinomarginifera kueichowensis*，*Haydenella chenyaoyenensis*，*Tschernyschewia sinensis*，*Waagenites soochowensis*，*Transennatia gratiosus*，*Cathaysia chonetoides*，*Oldhamina anshunensis*，*O. squamosa*，*Leptodus nobilis*，*Squamularia grandis* 等。此带主要分布于湘西北地区的吴家坪组，也见于湘中南的同名组及大隆组下部，大体相当于䗴类 *Codonofusiella* 带，属上二叠统下部。

由此带往上至下三叠统大冶组下部，尚有腕足类分布，但都是由下延伸上来的个体甚小的分子，缺乏特征属种。

3. 珊 瑚

湖南上古生界的珊瑚化石经俞建章(1933,1937)、孙云铸(1958)、吴望始(1964)、俞昌民(1979)、吴望始(1981)、姜水根(1983)、谭正修等(1987)的研究，面貌已甚清楚，结合大量的区域地质调查资料，可建立如下生物地层单位。

①*Endophyllum* - *Stringophyllum* 组合带

不仅数量多，而且分异度高，主要属种有 *Endophyllum guizhouense*，*E. xiangxiangense*，*E. yunnanense*，*Sunophyllum xintianense*，*Stringophyllum isactis*，*Neospongophylloides bulovi hunanensis*，*Hexagonaria simplex*，*H. columna*，*H. bompasi*，*Cyathophyllum zhuzhouense*，*Temnophyllum shaodongense*，*Sinospongophyllum planota bulatum*，*Scoliophyllum hunanense* 等。此带广泛分布于湘中南地区及华南各地，见于易家湾组上部和棋梓桥灰岩底部，大体相当于腕足类 *Stringocephalus* 带，属 Givetian。

②*Temnophyllum waltheri* 组合

属种比较单调，除带化石外，主要有 *Temnophyllum leei*，*Grypophyllum gracile* 等。此带位于棋梓桥灰岩下部。

③*Grypophyllum mackenziense* 组合带

属种亦甚单调，主要属种有 *Grypophyllum mackenziense*，*G. subtile*，*G. aquilonium*，*Temnophyllum hunanense*，*T. xiangxiangense* 等。此带见于棋梓桥灰岩中部，以前认为属上泥盆统底部（廖卫华，1977；姜水根，1983；湖南省区域地质志，1988），但微体化石研究表明，此带相当于牙形刺 *Schmidtognathus hermanni* - *Polygnathus cristatus* 带（Pedder，1972，1973)，在我省亦共生有 *Polygnathus varcus*（谭正修等，1987)，因此应属中泥盆统。

④*Sinodisphyllum variabile* 组合带

以 *Sinodisphyllum* 的大量产出为特征，主要分子有 *S. variabile*，*S. simplex*，*S. planotubulatum* 和 *Thamnopora*，*Cladopora* 等。此带见于龙口冲组、七里江灰岩下部和棋梓桥灰岩上部，分布甚广，普遍认为属上泥盆统 Frasnian 下部。

⑤*Hexagonaria schucherti* 组合带

主要分子有 *Hexagonaria schucherti*，*H. orientale*，*H. philomena*，*Disphyllum caespitosum*，*D. cylindricum*，*Donia hunanensis*，*Pseudozaphrentis* sp.，*Temnophyllum* sp.，*Sinodisphyllum* sp. 等。此带以群体珊瑚为主，单位珊瑚较少，主要见于七里江灰岩、佘田桥组下部及棋梓桥灰岩的相当层位。

⑥*Phillipsastraea* - *Mictophyllum* 组合带

珊瑚形态多样，数量众多，属种分异度高，以带化石的大量出现为特征，主要属种有 *Phillipsastraea macauni*，*Ph. sinensis*，*Ph. hunanense*，*Haplothecia qiziqiaoense*，*Sulcorphyllum hunanense*，*Phacellophyllia petaluris*，*Ph. elegantula*，*Mictophyllum gigantum*，*M. sinense*，*Pseudozaphrentis difficile*，*P. curvatum*，*P. conicum*，*Hunanophrentis uniforme*，*H. zaphrentoides* 等。此带珊瑚属比较安静的混水沉积环境，主要见于佘田桥组上部，以湘中地区最发育，属上泥盆统 Frasnian 顶部。此带之顶为著名的 Frasnian 生物集群绝灭事件之所在，上述珊瑚属种无一例外地至此全部绝灭，共生的腕足类、层孔虫等亦绝大多数消失。

珊瑚④—⑥带大体相当于牙形刺 *Palmatolepis jamieae* 带至 *P. linguiformis* 带，同层的腕足类属 *Cyrtospirifer*－*Desquamatia* 组合带。

⑦未名带

湖南法门早期的珊瑚如同世界各地一样，处于 Frasnian 末生物集群绝灭事件之后的低潮期，目前仅在少数地点找到少量四射珊瑚，与爆炸性出现的腕足类 *Yunnanella*－*Yunnanellina* 动物群形成鲜明的对照。姜水根曾于道县、双峰的“锡矿山组下段”找到 *Vesicumplexus daoxianensis*，*V. crassiseptatus*，并据此建立 *V. daoxianensis* 带（1983)。王根贤、左自璧（1983）亦于隆回和道县找到“Famennian 早期”的四射珊瑚，定名为 *Smithiphyllum sinense*，*S. longhuiense*，并认为姜水根定名为 *Vesicumplexus* 的珊瑚应归于 *Smithiphyllum*。

⑧*Ceriphyllum elegantum* 组合带

除带化石外，还包括 *Complanophyllum compressus*，*C. minor*，*Caninia shaodongensis*，*Zaphrentis konincki*，*Z. delanouei* 等。此带主要见于湘中的孟公坳组下部，位于腕足类 *Trifidorostellum* 带之上，属法门晚期。

⑨*Caninia dorlodoti* 组合带

除带化石外，主要属种有 *Caninia patula*，*C. shaodongensis*，*C. jielingensis*，*Zaphrentoides steroseptatus*，*Diphyphyllum antiquatum*，*Dematophyllum minor*，*D. hunanense* 等。此带亦主要见于孟公坳组下部，大体与腕足类 *Acanthoplecta mesoloba* 带相当。

⑩*Cystophrentis* 延限带

以 *Cystophrentis* 的出现和消失为其底、顶界线，带化石在数量上占绝大多数，主要有 *C. kolaohoensis*，*C. tieni*，*C. flabelliformis*，*C. gigantata*，*C. gigantata hunanensis*，*C. triangulatis*，*C. xinhuaensis*，*C. xinningensis*，另有少量 *Caninia*，*Zaphrentis* 等。此带广泛分布于湘中南地区和华南各地浅水相区，见于湘中孟公坳组中上部和湘南马栏边组下段。自俞建章（1931）建立 *Cystophrentis* 带以来，一直认为其为下石炭统的标准珊瑚带，但近年来的研究表明（谭正修等，1987；王成源，1987；季强等，1989；李栋梁，1992)，此带应属上泥盆统顶部，牙形刺 *Polygnathus obliquicostatus* 带和 *Icriodus costatus* 带、有孔虫 *Quasiendothyra communis*－*Q. kobeitusana* 带、腕足类 *Yanguania*－*Cyrtospirifer*－*Paulonia* 带与 *Cystophrentis* 带共生。

⑪*Cystophrentis*－*Pseudouralinia* 间隔带

湘中南地区乃至华南各地的浅水相区，在 *Cystophrentis* 消失之后和 *Pseudouralinia* 出现之前，普遍存在一套厚约 40 m 之厚、巨厚层灰岩、白云质灰岩，因涉及泥盆系-石炭系界线，故建立此带。该带位于湘中马栏边组下部和湘南马栏边组上段下部。

⑫*Pseudouralinia tangpakouensis* 组合带

以 *Pseudouralinia* 的出现为底界，以 *Keyserlingophyllum* 的出现为顶界。主要分子有 *Pseudouralinia tangpakouensis*，*P. t. minor*，*P. t. simplex*，*P. t. concava*，*P. regularis*，*P. irregularis* 等及 *Siphonophyllia*，*Stylastraea*，*Caninophyllum*，*Zaphriphyllum*，*Zaphrentites*。

此带广泛分布于湖南及华南浅水相区，见于湘中马栏边组和湘南马栏边组上部，也见于尚保冲组和金陵组，大体相当于腕足类 *Eochoristites neipentaiensis - Martiniella chinglungensis* 带，一般略高于牙形刺 *Siphonodella levis* 亚带和 *Siphonodella sinensis* 亚带，相当 *Siphonodella eurylobata - Siphonodella isosticha* 亚带，无疑属下石炭统 Tournaisian。

⑬*Keyserlingophyllum* 组合带

以带化石的出现为特征，*Pseudouralinia* 亦延至本带，主要分子有 *Keyserlingophyllum keyserlingophylloidea*，*K. xinshaoense*，*Pseudouralinia gigantea*，*P. g. multiseptata*，*P. xinshaoensis*，*P. nankingensis*，*Humbolditia qiyangensis*，*H. xinningensis*，*H. gigantata*，*H. hunanensis*，*Xinningophyllum hunanense*，*Donophyllum vesicotabulatum*，*X. xinshaoense* 等。此带见于湘中南地区石磴子组下部陡岭坳段，与腕足类 *Finospirifer shaoyangensis* 带同层，一般认为属 Tournaisian 上部。

⑭*Thysanophyllum - Kueichouphyllum sinense* 组合带

以 *Thysanophyllum* 和 *Kueichouphyllum* 的产出为特征，主要分子有 *T. asiaticum*，*T. shaoyangense*，*T. chui*，*T. circulocysticum*，*T. grabaui*，*T. simplex*，*T. longiseptatum*，*K. sinense*，*K. chenxianense*，*K. heishihkuanense*，*K. lingxianense* 等及 *Heterocaninia*，*Arachnolasma*，*Palaeosmilia*，*Lithostrotion*，*Siphonodendron*，*Kwangsiphyllum* 等。此带广泛分布于湘中南地区石磴子组上部及华南各地的相当层位，与腕足类 *Vitiliproductus groberi - Pugilis hunanensis* 带共生，属下石炭统 Visean。

⑮*Yuanophyllum* 组合带

以带化石的大量产出为特征，以其消失为顶界。带内分异度和丰度均高，代表早石炭世珊瑚发育的高潮期，据谭正修等（1987）初步统计，达 37 属 138 种，它们主要包括 *Yuanophyllum*，*Hunanoclisia*，*Koninckophyllum*，*Clisiophyllum*，*Neoclisiophyllum*，*Dibunophyllum*，*Lithostrotion*，*Kueichouphyllum*，*Arachnolasma*，*Heterocaninia* 等。但是，物极必反，随之而来的是大量消亡，仅有个别属种可继续上延和发展。此带广泛分布于湘中南地区的梓门桥组及华南诸地的相当层位，与腕足类 *Kansuella - Gigantoproductus* 带共生，大体与牙形刺 *Adetognathus unicornis* 带相当，为下石炭统最上一个珊瑚带。

湖南上石炭统和二叠系的珊瑚也比较丰富，但未系统研究，在此从略。

4. 䗴

䗴类在湖南最早出现于石磴子组，经测水组至梓门桥组顶部，尽管数量逐渐增多，但分异度低，均为一些构造简单的原始属种，以产 *Eostaffella* 为主，一般称 *Eostaffella* 动物群。至晚石炭世，构造开始复杂化，分异加快，成为晚石炭世和二叠纪地层划分对比的重要标准化石。经湖北省地质科学研究所等（1977）、湖南地质局（1982）、周祖仁（1982，1984）、谢盛刚和谭正修（1983）等的研究，䗴类化石组合序列已初步建立，结合大量的区域地质调查成果，可以划分如下䗴类生物地层单位。

①*Pseudostaffella* 组合带

以带化石的出现为底界，以 *Profusulinella* 的出现为顶界。主要分子有 *Pseudostaffella ampla*，*P. antiqua*，*P. antiqua posterior*，*P. paracompressa*，*P. compressa*，*P. moelleri*，*P. vasanofievae* 等。此外还有由下延续上来的 *Eostaffella*，*Pseudoendothyra*，*Millerella* 等。此带见于大埔组下部，在涟源田心坪剖面上，位于牙形刺 *bassleri bassleri - sinuatus* 带之下，属上石炭统下部。

②*Profusulinella* 组合带

以带化石的首次出现为底界。*Profusulinella* 在湖南已发现达 22 种之多，主要有 *P. deprati*，*P. paratimania*，*P. wangyui*，*P. prisca*，*P. rhomboides*，*P. primitiva* 等。*Pseudowedekindellina* 和 *Ozawainella* 也在此首次出现，由下延续上来的 *Eostaffella*，*Pseudostaffella* 仍相当丰富。其共同特征是多数呈圆形至纺锤形，隔壁不褶皱。此带亦位于大埔白云岩下部，在牙形刺 *Neognathodus bassleri bassleri* - *Idiognathoides situatus* 带之上（涟源县田心坪剖面）。

③*Fusulinella* - *Fusulina* 组合带

以 *Fusulina* 或 *Fusulinella* 的首次出现和消失为底、顶界。带内以带化石为主，其主要特征是新生分子具有四层式的旋壁构造和强烈的隔壁褶皱。此带广泛分布于湘中南和湘西北地区，一般见于大埔组中、上部。少数地方亦见于马平组下部，如芷江瓦盖桥、邵东小黑田等地，这些地方的马平组直接整覆于梓门桥组之上或超覆于前石炭纪地层之上，缺失大埔组，该带延伸的地层厚度分别达 80 m 和 160 m。

④*Triticites* 组合带

以 *Triticites* 的首次出现为底界，以 *Pseudoschwagerina* 的首次出现为顶界。*Triticites* 非常繁盛，种数甚多，并伴生有 *Montiparus*，*Quasifusulina*，*Ozawainella*，*Schubertella* 等，总的特征是具四层旋壁构造的种群消失，具两层旋壁构造的属种迅速占绝对优势。此带分布广泛，普遍见于马平组下部，在安化十里牌剖面包括的地层厚度达 160 m。

⑤*Pseudoschwagerina* 组合带

以带化石的首次出现为底界，以 *Pseudoschwagerina* 和 *Sphaeroschwagerina* 的消失为顶界。带化石和 *Sphaeroschwagerina* 十分丰富，它们仅产于本带，共具包卷松、壳大而趋于圆形为特征。伴生有 *Triticites*，*Rugosofusulina*，*Pseudofusulina*，*Schwagerina*，*Ozawainella*，*Schubertella*，*Zella*，*Eoparafusulina* 等。此带广泛分布于我省各地的马平组上部，包括的地层厚度大，在安化十里牌约 300 m，在涟源田心坪达 300 m，根据国内传统观点，属上石炭统上部。

⑥*Schwagerina tschernyschewi* 组合带

本带以带化石的首次出现作为其底界。主要分子有 *Schwagerina tschernyschewi*，*S.* cf. *tschernyschewi fusiformis*，*S. tschernyschewi ellipsoidalis*，*S. tschernyschewi watanabei*，*S. cushmani*，*S. chisiaensis*，*Pseudofusulina japonica* 及 *Nagatoella*，*Darvasites* 等，它们大多是早二叠世早期的标准分子，其时代属早二叠世栖霞期早期无疑。本带主要分布于湘中地层分区—桂湘赣地层分区及雪峰山小区部分地区，其层位为栖霞组下部。在辰溪中伙铺、涟源七星街、邵东乌龙岩及保和堂、邵阳塘田市、临武杉木冲、汝城龙潭等剖面发育较好。

⑦*Misellina claudiae* 带

本带位于 *Schwagerina tschernyschewi* 带之上，以带化石 *Misellina claudiae* 的首次出现作为其底界标志。本带所含䗴类化石极为丰富，主要分子为 *Misellina claudiae*，*M. ovalis*，*Paraschwagerina* sp.，*Schwagerina setumolia*，*S.* aff. *kueichowensis cheni* 等。与本带共生的其他门类主要有珊瑚 *Wentzellophyllum volzi*，*Cystomichelinia renhuaiensis*，*Yatsengia asiatica* 等。本带见于邵阳市南郊姜家冲、宁乡煤炭坝、涟源七星街等剖面之栖霞组中部，时代属早二叠世栖霞期中期。

⑧*Parafusulina* 组合带

本带位于 *Misellina claudiae* 带之上，䗴类化石极为丰富，尤以 *Parafusulina* 的富集为特色而有别于上下生物带。该组合带常见的分子有 *Parafusulina multiseptata*，*P. undulata*，*P. kiangsuensis*，*P. subextensa*，*P. constricta brevis*，*P. australis*，*P. yunnanensis*，*P.* cf. *elliptica*，*Schwagerina chihsiaensis*，*S. chihsiaensis fragilis*，*S. bellue*，*S. szechuanica*，*S. gregaeia* 等，时代属栖霞期晚期。湘中南地区各地之栖霞组都可见到本带，湘西北地区如辰溪中伙铺、澧县双堰垭等剖面亦可见及。

⑨*Neoschwagerina* 组合带

本带位于 *Parafusulina* 带之上，以带化石的首次出现作为其底界，以富产 *Neoschwagerina*，*Chusenella* 为特征而有别于上下生物带，主要分子有 *Neoschwagerina simplex*，*N. craticulidera*，*N. margaeica*，*N. megaspherica*，*N. kwangsianna*，*N. douvillei*，*Chusenella conicocylindrica*，*C.* cf. *conicocylindrica*，*C. douvillei*，*C. ishanensis*，*C.* cf. *tingi*，*C. globularis*，*C. hunanica*，*Schwagerina pactiruga*，*S. doliumformis*，*Verbeekina verbeeki*，*Paraschwagerina* sp.，*Pseudoliolina chinghaiensis* 等。与该带共生的主要有珊瑚 *Ipcophyllum timoricum*，*Yatsengia* sp. 等。本带所属时代应为早二叠世茅口期早中期，所处层位属茅口组中下部，广泛分布于湘西北地区及湘中南地区，在龙山洗车、大庸杨家溪、桑植仁村坪、安化龙坳、靖县三眼桥、辰溪中伙铺、涟源七星街、宁乡煤炭坝等剖面发育甚好。

⑩*Yabeina* - *Neomisellina* 带

本带位于 *Neoschwagerina* 带之上，以带化石的首次出现作为其底界，并以带化石的存在和富集为其特色而区别于上下生物带。主要分子有 *Yabeina shiraiwensis*，*Y.* ex gr. *tobleri*，*Y. probascis*，*Y.* sp.，*Neomisellina douvilei*，cf. *N. douvilei*，*N. compacta*，*N. lepida*，*N.* sp.，*Sumatrina longissima*，*S. fusiformis*，*Neoschwagerina leei*，*N.* cf. *cheni*，*Verbeekina heimi* 等。本带主要分布于武陵山小区和安化-浏阳小区，所处层位相当于茅口组上部或顶部，其时代属茅口期晚期。在安化龙坳、涟源七星街、湘乡壶天、龙山田家坪、大庸杨家溪、桑植仁村坪等剖面的茅口组上部可清楚地见到本带的存在。

⑪*Codonofusiella* 组合带

本带以带化石 *Codonofusiella* 一属的集中产出为其特色，此外，*Reichelina* 一属在本带亦极为发育，常见分子为 *Codonofusiella schubertelloides*，*C.* cf. *schubertelloides*，*C.* cf. *lui*，*C.* sp.，*Reichelina* sp.，*Dunbarula* sp.，*Nankinella* sp. 等。与其共生的有腕足类 *Tyloplecta yangtzeensis*，*Edriosteges poyangensis* 及珊瑚 *Lophophyllidium* 等。本带之时代属晚二叠世吴家坪期，主要分布于雪峰山小区，所处层位为吴家坪灰岩的下部。在靖县三眼桥、怀化高原现、辰溪中伙铺等剖面之吴家坪灰岩下部均可见到本带的存在。

⑫*Palaeofusulina* 组合带

本组合带位于 *Codonofusulina* 带之上及早三叠世初期的 *Claraia* 组合带之下，以带化石 *Palaeofusulina* 的存在和富集为特色而区别于上下相邻生物带，并以䗴类的消失作为其顶界。换言之，该带为二叠纪䗴类化石带中层位最高者。本带的主要分子为 *Palaeofusulina sinensis*，*P. minima*，*P. ellipsoidalis*，*P. mutabilis*，*P. nana*，*P. simplex*，*P.* cf. *wangi*，*Nankinella orientalis*，*N. minor*，*Reichelina pulchra*，*Eoverbeekina* cf. *fusuiensis*，*Sphaerulina crassipira*，*Gallowiinella meitienensis* 等。本带之时代为晚二叠世长兴期，位于吴家坪灰岩之上部，主要分布于雪峰山小区、安化-浏阳小区及邵阳-郴州小区的部分地区，在辰溪中伙铺、怀化高原现、靖县三眼桥、宁乡煤炭坝等地均较发育。

5. 菊石

湖南这一时期的菊石在许多层位中均有分布，但数量很少，富含菊石的地层主要有七里江灰岩或佘田桥组下部、小江边组、孤峰组、吴家坪组、大隆组、大冶组、张家坪组和管子山组，可建立如下生物地层单位。

①*Manticoceras* 组合带

以富产 *Manticoceras* 为特征，主要有 *M. subcordiforme*，*N. carssum*，*M. wedekindi*，*M. hunanense*，*M. zhongguoense*，*M. lenticulare*，*M.* aff. *sinuosum* 等，此外尚有少量 *Michelinoceras* sp. 等。此带是一个世界性带，具有全球对比意义，在湖南主要见于湘中地区的七里江灰岩上部或佘田桥组，其中尤以邵东佘田桥和新邵东边口一带发育最好，同层产出牙形刺 *Palmatolepis gigas* 带，属晚泥盆世 Frasnian。

②*Pseudohalorites* 组合带

本带的底以带化石 *Pseudohalorites* 的首次出现为标志。主要分子有 *Pseudohalorites subglobosus*，*P. celestris*，*P. densistriatus*，*P.* sp.，*Paraceltites elegans*，*P. ornatus*，*Paragastriaceras* cf. *ellipsaidals*，*Altudoceras* cf. *zitteli*，*A. jianshiense*，*Waagenoceras* sp.，*Tainoceras orientala*，*Hunanoceras* sp.，*Lanceoloboceras hunanense*，*Shaoyangoceras jiangjiachangense* 等。时代为早二叠世茅口期早期，其所处层位为小江边组或孤峰组下部，主要分布于湘中一带，见于安化龙坳、株洲安坡里等剖面的小江边组及邵阳姜家冲、邵东乌龙和保和堂大水田、攸县广黄等剖面的孤峰组下部。

③*Anderssonoceras* - *Prototoceras* 组合带

本组以带化石的首次出现作为其底界，并以带化石的存在和富集为特色而有别于上下生物带。主要分子有 *Anderssonoceras* aff. *anfuense*，*A.* sp.，*Prototoceras* cf. *trochoidea*，*P.* sp.，Anderssonoceratidae，*Xenaspis* sp.，*Eomeekoceras kwangsiensis*，*Dongfengoceras* sp.，*Pleuronodoceras* sp.，*Pseudogastrioceras* aff. *abiohianum*，*Altudoceras* cf. *beedei*，*A.* cf. *roemeri* 等。时代属晚二叠世吴家坪期晚期，局部地区可延入长兴期，即本带具一定的穿时性。主要分布于武陵山小区、安化-浏阳小区及邵阳-郴州小区的部分地区。曾见于桑植仁村坪、涟源恩口等剖面之大隆组下部，龙山田家坡剖面之吴家坪组下部及攸县广黄剖面的大隆组。

④*Pseudotirolites* 组合带

本带位于 *Anderssonoceras* - *Prototoceras* 组合带之上，以带化石 *Pseudotirolites* 的存在及集中产出为特色，而区别于上下相邻生物带。本带普遍产有 *Pseudotirolites asiaticus*，*P. anshunensis*，*P. mapingensis*，*Pleuronodoceras mapingense*，*P.* cf. *dushanense*，*Hunanoceras qianjiangense*，*Pseudogastrioceras liui*，*P.* cf. *szechuanense*，Araxoceratidae 等。时代属晚二叠世长兴期。主要分布于武陵山小区、安化-浏阳小区及邵阳-郴州小区的部分地区，所处层位为大隆组中上部或局部地区的吴家坪组的中上部，可见于桑植仁村坪、涟源七星街和恩口、隆回西冲等剖面的大隆组中上部及龙山田家坡剖面的吴家坪组中上部。

我省中下三叠统的菊石保存较差，研究程度较低，已获化石资料集中于下统，大致可归为两个延限带和一个组合带。

⑤*Ophiceras sinense* 延限带

常见共生分子计有 *Ophiceras demissum*，*Letophiceras* cf. *chamunda*，*Hypophiceras* sp.，本带赋存于大冶组及张家坪组底部。

⑥*Flemingites* - *Prionolubus* 组合带

常见共生分子有 *Pseudoflemingites* sp. 及 *Xenodisoides* sp. 等。该组合带赋存于大冶组中部及管子山组下部。

⑦*Tirolites darwini* 延限带

常见共生分子有 *Tirolites* cf. *cassianus*，*Hemilecanites* cf. *discus*。本带赋存于大冶组及管子山组顶部。

6. 双壳类

湖南这一时期的双壳类以中、下三叠统最重要，自下而上可划分下列生物地层单位。

①*Claraia wangi* 延限带

重要共生分子有 *Claraia griesbachi*，*C. concentrica*，*Towapteria scythicum* 等。赋存于大冶组及张家坪组底部。

②*Claraia aurita* – *C. stachei* 组合带

主要共生分子有 *Claraia radialis*，*C. clarai*，赋存于大冶组上部。

③*Eumorphotis multiformis* 延限带

主要共生分子有 *Eumorphotis multiformis*，*E. m. reticulata*，*E. teilhardi*，*E. venetiana*，赋存于大冶组上部。

④*Pteria* cf. *murchisoni* 延限带

主要共生分子有 *Pteria* cf. *miljanensis*，*Eumorphotis inaequicostata*，*Bakevellia costata* 等。赋存于大冶组顶部。

⑤*Entolium discites microtis* – *Myophoria* (*Neoschizodus*) *laevigata* 组合带

主要共生分子有 *Leptochondria albertii*，*Myophoria* (*Neoschizodus*) *laevigata elongata*，赋存于嘉陵江组中下部。

⑥*Eumorphotis* (*Asoella*) *illyrica* – *Myophoria* (*Costatoria*) *goldfussi* 组合带

主要共生分子有 *Eumorphotis* (*Asoella*) *subillyrica*，*E.* (*A.*) cf. *paradoxica*，*Entolium discites*，*Myophoria* (*Costatoria*) *goldfussi mansuyi*，*M.* (*C.*) cf. *radiata* 等，赋存于嘉陵江组顶部及巴东组中下部。

7. 古植物

湖南泥盆纪至中三叠世以碎屑岩为主的地层一般均富含植物化石，可概括为如下生物地层单位。鉴于古植物研究工作者的习惯，本书仍称“组合”，而不称“带”。

①*Zosterophyllum yunnanicum* 组合

在省内本组合目前仅见于江永县源口剖面的源口组（王根贤等，1979），主要分子有 *Zosterophyllum* cf. *yunnanicum*，*Z.* sp.，*Emplectophycus yunnanensis*，*Hostimella* sp.，*Aphyllopteris* sp.，*Psilophyton*? sp.，*Taeniocrada guangxiensis* 等，应相当华南 *Zosterophyllum yunnanicum* – *Drepanophycus spinaeformis* 组合，属早泥盆世晚期。

②*Protolepidodendron scharyanum* – *Lepidodendropsis arborescens* 组合

以大量产出 *Protolepidodendron*，*Lepidodendropsis* 为特征，主要分子有 *Protolepidodendron* cf. *scharyanum*，*P.* sp.，*Lepidodendropsis arborescens*，*L.* sp.，*Protopteridium* sp.，*Barrandeina* sp.，*Psilophyton princeps*，*Sublepidodendron* sp.，*Psilophytites* sp.，*Platyphyllum* sp.，*Hostimella* sp. 等。此组合广泛分布于跳马涧组，一般下部属种不多，上部较丰富，并与鱼类 *Bothriolepis sinensis*，*Hunanolepis tieni* 共生，目前一般认为属中泥盆世早期，即 Eifelian。

③*Leptophloeum rhombicum* - *Cyclostigma kiltorkense* 组合

湘西北地区黄家磴组所产植物化石主要有 *Leptophloeum rhombicum*, *Cyclostigma hunanense*, *Sublepidodendron mirabile*, *S*, *shimense*, *Archaeopteris* sp., *Archaeosigillaria* sp., *Leptostrobus grabui* 等，与之共生的鱼类有 *Changyanophyton hupeiense*，与鄂西同名组中的古植物群性质相同。湘中南地区的吴家坊组亦含 *Leptophloeum rhombicum* 等，可能亦属此组合。共生的腕足类为 *Cyrtospirifer* - *Desquamatia* 带，珊瑚有 *Pseudozaphrentis difficile* 等，显然属 Frasnian。

④*Hamatophyton verticillatum* - *Lepidodendropsis hirmeri* 组合

除组合分子外，主要属种尚有 *Lepidodendropsis* sp., *Lepidostrobus grabaui*, *Sublepidodendron mirabile*, *S. wushiense*, *Sphenophyllum pseudotenerrinum*, *Leptophloeum rhombicum*, *Cyclostigma Kiltorkense* 等。此组合广泛分布于上、下扬子区，李星学、蔡重阳（1988）曾称 *Lep. rhombicum* - *Sublepidodendron mirabile* 组合，在湖南见于湘西北地区写经寺组上段、湘中南地区的欧家冲组和岳麓山组，属晚泥盆世 Famennian。

⑤*Cardiopteridium spetsbergense* - *Archaeocalamites scrobiculatus* - *Rhodeopteridium* 组合

除带化石外，主要属种还有 *Triphyllopteris collombiana*, *Archaeocalamites prolixus*, *Adiantites gothanii*, *Rhodeopteridium hsianghsiangense*, *Lepidodendron shaoyangense*, *L. rhodeanum*, *Sublepidodendron mirabile*, *Neuropteris* aff. *gigantea*, *Cordaites* sp. 等。此带普遍见于湘中南地区的测水组和樟树湾组，亦广泛分布于华南各地的相当地层，一般认为属 Visean 中部（赵修祜等，1982；吴秀之等，1986；陆天德，1992）。

湘西北地区二叠系底部的梁山组中一般均产植物化石，但属种极简单，目前仅见 *Pecopteris* sp., *Stigmaria ficoides*。

湘中南地区的龙潭组富含植物化石，不含煤段主要有 *Gigantonoclea* sp., *Cordaites* sp., *Sphenophyllum* cf. *speciosus*, *S. sino-coreanum*, *Protoblechnum*, *Pecopteris* sp., *Neuropteridium* sp., *Danaeites* cf. *mirabile* 等。含煤段的古植物可称 *Gigantopteris nicotianaefolia* 组合。

⑥*Gigantopteris nicotianaefolia* 组合

以 *Gigantopteris* 的产出为特征，另产主要属种有 *G. nicotianaefolia*, *G. fukienensis*, *G. multidenlata*, *Lobatanularia ensifolia*, *Taeniopteris multinervis*, *Cordaites principalis*, *Sphenophyllum sino-coreanum*, *Protoblechnum* cf. *wongii*, *Pecopteris arcuata*, *P. orientalis*, *Cathyaysiopteris* sp., *Tingia carbonica*, *Plagiozamites linearis*, *Odontopteris subcrenulata*, *Lepidodendron oculus-felis*, *Rhipidopsis ginnites* 等。此带广泛分布于下扬子区和华南区的龙潭组及其相当地层，一般认为属晚二叠世早期。

第三节　年代地层讨论

如何划分系、统、阶间的年代地层界线，目前在理论上并未完全解决，但是在实际工作中，生物地层研究仍然起主导作用。我省泥盆系至中三叠统的这些年代地层界线，即使按传统观点划分，尚有不少争议，若与国际划分标准全面接轨，则更费时日。

泥盆系在湘中南地区不整合于前泥盆系之上，其底界没有疑义。在湘西北地区，一般认为与志留系为平行不整合接触，其间缺失上志留统和下泥盆统。但是，泥盆系云台观组与志留系小溪峪组的岩性呈过渡关系，其间找不到真正的平行不整合面。湖南区测队（1970）和赵汝旋等（1978）认为小溪峪组属泥盆系，与下伏地层为平行不整合，而与上覆云台观组为连续沉积。由此可见，不同的作者将志留系和泥盆系之间的平行不整合放在不同的地层位置，而谁也没有找到真正的平行不整合面。同时，迄今提供的资料并不足以说明志留系与泥盆系之间究竟缺失与否或缺失多少地层。所以，不能说这一地区的泥盆系底界问题已经解决。

我国传统的石炭系-二叠系界线划在䗴类 *Pseudoschwagerina* 带之顶，而欧、美、前苏联等绝大多数国家都将此带置于二叠系。除了这两种划分方案外，还有许多不同的观点，例如：张祖圻（1985）认为这条界线应位于 *Montiparus* 带之底，即整个马平阶均属二叠系。因此，这是目前国内外争议最大的一条系间界线，国际石炭系-二叠系界线工作组正在研究，至今尚未得出结论。鉴于此种情况，我省仍按传统意见划分。

二叠系的再分在国际上至今没有定论，因此我省仍按国内传统划分为二统四阶，上、下二叠统的界线置于 *Yabeina* - *Neomisellina* 带之顶，大体位于茅口组与龙潭组之间或龙潭组的不含煤段与含煤段之间。

二叠系-三叠系界线的争论集中在大隆组或长兴组顶部的“界线粘土层”附近的所谓“混生层”，其争议地层厚度以厘米计。不少研究者（何锦文，1981；张克信，1984；殷鸿福，1985；柴之芳等，1986；盛金章等，1987）通过详细的生物地层和地球化学特征研究，认为“界线粘土层”属长兴阶，而“混生层”属三叠系。我省的二叠系-三叠系界线历来置于大隆组与大冶组或张家坪组之间，界线附近的 1 至数层灰白色或浅黄色之粘土岩则被不同作者包括在大隆组之顶（湖南区调队，1986）或大冶组之底（湖南省地矿局，1988），现在看来，以归入大隆组之顶为宜。

下面着重讨论中泥盆统-上泥盆统、Frasnian - Famennian、泥盆系-石炭系，Tournaisian - Visean 和下石炭统-上石炭统界线。

一、中、上泥盆统界线

70 年代以来，国际泥盆系研究取得重大进展，已经确定泥盆系分为三统七阶，先后通过了该系底、顶界线及统间界线定义，并选定了相应的界线层型。1982 年国际泥盆纪分会决定以牙形刺 *Polygnathus asymmetrica* 带之底作为中、上泥盆统界线，而该带之底以 *Ancyrodella rotundiloba* 的首次出现为标志。后来又选择法国南部 Montagne Noire 地区的一条剖面为界线层型，并指定了界线参考点。

湖南传统的中、上泥盆统界线以腕足类 *Stringocephalus* 的消失和 *Cyrtospirifer* 的出现为标志（田奇㻪，1983；王钰，1962；赵汝旋等，1978）。姜水根（1983）认为这条界线位于珊瑚 *Grypophyllum mackenziense* 带之底，湖南省地矿局（1988）亦持此种观点。沈启明（1982）和赵锡文等（1983）以 *Polygnathus asymmetrica* 带作为上统之底。谭正修等（1987）在巴漆组中找到 *Ancyrodella rotundiloba*，以其首次出现标志上统之底，并认为珊瑚 *Grypophyllum mackenziense* 带属中泥盆统。

我省斜坡和台盆相区的巴漆组和榴江组中富产牙形刺，完全可以按国际标准划分中、上统界线，在新邵大坝口、定河冲、安化清塘铺、临武香花岭等剖面均已找到下 *Polygnathus asymmetrica* 带，可以 *Ancyrodella rotundiloba* 的首次出现确定上统底界（图 4 - 6，图 4 - 7）。在实际工作中，由于受种种条件限制，牙形刺研究不可能都做得很细，因而不一定拘泥于以 *A. rotundiloba* 为标志，一些其他重要牙形刺分子，如 *A. alata*，*A. rugosa*，*Mesotaxis falsiovalis*，*M. asymmetrica*，*M. dengleri*，*Klapperina disparilis* 等在湖南各地的出现非常靠近上统

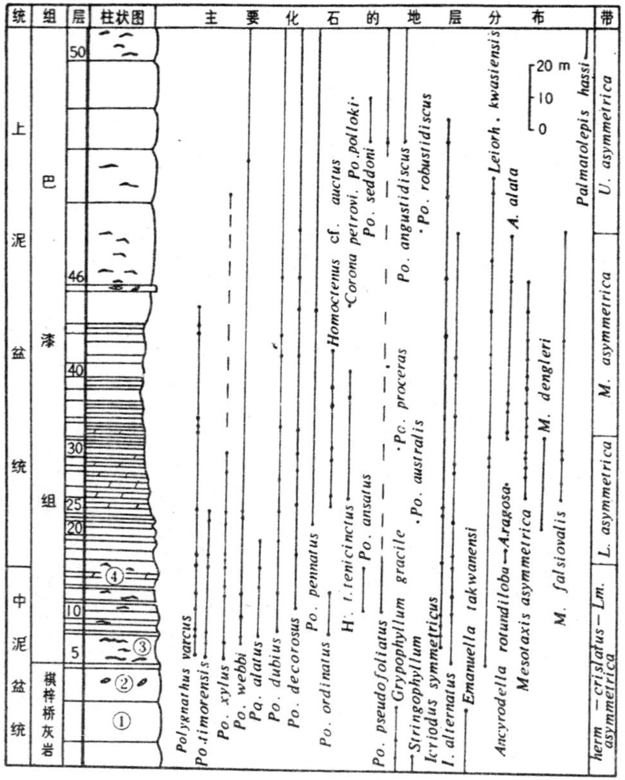

图 4－6　新邵县大坝口剖面中、上泥盆统界线附近的主要化石

①灰岩；②砾屑灰岩；③含硅质岩团块的条带灰岩；④泥灰岩

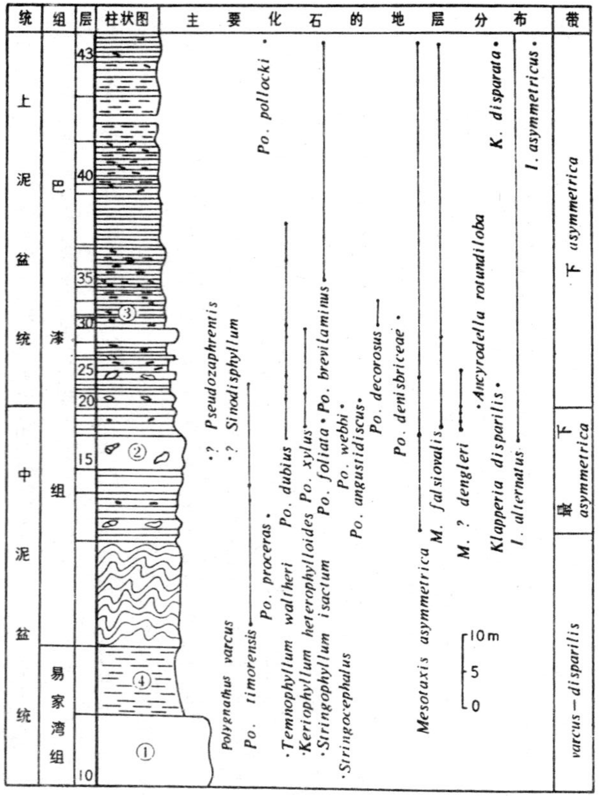

图 4－7　新邵县定河冲剖面中、上泥盆统界线层的牙形刺带

①灰岩；②页岩；③砾屑灰岩；④含硅质岩团块和条带灰岩

之底，它们也可作中、上统界线的重要参考标志。湖南的竹节石尚未系统研究，但据现有资料，*Nowakia otomari* 只限于 Givetian，*Homoctenus* 虽早已出现，但至 Givetian 上部才开始大量发育，而在 Frasnian 下部则特别繁盛，在数量上占绝对优势，因此，此属的顶峰带也可做 Frasnian 下部的辅助标志。腕足类 *Leiorhynchus kwangsiensis* 带虽跨越中、上统界线，但其下界离上统之底甚近，例如在新邵大矾口剖面仅 30 m，新邵寺脚下、邵东佘田桥等地亦大体如此。而安化清塘铺、新化西河、临武香花岭等地，*Leiorhynchus* 仅见于 Frasnian 下部。所以该带亦可做中、上统界线的辅助标志。

问题在于典型的台地相区，那里的棋梓桥灰岩厚达数百米，找不到中统和上统 Frasnian 下部的牙形刺，如何确定此类地区的中、上统界线，必须具体分析。首先，斜坡—盆地相区的资料已经证明，一些底栖大化石，如腕足类、珊瑚的传统标志依然有效，只是精度不高而已。珊瑚 *Endophyllum* - *Stringophyllum* 带和 *Temnophyllum waltheri* 带属中统，*Grypophyllum mackenziense* 带与牙形刺 *Schmidtognathus hermanni* - *Polygnathus cristatus* 带相当(Peddle，1973，1974)，亦属中统，并非常靠近中、上统界线。*Pseudozaphrentis*，*Sinodisphyllum*，*Hunanophrentis* 等仍然是 Frasnian 的标准分子，尽管个别地点，它们可以出现于较低的层位(廖卫华，1977)，省内也有个别疑点，但其他地方无不产于 Frasnian 地层。腕足类 *Ilmenia* - *Emanuella* 带在此相区比较发育，位于 *Stringocephalus* 带之上，延伸范围大于 *Grypophyllum mackenziense* 带，顶界略低于 *Leiorhynchus kwangsiensis* 带之底或部分重叠，亦可作中统顶部的辅助标志。

其次，台地相区并非千篇一律，各地岩性也有较大变化，有的地方可以找到较深水相夹层，如新邵巨口铺寺脚下，以厚、巨厚层灰岩为特征的棋梓桥灰岩中，恰好在中、上统界线

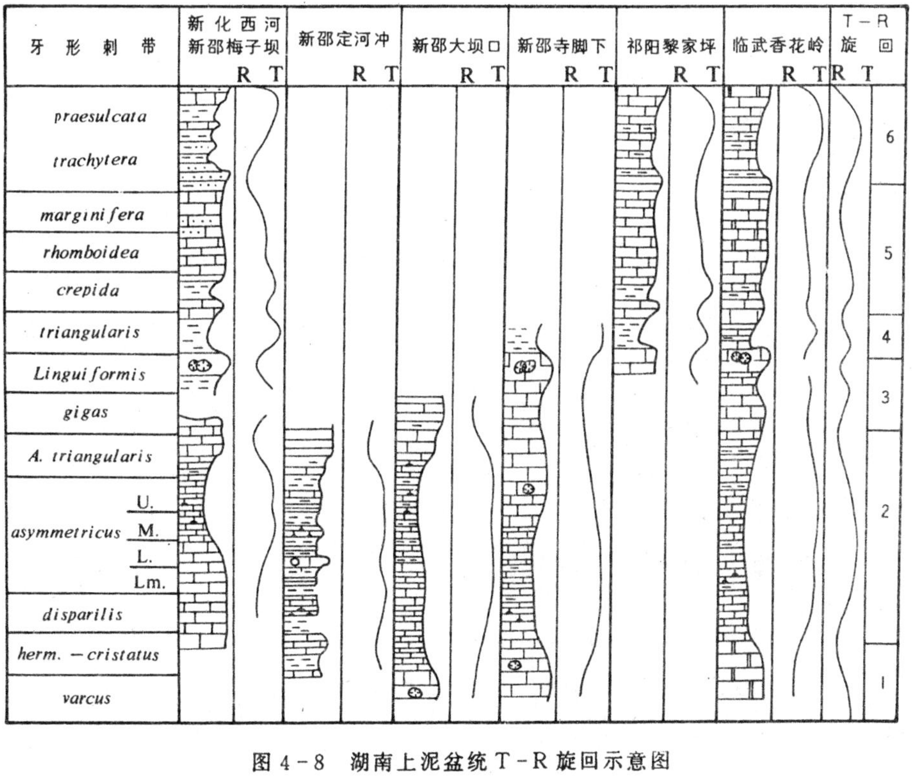

图 4－8　湖南上泥盆统 T－R 旋回示意图

附近夹有数十米厚的灰黑色薄一中层灰岩，不仅含小咀贝类腕足类，而且产牙形刺，其中有 *Ancyrodella alata* 等，可以较好地划分中、上统界线。此种情况并非绝无仅有，而其产生亦非偶然。据谭正修等⑤1992 年的研究，我省中泥盆世末和晚泥盆世初，曾发生一次明显的海平面上升（第二个 T－R 旋回，图 4－8)，自 *Schmidtognathus hermanni－Polygnathus cristatus* 带开始，海水加深，台地范围缩小，原属台地的部分地方沦为斜坡或台盆，如嘉禾石古元、临武香花岭、新邵大坝口、新化西河等地所示，在棋梓桥灰岩或黄公塘白云岩之上，沉积了巴漆组或榴江组。在仍为碳酸盐台地的地方，则枝状层孔虫灰岩、白云质灰岩、白云岩减少，而代之以生物屑灰岩为主，珊瑚、腕足类也渐趋发育，说明海水也有所加深。因此，研究海进一海退旋回也是划分中、上统界线的重要手段，不过，必须拥有详细的剖面资料和正确的岩相分析，同时应尽量考虑已经取得的化石材料，哪怕是零星的材料。

二、Frasnian 和 Famennian 界线

湖南的 Frasnian 和 Famennian 界线，即传统的佘田桥阶和锡矿山阶界线，向来置于长龙界组 或相当层位之底，以无洞贝腕足类和 Frasnian 珊瑚的消失及 *Yunnanella－Yunnanellina*

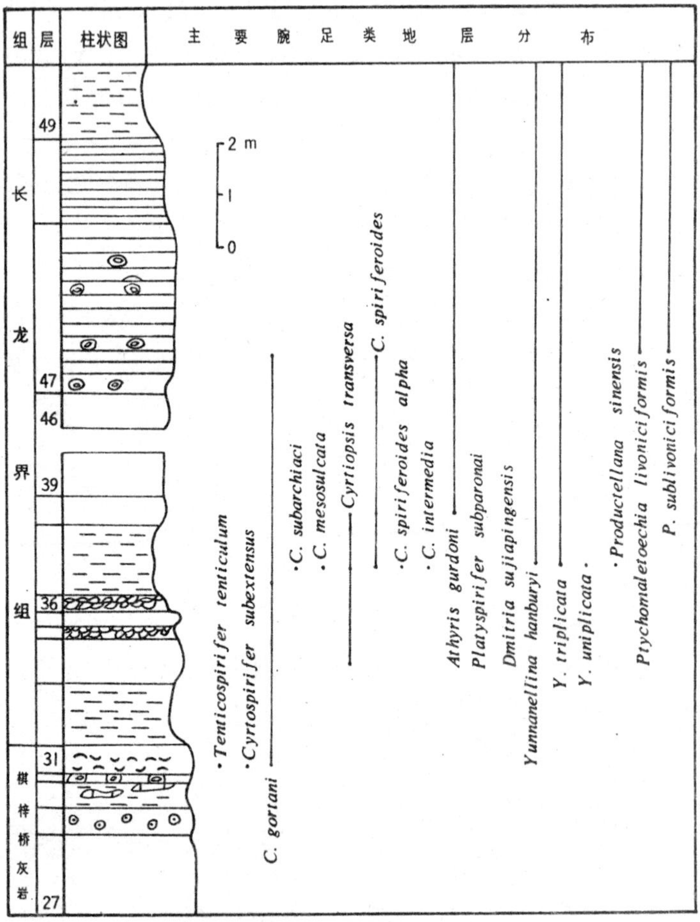

图 4－9　祁阳县黎家坪 Frasnian/Famennian 界线地层柱状图

27. 灰岩；28. 海百合茎灰岩；29. 黑色页岩夹灰岩凸镜体；30. 核形石灰岩；31. 介壳灰岩；32. 页岩；33. 灰岩；34. 瘤状泥质灰岩；35. 灰岩；36. 瘤状泥质灰岩；37. 页岩；38—46. 灰岩；47. 核形石灰岩；48. 灰岩；49. 页岩（27—49 为层号）

动物群的出现为标志。这是一条容易识别的生物地层界线，也是举世公认的事件地层界线。实践证明，这条界线在理论上站得住脚，在实际工作中也方便易行。

Frasnian 末的大规模生物集群绝灭是公认的全球性重大事件，涉及差不多所有生物门类。据 Pedder (1982) 不完全统计（显然未包括中国的资料），发育于晚 Frasnian 的 158 种珊瑚仅有 10 种残存于 Famennian，其中浅水珊瑚仅 4 种，有 96%的浅水珊瑚和 70%的深水珊瑚绝灭。湖南常见于 Frasnian 的 21 属 47 种珊瑚全部绝迹，目前尚无资料证明它们中任何一员可以延续至 Famennian。层孔虫（枝状层孔虫除外）亦全部消失。腕足类有 86%的属绝灭，曾繁盛一时的无洞贝、齿扭贝和五房贝三个超科完全死亡。菊石也历经劫难，消亡的属达 80%（齐文同，1990），牙形刺亦受到重大影响（Sandberg，1988；季强，1989）。McLaren (1982)曾经指出，如果 Frasnian 期末和生物集群绝灭事件在全球范围内是同时的，那么，Frasnian 与 Famennian 界线应与此紧密联系，而不应该考虑其是否位于某一牙形刺带或菊石带内部。

从世界各地详细的牙形刺资料判断，现在几乎可以说，这次生物绝灭事件在世界范围内是基本同时的（Sanderberg 等，1988；侯鸿飞等，1988；季强，1991），都发生在 *Polmatolepis linguiformis* 带上部。因此，国际泥盆纪分会（1988）选择 *Polmatolepis triangularis* 带之底作 Frasnian 与 Famennian 的界线是与这次生物集群绝灭事件吻合的。

祁阳黎家坪剖面（图 4-9）棋梓桥灰岩顶部夹一层（第 29 层）厚 0.2～0.5 m 之黑色含碳质泥岩，其上为核形石灰岩和介壳灰岩，*Cyrtiopsis* 和 *Yunanellina* 在黑色层之上 3～4 m 处

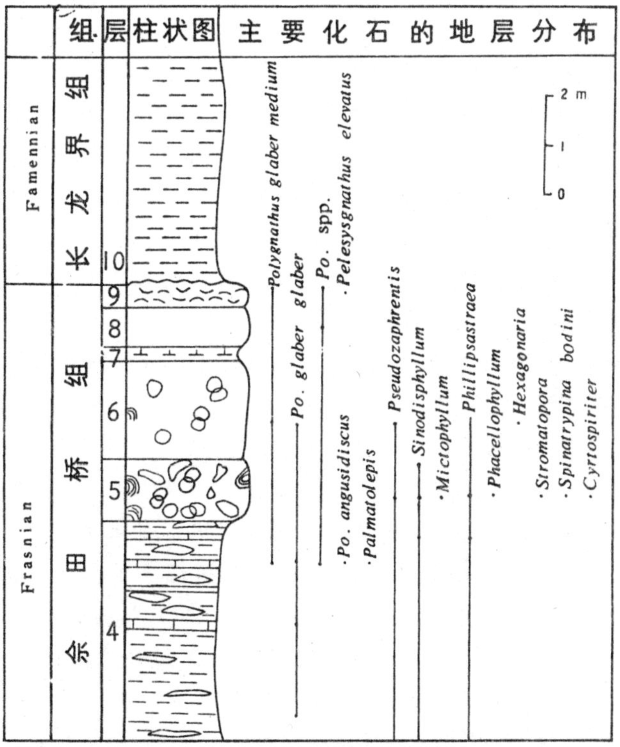

图 4-10　冷水江市禾青 Frasnian/Famennian 界线层柱状图

4. 夹薄层灰岩和灰岩凸镜体之页岩；5. 生物灰岩；6. 生物灰岩；7. 钙质页岩；8. 砂质灰岩；9. 介壳灰岩；10. 页岩（4—10 为层号）

爆发式地出现。这层黑色含碳页岩在锡矿山也出露良好（Hou 等，1988；Ji Qiang，1989），厚约 0.7 m，此层之下为 1 m 厚之生物屑灰岩，再下为泥灰岩、页岩夹生物屑灰岩，富含珊瑚、层孔虫、腕足类等，其中有 *Phillipsastraea*，*Sinodisphyllum*，*Pseudozaphrentis*，*Mictophyllum*，*Desquamatia*，*Spinatrypina* 等，它们均不越过黑色页岩；黑色层之上为砂屑灰岩和介壳灰岩，*Yunnanellina* 出现于此层之上 10 m 处，与黎家坪剖面类似。由于沉积环境的千差万别，黑色页岩层并非处处可见。冷水江市禾青剖面（图 4－10）未见黑色页岩，但层序与锡矿山相同，其中第 7 层灰色页岩在层位上相当于锡矿山和黎家坪的黑色页岩。Frasnian 阶顶部的黑色页岩在世界各地普遍分布，有一至数层，是 Frasnian/Famennian 界线的重要标志之一，通常认为代表一次缺氧事件（齐文同，1990）。

三、泥盆系和石炭系界线

经谭正修等（1987）研究，我省泥盆系/石炭系界线在湘中位于孟公坳组和马栏边组之间，在湘南介于马栏边组（当时称桂阳组）上、下段之间，证明传统的下石炭统标准珊瑚带 *Cystophrentis* 延限带应属泥盆系，并提出识别这条界线的古生物标志，即：

（1）珊瑚 *Cystophrentis* 延限带属泥盆系。

（2）腕足类 *Yanguania*－*Cyrtospirifer*－*Paluonia* 组合属泥盆系，弓石燕科只属泥盆系。

（3）牙形刺 *Siphonodella levis* 等的首次出现略高于石炭系底界。

（4）有孔虫 *Quasiendothyra communis*－*Q. kibeitusana* 组合带属泥盆系，*Chernyshinella* 组合带属石炭系。

（5）孢子 *Valatisporites pusillites*－*Retispora lepidophyta* 组合带略低于泥盆系顶界。

近年来，广东、广西、贵州等邻区的最新研究成果亦持这一划分观点（季强、秦国荣、赵汝旋，1990；秦国荣，赵汝旋，1990；李镇梁，1992），但是也有不同意见。一些孢粉工作者（高联达等，1990）认为 *Retispora lepidophyta* 在湘中地区产于欧家冲组和“邵东组”，最高只达孟公坳组下部，泥盆、石炭系界线应位于“邵东组”和孟公坳组之间，孟公坳组决不可能全部属泥盆系。在当时研究较详的新邵马栏边剖面上，*R. lepidophyta* 确实只延续至孟公坳组中部（谭正修等，1987），而在国际上这一孢子带之顶是泥盆系顶界的标志。因此，从孢子角度出发他们的意见不无道理。最近，方晓思、P. Steemans 和 M. Streel 重新研究了新邵马栏边剖面的孢子，发现“真正的、具有世界性分布的泥盆-石炭系分界标准分子 *Retispora lepidophyta*”仅出现于孟公坳组顶部（见前文）的砂页岩中。而产于欧家冲组至孟公坳组中部、原定为 *R. lepidophyta* 的孢子“并正真正的 *R. lepidophyta*”，他们将其改为 *Retizonomonoletes hunanensis*，并据此建立 *R. hunanensis* 带。马栏边剖面第 36 层紧靠珊瑚 *Cystophrentis* 延限消失处，因此，以 *P. lepidophyta* 为特征的 *PL* 带尚在 *Cystophrentis* 延限带之上，与西欧标准的 *PL* 带完全可以对比，属 Famennian 最上部。如果说以前在孢子证据尚不充分的情况下将珊瑚 *Cystophrentis* 延限带全部划归泥盆系还存在疑义的话，那么现在可以释疑了。

与马栏边剖面孟公坳组顶部第 36 层相当的砂页岩在湘中普遍发育，一般厚 2～10m，最厚可达 30m 左右，其上为马栏边组下部的厚、巨厚层灰岩、含白云质条带灰岩，分界极为清楚，这里既是孟公坳组与马栏边组的界线，又是泥盆、石炭系的界线。

在湘南地区，马栏边组下段以生物屑灰岩为主，其顶往往有一层厚 1m 左右的鸟眼灰岩，与上覆的厚、巨厚层白云质条带灰岩分界清楚，据祁阳苏家坪、桂阳天鹅坪等地的剖面研究，这条岩性界线亦大体是泥盆、石炭系界线。

四、Tournaisian 与 Visean 界线

我国的岩关阶和大塘阶界线没有确切的生物地层标志，一般理解为与国际上通用的Tournaisian 和 Visean 界线相当。目前国际上尚未产生公认的界线定义，不过在 Tournaisian 和 Visean 的标准地点狄南盆地，以牙形刺 *Mestognathus beckmanni*，有孔虫 *Eoparastaffella* 的出现作为 Visean 的底界。国内一般认为 Tournaisian 的顶界以珊瑚 *Pseudouralinia* 的绝灭为标志（杨敬之等，1982；王增吉等，1990），但对于腕足类 *Finospirifer shaoyangensis* 带则有不同认识，吴望始等（1964）、杨敬之等（1982）认为属 Tournaisian，而王增吉等（1990）将其作为大塘阶底界的标志。从湖南的情况来看，*Pseudouralinia* 可上延至 *Keyserlingophyllum* 带，它的消失与 *Keyserlingophyllum* 及腕足类 *Finospirifer shaoyangensis* 的消失基本同步，如以其绝灭作为 Tournaisian 顶界标志，那么 *Keyserlingophyllum* 带及与之同层的 *Finospirifer shaoyangensis* 带也应归入 Tournaisian。*Keyserlingophyllum* 带和 *F. shaoyangensis* 带的组成分子与其下的 *Pseudouralinia tangpakouensis* 带和 *Eochoristites* - *Martiniella* 带关系密切，许多属种都是共有的，其中至今未找到 Visean 的特有分子，因此，还是以归属 Tournaisian 为宜。

我省 Tournaisian - Visean 界线尚未专门研究，微体化石资料难以与西欧确切对比。*Eoparastaffella* 迄今仅见于桂阳天鹅坪大塘背剖面（谭正修等，1987），产于石磴子组中部含燧石团块和条带的生物屑灰岩，略高于 *Keyserlingophyllum*，*Finospirifer shaoyangensis* 的产出层位。季强（1987）曾详细研究江华三百工村的牙形刺，未找到 *Mestognathus beckmanni*，但在石磴子组离底约 40 m 处找到 *Mestognathus latilobatus* 等。根据我省的情况，以珊瑚 *Keyserlingophyllum* 带和腕足类 *Fenospirifer shaoyangensis* 带的消失为 Tournaisian 顶界，有可能大体与西欧对比，并且在实际工作中易于识别。

五、石炭系中间界线

湖南传统的石炭系中间界线，即下、上石炭统界线，以往都置于梓门桥组之顶，并具如下古生物标志：①珊瑚 *Yuanophyllum* 带属下统。②腕足类 *Kansuella* - *Gigantoproductus* 带属下统。③蜓类 *Pseudostaffella* 带属上统。这些生物带分布广泛，特征清楚，易于识别，应用方便，颇受欢迎。不久前，在湘中梓门桥组顶部找到了牙形刺 *Declinognathodus noduliferus* 和其他重要分子（谭正修等，1987。见图 4 - 11），因此完全可以按照国际标准（国际石炭纪分会于 1983 年确定以 *D. noduliferus* 的首次出现标志上石炭统之底）划分石炭系中间界线。现有资料说明，用牙形刺确定的中间界线与传统界线相差不远，传统的古生物标志依然有效，只是前者更为精确罢了。由于梓门桥组顶界穿时（谭正修等，1987），准确的石炭系中间界线需做详细的微体古生物工作。此外，前文已经论及，在湘南地区，如临武、桂阳、郴州、宜章等地，与湘中梓门桥组相当的层位全部相变为白云岩，现已划归大埔组下部，在这些地方，石炭系中间界线位于大埔组白云岩内部，一般仍可根据传统古生物标志确定。

湖南泥盆纪至中三叠世的岩石地层、生物地层及年代地层的关系大体如表 4 - 1 所示。

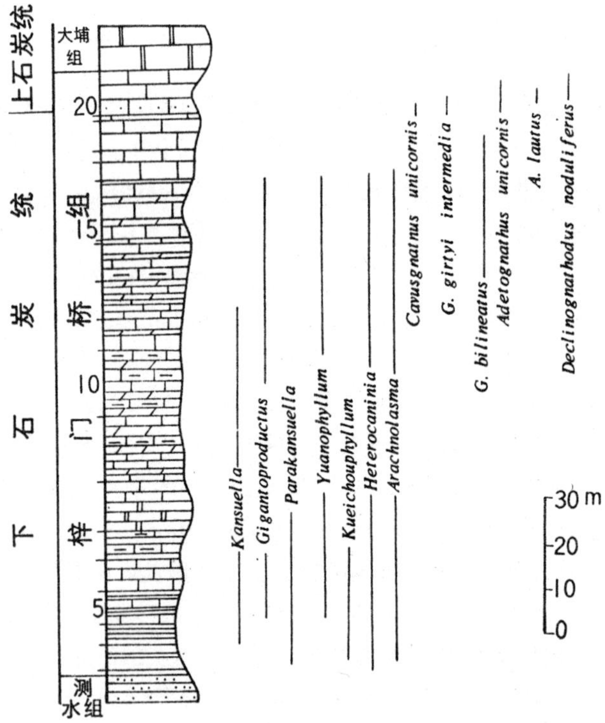

图 4-11　龙王蹬剖面 C_1-C_2 界线附近主要化石的垂直分带

---

①余日升，1980，湖南地层断代总结，泥盆系（油印本）。

②湖南区调队，1986，湖南地层（内部版）。

③黄惟沛等，1990，湖南省岩石地层单位清理与研究（油印本）。

④景元家，1983，论定河冲硅质岩的时代归属（油印本）。

⑤谭正修、董振常、曾祥渊、杨云程，1992，湖南上泥盆统的划分与对比（内刊）。

⑥王曰伦、张兆瑾，1934，湖南新化锡矿山锑矿地质（未刊）。

⑦湖南区调所，1988，1:5万株洲、湘潭地区城市区域地质调查报告（内部版）。

⑧张文佑、陈家天，1938，广西迁江合川大垅煤田地质（简报）。

⑨郑国宝，1964，湖南地层（内刊）。

第五章
晚三叠世—侏罗纪

由于印支运动效应，湖南省境一度处于剥蚀期，通过夷平和准平原化，在深源地热作用下，再度形成一系列沉积盆地。根据基底性质、建造特征及地层发育程度条件的差异，将我省划分为3个地层分区。黔阳、溆浦大断裂及益阳—长沙以北，为上扬子地层分区，该区晚三叠世及侏罗纪沉积盆地多具继承性，地层发育不全，以陆相为主，与先期地层多为平行不整合接触。上述界线以南及宜章—郴县—三都一线以北，称湘中地层分区，该区以印支隆起带重新沉降而形成的新生沉积盆地为特征，地层发育较全，以淡化泻湖型之含煤建造为特征，与先期地层呈不整合接触。宜章—三都一线以南称桂湘赣地层分区，以海陆交互沉积为主，其余特征与湘中地层分区相同。此外，根据各分区的地层发育程度的差异，进而将上扬子地层分区分为桑植-石门小区（简称桑石小区）、怀化-靖县小区（简称怀靖小区）、益阳-岳阳小区（简称益岳小区）。湘中地层分区则分为湘潭-邵阳-江华小区（简称湘邵江小区）、醴陵-衡阳小区（简称醴衡小区）（图5-1）。

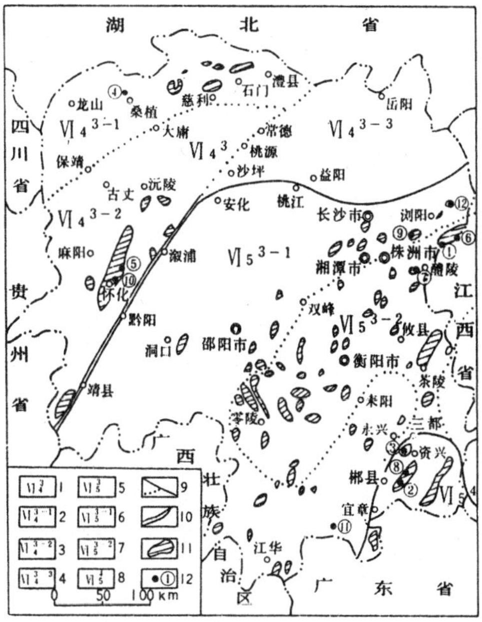

图5-1 湖南省晚三叠世—侏罗纪岩石地层分区及层型位置图

1. 上扬子地层分区（湘西北区）；2. 桑植-石门地层小区；3. 怀化-靖县地层小区；4. 益阳-岳阳地层小区；5. 湘中地层分区（湘中-湘东区）；6. 湘潭-邵阳-江华地层小区；7. 醴陵-衡阳地层小区；8. 桂湘赣地层分区（湘东南区）；9. 岩石地层分区界线或小区分区界线；10. 断层；11. 上三叠统—侏罗系露头分布区；12. 层型剖面位置及其编号

中侏罗世以后，由于燕山运动影响，使湖南省内各区界线分野不清，沉积特征趋于一致，故该期的岩石地层单位系统不受上述区划界线控制。现自北而南，自下而上分区分组依次分述于后（表5-1）。

表 5-1 湖南省晚三叠世—侏罗纪岩石地层单位划分表

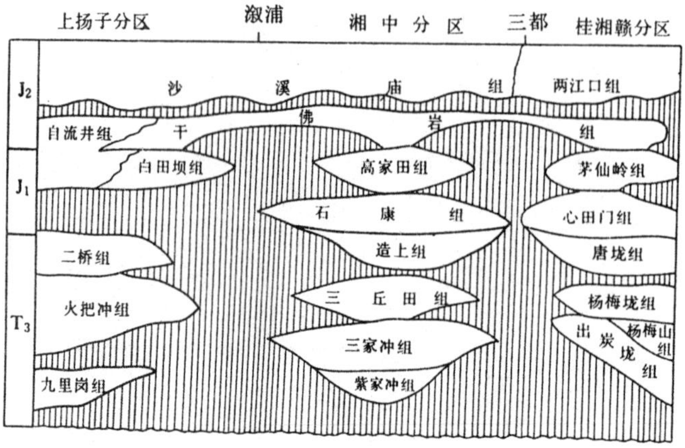

第一节 岩石地层单位

九里岗组 T*jl* (6-43-0918)

【创名及原始定义】 湖北省区测队（1973）创名，陈公信（1975）报道，地点在湖北远安县茅坪九里岗。原始定义："黄至黄灰色砂质粉砂岩、粉砂岩、砂质泥岩及泥岩夹长石石英细砂岩及碳质页岩、含薄煤层或煤线 4～6 层及菱铁矿结核，厚 290 m。与上覆王龙滩组厚层状长石石英砂岩呈整合接触；与下伏巴东组紫红，灰绿色钙质粉砂岩呈平行不整合接触。"

【沿革】 本组在湖南省分布局限，仅见于桑植洪家关附近的花园一带。1970 年，湖南区测队在《1：20 万桑植幅地质报告》中，将其归为上三叠统。1980 年由朱伦杰改称鹰咀山组，尔后即为省内所沿用。通过本次对比研究，认为鹰咀山组与九里岗组为同物异名，根据建名的优先原则而改称九里岗组。

【现在定义】 黄灰、深灰色粉砂岩、砂质页岩、泥岩为主，夹长石石英砂岩及碳质页岩，含煤层或煤线 3～7 层。底界与巴东组紫红色或灰绿色钙质粉砂岩、灰岩、白云岩分界；顶界与王龙滩组长石石英砂岩分界，均呈整合接触。在湖南下部由灰白色厚—巨厚层状长石石英砂岩与紫红色中厚层状钙质细砂岩、粉砂质泥岩组成韵律结构；其上为灰色中—厚层状细粒石英砂岩、粉砂岩、粉砂质泥岩或煤层组成基本层序；底部有厚约 10 cm 的岩屑石英砾岩；富含植物及叶肢介化石。与下伏巴东组之紫红色泥岩呈平行不整合接触。上未见顶。

【层型】 次层型为桑植花园剖面（H-49-89-C；110°10′，29°27′）（图 5-1 中④），朱伦杰 1969 年测制。

九里岗组　　　　总厚度＞310.1 m

6. 黄灰色厚层状细砂岩、砂质页岩互层（未见顶）　　49.5 m

5. 黄灰色薄—中层状石英细砂岩、粉砂岩与灰黑色泥岩组成韵律层，上部夹煤层。产叶肢介化石　　34.3 m

4. 黄绿色中—薄层状石英细砂岩与灰黑色粉砂岩及泥岩组成韵律层　　38 m

3. 黄灰色薄层状石英细砂岩、粉砂岩及粉砂质泥岩组成韵律层，并夹煤层。产植物化石 *Bernoullia zeilleri*, *Pterophyllum* sp., *Sphenozamites changi*, *Thinnfeldia* sp.,

Pachypteris sp., *Desmiophyllum* sp., *Nilssonia* sp., *Nilssonia orientalis*, *Neocalamites* cf. *carrerei* 10.9 m

2. 黄灰色中—厚层状石英细砂岩、粉砂岩及黑色粉砂质泥岩组成韵律层，产植物化石 *Pterophyllum* sp., *Thinnfeldia* sp. 85 m

1. 灰白色厚—巨厚层状长石石英砂岩与紫红色中厚层状钙质细砂岩及粉砂质泥岩组成韵律。底部有厚约 10 cm 的底砾岩 92.4 m

——————— 平行不整合 ———————

下伏地层：巴东组

0. 紫红色砂质泥岩 20 m

【地质特征及区域变化】 本组以长石石英砂岩或石英砂岩与粉砂岩、粉砂质泥岩组成规模不等的韵律结构为特征，上部韵律层有煤层。沉积相序上可分为两部分。下部之厚层长石石英砂岩往往可见中—大型板状及槽状交错层理，底部具冲蚀面及滞留砾岩凸镜体，紫色砂岩具小型爬升交错层理，而泥岩则显断续的水平层理，因此，具有河流相剖面结构之特点，属河流相之砂泥质沉积。上部砂岩成熟度较高，属净砂岩类，具水平层理，粉砂岩有不太发育的缓斜交错层理，泥岩块状，富有机质并间夹薄煤层，产有保存完好的植物及叶肢介化石，显示滨湖—泥炭沼泽沉积之特点。

本组植物化石组合，具有 *Dictyophyllum-Clathropteris* 早期群落与 *Danaeopteris-Bernoullia* 植物群过渡型色彩。其中的 *Bernoullia zeilleri*, *Sphenozamites changi* 等是我国北方延长植物群的重要分子，故其时代属晚三叠世无疑。

火把冲组 T*h* (6-43-0916)

【创名及原始定义】 系孟宪民（1936）所创“火把冲煤系”一名演变而来，命名地点在云南省个旧市西南约 25 km 的卡房乡火把冲。其原始含义系指平行不整合于乌格组页岩之上的一套砂岩、黑色块状板岩、石英岩、黄色易碎页岩及泥质岩夹少数煤层的一套岩层。

【沿革】 省境与本组相当的地层主要出露于怀靖小区的怀化、辰溪一带，首由刘国昌①（1940）命名为“小江口”煤系。1959 年，陈楚震更名为火把冲组。湖南省地矿局地质科研所（1979）将其更名为小江口组。通过本次对比研究，认为原小江口组实包括岩性岩相显然不同的两部分，通过区域对比研究，确认其上部以砂岩为主的一段应与贵州的二桥组相当；下部的砂页岩夹煤层则相当于火把冲组。从而将西南区之火把冲组延入本省，以代表旧称小江口组之下部层位。小江口组系本组之同物异名，省内停止使用。

【现在定义】 指整合于把南组泥岩之上的一套黄灰、深灰、灰黑色含砾石英砂岩、砾岩、石英砂岩、粉砂岩、板岩夹碳质板岩、煤层组成的多个沉积旋回。在湖南由灰黑色粉砂质泥岩、泥岩组成，自底至顶夹煤多层。产植物及双壳类化石。其下与嘉陵江组之白云岩，其上与二桥组之厚层砂岩均为平行不整合接触。

【层型】 次层型为怀化县花桥剖面（G-49-5-C，110°10′，27°42′）（图 5-1 中⑤），湖南区测队 1972 年测制。

上覆地层：二桥组

2. 灰白色中—厚层状石英砂岩，中部夹粉砂岩。产 *Pterophyllum* sp., *Ptilozamites chinensis*, *Neocalamites* sp., *Sphenobaiera* sp., *Taeniopteris* sp. 26.7 m

——————— 平行不整合 ———————

火把冲组　　总厚度 59.2 m

1. 灰黑色泥岩及深灰色粉砂质泥岩，上、中、下均夹煤层　　59.2 m

——————— 平行不整合 ———————

下伏地层：**嘉陵江组**

0. 灰白色厚层白云岩　　10 m

【地质特征及区域变化】　本组在湖南省内分布局限，仅见于怀靖小区，厚度仅数米至数十米。主要为一套灰黑色泥岩夹粉砂岩及煤层。产植物及广盐度双壳类。属沼泽—淡化泻湖沉积。

本组所获化石不多，仅有少量植物及双壳类化石。其中植物有 *Bernoullia* sp.，*Lepidopteris* sp.；双壳类有 *Bakevellia* cf. *intermedia*，*B.* cf. *praecursor*，*Unionites* sp. 等。上述属种均为我国南方上三叠统中所常见。故本组时代属晚三叠世无疑。

二桥组　Te　（6－43－0917）

【创名及原始定义】　本组系据丁文江（1928）所创“二桥砂岩”一名演化而来，创名地点在贵阳市二桥。原始含义系指整覆于火把冲煤系之上的一套下部为黄灰色砂岩与暗灰色页岩互层；上部为黑色页岩。含植物及双壳类化石。位于三桥灰岩之上，厚数十米，时归二叠纪。

【沿革】　省境与本组相当的地层仅见于怀靖小区。刘国昌①（1940）名之“小江口煤系”，湖南省地矿局地质科研所（1979）改称小江口组。本书根据区域对比，将原小江口组上部砂岩划归二桥组。在湘西北区，以往所称之门口山组、接龙桥组均为本组之同物异名，省内停止使用。

【现在定义】　指整合于火把冲组与侏罗系自流井组之间的一套陆相含植物化石的灰白、黄灰、褐灰色厚层夹薄层岩屑石英砂岩。下部以厚层岩屑石英砂岩出现与火把冲组煤系地层分界，上部以侏罗系自流井组红色岩系出现划界。在湖南为灰色中—厚层状石英砂岩，顶部及层间夹少量深灰色砂质泥岩。其下与火把冲组之碳质泥岩为突变式整覆关系，其上与白田坝组之砾岩呈平行不整合接触。

【层型】　次层型剖面位于怀化县花桥（G－49－5－C；110°08′，27°42′）（图 5－1 中⑤），朱伦杰 1981 年测制。

上覆地层：**白田坝组**

4. 灰色巨厚层砾岩　　9.6 m

——————— 平行不整合 ———————

二桥组　　总厚度 33.4 m

3. 灰黑色粉砂质泥岩与泥质粉砂岩互层，夹薄煤层。产植物化石 *Pterophyllum decurrens*，*P. subaequale*，*P.* cf. *aequale*，*Neocalamites carcinoides*，*Equisetites* sp.，*Dictyophyllum nathorsti*，*Clathropteris platyphylla*，*C. meniscioides*，*Taeniopteris* sp.，*Carpolithus* sp.，*Podozamites lanceolatus*，*P.* cf. *schenki*　　6.7 m

2. 灰白色厚层状石英砂岩，夹薄层灰色粉砂岩。产植物化石 *Ptilozamites chinensis*，*Pterophyllum* sp.，*Neocalamites* sp.，*Otozamites* sp.，*Sphenobaiera* sp.，*Taeniopteris* sp.　26.7 m

——————— 整　合 ———————

下伏地层：火把冲组

1. 黑色泥岩及深灰色粉砂质泥岩，夹煤1～9层　　59.2 m

【地质特征及区域变化】　本组仅见于怀靖小区，分布零星。厚度30～50 m。其岩性以砂岩为主，具水平层理，常见缓斜层理；生物化石主要为植物及少许叶肢介。属淡水湖泊—沼泽碎屑沉积。

本组植物化石属 *Dictyophyllum-Clathropteris* 群落，除产有少量的 *Ptilozamites* 外，其他属种均为三叠纪及侏罗纪所共有，因此其时代应属晚三叠世晚期。

本组相当于原小江口组的一部分，鉴于原小江口组已解体，故省内停止使用。

白田坝组　*J*b　(6-43-0923)

【创名及原始定义】　由包茨、王国宁1954年创名于四川广元县宝轮院南的白田坝，原称“白田坝煤系”或“白田坝统”，是由赵亚曾、黄汲清（1931）建立的“千佛岩层”下部分出。原义指“以灰黄色砂岩为主，夹有灰黑色页岩及煤层、砾岩层。在安县一带须家河组和白田坝组之间存在角度不整合，尤以昭化三尺洞最为显著，到广元一带角度不整合不显著，唯砾岩层仍很厚”。

【沿革】　湖南省内与本组相当的地层，始由刘国昌①（1940）归入“小江口煤系”；1975年煤炭部地质勘探研究所②将其对比为门口山组；1979年，湖南省地矿局地质科研所称其为“花桥组”；因“花桥组”一名早为寒武系所用，故湖南区调队朱伦杰③（1986）改称为“接龙桥组”。通过本次清理与研究，认为本组之岩性、岩相特征及时空位置均可与西南诸省的白田坝组一致，故本书作为其延伸对比而归于白田坝组。

【现在定义】　以黄绿、灰白等色石英砂岩为主，夹细砂岩、粉砂岩及泥页岩，时呈互层，常夹薄煤层及煤线，底部为厚层石英质砾岩。含植物等化石。与下伏须家河组砂岩或石灰质砾岩呈不整合或平行不整合，与上覆千佛岩组底部石英细砾岩及砂泥岩多为整合接触的地层。在湖南底部为灰色厚—巨厚层状燧石石英砾岩，中下部为灰色石英砂岩夹黑色砂质泥岩及1～2层不稳定的薄煤层，上部为薄—中层状粉砂岩与粉砂质泥岩互层。产植物化石。其下平行不整合于二桥组之上，其上与自流井组之紫色钙质泥岩整合接触。

【层型】　省内次层型剖面位于怀化花桥（G-49-5-C；110°08′，27°42′）（图5-1中⑤），湖南区测队1972年测制。

上覆地层：自流井组

12. 紫红色钙质泥岩，含钙质团块　　9.2 m

——————— 整　合 ———————

白田坝组	总厚度 61.6 m
11. 灰色薄层状石英细砂岩夹粉砂岩	10.3 m
10. 深灰色粉砂质泥岩夹粉砂岩及薄煤层	8.1 m
9. 灰白色薄层状石英粉砂岩	2.4 m
8. 灰黄色泥岩夹薄层粉砂岩	14.4 m
7. 黄灰色薄层状泥质粉砂岩	3 m
6. 黑色粉砂质泥岩	4.2 m

5. 灰色薄—中层状泥质粉砂岩夹粉砂质泥岩 9.6 m

4. 灰色厚—巨厚层状硅质砾岩 9.6 m

——————— 平行不整合 ———————

下伏地层：二桥组

3. 灰黑色粉砂质泥岩与泥质粉砂岩互层夹煤线。产植物化石 *Pterophyllym* sp. 6.7 m

【地质特征及区域变化】 本组分布于上扬子地层分区，厚度变化较大，怀靖小区厚数米至数十米；桑石小区厚达 400 m。厚度变化规律是自北而南厚度渐薄，并其上部逐渐为自流井组所替代。因此，在湘西北区，白田坝组与自流井组互为消长关系，从区域上看，二者属同期异相沉积，而局部二者可显示上下关系。因此本组的顶界是穿时的，其穿时规律是自北而南其顶界时限愈来愈老。

本组植物化石以 *Coniopteris-Phoenicopsis* 为代表；双壳类 *Qiyangia-Apseudocardinia* 组合带，总体时代应为早侏罗世。但在怀靖小区所代表的时限较短，仅为早侏罗世中期；桑石小区所代表的时限较长，即相当于早侏罗世中晚期。

【问题讨论】 本组之岩性岩相特征及时空位置与川、黔一带的白田坝组完全相当，古生物面貌大体相同，而且同属上扬子地层区，因此作为白田坝组之延伸部分，应无大谬，唯独在桑石小区本组下部的黑色泥岩中，获有少量的 *Lilingella*，该属是湘中、赣西及粤北下侏罗统的标准分子，在扬子区尚未见有报道，究竟是该属代表的层位较低或是其他原因，有待进一步研究予以解决。

自流井组 J*z* (6-43-0924)

【创名及原始定义】 由哈安姆（A Heim）1930 年命名于四川自贡市自流井一带，原称“自流井系”。原义泛指命名地的一套“红色泥岩夹砂岩及石灰岩的地层，富含贝壳类化石”，并称为“含化石之石灰岩及砂岩，砂岩内夹有各种不同之页岩”，由下而上划分为“自流井红色岩层”及“自流井石灰岩”两个单位，厚约 200 公尺。

【沿革】 湖南省与此相当的地层仅见于怀靖小区，最初是刘国昌①（1940）将其统称“小江口系”。1986 年，湖南省地矿局地质科研所改称“打鼓坡组”。通过本次研究，确认其岩性、岩相及时空关系与西南各省之自流井组一致。故改称自流井组。

【现在定义】 整合于须家河组陆相含煤碎屑岩系之上的一套紫红及黄绿等色泥（页）岩夹薄层石英细砂岩、粉砂岩、生物碎屑灰岩或泥灰岩为主的地层，常具韵律结构，富含双壳类、叶肢介及介形类化石。平行不整合伏于新田沟组杂色砂、页岩之下，可划分为五个岩性段，从下到上为綦江段、珍珠冲段、东岳庙段、马鞍山段、大安寨段。在湖南底部为紫红色钙质泥岩，下部为生物碎屑灰岩，上部紫红色钙质泥岩夹少量钙质砂岩。产双壳类化石。其下与白田坝组呈整合关系，其上与沙溪庙组呈平行不整合接触。

【层型】 省内次层型为怀化县花桥剖面（G-49-5-C；110°08′，27°42′）（图 5-1 中⑤），湖南区调队 1986 年测制。

上覆地层：沙溪庙组

15. 灰绿色中—厚层状钙质石英细砂岩夹薄层状砾岩 45 m

——————— 平行不整合 ———————

自流井组 总厚度 173.5 m

14. 紫红色泥岩、砂质泥岩夹少量薄层粉砂岩，偶见钙质团块 153.3 m

13. 灰色中厚层状生物碎屑灰岩，层间常夹紫色泥岩薄层。产丰富的双壳类、腹足类、介形虫、鱼、螺及古脊椎动物化石。双壳类计有 *Qiyangia* sp.，*Pseudocardinia kweichouensis*，*P. elongata*，*P. submagna*，*Apseudocardinia quadrata*，*A. cuneata*，*A. subsymmtrica*，*Pisidium fujiaensis*，*Tutuella rotunda*，*T. chachlovi*；腹足类 *Pseudotritonicum* sp.，*Amarropsis* sp.；介形类 *Darwinula giganimpudiea*，*D.* cf. *oblonga*，*Metacypris parva*，*Naevicythere hunanensis*，*N. longa*，*N. lepida*，*N. xuefengshanensis*；古脊椎 *Plesiosaurus changtuensis*，*Ceratodus szechuanensis* 11 m

12. 紫红色钙质泥岩，含钙质团块 9.2 m

———— 整　合 ————

下伏地层：白田坝组

11. 灰色薄层石英砂岩夹粉砂岩 10.3 m

【地质特征及区域变化】 本组分布局限，仅见于怀靖小区。在该小区内其岩性似有南粗北细之变化规律。花桥以南，往往不见灰岩夹层，而代之以砂岩夹层出现。厚度亦有南厚北薄之变化规律，与白田坝组在厚度变化上呈现互为消长之关系。

本组岩石以紫红色泥岩为主，夹淡水灰岩或钙质石英砂岩，具水平层理。产丰富的各类淡水生物化石，故属淡水湖泊沉积无疑。

本组在区内之时限似有南长北短，其顶界有南高北低之穿时趋势。从层位叠覆关系看，区内该组整覆于白田坝组之上；双壳类组合以 *Hunanella-Qiyangia* 组合为特征，其层位亦较 *Lilingella-Sibireconcha* 组合带要高，而介形类组合则与云南之和平乡组者十分相似。故本组上部时代似跨入了中侏罗世早期。因此，区内本组的总时代应为早侏罗世早、中期到中侏罗世早期。

千佛岩组　*Jq*　(6-43-0925)

【创名及原始定义】 赵亚曾、黄汲清 1937 年命名于四川省广元县北嘉陵江东岸的千佛崖，原称“千佛岩层”(Tsienfuyen Formation)，属四川系下部。其定义为：“该组底部为含磨圆的灰岩和石英砾石的粗砾岩，不整合于须家河系之上，底砾岩之上为黄色砂岩及黄绿色页岩，含淡水瓣鳃类化石，大量的 *Corbicula* 和 *Cyrena*；其上出现的红色泥页岩和砂岩交互层划入广元层”。

【沿革】 湖南省境与其相当的层位，各处称谓不一。在湘中地层分区，刘元镇等(1951)称其为石鼓层；在祁阳、零陵一带，吴顺宝(1973)将其归为冯家冲组唐家屋段；在上扬子地层分区，湖南地矿局地质科学研究所称其为“打鼓坡组”；在湘中地层分区，朱伦杰(1980)则名曰“跃龙组”。通过本次清理与研究，确认以上各组无论从岩性岩相，还是从时空关系来讲都应与四川广元的千佛岩组相当。故将其统称千佛岩组。以往文献中所沿用的跃龙组、石鼓组、打鼓坡组、白香带组及冯家冲组之唐家屋段，皆系本组之同物异名，省内停止使用。

【现在定义】 岩性以黄绿、绿灰色细、粉砂岩、页岩为主，夹介壳灰岩条带及凸镜体，底部具细砾岩及含砾砂岩。含双壳类、植物及孢粉化石。与下伏白田坝组及上覆沙溪庙组底部黄灰色块状岩屑长石砂岩均呈整合接触的地层。在湖南本组以灰绿、紫红、深灰等杂色泥岩、砂质泥岩夹砂岩为特征，产双壳类及植物化石。其下与高家田组之深灰色砂、泥岩整合接触，上未见顶。

【层型】 省内次层型为浏阳跃龙剖面（H－49－143－D；113°25′，28°05′）（图5－1中⑨)，朱伦杰1976年测制。

千佛岩组	总厚度603.9 m
43—42. 紫红色泥岩夹黄绿色泥岩。(未见顶)	105 m
41. 黄灰色厚层状中—粗粒长石石英砂岩	22 m
40. 紫红色泥岩夹黄绿色粉砂质泥岩。产植物化石 *Podozamites* sp.	51 m
39. 黄绿色粉砂质泥岩夹钙质泥岩	42.4 m
38—36. 黄绿色中—厚层状长石石英砂岩与黄绿色粉砂质泥岩互层，中部产植物化石 *Nilssonia* sp.	42.1 m
35. 灰黑色泥灰岩夹薄层粉砂岩	14.7 m
34—33. 黄绿色泥岩夹紫红色泥岩，下部产植物化石 *Coniopteris* sp.，*C.* cf. *hemenophylloides*，*Brachyphyllum* sp.，*Cladophlebis* sp.	53.3 m
32—31. 黄绿色薄—厚层状长石石英砂岩与黄绿色泥岩、紫红色泥岩组成韵律层	36.4 m
30. 紫灰色泥岩与蓝灰色钙质泥岩互层。含菱铁矿结核，中下部产丰富介形类、叶肢介、脊椎动物骨片、植物及双壳类化石。植物 *Coniopteris* sp.，*Sphenobaira* sp.，*Taeniopteris* sp.，*Pterophyllum* sp.，*Neocalamites* sp.，*Cladophlebis* sp.，*Podozamites* sp.；双壳类 *Pseudocardinia khadjakalanensis*，*P. ovalis*，*P. angulata*，*P. kweichouensis*，*Tutuella rotunda*，*Qiyangia* sp.，*Pisidium fujiaensis*；叶肢介 *Eosolimnadiopsis* sp.，*E. fuanensis*；介形虫 *Darwinula* sp.，*D.* cf. *changxiensis*	58.6 m
29. 黄绿色粉砂质泥岩与泥岩互层	17.4 m
28. 黄绿色中—厚层状长石石英砂岩，间夹少许灰黑色泥岩	14.6 m
27. 黄绿色粉砂质泥岩，上部产丰富的双壳类化石 *Qiyangia* sp.，*Q. lilingensis*，*Q. loxos*，*Q. fortis*，*Unio* sp.，*U.* cf. *chaoi*，*Pseudocardinia* sp.	105 m
26. 黄绿色泥岩与紫红色泥岩互层。产双壳类 *Pseudocardinia* sp.	35.4 m
25. 黄色泥岩	6 m
———— 整　合 ————	
下伏地层：**高家田组**	
24. 黄灰色薄—中层状长石石英砂岩与黄绿色及灰黑色泥岩互层。产 *Coniopteris* sp.	24 m

【地质特征及区域变化】 本组主要分布于上扬子地层分区的桑石小区及湘中地层分区。分别整合于高家田组、白田坝组、茅仙岭组之上，平行不整合伏于沙溪庙组之下。所见厚度100～600 m不等，其中湘西北厚度较小，一般在100 m以下；湘中地层分区厚度较大，一般为200～500 m，最厚达600 m以上；桂湘赣地层分区厚度不详，所见最大残留厚度为103 m。本组以紫红、黄绿等杂色粉砂质泥岩及泥岩为主，夹长石石英砂岩，局部地区夹少量淡水生物屑灰岩。泥岩常含钙质或钙质团块。具水平层理及波状层理。植物化石有而不富，且属种单调；双壳类全为淡水型。反映其为干燥—半干燥气候条件下的淡水湖泊沉积。

关于千佛岩组之时代，目前看法不一，主要意见有两种，其一认为属早侏罗世晚期，其二认为属中侏罗世早期。从我省所获资料看，其中双壳类以 *Qiyangia-Pseudocardinia* 组合为特征，总体面貌与四川的自流井组上部及千佛岩组基本一致，对该双壳类组合中各属种的定名及时代意见尚不统一，但总的是趋向于早侏罗世晚期或中侏罗世早期。本组所产叶肢介

Eosolimnadiopsis fuanensis，始见于四川会理福安村中侏罗统新村组，尔后相继在西南各处的中侏罗世地层中有所发现。介形类以 *Darwinula* 为主，所获属种与云南中侏罗统和平乡组（现为花开左组）所产者相同。从衡阳、零陵一带本组中所产的鱼化石 *Hybodus huangnidanensis* 看，王念忠认为与中侏罗世的安定弓鲛相近。从植物化石看，本组以 *Coniopteris* 及银杏、松柏类为主，苏铁类、有节类及双扇科植物少见，亦是显示出我国中侏罗世植物群的特色。综合上述，本组之时代以归入中侏罗世早期为宜。是否存在穿时现象，目前尚无资料足以为证。

沙溪庙组 Jŝx (6-43-0926)

【创名及原始定义】 由杨博泉、孙万铨 1946 年命名于四川省合川县南的沙溪庙，系由原“重庆系”（哈安姆，1931）中分出，原称“沙溪庙层”。原义指岩性为紫红色泥岩夹浅灰色长石砂岩与长石石英砂岩，中部泥岩与砂岩呈不等厚互层的地层，厚 1 220～2 000 m。

【沿革】 湖南省内该套地层分布于上扬子地层分区及湘中地层分区。70 年代以前，统称中侏罗统，1974 年中南区区域地层表编写小组将湘西北地区的该套地层称泸阳组；1973 年，湖南煤勘三队④将零陵一带的该套地层称阳路口组，其后即予沿用。通过本次清理研究，认为上述之泸阳组及阳路口组其岩性、岩相，时空位置均与四川合川之沙溪庙组相同，故将其统称为沙溪庙组。阳路口组和泸阳组系本组之同物异名，省内停用。

【现在定义】 岩性为黄灰、紫灰色长石石英砂岩与紫红、紫灰色泥（页）岩不等厚韵律互层，含双壳类、介形类、叶肢介、植物及脊椎动物化石。与下伏新田沟组及上覆遂宁组底部砖红色岩屑长石砂岩均为整合接触。在湖南本组以紫红色厚—巨厚层状砂岩夹泥岩或二者互层为特征。产双壳类化石。与下伏自流井组为平行不整合接触，其上不整合覆以白垩纪地层。

【层型】 次层型为怀化县泸阳剖面（G-49-17-A；110°05′，27°36′）（图 5-1 中⑩），湖南区测队 1972 年测制 。

上覆地层：栏垅组

28. 紫红色块状砾岩	>100 m

～～～～～～～ 不 整 合 ～～～～～～～

沙溪庙组	总厚度 667.3 m
27—24. 灰白色长石石英砂岩与紫红色粉砂质泥岩互层。中下部产双壳类化石 *Cuneopsis* sp.，*C. sichunensis*，*Pseudocardinia ovalis*，*Psilunio globitriangularis*，*P. sinensis*	198 m
23. 灰白色长石石英砂岩、粉砂岩与紫红色泥岩组成韵律	65 m
22. 黄灰色粉砂岩与紫红色泥岩互层	96 m
21. 灰白色中粒长石石英砂岩	24.4 m
20. 灰白色长石石英砂岩与紫红色泥岩互层。产双壳类 *Tutuella* sp.，*T. chachlovi*，*T.* cf. *rotunda*	75.7 m
19. 紫红色粉砂质泥岩	31.2 m
18. 紫灰色厚层状含砾石英砂岩	24 m
17. 紫红色粉砂质泥岩夹粉砂岩	95 m
16—15. 灰白色、灰紫色块状砾岩夹砂岩	58 m

—————— 平行不整合 ——————

下伏地层：自流井组

14. 紫红色砂质泥岩及粉砂质泥岩　　46.1 m

【地质特征及区域变化】 由于燕山运动影响，区内本组均受不同程度的剥蚀。所见的厚度均为残留厚度，由100余米至1 000余米不等。如怀靖小区的怀化花桥，其厚度大于1 088 m；湘中地层分区的衡山柘塘铺，其厚度亦大于940 m。除怀靖小区外，本组均以平行不整合覆于千佛岩组之上。

本组以紫红色长石石英砂岩与砂质泥岩、泥岩组成规模不等的韵律结构为特征。部分砂岩富岩屑，具中—大型斜层理，显示河流沉积特征；但大多数的砂岩及泥岩，具水平层理及缓波状层理。并产有淡水双壳类、叶肢介及介形类等化石，显示淡水湖泊沉积的特点。故本组总体而言应属河湖相之沉积。

本组所获生物化石，以双壳类为主，计有 *Psilunio ovalis*，*P. chaoi*，*P.* cf. *thailandicus*，*P. globitriangularis*，*P. sinensis*，*Lamprotula* (*Eolamprotula*) cf. *cremeri*，*Unio* sp.，*U. yunnanensis*，*Cuneopsis sichuanensis*，*C.* sp.，*Pseudocardinia* cf. *yunnanica*，*P.* cf. *kweichouensis*，*P.* cf. *ovalis* 等属种，属 *Psilunio* - *Lamprotula* (*Eolamprotula*) 组合。该双壳类组合广泛分布于我国南方各地之中侏罗世地层。故本组时代属中侏罗世无疑。

紫家冲组　T*zj*　(6-43-0908)

【创名及原始定义】 该组系黄汲清、徐克勤(1936)所创的“紫家冲统”演化而来，命名地江西萍乡市安源。原指萍乡地区的侏罗系下部的主要含煤组。其主要岩性，下部由砾岩及砂岩组成，上部是页岩与砂岩，含煤不少于13层，其中大部可采。平均厚度160 m。产丰富的植物化石。下与三叠系呈不整合接触。

【沿革】 初始，黄汲清将该处中生代含煤地层归于侏罗系，并将其自下而上分为“紫家冲煤组”、“天子山砂岩”、“三家冲页岩”、“三丘田煤组”认为“三家冲页岩”与三丘田煤组”之间存在一幕构造运动，谓之“三湾运动”。1940年，高平、徐克勤等将其统称为安源煤系。1959年，张友明、郭伯康将三湾运动界面以下诸层划为“安源统”，并在“紫家冲煤组”下分出“底部砾岩”。界面以上称水北统，并划分为“爱坡里煤组”、“三丘田煤组”和“水北砂岩”。同年，李英鉴等在“三家冲页岩”与“天子山砂岩”之间又划分出“老虎冲砂、页岩”。至此“安源煤系”自下而上共分8层。即“底部砾岩”、“紫家冲煤组”、“天子山砂岩”、“老虎冲砂、页岩”、“三家冲页岩”、“爱坡里煤组”、“三丘田煤组”、“水北砂岩”。

1965年，湖南区测队将三湾运动界面以下诸层称“安源组”，以上称三丘田组，并依据沉积旋回及古生物组合特征，以“天子山砂岩为界，进一步将安源组划分为紫家冲段与三家冲段，1980年朱伦杰⑤将紫家冲段、三家冲段提升为组。通过本次清理与研究，认为在湘赣边境一带，所谓的“天子山砂岩”与“老虎冲砂、页岩”不仅厚度薄而且延伸不稳定，很多地区上述二层很难与紫家冲组分开。考虑到岩石地层单位的划分原则，故将其并入紫家冲组。因此，本书之紫家冲组，实则包括前人所称之“底部砾岩”、“紫家冲煤组”、“天子山砂岩”、“老虎冲砂、页岩”。

【现在定义】 系指不整合于前晚三叠世地层之上，整合覆于三家冲组之下的一套含煤碎屑岩系。底部为砾岩，向上是砂岩、粉砂岩和页岩，间夹煤层或煤线，构成多韵律地层。产丰富的植物化石及双壳类化石。在湖南底部为厚层至块状燧石石英砾岩，其上为灰黑色粉砂岩、泥岩夹砂岩和煤层；顶部常为砂岩或砂砾岩夹泥岩。产双壳类及植物化石。不整合于吴家坪组灰岩之上，与上覆三家冲组泥岩为整合接触。

【层型】 省内次层型剖面位于浏阳澄潭江（H-49-144-D；113°47′，28°00′）（图5-1中①），湖南区测队1965年测制。

上覆地层：三家冲组

24. 灰黑色泥岩、粉砂质泥岩。产丰富的双壳类化石 *Jiangxiella plana*，*Waagenoperna triangularis* 160 m

—————— 整　合 ——————

紫家冲组 总厚度1017.0 m

23. 灰色薄层状石英粉砂岩夹薄层石英细砂岩。产植物 *Ptilozamites chinensis*，*Pterophyllum ptilum* 24.1 m

22. 灰色厚层状燧石石英砾岩 3.6 m

21. 灰黑色泥岩、粉砂质泥岩，中上部夹煤线。产双壳类 *Myophoriopis acyrus*，*M. guizhouensis* 93.7 m

20. 灰色薄层状粉砂岩夹中层状含砾砂岩 54.9 m

19. 黑色粉砂质泥岩夹多层菱铁矿结核。中下部产双壳类 *Bakevelloides liuyangensis*，*Bakevellia* cf. *praecursor*，*B. oyogiensis*，*Waagenoperna pernoformis*，*Guangdongella exquisita*；植物 *Clathropteris platyphylla*；介形类 *Oncocythere faceta*，*O. hunanensis*，*Miniocythere guangdonensis* 69.5 m

18—13. 灰色薄层状粉砂岩夹粉砂质泥岩。上部产双壳类，下部产植物化石。双壳类 *Bakevellia oyogiensis*，*Bakevelloides* cf. *matsushitai*，*Myophoriopis guizhouensis*，*Unionites trapezoidalis*，*Quadratia* sp.；*Jiangxiella subovata*，*Guangdongella* sp.；植物 *Amdrupia cladophleboides*，*Stachyotaxus elegans*，*Todites denticulata* 224.0 m

12. 灰黑色泥岩夹薄层粉砂岩，产双壳类 *Schafhaeutlia astarteformis*，*Myophoriopis nuculiformis*，*M. guizhouensis*，*M. incrassata*，*M. acyrus*，*Bakevellia* cf. *matsushitai*，*B. praecursor*，*B. oyogiensis*，*Bakevelloides liuyangensis*，*B. subquadratus*，*B. hekiensis*，*Unionites lutrariaeformis*，*Waagenoperna triangularis*，*W. lilingensis*；植物 *Cycadocarpidim erdmanni*，植物 *Clathopteris meniscioides*；介形类 *Oncocythere actuesa*，*O. pulchra*，*O. hunanensis* 139.7 m

11—9. 灰黑色薄—中层状粉砂岩夹泥岩。上部夹煤线。产植物 *Pterophyllum ptilum*，*P. sinensis*，*P. exhibens*，*Strobilites* sp.，*Ptilozamites chinensis*，*Zamites* cf. *jiangxiensis*，*Osmundopsis* cf. *plectrophora*，*Stachyotaxus elegans*，*Glossophyllum* sp.；双壳类 *Pteria hokeni*，*Modiolus problematus* 100 m

8. 灰色薄—中层状细粒石英砂岩 30.5 m

7—2. 灰黑色粉砂质泥岩、泥岩夹薄—中层状石英粉砂岩。中部及下部夹煤线。产双壳类化石 *Myophoriopis acyrus*，*M. incrassata*，*Schafhaeutlia astarteformis*，*Posidonia* sp.，*P.* aff. *wengensis*，*P. bakevelliaformis*，*P. wengensis*，*Unionites trapezoidalis*，*U. lutrariaeformis pygmaea*，*U. albertii*，*U.* cf. *letticus*，*U. quizhouensis*，*U. elisabethae*，*Guangdongella longimorpha*，*Quadratia* sp.；*Bakevellia* cf. *matsushitai*；*Amdrupia cladophleboides*，*Pterophyllum ptilum*，*Anthrophyopsis crassinervis* 226 m

1. 灰色块状燧石石英砾岩 51 m

~~~~~~ 不整合 ~~~~~~

下伏地层：吴家坪组
~~~~~~

0. 灰色厚层状灰岩 10 m

【地质特征及区域变化】 本组在湖南省内分布局限，仅见于湘中地层分区的醴衡小区东部，东延至赣西萍乡地区。以浏阳澄潭江一带厚度最大，达 1 017 m，往南东渐减，至浏阳与醴陵交界之南桥，厚仅 100 余米。省内其他地区均缺失。

本组沉积物以砂、泥质为主，夹少量的含陆屑泥晶灰岩及薄层菱铁矿条带。以水平层理为主，粉砂岩中可见微波状层理。生物以广盐型双壳类及植物为主，反映淡化泻湖环境的沉积特点。在其下部及中上部夹有厚度不大的黑色泥岩及粉砂质泥岩，具菱铁质鲕粒结构，富含植物化石，一些单层中尚可见到大量的碳化了的直立的树根化石，同时夹煤线及凸镜状薄煤层。属泻湖短期沼泽化的产物。

关于本组的时代，过去存在着两种看法：古植物工作者多认为属晚三叠世 Norian；古动物学者根据其中产 *Bakevelloides hekiensis* 等双壳类化石，认为应与日本西南内带丹波地区美尔统日置层相当，属早中 Carnian。根据次层型所获大量的双壳类化石看，其所显示的时代显然较老。如 *Unionites* cf. *letticus*，*Quadratia* sp.，*Posidonia bakevelliaformis* 等属种，一般多见于我国西南地区的中三叠统。其他属种亦为我国西南区 Carnian 地层所常见。因此，从双壳类化石看本组应属 Carnian。从植物组合面貌看，本组以苏铁类为主，蕨类植物次之，种子蕨贫乏而单调，银杏、松柏类面貌较古老，基本上具有徐仁（1979）所划分的早期苏铁植物的特色。亦宜归于 Carnian 为宜。综观现有古生物资料，本组时代以归于中—晚 Carnian 为宜。

三家冲组 Ts*jĉ* （6-43-0909）

【创名及原始定义】 原名三家冲页岩，系黄汲清、徐克勤（1936）创立，创名地江西萍乡市安源。其含义是指侏罗纪煤系地层中一个分层，介于三丘田统和天子山砂岩之间，岩性为灰黑色页岩，层理不明显，但显示出很好叶理（叶状剥离）特征，产淡水瓣鳃 *Unio* 与 *Cyrena*，靠近顶部为黑色页岩与页岩互层，并有薄煤一层，最大厚度 200 m。其下与天子山砂岩为整合接触，上与三丘田统为不整合接触，谓之“三湾运动”。

【沿革】 湖南区测队（1965）将其归于安源组三家冲段。1980 年，朱伦杰⑤将其改称为组，但其下部尚包括“天子山砂岩”及“老虎冲砂、页岩”。通过本次清理与研究，认为原始的“三家冲页岩”完全符合岩石地层单位的命名原则，故将“天子山砂岩”、“老虎冲砂、页岩”归于紫家冲组顶部，恢复其本来涵义，并将其改称为组。

【现在定义】 指整合于紫家冲组之上、三丘田组之下的一套灰黑色泥岩和页岩为主，间夹少量粉砂岩和细砂岩，底部为厚层砂岩，以盛产海相双壳类化石和不含煤为特征；在上部页岩、泥岩中，含大量菱（黄）铁矿结核及条带。底以厚层砂岩与紫家冲组分界，上以三丘田组底部砾岩或含砾砂岩出现为界。在湖南为整合于紫家冲组顶部砂岩之上、三丘田组底部砾岩之下的一套灰黑色泥岩夹粉砂岩，富产双壳类化石。

【层型】 次层型为浏阳澄潭江剖面（H-49-144-D，113°47′，28°00′）（图 5-1 中①），湖南区测队 1965 年测制。

上覆地层：三丘田组

31. 灰色厚层块状含砾石英砂岩。底部为砂砾岩 3.6 m

———— 整 合 ————

三家冲组　　总厚度 465 m

30. 灰黑色泥岩及粉砂质泥岩，产丰富的双壳类 *Jiangxiella subovata*，*J. plana*，*J. elliptica*，*Unionites griesbachi*，*Myophoriopis acyrus*，*Mytilus lamellosus*，*Gervillia angulata*，*Posidonia guangyuaensis*，*Bakevelloides hekiensis*，*B. liuyangensis*，*B. radiatus*；植物 *Pterophyllum ptilum*，*Amdrupia cladophleboides*，*Stachyotoxus elegans*，*Sphenozamites* sp.，*Glossophyllum* sp.；介形类 *Darwinula bradina*，*Miriocythere guangdongensis* sp.　　156.4 m

29. 紫灰色薄—中层状石英粉砂岩间夹少许粉砂质泥岩，中部产植物及双壳类化石。双壳类 *Bakevelloides radiatus*，*B. subquadratus*，*Bakevellia oyogioensis*，*Thracia prisca*，*Myophoriopis incrassata*，*M. acyrus*　　27.3 m

28. 黑色灰黑色泥岩夹菱铁矿结核及条带。产丰富的双壳类化石 *Posidonia* aff. *wengensis*，*Catella laticlava*，*Unionites manmuensis*，*U. concentrica*，*Myophoriopis acyrus*，*Jiangxiella subovata*，*J. datianensis*，*J. plana*，*J. elliptica*，*Nuculana* cf. *yunanensis*，*Gervillia* (*Angustuella*) *angusta*，*Quadratia quadrata*，*Bakevelloides liuyangensis*，*Myophoriopis incrassata*　　76.3 m

27. 灰黑色薄层状粉砂岩　　18 m

26. 灰黑色泥岩，产丰富的双壳类 *Posidonia* sp.；*P.* aff. *wangensis*，*Unionites lutrariaeformis pygmaca*，*U. myophorioides*，*U.* cf. *mininus*，*Myophoriopis guizhouensis*，*M. acyrus*，*Waagenoperna triangularis*，*W. lilingensis*；介形类 *Darwinula* sp.　　13.1 m

25. 灰黑色薄—中层状粉砂岩，产双壳类化石 *Quadratia quadrata*，*Guangdongella exquisita*　　13.9 m

24. 灰黑色泥岩及粉砂质泥岩，产丰富的双壳类化石：*Jiangxiella plana*，*J. subovata*，*Waagenoperna triangularis*，*Myophoriopis acyrus*，*M. incrassata*，*Guangdongella brevicula*，*Unionites trapezoidalis*，*U. guizhouensis*，*U.* cf. *letticus*，*U. concentrica*，*U. manmuensis*，*Pteria hokeni*　　160 m

———— 整　合 ————

下伏地层：**紫家冲组**

23. 灰色薄层状石英粉砂岩夹细砂岩，产植物化石 *Ptilozamites chinensis*，*Pterophyllum ptilum*　　24 m

【地质特征及区域变化】　本组分布局限，仅见于醴衡小区东部，岩性稳定，但厚度变化大，其中以澄潭江一带厚度最大，达 466 m，往南西渐薄，至南桥一带厚仅 35～150 m。

本组以泥质沉积为主，岩性组合为灰—灰黑色泥岩夹少许粉砂岩，间有薄层状菱铁矿，具微波状层理及水平层理，食泥虫孔常见。生物以双壳类为主，植物化石少且多为碎片。双壳类大多属广盐型。故本组应属滞流海湾—淡化泻湖之沉积。

对三家冲组，前人多根据其中产有 *Bakevellia matsushitai*，*Bakevelloids hekiensis*，*Palaeopharus oblongata* 等双壳类定其时代为 Carnian。但据我国南部现有一些新资料看，上述属种分布时限较长，显然不限于 Carnian。鉴于本组出现有大量的 Norian 分子，如 *Nuculana* cf. *yunnanensis*，*Palaeoneilo praeacuta*，*Posidonia guongyuanensis*，*Bakevellia praeacursor* 等。本书定其时代为 Carnian—Norian。考虑到本组尚产有一些 Carnian—Norian 早期的属种，如：*Unionites lutraiaeformis pygmea*，*Pseudocorbula subundata*，*Gervillia* (*Angustulla*) *angulata* 等，故将其时代定为 Carnian—Norian 早期较适合。

三丘田组　Tsq　（6－43－0910）

【创名及原始定义】　系黄汲清、徐克勤（1936）所创的“三丘田统”演变而来，创名地江西萍乡市安源。原含义系指萍乡地区侏罗系的上部，即上煤组。岩性为砾岩、砂岩与页岩，夹不规则的可采煤层，厚度不小于300 m。产植物化石。与下伏三家冲页岩为角度不整合接触。

【沿革】　1965年，湖南区测队根据浏阳县澄潭江一带剖面，将三丘田组分为上、下两段。1975年，煤炭部地质勘探研究所②将上段另称造上组。同年，朱伦杰⑥1980年根据浏阳文家市剖面将原三丘田上段称为石康组。通过本次清理与研究，认为其后两种划分方案符合三丘田组的原始涵义，也符合岩石地层单位的划分原则，故予以沿用。在祁阳、零陵一带，湖南煤勘三队曾将相当于该组的层位称观音滩组杨柏冲段，为本组的同物异名，省内停止使用。

【现在定义】　指三家冲组和多江组之间的一套碎屑岩含煤岩系。由砾岩、砂砾岩、石英砂岩、粉砂岩和泥岩等构成规模不等的韵律层，间夹煤多层。产双壳类和植物化石。底部以砾岩、砂砾岩整合于三家冲组之上，其上与多江组石英、硅质砾岩呈平行不整合接触。在湖南本组由深灰、灰黑色砂岩、粉砂岩、泥岩组成规模不等的韵律结构，夹煤多层。产丰富的双壳类及植物化石。其下以底部砂砾岩整合于三家冲组之上，其上与造上组之厚—巨厚层状砾岩平行不整合接触。

【层型】　省内次层型为浏阳澄潭江剖面（H－49－144－D；113°47′，28°00′）（图5－1中①），湖南区测队1965年测制。

上覆地层：造上组

51. 灰白色燧石石英砾岩　13.5 m

——————　平行不整合　——————

三丘田组　总厚度 588.2 m

50. 灰色石英细砂岩、粉砂岩与灰黑色粉砂质泥岩组成韵律层。顶部及中下部夹煤层。产植物及双壳类化石。植物化石 *Pterophyllum ptilum*，*Cladophlebis* cf. *shensiensis*，*Todites denticulata*，*Amdrupia cladophleboides*，*Ptilozamites chinensis*；双壳类 *Trigonodus sandbergeri*，*T. keuperinus*，*Xinyuella liuyangensis*，*Jiangxiella subovata*，*J. plana*，*Gervillia yongshaensis*，*Bakevelloides hekiensis*，*Nanlingella niuguduensis*，*Isognomon lilingensis*，*Waagenoperna triangularis*　61.8 m

49—46. 灰白色薄层状石英细砂岩与深灰色薄层状粉砂岩互层　127.8 m

45. 灰黑色粉砂质泥岩，夹菱铁矿结核，产双壳类化石 *Trigonodus* cf. *hornschuhi*，*Jiangxiella subovata*，*Bakevellia* cf. *praecursor*，*Xinyuella liuyangensis*　80.6 m

44. 灰色薄—中层状细粒石英砂岩夹薄层状粉砂岩，产双壳类化石 *Jiangxiella subovata*，*Pinna* sp.　15.2 m

43. 灰色粉砂质泥岩夹薄层状石英粉砂岩，下部产植物 *Pterophyllum* sp.；双壳类 *Jiangxiella subovata*，*J. elliptica*，*Trigonodus* cf. *hornschuhi*，*Pinna* sp.　67.9 m

42. 灰色薄—中层状石英粉砂岩夹细砂岩和煤线。产植物化石 *Pterophyllum subaequala*；双壳类 *Jiangxiella* sp.　32.4 m

41. 灰黑色粉砂质泥岩，产双壳类化石 *Jiangxiella subovata*，*Guangdongella exquisita*，*Trigonodus hornschuhi*，*Myophoricardium quadratum*　47.9 m

40. 深灰色薄—中层状粉砂岩夹薄—中层状细粒石英砂岩　31.5 m

39—37. 灰黑色泥岩夹中—薄层状石英粉砂岩，中部产双壳类 *Jiangxiella subovata*，

J. elliptica, *J. plana*, *Waagenoperna triangularis*, *Nanlingella luojiaduensis*, *Schafhaeutlia sphaerioides*; *Bakevelloides liuyangensis*, *Unionites* cf. *dubius*. 47.8 m

36. 灰色中—厚层状石英细砂岩。中下部夹煤线。产植物化石 *Pterophyllum ptilum*, *Neocalamites* sp. 8.4 m

35—33. 灰黑色泥岩夹薄层粉砂岩，下部产双壳类化石 *Jiangxiella subovata*, *J. elliptica*, *J. plana*, *Bakevelloides liuyangensis*, *Myophoriopis* sp., *Unionites* cf. *dubius* 45 m

32. 灰色薄—中层状铁质粉砂岩，夹菱铁矿条带。产植物化石 *Cladophlebis* sp. 18.3 m

31. 灰色厚层状含砾石英砂岩，底部为砂砾岩 3.6 m

——————— 整 合 ———————

下伏地层：**三家冲组**

30. 灰黑色泥岩夹粉砂质泥岩。产丰富的双壳类化石 *Jiangxiella subovata*, *J. plana*, *J. elliptica*, *Myophoriopis acyrus*, *Gervillia* (*Angustella*) *angulata*, *Bakevelloides hekiensis* 156.4 m

【地质特征及区域变化】 本组分布较广泛，湘中地层分区均有出露。本组岩性有所变化，以浏阳澄潭江一带为中心，向东北及西南均有变粗之趋势。浏阳文家市一带，本组底部砾岩厚近 100 m。株洲、衡阳、零陵一带，本组底部一般为厚度不等的巨厚层状燧石石英砾岩，往上为砾岩、砂岩、泥岩组成韵律层，夹煤层。其厚度变化亦循上述规律，以浏阳澄潭江一带最厚，达 588 m，文家市一带约 400 m。醴陵石门口，株洲华石厚约 200～300 m，湘潭杨家桥 32 m，衡阳水寺 88 m，祁阳观音滩厚仅几米。总的来说，以醴衡小区东部厚度较大，其他地区较薄。本组在湘中、湘东区，自北东往南西有超覆现象。醴衡小区东部见其与下伏三家冲组呈整合—平行不整合接触，其西南部及湘潭—邵阳—江华小区则普遍见其超覆不整合于前晚三叠世地层之上。

本组主要以石英砂岩、粉砂岩、泥岩组成韵律结构为特征，其间夹不等层数的煤层。下部以水平层理为主，次为微波状层理，上部砂岩常见斜层理，包括缓斜层理，小到中型楔状及板状交错层理，并见有对称的浪成波痕构造，生物以广盐型双壳类及植物化石为特征，属淡化泻湖至沼泽沉积。

本组植物化石属 *Lepidopteris-Ptilozamites* 组合，总的面貌与徐仁 1979 所称之中生代种子蕨植物群相当，其时代属 Norian 中晚期。从双壳类化石看，本组属 *Jiangxiella*-*Trigonodus* 组合，虽然该组合显示出浓厚的地方性群落的特点，但在湘、赣、粤地区，其稳定地产于 Carnian-Norian 双壳类化石的层位之上。同时尚见有 *Palaeonucula strigilata*, *Plagiotom nitueuse*, *Schafhaeutlia sphaerioides*, *Trigonodus kenperinus*, *Bakevellia praecursor*, *Modiolus obesa*, *Myophoricardium quadratum* 等分子。这些都是常见于我国西南诸省 Norian 中的属种。因此，我们将本组时代归为 Norian 中晚期。

造上组 Tzŝ (6-43-0911)

【创名及原始定义】 系煤炭部地质勘探研究所②1975 年所创建，创名地点在浏阳县澄潭江附近之造上村。其原始定义系指平行不整合于三丘田组之上的一套由细粒石英砂岩、粉砂岩夹粉砂质泥岩、泥岩及煤线的一套岩层。

【沿革】 本组相当于湖南区测队 1967 年 1：20 万株洲幅地质报告中的“三丘田组上

段”。亦与朱伦杰⑥（1976）所创石康组涵义相同。1980 年朱伦杰⑤重新厘定了造上组含义，将原石康组的下部与造上村的造上组对比，而将其上部仍称石康组，自此，造上组与石康组成为上下关系。本次对比研究，沿用后一划分方案。顾知微等（1981）所称之观音滩组排家冲段为本组之同物异名，省内停止使用。

【现在定义】 底部为砾岩或砂砾岩，往上以灰色厚层状石英砂岩、长石石英砂岩与灰黑色砂质泥岩或粉砂质泥岩互层为特征。产双壳类及植物化石。与下伏三丘田组为平行不整合接触，其上与石康组之泥岩或粉砂质泥岩为整合接触。

【层型】 因正层型无顶，现选用浏阳文家市石康次层型剖面（H－49－144－D；113°55′，28°03′）（图 5－1 中⑥），朱伦杰 1976 年测制。

上覆地层：**石康组**

19. 黑色砂质泥岩及泥岩为主，顶部夹少量薄层粉砂岩。产双壳类 *Mytilus lamellosus*，*Cardinia* sp.；植物 *Cladophlebis vulgertus*，*Czekanowskia setacea*，*Phoenicopsis* sp.；*Nilssonia orientalis* 19 m

——————— 整 合 ———————

造上组 总厚度 162.4 m

18. 灰白色薄—厚层状长石石英砂岩，下部夹深灰色粉砂质泥岩 19 m

17. 灰黑色粉砂质泥岩及砂质泥岩为主，夹薄层粉岩。产双壳类化石 *Waagenoperna* sp.，*Iosgnomon obruta*，*I. lilingensis*；植物 *Cladophlebis* sp.，*Neocalamites carcinoides* 34.2 m

16—14. 灰白色薄—中层状长石石英砂岩夹黑色粉砂质泥岩 22.8 m

13. 黑色砂质泥岩及粉砂质泥岩为主，夹薄层泥质粉砂岩。产双壳类 *Waagenoperna mytiloides*，*W.* cf. *triangularis*，*Jiangxiella subovata*，*J. elliptica*，*J. datianensis*，*Myophoriopis acyrus*，*Xinyuella liuyella liuyangenss*，*Unionites* sp.，*Iosgnomon lilingensis*；植物 *Cladophlebis* sp.，*Carpolithus* sp.，*Thinnfeldia* sp.，*Neocalamites* sp.，*Sagenopteris* sp. 25.5 m

12—8. 灰白色薄层状长石石英砂岩与深灰色粉砂质泥岩互层。产双壳类 *Jiangxiella subovata*，*J. elliptica*，*Xinyuella liuyangensis*，*Bakevellia praecursor*，*Bakevelloides radiatus* 27.7 m

7. 深灰色粉砂质泥岩夹粉砂岩。产双壳类 *Guangdongella luojiaduensis*，*Xinyuella liuyangensis* 13 m

6. 灰色中—厚层状石英砂岩，层间夹粉砂岩。产丰富的双壳类化石 *Xinyuella liuyangensis*，*Unionites minimus*，*Guangdongella exquisita* 16.7 m

5. 灰黑色泥岩，产丰富的双壳类化石 *Bakevelloides* sp.，*Unionites* sp.，*Jiangxiella subovata*，*Xinyuella liuyangensis* 2.1 m

4. 灰色厚层状石英砾岩 1.4 m

－－－－－－ 平行不整合 －－－－－－

下伏地层：**三丘田组**

3. 灰白色薄层状泥质石英粉砂岩与砂质泥岩互层。产丰富的双壳类 *Guangdongella exquisita*，*Unionites* sp.，*Xinyuella liuyangensis*，*Palaeonucula strigilata* 3.5 m

【地质特征及区域变化】 本组分布较广，湘中地层分区的两个小区均有其出露。其中以醴衡小区发育最好。该小区东部本组岩性较粗，厚度亦较大，可见最大厚度达 220 m。往南西砂岩显著减少，而以粉砂岩及粉砂质泥岩互层为特征。其厚一般为 30～70 m。本组以浏阳澄潭江一带为中心，明显地向西南方向超覆。至株洲、零陵一带本组直接超覆于前上三叠统之上的现象普遍可见。总之，本组在横向上有自东而西，岩性逐渐变细，厚度变小，超覆现象频繁，含煤性递增之趋势。

本组以砂、泥碎屑沉积为主夹煤层。粉砂岩部分具菱铁质鲕粒，显水平层理及砂泥质交互水平微层理。含植物、广盐双壳类、叶肢介、昆虫等化石。属局限、低能的淡化泻湖相沉积。愈往西，沉积物愈细，含煤性愈好，且海相广盐生物愈来愈少，淡水型双壳类递次俱增。反映其沉积环境有逐渐向淡水湖泊—含煤沼泽转化之趋势。

本组所产之双壳类属 *Xinyuella-Waagenperna* 组合，组合中的绝大部分属种均是下伏三丘田组双壳类的延续，仅不过是其属种愈趋单调而已。它仍然反映出晚三叠世双壳类组合的浓厚色彩。因而其时代应属晚三叠世。又鉴于在祁阳一带本组顶部出现有 *Qiyangia*，*Psilunio* 等常见于侏罗纪的分子。因此，从双壳类组合面貌看，本组时代以定为晚三叠世 Rhaetian 为宜。从植物组合面貌看，本组属 *Otozamites-Nilssonia* 组合。这一组合中的绝大部分属种均为晚三叠世及早侏罗世所共有，具有浓厚的过渡色彩。但我们认为该组合仍以苏铁类及真蕨类为主，松柏、银杏类成分仍处于非常次要地位，其总体面貌与晚三叠世植物组合较接近。这反映了地质时代更替的前奏，故据植物化石亦宜将本组时代归于晚三叠世末期。

石康组　Jŝ　(6 - 43 - 0919)

【创名及原始定义】　系朱伦杰⑥（1976）所创建，创名地点在浏阳县文家市附近之石康。其原始定义系指三丘田组之上、高家田组之下的一套地层，大致与 1975 年煤炭部地质勘探研究所②称之造上组相当。

【沿革】　朱伦杰⑤（1980）在湖南地层断代总结中，再次根据生物化石将原石康组下部归入造上组，而将其上部仍称石康组。通过本次研究，根据岩石地层划分原则，将新厘定的石康组下部砂岩并入造上组。

【现在定义】　岩性以深灰色粉砂质泥岩、砂质泥岩与薄—中层状石英细—粉砂岩组成韵律结构为特征。产植物及双壳类化石。与下伏造上组整合接触，与上覆高家田组之长石石英砂岩呈突变整合接触。

【层型】　正层型为浏阳县文家市石康剖面（H - 49 - 144 - D；113°55′，28°03′）（图 5 - 1 中⑥），朱伦杰 1976 年测制。

上覆地层：**高家田组**

21. 灰白色中—厚层状中—细粒长石石英砂岩　　95.0 m

——————— 整　合 ———————

石康组　　总厚度 49.0 m

20. 灰黑色、黑色粉砂质泥岩与深灰色薄—中层状石英砂岩互层。产丰富的双壳类 *Qiyangia* sp.，*Sibireconcha* sp.，*S. bodagnovichii*，*S. anodontoides*，*S. golovae*，*S.* cf. *balbinskiensis*，*S. shensiensis*，*Tutuella*? *kui*，*Utschamiella* sp.，*Palaeonucula strigilata*，*Palaeoneilo galatea*，*Plagiostoma* sp.，*Lucina orbiculata*，*L. hasci*，*Cardinia* sp.，*C.* cf. *dishsyesi*，*Pleuromya oblonga*，*Fimbria regularis*，*Mytilus lamellosus*，*Hiatella rotunda*，*H. arenicola*，*Astarte delicata*，*A.* cf. *subcarinata*，*A.* cf. *voltzii*，*Liostres* cf. *dabiensis*，*Modiolus paronaiformis*；植物 *Cladophlebis* sp.，*C. vulgaris*，*Podozamites* sp.　　30 m

19. 黑色砂质泥岩及泥岩为主，顶部及底部夹少量薄层石英粉砂岩。产双壳类 *Mytilus lamellosus*, *Cardinia* sp.；植物 *Cladophlebis vulgaris*, *Czekanowskia setacea*, *Phoenicopsis* sp., *Nilssonia orientalis*, *N.* cf. *complicatis*, *Elatides* sp. 19 m

——————— 整　合 ———————

下伏地层：造上组

18. 灰白色薄层状长石石英砂岩 19.0 m

【地质特征及区域变化】 本组分布较广泛，湘中地层分区的两个小区均有出露。醴衡小区东部可以上列剖面为代表，其厚约 50 m。在该小区东部以外地区其岩性以灰黑色薄层状砂岩与粉砂质泥岩互层为特征，富含菱铁质结核，亦可夹菱铁矿薄层，夹薄煤 2～3 层，缺乏正常海相双壳类，仅见有少量单调的半咸水的属种，其厚度在 35～138 m 不等。

在醴衡小区东部，本组岩石具水平层理及缓波状层理。可见虫迹。生物以双壳类为主，个别薄层含有较好的植物化石。双壳类有海陆两种类型，二者相间产出，属海陆交互相沉积。此处以外地区，本组岩石以水平层理为特征，泥岩富含高岭石，双壳类以淡水型为主，偶见少量单调的淡化泻湖型分子。植物较丰富，且保存完好，并常夹煤层，属湖泊—沼泽含煤泥质碎屑岩沉积。

产于石康组中的海相双壳类属 *Hiatella-Astarte* 组合，与广东的金溪组双壳类可以对比，其时代属早侏罗世早期。陆相双壳类以 *Utschamiella-Sibirconcha* 组合为特征，其面貌与我国北方延长群顶部的瓦窑堡组及滇中区的冯家河组所产者近似。从植物组合面貌看，本组属 *Czckanowskia-Brachypyllum* 组合，这一组合面貌与香港的“沱罗水道层”所产的植物化石组合十分近似，二者均以苏铁类贫乏，银杏、松柏类较繁盛为特点。“沱罗水道层”产早期 Lias 头足类化石，故说明这一植物组合的地质时代亦属早侏罗世早期。此外在衡阳洲市及祁阳黄泥塘一带的石康组中，发现了较多的鱼化石，经王念忠（1977）研究称之为雨母山鱼群。王认为这一鱼群与英国下 Lias 的鱼群和澳大利亚新南威尔士侏罗纪 Talbrdger 层的鱼群都有相近的分子和大致相似的组合。因此王认为雨母山鱼群之时代亦应属早侏罗世早期。综上述分析，石康组之时代，定为早侏罗世早期是合适的。

高家田组 Jg (6－43－0920)

【创名及原始定义】 系中南区区域地层表编写组（1974）所创建，创名地点在湖南省醴陵县高家田。原始定义系指不整合于樟树湾组石英砂岩之上的一套含植物及双壳类化石的灰色、黄绿色长石石英砂岩、粉砂岩夹砂质页岩及煤层的一套岩层。

【沿革】 与本组相当的岩层，1965 年湖南区测队在醴陵高家田发现 *Coniopteris* sp. 称之为下侏罗统；1968 年，湘赣煤田指挥部和中国科学院南京地质古生物研究所称其为“门口山组”；在祁阳、零陵一带，顾知微、程正修（1981）将其相应层位称为冯家冲组塔坝口段。1986 年湖南区调队③将上述层位统称高家田组，并以浏阳文家市剖面作为本组之代表性剖面。本次研究中仍沿用此方案。冯家冲组塔坝口段及门口山组，为本组之同物异名，省内停用。

【现在定义】 岩性以石英砂岩或长石石英砂岩与粉砂岩、黑色页岩或泥岩组成不等厚的韵律结构为特征，中部夹 1～2 层凸镜状煤层。产植物及双壳类化石。其下部与石康组整合接触，其上与罗镜滩组之紫红色砾岩及砂岩不整合接触。

【层型】 正层型剖面掩盖多，出露不全，此处改以浏阳文家市次层型剖面为代表（H－49

-144-D；113°55′，28°04′）（图5-1中⑫），朱伦杰1976年测制。

上覆地层：罗镜滩组

紫红色砾岩 >50.0 m

~~~~~~~~~~ 不　整　合 ~~~~~~~~~~

高家田组 总厚度 592.5 m

34—30. 黄绿色薄—中层状细粒长石石英砂岩、粉砂岩、粉砂质泥岩组成韵律层。上部产植物化石 *Coniopteris* sp.，*C.* cf. *hyminophylloides*，*Elatocladus* sp.，*Cladophlebis* sp.，*Czekanowskia* sp.，*Neocalamites* sp.。下部产双壳类 *Qiyangia* sp. 97.8 m

29. 黄绿色粉砂质泥岩及泥岩为主，夹深灰色泥岩。产植物 *Coniopteris* sp.，*Elatides* sp.，*Cladophlebis* sp.，*Podozamites lanceolatus* 25.4 m

28—26. 灰色中—厚层状长石石英砂岩 113.3 m

25—22. 黄灰色薄层状长石石英砂岩与深灰色粉砂质泥岩及黑色碳质泥岩组成韵律结构。下部夹凸镜状煤层。产丰富的植物化石 *Coniopteris* sp.，*Brachyphyllum* sp.，*Elatocladus* sp.，*Neocalmites* sp.，*Podozamites lanceolatus*，*Cladophlebis* cf. *hsichiana*，*Marattiopsis* cf. *muensteri*，*Lygedites gracillis*，*Dictyophyllum* sp.，*Todites denticulata*，*Phoenicopsis angustifolia*，*Thaumatopteris* cf. *brauniana*，*Neocalamites carcinoides*，*Anomozamites* sp.，*Nilssonia* cf. *corrugata*，*N. liuyangensis*；双壳类 *Lilingella* sp.，*L. simplex*，*L. cuneata*，*Hunanella* sp. 110.6 m

21. 灰白色中—厚层状中—粗粒长石石英砂岩夹薄层粉砂岩 38.5 m

20. 灰白色中—厚层状细粒长石石英砂岩与黄灰色粉砂质泥岩互层 41.5 m

19. 黄灰色薄—中层状泥质粉砂岩。产植物 *Coniopteris* sp.，*C. ovides*，*C. gaojiatianensis*，*Elatocladus* sp.，*Ptilophyllum* sp.，*Thaumatopteris* sp. *Czekanowskia* sp.，*C. setacea* 55.1 m

18. 黄灰色粉砂质泥岩夹薄层长石石英砂岩，产丰富的植物化石及少量的双壳类化石。双壳类有 *Lilingella* sp.，*Qiyangia* sp.；植物有 *Coniopteris* sp.，*Carpolithus* sp.，*Czekanowskia* sp.，*Clathropteris* sp.，*C.* cf. *platyphylla*，*Nilssonia* sp.，*Equisetites* cf. *sarrani*，*Todites* sp.，*Podozamites lanceolatus* 41.1 m

17—16. 灰白色中—薄层状长石石英砂岩夹薄层砂质页岩 33.2 m

15. 灰白色厚层状中—粗粒长石石英砂岩 36.0 m

———————— 整　合 ————————

下伏地层：石康组

14. 灰黑色粉砂质泥岩与深灰色薄层状泥质粉砂岩互层 29.0 m

【地质特征及区域变化】　本组分布较广泛，湘中地层分区均有其出露。各处所见之岩性、岩相特征基本相同，唯其厚度变化较显著。其中醴衡小区东部厚度较大，岩性略粗，厚达500～700 m。此处以外的其他地区，所见岩性稍细，最厚不超过350 m，一般在100～200 m之间。本组岩石以水平层理为主，间有微波状层理及砂、泥质交互水平层理。局部地段的砂岩中可见斜层理。含淡水双壳类及植物化石，属湖泊—泥炭沼泽沉积。局部地区为河湖三角洲沉积。本组所产植物，属 *Coniopteris-Phoenicopsis* 植物群。该植物群广泛分布于我国南北的早、中侏罗世。而本组的双壳类属 *Lilingella-Sibireconcha* 组合带，其中的组成分子绝大多数均属地方性的新属、新种，故难于肯定其具体时代，故此处暂根据植物及上下层序关系，将本组时代定为早侏罗世晚期。
~~~~~~~~~~

出炭垅组 Tĉ (6-43-0912)

【创名及原始定义】 系刘元镇（1950）根据资兴三都煤矿剖面创名，始称“出炭垅层”。其原始定义系指不整合于前晚三叠世地层之上的一套砾岩、砂岩夹页岩及劣质煤层的岩层，其上与杨梅垅组之薄层砂岩及页岩为整合接触。

【沿革】 1956年中国地质学编辑委员会及中国科学院地质研究所改称为组。1963年，李世琦复称其为“出炭垅底砾岩”，将其隶属于一心亭组下部。1986年湖南区调队朱伦杰③重新将其只限于整伏于杨梅垅组底部粗砾层岩之下的一套细碎屑岩层。本书亦沿用后一划分方案。

【现在定义】 由灰色泥岩夹细粒石英砂岩及劣质薄煤层组成，产植物化石。不整合于测水组之上，与上覆杨梅山组之厚层砂岩整合接触。

【层型】 因正层型出露太差，现选用次层型宜章杨梅山剖面（G-49-95-C；113°07′，25°28′）（图5-1中②），湖南省煤炭局地质队1968年测制。

上覆地层：杨梅山组

6. 灰白色薄层状石英细砂岩 37.0 m

———— 整 合 ————

出炭垅组 总厚度 10.4 m

5. 紫灰色粉砂质泥岩，底部夹煤线 2.3 m

4. 深灰色细粒石英砂岩 1.1 m

3. 棕灰色泥质粉砂岩，产双壳类化石 *Mytilus lamellosus*, *Myophoriopis acyrus*, *Unionites* cf. *dubia* 1.9 m

2. 灰色泥岩，上部夹0.1 m煤线。含植物化石 *Amdrupia cladophleboides*, *Pterophyllum bavieri*, *Anthrophyopsis* cf. *crassinervis*, *Otozamites indosinensis*, *Cladophledis* sp., *Sagenopteris* sp., *Nilssonia acuminata* 4.7 m

1. 紫灰色中—厚层状铁质中—细粒石英砂岩 0.4 m

~~~~ 不 整 合 ~~~~

下伏地层：测水组

0. 灰白色石英砂岩 10.0 m

【地质特征及区域变化】 本组仅见于桂湘赣地层分区。南厚北薄。上列剖面厚10 m，北至资兴，仅厚2.5 m，再北即行尖灭。

本组以砂、泥质细碎屑岩沉积为主，具水平层理及缓波状层理，含劣质煤，产植物及淡化泻湖型双壳类，属滨海沼泽—淡化泻湖沉积。本组所产之动植物化石均为晚三叠世所常见，其时代属晚三叠世无疑。根据层序对比，大致与湘中地层分区的三家冲组相当。故定其时代为Carnian—Norian早期，待今后进一步验证。

杨梅山组 Ty (6-43-0913)

【创名及原始定义】 系中国科学院南京地质古生物研究所（1968）所创建，建组地点在湖南省宜章县杨梅山煤矿。原始定义系指不整合于“水牛山组”之上的一套含正常海相双壳类化石的煤系地层，其时代属侏罗纪。

【沿革】 1986年，湖南区调队③根据粤北、湘南中生代含煤地层的研究进展，将杨梅山
~~~~

组与杨梅垅组对比，并将其改称杨梅垅组，其下的水牛山组则改称出炭垅组。通过本次对比研究，认为杨梅山组与杨梅垅组的岩性及生物组合存在着显著差异，故重新恢复杨梅山组一名。

【现在定义】 岩性以灰色菱铁质粉砂岩及菱铁质泥岩为主，夹薄层石英砂岩及煤层。产双壳类化石。其下与出炭垅组整合接触，其上未见顶。

【层型】 正层型为宜章杨梅山剖面（G－49－95－C；113°07′，25°28′）（图5－1中②），湖南煤炭局地质队1968年测制。

杨梅山组	总厚度＞138.7 m
36. 灰色细粒石英砂岩。（未见顶）	6.0 m
35. 灰色细粒石英砂岩与黑色泥岩互层，下部夹煤层	8.2 m
34. 褐色薄层状泥质粉砂岩夹菱铁矿结核。产双壳类化石 *Cardinia* sp.，*Palaeophorus* sp.，*Radiastarte yizhangensis*，*Lima* (*plagiostom*) *xiaoshuensis*，*Mytilus lamellosus*，*Modiolus* aff. *paronaiformis*，*Protocardia* sp.，*Waagenoperna* sp.，*Plicatula yizhangensis*	1.8 m
33—19. 深灰色中—厚层状细粒石英砂岩与灰黑色泥岩互层，夹煤线	35.7 m
18. 灰黑色粉砂质泥岩，产丰富的双壳类化石 *Cardinia* sp.，*Pleuromya* sp.，*Gryphaea* sp.，*Oxytoma* sp.，*Veteranella* sp.，*Mytilus lamellosus*，*Schafhaeutlia* sp.，*Entolium* sp.，*E. kolymensis*，*Isocardioides yini*，*Protocardia transversa*，*P.* cf. *trigona*，*Palaeonucula* cf. *qujiangensis*，*Grammtodon* cf. *kenyanus*；植物 *Taeniopteris* sp.	7.2 m
17. 浅灰色细粒泥质石英砂岩，含大量菱铁矿结核，产丰富的双壳类化石 *Radiastarte yizhangensis*，*Isocardioides yini*	7.1 m
16—10. 深灰色粉砂质泥岩夹细粒石英砂岩及煤线	17.2 m
9. 灰色中厚层状泥质粉砂岩，产双壳类化石 *Jiangxiella subovata*，*J. elliptica*，*J. datianensis*	6.4 m
8. 灰色细粒石英砂岩与粉砂岩互层	10.2 m
7. 棕色泥岩夹碳质泥岩	1.8 m
6. 灰白色薄层状石英细砂岩	37.0 m
———— 整　合 ————	
下伏地层：出炭垅组	
5. 紫灰色粉砂质泥岩，底部夹煤线	10.4 m

【地质特征及区域变化】 本组在湖南省内仅见于桂湘赣地层分区的南部宜章杨梅山一带，南延至粤北则分布较广泛。可见厚度约140.0 m。

本组以砂、泥质沉积为主，富菱铁质，粘土矿物以伊利石为主，少量高岭石和蒙脱石。岩石普遍发育水平层理，部分显波状—微波状层理，偶有低角度的斜层理，虫迹发育。生物以窄盐双壳类为主，少量无铰纲腕足类，植物化石罕见，但有较多的树杆化石。双壳类数量丰富，分异度较高。上述特征反映本组属海湾沉积。

本组双壳类属 *Oxytoma-Palaeophorus* 组合，时代隶属 Lias，起初范嘉松将其归于 Lias 早期，其后的湘赣煤田指挥部等亦认为其时代属 Lias。后来在其中找到了 *Palaeophorus* 及 *Entolium kolymensis*，而将其改归 Carnian。我们认为，除上述 *Palaeophorus* 及 *Entolium kolymensis* 和一些地方性新属种之外，绝大多数属种均见于 Norian。且本组下部产丰富 *Jiangxiella*，与湘中地层分区的三家冲组双壳类组合相似。说明本组似可与三家冲组相当。故本书结合化石及层位对比关系，将本组时代定为 Carnian—Norian。

杨梅垅组　*Tym*　（6－43－0914）

【创名及原始定义】　据刘元镇等（1950）所创“杨梅垅层”一名演化而来，创名地点在湖南资兴三都煤矿。原始定义系指整覆于“出炭垅层”砂岩或砾岩夹煤层之上的一套黑色薄层砂、页岩夹煤层的岩石组合。其上与唐垅组之砾岩不整合接触。

【沿革】　1963 年，李世琦将其改称杨梅垅段，归入“一心亭组”上部。1986 年湖南区调队③将其改称杨梅垅组，并将“出炭垅层”上部砂岩或砾岩并入其内。本书即沿用该划分方案。

【现在定义】　岩性以巨厚层状石英砂岩、粉砂岩、黑色碳质泥岩组成韵律式结构为特征，夹可采煤层多层，产植物化石。与下伏出炭垅组整合接触，与上覆唐垅组之砾岩或砂砾岩平行不整合接触。

【层型】　因正层型出露太差，现选用次层型资兴三都宝源河剖面（G－49－71－D；113°17′，26°01′）（图 5－1 中③），朱伦杰 1986 年测制。

上覆地层：唐垅组

26. 灰色中—厚层状粗粒石英岩状砂岩　41.1 m

－－－－－－－ 平行不整合 －－－－－－－

杨梅垅组　总厚度 196.1 m

25—22. 深灰色薄层状粉砂岩夹煤线。下部产双壳类化石 *Waagenoperna triangularis*，*Gervillia* sp.　30.0 m

21. 深灰色薄层状细粒石英砂岩与粉砂岩互层　7.7 m

20—16. 深灰色薄层状泥质粉砂岩，中部夹煤线，上部及下部产植物化石 *Ptilozamites* sp.，*Pterophyllum* cf. *pinnatifridum*，*Marattiopsis* sp.，*Clathropteris meniscioides*，*Carpolithus* sp.，*Taeniopteris* sp.，*Lepidopteris ottonis*，*Sinoctenis calophylla*，*Ptilozamites chinensis*，*Drepanozamites lobeta*，*Anthrophyopsis crassinervis*，*Phlebopteris* sp.，*Amdrupia cladophleboides*，*Marattiopsis muensteri*，*Cladophlebis* sp.，*Baiera* sp.，*Isocardioides* sp.　27.7 m

15. 灰色中—厚层中—粗粒石英砂岩　24.0 m

14. 灰色薄—中层状粉砂岩　20.0 m

13. 灰色厚层状石英岩状砂岩　9.5 m

12—10. 深灰色薄层粉砂质泥岩夹薄层粉砂岩。上部夹煤层。下部产双壳类化石 *Jiangaiella* sp.；植物化石 *Pterophyllum sinensis*，*Cladophlebis* sp.，*Ptilozamites* sp.，*Clathropteris meniscioides*，*Todites denticulata*　12.4 m

9. 深灰色薄层状粉砂岩，夹薄层细砂岩含菱铁矿结核　6.7 m

8. 灰色厚层状含砾粗砂岩　8.2 m

7—6. 深灰色薄层石英粉砂岩夹细砂岩　20.0 m

5. 灰色中厚层状石英细砂岩　16.8 m

4. 灰色厚层状砾岩　1.9 m

3. 灰色薄层砾岩夹粉砂岩。产植物化石 *Sphenozamites hunanensis*，*Pterophyllum* sp.　1.0 m

2. 深灰色薄层状细粒石英砂岩。夹薄层砾岩　10.2 m

———————— 整　合 ————————

下伏地层：出炭垅组

1. 灰色粉砂岩　2.5 m

【地质特征及区域变化】　本组仅分布于桂湘赣地层分区的资兴三都及宜章长策一带。所见岩性岩相基本相同，唯厚度有所变化，资兴一带是本组的沉积中心，其厚196.1 m；长策一带本组直接超覆于前晚三叠世地层之上，厚仅82.0 m。

本组以砂、泥质沉积为主，韵律结构明显，下部砂岩，常富含岩屑，具交错层理，泥岩富碳质，且产丰富的植物化石。双壳类化石稀少，仅个别广盐型属种。综上述特征，本组应属河口三角洲—滨岸沼泽沉积。本组以植物化石为主，属 *Ptilozamites-Lepidopteris* 组合带。总体面貌与三丘田组完全相同，故其时代亦应相当，属 Norian 中晚期。

唐垅组　T*t*　(6－43－0915)

【创名及原始定义】　系据刘元镇等（1950）所创“唐垅层”一名演化而来，创名地在湖南资兴三都煤矿。原始定义系指不整合于“杨梅垅层”之上的砂砾岩、砂岩夹深灰色页岩及劣质煤层的一套岩层。其上与茅仙岭砂岩为整合接触。

【沿革】　1963年，李世琦将其改称“唐垅煤组”，隶属于“芭焦岭组”下部。1986年湖南区调队③重新将其改称为组，并将其顶部之海相层划出，称心田门组，本次清理即沿用此划分方案。

【现在定义】　岩性以灰白色厚—巨厚层状石英砂岩、长石石英砂岩夹少量粉砂岩及砂质泥岩为特征。产植物化石。其底以巨厚层含砾砂岩与下伏杨梅垅组之砂、泥岩突变分界，为平行不整合接触；其上与心田门组之菱铁质泥岩整合接触。

【层型】　因正层型出露太差，现选用次层型资兴三都同日垅剖面（G－49－71－D；113°17′，26°01′）（图5－1中③），朱伦杰1986年测制。

上覆地层：心田门组

31. 灰黄色中—薄层状粉砂质泥岩，夹菱铁质结核。产双壳类化石 *Entolium* sp.，*Astarte* sp.，*Chlamys* sp.　5.5 m

———————— 整　合 ————————

唐垅组　总厚度 113.5 m

30. 灰色薄层石英砂岩，下部夹粉砂岩，产植物化石 *Lomatopteris zixingensis*，*Brachyphyllum* sp.，*Nilssonia* cf. *fragilis*，*Ptilophyllum* sp.，*Sagenopteris* sp.，*S. mediana*，*S. loxosteleor*，*Baiera* sp.，*Sphenobaiera* sp.，*Podozamites lanceolatus*，*Elatocladus* sp.，*Neocalamites* sp.　12.7 m

29. 深灰色薄层状粉砂岩夹菱铁矿结核。产植物化石 *Otozamites minor*，*O. indosinesis*，*Nilssonia orientalis*，*N. asiatica*，*Taeniopteris richthofeni*，*Sagenopteris* sp.，*Carpolithus* sp.，*Equisetites* sp.　5.0 m

28. 煤层　0.4 m

27. 灰白色薄层状细粒石英砂岩与深灰色薄层状粉砂岩互层　54.3 m

26. 灰色中—厚层状粗粒石英岩状砂岩　41.1 m

－－－－－－－ 平行不整合 －－－－－－－

下伏地层：杨梅垅组

25. 深灰色薄层状粉砂岩，上部夹煤线 26.6 m

【地质特征及区域变化】 本组分布局限，仅见于湘东南的三都、杨梅山及长策一带。各处所见岩性、厚度、及古生物组合基本相同，一般厚在 100 m 左右。

本组以砂、泥质沉积为主，局部夹煤层。砂岩成熟度较高、水平纹层发育，基本不含化石，属滨岸—滨岸沼泽沉积。本组仅获有植物化石，其总体面貌与造上组一致，属 *Otozamites-Nilssonia* 组合带。据此，认为其时代与造上组相当，属 Rhaetian 期。

心田门组 J*x* (6-43-0921)

【创名及原始定义】 系湖南省地矿局地质科学研究所（简称湖南地科所）(1979) 所创建，创名地点为宜章县长策乡之心田门。其原始含义泛指整覆于塘垅组之上的一套含海相双壳类化石的砂、泥质沉积。

【沿革】 本组 1979 年以前大多置于唐垅组顶部，湖南地科所命名时，既无具体剖面，顶底界线及具体含义亦不明确。1986 年湖南区调队③始指定长策心田门剖面为其代表性剖面，并明确其含义。本书即沿用此划分方案。

【现在定义】 岩性以深灰色菱铁质泥岩夹粉砂岩及石英砂岩为特征。产头足类及双壳类化石。其下与唐垅组之砂、页岩整合接触；其上与茅仙岭组之厚层砂岩突变式整合接触。

【层型】 因正层型出露太差，现选用次层型宜章长策心田门剖面 (G-49-95-A；113°16′，25°38′)（图 5-1 中⑧），湖南区调队 1982 年测制。

上覆地层：**茅仙岭组**

16. 灰色厚层长石石英砂岩 35.8 m

—————— 整　合 ——————

心田门组 总厚度 55.0 m

15. 黑色泥岩及粉砂质泥岩为主，夹泥质粉砂岩。产双壳类化石 *Pleuromya* sp. 32.1 m

14. 黑色薄层菱铁质泥岩。产双壳类 *Platymyoidea* sp. 2.6 m

13. 黑色厚层粉砂质碳质泥岩夹菱铁矿结核。产双壳类化石 *Retroceramus* sp.，*Oxytoma* sp.，*Protocardia* cf. *transversa*，*Astarte* cf. *delicata*，*Chlamys subulata*，*Mytilus lamellosus*，*Nuculana* (*Dacryomya*) *elongata*，*Protocardia suborbicularis*，*Homomya* sp. 20.3 m

—————— 整　合 ——————

下伏地层：**唐垅组**

12. 灰色石英砂岩与粉砂质泥岩互层 13.6 m

【地质特征及区域变化】 本组仅分布于桂湘赣地层分区。自南往北逐渐变薄。在汝城延寿圩一带，可见超覆于古生代地层之上，产头足类 *Arietites* sp.，厚达 213.0 m。长策心门田一带厚约 80.0 m，往北至资兴三都一带厚仅 5.5 m。

本组主要为灰色薄层粉砂岩和深灰色粉砂质泥岩夹薄层菱铁质岩或凸镜体，部分为菱铁质介壳泥岩。具水平层理及微波状层理。虫迹较常见，生物化石以窄盐型双壳类为主，兼有头足类，植物化石贫乏。粘土矿物以伊利石及蒙脱石为主，少量高岭石，尚含有少许绿泥石。属正常海湾泥质碎屑岩沉积。

从本组所获之双壳类化石看，除本区一些地方性属种外，其中的 *Hiatella arenicola*，

H. cf. *rotunda*, *Cardinia* cf. *hennocgi*, *Paralleloden hettangensis*, *Chlamys punctatissimus*, *Mytilus lamellosus*，见于欧洲的 Hettangian 阶。*Chlamys subulata* 产于德国 Lias 统下部，*Lucina* cf. *hasei* 产于日本早侏罗世的长野层，*Parainoceramus* cf. *dubius* 见于土耳其、阿尔卑斯、西伯利亚等区的 Lias 统，*Astarte voltzii* 见于越南的 Hettangian 阶。因此双壳类反映的地质时代属早侏罗世早期无疑。本组所获头足化石不多，计有 *Arietites* sp.，*Hongkongites* sp.。上述两属均为我国金鸡组中的重要分子，故本区心田门组无论是双壳类还是头足化石，均可与金鸡组对比。因此我们将其时代归属于早侏罗世早期，很可能相当于 Hettangian 期。

茅仙岭组 *Jm* （6－43－0922）

【创名及原始定义】 据刘元镇等（1950）所创“茅仙岭砂岩”一名演化而来，创名地点在资兴三都附近之茅仙岭。其原始定义系指整覆于“唐垅层”之上，整伏于“石鼓层”杂色泥岩之下的一套长石石英砂岩夹泥岩。

【沿革】 1963 年李世琦将其归为芭蕉岭组中部。1986 年湖南区调队③改称茅仙岭组。本次对比研究沿用后一划分方案。

【现在定义】 岩性以灰色厚层长石石英砂岩为主，间夹少许深灰色粉砂岩或泥岩。产植物化石。其下以厚层长石石英砂岩与下伏心田门组之菱铁质泥岩分野，其上与千佛岩组之杂色泥岩分界，两者均为整合接触。

【层型】 因正层型出露太差，现选用次层型资兴三都附近之水木垅剖面（G－49－71－D；113°17′，26°01′）（图 5－1 中③），朱伦杰 1986 年测制。

上覆地层：**千佛岩组**

46. 紫红、灰绿等杂色泥岩为主，夹薄—中层状泥质粉砂岩	36.1 m
———— 整　合 ————	
茅仙岭组	总厚度 544.4 m
45. 灰绿色细粒长石石英砂岩与泥岩互层	30.7 m
44. 灰绿色粉砂质泥岩，上部产双壳类 *Qiyangia* sp.	29.6 m
43. 灰色长石石英砂岩与深灰色泥岩互层。上部夹煤线	46.0 m
42. 灰白色中粒长石石英砂岩	26.2 m
41—39. 灰白色厚层状长石石英砂岩与灰色泥岩互层	55.2 m
38. 灰白色厚层状长石石英砂岩	267.5 m
37—35. 灰白色厚层状长石石英砂岩与泥岩互层	18.8 m
34—32. 灰白色中粒长石石英砂岩	70.4 m
———— 整　合 ————	

下伏地层：**心田门组**

21. 灰黄色中—薄层状粉砂质泥岩。产双壳类 *Astarte* sp.，*Chlamys sublata*，*Trinonuculana guangdongensis*，*Cardinia* sp.	5.5 m

【地质特征及区域变化】 本组仅分布于桂湘赣地层分区，岩性岩相较稳定。在宜章、资兴一带，本组整覆于心田门组之上，其厚为 450～500 m；汝城暖水一带，本组直接超覆于泥盆系之上，厚达 1 664.0 m。

本组以砂质沉积为主，下部以水平及微波状层理为主，中上部常见大型板状及槽状交错层理，层间见冲刷现象，剖面基本层序具反向韵律结构，动植物化石罕见。属快速堆积之湖成三角洲及淡水湖泊沉积。

本组化石稀少，仅在其上部获有少量植物化石。计有 *Coniopteris* sp.，*Phlebopteris* sp.，*Dictyophyllum nathorsti*，*Todites denticulata*，*Equisetites* sp. 等属种，从总体面貌看，无疑应属植物 *Coniopteris-Phoenicopsis* 组合带。与高家田组相当，其时代属早侏罗世中晚期。

两江口组 *Jl* (6-43-0927)

【创名及原始定义】 系朱伦杰⑤1980 年创建，创名地点在蓝山县之两江口。原始含义系指不整合于泥盆系之上的一套中酸—酸性火山岩及火山碎屑岩。

【沿革】 1973 年，广东区调队将其与我国东南沿海一带的火山岩系对比，时代隶属于晚侏罗世。朱伦杰⑤1980 年在湖南地层断代总结中，根据其中的少量孢粉化石将其与茅仙岭组及高家田组对比，在统一地层划分的思想指导下，取消两江口组一名而将其作为茅仙岭组之相变。通过清理与研究，进一步认识到本组与茅仙岭组在岩性岩相及时空关系上均完全不同，故保留两江口组一名。

【现在定义】 由酸—中酸性火山熔岩、火山碎屑岩组成，下部夹长石石英粉—细砂岩。其不整合覆于跳马涧组或棋梓桥组之上，上未见顶。

【层型】 正层型剖面位于蓝山两江口（G-49-105-B；112°20′，25°15′）（图 5-1 中⑪），广东区测队 1973 年测制。

两江口组	总厚度>815.7 m
16. 浅灰色流纹质晶屑凝灰岩。(未见顶)	244 m
15. 浅灰色流纹质熔凝灰岩	163 m
14. 浅绿色英安斑岩	26 m
13. 浅灰色流纹质凝灰岩	126 m
12. 浅灰色流纹质熔凝灰岩	126 m
11. 灰绿色英安斑岩	103 m
10. 灰绿色细粒长石石英粉砂岩	2.65 m
9. 灰绿色英安流纹质凝灰岩	4 m
8. 灰绿色长石石英粉砂岩	0.66 m
7. 灰绿色绿泥石化英安流纹质凝灰熔岩	1.38 m
6. 灰绿色长石石英粉砂岩	2 m
5. 灰绿色凝灰质长石石英粉砂岩	5.0 m
4. 浅黄绿色流纹斑岩，底部见火山质角砾岩	12 m
~~ 不 整 合 ~~~~~~~~	
下伏地层：跳马涧组	
3. 石英砂岩	10 m

【地质特征及区域变化】 本组分布极为局限，仅见于蓝山两江口至下庙垅。系火山熔岩及火山碎屑沉积。总厚度大于 815.7 m。

本组获有少量植物及孢粉化石。其中植物化石有 *Podozamites* sp.，*Elatocladus* sp.。孢粉组合的特点是以裸子植物花粉为主，次为蕨类植物孢子，而缺乏被子植物花粉。裸子植物花粉中，以具环粉为主，其中包括 *Classopollia classoides*，*C. minor*，其次是双气囊的松科花粉，少量的单沟类花粉，而这种单沟类花粉中，大多为苏铁类花粉，少量银杏类花粉。此外尚有个别球形粉和无口器粉。在蕨类植物孢子中主要是紫萁孢 *Osmundacidites*，少量的三角孢、锥刺孢、层环孢等。这一孢粉组合所显示的时代为早侏罗世晚期至中侏罗世。另据新近的同位素资料，其年龄值介于 164～188 Ma 之间，据此，我们将本组之时代定为中侏罗世早—中期。属早燕山运动主幕产物。

第二节　生物地层单位的划分

湖南上三叠统及侏罗系，生物化石丰富，计有头足类、双壳类、叶肢介、昆虫、鱼、古脊椎动物、介形类、古植物等。随着区调及科研工作的不断深入，所获化石资料日趋丰富。在此基础上，本书着重对双壳类和植物化石进行系统的生物地层划分，并就有关的重要年代地层界线进行探讨，同时拟出该断代地层多重划分对比方案。

1. 双壳类

根据新近所获的资料，并参照前人的研究成果，自下而上将双壳类分为 7 个组合带。现依次简述于后。

①*Unionites-Myophoriopis* 组合带

主要组成分子有 *Unionites dubius*，*U. concentrica*，*U. manmuensis*，*U. elisabethae*，*U. trapezoidalis*，*Myophoriopis acyrus*，*M. incrassata*，*Pteria kokeni*，*Posidonia kedahensis*，*P.* spp.，*Bakevellia* sp.。本组合属种分异低，以 *Unionites* 和 *Myophoriopis* 两属个体大量出现为特征。赋存于浏阳澄潭江紫家冲组下部。

②*Bakevelloides-Jiangxiella* 组合带

主要组成分子有 *Bakevelloides hekiensis*，*B. liuyangensis*，*B. radiatus*，*B. subquadratus*，*Bakevellia matsushitai*，*B. oyogiensis*，*B. praecursor*，*Quenstedtia*，*Jiangxiella subovata*，*J. datianensis*，*J. elliptica*，*J. plana*，*Guangdongella elegans*，*G. longimorpha*，*G. exquisita*，*Schafhaeutlia spherioides*，*Waagenoperna triangularis*，*W. lilingensis*，*Quadratia* sp.，*Posidonia* spp.，*Unionites* spp.，*Myophoriopis* spp. 等。本组合以 *Bakevelloides* 和 *Jiangxiella* 的大量出现及兼有一定数量的 *Guangdongella* 为特征，且 *Unionites-Myophoriopis* 组合带的大多数分子均延至本组合中。本组合带赋存于浏阳澄潭江的紫家冲组上部及三家冲组和三丘田组下部。

③*Xinyuella-Waagenoperna* 组合带

本组合带的重要特征分子有 *Xinyuella liuyangensis*，*X. pinglingensis*，*Waagenoperna pernoformis*，*W. lilingensis*，*W. isognomonieformis*，*W. mytiloides*，*Modiolus bakevelides*，*Trigonodus* spp.，*Jiangxiella* spp.，*Isognomon* spp. 等。该组合属种分异度低，主要由 *Xinyuella* 和 *Waagenoperna* 两属分子组成，兼有一定数量的 *Jiangxiella* 和 *Trigonodus*。赋存于三丘田组上部及造上组。

④*Hiatella-Trinonuculana* 组合带

主要组成分子有 *Hiatella arenicola*，*H. sinemuriensis*，*H. fabacea*，*H.* cf. *rotundata*，*Trinonuculana guangdongensis*，*T. elongata*，*Astarte* spp.，*Chlamys* spp.，*Cardinia* spp.，*Protocardia* spp. 等。本组合赋存于心田门组及石康组中。

⑤*Lilingella-Sibireconcha* 组合带

主要组成分子有 *Lilingella simplex*, *L. cuneata*, *L. robusta*, *Sibireconcha brevis*, *S. golovae*, *S. bogdonwichii*, *Qiyangia lilingesis*, *Hunanella* spp.。本组合赋存于高家田组。

⑥*Qiyangia-Pseudocardinia* 组合带

本组合带主要组成分子有 *Qiyangia dolabrata*, *Q. loxos*, *Q. cuneata*, *Apseudocardinia qianweiensis*, *A. imprarilis*, *A. weiyuanensis*, *A. subcentralis*, *A. parallelograma*, *A.* spp.。本组合带赋存于自流井组、高家田组中上部及千佛崖组。

⑦*Lamprotula* (*Eolamprotula*) -*Psilunio* 组合带

主要组成分子计有 *Lamprotula* (*Eolamprotula*) *cremeri*, *Psilunio ovalis*, *P. chaoi*, *Unio yunnaensis*, *Cuneopsis sichuanensis*, *Apseudocardinia* spp.。本组合带赋存于千佛岩组及沙溪庙组。

2. 植物

①*Ptilozamites-Lepidopteris* 组合带

主要组成分子有 *Ptilozamites chinensis*, *P. nilssoni*, *Lepidopteris ottoni*, *Thinnfeldia rhomboidalis*, *Anthrophyopsis crassinervis*, *Sircetenis grabaui*, *Pterophyllum ptilum*, *P. sinense*, *Neocalamites carrerei*, *N. carcinoides*, *Todites denticulata*, *T. goeppertianus*, *Sphenozamites hunanensis*, *Danaeopsis fecunda*, *Osmundopsis plectrophora*, *Clathropteris meniscioides*, *C. polygona*, *Pachyopteris lepingensis*, *Glossophyllum* sp. 等。本组合带赋存于湘西北区的火把冲组—二桥组，湘中湘东区的紫家冲组—三丘田组，湘东南区的出炭垅组—杨梅垅组。

②*Otozamites-Nilssonia* 组合带

主要组合分子有 *Otozamites minor*, *O. hsiangchiensis*, *O. graphicus*, *O. lekenbyi*, *O. yizhangensis*, *Nilssonia polymopha*, *N. orientalis*, *N. compta*, *N. glossa*, *N. asiatica*, *Thinnfeldia nordenskioldi*, *T. rhomboidalis*, *T. stellata*, *T. xiangdongensis*, *T. orientalis*, *Anomozamites* cf. *minor*, *Marattiopsis* cf. *munsteri*, *Sagenopteris mediana*, *S. loxosteleor*, *Neoclamites carcinoides*, *Clathropteris* cf. *meniscioides*, *Dictyophyllum nilssoni*, *Spheobaiera* cf. *spectabilis*, *Brachyphyllum* sp. 等。本组合带赋存于造上组及唐垅组。

③*Coniopteris-Phoenicopsis* 组合带

本组合带的重要分子有 *Coniopteris hymenophlloides*, *C. gaojiatianensis*, *C.* spp., *Phoenicopsis angustifolia*, *P. hunanensis*, *P.* spp., *Czekanowskia rigida*, *C. setacea*, *Ptilophyllum hsingshanense*, *P.* cf. *pecten*, *P. pecten*, *Nilssonia helmersenian*, *N. pterophylloides*, *N.* spp., *Elatocladus* cf. *cephalotaxoides*, *Elatocladus* spp., *Brachyphyllum* sp., *Marattia horensis*, *Todites williamsoni*, *T. denticulata*, *Cladophlebis vulgaris*, *Pterophyllum decurrens*, *P.* spp., *Neocalamites carcinoides*, *Equisetites sarrani* 等。本组合带赋存于湘西北区的白田坝组，湘中湘东区的高家田组、千佛岩组，湘东南的茅仙岭组。

第三节　几个年代地层界线的探讨

一、湖南三叠系与侏罗系的界线探讨

湖南三叠系与侏罗系的界线问题，目前分歧意见集中在唐垅组或造上组的时代归属上。

唐垅组之上的心田门组及造上组之上的石康组，均以产 *Hiatella-Trinonuculana* 双壳类

组合带为特征，其时代属早侏罗世早期已无争议。而二者之下的杨梅垅组及三丘田组产 *Bakevelloides-Jiangxiella* 组合带及 *Ptilozamites-Lepidopteris* 组合带，其时代属晚三叠世亦成定论。因此，对湖南三叠系与侏罗系的界线探讨，实质上是对唐垅组与造上组或者说是对 *Xinyuella-Waagenoperna* 双壳类组合带和对 *Otozamites-Nilssonia* 植物组合带的时代归属的探讨。对此，目前有如下三种见解：其一认为属晚三叠世 Carnian；其二属 Rhaetian；其三属早侏罗世 Heteangian。而近来的倾向性意见则趋于后者。笔者认为，*Xinyuella-Waagenoperna* 组合带属地方性色彩很浓的组合，很难与大区域及全球性对比，这里仅就该双壳类组合带的自身性质及特点，作如下探讨。总的来看，该组合的下部属种较多，分异度较高，往上属种递趋单调。该组合带中的代表分子 *Xinyuella liuyangensis* 系原 *Trigonodus liuyangensis* 改定而来，它始见于三丘田组中部，三丘田组上部出现频率增高，至造上组达极盛期，而至石康组即濒于绝灭。这一组合带中的另一代表属 *Waagenoperna*，是一个广布于湘赣边境上三叠统中的一个属，除 *Waagenoperna triangularis* 在本组合中属于偶尔见及外，其他三种即 *Waagenoperna mytiloides*，*W. lilingensis*，*W. pernoformis*，它们始见于三家冲组，初步繁盛于三丘田组，极盛于造上组，至石康组即行绝灭。该组合的其他分子全都是本区上三叠统延续上来的，因此，它所反映的时代应为晚三叠世。另以该组合带的属种在剖面上的产出具有自下往上递趋单调这一特点看，反应生活环境的日趋局限，同时也预示着地质时代处于即将变更的前夕。因此，从双壳类组合的特点看，造上组之时代定为晚三叠世 Rhaetian 较合适。

造上组及唐垅组的植物化石属 *Otozamites-Nilssonia* 组合带。这个组合带以 *Otozamites*，*Nilssonia*，*Thinnfeldia*，*Sagenopteris*，*Marattiopsis* 等属分子最为常见，这一组合的属种均为晚三叠世—早侏罗世所共有，但却缺乏晚三叠世及早侏罗世的标准分子。因此它具有浓厚的过渡性色彩，对于它所反映的时代，目前尚无定论，大多随和双壳类研究者意见，倾向于归为早侏罗世。但笔者认为，该组合仍以苏铁类及真蕨类为主，松柏、银杏类处于非常次要的地位，明显地具有 *Dictyophyllum-Clathropteris* 植物群晚期群落的色彩，其时代亦宜归属于晚三叠世末期。

综上分析，本区的三叠系与侏罗系的界线应划在造上组或唐垅组与石康组或心田门组之间，这与 Lias 早期在华南是一次大海侵的总体古地理格局及沉积相序列是吻合的。至于 Rhaetian 归属问题，那是另外一回事，按当前国内外的倾向性意见，我们仍然将 Rhaetian 归属上三叠统。

二、湖南中、下侏罗统的界线问题

湖南侏罗系产有丰富的淡水双壳类、植物、叶肢介、介形虫、鱼等化石，其中，中下统的植物组合同属 *Coniopteris-Phoenicopsis* 组合带，难于划分中、下统界线。1∶20 万地层总结及《湖南省区域地质志》，主要依据双壳类化石将其定在高家田组与千佛岩组（原称跃龙组）之间。经 80 年代以来的重新研究，认为原“跃龙组”的 *Cuneopsis*，*Pseudocardinia*，鉴定均有误，实属新属 *Qiyangia* 和 *Hunanella*，从而将其时代改定为早侏罗世。通过我们近年来的进一步工作，发现原“跃龙组”的 *Pseudocardinia* 无论以形态或铰齿构造看都与新属 *Pseudocardinia* 一致，故本书将本组双壳类归之于 *Qiyangia-Pseudocardinia* 组合带，该组合带位于 *Lilingella-Sibireconcha* 组合带之上，可与其上的 *Lamprotula-Psilunio* 组合带重叠，因此根据两个新属构成的组合带来确定时限是缺乏依据的。在千佛岩组中不仅采获有 *Qiyangia-Pseudocardinia* 组合带中的大量分子，而且也获有主要赋存于沙溪庙组中的 *Lamprotula-Psilunio*

组合带中的一些属种，如 *Psilunio chaoi*，*P. jingyuaensis*，*Cuneopsis sichuanensis* 等。因此，以双壳类看，湖南省的千佛岩组似处于 *Qiyangia-Pseudocardinia* 与 *Lamprotula-Psilunio* 两个组合带的重叠部位，因此，不排除其有属中侏罗统的可能。

千佛岩组所产叶肢介均为 *Eosolimnadiopsis* sp. 及 *E. fuanensis*，后者初见于四川会理福安村中侏罗统新村组，原鉴定者认为叶肢介群之时代属中侏罗世，后随双壳类化石的改定而修订为早侏罗世晚期，我们认为这种修正是无根据的，从现有资料看，该叶肢介群的时限应属早侏罗世晚期—中侏罗世早期。

湖南省千佛岩组获有较多的介形虫化石，除去地方性的新属种外，计有 *Darwinula gigan-impudica*，*D. lufengensis*，*D.* aff. *sarytirmenensis*，*D.* cf. *oblonga*，*Motacypris paroa*，这些分子均是云南中侏罗统和平乡组陆相介形类的典型分子，其组合面貌也基本一致。而和平乡组已为海相双壳类化石证实为中侏罗统，因此，以介形类化石看，湖南省千佛岩组属中侏罗世是无疑的。此外，在株洲、祁阳、零陵一带，千佛岩组中产有较丰富的鱼化石，经王念忠研究，定为 *Hybodus huagnidanensis*，并指出其与中侏罗世的安定弓鲛相近。而且我国过去发现的弓鲛化石绝大部分也属中侏罗世。另外王念忠还指出，祁阳观音滩千佛岩组中产出的硬鳞鱼鳞片，具斜方形、较厚、中脊发育等特征，属中、晚侏罗世的类型。此类鳞片，我们在浏阳跃龙等多处发现，并见其与叶肢介共生。

综合上述分析，我们认为湖南中、下侏罗统的界线应置于岩石地层的千佛岩组与高家田组之间，生物地层上应为 *Lamprotula* (*Eolamprotula*)-*Psilunio* 组合带的底部。*Qiyangia-Pseudocardinia* 组合带是一个跨时代的双壳类组合，不能据其作为划分中、下侏罗统的依据。现将湖南省晚三叠世及侏罗纪之年代地层|部分岩石地层及生物地层的关系，列表对比如下（表5-2）。

表 5-2 湖南晚三叠世—侏罗纪地层多重划分对比表

年代地层		岩石地层	双壳类组合带	植物组合带
中侏罗统	Bathonian	沙溪庙组	*Lamprotula* (*Eolamprotula*) -*Psilunio* 组合带	*Coniopteris-Phoenicopsis* 组合带
	Bajocian	千佛岩组		
下侏罗统	Toarcian	高家田组	*Qiyangia-Pseudocardinia* 组合带	
	Pliensbachian	茅仙岭组	*Lilingella-Sibireconcha* 组合带	
	Sinemurian	石康组	*Hiatella-Trinonuculana* 组合带	*Otozamites-Nilssonia* 组合带
	Hettangian	心田门组		
上三叠统	Rhaetian	造上组 / 唐垅组	*Xinyuella-Waagenoperna* 组合带	
	Norian	三丘田组	*Bakevelloides-Jiangxiella* 组合带	*Ptilozamites-Lepidopteris* 组合带
	Carnian	三家冲组	*Unionites-Myophoriopsis* 组合带	
		紫家冲组		

①刘国昌，1940，湖南溆浦小江口煤田简报，前湖南省地质调查所临时报告，23号（未刊）。

②煤炭部地质勘探研究所，1975，湘赣地区中生代含煤地层划分与对比（油印本）。

③朱伦杰，1986，湖南地层（内部版），湖南区调队。

④湖南省煤田地质勘探公司三队，1973，湘西南煤田地质勘探报告（未刊）。

⑤朱伦杰，1980，湖南地层断代总结（油印本）。

⑥朱伦杰，1976，湘东地区石康组的建立及其时代探讨，湖南区测（内刊）。

第六章
白垩纪—第三纪

在强烈的早期燕山运动的影响下，中国内部诸陆块完成了最后的拼接与焊合。自晚侏罗世以来，随着太平洋板块俯冲的增强，使中国东部进入了环太平洋陆缘构造域的发展阶段。在由俯冲诱发的深部热对流作用下，使包括湖南省武陵山以东地域在内的整个中国东部，形成一系列伸展性堑垒式断陷盆地，沉积了一套厚度巨大的红色复陆屑式建造。其中较大者有衡阳盆地、常德-桃源盆地（简称常桃盆地）和沅陵-麻阳盆地（简称沅麻盆地），其次尚有株洲盆地、湘潭盆地、长沙-平江盆地（简称长平盆地）、醴陵-攸县盆地（简称醴攸盆地）、茶陵-永兴盆地（简称茶永盆地）及临武盆地等数十个中小型盆地（图 6-1）。

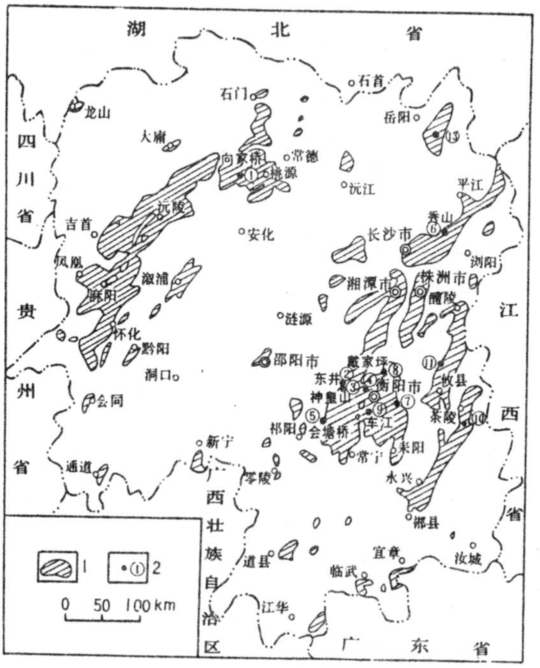

图 6-1 湖南省白垩纪—第三纪岩石地层露头分布及层型剖面位置图

1. 白垩系露头分布区；2. 层型剖面位置及其编号

前人对上述各盆地中的白垩纪—第三纪地层进行过不同程度的研究，积累了大量、丰富的地质资料。但鉴于研究的时间、人员及目的不同等原因，造成地层名称繁杂、同物异名甚多及部分地层单位不符合地层规范要求的现象，从而造成使用、对比上的混乱。通过本次清理与研究，我们认为，省内该期之沉积，由于受到区域构造及古气候的严格控制，在沉积特征上具有明显的一致性。遵循中国地层指南和国际地层指南的有关规定，坚持以“岩性岩相基本一致和时空位置基本相当”为岩石地层单位的延伸对比原则，进一步理顺关系，建立了全省白垩纪—第三纪统一的岩石地层系统（表 6-1）。兹依次分述于后。

表 6-1　湖南白垩纪—第三纪地层多重划分对比表

Stratigraphic multiple classifcation and correlation of the Late Cretaceous～Paleogene Hunan

年代地层		岩石地层	生物化石组合：双壳类	生物化石组合：介形类	生物化石组合：轮藻	生物化石组合：孢粉	同位素年龄值(Ma)
下第三系	渐新统			*Cypris*-*Limnocythere* 组合	*Peckichara*-*Neochara* 组合	残存型 *Schizaeoisporites* 组合	
	始新统	中村组、高岭组					
	古新统	茶山坳组、百花亭组、枣市组、车江组		*Porpocypris*-*Sinocypris* 组合	*Girovesichara*-*Latochara* 组合		65.00
上白垩统	Coniacian	戴家坪组	*Pseudohyria* 组合	*Cypridea* (*Pseudocypridina*)-*Quadracypris* 组合	*Maedlerisphaera*-*Girovesichara* 组合	衰退型 *Schizaeoisporites* 组合	67±2.31
	Turonian	红花套组		*Talicypridea*-*Quadracypris* 组合	*Charites*-*Latochara* 组合	极盛型 *Schizaeoisporites* 组合	
	Cenomanian	罗镜滩组	*Nakamuranaia*-*Plicatounio* 组合		*Porochara* 组合		100±3
下白垩统	Albian	会塘桥组、神皇山组、栏垅组		*Eucypris*-*Cyprois* 组合	*Euaclistochara*-*Mesochara* 组合	兴盛型 *Schizaeoisporites* 组合	115±3
	Aptian	东井组、石门组	*Trigonioides*-*Plicatounio* 组合	*Cypridea*-*Darwinula* 组合	*Perimnesta*-*Triclypella* 组合	萌发型 *Schizaeoisporites* 组合	
	Barremian						
	Neocomian						135±3
		前白垩纪地层					

第一节　岩石地层单位

石门组　Kŝ　(6-43-1100)

【创名及原始定义】　由李四光、赵亚曾（1924）所创名的东湖系石门砾岩演变而来，创名地点位于湖北宜昌市西北六公里之石门。原始定义：指分布于宜昌市西北、南津关一带呈南西-北东向展布的一套以角度不整合覆于寒武—奥陶纪地层之上的“红色陆相粗碎屑建造”。砾石大部分是钙质充填物牢牢地胶结起来的带棱角的宜昌石灰岩碎块组成，层序的更高处，砾块愈圆并且流水冲刷作用很明显，因而石英岩、黑色燧石、花岗岩等等大量地出现于宜昌石灰岩砾块之间。

【沿革】　1970 年，湖南区测队首次将常桃盆地的白垩系下部与石门组对比。此外，中科院南古所①（1961）、湖南区测队②（1972）、湖南地质科学研究所③（1974）等分别将衡阳盆地、常桃盆地及沅麻盆地的相应层位划归东井组、漆家河组、洞下场组底部。通过本次研究，笔者认为恢复石门组一名符合岩石地层命名原则，故重新采用石门组一名，应包括李四光等（1924）命名的底部岩层（基底层）及石门砾岩之和。

【现在定义】 以紫色为主体色调的一套巨厚层—块状砾岩，底部可见一层厚度不等的角砾岩，以不整合覆于前白垩纪地层之上。顶部夹含砾砂岩凸镜体，与上覆五龙组砂岩呈递变过渡。在湖南由紫灰等杂色厚层—块状砾岩、砂砾岩与杂砂岩组成韵律层，不整合于板溪群之上，与上覆东井组为整合接触。

【层型】 次层型为桃源向家桥剖面（H－49－115－D；111°22′，28°48′）（图6－1中①），湖南区测队1970年测制。

上覆地层：**东井组**

2. 紫灰色长石石英砂岩与泥质粉砂岩呈韵律　　20 m

——————— 整　合 ———————

石门组　　总厚度 106 m

1. 紫灰等杂色厚层—块状砾岩、砂砾岩与杂砂岩呈韵律　　106 m

~~~~~~~~~~ 不 整 合 ~~~~~~~~~~

下伏地层：**板溪群**

0. 灰白色变余石英砂岩　　10 m

【地质特征及区域变化】 本组在省内分布较局限，仅见于沅麻、常桃及衡阳3个盆地的局部地段。沅麻盆地南东端较发育，厚55～197 m，往北至麻阳、辰溪及沅陵一带，厚度减薄，一般厚为40 m左右。常桃盆地则主要分布于其西南端，以向阳桥及大旺坪一带最发育。衡阳盆地北西端的东井及神皇山一带发育得较好，最厚达211 m，往南西变薄，至南部的田乐、神仙岭一带，其厚减至30～50 m。

本组由砾岩、砂砾岩及杂砂岩或砾砂质泥岩组成韵律为特征，层理不清，分选较差，常与洪泛沉积之混积岩共生，属山麓之洪积扇沉积。本组未获可资鉴定的古生物化石，故其时代仅根据与上覆东井组之整覆关系而定为早白垩世中期。

东井组　K*d*　（6－43－1101）

【创名及原始定义】 中国科学院南京地质古生物研究所①（1961）创建，命名地点在衡阳县白水乡之东井垅。原始定义系指不整合于侏罗系高家田组之上，整伏于神皇山组紫红色厚层砾岩之下的一套紫红色、灰绿色砾岩、砂岩及泥岩组成的一个沉积旋回。

【沿革】 本组在衡阳盆地一直予以沿用；湖南区测队②（1972）在常桃盆地所创漆家河组，湖南地质科学研究所③（1974）在沅麻盆地所建之洞下场组，均为本组之同物异名。通过本次研究，将原东井组及其与之相当层位的下部粗碎屑岩划归石门组，其上则仍称东井组。

【现在定义】 指以紫红色砂质钙质泥岩为主，夹钙质粉砂岩、薄层砂砾岩及少量灰绿色泥岩，产双壳类、介形类、轮藻化石为特征的一套岩层。其下以渐变关系过渡到以砂、砾岩为主体的石门组，整伏于栏垅组之下。

【层型】 正层型为衡阳白水乡东井垅剖面（G－49－33－D；112°16′，27°05′）（图6－1中②），系南京地质古生物研究所（1961）初测。湖北地质科学研究所（1972）及湖南石油队（1978）相继进行过研究，湖南区测队1978年进行重测。

上覆地层：**栏垅组**

9. 棕红色块状砾岩，底部8 m为砂砾岩　　80 m
~~~~~~~~~~

——————— 整　合 ———————

东井组　总厚度 558.7 m

8. 紫红色厚层杂砂岩与砂质泥岩互层　91 m

7. 紫红色厚层钙质砂质泥岩夹钙泥质粉砂岩　59 m

6. 底部为厚层砂砾岩，往上为厚层钙砂质泥岩夹钙泥质粉砂岩。富含钙质团块。产介形类 *Cypridea* (*Cypridea*) *longiconica*, *C.* (*C.*) *ochyros*, *C.* (*C.*) *xiduensis*, *C.* (*C.*) *dorsicurta*, *C.* (*C.*) *hengyangensis*, *C.* (*Ulwellia*) *xiangnanensis*, *Ziziphocypris simakovi*, *Darwinulla baishuiensis*, *D. parva*; 轮藻 *Flabellochara hengyangensis*, *F. dongjingensis*, *Perimneste ancora*, *Triclypella calcitrapa*, *Euaclistochara mundula*, *Mesochara voluta* 等；双壳类 *Nakamuranaia chingshanensis*, *N. subrotunda*, *N. yunkangensis*, ? *Unio pupengensis*, *Nippononaia* sp., *Sphaerium yanbianensis*, *S. dayaoense*, *S.* cf. *wiljuicum*, *Trigonioides kodairai* 及孢粉化石　82 m

5. 紫红、黄褐色厚层状钙泥质粉砂岩与粉砂质泥岩为主，夹砂砾岩。产 *Nakamuranaia chingshanensis*, *Sphaerium* sp.　114.7 m

4. 紫红色厚层钙砂质泥岩，夹少量钙质粉砂岩，底部有 1.5 m 黄褐色砂砾岩。产介形类 *Cypridea* sp., *Mongolianella* sp.; 轮藻 *Mesochara voluta*, *M. baishuiensis*, *Latochara hunanensis*　110.7 m

3. 紫红色厚层状钙质砂质泥岩，夹二层青灰色砂质泥岩　101.3 m

——————— 整　合 ———————

下伏地层：石门组

2. 黄褐色厚层状砂砾岩与杂砂岩　162.2 m

【地质特征及区域变化】　本组分布局限，常与石门组相伴出露，二者既有上下关系又有相变关系。本组在衡阳盆地总的变化规律是南西端沉积物较细，往北东逐渐变粗，南西端之祁东同乐一带，本组为紫红色钙泥质粉砂岩、粉砂质泥岩夹灰绿色泥灰岩，厚达 800 余米；北西东井垅一带则夹少量杂砂岩及泥砾岩；而北部神皇山一带，即相变为石门组，厚仅 100 余米。常桃盆地北西缘较细，其岩性与同乐一带相同，其厚约 400 m，南部较粗，常夹杂砂岩，厚仅 100 余米。沅麻盆地南西端沉积物较细，芷江洞下场、燕子岩一带，岩性与衡阳盆地西南端同乐一带相近，唯厚度较小，仅 100 余米；往北东岩性逐渐变粗，吉首、辰溪一带，岩性以紫色细砂岩、粉砂岩及粉砂质泥岩组成韵律层为特征，厚度变化不大。此外，在湘南的江华竹市一带，尚有本组分布，其岩性为棕红色中—厚层状钙质粉砂岩夹砂质泥岩及杂砂岩，厚仅数十米。

综上所述，本组岩性较稳定，主要以钙质砂质泥岩及钙泥质粉砂岩为主，不同程度地夹有杂砂岩或泥砾岩。岩石富含钙质，常形成钙质团块，层理不清晰，或显厚的断续水平层理。泥裂构造较常见，常夹有洪泛期形成的混积岩，部分层位产较丰富的双壳类、介形类、轮藻化石，亦可见少量的植物化石，应属半干旱气候条件下的滨—浅湖砂泥质沉积。

本组生物化石较丰富，其中双壳类以 *Trigonioides-Nippononaia-Plicatounio* 组合为特征；介形类属 *Cypridea-Darwinula* 组合，轮藻则为 *Triclypella-Flabellochara-Mesochara* 组合，这些化石总体反映了早白垩世生物群的色彩，因此本组之时代属早白垩世无疑。

栏垅组　K*l*　(6-43-1102)

【创名及原始定义】　系赵别全（1994）所创建，命名地点位于衡阳县白水乡之栏垅。定义为：由紫红、棕红色厚—巨厚层状砾岩、砂砾岩、含砾砂岩及杂砂岩组成的韵律层。整覆于东井组之上，其上与神皇山组为整合过渡关系。

【沿革】 湖南石油队（1978）在该处详细测制过剖面，将本组相应层位归入神皇山组下部。在常桃盆地及沅麻盆地以往则将其归属三阳港组及麻阳组下部，通过对比研究，笔者认为上述各处之岩性、岩相特征一致，时空位置相当，故统称栏垅组。以往文献中所称之马玉塘组、文明司组、漆家河组、洞下场组均属本组之同物异名，省内停止使用。

【现在定义】 由紫红、棕红色厚—巨厚层状砾岩、砂砾岩、含砾砂岩及杂砂岩组成的韵律层。整覆于东井组之上，其上与神皇山组为整合过渡关系。

【层型】 正层型为衡阳白水乡栏垅剖面（G-49-34-C；112°35′，27°05′）（图6-1中③），中南石油地质局1987年测制。

上覆地层：**神皇山组**

14. 紫红色厚—巨厚层状长石石英砂岩与杂砂岩 113 m

——————— 整 合 ———————

栏垅组 总厚度 753 m

13. 紫红色厚—巨厚层状砾岩、砂砾岩与含砾长石石英杂砂岩组成三元韵律结构 121 m
12. 紫红色厚—巨厚层状砾岩、砂砾岩与含砾砂岩或钙质砂岩组成二元韵律结构 125 m
11. 紫红色厚层状砾岩与中—厚层状含砾砂岩或砂岩组成二元韵律结构 235 m
10. 紫红色厚—巨厚层状砾岩或砂砾岩与长石石英砂岩、钙质石英砂岩组成三元韵律结构 264 m
9. 紫红色厚—巨厚层状砂砾岩，具交错层理 8 m

——————— 整 合 ———————

下伏地层：**东井组**

8. 棕红色厚层状杂砂岩与砂质泥岩 91 m

【地质特征及区域变化】 本组除沅麻、常桃、衡阳3个盆地分布较广外，湘潭及长平盆地亦有其分布。其中衡阳盆地北西翼的祁东—东井一带最为发育，其厚达800 m，南西端显著变薄，仅厚数米至数十米，东南侧的冠市街一带厚约200 m。在常桃盆地本组主要分布于盆地西南缘向家桥—大旺坪一带，岩性以砾岩、砂砾岩递变互层、时夹杂砂岩及砾砂质泥岩等混积岩为特征，其厚300～500 m。此外，在太阳山东麓有其分布。在沅麻盆地，以其南东翼的南西段本组较发育。在托口—辰溪一带，本组以砾岩及砂砾岩为主，其厚达500余米。此外在湘潭盆地和长平盆地的北西翼的南西段，亦有本组分布，其岩性与层型剖面雷同，其厚200～350 m。

综观全区，本组主要由砾岩、砂砾岩和少量杂砂岩或砾砂质泥岩组成，砾石成分具近源性，分选差，基本层序常具二元或三元韵律结构，层理不清，韵律间常具冲刷面。纵、横向上均向河流或滨湖相过渡，应属洪积扇砾岩—砂砾岩相。本组未获生物化石，从其上下层位关系分析，大致时代应为早白垩世晚期。

神皇山组 K$\hat{s}h$ (6-43-1103)

【创名及原始定义】 系湖北地质科学研究所（1972）所创建，创名地点为衡阳县神皇山。原始定义系指平行不整合于东井组之上，整伏于戴家坪组含砾砂岩之下的一套由砾岩、长石石英砂岩、棕红色钙泥质粉砂岩及杂色粉砂质钙质泥岩组成的一套具韵律结构的岩层。

【沿革】 1961年南京地质古生物研究所①称该组为集兵滩组，其上为瓜山组；1963年湖南省地质局406队⑤与将其划归东井组；1973年，湖南区测队重新沿用神皇山组一名，并将湖北省地质科学研究所原归入戴家坪组底部（瓜山组）纳入本组之内。在衡阳盆地南部，湖南区测队（1963）在《1：20万耒阳幅区调报告》中，将与本组相当的层位称春江铺组，其上为廖田圩组。在常桃盆地湖南石油队（1960）将相应层位名三阳港组，其上称五龙组；在沅麻盆地，湖北地质科学研究所将与本组相当的层位自上而下划分为高村组、锦江组和小田组；1985年，胡济民等又将小洞组和锦江组合称麻阳组。通过本次研究，笔者采用神皇山组一名，并将其下以砾岩及砂砾岩为主的一段划归栏垅组，其顶界与《1：20万衡阳幅区调报告》中所划一致。以往文献中所称之集兵滩组、瓜山组、三阳港阳、五龙组、小洞组、锦江组、麻阳组、高村组等皆为本组之同物异名，省内停止使用。

【现在定义】 由红褐色钙质长石石英砂岩与紫红色粉砂岩、粉砂质泥岩或灰绿色粉砂质泥岩组成韵律层，产介形类、轮藻、叶肢介、双壳类、植物等化石。与下伏栏垅组呈整合过渡关系，与上覆红花套组整合接触。

【层型】 正层型为衡阳神皇山剖面（G－49－34－C；112°35′，27°06′）（图6－1中④），系湖北地质科学研究所1972年初测，湖南石油队1978年补做过工作，湖南区测队1978年重测。

上覆地层：**红花套组**

15. 棕红色厚层状长石石英粉砂岩，局部含砾石，或富集成砂砾岩夹层 161 m

——————— 整 合 ———————

神皇山组 总厚度 1631 m

14. 棕红色中—厚层状钙质长石石英砂岩与钙质粉砂岩、粉砂质泥岩组成三元韵律层，夹数层青灰色砂质泥岩 114 m
13. 棕红色中层状钙质细砂岩、钙质粉砂岩及砂质泥岩组成三元韵律层。产介形类 *Eucypris* sp.，*Cyprinotus* sp.，*Cypridea* sp.，*C.* cf. *spongvosa*，*Limnocypridea* sp.；叶肢介 *Tenuestheria tenuis*；植物 *Manica* sp.，*M. parceramosa*，*Populophyllum* cf. *minutum* 160 m
12. 上部紫红色钙质砂质泥岩夹黄灰色泥岩；下部棕红色细砂岩、粉砂岩夹青灰色粉砂质泥岩。产介形类 *Limnocypridea* sp.，*Metacypris* sp.，*Eucypris* sp.；植物 *Manica* sp.，*Populophyllum* cf. *minutum*，*Cycadespermum*? sp.，*Baieropsis* sp. 133 m
11. 上部棕红色细砂岩与粉砂岩互层，下部棕红色含砾长石石英砂岩与粉砂岩组成韵律 126 m
10. 棕红色细砂岩，粉砂岩夹8层黄灰色砂质泥岩。产介形类 *Eucypris* sp.，*E. debilis*，*Cypridopsis torsuosus*，*Cyprinotus multiferus*，*Metacypris* sp.，*Cyprois* sp.，*Mongolianella* sp.，*Darwinula* sp.，*Cypridea* sp.；植物 *Manica parceramosa*；双壳类 *Sphaerium* sp. 335 m
9. 褐红色长石石英砂岩与钙质粉砂岩及砂质泥岩组成三元韵律层 115 m
8. 棕褐色长石石英粗砂岩夹青灰色砂质泥岩。产介形类 *Cypridea* sp.，*C.* cf. *langxiensis*，*Eucypris* sp. 143 m
7. 灰褐色长石石英粗砂岩与灰色泥质粉砂岩互层，间夹20层青灰色砂质泥岩。产介形类 *Eucypris* sp.，*E. tersa*，*Metacypris* sp.，*Mongolianella* sp.，*Tenaestheria teauis*；双壳类 *Sphaerium* sp.；植物 *Frenelopsis* aff. *parceramosa* 236 m
6. 红褐色长石石英砂岩与钙质粉砂岩互层，夹青灰色砂质泥岩。产介形类 *Eucypris* sp.，

Cypridea sp., *Cyprinotus toysuosus*, *Talicypridea* sp., *Metacypris* sp., *Mongolianella* sp., *Mandelstamia recta* 79 m

5. 红褐色细—粗粒长石石英砂岩与粉砂岩及砂质泥岩组成三元韵律层，顶部 3 m 为青灰色泥岩。产介形类 *Eucypris* sp., *Talicypridea* sp., *Cyprinotus liulinheensis* 190 m

——————— 整　合 ———————

下伏地层：栏垅组

4. 黄褐色砂砾岩、含砾砂岩、细砂岩 135 m

【地质特征及区域变化】 本组分布范围广，省内各大、中型盆地均发育，其岩性主要为棕色、褐红色长石石英砂岩、粉砂岩、粉砂质泥岩组成韵律层，间夹不同分量的灰绿色泥岩或粉砂岩。与其上覆、下伏岩层相比较，除岩性组合不同外，其色暗紫、富含钙质亦是本组的最大特色。本组富产介形类、轮藻、植物、叶肢介及双壳类等化石。其中介形类以 *Cypridea* (*Pseudocypridina*)-*Eucypris*-*Cyprinotus* 组合为特征；轮藻为 *Euaclistochara*-*Mesochara* 组合；植物以 *Manica*, *Populophullum*, *Cycadespermun*, *Pagiophyllum*, *Brachyphyllum* 等属分子最常见，双壳类所见常为 *Nakamuranaia* 及 *Sphaerium*；叶肢介计有 *Tenaestheria* 及 *Dictyestheria*, *Halysestheria* 等。本组厚度变化较大，厚度最大者为麻阳盆地，其厚达 3 000 m 以上；常桃、衡阳、茶永三盆地其厚度最大为 1 700～2 000 m；湘潭、醴攸等中小盆地一般厚 1 000 m 左右，其余邵阳、株洲、道县等小型盆地，其厚小于 500 m。本组在各盆地岩性及厚度变化的总规律是，盆地西南端岩性粒度相对较细，并常逐渐相变为会塘桥组，往北东其粒度变粗，或向栏垅组过渡，或为上覆地层所超覆。其厚度则南西端相对较厚，往北东逐渐变薄。本组主要由砂—粉砂—泥岩组成的韵律结构，层理类型较多，但以水平层理、波状层理及中小型交错层理最常见，属滨湖砂岩—泥岩相。部分砂岩具中—粗粒结构，底界有明显的冲刷面，大型单向斜层理发育，属河流砂岩相。从相序变化规律看，本组顶、底常夹河流砂、泥岩夹层，而中部则主要为滨湖沉积。

会塘桥组　K*h*　(6-43-1104)

【创名及原始定义】 系胡济民等（1979）所创建，创名地点位于祁东县之会塘桥。其原始定义系指不整合于棋梓桥组之上的一套棕红、紫红色钙泥质粉砂岩、粉砂质钙质泥岩组成的韵律层，其中夹多层灰绿色、杂色泥岩，中部夹少许细砂岩，富产轮藻及少量介形类化石，与上覆罗镜滩组整合接触。

【沿革】 湖南区测队（1973）在《1：20 万衡阳幅区调报告》中，将本组置入神皇山组；1979 年胡济民改称会塘桥组；湖南区调队④（1986）在《湖南地层》中从生物角度出发，重新起用神皇山组一名；通过本次研究，认为称其为会塘桥组更符合岩石地层命名原则，故改称为会塘桥组。

【现在定义】 同原始定义。

【层型】 正层型为祁东会塘剖面（G-49-45-C；112°05′，26°44′）（图 6-1 中⑤），系中南石油局 1979 年所测。

上覆地层：罗镜滩组

22. 棕红色砾岩、砂砾岩 72.8 m

——————— 整　合 ———————

会塘桥组 总厚度 1001 m

21. 紫红色砂岩、粉砂岩、粉砂质泥岩组成三元韵律 16 m

20. 紫红色厚层粉砂岩、粉砂质泥岩组成二元韵律 20 m

19. 浅棕红色粉砂质泥岩夹钙泥质粉砂岩。产轮藻 *Sphaerochara paragranulifera*, *S. granulifera*, *S. brevis*, *Mesochara* sp., *M. xiagouensis*, *M. symmetrica*, *Euaclistochara mundula* 170 m

18. 紫红色钙泥质粉砂岩与紫红色粉砂质泥岩组成二元韵律。产轮藻 *Mesochara symmetrica*, *Sphaerochara brevis*, *S. granulifera* 22 m

17. 紫红色厚层状粉砂质泥岩夹四层灰绿色泥岩。产轮藻 *Sphaerochara brevis*, *S. granulifera*, *S. parvula*, *Mesochara symmetrica*, *M. xiagouensis* 45 m

16. 紫红色粉砂质泥岩，下部夹一层灰绿色粉砂岩。产轮藻 *Sphaerochara granulifera*, *S. huitanqiaoensis*, *Aclistochara* sp., *Cypridea crobiculata* 28 m

15. 紫红色粉砂质泥岩，下部夹灰绿色粉砂质泥岩。产轮藻 *Sphaerochara granulifera*, *S. paragranulifera*, *Mesochara symmetrica* 45 m

14—13. 紫红色泥质粉砂岩与粉砂质泥岩组成韵律，中上部夹灰绿色泥岩。产轮藻 *Sphaerochara granulifera*, *S. paragranulifera*, *S. huitanqaioensis*, *Mesochara symmetrica*, *M. xiagouensis*, *Obtusochara sphericovalis*, *Charites huitanqiaoensis* 240 m

12. 黄灰色厚层状细砂岩 26 m

11—7. 棕红色厚层状长石石英砂岩与钙质粉砂岩及粉砂质泥岩呈韵律 75 m

6—3. 紫红色钙泥质粉砂岩与粉砂质泥岩互层。产腹足类 *Hydrobia* sp.；轮藻 *Sphaerochara granulifera*, *S. paragranulifera*, *Mesochara* sp., *Obtusochara sphaericovalis*, *Charites* sp.；介形类 *Limnocypridea* sp., *Cypridea cartorostrata*, *C.* sp. 313 m

2. 紫灰色砾岩 1 m

~~~~~~~~~~ 不 整 合 ~~~~~~~~~~

下伏地层：**棋梓桥组**

1. 灰岩 50 m

【地质特征及区域变化】 本组分布不及神皇山组广泛，都见于省内中、大型盆地的西南端，如沅麻盆地麻阳、江口、锦和镇；衡阳盆地的会塘桥、马玉塘；茶永盆地的郴县五里牌；醴攸盆地的杨家等地。各处所见岩性组合基本一致，主要为暗紫红色薄—中层状钙泥质粉砂岩与钙质粉砂质泥岩互层为特征，间夹不等量的灰绿色泥岩，局部地区夹少许中层状钙质细砂岩。本组在纵、横向上常与神皇山组互为消长关系。本组轮藻及介形类组合与神皇山组相同，唯独植物化石贫乏。本组以沅麻盆地西南部最厚，锦和一带达 3 000 余米，次为衡阳盆地西南部的马玉塘，其厚 2 171 m，郴县五里牌厚 1 876 m，醴攸盆地最薄，杨家一带所见最大厚度为 660 m。总的厚度变化规律是，大盆地厚度较大，每个盆地西南端的厚度最大，往北东逐渐减薄，最后即为神皇山组所取代。

本组以粉屑—泥质沉积为主，富含方解石，发育水平层理，粉砂岩中偶见有波状层理及斜波状层理，介形类及植物化石较丰富，属湖成砂、泥岩—泥灰岩相沉积。

罗镜滩组 Kl*j* (6-43-1105)

【创名及原始定义】 江汉平原石油地质综合研究联队(1960)创名于湖北宜昌市罗镜滩。原始定义：由暗灰、灰褐、紫红色厚层—巨厚层状砾岩，夹砂砾岩、含砾砂岩、砂岩透镜体
~~~~~~~~~~

组成的粗碎屑岩，时代归属为晚白垩世早期。

【沿革】 南京地质古生物研究所王水等（1961）首次将衡阳盆地中与此相当层位归于戴家坪组下部；湖南石油队（1963）则将常桃盆地的相应层位归属分水坳组下部，自此则予以沿用。通过本次清理与研究，认为将该段地层从戴家坪组及分水坳组分出而改称罗镜滩组，更符合岩石地层单位命名原则，故沿用罗镜滩组一名。

【现在定义】 指整合于五龙组砂岩之上，红花套组砂岩之下的一套灰红、紫红色、灰色厚层至块状砾岩，上部夹砂砾岩及含砾砂岩凸镜体。在湖南由紫红、紫灰色厚—巨厚层状砾岩、砂砾岩夹砂岩组成。下以平行不整合覆于神皇山组之上，上以退积型韵律结构过渡到以砂岩为主的红花套组。

【层型】 次层型为浏阳秀山头屋剖面（H－49－131－D；113°23′，28°23′）（图 6－1 中⑥），湖南区测队 1977 年测制。

上覆地层：**红花套组**

13. 紫红色厚层状粗粒长石石英砂岩	30 m

———————— 整　合 ————————

罗镜滩组	总厚度 499.7 m
12—9. 紫红色厚—巨厚层状细砾花岗质砾岩夹厚层状含砾粗粒长石石英砂岩	83.8 m
8. 深灰色、紫灰色块状粗面岩，具气孔及杏仁构造	12 m
7. 紫灰色含粗面岩砾石之细砾花岗质砾岩与紫红色含砾长石石英粗砂岩及砂砾岩互层	9 m
6. 灰紫色块状粗面岩，具气孔、杏仁构造	11.9 m
5. 紫灰色巨厚层—块状含巨砾之花岗质砾岩	66 m
4. 灰—紫灰色巨厚层—块状含巨砾细砾花岗质砾岩	156 m
3. 灰—紫灰色巨厚层—块状含板岩砾之细砾花岗质砾岩	55 m
2. 灰褐色厚—巨厚层状含板岩砾之花岗质砾岩。夹似层状砂砾岩透镜体	28.5 m
1. 褐色巨—厚层状含巨砾—粗砾板岩质砾岩	77.5 m

－－－－－－－ 平行不整合 －－－－－－－

下伏地层：**神皇山组**

0. 紫红色厚层状钙质石英砂岩与粉砂质泥岩互层	5.8 m

【地质特征及区域变化】 本组分布较为广泛，除沅麻及湘南一些小盆地外，其他各盆地均较发育，尤以衡阳、湘潭、株洲、醴攸、茶永、长平诸盆地最为发育，在上述诸盆地中的西南端，没有本组分布或厚度很薄，而沿北东方向其厚度显著增大，其中醴攸、茶永两盆地北东端尤其是东侧厚度最大，达 800～1 000 m；其余各盆地厚约 100～600 m。

本组主要由砾岩、砂砾岩和少量混积岩组成，砾石成分具近源性，胶结物多为砂泥质和钙灰质，分选较差。韵律多具二元或三元结构，二元结构由砾岩、砂砾岩组成，二者常具递变关系，显不清晰的透镜状层理或断续水平层理，部分砾石具定向性。具三元结构者则在砂砾岩之上，往往尚有厚度不大的混积岩，亦即含砾、砂的泥钙质粉砂岩，不显层理，其顶常与上部韵律层呈冲刷接触。因此，本组具有较典型的洪积扇砾岩—砂砾岩相之特征。本组与下伏神皇山组多为平行不整合接触，而多数情况下则以超覆关系不整合于前白垩纪地层之上。其总体时代属晚白垩纪。

红花套组 *Khh* （6-43-1106）

【创名及原始定义】 由北京地质学院三峡地层队（1960）创名，创名地位于湖北宜都县红花套。原始定义：指出露于宜都县红花套一带沿江分布的鲜红、棕红色块状砂岩、泥岩地层。

【沿革】 省内与本组相当之层位，在衡阳盆地北部，首先由王水等（1961）命名为台源寺组，在衡阳盆地南部，湖南区测队（1963）称其为廖田圩组；在常桃盆地，湖南石油队（1963）则将其归为分水坳组中下部。通过本次研究，认为以上层位的时空位置及岩性岩相特征均与江汉盆地的红花套组一致。故采用其名。

【现在定义】 指整合于罗镜滩组砾岩之上的一套以鲜艳的棕红、砖红色为主体色调的厚层状砂岩为主的地层，夹有泥质细砂岩及粉砂岩、泥岩（页岩）。与上覆跑马岗组杂色细砂岩、粉砂质泥岩、页岩呈递变过渡。在湖南整覆于神皇山组之上，岩性以灰白、棕红色长石石英砂岩、杂砂岩为主夹紫红色泥质粉砂岩及少量粉砂质泥岩和砂砾岩，含少量介形类化石。其与上覆戴家坪组为整合接触。

【层型】 次层型为衡南向阳桥剖面（G-49-46-C；112°43′，26°43′）（图6-1中⑦），系湖北地质科学研究所（1972）所测，1973年湖南区测队及湖南石油队相继进行过工作。

上覆地层：**戴家坪组**

16. 紫红色钙质泥岩夹泥质砂岩及泥质粉砂岩。产介形类 *Cypridea* cf. *bispinosa*, *Darwinula contracta*, *Mongolianella* sp., *Limocypridea* sp., *Clinocypris* sp. 764 m

——————— 整　合 ———————

红花套组 总厚度 1 356 m

15—14. 紫红色厚—巨厚层状含砾长石石英砂岩，长石石英砂岩夹紫红色薄层泥质砂岩及少量灰绿色砂质泥岩 637 m

13. 上部为黄褐色细砂岩夹紫红色泥质砂岩及砂质泥岩；上部为紫红色巨厚层长石石英砂岩夹紫红色泥质砂岩 511 m

12. 底部为紫红色玄武质砾岩往上为紫红色泥质砂岩夹砂质泥岩 68 m

11. 玄武岩 40 m

10. 紫红色粗砂岩夹泥质砂岩及含砾砂岩透镜体 100 m

——————— 整　合 ———————

下伏地层：**神皇山组**

9—8. 紫红色钙质泥岩，夹薄层粉砂岩，上部夹泥质细砂岩 395 m

【地质特征及区域变化】 本组分布较广泛，除沅麻盆地外，省内诸盆地皆有其存在。各处所见岩性大体与次层型剖面相同，其上下以砂岩为主，中部夹较多的粉砂岩及泥岩。砂岩富含长石及岩屑、杂基含量较高，发育水平层理，小型沙纹层理；部分砂岩具板状斜层理，泥质粉砂岩具液化特征及变形构造。因此，本组代表三角洲—冲、洪积平原—滨湖砂岩—混积岩相。本组在衡阳盆地东南部厚度较大，厚达1 000余米。往北东逐渐减薄而相变为以泥岩及粉砂岩为主的戴家坪组，湘潭、株洲、醴攸、茶永、长平等盆地的西南段岩性及厚度与衡阳盆地东南部近似，唯下部多发育有罗镜滩组。上述诸盆地的北东段，随着罗镜滩组厚度的增大，本组厚度显著减小，一般为数百米，且其上往往与百花亭组直接接触。因此本组在纵、横向上与罗镜滩组或戴家坪组都互为消长关系。

戴家坪组 K*dj* （6-43-1108）

【创名及原始定义】 系王水等（1961）所创建，命名地点位于衡东县之戴家坪。其原始定义系指不整合于花岗岩之上的一套紫色砾岩、砂岩、粉砂岩、泥岩组成的一个沉积旋回，其上与霞流市组整合接触。

【沿革】 在衡阳盆地南部，湖南区测队（1965）将与本组相同的层位称廖田圩组上段；在常桃盆地，湖南石油队（1963）则将其归为分水坳组上部。通过本次清理与研究，据岩石地层划分原则，将原戴家坪组底部及廖田圩组、分水坳组下部粉碎屑岩划出，而将其上部以泥岩及粉砂岩为主体的部分称为戴家坪组。

【现在定义】 主要由紫色泥岩、粉砂质泥岩组成，夹灰绿色泥岩、粉砂岩和少量细砂岩，富含介形类及轮藻化石。下与罗镜滩组整合接触，上与车江组呈平行不整合接触。

【层型】 正层型为衡东县戴家坪剖面（G-49-34-D；112°50′，27°08′）（图6-1中⑧），该剖面系王水等（1961）所草测，继由中南地质科学研究所（1964）及湖南石油队（1974）详细重测。

上覆地层：车江组

8. 杂色厚层状细砾岩 7 m

——————— 平行不整合 ———————

戴家坪组 总厚度 534.6 m

7. 紫红色厚层粉砂质泥岩夹薄层钙质粉砂岩，下部夹多层杂色泥岩。产介形类 *Cypridea* sp.，*C.*（*C.*）*cavernosa*，*Quadracypris* sp.；轮藻 *Latochara curtula*，*L. guangdongensis*，*Gyrogona hubeiensis*，*G. hubeiensis daijiapingensis*，*Grambastichara* cf. *rudongica* 80.5 m

6. 紫红色粉砂质泥岩与浅紫红色薄—厚层状钙质粉砂岩不等厚互层，夹多层杂色泥岩。产介形类 *Talicypridea amoena*，*T. subquadrata*，*T. pulcnara*，*Quadracypris* sp.，*Q. quadrata*，*Cypridea*（*Morinina*）*xindianensis*，*C.*（*M.*）sp.，*Cypridea*（*pseudocypridina*）sp.，*Cyprinotus* sp.，*Eucypris* sp.；轮藻 *Porochara anluensis*，*P. guangdongensis*，*Gyrogona hubeiensis daijiapingensis*，*Latochara curtula*，*L. guangdongensis*，*Charites* cf. *guanpingensis*，*Grambastichara* cf. *rudongica* 112.6 m

5. 紫红色厚层状粉砂质泥岩夹薄—中层状钙质粉砂岩，下部夹杂色泥岩。产介形类 *Talicypridea amoena*，*Candona* sp.；轮藻 *Peckichara paomagangensis*，*Gyrogona hubeiensis daijiapingensis*，*Grambastichara* cf. *rudongica* 96.5 m

4. 紫红色粉砂质泥岩及钙质粉砂岩为主，夹细砂岩及细砾岩透镜体 37 m

3. 紫红色粉砂质泥岩与钙质粉砂岩不等厚互层。产介形类 *Talicypridea* sp.，*Cypridea* sp.，*Mongolianella* sp.，*Candona* sp.；孢粉组合中蕨类植物孢粉占74%，其中 *Schizaeoisporites* sp. 占72%，裸子植物花粉10%，被子植物花粉达16% 208.0 m

———————— 整　合 ————————

下伏地层：罗镜滩组

2. 紫红色厚层状砾岩夹浅棕红色中—厚层状细砂岩 82 m

【地质特征及区域变化】 本组主要分布于衡阳盆地北部及湘潭、株洲、醴攸等盆地，此外，常桃、长平等盆地亦有其分布，各处所见岩性岩相与层型剖面所见大体相同，厚度以衡阳盆地北部及湘潭、株洲盆地最大，一般厚达1 000余米；醴攸盆地西部较厚，约为600 m，东部较薄，一般100～300 m。其他盆地所见厚度约在500 m以下。本组在各盆地具有如下变化规律：盆地中段较发育，厚度较大，岩性较细，下部常夹石膏层；南西段常横向变化为红花套组，而本组厚度较小；北东段则部分相变为罗镜滩组及红花套组，岩性略粗，常夹不等量砂岩。

本组以细屑岩沉积为主，常夹粉砂质泥灰岩及石膏层，水平层理发育，属湖成砂泥岩—泥灰岩相沉积。本组轮藻及介形类化石丰富，其中轮藻属 *Porochara anluensis-Charites tenuis* 组合；介形类属 *Talicypridea-Cypridea-Candona* 组合。总体时代属晚白垩世中晚期。

车江组　Kĉ　(6－43－1109)

【创名及原始定义】　系湖南省地质局406队⑤（1963）创建，命名地为衡南县之车江镇。原始定义系指整合于戴家坪组紫红色粉砂质泥岩之上的一套灰白色、棕红色长石石英砂岩、粉砂岩、粉砂质泥岩，底部夹砂砾岩透镜体，顶部夹少量灰绿色泥岩，其上为霞流市组所整覆。

【沿革】　钟铿等（1964）通过对衡东霞流市一带剖面的研究，将相当层位命名为东塘组，归其时代为古新世。1982年，湖南石油队进一步证实车江组与东塘组层位相当，从而恢复车江组一名。在沅麻盆地，曾德敏等将芷江县城附近第三系泥岩之下的一套砂岩命名为泥家冲组；在常桃盆地，湖南石油队（1976）把桃源延泉附近分水坳组顶部的一套砂岩夹泥岩，划归岩码头组，其层位都与车江组相当。通过本次研究，认为东塘组、岩码头组、泥家冲组均系车江组之同物异名，遵照地层命名的优先原则而采用车江组一名。

【现在定义】　以灰白色、棕红色长石石英砂岩、粉砂岩为主，间夹粉砂质泥岩及砂砾岩凸镜体，与下伏戴家坪组及上覆枣市组均为整合接触。

【层型】　正层型为衡南车江牛头山剖面（G－49－46－C；112°35′，26°10′）（图6－1中⑨），该剖面系406队（1963）草测，后经湖南区测队（1976）和湖南石油队（1982）相继详细重测。

上覆地层：枣市组

22. 紫红色泥岩、粉砂质泥岩　26.4 m

——————　整　合　——————

车江组　总厚度 277.5 m

21—16. 下部为灰白色长石石英砂岩，上部为紫红色泥质粉砂岩与粉砂质泥岩呈韵律　96.4 m

15. 底部为灰白色厚层长石石英砂岩夹砾岩凸镜体，往上为棕红色含细砾杂砂岩　18.3 m

14. 紫红色粉砂质泥岩与泥质粉砂岩互层，顶部为泥岩。产介形类 *Cypridea* (*Morinia*) *xindianensis*, *C.* (*Pselldocypridina*) *longa*, *C.* (*P.*) *aversa*, *Talicypridea* sp., *Cyprois* sp., *Quadracypris* sp., *Candona declivis*, *Eucypris* sp.；轮藻 *Gyragona zhajiangensis*, *Grovesichara changdeensis*, *Sphaerochara parvula* 等　15.4 m

13—11. 下部为灰白色厚层含砾长石石英砂岩；上部为紫红色杂砂岩—泥质粉砂岩呈韵律　35.8 m

10. 下部为灰白色长石石英砂岩、棕红色粉砂岩、粉砂质泥岩呈韵律。上部棕红色钙质粉砂岩夹粉砂质泥岩　18.4 m

9. 棕红色粉砂质泥岩，下部夹粉—细砂岩　15 m

8—7. 下部灰白色厚层长石石英砂岩，上部棕红色粉砂岩与粉砂质泥岩呈韵律　19.1 m

6. 棕红色粉砂质泥岩夹钙质粉砂岩。产介形类 *Cypridea* sp.；轮藻 *Charites* sp.,

C. sadleri，*Grambastichara* sp. 16.5 m

5—3. 底部为灰白色厚层状长石石英砂岩，上部为棕红色粉砂岩与粉砂质泥岩呈韵律 27.2 m

2. 灰白色厚—巨厚层状长石石英砂岩夹砾岩透镜体，顶部为紫红色细砂岩与粉砂岩互层 15.4 m

——————— 整 合 ———————

下伏地层：戴家坪组

1. 紫红色粉砂质泥岩与薄层泥质粉砂岩互层 20 m

【地质特征及区域变化】 本组以衡阳盆地发育较好，此外在醴攸盆地南西端及常桃、沅麻等盆地亦有零星分布。衡阳盆地南部厚度较大，达1 000余米，醴攸盆地西南端厚近500 m，其他各处所见其厚在100～300 m之间。本组岩性与层型剖面所见大体相同，多处见其局部含铜。本组产多种恐龙蛋化石，并含有较丰富的介形类、轮藻及双壳类化石。其中双壳类以假嬉蚌及少褶褶珠蚌类型为特征，介形类及轮藻则属于中新生代的过渡类型。本组砂岩具交错层理，部分泥岩不显层理而具混积岩特征，二元韵律结构较发育，韵律顶部常具冲刷面，因此应属河流—河湖三角洲砂泥岩相之沉积。总体时代属晚白垩世末期。

百花亭组 KE*b* (6-43-1114)

【创名及原始定义】 系赵别全（1994）所创建，创名地点位于岳阳百花亭。原始定义为：百花亭组是指一套红褐色巨厚层状砾岩、砂砾岩、含砾长石石英砂岩及含砾钙泥质粉砂岩，超覆于冷家溪群之上，其上部与中村组呈过渡关系。

【沿革】 湖南区测队（1977）将该套岩层归入上白垩统—古新统，在1∶20万韶山幅及1∶20万浏阳幅中则均将其置于戴家坪组上段，在沅麻盆地，湖南区调队④（1986）曾将相当层位称罗旧组，通过本次研究，认为该套地层以岳阳百花亭一带厚度最大，发育最全，故统称百花亭组。

【现在定义】 由红褐、棕褐色厚—巨厚层状砾岩、砂砾岩、含砾长石石英砂岩组成二元或三元韵律结构的一套巨厚沉积。其下与冷家溪群呈不整合接触，其上与中村组呈过渡关系。

【层型】 正层型为岳阳中村百花亭剖面（H-49-119-C；113°15′，28°05′）（图6-1中⑬），湖南区测队1977年测制。

上覆地层：中村组

34. 红褐—灰白色厚层含砾长石石英砂岩、杂砂岩 100 m

——————— 整 合 ———————

百花亭组 总厚度5 899 m

33. 紫色厚层状砾岩、砂砾岩、不等粒长石石英砂岩组成三元韵律 208 m

32—31. 紫色中厚层状砾岩、砂砾岩、长石石英砂岩、含砾砂质泥岩组成四元韵律 202 m

30. 淡紫色厚—巨厚层状含砾长石石英砂岩夹少许含砾砂质泥岩及砾岩透镜体 157 m

29. 红褐色巨厚层—块状含砾砂质泥岩 171 m

28—26. 紫灰、灰白色厚—巨厚层状砂砾岩、含砾不等粒长石石英砂岩或杂砂岩组成二元韵律 379 m

25. 棕褐色砾岩 61 m

24—21. 灰褐色厚层状砾岩、砂砾岩、不等粒长石石英砂岩组成三元韵律 690 m

20. 灰紫色厚层杂砂岩，间夹薄层砾岩或砂砾岩 61 m

19. 灰褐色巨厚层砂砾岩 134 m

18—16. 红褐色巨厚层状含砾长石石英砂岩、长石石英砂岩及砾岩 493 m

15—14. 红褐色巨厚层状细砂岩 197 m

13—9. 红褐色巨厚层状砾岩、砂砾岩夹砂岩 789 m

8. 红褐色中—厚层状含砾砂岩 256 m

7—3. 红褐色巨厚层状砂砾岩 1830 m

2—1. 红褐色巨厚层状砾岩 271 m

~~~~~~~~~~ 不 整 合 ~~~~~~~~~~

下伏地层：**冷家溪群**

0. 千枚状板岩 100 m

【地质特征及区域变化】 本组主要分布于湘潭盆地、长平盆地、岳阳盆地东侧，此外在沅麻盆地的辰溪县洞门前、麻阳县黄双冲、芷江县罗旧等处，亦有零星分布。除岳阳中村一带与前白垩纪地层呈不整合关系外，其他各处均以平行不整合或微角度不整合于白垩系不同层位之上。本组各处所见岩性与层型剖面所见雷同，唯厚度不一，湘潭盆地所见最大残留厚度约 500 m，长平盆地残留最大厚度为 1 000 m，沅麻盆地之最大残留厚度仅 150 m，而百花亭一带其厚达 5 000 余米。本组主要由砾岩、砂砾岩和含砾长石石英砂岩组成，砾石成分具近源性，胶结物为砂泥质和钙质，砾石分选差，磨圆度低，组构不明显。各韵律常见冲刷现象，而韵律层内部则显递变现象。属洪积扇砾岩—砂砾岩相沉积。本组之总体时代根据其上下层位关系确定，应为晚白垩世晚期—古新世。

枣市组 Ez (6-43-1110)

【创名及原始定义】 系高红湘（1975）创建，命名于茶陵县之枣市。原始定义：底部为一厚层状长石石英砂岩，与白垩系呈平行不整合接触，其上为紫红色粉砂质泥岩、泥岩夹紫灰、灰绿色粉砂岩、细砂岩，产古脊椎动物化石。

【沿革】 在茶永盆地，湖南区测队（1966）在 1∶20 万攸县幅中将该套地层概称古新统；王水等（1961）将衡阳盆地相当的一套层位置入上衡阳群霞流市组上部，1964 年，湖南省地质局 406 队则将其归入车江组上部；同年，中南地质科学研究所则将原霞流市组及车江组下部改称东塘组，其上部归为霞流市组茶山坳段下部，尔后则予以沿用。在常桃盆地，湖南区测队（1972）将相应层位称剪家溪组，1979 年，湖南石油队则改置于沅江组一段下部。在沅麻盆地，湖南区测队 1974 年将其相当层位统归下第三系，曾德敏等（1987）建芷江组，并将其置于该组下部。通过本次清理，认为枣市组较符合岩石地层单位命名原则，故采用其名。

【现在定义】 由棕红色粉砂质泥岩、泥岩夹粉砂岩及细砂岩组成。产脊椎动物及少量介形类化石。与下伏车江组之砂岩整合接触。区域上，其上整覆茶山坳组。

【层型】 正层型为茶陵枣市下孟塘剖面（G-49-48-C；113°34′，26°45′）（图 6-1 中⑩），高红湘 1975 年测制。

枣市组 总厚度 >185 m

8. 紫红色粉砂质泥岩夹粉砂岩和细砂岩及薄层灰绿色粉砂岩。含石膏细脉和钙质结核。产脊椎动物 *Bemalambda nanhsiungensis*，*Hypsilolambda chalingensis*，*H. impensa*，*Stenanagala xiangensis*，*Lestes rotundus*，*Meiostylodon zaoshiensis*；介形类 *Sinocypris funingensis*，*S. subcylindrica*（未见顶） 153 m
~~~~~~~~~~

7. 棕红色粉砂质泥岩夹粉砂岩及细砂岩。产恐龙蛋 *Macroolithus yaotunensis* 32 m

——————— 整　合 ———————

下伏地层：**车江组**

6. 紫红色厚层粗砂岩，上部夹灰绿色含砾粗砂岩 57 m

【地质特征及区域变化】　本组零星分布于衡阳、茶永、湘潭、株洲、醴攸、长平、常桃、沅麻、溆浦等盆地之中。各处岩性雷同，均以紫红色泥岩、粉砂质泥岩为主，夹薄—中层状粉—细砂岩，泥岩含钙高，常有钙质结核分布，并含钙芒硝，厚129～542 m。在衡东霞流市剖面，与茶山坳组整合接触。本组生物化石较丰富。介形类属 *Porpocypris-Eucypris* 组合，具有中新生代分子混生的特点，轮藻属 *Peckichara-Hornichara-Stephanochara* 组合，古脊椎动物属哺乳类阶齿兽动物群。在个别剖面底部尚产恐龙蛋化石。本组以细碎屑沉积为主，时夹薄层钙芒硝，发育水平层理，属滨湖、浅湖泥、砂岩相沉积。本组之总体时代为晚白垩世末期—早、中古新世。

茶山坳组　E$\hat{c}$　(6-43-1111)

【创名及原始定义】　本组系王水等（1961）所创建。命名于衡阳市附近之茶山坳。原始含义系指整覆于霞流组之上的一套紫红、灰绿等杂色泥岩夹砂岩，含石膏、芒硝及岩盐等矿层，富含鱼、植物、双壳、介形类、轮藻等化石的地层。

【沿革】　1964年，湖南省地质局406队将王水等的茶山坳组一分为二，其下称茶山坳组，其上称高岭组，1964年，湖北地质科学研究所将原茶山坳组改称霞流市组，其下称茶山坳段，其上称高岭段，尔后则为众所沿用。在常桃盆地，湖南区测队（1972）将上述相应层位名谓剪家溪组，1979年，湖南石油队改称沅江组。在沅麻盆地曾德敏等（1987）将其相应层位归入芷江组。在湘乡盆地斯行健等（1954）将该套岩层称之为下湾铺组。在澧县、临澧一带靳凤桐等（1945）首将相当层位称“歇架山岩系”。通过本次清理与研究，我们认为406队所称之茶山坳组符合岩石地层命名原则，故予以采用。

【现在定义】　整覆于枣市组之上的一套棕红、青灰、黄绿色泥岩，上部夹棕红色粉砂岩，井下见岩盐、石膏、芒硝数十层。产鱼、植物、双壳类及介形类、轮藻等化石。与上覆高岭组呈整合接触。

【层型】　正层型为衡东霞流市剖面（G-49-34-D；112°50′，27°08′）（图6-1中⑪），王水等1961年草测，中南地质研究所1964年详细重测。

上覆地层：**高岭组**

3. 棕红色细砂岩、粉砂岩夹黄绿色泥岩、泥灰岩。产介形类 *Ilyocypris changzhouensis*, *Eucypris* cf. *stagnalis*, *Sinocypris funingensis* 136 m

——————— 整　合 ———————

茶山坳组　　总厚度 79 m

2. 暗红、黄绿、灰绿色泥岩，上部夹棕红色粉砂质泥岩及粉砂岩。钻孔中见岩盐、石膏、钙芒硝数十层。富含鱼 *Osteochilus linliensis*, *O. hengyanensis*, *Tungtingichthys gracilis*；介形类 *Sinocypris funingensis*, *Ilyocypris cornae*, *Eucypris stagnalis*；植物 *Myrica angustifolia*；轮藻 *Grovesichara changzhouensis* 及双壳类和腹足类等化石 79 m

——————— 整　合 ———————

下伏地层：枣市组

1. 紫红色泥岩夹粉—细砂岩 50 m

【地质特征及区域变化】 本组分布同枣市组，各处所见岩性略有变化，其中衡阳盆地、湘乡盆地灰绿色岩层较发育；湘北临澧、澧县及湘乡下湾铺一带夹油页岩；常桃盆地、沅麻盆地紫红色泥岩相对较多并夹少量砂岩。厚度以湘乡盆地最大，达700余米，其他各处所见厚度为数十米到100余米。

本组以棕红、灰绿、深灰色泥岩、泥灰岩夹油页岩及膏盐等为特征，部分地区尚夹薄层泥晶白云岩，具水平层理，属咸水—半咸水湖泊相沉积。

本组产丰富的植物、介形类、轮藻、鱼等化石。其中鱼化石以 *Tungtingichthys gracilis* 及 *Osteochilus linliensis* 为代表；植物属 *Palibinia* 植物群；轮藻属 *Peckichara longa* - *Stephanochara breviovalis* 组合；介形类可归之为 *Sinocypris*-*Eucypris*-*Parailyocypis* 组合，本组时代属古新世。

高岭组 Eg (6-43-1112)

【创名及原始定义】 本组系中南地质研究所（1964）所创建，命名地点在衡东县霞流市附近之高岭。原始定义系指整覆于茶山坳组之上的一套灰白、棕色长石石英砂岩、细砂岩夹黄绿色泥岩、泥灰岩的岩层。

【沿革】 在衡阳盆地本组最早由王水等（1961）置于茶山坳组上部，1964年中南地质科学研究所归为霞流市组高岭段，湖南石油队（1978）改称粟木坪组。在常桃盆地，湖南区调所（1972）称其为剪家溪组，后湖南石油队（1979）改称常德组。在沅麻盆地，湖南区测队（1974）始称下第三系，后由湖南石油队（1987）曾德敏等归为芷江组上部。通过本次研究，我们认为高岭组符合岩石地层命名原则，且创建在先，故予沿用。

【现在定义】 系指整覆于茶山坳组之上的一套紫灰色、棕红色细砂岩、粉砂岩为主夹少量灰绿色泥岩的一套岩层，产介形类及轮藻化石。上未见顶。

【层型】 正层型剖面位于衡东霞流市（G-49-34-D；112°50′00″，27°08′00″）（图6-1中⑪），中南地质研究所1964年测制。

高岭组 总厚度＞223 m

12. 灰、灰红色中厚层长石石英砂岩与棕红色粗砂岩互层，夹黄绿色泥岩。产介形类 *Eucypris grandis*，*Planorbis* sp.；轮藻 *Teclocpara* sp.（未见顶） 87 m

11. 棕红色细砂岩、粉砂岩夹黄绿色砂质泥岩。产介形类 *Limnocythere sarctipatricii*，*L. alata*，*Ilyocypris changzhouensis*，*Eucypris* cf. *stagnalis*，*E. illoformis*，*E. candida*，*E. longa*，*Sinocypris funingensis*，*Paraeucypris* cf. *tota*，*Cyprinotus* cf. *fortilis*，*C. iectus*，*C.* cf. *formalis*；轮藻 *Tectochara* sp. 等 136 m

——————— 整 合 ———————

下伏地层：茶山坳组

10. 黄绿、灰绿色泥岩，夹紫红色粉砂质泥岩 79 m

【地质特征及区域变化】 高岭组分布较茶山坳组更为局限，仅见于衡阳盆地北部及常桃盆地和沅麻盆地的芷江一带。其中以常桃盆地保存较全，厚度最大。本组各处所见岩性略有变化，其总体规律是，衡阳盆地北部，如衡阳县鱼子塘、衡东县霞流市、栗木坪一带砂岩较多，并夹较多的浅色泥岩，其最大残留厚度近500 m。常桃及沅麻盆地岩性相对较细，砂泥岩互层或砂岩呈夹层，并见有较多的紫红色砂质泥岩或泥岩。常桃盆地最大残留厚度近1 000 m。本组介形类以 *Cypris* 及 *Limnocythere* 两属为主，可称为 *Cypris decaryi-Limnocythere hubeiensis* 组合；轮藻属 *Neochara huananensis-Obtusochara elliptica* 组合。此外在衡阳盆地的栗木坪一带本组中尚获有 *Archaeolambda* sp.，*Asiocoryphoelon* sp.，*Propachynolophus hengyangensis*，*Matutinia nitidulus*，*Hunanictis inexpectatus*，*Microparamys lingchaensis* 等古脊椎动物化石。

本组具有下细上粗之韵律结构，部分为砂岩发育交错层理。属河湖三角洲之砂泥岩相沉积。其时代属早始新世。

中村组　Eẑc　(6－43－1113)

【创名及原始定义】　本组系湖南区测队（1977）所创建，命名于岳阳县新墙南东之中村。其原始含义是：下段以紫褐色不等粒长石石英砂岩及含砂砾泥岩为主；中段为紫红色厚层状粉砂岩及含砾不等粒长石石英砂岩；上段为红褐色巨厚层状不等粒长石石英砂岩。总厚2490 m。与下伏古新统砾岩及砂砾岩整合接触。

【沿革】　湖南区调队④（1986）在《湖南地层》一书中未用中村组一名，将其归入汉寿组，而汉寿组是一个井下地层单位，岩性为紫红色泥岩及粉砂岩。通过本次研究，我们认为有恢复中村组一名之必要，故重新予以沿用。

【现在定义】　由棕褐色厚—巨厚层状含砾不等粒长石石英砂岩、杂砂岩、含砾砂质泥岩组成的韵律层，时夹棕褐色粉砂岩及砂砾岩凸镜体。产冠齿兽化石。与其下之百花亭组为整合接触，上未见顶。

【层型】　正层型为岳阳中村剖面（H－49－119－C；113°15′，28°05′）（图6－1中⑬），湖南区测队1977年测制。

中村组	总厚度＞2522.3 m
55. 棕褐色不等粒长石石英砂岩夹砂砾岩及泥质粉砂岩（未见顶）	210 m
54—53. 棕褐色中—巨厚层状钙泥质粉砂岩，中上部夹长石石英砂岩，下部夹砂砾岩及杂砂岩	195.3 m
52. 棕褐色中—厚层状砂砾岩与含砾砂岩互层。含冠齿兽化石	62 m
51—49. 棕褐色钙泥质粉砂岩夹砂砾岩，含钙质团块	205 m
48. 棕褐色砾岩、砂砾岩、长石石英砂岩、泥质粉砂岩组成韵律	58 m
47—46. 棕褐色厚—巨厚层状杂砂岩夹泥质粉砂岩及砾岩透镜体	211 m
45—44. 棕褐色厚层状不等粒长石石英砂岩，间夹少许砂砾岩及含砾砂质泥岩	239 m
43. 棕褐色厚—巨厚层状砂砾岩、杂砂岩、砾砂质泥岩组成韵律	117.5 m
42. 棕褐色不等粒长石石英砂岩与含砾砂质泥岩互层，间夹砾岩及砂砾岩透镜体	153 m
41—39. 棕褐色厚—巨厚层状含砾砂质泥岩，夹砂岩、不等粒长石石英砂岩及砂砾岩	280 m
38. 棕褐色含砾不等粒长石石英砂岩夹含砾泥岩及砂砾岩透镜体	37.5 m
37. 棕褐色及蓝灰色砂砾岩、长石石英杂砂岩及含砾砂质泥岩组成韵律。其中以含砾砂质泥岩为主。产古脊椎动物 *Coryrhodon* sp.	91 m
36. 棕褐色含砾砂质泥岩夹砂砾岩	174 m

35—34. 含砾不等粒长石石英砂岩，上部夹杂砂岩及含砾砂质泥岩，下部夹砾岩凸镜体　489 m

————— 整 合 —————

下伏地层：百花亭组

33. 棕褐色厚—巨厚层状砾岩及含砾不等粒长石石英砂岩　208 m

【地质特征及区域变化】 本组仅分布于岳阳盆地东南侧，由一套巨厚的含砾长石石英砂岩、杂砂岩、粉砂岩、含砾砂质泥岩组成，具二元或三元韵律结构，韵律间具冲刷构造，部分砂岩发育大型交错层理，属洪积扇—河湖三角洲相之沉积。其厚逾 4 000 m。根据本组所产之冠齿兽化石，其时代属早始新世。

第二节　几个年代地层问题的探讨

一、石门组及东井组的时代归属问题

石门组、东井组二者组成一个沉积旋回，它们代表省境白垩系最低层位。对于它们的时代归属，诸家意见颇不一致，有的认为属早白垩世早期，有的认为属晚白垩世早期，但大多数意见则趋近于早白垩世晚期，即 Aptian—Albian。

通过本次的清理与研究，笔者认为，这两个组互为消长关系，由于其高角度不整合于前白垩世地层之上，故其底界不尽一致，面上具有穿时性，但总体时限应为 Barremian-Aptian，其主要依据如下。

（1）东井组产有丰富的介形类，本书将其归为 *Cypridea-Darwinula* 组合。其中前者计有 *Cypridea*，*Pseudocypridina*，*Ulwellia*，*Bisulcocypridea*，*Yumenia* 等 5 个亚属，而出现最多者则为 *Cypridea* 及 *Ulwellia* 两亚属的分子，除一些地方性种外，主要的尚有 *Cypridea* (*Cypridea*) *ampullaceousa*，*C.*（*C.*）*ampullaceousa liujuoensis*，它们是滇西曼岗组及滇中普昌河组的重要分子，有些地方性新种如 *Cypridea* (*Cypridea*) *dorsicurta*，*C.*（*C.*）*dorsoconcava* 则分别可与产于普昌河组及七曲寺组中的 *C.*（*C.*）*alta alta*，*C.*（*C.*）*dayaoensis* 比较，因此从 *Cypridea* 亚属及种群的总的特征看，东井组的下部应与普昌河组的上部相当。东井组中达尔文介一属，以大个体为主体，除一些地方性种群外，重要者尚有 *Darwinula oblonga*，*D.* cf. *leguminella*，*D.* aff. *subparallela*，这些分子是我国上侏罗统—下白垩统中下部重要分子，亦为普昌河组及景星组上部所常见。因此，东井组介形类组合所反映的时代应属 Barremian—Aptian。

（2）东井组所获轮藻化石较多，本书称其为 *Perimneste-Triclypella* 组合，大体与王振所称之 *Mesochara stipitata* 带相当。其重要分子有 *Perimneste ancora*，*Triclypella calcitrapa*，*Mesochara stipitata*，*Porochara perpetua*，*Flabellochara dongjingensis*，*F.* spp.。其中 *Mesochara stipitata* 曾见于皖南岩塘组和浙西的寿昌组、甘肃的赤金堡组上部和下惠回堡组下部，而其他分子则是欧洲 Barremian 的重要分子，因此轮藻的 Barremian 色彩很浓。鉴于东井组上部常见有 *Euaclistochara mundula* 出现，因此其时代似应部分地属于 Aptian。

（3）东井组的双壳类属 *Trigonioides-Plicatounio* 组合，其中重要分子有 *Trigonioides* (*T.*) *kodairai*，*Nakamuranaia* spp.，*Yunnanoconcha pupengensis*，*Plicatounio* (*P.*) *zhejiangensis*，*P.* (*P.*) *multiplicatus*，*Sphaerium dayaoense*，*Nippononaia* sp.。该双壳类组合在亚

洲东部分布甚广，见于滇西的曼岗组，滇中的马头山组中下部，浙江的馆头组，朝鲜的洛亚群及日本的协野亚群，在日本御所浦群其与海相化石互层，显示其时代为Aptian，但其下限难于定论。从东井组中见有 *Yunnanoconcha pupengensis* 及 *Sphaerium dayaoense*，这些是滇中普昌河组中的分子，因此，以双壳类化石看，东井组亦可能与普昌河组的上部及马头山组下部相当。其时代属Barremian—Aptian。

(4) 从我省及大区域资料分析，孢粉化石中的 *Schizaeoisporites* 在白垩世地层中的分布具有明显的规律性，据此，我们将区内孢粉化石自下而上划分为萌发型、兴盛型、极盛型、衰退型、残存型等5个孢粉组合。东井组所产者则属萌发型 *Schizaeoisporites* 组合。该组合以裸子植物花粉占绝对优势，高达76%～91.8%，其中以 *Classopollis* 最多，占48%～70.6%，次为 *Psophosphaera*，*Cycadopites*，*Monosulcites* 等属的花粉，蕨类植物花粉仅占组合的百分之几至百分之二十几，计有 *Cicatricosisporites*，*Schizaeoisporites*，*Osmundacidites*，*Deltoidospora*，*Lygodiumsporites* 等，没有被子植物花粉。该组合以没有被子植物花粉和希指蕨孢、或有而甚少为特征，可与湖北之灵乡组孢粉组合对比，其反映时代大致为Barremian。

(5) 从构造运动看，省境135±3 Ma的同造山期花岗岩十分发育，而石门组及东井组明显晚于该期花岗岩，故其时代不可能早于Barremian。综上所述，我们认为石门组及东井组之时代应为Barremian—Aptian。

二、白垩系上、下统的界线问题

二分白垩系上、下统的界线，至今意见不一，概括起来，大体有三种看法。其一，划在石门组以下，认为湖南没有下白垩统；其二，划在神皇山组与东井组之间；其三，划在戴家坪组与神皇山组之间。通过本次清理与研究，本书采用后一种意见，其理由是：

(1) 神皇山组产有以 *Euaclistochara mundula-Mesochara symmetrica* 为代表的轮藻组合，除上列代表性属种外，该组合的重要分子尚有 *Euaclistochara mundula brevis*，*Mesochara xiagouensis*，*M. paragranulifera*，*Atopochara trivolvis qidongensis*，*Flabellochara* sp.，*F. hangzhouensis*，这个轮藻组合在我国南方分布甚广。王振等认为：就其总体面貌而言，与美国落基山区早白垩世Aptian，尤其是南达科他州Lakota砂岩和怀俄明州Cloverly建造的轮藻化石组合最为相似。因此从轮藻组合看，神皇山组无疑应置于早白垩世晚期，即Aptian-Albian。

(2) 神皇山组所产双壳类计有 *Nakamuranaia* cf. *chingshanensis*，*N.* spp.，*Sphaerium* cf. *yanbianensis*，*S.* cf. *wiljuicum*，*Plicatounio* (*P.*) sp.，*Trigonioides*? (*Pseudohyria*)，神皇山组所获双壳类化石不多，故面貌不十分清楚，出现率最高者为 *Nakamuranaia* 及 *Sphaerium* 两属，兼有少量的 *Plicatounio* (*P.*) sp.，本书暂以 *Nakamuranaia-Plicatounio* (*P.*) 组合称之。从该组合看，*Trigonioides* 一属贫乏，仅见其可疑分子。并在湘南的神皇山组中获有可疑的 *Pseudohyria*，故其所反映的时代显然较东井组要晚。本组合与滇中马头山组上部及广西的把里组所产之双壳类组合有类似之处，其层位亦大体相当，鉴于该双壳类组合中的 *Nakamuranaia* 出现率高，而该属仅见于上侏罗统至下白垩统，至今未见有出现于上白垩统的报道。因此我们认为双壳类所反映的神皇山组时代应为早白垩世晚期，很可能为Albian。

(3) 神皇山组的孢粉组合中，较东井组孢粉组合 *Schizaeoisporites* 有显著的增加，但总体来说仍处于次要地位，故本书称其为兴盛型希指蕨孢组合。该组合以裸子植物占优势，占整个组合的56.5%，其中以 *Classopollis* 和 *Exesipollenites* 为最多，二者占组合的52.7%，其次见有*Cycadopites*，*Bennettites*，*Cycadopites*，*Psophosphaera*和松科的花粉。蕨类植物孢子占组合的42.4%。其中*Schizaeoisporites*最为丰富，占组合的38.2%，其次还有*Cicatricosisporites*，*Toroisporis*，*Polycingulatisporites*等；被子植物仅占1.1%，主要为一些三沟型花粉。该组合的地质时代，当前孢粉研究人员都认为属早白垩世晚期。1992年，宋元珠等对三水盆地白鹤洞组的被子植物花粉进行了深入研究之后认为：白鹤洞组中不仅出现了单沟和三沟的类型，而且出现了三孔沟类型，但以三沟类为主，未见及赛诺曼期的分子，其时代可归入Albian。白鹤洞组所产轮藻、植物及介形类都可与神皇山组对比，孢粉组合的总特征极为相似，宋元珠等的研究，亦间接证实神皇山组之时代应归属于早白垩世晚期，即Albian。

在神皇山组的上覆地层戴家坪组下部（本书称红花套组）及戴家坪组中部均获有孢粉化石，它的组合特征是希指蕨孢含量极高，超过总含量的60%，最高可达90%以上；被子植物较神皇山组者显著增加，占7.4%～10%，属种增多，并开始出现三孔型花粉。张一勇认为该孢粉组合属前短轴类被子花粉发育期，其孢粉组合总特征可与新疆塔里木盆地西部库克拜组中下部的孢粉组合对比。其时代属赛诺曼期。库克拜组产有赛诺曼期的海相双壳和头足类化石，因此这一孢粉组合的时代归属是可信的。因此从孢粉组合看，上、下白垩统的界线无疑应置于神皇山组与戴家坪组之间。

(4) 神皇山组中的介形类化石组合很特殊，它既不同于以女星介为主体的下白垩统组合，亦不同于以拟女星介及方星介为特色的晚白垩世组合。本书称其为*Eucypris-Cyprois*组合。该组合的主要分子有*Eucypris debilis*，*E. debiloides*，*E. angulata*，*E. tersa*，*Cyprinotus liulinheensis*，*C. dorsatus*，*Cyprois leigongdianensis*，*Harbinia lauta*，*Harbinia mayangensis*，*Quadracypris changningensis*，*Q. recta*，? *Talicypridea speciosa*，*Cypridea* (*C.*) *squalida*。上列属种中仅*Cypridea* (*C.*) *squalida*为早白垩世的常见种外，其余属种之确切时代很难定论，介形虫研究人员多根据其中出现有少量的*Talicypridea*和*Quadracypris*而将其时代置于晚白垩世早期，但笔者认为，出现于本组中的上述二属分子，都不典型，甚至对属的归属尚存异议。因而以此为据来确定其时代是欠妥的。它不能排除有属于早白垩世晚期的可能性。

(5) 从同位素年龄值资料看，在神皇山组底部及顶部都夹有玄武岩层，通过对其底部玄武岩层的全岩K-Ar年龄值测定，其值为115 Ma，这正好大致相当于国际年代地层表中Aptian与Albian的界线年龄值，这亦可作为神皇山组时代属Albian的佐证。

通过上述分析，我们认为湖南白垩系上、下统的界线应置于神皇山组与戴家坪组（或二者之同期异相组）之间（表6-1）。

三、白垩系与第三系的界线问题

目前，国际公认的白垩系与第三系的界线是以恐龙的绝灭和哺乳类动物的兴起为标准，其年龄值为6.5 Ma，在磁性地层年代表中位于29负向极性时（29R）的上部。据中外地层古生物工作者对粤北南雄盆地的系统研究，现已确定其界线置于传统划分的上湖组坪岭段底部。该界线之同位素年龄值及磁性地层年代均可与国际海、陆相标准界线对比，也与恐龙类绝灭、古哺乳类出现规律基本一致，笔者认为该方案是可取的，也与湖南省传统的划分界线基本一致，即划在车江组与枣市组之间。需指出的是，以往采用的是传统的统一地层划分的原则，把与枣市组岩性相同但含有恐龙蛋的现枣市组底部层位归入车江组。根据多重地层划分原理，我们认为以前的处理方法是不恰当的，因此重新将原车江组顶部含恐龙蛋的泥岩及粉砂岩划归枣市组。因此通过本次清理研究后，湖南省白垩系与第三系的界线定在枣市组的底部。该界线在缺乏特征岩性组合及古脊椎动物化石资料的前提下，尚可据介形类、轮藻及孢粉等微体化石组合予以确定。

古新统下产的介形类以 *Porpocypris-Ilyocypris* 为特征，这一组合中有相当数量的出现于中生代末期的特化了的属种，如 *Cypridea* (*C.*) *xindianensis*，*Cypridea* (*Pseudocypridina*) *subtera* 和 *Quadracypris* spp. 等，但极盛于晚白垩世的 *Talicypris*，*Clinocypris*，*Ziziphocypris* 等均已消失，同时出现相当数量的新生代常见属种，如 *Eucypris* spp.，*Ilyocypris* spp.，*Parailyocypris* spp.，及 *Cyprois* spp. 等，尤以 *Porpocypris sphaeroidalis* 及 *Ilyocypris subhuangqiaoensis* 最为特征。因此 *Porpocypris* 的出现和 *Talicypridea* 的消失即为湖南省白垩系与第三系的界线。

古新统的轮藻以具有晚白垩世残留分子和早第三纪新生分子混生为特征，属王振等划分的 *Grovesichara changzhouensis-Latochara curtula* 组合。我省可以 *Maedlerisphaera minucula* 及 *Grovesichara changdeensis* 的消失和 *G. changzhouensis*，*Stephanochara* 及 *Latochara curtula* 等混生群落的出现作为白垩系与第三系的界线。

这里尚需指出的是：岩石地层单位具有穿时性和横向上的变异性，我们讨论的界线是以生物组合为依据，它们与岩石地层年代地层之间的确切关系见表（表 6－1）。

---

①中国科学院南京地质古生物研究所，1961，湖南衡阳盆地红色地层野外划分和对比小结（未刊）。

②湖南区测队，1972，湖南地层表（未刊）。

③湖南地质科学研究所，1974，湘西沅麻盆地下白垩统，中南地质科技情报（1）增刊。

④湖南区调队，1986，湖南地层（内刊）。

⑤湖南省地质局 406 队，1963，衡阳盆地盐矿勘探报告（未刊）。

第七章 结语

湖南省地层多重划分对比研究，从1992年6月立项至1994年9月，历时两年零三个月。研究室的全体人员，克服了重重困难，已超设计标准完成了计划任务，全面系统地提高了湖南省地层研究程度，取得了丰硕成果。本书广泛、深入地总结了生产、科研、教学等方面的地质资料，尤其是充分利用了区域地质调查成果，以岩石地层研究为重点，采用地层多重划分对比研究方法，建立起与当前国际地层研究方法与水平接轨的全省岩石地层单位系统，对生物地层、年代地层进行了简要的分析讨论。本书所附的湖南省岩石地层单位划分对比序列表，具有独创性、科学性和实用性，它和首次在微机上建立了湖南省地层数据库等，都是省内当前最为系统、先进和可靠的地层研究新成果。这些成果对于今后地层资料的积累、交流、开发，推进地层成果参与国民经济建设，促进地层深化研究与管理的规范化，都有重大的影响。这标志着湖南省地层研究发展到了一个新阶段，其成果具有突破性意义。

通过地层清理与对比研究，以地层指南为准则，以总体设计为依据，按地层实体的自然延伸，打破传统上以省（区）行政区划分界建立地层单位的作法，正确地阐明了省内岩石地层序列及其在三维空间展布与变化规律，建立了省境的地层格架，编制了1∶50万湖南省地质组图和花岗岩岩石谱系单位地质图，为从事区域地层划分对比、沉积盆地分析，提供了全新的地层资料。

将原板溪群进一步解体为板溪群、高涧群、大江边组（群），分别查明其基本层序、剖面结构及标志层，建立了各自的层型及相应的地层系统。首次提出的前寒武纪年代地层格架以及生物地层、层序地层、古地磁学的最新研究成果，都是对中晚元古代地层研究的重大突破。此外，新发现的华夏地块活动陆缘的上元古界—大江边组（群），板溪群内确认的“西晃山运动”，中元古代冷家溪群基性、超基性岩为同沉积火山岩系列，以及对该群用Sm－Nd和Rb－Sr全岩等时线法获得的较为系统的测定数据与古磁极性特征，达到了地层多重划分对比的研究程度，对完善湖南元古宙地层研究，对华夏地块的大地构造环境、演化，对华南前寒武纪地层的划分对比，探讨扬子地块与华夏地块的边界都起到了重要作用。

重新建立了桂湘黔分区震旦纪地层序列及层型，完善了省境内两个陆缘的震旦纪地层系统。查明了省境内上扬子分区、湘中分区震旦纪长安组、富禄组、古城组、大塘坡组及南沱组，由上扬子分区南缘溆浦—新化一线向湘西北—鄂西一带呈栉比超覆于前震旦纪地层之上的展布规律。同时获得了长安组、泗洲山组的沉积时限分别为（Rb－Sr）808.8 Ma，（Rb－Sr）790.794 Ma，表明其属省境震旦纪最早沉积年限。莲沱组只相当于富禄组或富禄组的中上部地层，不能视为震旦纪最早沉积，这为解决南方震旦纪的地层层序、区域划分对比提供了重要依据。同时查明了震旦纪各组泥砾岩的沉积属性，对震旦纪的进一步深化研究也具重要意义。

早古生代沉积，经系统研究，确定了省境内上扬子分区、桂湘赣分区两大地层结构，分别建立了扬子与华夏地块两个性质不同的陆缘相对应的寒武纪、奥陶纪、志留纪岩石地层与生物地层序列。其总体展布，由上扬子分区碳酸盐台地沉积—湘中分区上斜坡钙泥质沉积、下斜坡泥质沉积，桂湘赣分区活动型富含长石质的砂泥质沉积，其垂向、侧向上变化极为明显。盆地内沉积中心，由老至新，从湘桂赣分区逐步向上扬子分区迁移，至中志留世，活动型沉积消失，盆地封闭。这一规律性的认识，为研究早古生代盆地构造环境与地层格架奠定了基础。

晚古生代地层岩性、岩相变化较大。本书建立的岩石地层格架，较准确地反映了甚为复杂的客观实际。基本查明了岩石地层单位的三度空间关系和穿时性规律，改变了以往地层名称繁多，使用和对比混乱的局面。对生物地层和年代地层的论述重点突出、简炼。书中所列泥盆纪—中三叠纪地层多重划分对比表，在岩石地层单位的不同空间位置上标定生物化石带编号，清晰醒目，具有创见性和范例性，使岩石地层单位的时空分布表现得自然和形象，是一重要进展。

中、新生代地层研究也取得了显著进展：重新建立了早中三叠世至侏罗纪稳定型台地相与活动型台盆相的岩石地层、生物地层系统，探讨了几个主要年代地层界线；重新厘定了不符合地层命名原则的地层单位涵义；改变了以盆地为对象建立众多而繁杂的地层系统的混乱局面。白垩纪与第三纪地层，根据岩性、岩相以及时空位置相当的原则，建立了省境统一的岩石地层单位的新方案，综述了古生物群纵横变化规律，为陆相红色盆地岩石地层划分对比拓宽了思路。

按统一要求建立了岩石地层数据库，软盘文件以及全部岩石地层单位卡片内容齐备、准确、美观。

本书中某些岩石地层单位，有待进一步深化研究，现有的地层数据库应充分发挥其作用。

综上所述，本书内容齐备，资料翔实，章节编排合理，图件清晰，重点突出。地层区划依据充分，特征明显。岩石地层单位准确，要素齐备。对建议不采用的地层单位掌握适度。较为全面、系统地进行了地层多重划分对比研究，重点地建立了典型断代地层模型、地层格架及横剖面。岩石地层时空位置合理。书中所反映的地层研究成果突出，部分成果具有创建性和突破性，代表了湖南省地层研究的新水平。

参考文献

安太庠、胡济民，1987，湖南西北部寒武—奥陶纪牙形石地层。石油地层古生物论文集。北京：地质出版社。

敖振宽、冯燮彪，1959，五通系地质时代的商榷。地质论评，19（3）：145。

敖振宽、冯燮彪、余日升，1959，论岳麓砂岩。地质学报，39（4）：445—456。

敖振宽、杨昌权，1959，湖南慈利石门间泥盆纪地层。地质学报，39（1），94—102。

白顺良、金善燏、宁宗善等，1982，广西及邻区泥盆纪生物地层。北京：北京大学出版社。

常隆庆，1933，重庆南川间地质志。前中国西部科学院地质研究所丛刊，第1号。

陈锦海，1985，阿尔杜菊石与华南二叠系划分的讨论。地质论评，31（4）：354—359。

陈金华，1981，早侏罗世铰蛤（*Cardinia*）层在湖南汝城的发现。古生物学报，20（4）：376—382。

陈金华，1982，湘粤赣地区晚三叠世双壳类研究（一）。中国科学院南京地质古生物研究所丛刊，第4号。

陈金华，1983，湘粤赣地区晚三叠世和早侏罗世双壳类组合及古地理概要——兼论该时期中国双壳类区系的划分。中国古生物地理区系。北京：科学出版社。

陈金华、周志炎，1980，湘西南中生代含煤地层及生物群。中国科学院南京地质古生物研究所丛刊，第1号。

陈懋猷，1959，湖南西北部泥盆纪地层及其时代对比问题。地质学报，39（4）：457—470。

陈丕基、沈炎彬，1983，中国侏罗—白垩系叶肢介地理区系。中国古生物地理区系。北京：科学出版社。

陈钟惠、吴顺宝，1982，湖南三都中生代含煤地层的形成条件及唐垅组和石鼓组的时代讨论。地球科学，（3）：143-152。

丁伟明、钱逸，1988，湖南石门杨家坪晚震旦世至早寒武世小壳化石。微体古生物学报，5（1）：39—56。

地质矿产部（前寒武纪地质）编辑委员会，1985，前寒武纪地质，中国晚前寒武纪冰成岩论文集（第1号）。北京：地质出版社。

方晓思、P H Steemans 和 M Streel，1993，湘中泥盆—石炭系界线划分的新进展。科学通报，38（4）：732—736。

方宗杰，1989，湘南资兴三都中生代含煤地层研究的新进展。地层学杂志，13（3）：93—254。

高平、徐克勤，1940，江西西部地质志。地质专报，甲种（16）。

高红湘，1975，湖南茶陵盆地“红层”的划分。古脊椎动物与人类，13（2）：89—95。

高联达，1990，湖南泥盆—石炭系界线层孢子组合及其地质意义。地质论评，36（1）：58—68。

高振家、王务平，1985，新疆阿克苏—乌什地区震旦系。乌鲁木齐：新疆人民出版社。

高振家、王务平，1985，新疆震旦系。乌鲁木齐：新疆人民出版社。

广西壮族自治区地质矿产局，1985，广西壮族自治区区域地质志。北京：地质出版社。

贵州省地层古生物工作队，1977，西南地区区域地层表·贵州省分册。北京：地质出版社。

贵州省地质局，1987，贵州区域地质志，北京：地质出版社。

郭伯康、张友明，1959，赣西地区中生代含煤沉积。地质学报，39（1）。

顾知微，1982，浅谈我国非海相中生界研究的海相层检验法。古生物学报，21（1）：19—27。

顾知微、程正修，1981，湘西南三叠—侏罗纪地层的时代划分问题。地层学杂志，5（4）：243-261。

黄大信，1978，“雪峰砂岩”的划分意见和对“邵东段”概念补充，华南泥盆系会议文集。北京：地质出版社。

黄汲清，1932，中国南部二叠纪地层。地质专报甲种10号，92。

黄建中、唐晓珊、张纯臣、张晓阳，1994，湘东南地区震旦纪地层的新划分与区域对比。湖南地质，3（3）。

侯鸿飞，1962，湘中早石炭世孟公坳组腕足类的研究并讨论下石炭统的下界，中国古生物学会第二届大会及第十届学术论文。

侯鸿飞，1965，湘中界岭早石炭世孟公坳组腕足类化石兼论石炭系下界。地质科学院论文集乙种，地层古生物学（1）：117—137。

侯鸿飞、王士涛等，1988，中国的泥盆系。北京：地质出版社。

侯静鹏，1982，湘中锡矿山地区泥盆系—石炭系过渡层的孢子组合。中国地质科学院地质研究所所刊，（5）：81—96，北京：地质出版社。

侯佑堂等，1978，江汉平原边缘地区白垩—第三纪介形类动物群。中国科学院南京地质古生物研究所所刊，（9）。北京：科学出版社。

湖北省地质科学研究所等，1977，中南地区古生物图册。北京：地质出版社。

湖北省地质矿产局，1990，湖北省区域地质志。北京：地质出版社。

湖北省地质局三峡地层研究组，1978，峡东地区震旦纪至二叠纪地层古生物。北京：地质出版社。
胡济民，曾德敏，1979，衡阳盆地早白垩世轮藻化石，中国微体古生物学会第一次学术会议论文选集。北京：科学出版社。
胡济民，曾德敏，1985，湖南白垩纪早第三纪轮藻化石组合。石油天然气地质。北京：地质出版社。
湖南省地质局，1982，湖南古生物图册。北京：地质出版社。
湖南省地质局地质研究所，1979，湘西沅麻盆地下白垩统。华南中、新生代红层。北京：科学出版社。
湖南省地质矿产局，1988，湖南省区域地质志。北京：地质出版社。
湖南省石油队，1983，洞庭盆地白垩纪轮藻化石组合及地层意义。石油与天然气地质，4（2）：229—234。
姜水根，1983，湖南泥盆系四射珊瑚组合及中、上泥盆统界线划分。中国区域地质（5）：82—97。
季强，1985，浅谈牙形刺 *Siphonodella* 属演化分类分带及其生物相。中国地质科学院地质研究所所刊，（11）：51—75。
季强，1986，湘中界岭邵东组的牙形刺及其生物相。地层古生物论文集，（15）：73—79。
季强，1987，从牙形刺研究看中国浅水相泥盆系与石炭系分界。地质学报，6（1）：10—20。
季强，1987，湖南江华早石炭世牙形刺及其地层意义—兼论岩关阶内部事件。中国地质科学院地质研究所专刊，（16）：115—141。
季强，1991，华南弗拉斯—法门阶界线层型牙形刺生物地层研究——兼论弗拉斯—法门阶生物绝灭事件。中国地质科学院院报，（23）：115—125。
江涛，1965，鄂西松滋、宜都早石炭世地层。地质论评，23（3）。
江西省地质矿产局，1984，江西省区域地质志。北京：地质出版社。
金玉琴、汪啸风，1977，湘中早奥陶世白水溪组笔石群的发现及桥亭子组多枝笔石。地层古生物论文集。
齐文同，1990，事件地层学概论。北京：地质出版社。
赖才根等，1982，中国的奥陶系。北京：地质出版社。
赖才根、齐敦伦，1977，湘西北奥陶纪头足类。地层古生物论文集（3）。北京：地质出版社。
梁浩忠，1966，湖南斗岭组与大隆组的层位关系。地层学杂志，1（1）：185—188。
廖士范，1954，湘赣边境茶陵、永新、莲花区域地质纲要。地质学报，34（1）：65—71。
廖卓庭、孟逢源，1984，湖南郴州华塘地区长兴阶。地层学杂志，8（2）：120—128。
林宝玉等，1984，中国地层（6）中国的志留系。北京：地质出版社。
林焕令、王俊根、刘义仁，1966，贵州松桃、铜仁及湖南泸溪一带寒武纪地层。地层学杂志，1（1）：4—23。
林甲兴，1981，广东、湖南早石炭世的有孔虫及其意义。宜昌地质矿产研究所所刊，地层古生物专号，27—42。
林甲兴，潘昭世，1979，湖南嘉禾晚石炭世及早二叠世早期的䗴类。古生物学报，18（6）：561—573。
李四光，1924，峡东地质及长江之历史。中国地质学会志，3（3、4）：351—391。
李四光、朱森，1930，栖霞灰岩及其有关地层（英文）。中国地质学会志，9（1）。
李世琦，1963，湘东南中生代含煤地层的划分及其时代讨论。地质学报，43（1）：331—344。
李星学，1964，中国晚古生代陆相地层，全国地层会议学术报告汇编。北京：科学出版社。
李英鉴、吴荣楠，1959，赣西中生代含煤地层的划分及其时代。地质学报，39（3）。
李毓尧，1934，湖南宜章上二叠纪梅田灰岩。中国地质学会志，13：233—236。
李毓尧，1934，湖南宜章艮口地质及其与南岭造山作用之关系。中国地质学会志，13。
李镇梁，1992，桂林不同沉积相泥盆—石炭系界线。中国区域地质，（2）：97—110。
李子舜等，1986，古生代、中生代之交的生物和地质事件。地质学报，60（1）。
刘亚光，1963，湘赣边境晚泥盆世地层。地质论评，2（2）：128—135。
刘义仁、傅汉英，1989，中国奥陶系沸江阶、石口阶层型（候选）。地层学杂志，13（3）：1—192。
刘元镇、袁在枢，1950，湖南资兴三都煤田。中南煤田地质汇刊，（3）。
刘之远，1942，遵义桐梓两县地质纲要。浙江大学文科研究所史地学部丛刊（1）。
柳祖汉，1987，论湘中佘田桥阶的岩石地层单位。地质论评，33（5）：462—467。
罗海晏，1994，“宝林冲组”及建组的必要性。湖南地质，13（2）：69—70。
陆天德，1992，湖南金竹山地区的测水组及其沉积特征。地层学杂志，16（2）：129—134。
卢衍豪，1956，汉中梁山区三叠纪并论中国南部二叠纪的分层和对比。地质学报，36（2）。
卢衍豪，1962，中国的寒武系，全国地层会议学术报告汇编。北京：地质出版社。
煤炭科学院地质勘探研究所，1980，湘赣地区中生代含煤地层化石，第一、二分册。北京：煤炭工业出版社。

孟逢源、潘昭世、林甲兴，湖南南部二叠系划分并论斗岭煤系的时代问题。地质论评，26（3）：256—263。
孟宪民，1936，云南个旧锡矿地质述略。中国地质学会志（6）。
穆恩之，1962，中国的志留系，全国地层会议学术报告汇编。北京：科学出版社。
南京地质古生物研究所，1974，西南地区地层古生物手册。北京：科学出版社。
区元任、敖振宽，1959，湘西北的志留系。中南矿冶学院学报，4（1）：1—18。
潘江，1958，论跳马涧组的地质时代。地质学报，8（1）：141—185。
蒲心纯等，1987，上扬子区晚震旦世沉积岩沉积相及矿产。重庆：重庆出版社。
钱丽君等，1987，中国南方含煤地层。北京：煤炭工业出版社。
秦国荣、赵汝旋、季强，1988，粤北晚泥盆世和早石炭世牙形刺的发现及地层意义。微体古生物学报，5（1）：57—71。
裘松余、林甲兴，1982，湘中早石炭世晚期有孔虫群及其地层意义。石油与天然气地质，3（2）：177—183。
全国地质委员会，1981，中国地层指南及中国地层指南说明书。北京：科学出版社。
单惠珍、赵汝旋，1981，湖南湘乡棋梓桥下石炭统梓门桥组腕足动物。中山大学学报（4）：43—44。
盛金章，1964，中国的二叠系，全国地层会议学术报告汇编。北京：科学出版社。
盛莘夫，1974，中国奥陶系划分和对比。北京：地质出版社。
徐仁，1958，根据孢粉组合推论湖南汝城文明司红色岩系的地质时代。古生物学报，6（2）：127--134。
徐仁等，1979，中国晚三叠世宝鼎植物群。北京：科学出版社。
徐熊飞，1963，湖南桃江一带中、上奥陶统的发现。科学通报，（6）。
徐熊飞，1981，湘中北部的奥陶系。地质学杂志，5（3）：106—117。
孙云铸，1958，湖南上泥盆纪珊瑚化石。中国古生物志，新乙种，（8），总（144）。
四川省地质矿产局，1991，四川省区域地质志。北京：地质出版社。
斯行建、周志炎，1962，中国古生代陆相地层。北京：科学出版社。
谭必祥、王根贤，1983，论“岳麓砂岩”的时代归属。地质论评，29（6）：535—541。
唐晓珊，1986，对湘中地区跳马涧组的认识。湖南地质，5（1）：65—71。
唐晓珊，1989，湖南冷家溪群岩石地层研究。湖南地质，（1）：1—9。
唐晓珊，黄建中、张纯臣，1994，华南地体北缘（湖南部分）前寒武纪地层。中国区域地质，（4）：303—310。
谭正修、唐晓珊，1987，湘中早石炭地层及其腕足类化石组合。全国石炭纪会议论文专集，150—178。北京：地质出版社。
谭正修，1986，湘中早石炭世刘家塘组的腕足类化石。古生物学报，25（4）：426—444。
谭正修、朱伦杰、任晓华，1994，论孟公坳组。中国区域地质，（2）：165—171。
谭正修、董振常、金玉龙、李寿耆、姜水根，1987，湖南晚泥盆世和早石炭世地层及古生物群。北京：地质出版社。
谭正修、唐晓珊、董振常，1987，论棋梓桥灰岩。地层学杂志。11（2）：77—90。
田奇瑪，1928，湖南长沙湘潭泥盆纪地层。前湖南地质调查所报2号，地质志第一册（1—14）
田奇瑪，1929，湖南中部上古生代地层之研究。前中央研究院地质研究所所刊（7）：69—92。
田奇瑪，1938，湖南泥盆纪之腕足类。中国古生物志，乙种（4），总号113。
田奇瑪、徐瑞麟，1936，湖南邵阳保和堂煤田地质。前湖南地质调查所报告，（17）。
田奇瑪、王晓青，1932，湖南湘乡梓门煤田地质之研究。前湖南地质调查所报告，（13）：6—27。
田奇瑪、王晓青、郭绍仪，1929，湖南湘乡梓门桥凤冠山湖坪二叠纪煤田报告。前湖南地质调查所报告，（7）：1—29。
田奇瑪、王晓青、郭绍仪，1929，湖南新化地质矿产报告。前湖南地质调查所报告，（8）：1—46。
田奇瑪、王晓青、许原道，1933，湖南长沙、湘潭、衡山、邵阳、湘乡六县地质志。前湖南地质调查报告，（15），地质志（2）。
王超翔、边效曾，1949，湘西资江中游前泥盆纪地质。中国地质学会志，29（1—4）：63—74。
王成源，1979，论 *Cystophrentis* 带的时代。地层学杂志，11（2）：120—250。
王根贤，1979，早泥盆世 *Zosterophyllum*（工蕨）植物群在湖南的发现意义。地层学杂志，3（2）。
王根贤，左自壁，1983，湖南法门期四射珊瑚的分布和时代依据。湖南地质，2（1）：125—130。
王根贤，夏志芬，1984，湘东、赣西晚泥盆世地层划分。地层学杂志，8（4）：285—295。
王根贤，景元家，庄锦良、张采繁，1986，湘中锡矿山地区泥盆纪—早石炭世地层系统。湖南地质，5（3）：48—65。
王鹤年，1961，湖南前震旦纪板溪群中复理石建造的发现及不整合问题的探讨。地质学报，41（2）。
王念忠，1977，湖南零陵—衡阳一带侏罗纪化石及其在地层上的意义。古脊椎与古人类，15（4）。

王曰伦、刘祖彝、程裕淇，1938，湖南宁乡铁矿地质。地质汇报，前中央地质研究所，32：1—32。
王晓青，1940，湖南金矿分析。地质论评，5（5）。
王晓青，1942，湖南煤矿之类别及其储量之新估计。地质论评，7（1—3）：29—30。
王晓青，刘祖彝，1936，湖南长常区地质志。前湖南地质调查所专报乙种（1）。
王晓青、许原道、刘国昌，1938，湖南锑矿志。前湖南地质调查所专报，甲种（4）。
王钰，1938，湖南峡东“宜昌石灰岩”的时代问题。地质论评，3（1）。
王钰、俞昌民，1962，中国的泥盆系。北京：科学出版社。
王增吉等，1990，中国的石炭系。北京：地质出版社。
王兆信，梁承礼，1966，湖南涟邵地区的二叠系。地层学杂志，1（1）：77—89。
王志良，1983，湖南邵阳地区早石炭世有孔虫及其地层意义。中国科学院南京地质古生物研究所丛刊，（6）：209—224。
王竹泉，1920，江西吉安安福永新一带煤田地质。前江西地质调查所汇刊，（2）。
王竹泉、王昶、王煦曾，1964，对华南上二叠统划分的新认识。煤炭学校校刊，1（3—4）：285—293。
汪啸风、项礼文、倪世钊、曾庆銮、徐光洪、周天梅、赖才根、李志宏，1987，长江三峡地区生物地层学（2）。北京：地质出版社。
魏秀犹，1964，江西永新、宁岗一带奥陶纪笔石地层。地层学杂志，1（1）。
吴顺宝，1981，湖南零陵冯家冲侏罗系的瓣鳃类化石。地质论评，27（5）：375—383。
吴望始，1964，湖南中部早石炭世四射珊瑚。中国科学院南京地质古生物研究所集刊，3：1—100。
吴望始、赵嘉明、姜水根，1981，华南地区邵东组的珊瑚化石及其地质时代。古生物学报，20（1）：1—14。
吴秀元、陆天德、杨立群，1986，湘中涟源—冷水江地区测水组植物化石资料。古生物学报，25（4）：406—416。
吴舜卿，1983，试论中国晚二叠世和早侏罗世的植物群及其地理分区，中国古生物地理区系。北京：科学出版社。
项礼文，1981，中国地层（4）中国的寒武系。北京：地质出版社。
谢家荣，1924，湖北东南部地层。中国地质学会志（3）。
谢家荣、刘季辰，1927，湖北西部地质矿产。前中央地质调查所地质汇报，（9）。
谢家荣、赵亚曾，1925，湖北西部罗惹坪志留系的研究。中国地质学会志（4）：39—44。
谢盛刚、谭正修，1983，湘中地区中上石炭统划分及其䗴类化石分带。湖南地质，（2）：18—25。
许汉奎，1979，湖南上泥盆统云南贝—小云南贝腕足动物群。地层学杂志，3（2）：123—126。
许寿永、叶干，1990，据珊瑚化石讨论华南泥盆、石炭系界线。地质论评，36（2）：140—147。
杨家騄，1978，湘西、黔东南中、上寒武统及三叶虫动物。地层古生物论文集，（4），北京：地质出版社。
杨敬之、穆恩之，1953，鄂西泥盆纪地层。古生物学报，1（1—3）：58—65。
杨敬之、王成源，1982，中国泥盆系与石炭系的界线，中国各纪地层界线研究。北京：科学出版社。
杨敬之、吴望始、张遴信，1982，关于中国石炭系的划分和对比，中国各纪地层对比表及说明书。北京：科学出版社，124—136。
杨敬之、盛金章、吴望始等，1962，中国的石炭系，中国地层会议学术报告汇编。北京：科学出版社。
杨彦钧、魏绪寿，1984，湖南石门县杨家坪前寒武系剖面研究。湖南地质专刊（1），3（4）。
杨遵仪、殷鸿福，1987，华南二叠—三叠系界线地层及动物群。地质学报，61（6）。
宜昌地质矿产研究所，1979，中南地区白垩纪—第三纪岩相古地理。北京：地质出版社。
殷鸿福，1988，海相二叠—三叠纪生物地层界线划分的方案。地球科学，13（5）：511—500。
尹赞勋，1949，中国南部志留纪地层之分类与对比。中国地质学会志（29）。
尹赞勋，1966，中国地层典（七）石炭系。北京：科学出版社。
尹赞勋等，1945，湄潭县之寒武纪地层。地质论评，10（5、6）：209—222。
尹赞勋、李星学，1943，南川地质指南（地质旅行指南）。中国地质学会志。
俞建章，1933，中国下石炭纪珊瑚化石。中国古生物志，乙种 12（3）。
俞建章、舒文博，1929，湖北襄阳、南漳、宜城、荆门、钟祥、京山等县地质。前国立中央研究院地质研究所集刊，（8）：87—121。
余日升，1983，湘西地区泥盆系划分的管见。湖南地质，2（1）：74—77。
乐森璕，1929，广西南丹河池宜山马平象山地质矿产。前两广地质调查所年报，1卷。
乐森璕、侯鸿飞，1962，中国南部泥盆系分界问题的探讨。北京大学学报（自然科学），8（3）：226—284。

张采繁，1981，湘东早侏罗世地层划分及对比。地质论评，27（2）：123—139。
张纯臣，1994，湖南省震旦系西冲组的建立。中国区域地质，（4）：311—312。
张纯臣，张启锐，1993，湖南双峰县小洞震旦系洪江组上部地层沉积特征。岩石学报，增刊，（9）：222—236。
张金鉴，1982，衡阳盆地车江组的地质时代。地层学杂志，6（2）：140—143。
张鸣韶、盛莘夫，1958，川黔边镜的奥陶系。地质学报，38（3）：326—342。
张善桢、周惠琴，1980，湖南双峰湾头测水组植物化石。古生物学报，19（3）：220—225。
张守信，1992，理论地层学——现代地层学概念。北京：科学出版社。
张文堂，1957，湖北峡东寒武纪及奥陶纪地层。科学通报，（5）。
张文堂，1962，中国的奥陶系，全国地层会议学术报告汇编。北京：科学出版社。
赵别全，1983，湖南汝城早白垩世文明司组的介形类。古生物学报，22（6）：677—684。
赵别全，1985，湖南衡阳盆地神皇山组的时代及介形类化石新知。中国区域地质，（14）：148—173。
赵别全，1985，湖南白垩系上统的划分和对比。湖南地质，4（3）。
赵别全，1994，湖南白垩纪一第三纪栏垅组和百花亭组的建立。中国区域地质，（4）：316—318。
赵别全、蒋全梅，1982，湖南白垩系下统的划分和对比。地层学杂志，6（1）：72—78。
赵金科，1981，中国南部的长兴阶和二叠系与三叠系之间的界线。中国科学院南京地区古生物研究所丛刊。
赵汝旋，1975，湘中泥盆系与石炭系的界线及接触关系。湖南地质科技情报（1）。
赵汝旋、谭正修，1984，湖南桑植下二叠统的腕足类化石。古生物学报，21（1）：20—31。
赵汝旋、谭正修，1984，湘西北地区早二叠世早期的腕足动物。湖南地质，3（2）：22—30。
赵汝旋、张采繁、夏志芬、左自壁、柳祖汉，1978，湖南的泥盆系，华南泥盆系会议论文集，68—89。北京：地质出版社。
赵锡文、左自璧，1983，湘中地区上泥盆统牙形刺化石及地层划分。地球科学，4（22）：57—68。
赵亚曾、黄汲清，1931，秦岭山脉及四川之地质研究。地质专报甲种（9）。
赵自强，1985，长江三峡地区生物地层学（1）震旦系分册。北京：地质出版社。
郑家坚、邱占祥，1979，华南白垩纪一早第三纪陆相地层的特征及有关问题的讨论，华南白垩纪一早第三纪红层现场会议讨论文集。北京：科学出版社。
中国地质学编辑委员会、中国科学院地质研究所，1956，中国区域地层表（草案）。北京：科学出版社。
中国科学院兰州冻土研究所，1985，中国第四纪冰缘学讨论文集。北京：科学出版社。
中南区区域地层表编写小组，1974，中南区区域地层表。北京：地质出版社。
周统顺、周惠琴，1980，中国三叠纪陆相地层及植物群。北京：地质出版社。
周志炎，1984，湘西早侏罗世早期植物化石。中国古生物志，新甲种（7）。
周祖仁，1979，湖南早二叠世假海乐菊石群的分布和几个新属种的记述。古生物学报，18（4）：83—394。
周祖仁，1984，湘东南早二叠世栖霞组早期的 *Schwagerina cushmani* 䗴科群。古生物学报，2（1）：225—248。
朱森、刘祖彝，1930，皖南贵池地质考查记略。前国立中央研究院十九年度总结报告。
朱家楠、胡雨帆、冯少楠，1983，湘西地区泥盆系划分的意见。湖南地质，2（1）：25—31。
朱伦杰，1994，湘东南中三叠世石镜组的建立。中国区域地质，（4）：313—315。
赫德伯格 H D，1987，国际地层指南。北京：科学出版社。
Blackwelder，E，1907. Stratigraphy of the Middle Yangtze province research in China. Vol. I，part I，Chapter 12，p. 256。
Heim，A，1930. The Structure of Omeishan，Szechuan. Bull. Geol. Soc. China，Vol. 9 (1).。
Hou Hongfei，1991. An outline of Famenaian stratigraphy of south China，Stratigraphy and Palaeontology of China，Vol. 1 49—69。
Pedder，A E H，1982. The rugose coral across the Frasnian/Famennian boundary. Geol. soc. America special paper 190。
Richthofen，F Von，1882. China。

地质图说明书及区测（调）报告

广东省地质局区域地质测量队，1973，1:20万连山幅区域地质测量报告。
广西壮族自治区区域地质测量队，1966，1:20万三江幅区域地质测量报告。
贵州省地质局108队，1977，1:20万黎平幅区域地质测量报告。

湖北省地质局区域地质测量队，1976，1:20万蒲圻幅区域地质测量报告。
湖南省地质局区域地质测量队，1965，1:20万石门幅区域地质测量报告。
湖南省地质局区域地质测量队，1965，1:20万洞口幅区域地质测量报告。
湖南省地质局区域地质测量队，1965，1:20万耒阳幅区域地质测量报告。
湖南省地质局区域地质测量队，1965，1:20万吉首幅区域地质测量报告。
湖南省地质局区域地质测量队，1966，1:20万攸县幅区域地质测量报告。
湖南省地质局区域地质测量队，1967，1:20万株洲幅区域地质测量报告。
湖南省地质局区域地质测量队，1970，1:20万桂阳幅区域地质测量报告。
湖南省地质局区域地质测量队，1970，1:20万大庸幅区域地质测量报告。
湖南省地质局区域地质测量队，1970，1:20万桑植幅区域地质测量报告。
湖南省地质局区域地质测量队，1970，1:20万永顺幅区域地质测量报告。
湖南省地质局区域地质测量队，1970，1:20万郴县幅区域地质测量报告。
湖南省地质局区域地质测量队，1971，1:20万永兴幅区域地质测量报告。
湖南省地质局区域地质测量队，1971，1:20万沅陵幅区域地质测量报告。
湖南省地质局区域地质测量队，1971，1:20万韶山幅区域地质测量报告。
湖南省地质局区域地质测量队，1972，1:20万会同幅区域地质测量报告。
湖南省地质局区域地质测量队，1973，1:20万溆浦幅区域地质测量报告。
湖南省地质局区域地质测量队，1973，1:20万城步幅区域地质测量报告。
湖南省地质局区域地质测量队，1973，1:20万安化幅区域地质测量报告。
湖南省地质局区域地质测量队，1974，1:20万芷江幅区域地质测量报告。
湖南省地质局区域地质测量队，1975，1:20万长沙幅区域地质测量报告。
湖南省地质局区域地质测量队，1976，1:20万零陵幅区域地质测量报告。
湖南省地质局区域地质测量队，1976，1:20万衡阳幅区域地质测量报告。
湖南省地质局区域地质测量队，1977，1:20万浏阳幅区域地质测量报告。
湖南省地质局区域地质测量队，1977，1:20万涟源幅区域地质测量报告。
湖南省地质局区域地质测量队，1977，1:20万道县幅区域地质测量报告。
湖南省地质局区域地质测量队，1977，1:20万江永幅区域地质测量报告。
湖南省地质局区域地质测量队，1977，1:20万邵阳幅区域地质测量报告。
湖南省地质局区域地质测量队，1977，1:20万平江幅区域地质测量报告。
江西省地质局区域地质测量队，1966，1:20万永新幅区域地质测量报告。

附录Ⅰ　湖南省岩石地层数据库的建库情况及功能介绍

一、前言

全国地层数据库的研制和建库工作是随地矿部“八五”期间设立的《全国地层多重划分对比研究》项目同时开展的，其指导思想和研究内容与全国地层清理工作的有关文件要求基本一致。建立地层数据库的目的就是要为全国区域地质调查和基础地质研究工作服务；巩固地层清理的成果，避免今后使用地层单位的混乱现象，使我国地层学研究和管理走向科学化、信息化，并与国际地层学研究工作接轨。

湖南省地层数据库是地矿部专项地勘科技项目（编号：DZ1992-01）《全国地层数据库》的一个重要组成部分，它既是全国地层数据库的一个基础库，同时又是一个独立、完整的省级地层数据库。本数据库按照全国地层数据库的统一要求，以岩石地层单位为基本单位建库，并以全国地层清理项目办统一制订的五种数据卡片作为其数据采集源。其数据采集、数据库信息管理、检索及查询软件是以《全国地层数据库》项目组提供的软件和标准进行的。

湖南省岩石地层数据库是在地矿部区调处及湖南省地矿厅的领导下，由湖南省区域地质调查所承建，并由所微机室具体研建的。

二、地层数据库的建库情况

1. 组织管理

负责本地层数据库录入的单位为湖南省区域地质调查所微机室。

录入人员：杨晓青、殷如新、周国祥、王韬、王芳、熊丽敏、王勤、李霞等。

参加地层卡片填制人员：唐晓珊、黄建中（前震旦系）、张纯臣、王令杭（震旦系）、黄惟沛（寒武系、奥陶系）、宾汉文（志留系）、谭正修、任晓华（泥盆系、石炭系）、李国彪（二叠系）、朱伦杰（三叠系、侏罗系）、赵别全（白垩系、第四系）等。

负责数据库卡片审核校对人员：李国彪、宾汉文等。

使用机型：AST 386 SX/16、AST 286、GW -286B、AST MTE 4/66d 等。

完成录入工作量：共录入249个岩石地层单位。建议使用的岩石地层单位：群级5个、组级151个、段级3个，共159个；其中元古代39个，下古生代37个，上古生代组级38个、段级3个，中生代38个，新生代4个。建议不采用的岩石地层单位90个。

本数据库今后由湖南省区调所微机室管理。

三、地层数据库功能介绍

地层数据库主要由三部分组成：(1) 数据采集系统，包括对原始数据的录入、修改、追加、删除、浏览、打印、排序、插入等项功能及地层信息管理、索引管理、字典管理、文献管理、数据备份等等；(2) 数据加工系统，包括打印数据卡片、汇总制表、地层信息查询检索，岩石地层单位命名监控等；(3) 扩充部分接口，为地层数据库的其他内容及以后的进一步开发留有接口。

1. 系统运行环境

(1) 在 DOS 操作系统环境下

软件支撑环境：DOS 3.30以上 Microsoft C 6.0　PTDOS 2.0　FoxPro 2.0

硬件运行环境：286以上主机　VGA 显示器　LQ 系列或其他24针打印机，HP、DMP、XY800等绘图仪

(2) 在 Windows 系统环境下

软件支撑环境：Windows 3.1　Borland C++3.1

中文之星1.2　FoxPro for windows 2.5

MS-DOS 5.0以上

硬件运行环境：386以上主机（内存≥4 M、硬盘100 M 以上）

VGA 显示器　LQ 系列或其他24针打印机　HP、DMP

XY800绘图仪

2. 数据采集模块功能

(1) 选择“省份”、“地层单位”

(2) 地层单位数据录入情况查询

(3) 卡片Ⅰ数据录入与修改（可选择按编号、创名时间、汉语拼音等顺序）

(4) 卡片Ⅱ数据录入与修改

(5) 卡片Ⅲ数据录入与修改

(6) 卡片Ⅳ剖面信息数据录入与修改

(7) 卡片Ⅳ剖面文字描述数据录入与修改

(8) 卡片Ⅳ柱状图数据录入与修改

(9) 卡片Ⅳ化石数据录入与修改

(10) 卡片Ⅳ分布特征数据录入与修改

(11) 卡片Ⅳ数据检查整理

(12) 卡片Ⅴ数据录入与修改

(13) 地层单位数据文件备份

(14) 地层单位数据文件入库

(15) 地层单位数据文件转换

(16) 省级库数据检索

(17) 数据库字典查询

(18) 省级文献库查询与修改

3. 卡片输出模块功能

按照全国地层清理统一要求填写的数据卡片格式和内容，地层数据库能将输入的原始数据还原制图，并具以下输出模块功能：

(1) 选择省份

(2) 选择输出的地层单位

(3) 卡片封面输出

(4) 卡片Ⅰ输出：屏幕或打印机输出卡片Ⅰ

(5) 卡片Ⅱ输出（图形）

(6) 卡片Ⅲ柱状对比图输出（图形）

(7) 卡片Ⅲ岩石地层单位分布图形输出

可选择绘制地名级别（在地理底图上将标出地名）：1——省会；2——地市以上；3——县级以上

可选择绘制图框类型：1——经纬框（地理底图上加画经纬框）；2——方框（地理底图上只画图框）；3——不加框（地理底图上不画图框）

图中各剖面的分布位置采用不同的符号表示其层型：三角形（△）代表参考剖面，方形（□）代表新层型剖面，中央具“十”的方形（田）代表正层型；具“一”的（曰）代表副层型；具“╳”的（☒）代表选层型。

(8) 卡片Ⅳ剖面文字描述表格输出

(9) 卡片Ⅳ剖面图输出（图形）

(10) 卡片Ⅴ输出

4. 地层信息检索模块功能

按照用户选择的省份、大区、经纬度、断代（纪）等不同控制参数，可在已建立的地层数据库中查询检索出满足要求条件的岩石地层单位信息，并能按用户选择的不同内容自动绘制表格，将数字型数据自动统计汇总。可按以下方面的内容进行检索。

(1) 检索条件（一级）

①选择省份——选择检索的区域范围

②选择大区——选择检索的区域范围

③选择经纬度——选择检索的区域范围

④选择断代（纪）——选择检索的时间范围

⑤地质年代数码转换——地质年代数据进行数码转换，是进行时间范围检索的必要条件

⑥输出方式选择

1——显示方式：将检索结果显示在屏幕上

2——打印方式：将检索结果在打印机上输出

3——文件方式：将检索结果表格文件以用户给定的文件名记盘

⑦输出栏目选择

1——地层单位表格

2——地层剖面表格

3——文献表格

选择以上表格的输出栏目，按照用户的需求挑选所需的制表栏目序号及表格每页的行数

（2）地层单位信息检索（二组检索条件）

①所有地层单位：检索出满足选定时间和区域条件的地层单位

②正式地层单位：检索出满足选定时间和区域条件的正式地层单位

③不采用地层单位：检索出满足选定时间和区域条件的不采用地层单位

④地层单位名称：检索出与指定地层单位名称相同的地层单位

⑤地层单位名称（拼音）：检索出与指定拼音相同的地层单位

⑥地层单位编号：检索出与指定地层单位编号相同的地层单位

⑦地层单位代号：检索出与指定地层单位代号相同的地层单位

⑧同物异名：检索出与指定名称相同的同物异名地层单位

⑨同名异物：检索出与指定名称相同的同名异物地层单位

⑩同物异名/同名异物：检索出有同物异名或同名异物的地层单位

⑪输出剖面分布图：输出当前检索内容的地层单位的剖面分布图

（3）剖面信息检索（二级检索）

①所有剖面：检索出满足选定时间和区域条件的地层剖面

②所有正层型：检索出满足选定时间和区域条件的正层型

③所有副层型：检索出满足选定时间和区域条件的副层型

④所有选层型：检索出满足选定时间和区域条件的选层型

⑤所有新层型：检索出满足选定时间和区域条件的新层型

⑥所有次层型：检索出满足选定时间和区域条件的次层型

⑦剖面名称：检索出与指定剖面名称相同的地层剖面

⑧剖面编号：检索出与指定剖面编号相同的地层剖面

⑨剖面化石名称（中文）：检索剖面上化石分类的中文名称

⑩剖面其他信息：检索剖面图上已录人的下列信息。

化石（拉丁文）：检索指定化石名称所在的剖面

生物地层带：检索指定生物地层带所在的剖面

颜　色：检索含有指定颜色的剖面

磁极性：检索含有磁极性内容的所有剖面

化学特征：检索含有化学特征内容的所有剖面

矿　物：检索含有矿物内容的所有剖面

矿　产：检索含有矿产内容的所有剖面

变质相：检索含有变质相内容的所有剖面

（注意：不对文字描述的内容进行检索）

⑪某地层单位正层型：检索出指定地层单位的正层型

⑫输出剖面分布图：输出当前检索内容的剖面分布图

（4）参考文献目录检索（二级检索条件）

①作者：按指定作者检索文献目录

②时间：按指定发表时间检索文献目录

③书名（论文题目）：按指定书名检索文献目录

④作者＋时间：按指定作者及发表时间检索文献目录

⑤断代（纪）：按选定的地质年代范围，检索有关地层单位所涉及的文献目录

⑥某地层单位文献：按地层单位检索文献目录

⑦文献引用情况：指定某一文献所在的省码及文献库的记录号，检索该文献在本省的引用情况（创名或引用）

5.岩石地层单位的命名监控功能

根据用户选择的不同控制参数，可用以下几种方法对新建岩石地层单位进行监控。

①地层单位用名的监控：检索出与指定地层单位名称相同的地层单位

②地层单位同名的监控（拼音）：检索出与指定地层单位名称拼音相同的地层单位

③地层单位同编号的监控：检索出与指定地层单位同编号的地层单位

④地层单位同代号的监控：检索出与指定地层单位代号相同的地层单位

⑤新建岩石地层单位有效性的监控：给定新建岩石地层单位的经纬度及需检索的经纬度范围，检索出与新建单位相邻的层型及（或）参考剖面，后与新建地层单位的各项地质内容进行对比研究，从而决定能否建立新的岩石地层单位。

四、地层数据库的维护

省级地层数据库是全国地层数据库的基础，随着今后地质研究工作的进一步发展，省级地层数据库必然会加以扩充，为此必须对省级地层数据库进行良好的管理与维护，并及时与全国地层数据库进行信息交流，以保证省数据库与全国数据库的一致性，从而推动我国基础地质研究工作的不断深入与发展。

今后负责维护本地层数据库的单位为湖南省地矿厅区域地质调查所微机室。

附录Ⅱ 湖南省采用的岩石地层单位

附录Ⅱ-1

序号	岩石地层单位名称		编 号	代 号	地质时代	创 名 人	创建时间	所在省	在本书中页数
	英 文	汉 文							
1	Aiqiling Fm	埃岐岭组	43-0214	Za	Z_1—Z_2	黄建中等	1994	湖南	60
2	Aoxi Fm	敖溪组	43-0304	$\in a$	$\in_2$	湖南区测队	1965	湖南	70
3	Badong Fm	巴东组	43-0903	Tb	T_2	李希霍芬	1912	湖北	188
4	Baihelong Fm	百合垅组	43-0116	Pt_3bh	Pt_3	唐晓珊等	1995	湖南	19
5	Baihuating Fm	百花亭组	43-1114	KEb	K_2—K_1	赵别全	1994	湖南	261
6	Baishuixi Fm	白水溪组	43-0407	$\in Obs$	$\in_3$—O_1	王超翔、边效曾	1949	湖南	88
7	Baitianba Fm	白田坝组	43-0923	Jb	J_1	包茨、王国宁	1954	四川	223
8	Banxi Gr	板溪群	43-0101	Pt_3B	Pt_3	王晓青、刘祖彝	1936	湖南	11
9	Baolinchong Fm	宝林冲组	43-0102	Pt_3b	Pt_3	罗海晏等	1994	湖南	12
10	Baota Fm	宝塔组	43-0406	Ob	O_2	李四光等	1924	湖北	87
11	Baqi Fm	巴漆组	43-0608	Db	D_{2-3}	白顺良等	1979	广西	135
12	Bitiao Fm	比条组	43-0306	$\in Ob$	$\in_3$—O_1	湖南区测队	1965	湖南	72
13	Ceshui Fm	测水组	43-0704	Cc	C_1	田奇瑪	1929	湖南	163
14	Changan Fm	长安组	43-0201	$Z\hat{c}$	Z_1	王曰伦	1936	广西	41
15	Changlongjie Fm	长龙界组	43-0615	$D\hat{c}$	D_3	王曰伦、张兆瑾	1934	湖南	143
16	Chashanao Fm	茶山坳组	43-1111	$E\hat{c}$	E_1	王 水等	1961	湖南	263
17	Chayuantou Fm	茶园头组	43-0313	$\in cy$	$\in_2$	罗海晏、黄惟沛	1988	湖南	78
18	Chefu Fm	车夫组	43-0305	$\in \hat{c}$	$\in_{2-3}$	湖南区测队	1965	湖南	71
19	Chejiang Fm	车江组	43-1109	$K\hat{c}$	K_2	湖南 406 队	1963	湖南	260
20	Chutanlong Fm	出炭垅组	43-0912	$T\hat{c}$	T_3	刘元镇	1950	湖南	238
21	Daijiaping Fm	戴家坪组	43-1108	Kdj	K_2	王 水等	1961	湖南	259
22	Dajiangbian Fm	大江边组	43-0114	Pt_3dj	Pt_3	黄建中等	1994	湖南	28
23	Dalong Fm	大隆组	43-0806	Pd	P_2	张文佑、陈家天	1938	广西	184

创名人栏（ ）内为介绍人；创建时间栏（ ）内为介绍时间。

序号	岩石地层单位名称		编　号	代　号	地质时代	创　名　人	创建时间	所在省	在本书中页数
	英　文	汉　文							
24	Dapu　Fm	大铺组	43－0708	C*d*	C_2	张文佑等	1941	广西	170
25	Datangpo Fm	大塘坡组	43－0205	Z*d*	Z_1	江荣吉	1967	贵州	48
26	Dawan Fm	大湾组	43－0404	O*d*	O_1	张文堂等	1957	湖北	84
27	Daye Fm	大冶组	43－0901	T*d*	T_1	谢家荣	1924	湖北	185
28	Dengying Fm	灯影组	43－0209	Z*dy*	Z_2	李四光等	1924	湖北	54
29	Dingyaohe Fm	丁腰河组	43－0215	Z*dyh*	Z_2	唐晓珊	1992	湖南	51
30	Dongjing Fm	东井组	43－1101	K*d*	K_1	南京古生物研究所	1961	湖南	251
31	Doushantuo Fm	陡山沱组	43－0207	Z*ds*	Z_2	李四光等	1924	湖北	52
32	Duoyitang Fm	多益塘组	43－0107	Pt₃*d*	Pt_3	唐晓珊等	1988	湖南	18
33	Eriqiao Fm	二桥组	43－0917	T*e*	T_3—J_1	丁文江	1928	贵州	222
34	Fulu Fm	富禄组	43－0202	Z*f*	Z_1	王曰伦	1936	广西	43
35	Gaojian Gr	高涧群	43－0108	Pt₃*G*	Pt_3	湖南区调队	1986	湖南	22
36	Gaojiatian Fm	高家田组	43－0920	J*g*	J_1	中南地层表编写组	1974	湖南	236
37	Gaoling Fm	高岭组	43－1112	E*g*	E_1	中南地质研究所	1964	湖南	264
38	Gaotai Fm	高台组	43－0307	∈*g*	$\in_2$	尹赞勋等	1945	贵州	66
39	Guanzishan Fm	管子山组	43－0905	T*g*	T_1	郑国宝	1964	湖南	191
40	Gucheng Fm	古城组	43－0204	Z*g*	Z_1	赵自强等	1985	湖北	47
41	Gufeng Fm	孤峰组	43－0804	P*g*	P_1	叶良辅等	1924	安徽	178
42	Guniutan Fm	牯牛潭组	43－0405	O*g*	O_1	张文堂等	1957	湖北	86
43	Hengluchong Fm	横路冲组	43－0103	Pt₃*h*	Pt_3	唐晓珊等	1988	湖南	13
44	Honghuatao Fm	红花套组	43－1106	K*hh*	K_2	北京地院三峡地层队	1960	湖北	258
45	Honghuayuan Fm	红花园组	43－0403	O*h*	O_1	张鸣韶、盛莘夫	1940	贵州	83
46	Hongjiang Fm	洪江组	43－0216	Z*h*	Z_1	王晓青	1940	湖南	51
47	Huanggongtang Dolomite	黄公塘白云岩	43－0607	D*h*	D_2	黄惟沛等	1990	湖南	134

序号	岩石地层单位名称		编号	代号	地质时代	创名人	创建时间	所在省	在本书中页数
	英文	汉文							
48	Huanghudong Fm	黄浒洞组	43-0004	Pt_2h	Pt_2	唐晓珊	1988	湖南	8
49	Huangjiadeng Fm	黄家磴组	43-0632	Dhj	D_{3-2}	杨敬之、穆恩之	1953	湖北	156
50	Huangshidong Fm	黄狮洞组	43-0110	Pt_3hs	Pt_3	唐晓珊等	1995	湖南	23
51	Huitangqiao Fm	会塘桥组	43-1104	Kh	K_2	胡济民等	1979	湖南	255
52	Huixingshao Fm	回星哨组	43-0508	Sh	S_2	南京古生物研究所	1974	四川	103
53	Huobachong Fm	火把冲组	43-0916	Th	T_3	孟宪民	1936	云南	221
54	Hutian Gr	壶天群	43-0710	CH	C_3	田奇瑰、王晓青	1932	湖南	170
55	Jiajiantian Fm	架枧田组	43-0112	Pt_3j	Pt_3	唐晓珊等	1991	湖南	25
56	Jialingjiang Fm	嘉陵江组	43-0902	Tj	T_{1-2}	赵亚曾、黄汲清	1931	四川	187
57	Jinjiadong Fm	金家洞组	43-0208	Zj	Z_2	湖南区调队	1986	湖南	55
58	Jingling Fm	金陵组	43-0711	Cj	C_1	李四光、朱森	1930	江苏	169
59	Jiuligang Fm	九里岗组	43-0918	Tjl	T_3	湖北区测队	1973	湖北	220
60	Jueshangou Fm	爵山沟组	43-0315	$\in Oj$	$\in_3$—O_1	魏秀喆等	1966	江西	80
61	Kongwangxi Fm	孔王溪组	43-0308	$\in k$	$\in_{2-3}$	湖南区测队	1970	湖北	67
62	Lanlong Fm	栏垅组	43-1102	Kl	K_1	赵别全	1994	湖南	252
63	Lazike Fm	辣子壳组	43-0506	Slz	S_1	黄惟沛	1980	湖南	101
64	Leishenmiao Fm	雷神庙组	43-0002	Pt_2l	Pt_2	唐晓珊	1988	湖南	5
65	Lengjiaxi Gr	冷家溪群	43-0001	Pt_2L	Pt_2	王晓青、刘祖彝	1936	湖南	4
66	Liangjianghe Fm	两江河组	43-0511	Slj	S_1	罗海晏、黄惟沛	1988	湖南	105
67	Liangjiangkou Fm	两江口组	43-0927	Jl	J_2	朱伦杰	1980	湖南	244
68	Liangshan Fm	梁山组	43-0808	Pl	P_1	赵亚曾、黄汲清	1931	陕西	173
69	Liuchapo Fm	留茶坡组	43-0210	Zl	Z_2	王超翔、边效曾	1949	湖南	56
70	Liujiang Fm	榴江组	43-0609	Dl	D_{2-3}	冯景兰等	1929	广西	137
71	Longkouchong Fm	龙口冲组	43-0612	Dlk	D_3	田奇瑰等	1933	湖南	138

序号	岩石地层单位名称		编号	代号	地质时代	创名人	创建时间	所在省	在本书中页数
	英文	汉文							
72	Longmaxi Fm	龙马溪组	43-0412	OSl	O_3—S_1	李四光、赵亚曾	1924	湖北	93
73	Longtan Fm	龙潭组	43-0805	Plt	P_{1-2}	丁文江	1919	江苏	180
74	Loushanguan Fm	娄山关组	43-0309	$\in Ol$	$\in_2$—O_1	丁文江	1930	贵州	68
75	Luojingtan Fm	罗镜滩组	43-1105	Klj	K_2	江汉平原石油地质联队	1960	湖北	256
76	Luoreping Fm	罗惹坪组	43-0504	Sl	S_1	谢家荣、赵亚曾	1925	湖北	98
77	Madiyi Fm	马底驿组	43-0104	Pt_3m	Pt_3	湘桂黔三省（区）前寒武系踏勘组	1962	湖南	14
78	Majiaochong Fm	马脚冲组	43-0503	Sm	S_1	葛治洲等	1979	贵州	98
79	Malanbian Fm	马栏边组	43-0701	Cm	C_1	谭正修、唐晓珊	1983 (1987)	湖南	159
80	Maokou Fm	茅口组	43-0803	Pm	P_1	乐森玥	1929	贵州	177
81	Maoxianling Fm	茅仙岭组	43-0922	Jm	J_1	刘元镇等	1950	湖南	243
82	Maping Fm	马平组	43-0709	Cmp	C_2	丁文江	1928	广西	171
83	Menggongao Fm	孟公坳组	43-0622	Dm	D_3	田奇瑪、王晓青	1932	湖南	149
84	Nanqiao Fm	南桥组	43-0003	Pt_2n	Pt_2	唐晓珊等	1995	湖南	6
85	Nantuo Fm	南沱组	43-0206	Zn	Z_1	Blackwelder	1907	湖北	49
86	Niuguping Fm	牛牯坪组	43-0117	Pt_3n	Pt_3	唐晓珊等	1995	湖南	20
87	Niutitang Fm	牛蹄塘组	43-0301	$Z\in n$	Z_2—$\in_1$	刘之远	1942	贵州	62
88	Oujiachong Fm	欧家冲组	43-0621	Do	D_3	黄大信	1978	湖南	148
89	Pingyuan Fm	坪原组	43-0006	Pt_2p	Pt_2	唐晓珊	1988	湖南	10
90	Qianfoyan Fm	千佛岩组	43-0925	Jq	J_{1-2}	赵亚曾、黄汲清	1937	四川	225
91	Qiaotingzi Fm	桥亭子组	43-0408	Oq	O_1	田奇瑪等	1933	湖南	90
92	Qilijiang Limestone	七里江灰岩	43-0613	Dql	D_3	王曰伦、张兆瑾	1934	湖南	140
93	Qingxudong Fm	清虚洞组	43-0303	$\in q$	$\in_1$	尹赞勋等	1945	贵州	65
94	Qixia Fm	栖霞组	43-0801	Pq	P_1	李希霍芬	1912	江苏	174
95	Qiziqiao Limestone	棋梓桥灰岩	43-0606	Dq	D_2—D_3	田奇瑪等	1933	湖南	132

序号	岩石地层单位名称		编　号	代　号	地质时代	创　名　人	创建时间	所在省	在本书中页数
	英　文	汉　文							
96	Rongxi Fm	溶溪组	43-0505	Sr	S_1	葛治洲等	1979	四川	100
97	Sanbaoao Fm	三宝坳组	43-0906	Tsb	T_2	湖南区调队	1986	湖南	192
98	Sanjiachong Fm	三家冲组	43-0909	Tsjĉ	T_3	黄汲清、徐克勤	1936	江西	230
99	Sanqiutian Fm	三丘田组	43-0910	Tsq	T_3	黄汲清等	1936	江西	232
100	Shangbaochong Fm	尚保冲组	43-0705	Cŝb	C_1	李普成	1986	湖南	166
101	Shaximiao Fm	沙溪庙组	43-0926	Jŝx	J_2	杨博泉等	1946	四川	227
102	Shenhuangshan Fm	神皇山组	43-1103	Kŝh	K_2	湖北地质所	1972	湖南	253
103	Shetianqiao Fm	佘田桥组	43-0610	Dŝ	D_3	田奇瑰等	1929	湖南	141
104	Shidengzi Fm	石磴子组	43-0703	Cŝ	C_1	田奇瑰、王晓青	1932	湖南	161
105	Shijing Fm	石镜组	43-0907	Tŝj	T_2	朱伦杰	1994	湖南	193
106	Shikang Fm	石康组	43-0919	Jŝ	J_1	朱伦杰	1976	湖南	235
107	Shimen Fm	石门组	43-1100	Kŝ	K_1	李四光、赵亚曾	1924	湖北	250
108	Shipai Fm	石牌组	43-0302	$\in\hat{s}$	$\in_1$	李四光等	1924	湖北	63
109	Shiqiaopu Fm	石桥铺组	43-0109	$Pt_3\hat{s}$	Pt_3	彭继述等	1993	湖南	22
110	Sizhoushan Fm	泗洲山组	43-0211	Zs	Z_1	湖南区调队	1982	湖南	57
111	Tanglong Fm	唐垅组	43-0915	Tt	$T_3—J_1$	刘元镇等	1950	湖南	241
112	Tanxi Fm	探溪组	43-0311	$\in t$	$\in_{2-3}$	王超翔、边效曾	1949	湖南	75
113	Tianeping Fm	天鹅坪组	43-0702	Ct	C_1	谭正修、唐晓珊	1983	湖南	160
114	Tianmashan Fm	天马山组	43-0411	Otm	O_{2-3}	田奇瑰等	1933	湖南	92
115	Tianzidi Fm	天子地组	43-0212	Zt	Z_1	湖南区调队	1982	湖南	58
116	Tiaomajian Fm	跳马涧组	43-0604	Dt	D_2	田奇瑰	1928	湖南	129
117	Tongzi Fm	桐梓组	43-0402	$\in Ot$	$\in—O_1$	张鸣韶、盛莘夫	1940	贵州	81
118	Tongtawan Fm	通塔湾组	43-0105	Pt_3t	Pt_3	唐晓珊等	1988	湖南	15
119	Wuqiangxi Fm	五强溪组	43-0106	Pt_3w	Pt_3	湘桂黔三省（区）前寒武系踏勘组	1962	湖南	17

序号	岩石地层单位名称		编　号	代　号	地质时代	创　名　人	创建时间	所在省	在本书中页数
	英　文	汉　文							
120	Wujiafang Fm	吴家坊组	43-0611	D*w*	D_3	赵汝旋等	1978	湖南	152
121	Wujiaping Fm	吴家坪组	43-0807	P*w*	P_2	卢衍豪	1956	陕西	182
122	Wujiayuan Fm	吴家院组	43-0507	S*w*	S_2	黄惟沛	1980	湖南	102
123	Wunitang Fm	污泥塘组	43-0310	∈*w*	$∈_2$	湖南区调队	1986	湖南	74
124	Xiangnan Fm	香楠组	43-0312	∈*x*	$∈_1$	罗海晏、黄惟沛	1988	湖南	76
125	Xiaoheba Fm	小河坝组	43-0502	Sx*h*	S_1	常隆庆	1933	四川	96
126	Xiaojiangbian Fm	小江边组	43-0802	P*x*	P_1	王竹泉	1920	江西	176
127	Xiaomuping Fm	小木坪组	43-0005	Pt_2x	Pt_2	唐晓珊	1988	湖南	9
128	Xiaoxiyu Fm	小溪峪组	43-0509	S*xx*	S_2	湖南区测队	1970	湖南	104
129	Xiaozijing Fm	小紫荆组	43-0314	∈xz	$∈_3$	罗海晏、黄惟沛	1988	湖南	79
130	Xichong Fm	西冲组	43-0203	Z*x*	Z_1	张纯臣	1994	湖南	46
131	Xiejingsi Fm	写经寺组	43-0633	D*xj*	D_3	谢家荣、刘季辰	1927	湖北	157
132	Xikuangshan Fm	锡矿山组	43-0616	D*x*	D_3	田奇瑰等	1929	湖南	145
133	Xintan Fm	新滩组	43-0501	S*x*	S_1	Blackwelder	1907	湖北	95
134	Xintianmen Fm	心田门组	43-0921	J*x*	J_1	湖南地科所	1979	湖南	242
135	Yangmeilong Fm	杨梅垅组	43-0914	T*ym*	T_3	刘元镇等	1950	湖南	240
136	Yangmeishan Fm	杨梅山组	43-0913	T*y*	T_3	南京古生物研究所	1968	湖南	238
137	Yanmenzhai Fm	岩门寨组	43-0113	Pt_3y	Pt_3	唐晓珊等	1991	湖南	26
138	Yanxi Fm	烟溪组	43-0410	O*y*	O_{1-3}	王超翔、边效曾	1949	湖南	91
139	Yijiawan Fm	易家湾组	43-0605	D*yj*	D_2	田奇瑰	1938	湖南	131
140	Yuankou Fm	源口组	43-0603	D*y*	D_1	余日升	1980	湖南	128
141	Yuelushan Fm	岳麓山组	43-0620	D*yl*	D_3	田奇瑰	1928	湖南	153
142	Yunchangli Fm	云场里组	43-0118	Pt_3yc	Pt_3	唐晓珊等	1995	湖南	27
143	Yuntaiguan Fm	云台观组	43-0631	D*yt*	D_{2-3}	俞建章、舒文博	1929	湖北	155

序号	岩石地层单位名称		编　号	代　号	地质时代	创　名　人	创建时间	所在省	在本书中页数
	英　文	汉　文							
144	Zaoshang Fm	造上组	43-0911	$Tz\hat{s}$	$T_3—J_1$	煤炭部地质勘探研究所	1975	湖南	233
145	Zaoshi Fm	枣市组	43-1110	Ez	E_1	高红湘	1975	湖南	262
146	Zhangjiaping Fm	张家坪组	43-0904	$T\hat{z}$	T_1	郑国宝	1964	湖南	190
147	Zhangjiawan Fm	张家湾组	43-0115	$Pt_3\hat{z}j$	Pt_3	罗海晏等	1988	湖南	21
148	Zhangshuwan Fm	樟树湾组	43-0706	$C\hat{z}\hat{s}$	C_1	李普成	1986	湖南	167
149	Zhengyuanling Fm	正园岭组	43-0213	$Z\hat{z}$	Z_1	黄建中等	1994	湖南	59
150	Zhongcun Fm	中村组	43-1113	$E\hat{z}c$	E_2	湖南区测队	1977	湖南	265
151	Zhoujiaxi Gr	周家溪群	43-0510	$S\hat{Z}$	S_1	王超翔、边效曾	1949	湖南	105
152	Zhuanqiangwan Fm	砖墙湾组	43-0111	$Pt_3\hat{z}$	Pt_3	唐晓珊等	1991	湖南	24
153	Zhuxijiang Fm	珠溪江组	43-0512	$S\hat{z}x$	S_1	罗海晏、黄惟沛	1988	湖南	107
154	Zijiachong Fm	紫家冲组	43-0908	Tzj	T_3	黄汲清、徐克勤	1936	江西	228
155	Ziliujing Fm	自流井组	43-0924	Jz	J_{1-2}	A Heim	1930	四川	224
156	Zimenqiao Fm	梓门桥组	43-0707	Cz	C_1	田奇瑪	1929	湖南	164

附录Ⅲ 湖南省不采用的地层名称

附录Ⅲ-1

序号	地层单位名称		编号	地质时代	创名人	创建时间	所在省	不采用为理由
	英文	汉文						
1	Baimachong Fm	百马冲组	43-0422	O_2	刘义仁等	1979	湖南	非岩石地层单位，现归入烟溪组
2	Baixiangdai Fm	白香带组	43-0943	J_2	朱伦杰	1980	湖南	与千佛岩组为同物异名
3	Banshan Fm	半山组	43-0641	D_2	湖南地质局	1988	湖南	仅属跳马涧组的一部分
4	Baojing Fm	保靖组	43-0326	$\in_2$	杨家騄	1978	湖南	非岩石地层单位，现称孔王溪组
5	Changtan Fm	长滩组	43-0217	Z_1	湖南区调所	1990	湖南	与长安组同物异名
6	Chengbu Fm	城步组	43-0420	O_2	刘义仁等	1974	湖南	非岩石地层单位，现归入天马山组
7	Chenxi Fm	辰溪组	43-0822	P_2	田奇琇等	1933	湖南	龙潭组建名在先
8	Chunmu Fm	椿木组	43-0220	Z_1	唐世喻	1984	湖南	大塘坡组建名在先
9	Dagupo Fm	打鼓坡组	43-0938	J_2	湖南区调所	1972	湖南	与千佛岩组为同物异名
10	Danaopoding Fm	大脑坡顶组	43-0930	T_1	北京地质学院	1959	湖南	属大冶组的一部分
11	Dangchong Fm	当冲组	43-0818	P_1	田奇琇等	1936	湖南	创名时间晚于孤峰组
12	Dongchong Fm	东冲组	43-0122	Pt_3	湖南区调所	1990	湖南	与邻省地层名称重复，现称黄狮洞组
13	Dongshanfeng Fm	东山峰组	43-0219	Z_1	杨彦钧等	1982	湖南	古城组建名在先
14	Dongtang Fm	东塘组	43-1126	E_1	中南地质研究所	1964	湖南	命名较晚于车江组
15	Dongxiachang Fm	洞下场组	43-1121	K_1	湖南地质研究所	1974	湖南	命名晚于东井组
16	Douling Fm	斗岭组	43-0819	P_2	田奇琇等	1933	湖南	龙潭组建在先
17	Fengjiachong Fm	冯家冲组	43-0940	J_1	顾知微等	1981	湖南	高家田组建在先
18	Fengmuping Fm	枫木坪组	43-0125	Pt_3	湖南区调所	1988	湖南	通塔湾组建名在先
19	Fenshui'ao Fm	分水坳组	43-1124	K_2	湖南石油队	1962	湖南	戴家坪组建名在先
20	Gaocun Fm	高村组	43-1128	E_1	钟水仙	1974	湖南	命名晚于车江组
21	Guanyintan Fm	观音滩组	43-0935	T_2	顾知微等	1981	湖南	包括造上组、三丘田组
22	Guanyintian Fm	观音田组	43-0218	Z_1	湖南区调所	1990	湖南	富禄组建名在先
23	Guiyang Fm	桂阳组	43-0721	C	谭正修等	1987	湖南	马栏边组建名在先
24	Heling Fm	鹤岭组	43-0223	Z_1	湖南区调所	1987	湖南	大塘坡组建名在先

序号	地层单位名称		编号	地质时代	创名人	创建时间	所在省	不采用为理由
	英文	汉文						
25	Jiangkou Fm	江口组	43-0227	Z_1	湘、桂、黔三省（区）前寒武系踏勘组	1962	湖南	使用混乱，现包括长安组、富禄组、古城组及大塘坡组
26	Jianjiaxi Fm	剪家溪组	43-1130	E	湖南石油队	1962	湖南	相当车江组
27	Jielongqiao Fm	接龙桥组	43-0937	J_1	朱伦杰	1980	湖南	白田坝组建名在先
28	Jinjiang Fm	锦江组	43-1125	K_2	钟水仙	1974	湖南	神皇山组建名在先
29	Jukoupu Fm	巨口铺组	43-0644	D_2	谭正修等	1987	湖南	建名晚于易家湾组
30	Langlinchong Fm	琅琳冲组	43-0327	$\in_2—O_1$	罗海晏等	1988	湖南	探溪组建名在先
31	Langzhuba Fm	琅珠坝组	43-0128	Pt_3	潘先楚	1988	湖南	使用不广，现用宝林冲组
32	Laojiangchong Fm	老江冲组	43-0653	D_3	王根贤等	1986	湖南	佘田桥组建名在先
33	Leibakou Fm	耒坝口组	43-0820	P_2	李希霍芬	1882	湖南	建名地点不明，属龙潭组
34	Liangchaxi Fm	两岔溪组	43-0123	Pt_3	湖南区调所	1988	湖南	五强溪组建名在先
35	Limuping Fm	栗木坪组	43-1131	E_3	湖南石油队	1978	湖南	高岭组建名在先
36	Linjiawan Fm	林家湾组	43-0127	Pt_3	潘先楚	1988	湖南	应用不广，现用宝林冲组
37	Luyang Fm	泸阳组	43-0942	J_2	湖南区调所	1980	湖南	沙溪庙组建名在先
38	Maanshan Fm	马鞍山组	43-0650	D_3	姜水根	1983	湖南	重名多，现为棋梓桥灰岩
39	Maochong Fm	茅冲组	43-0642	D_2	湖南地质局	1988	湖南	易家湾组建名在先
40	Mayang Fm	麻阳组	43-1138	K	胡济民	1985	湖南	神皇山组建名在先
41	Meitian limestone	梅田灰岩	43-0824	P_2	李毓尧	1934	湖南	无人引用，属吴家坪灰岩
42	Miliangpo Fm	米粮坡组	43-0328	$\in_3$	中南区域地层编写组	1974	湖南	系年代地层单位，现为探溪组
43	Minle Fm	民乐组	43-0222	Z_1	唐世喻	1984	湖南	大塘坡组建名在先
44	Mobin Fm	漠滨组	43-0126	Pt_3	湖南区调所	1971	湖南	不符地层指南原则，现为架枧田组、岩门寨组
45	Modaoxi Fm	磨刀溪组	43-0424	O_3	金玉琴	1963	湖南	非岩石地层单位，现为宝塔组
46	Muchang Fm	木昌组	43-0321	$\in_1$	林焕令	1966	湖南	建名晚于牛蹄塘组
47	Mujingtang Fm	木井塘组	43-0654	D_3	湖南地质局	1988	湖南	包括几个岩石地层单位，现为锡矿山组

序号	地层单位名称		编　号	地质时代	创名人	创建时间	所在省	不采用为理由
	英　文	汉　文						
48	Nadong Fm	那洞组	43-0325	ϵ_2	杨家騄	1978	湖南	非岩石地层单位，相当高台组
49	Nanshichong Fm	南石冲组	43-0425	O_3	金玉琴等	1964	湖南	非岩石地层单位，现为宝塔组
50	Qijiahe Fm	漆家河组	43-1120	K_1	湖南区调所	1972	湖南	东井组建名在先
51	Qilinshan Fm	麒麟山组	43-0932	T_2	北京地质学院	1959	湖南	知名度低，现为嘉陵江组
52	Qingxichong Limestone	清溪冲灰岩	43-0817	P_1	田奇瑪等	1933	湖南	茅口组建名在先
53	Qingxi Subgroup	清溪亚群	43-0323	ϵ_1	李四光等	1947	湖南	非岩石地层单位
54	Sanyanggang Fm	三阳港组	43-1122	K_1	湖南石油队	1962	湖南	神皇山组建名在先
55	Shahe Fm	沙河组	43-0643	D_2	湖南地质局	1988	湖南	易家湾组建名在先
56	Shaodong Fm	邵东组	43-0652	D_3	侯鸿飞	1962	湖南	非岩石地层单位，归于孟公坳组
57	Shaoyang Fm	邵阳组	43-0821	P_2	王兆信等	1966	湖南	包括在龙潭组之内
58	Shapin Fm	砂坪组	43-0124	Pt_3	湖南区调所	1988	湖南	马底驿组建名在先
59	Shenjiaxi Fm	沈家溪组	43-0129	ϵ_3	湖南区调所	1990	湖南	不具代表性，现用探溪组
60	Shetian Fm	佘田组	43-0648	D_3	柳祖汉	1987	湖南	七里江灰岩建名在先
61	Shigu Fm	石鼓组	43-0944	J_2	刘元镇等	1951	湖南	千佛岩组建名在先
62	Shuangjiakou Fm	双家口组	43-0421	O_2	刘义仁等	1979	湖南	非岩石地层单位，现为烟溪组
63	Shuidongli limestone	水洞里灰岩	43-0816	P_1	田奇瑪等	1933	湖南	栖霞组建名在先
64	Sifangjing Fm	四方井组	43-0931	T_1	北京地质学院	1959	湖南	属大冶组的一部分
65	Sushuichong Fm	苏水冲组	43-0423	O_3	刘义仁等	1974	湖南	非岩石地层单位，现为天马山组
66	Tianjiapin Fm	田家坪组	43-0329	ϵ_3	中南地层编写组	1974	湖南	非岩石地层单位，现为探溪组
67	Tianjing Fm	天井组	43-0130	Pt_3	湖南区调所	1990	湖南	具群的含义，现为石桥铺、砖墙湾组
68	Wenmingsi Fm	文明司组	43-1135	K	徐　仁	1958	湖南	东井组建名在先
69	Wulipai Fm	五里牌组	43-0323	ϵ	穆恩之等	1962	湖南	非岩石地层单位，现为石牌组
70	Xialiushi Fm	霞流市组	43-1129	E_2	北京地质学院	1960	湖南	包括枣市组、茶山坳组
71	Xiangmeng Fm	湘锰组	43-0221	Z_1	湖南地质局	1988	湖南	大塘坡组建名在先

序号	地层单位名称		编　号	地质时代	创名人	创建时间	所在省	不采用为理由
	英　文	汉　文						
72	Xiaodong Fm	小洞组	43-1123	K_2	钟水仙	1974	湖南	不具代表性，相当于神皇山组
73	Xiaodongchong Fm	小洞冲组	43-0225	Z_1	黄惟沛	1990	湖南	包括两个地层单位
74	Xiaojiangkou Fm	小江口组	43-0936	T_3	刘国昌	1940	湖南	相当火把冲组
75	Xiaoyanxi Fm	小烟溪组	43-0322	$\in_1$	王超翔等	1949	湖南	建名晚于牛蹄塘组
76	Xiaoyuanchong Fm	小元冲组	43-0823	P_2	孟逢源等	1980	湖南	包括在大隆组之内
77	Xiawanpu Fm	下湾铺组	43-1139	K	斯行键	1954	湖南	茶山坳组建名在先
78	Xieshuihe Fm	渫水河组	43-0224	Z_1	杨彦钧等	1982	湖南	富禄组建名在先
79	Xinshao Fm	新邵组	43-0645	D_{2-3}	谭正修等	1987	湖南	巴漆组建名在先
80	Xuefengshan Sandstone	雪峰山砂岩	43-0655	D_3	王曰伦	1938	湖南	岳麓山砂岩建名在先
81	Yangjiapin Fm	杨家坪组	43-0320	$\in_1$	项礼文等	1981	湖南	牛蹄塘组建名在先
82	Yanglukou Fm	阳露口组	43-0941	J_2	湖南煤田三勘探队	1972	湖南	沙溪庙组建名在先
83	Yangqiao Fm	杨桥组	43-0649	D_3	柳祖汉	1987	湖南	佘田桥组建名在先
84	Yanmatou Fm	岩码头组	43-1127	K_1	胡济民等	1983	湖南	车江组建名在先
85	Yingzuishan Fm	鹰咀山组	43-0934	T_3	朱伦杰	1986	湖南	九里岗组建名在先
86	Yuelong Fm	跃龙组	43-0939	J_2	朱伦杰	1976	湖南	千佛岩组建名在先
87	Yunanxi Fm	渔南溪组	43-0520	S_2	罗海晏等	1988	湖南	回星哨组建名在先
88	Yunlugong Fm	云麓宫组	43-0651	D_3	谭必祥等	1983	湖南	吴家坊组建名在先
89	Zhengshuihe Fm	蒸水河组	43-0647	D_3	柳祖汉	1987	湖南	龙口冲组建名在先
90	Zifatang Fm	自发堂组	43-0646	D_{2-3}	柳祖汉	1987	湖南	榴江组建名在先